装备科技译著出版基金

天线技术手册

（第4册）

Handbook of Antenna Technologies

[新加坡]陈志宁 主编

[美 国]刘兑现 [日本]中野久松

[新加坡]卿显明 [德国]托马斯·兹维克 编

崔万照 张生俊 董士伟 总主译

董士伟 张 凯 刘 英 王建晓 译

国防工業出版社

·北京·

著作权合同登记　图字：军-2019-036号

图书在版编目(CIP)数据

天线技术手册.4/(新加坡)陈志宁主编;董士伟等译.—北京:国防工业出版社,2023.10

书名原文:Handbook of Antenna Technologies

ISBN 978-7-118-12416-3

Ⅰ.①天…　Ⅱ.①陈…　②董…　Ⅲ.①天线-手册　Ⅳ.①TN86-62

中国版本图书馆CIP数据核字(2022)第026373号

※

国防工业出版社出版发行

(北京市海淀区紫竹院南路23号　邮政编码100048)

北京龙世杰印刷有限公司印刷

新华书店经售

*

开本 710×1000　1/16　插页 10　印张 32　字数 560千字

2023年10月第1版第1次印刷　印数 1—1500册　定价 258.00元

(本书如有印装错误,我社负责调换)

国防书店:(010)88540777　　书店传真:(010)88540776

发行业务:(010)88540717　　发行传真:(010)88540762

《天线技术手册》
编审指导委员会

主　任：陈志宁

副主任：李　军　孟　刚　李　立　刘佳琪

委　员：（按姓氏笔画排序）

方大纲　刘兑现　李小军　李文兴

李正军　宋燕平　和新阳　金荣洪

洪　伟　夏明耀　龚书喜　卿显明

《天线技术手册》
翻译工作委员会

主　任：崔万照

副主任：张生俊　董士伟

委　员：（按姓氏笔画排序）

于晓乐　万国宾　马　鑫　马文敏
王　栋　王　瑞　王伟东　王明亮
王建晓　王彩霞　艾　夏　白　鹤
朱忠博　刘　英　刘　硕　刘　鑫
刘军虎　孙　渊　李　升　李　韵
李霄枭　杨　晶　杨士成　张　宁
张　凯　陈有荣　林先其　郑　颖
胡伟东　莫锦军　倪大宁　崔逸纯
董亚洲　曾庆生　谢拥军　薛　晖

中 文 版 序

天线不仅是所有无线系统不可或缺的单元,更是扮演着增强系统性能、扩展系统功能角色的部件甚至子系统。自 1887 年,德国物理学家海因里希·赫兹(Heinrich Hertz)首次使用我们现在所熟知的电容端加载偶极子天线来证明无线电波的存在,天线理论与技术已经得到巨大的发展。特别是自 21 世纪起,借助计算机科学和大规模集成电路的巨大发展,各种无线系统已经广泛地渗透到各个行业及我们的日常生活中,风斯在下,天线技术也有了长足的进步。

在我 2012 年加入新加坡国立大学后不久,施普林格亚洲分部的 Yeung Siu Wai Stephen 博士就来到我的办公室,热情地邀请我编撰一部天线方面的手册。当时,我是非常犹豫的。因为作为一门历史悠久的技术,行业里已经有了许多优秀的经典手册,而且一直都有新的手册问世。如何能够呈现出一本另具特色的手册是一个挑战。另外,我没有编辑手册的经验,想象中那一定是一个浩大的工程,耗时费力。在足足犹豫和思考了半年之后,我才答应试着准备一个写作计划,准备全面、深入地介绍天线理论、技术与应用方面的最新进展。特别是,我提出了所有章节中要包括该类技术的原创介绍,让学生们和年轻的研究员通过此手册更好地掌握天线技术发展的来龙去脉,既学到创新的思路也可以避免"再发明""再创造"。同时,我也要求出版社能够让读者按章节下载,减轻读者的经济负担,更大程度地普及天线技术。出版社非常配合,完全同意我的想法。于是,我决定开始这项工程,挑战自己。

我的出版计划得到了天线界三位专家(Tatsuo Itoh、Ahmed Kishk、Wong Kin-Lu)的一致认可和鼓励。记得 Itoh 教授在他的评估反馈中说:这对谁都将是一个前所未有的挑战。但是,我对它非常有信心。面对着自己草拟出的 100 个章节专题,既有兴奋,更有压力。于是,我决定邀请学界中的几位朋友,一起努力。不奇怪,一些同仁看到这个宏大计划后婉拒了。在我的力邀之下,刘兑现(美国),中野久松(日本),卿显明(新加坡)及托马斯·兹维克(德国)4 位好友加入了编辑团队。在我们的共同努力下，140 余位专家和学者直接贡献了本手册的 76 个章节共计 3500 页。多年的老师老友周永祖教授欣然为书作序，欣慰、褒奖与鼓励溢于文字之间。

《天线技术手册》于 2016 年 9 月由施普林格出版社出版发行了。看着厚厚的 4 卷手册，回想着编辑过程中的各种经历，感慨万分。4 位编辑朋友，都非常专业及时地审读了所负责的书稿，对整个手册的编辑工作出谋划策，为手册的按时出版付出了巨大的努力。Nakano 教授作为蜚声天线界的学者，婉拒了我邀请他作为共同主编的邀请。他说一个主编正好，并对我的主编工作给予了极大的支持。在工作即将大功告成之际，我主动和出版社力争，打破常规，坚持将所有编辑的姓名印在手册的封面上。期间，所有作者也都辛勤地工作，把自己最新的成果奉献给读者。一些作者克服了各种各样的困难，按时交稿。也有几个章节的作者们，在我协调章节内容时，积极配合，大篇幅地调整了自己的原书稿。特别遗憾的是，好友 Hui Hon Tat 博士在他提交第一稿后两个月内就辞世了。从时间上推测，他是在入院后完成的初稿。为了告慰他，我接手了那篇手稿后续的全部工作，完成了他的遗愿。

《天线技术手册》英文版共分为 4 卷，涵盖了天线理论、设计和应用。天线形式从基本的偶极子天线延伸至近来的超材料天线；工作频段从很低的 VHF 频段向上达至太赫兹频段；加工工艺包括了从简单的印制电路板到先进的 LTCC 和 MEMS 等。应用包括了通信、雷达、遥感、探测、成像等；应用平台包含了陆基平台、飞机、舰船和卫星等。全套手册实现了理论、技术与应用的立体全覆盖。我坚信这部汇聚当今天线技术发展的最新成果与大量的当代天线界专家智慧的巨作（至少从重量和页数上看），一定会惠及天线教育、技术与研究。期待《天线技术手册》成为当前天线理论和技术发展历程的重要记录。

《天线技术手册》英文版出版后，已经获得了令人鼓舞的反响。截止于 2019 年底，施普林格出版社的下载量已超 45 万次，在线读者达 2000 多人。陆续收到的积极反馈，令我和其他作者备感欣慰。尤其是中国空间技术研究院西安分院、空间微波技术重点实验室、试验物理与计算数学重点实验室等单位的同仁们，他们在研究工作中已充分利用了《天线技术手册》，并称多受启迪。所以，当崔万照博士代表分院提出希望能有机会将这部书翻译为中文版，以便更多更好地服务中文读者时，我完全没有犹豫，尽管这对我完全没有任何经济利益。能够有机会把手册更好地推广到中国这个巨大的天线技术群体中，从而更大地体现此书的价值，为国内天线技术发展贡献绵薄之力，也是我们编辑及作者的荣耀。我本人也从事过翻译工作，深知这项工作的巨大挑战。“信达雅”是翻译工作的“三难”（严复语），尤其是翻译一本技术专著。在几个学术单位的大力支持下，一个朝气蓬勃的翻译团队很快就成军了！在过去两年里，我一直与团队的各位学者交流互动。我非常欣赏他们认真的工作态度与热情无私的投入，我为中国天线界的未来感到无比欣慰。终于，这部二次创作的《天线技术手册》以新的光彩面世了。

我也要特别感谢国防工业出版社，在这部译著策划过程中，国防工业出版社迅速和施普林格出版社确定了版权转让，装备科技译著出版基金给予了全额资助。

最后，我要再次感谢所有原著的作者们和编辑们，感谢他们的奉献与分享。我坚信他们的聪明才智，经过中文这一桥梁，必将使更多的人受惠。

“天真线实”，这是我向东南大学赠送原著时的留言。“天真”，保持着孩子似的对未知好奇的科学素养；“线实”，坚持着工匠般的对挑战执着的工程精神。

于新加坡国立大学

2020 年 2 月 6 日

译　者　序

《天线技术手册》是新加坡国立大学陈志宁教授联合上百位知名学者，集多年心血而成的重要学术成果，于 2016 年由施普林格出版社出版，并在国际天线理论与工程界引起巨大反响。中国空间技术研究院西安分院和空间微波技术重点实验室的研究人员较早接触到这部书，并多受启迪，对研究产生了显著的促进作用。为使这套手册更好地为国内天线界学者和工程师所用，在手册编审指导委员会的领导下，翻译工作委员会经过 2 年的努力将原著翻译为中文版。

《天线技术手册》英文版共分 4 卷，为使这套书的利用更有针对性，我们将中文版分为 8 册。而在内容上，《天线技术手册》中文版保持了原版的风貌，充分表现原作者的学术思想。这套中文版的《天线技术手册》将成为天线技术研究者和无线系统设计师重要的案头参考。

《天线技术手册（第 4 册）》由 10 章构成，是英文原著第 2 卷的后半部分。该册的主题是天线的单元与阵列设计，内容涉及栅格天线阵、反射阵、小天线、缝隙阵列、全向天线、低剖面天线、片上天线、基片集成波导天线和超宽带天线等。原作者中既有蜚声中外的教授，也有知名企业的工程师，而译者也是具有相关研究背景的学者和技术人员。在翻译过程中，翻译组与原作者进行了必要的交流，以保证译著的质量。

《天线技术手册（第 4 册）》中的第 27 章和第 28 章由王建晓翻译，第 29、30、31 和 32 章由董士伟翻译，第 33 章和第 36 章由刘英翻译，第 34 章和第 35 章由张凯翻译，全书由董士伟统稿。限于译者的学识水平，译著或有未通其信、未尽其雅、未达其义之处，藉此就教于方家。

本书的出版得到了装备科技译著出版基金的全额资助,感谢国防工业出版社提供的坚定支持。原著主编陈志宁教授给予翻译组巨大鼓励和细致指导,在此也特别对他致以谢意。本书的翻译工作也得到国家自然科学基金项目(项目号 51777168 和 61801374,61801375)的支持。

本册翻译组

英 文 版 序

非常高兴为这部重要的天线手册作序。正值1865年麦克斯韦方程提出150周年之际,出版这套天线手册是很有意义的。尽管天线技术已经发展约一百年了,其重要性至今仍然存在。1886年,海因里希·赫兹(Heinrich Hertz)所做的关键实验证明了无线信号传输的可能性。而1895年,古格列尔莫·马可尼(Guglielmo Marconi)的工作则强调了无线通信的重要性。他随后利用简单的天线在地表上传输无线电信号,所用天线是安装在大地表面的四分之一波长偶极子,接收机很长,是靠风力升起的一串电线,也就是风筝。另一方面,尼古拉·特斯拉(Nicola Tesla)早在1891年就在研究利用感应线圈进行无线能量传输。

通信、遥感和雷达技术已经推动了天线技术的突飞猛进。一些最著名的例子包括1926年发明的八木宇田天线、喇叭天线、天线阵列、反射天线和贴片天线。贴片或微带天线是由George Deschamps于1953年提出的,后来经由许多科研人员发展,包括Yuen Tse Lo。此外,Paul Mayes从事宽带天线的研究,例如从八木宇田天线变形而来的对数周期阵列天线。Deschamps、Lo和Mayes都是我之前的亲密同事。最近,天线技术的重要性因手机行业的需求而愈加显著,要求天线的体积越来越小,且要持续小型化。

计算机技术的出现为用于天线结构建模的数值方法注入了发展活力。稳健、高效和快速的数值方法可以处理一些问题,其发展催生了诸多商业化软件来仿真天线性能。天线可以先在计算机上虚拟地建立原型,并在实际制造之前对其性能进行优化。这样的流程大大降低了成本,也为在不产生过高成本的情况下进行工程设计提供了机会。

目前已有许多商业化仿真软件套件可用,这极大简化了天线设计。此外,这些软件套件还可以释放天线工程师的创造力,扩大他们的设计空间。数值方法在商业软件套件中找到用武之地,这些方法为有限元法、矩量法和快速多极算法。更多算法还将出现在商业软件中:概念研究到商业应用之间的滞后时间一般需要10年到20年。除了计算机硬件性能的提高外,快速求解器的出现也推动着天线设计中计算电磁学的发展,这些快速求解器包括快速多极求解器、分层矩阵求解器和减秩矩阵求解器等。

天线设计也是波物理和电路物理的交叉产生的一个有趣领域。通过匹配网络的设计可将能量馈入天线,这需要利用电路设计方面的丰富知识。但是,能量在天线之间传输的方式是基于波物理的,因此天线孔径、增益、辐射方向图和极化等概念对天线至关重要。因此,低频电磁波和高频电磁波同样重要。实际上,对于许多反射面天线,波是准光学范畴,那么可以使用高频近似方法进行分析。另一方面,与电路物理的接口需要开展多尺度分析,这是计算电磁学研究的一个热门领域。

由于纳米制造技术的迅速发展,现在可以光波长的尺度实现纳米结构,这在光学领域刺激了纳米天线的发展。到了光学范畴,往往需要再次回顾或重新使用微波领域中的许多天线概念,这种模式已经用于自发和受激发射,以及Purcell因子增强。同样,光学也是一个需要新思想的领域。

我也很高兴看到,在新加坡国立大学陈志宁教授的领导下组织了本书这些章节。自从1994年我第一次访问中国,就认识了陈教授,那时他还是个年轻的中国人。我出生在海外,第一次中国之行充满了幻想与现实之间的冲突,但是陈教授作为一个直率的年轻人,以其强烈的好奇心给我留下了深刻的印象。自从我在马来西亚长大以来,包括新加坡在内的环太平洋地区的经济增长也触动了我的心弦,当初马来西亚和新加坡还属于一个国家。我多次访问新加坡,其间很高兴地了解到陈教授在新加坡国立大学(NUS)和资信与通信研究院(I^2R)开展的创新研究。这套手册正值新加坡建国50周年(SG50)之际出版,也有着特殊的意义。

周永祖
伊利诺伊大学香槟分校
2015年10月10日

英文版前言

距离詹姆斯·克拉克·麦克斯韦(1831–1879)发表以最初形式的麦克斯韦方程组为重点内容的《电磁场的动力学理论》[①]已经过去了一个半世纪。麦克斯韦方程组在数学上描述了光和电磁波以光速在空间中的传播。毋庸置疑,麦克斯韦方程组是继艾萨克·牛顿的运动定律和万有引力定律之后最重要的物理学突破。麦克斯韦的贡献已经影响且仍在继续影响物理学世界和我们的日常生活。麦克斯韦被认为是电磁场理论领域的创始人。谨以《天线技术手册》一书的出版,向麦克斯韦方程组诞生150周年致敬。

随着VLSI(超大规模集成电路)和计算机科学的进步,无线技术已经快速渗透到我们日常生活的各个方面;在日常活动中几乎每个人都拥有不止一部无线设备,如手机、笔记本电脑、非接触智能卡、智能手表等。天线作为辐射和感应电磁波或电磁场的关键部件,无疑已经在所有的无线系统中都扮演了不可替代的独特角色。因此,这些新兴的无线应用也聚焦在天线技术上,尤其是最近30年间,推动天线技术向着高性能、小型化、可嵌入集成发展。

当前国际上天线技术的最新特点是电性能可调控,或者说天线已经从无源部件发展成为集成有信号处理单元的智能化的子系统。波束形成、MIMO、大规模(Massive)MIMO、多波束天线系统等技术已经广泛应用在先进移动通信、雷达及成像系统中。天线技术和功能越来越复杂,对于天线的设计和优化必须系统地考虑。为了达到所期望的系统性能,天线需要紧密地联合射频通道、射频前端甚至信号处理单元进行综合设计,MIMO系统就是一个天线综合设计的典范。同样,天线技术的突破性发展也强烈地依赖于新材料和新制造工艺的进步。如同现存的PCB和LTCC工艺,最近兴起的基于增材工艺的3D打印技术掀起了天线设计和制造的新纪元。遗憾的是在材料方面天线可用的材料种类并不

---

① “A Dynamical Theory of the Electromagnetic Field”,原文 Electrodynamic 有误。——译者注

多,但是最近电磁超材料(基于常规材料的人工电磁结构)这一新奇物理概念的提出为新型天线设计技术打开了一扇新窗口。

我清晰地记得,在我的硕士学位答辩中,一位评审老师问我是否准备好在天线工程这个困难与枯燥的领域内开展学术研究。30 年过去了,我很赞同他当时的观点,一个优秀的天线工程师不仅要精通工程方面的知识,同样需要关注其他领域的知识,例如数学、物理、机械甚至材料学。然而,对于他所提到的呆板的工程法则,我却认为天线设计可以是一种有趣且具有活力的工作。当你将天线设计看作是一门艺术工作时,其中就包含了对于特定的天线性能、形状、尺寸以及方向的变化。尤其是当天线与无线通信系统的其他部分相融合时(这里的融合并不是传统的集成),天线技术将进入一个全新且充满启迪的新时代。对于天线技术而言,应借助不落窠臼的思维方式来激励技术上的挑战。

为了忠实地反映天线技术的最新进展和正在出现的技术挑战,我们邀请了享誉全球的 140 位专家合著《天线技术手册》,该手册包含 76 个章节共 3500 页。然而,最初只是因为不知道如何在许多其他有关天线(一个非常经典的领域)的手册之外制作一本独特的手册,因此当来自施普林格亚洲分部的 Yeung Siu Wai Stephen 博士找到我时,我对启动这个巨大项目犹豫不决。为了让读者充分认识和获益于《天线技术手册》,我围绕三个主要目标构建了本手册。首先,作为教学指导工具书,较适合的目标读者将是初级研究人员、工程师、研究生。为了帮助读者避免可能的迷惑,所有的章节都将为读者提供有关具体主题足够的历史背景信息。其次,除了基础和经典天线技术,与电磁主题相关的最先进技术也将被纳入手册,进一步加强读者对于现代天线技术的认识。最后,除了传统的纸质印刷品,读者也可逐章下载电子文件。我希望本手册将为天线技术的从业者(新手或专家)提供翔实且更新的参考指南。

如果没有这个强大的编写团队的帮助,其中包来自括美国 IBM 沃森研究中心的刘兑现博士,来自日本 Hosei 大学的中野久松教授,来自新加坡信息通信研究中心的卿显明博士与来自德国 Karlsruhe 技术中心的托马斯·兹维克教授,我们不可能在一年内完成这个巨大的编撰工作。通过艰苦的工作,我们选择并决定了 90 个标题,并且联系了相关的作者,复审了初稿,并与作者们商讨了每一章的修改等,这是一个非常花费时间的任务。我们要衷心地感谢 Barbara Wolf 女士,尤其也要感谢 Saskia Ellis 女士,她对该书在施普林格出版社成功出版提供了大力支持与专业指导。我们对所有作者致以最诚挚的感谢,他们花费宝贵的时间通过竭诚合作,为本手册做出了优秀贡献。

所有编委包括刘兑现博士、中野久松教授、卿显明博士和托马斯·兹维克教授,都要对各自家庭的巨大支持和理解表示感谢,具体来说,刘兑现博士向其妻子黄霜女士致谢,卿显明博士向其妻子杨晓勤女士致谢,中野久松教授分别向来自日本 Hosei 大学的 Junji Yamauchi 教授和 Hiroaki Mimaki 讲师致谢,感谢他们对该项工作的热情帮助。

这套手册涵盖了与天线工程相关的很宽范围的主题。

第 1 部分　理论:综述和介绍简要论述了天线相关的电磁学基础和非传统天线领域的最新主题,比如纳米天线和超材料。

第 2 部分　设计:单元和阵列更新了传统天线技术的最新进展,先进的技术因其高性能而适用于特定的应用,为保持完整性,也论及重要的天线测量装置和方法。

第 3 部分　应用:系统及天线相关问题,作为天线技术的重要部分,阐述了特殊无线系统中天线的原创设计理念。

陈志宁
新加坡国立大学
2015 年 10 月 10 日

总 目 录

第1册

第1部分 理论:概述与基本原理——引论和基本原理

第1章 麦克斯韦及其电磁理论的提出与演变
第2章 蜂窝通信中无线电波传播的物理及数学原理
第3章 天线仿真算法及商用设计软件
第4章 天线工程中的数值建模
第5章 天线仿真设计中的物理边界
第6章 天线接收互阻抗的概念与应用

第2册

第2部分 理论:概述与基本原理——天线领域新主题及重点问题

第7章 超材料与天线
第8章 天线设计优化方法
第9章 超材料传输线及其在天线设计中的应用
第10章 变换光学理论及其在天线设计中的应用
第11章 频率选择表面
第12章 光学纳米天线
第13章 局域波理论、技术与应用
第14章 太赫兹天线与测量
第15章 3D打印天线

第 3 册

第 3 部分　设计:单元与阵列——介绍及天线基本形式

第 16 章　线天线

第 17 章　环天线

第 18 章　微带贴片天线

第 19 章　反射面天线

第 20 章　螺旋,螺旋线与杆状天线

第 21 章　介质谐振天线

第 22 章　介质透镜天线

第 23 章　圆极化天线

第 24 章　相控阵天线

第 25 章　自互补天线与宽带天线

第 26 章　菲涅尔区平板天线

第 4 册

第 27 章　栅格天线阵列

第 28 章　反射阵天线

第 4 部分　设计:单元与阵列——高性能天线

第 29 章　小天线

第 30 章　波导缝隙阵列天线

第 31 章　全向天线

第 32 章　分集天线和 MIMO 天线

第 33 章　低剖面天线

第 34 章　片上天线

第 35 章　基片集成波导天线

第 36 章　超宽带天线

第5册

第37章　波束扫描漏波天线
第38章　可重构天线
第39章　径向线缝隙天线
第40章　毫米波天线与阵列
第41章　共形阵列天线
第42章　多波束天线阵列
第43章　表面波抑制微带天线
第44章　宽带磁电偶极子天线

第5部分　设计:单元和阵列——天线测量及装置

第45章　天线测量装置概论
第46章　微波暗室设计
第47章　EMI/EMC暗室设计、测量及设备
第48章　近场天线测量技术

第6册

第49章　小天线辐射效率测量
第50章　毫米波亚毫米波天线测量
第51章　可穿戴可植入天线评估

第6部分　应用:天线相关的系统与问题

第52章　移动通信基站天线系统
第53章　终端MIMO系统与天线
第54章　无线充电系统天线
第55章　局部放电检测系统天线
第56章　汽车雷达天线
第57章　车载卫星天线
第58章　卫星通信智能天线

第 59 章　WLAN/WiFi 接入天线

第 7 册

第 60 章　体域传感器网络设备天线
第 61 章　面向生物医学遥测应用的植入天线
第 62 章　医学诊治系统中的天线与电磁问题
第 63 章　全息天线
第 64 章　辐射计天线
第 65 章　无源无线天线传感器
第 66 章　磁共振成像天线
第 67 章　航天器天线及太赫兹天线
第 68 章　射电望远镜天线

第 8 册

第 69 章　面向无线通信中的可重构天线
第 70 章　微波无线能量传输天线
第 71 章　手持设备天线
第 72 章　反射面天线的相控阵馈源

第 7 部分　应用:天线相关的系统与问题——天线相关的特殊问题

第 73 章　传输线
第 74 章　间隙波导
第 75 章　阻抗匹配与巴伦
第 76 章　天线先进制造技术

本 册 目 录

第 27 章　栅格天线阵列 …… 1

27.1　引言 …… 2

27.2　GAA 的基本理论与工作原理 …… 6

27.2.1　基本理论 …… 6

27.2.2　基本的单馈结构 …… 7

27.2.3　基本的双馈结构 …… 9

27.2.4　子阵结构 …… 11

27.3　集成化设计 …… 13

27.3.1　集成到栅格阵列封装的 GAA …… 13

27.3.2　同一封装结构上集成两个 GAA 天线 …… 19

27.4　毫米波应用 …… 27

27.5　总结 …… 28

参考文献 …… 29

第 28 章　反射阵天线 …… 35

28.1　引言 …… 36

28.2　反射阵天线:反射面天线与阵列天线的结合体 …… 38

28.2.1　反射阵单元 …… 40

28.2.2　反射阵的设计与分析 …… 51

28.2.3　最新研究进展及应用 …… 67

28.3　结论 …… 74

参考文献 …… 75

第四部分　设计：单元与阵列—高性能天线

第 29 章　小天线…… 84

29.1　引言…… 85

29.2　小天线概论…… 85

29.2.1　现代小天线概述…… 85

29.2.2　小天线定义…… 86

29.2.3　小天线限制条件…… 87

29.2.4　小天线的重要性…… 88

29.3　小天线简史…… 89

29.4　缩小天线尺寸的原理和方法…… 94

29.4.1　基本原理…… 94

29.4.2　缩小天线尺寸的方法…… 94

29.5　实用小天线…… 111

29.5.1　ESA…… 111

29.5.2　FSA…… 123

29.5.3　PCSA…… 129

29.5.4　PSA…… 135

29.6　未来发展方向和待解决问题…… 147

参考文献…… 147

第 30 章　波导缝隙阵列天线…… 152

30.1　引言…… 153

30.2　波导缝隙天线及阵列的发展历程…… 153

30.3　部件…… 154

30.3.1　缝隙天线…… 154

30.3.2　矩形波导…… 155

30.4　单元…… 156

30.4.1　纵向缝隙天线…… 156

30.4.2 横向缝隙天线 …… 157
30.4.3 倾斜缝隙天线 …… 157
30.4.4 复合缝隙天线 …… 158
30.4.5 边缘缝隙天线 …… 158
30.4.6 反射相消缝隙天线 …… 160
30.5 波导缝隙阵列天线的设计步骤 …… 161
30.5.1 设计单元的激励分布 …… 161
30.5.2 根据所需的激励设计单元 …… 161
30.5.3 通过分析整个阵列天线来改进单元设计 …… 163
30.6 一维缝隙阵列天线 …… 163
30.6.1 驻波激励 …… 163
30.6.2 行波激励 …… 164
30.6.3 反射相消缝隙天线阵列 …… 166
30.7 二维缝隙天线阵列 …… 167
30.7.1 结构 …… 167
30.7.2 串联馈电与并联馈电 …… 168
30.8 设计实例 …… 168
30.8.1 相位交替馈电的单层 18×18 单元波导缝隙阵列 …… 168
30.8.2 部分并联馈电的双层 20× 20 单元波导缝隙阵列 …… 172
30.9 总结 …… 175
参考文献 …… 175

第 31 章 全向天线 …… 177

31.1 引言 …… 178
31.1.1 全向辐射方向图 …… 179
31.1.2 全向天线的方向性 …… 179
31.1.3 全向性 …… 181
31.1.4 全向天线的构成 …… 182
31.1.5 全向天线的设计思路 …… 183
31.2 垂直极化全向天线 …… 184

31.2.1 基于偶极子的全向天线……………………………………………… 184
31.2.2 基于单极子的全向天线……………………………………………… 192
31.2.3 缝隙阵列天线……………………………………………………… 195
31.2.4 双反射器全向天线………………………………………………… 197
31.2.5 低剖面全向天线…………………………………………………… 199
31.3 水平极化全向天线 ……………………………………………………… 202
31.3.1 基于环的全向天线………………………………………………… 203
31.3.2 基于超材料的零相移线环形天线………………………………… 207
31.3.3 波导缝隙阵列天线………………………………………………… 212
31.3.4 平面天线阵列……………………………………………………… 214
31.3.5 介质谐振器天线…………………………………………………… 217
31.4 双线极化全向天线 ……………………………………………………… 218
31.5 圆极化全向天线 ………………………………………………………… 222
31.5.1 单辐射器圆极化全向天线………………………………………… 222
31.5.2 多圆极化辐射器的圆极化全向天线……………………………… 225
31.5.3 组合线极化辐射器的圆极化全向天线…………………………… 229
31.6 结论 ……………………………………………………………………… 233
参考文献 ……………………………………………………………………… 233

第32章 分集天线和MIMO天线……………………………………………… 241

32.1 引言 ……………………………………………………………………… 242
32.2 分集和MIMO天线的性能表征 ………………………………………… 243
32.2.1 移动通信中的分集技术…………………………………………… 243
32.2.2 无线通信中的MIMO ……………………………………………… 244
32.2.3 多天线的性能评价………………………………………………… 245
32.3 若干基本MIMO天线的性能 …………………………………………… 251
32.3.1 平行偶极子………………………………………………………… 251
32.3.2 交叉偶极子和三偶极子…………………………………………… 254
32.3.3 三趾半缝隙天线…………………………………………………… 257
32.3.4 共地单极子………………………………………………………… 258

32.4 紧凑型 MIMO 天线设计的去耦技术 …… 259
32.4.1 中和线 …… 260
32.4.2 电桥设计 …… 261
32.4.3 匹配网络 …… 263
32.4.4 散射体去耦 …… 264
32.4.5 修改接地面 …… 267
32.4.6 正交模式去耦 …… 267
32.5 LTE MIMO 应用上的天线设计 …… 269
32.5.1 基座模式和正交基座模式 MIMO 天线 …… 270
32.5.2 局部模式 …… 271
32.5.3 用于增强 MIMO 带宽的相互散射模式和对角线天线—基座模式 …… 272
32.5.4 去相关散射体设计 …… 275
32.5.5 环形天线和人体低敏感天线 …… 276
32.6 多天线 SAR 和 OTA 性能及其现场测试 …… 278
32.6.1 身体效应对移动终端的集成 MIMO 天线的影响 …… 278
32.6.2 多发射机 SAR 问题 …… 280
32.6.3 工作于 700MHz 频段的不同 MIMO 天线设计的 LTE 现场测试 …… 285
32.7 总结 …… 287
参考文献 …… 287

第 33 章 低剖面天线 …… 293

33.1 引言 …… 294
33.1.1 术语:低剖面天线和电小天线 …… 295
33.1.2 低剖面天线的重要性 …… 297
33.2 设计的基本原理和限制 …… 297
33.2.1 小型化技术 …… 298
33.2.2 基本限制 …… 299
33.3 低剖面天线类型 …… 300

33.3.1 基于偶极子的天线设计 …… 300
33.3.2 缝隙天线设计 …… 308
33.3.3 环形天线 …… 313
33.3.4 微带贴片/平面倒 F 天线 …… 318
33.3.5 设计发展现状 …… 322
33.4 总结 …… 323
参考文献 …… 323

第 34 章 片上天线 …… 329

34.1 引言 …… 330
34.2 片上天线技术 …… 330
34.3 片上天线的紧凑电路模型和辐射效率 …… 335
34.3.1 硅基片改性 …… 339
34.3.2 人工磁导体的实现 …… 339
34.3.3 增加介质覆盖层和介质谐振器 …… 339
34.3.4 使用基片透镜 …… 340
34.4 片上天线和电路 …… 340
34.4.1 天线和电路的集成 …… 340
34.4.2 片上天线和电路间的串扰 …… 341
34.5 片上天线应用实例 …… 345
34.6 总结 …… 346
参考文献 …… 346

第 35 章 基片集成波导天线 …… 351

35.1 引言 …… 352
35.2 基片集成波导 …… 354
35.2.1 SIW 技术和设计基础 …… 355
35.2.2 基片集成波导的主要参数 …… 361
35.3 非谐振基片集成波导天线 …… 367
35.3.1 喇叭天线 …… 368

35.3.2 漏波天线 …… 374
35.3.3 对跖渐变槽线天线 …… 383
35.4 成像应用 …… 406
35.4.1 双极化端射天线 …… 407
35.4.2 用于成像的费米渐变槽线阵列天线 …… 413
35.4.3 成像系统 …… 416
35.5 结论 …… 418
参考文献 …… 419

第36章 超宽带天线 …… 427

36.1 引言 …… 428
36.2 超宽带天线的优化设计 …… 430
36.2.1 样条理论 …… 430
36.2.2 基于样条的天线结构实例 …… 431
36.3 可用于时域设备UWB天线的优化 …… 436
36.3.1 UWB脉冲形状 …… 436
36.3.2 差分馈电的UWB天线 …… 438
36.3.3 脉冲平衡 …… 443
36.3.4 天线脉冲响应的去嵌入方法 …… 445
36.4 UWB在定位和跟踪上的应用 …… 448
36.5 UWB生物医学成像 …… 453
36.6 未来发展方向和待研究的问题 …… 461
参考文献 …… 462

附录:缩略语 …… 469

第 27 章
栅格天线阵列

Mei Sun, Yue Ping Zhang

摘要

栅格天线阵列(Grid Antenna Array,GAA)是一种由若干个矩形环组成的平面阵列天线。GAA 既可用作行波天线,也可用作非行波天线。本章将详细描述各种形式的 GAA,并简要回顾 GAA 的理论研究进展及其应用。本章的研究重点为面向 60GHz 毫米波应用的谐振式 GAA,论述了基本的单馈、双馈以及子阵结构 GAA 的基础理论与工作原理。更重要的是,本章介绍如何将 GAA 进一步集成为封装天线(AiP)模块(工作频率为 60GHz),并介绍封装天线模块的设计、加工与测试细节。最后,本章讨论 GAA 在毫米波领域的最新用途。从微波的低频段至 120GHz 的毫米波频段,GAA 都有广阔的应用前景。

M. Sun(✉)
新加坡科技研究局资讯通信研究院,新加坡
e-mail:msun@ i2r. a-star. edu. sg
Y. P. Zhang
新加坡南洋理工大学电气与电子工程学院,新加坡
e-mail:eypzhang@ ntu. edu. sg

关键词

栅格天线阵列;阵列天线;微带栅格阵列天线;毫米波栅格阵列天线;交叉网格阵列天线

27.1 引言

1964年,Kraus首次提出栅格天线阵列的概念(Kraus,1964a),这种行波天线具有频率扫描特性,随着频率变化产生后向扫描波束。1966年,Kraus为栅格天线阵列申请了发明专利(Kraus,1966)。图27.1总结归纳了栅格天线阵列的基本形式以及大量基于微带技术的衍生结构。在图27.1(a)、27.1(b)中,栅格天线阵列的基本结构由介质基板上的微带线类型的矩形网格组成,或者由空气($\varepsilon_r \geqslant 0$)中的金属线和金属接地板组成。栅格天线阵列的馈电点可以位于网格的中心,如图27.1(a)所示;馈电点也可以位于网格的一端,另一端连接负载,如图27.1(b)所示。栅格天线阵列的馈电结构为穿过接地板上圆孔的一个金属导通柱,如同轴电缆。栅格天线阵列可工作在谐振模式,也可工作在非谐振模式,栅格天线阵列的工作模式取决于网格边长的电长度。以基板上的栅格天线阵列为例,图27.1(a)为谐振式栅格天线阵列,该天线的网格边长大致为1.5个介质波长,沿着网格长边的瞬时电流呈反相分布,而沿着网格短边的瞬时电流呈同相分布。因此,网格的长边在本质上起微带线的作用,而网格短边同时起辐射体和微带线的作用,二者共同产生边射方向的主波束辐射。图27.1(b)为非谐振式行波栅格天线阵列,该天线的网格短边长度略大于1/3介质波长,网格长边的长度大致介于网格短边的2~3倍。假设从天线的一端进行馈电,那么沿着网格短边的电流相位逐渐超前,这就会在后向形成最大辐射。

自GAA发明以来,相关研究工作一直沉寂多年。1974年,M. Tiuri提出了一种“链式天线”(Tiuri et al.,1974a),如图27.1(d)所示。“链式天线”是一种具有波束扫描特性的行波天线,该“链式天线”与Kraus的设计方案有所不同,Tiuri在辐射阵列的一端设置了吸收负载(Tiuri et al.,1974b)。1981年,R. Conti

等提出了世界上首例非行波 GAA(R. Conti et al.,1981;Toth et al.,1983)。如图 27.1(o)所示,R. Conti 将四个具有固定边射波束的 GAA 用作单脉冲雷达天线。如图 27.1(c)所示,调整微带线的阻抗可以控制天线的幅度分布,从而降低第一副瓣。

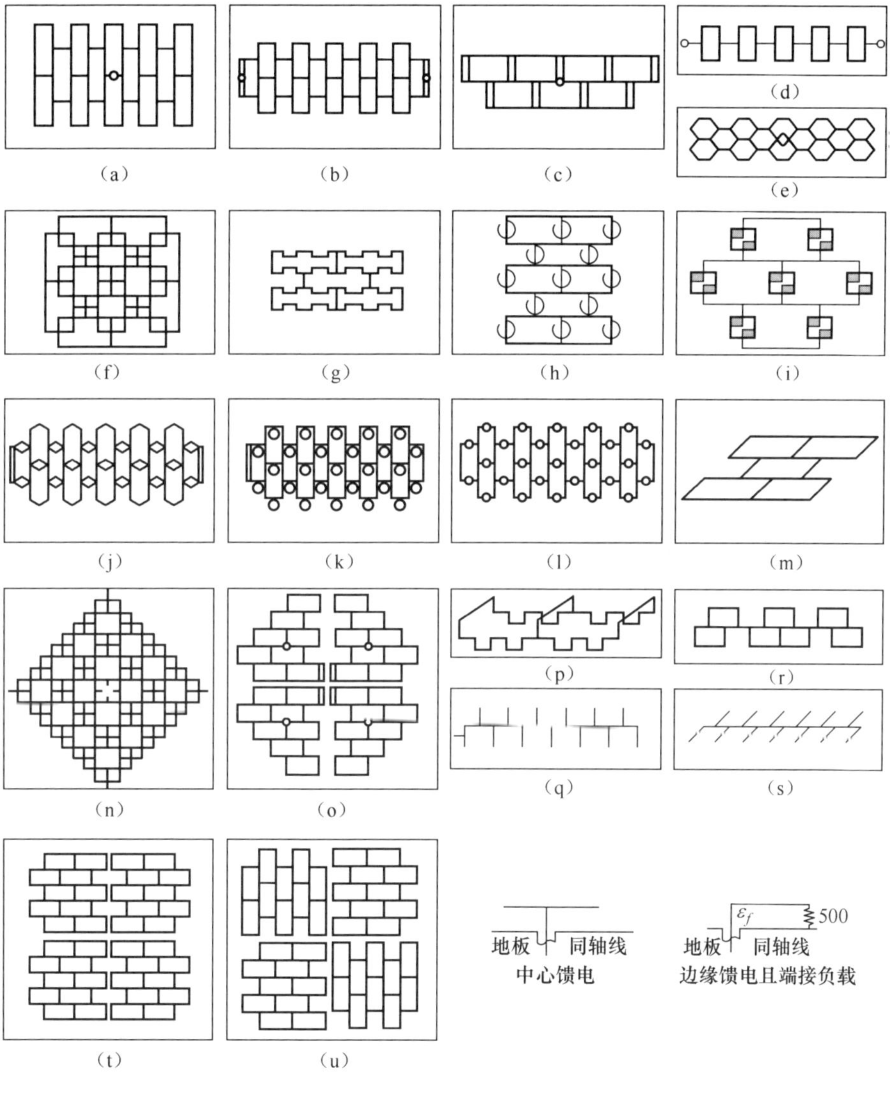

图 27.1　栅格天线阵列的基本形式及其衍生结构

(a)、(b)基本形式;(c)~(u)衍生结构。

Nakano团队在栅格天线阵列上投入了巨大的精力。自20世纪90年代中叶以来,Nakano团队发表了许多有关栅格阵列天线设计与分析的论文。1995年,Nakano等基于交叉网格提出了一种中心馈电的双线极化GAA(Nakano et al.,1995),如图27.1(f)所示;Nakano团队还提出了一种具有变形六边形环的GAA天线衍生结构,并将其称为蜂窝线天线(Nakano et al.,1996,1997),如图27.1(e)所示;对网格的长边进行弯折,可以得到一种小型化栅格天线阵列(Nakano et al.,1997;Nakano et al.,1998a),如图27.1(g)所示;1998年,Nakano团队在辐射阵列的上方放置C形单元,首次实现了圆极化GAA(Kawano et al.,1998),如图27.1(h)所示;2007年,Nakano团队通过修正网格的短边,实现了圆极化栅格天线阵列(Nakano et al.,2007;Iitsuka et al.,2012),如图27.1(i)所示;在十字网格阵列上方放置C形单元,可以实现具有多种极化模式的GAA(垂直线极化、水平线极化、圆极化)(Kawano et al.,1999,2000;Nakano et al.,2001a,2001b),如图27.1(n)所示;Nakano团队提出的菱形栅格天线阵列(RGAA)具有稳定增益,该天线具有很多弯曲的辐射单元(Iitsuka et al.,2009a;Nakano et al.,2013a),如图27.1(j)所示;Nakano团队提出了一种加载圆环的GAA,通过在圆环上添加微扰单元可以获得圆极化频率扫描波束(Nakano et al.,2013b;Iitsuka et al.,2010),如图27.1(k)所示;2010年,Nakano团队提出了另一种频扫圆极化GAA(Iitsuka et al.,2010),该天线的辐射单元为螺旋天线,如图27.1(l)所示。

上述研究工作都是针对较低的微波频段而展开的。Zhang的团队率先将GAA用于毫米波频段。2008年,为了获得标准的表面贴装芯片封装结构,Zhang的团队利用低温共烧陶瓷(LTCC)基板实现了60GHz的基本型GAA(Sun et al.,2008;Zhang et al.,2008),如图27.1(a)所示。该天线是首个毫米波GAA,并被视作“封装天线”技术的最佳解决方案之一(Sun et al.,2008)。Sun等进一步完善了将GAA用作60GHz封装天线的设想(Sun et al.,2009a)。瞄准毫米波与集成化应用,Zhang的团队于2011年提出了一款具有新型平衡馈电结构的GAA(Zhang et al.,2011c)。当该天线用于差分系统时,这种天线不需要额外的有耗巴伦。通过调整网格长边与短边之间的夹角,Zhang的团队提出了一款新型的45°线极化栅格天线阵列(Zhang et al.,Sun 2008),如图27.1(m)所示;通过弯折多层金属结构中网格的长边和短边,Zhang的团队提出了一款小型化栅格天线阵列(Zhang et al. ,2011c),如图 27.1(p)所示。弯折结构使网格的短边大都远离地面,这也许有助于改善 GAA 的辐射性能。除了毫米波应用之外,Zhang 的团队还将 GAA 用作车辆雷达的传感器天线,并由此衍生出一种梳状阵列天线设计方案(Zhang et al. ,2011a,2011b,2012),如图 27.1(r)、(q)、(s)所示。2012 年,Zhang 的团队将 GAA 用作子阵单元,并成功获得更大的阵列(Zhang et al. ,2012a,2012b,2013),如图 27.1(t)所示。将大型辐射阵列划分为小规模的子栅格阵列,多个馈电点可以将累积相位误差降到最小,从而有助于产生性能更好的期望辐射。Zhang 等首次提出这种天线的封装方案(Zhang et al. ,2012a;Zhang et al. ,2013a),并进一步将该天线与双频单极子天线进行集成得到移动终端天线(Zhang et al. ,2013d)。2013 年,Zhang 的团队通过顺序旋转 GAA 子阵得到了如图 27.1(u)所示的圆极化 GAA(Zhang et al. ,2010,2012a),并将该天线进行封装(Zhang et al. ,2013b)。

栅格阵列天线的分析和综合具有非常悠久的历史。Kraus(1964b)首次分析了 GAA 的波速。1992 年,L. Hildebrand 研究了基于矩量法(MoM)的 GAA 分析方法,这是首次尝试分析 GAA 的特征(Hildebrand,1992)。1994 年,H. Nakano 首次利用 MoM 分析吉赫频段的 GAA(Nakano et al. ,1994)。20 世纪中后叶,H. Nakano 研究了快速 MoM 来分析计算 GAA(Nakano et al. ,1998b,2001c,2005)。1997 年,K. Palmer 首次尝试研究了 GAA 的综合方法(Palmer et al. ,1997)。在长达 50 年间,GAA 的分析与综合方法一直没有形成自身的研究体系。直到 2011 年,Zhang 的团队研究了 GAA 的性能,并提出了 GAA 的综合方法(Zhang et al. ,2011)。2013 年,Zhang 首次采用方向图综合方法验证了 GAA 的辐射机理(Zhang et al. ,2013c)。

综上所述,GAA 在毫米波频段具有广泛的用途。Zhang 的团队提供了上述各种各样的新型封装方案,这促使 GAA 成为毫米波频段“封装天线”技术的备选天线方案之一。此外,Zhang 的团队还研究了用于 24GHz 车辆雷达传感器的 GAA(Zhang et al. ,2011a,2011b,2012)。受到 Zhang 的团队及其研究成果的启发,W. Menzel 将 GAA 用于 79GHz 车辆雷达(Bauer et al. ,2011;Frei et al. ,2011;Bauer et al. , 2013),T. Zwick 将液晶聚合物基板上的 D 频段 120GHz GAA 用作表面贴装芯片封装结构的盖板(Beer et al. ,2013)。上述研究成果表明,从微波频段到毫米波频段,GAA 都具有广泛的用途。

虽然谐振式GAA和非谐振式GAA在众多应用中都非常有用,但本章将重点研究工作在毫米波频段的谐振式GAA。“GAA的基本理论与工作原理”一节阐述了GAA的基本理论与工作原理。“集成化设计”一节重点讲述了GAA的集成化设计方法。“毫米波应用”一节介绍了GAA在毫米波领域的应用。“总结”一节对全章内容进行了总结与归纳。

27.2 GAA的基本理论与工作原理

27.2.1 基本理论

将GAA设计成行波天线时,GAA的特征是随着输入信号频率的变化而产生空间扫描波束。短边上的电流为同相分布,这部分电流对于辐射的贡献是产生等相位波前与主极化辐射。长边上的电流为反相分布,这部分电流会在远场区域相互抵消并产生交叉极化辐射。因此,每个环的短边通常看作辐射体或辐射单元。对于行波天线而言,通常从辐射阵列的一端进行激励,而另一端通常既可以添加吸收负载(如Tiuri所设计的天线(Tiuri et al.,1974a))也可以不添加吸收负载(如Kraus所设计的天线(Kraus,1964a))。当输入信号从辐射阵列的一端传输到辐射阵列的另一端时都会产生相移,这种相移会产生倾斜的等相位波前,并导致波束发生倾斜。由于各个环的尺寸均固定,因此不同频率的输入信号都会产生相应的相移,从而导致等相位波前随着频率发生变化。

虽然无需额外的移相网络或波束形成网络,行波式GAA就可以获得波束扫描性能,但是这种天线既不能提供精确的波束控制能力(波束准确出现在特定位置),也不能在固定频率处形成扫描波束。因此,行波式GAA没有得到广泛应用,反而非行波式GAA得到了广泛应用。

非行波式GAA的馈电点通常靠近其几何中心。由于从馈电点传播到辐射阵列的边缘的电磁波具有相同的相位变化,因此非行波式GAA的特征是在边射方向形成固定波束。在这种情况下,每个环的短边传输同相电流以产生有效辐射,而长边上的电流呈反相分布,如图27.2所示。

为了深入研究非行波式GAA的工作原理,后续章节将分别介绍单馈、双馈、子阵结构的设计方案。目前,有学者已经以Ferro的A6型低温共烧陶瓷作为基

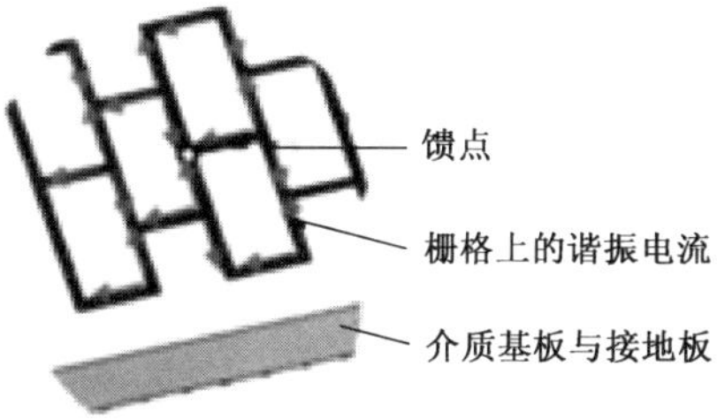

图 27.2　谐振式栅格阵列天线的基本理论

板设计了工作频率为 60GHz 的栅格阵列天线。A6 型陶瓷片烧结后的相对介电常数为 5.9，损耗角正切为 0.0015；金属材料通常为银或金，这两种材料均具有良好的导电性。利用 HFSS 仿真软件来仿真分析设计方案，并确定了介质基板的尺寸、网格的数目、微带线阻抗、激励位置以及相关的金属导通孔的直径。栅格天线阵列设计简便，更重要的是，由于栅格天线阵列的网格结构避免了微型裂缝或弯曲，因此栅格天线阵列非常适合采用 LTCC 工艺来加工实现。

27.2.2　基本的单馈结构

60GHz 频段的微带型栅格天线阵列如图 27.3 所示，该天线由介质基板正面的矩形微带线网格与介质基板背面的金属接地板组成。同轴探针穿过接地板上的圆孔对天线进行馈电，馈电点位于某个节点上。以 Ferro A6-S LTCC 作为基板，微带型栅格天线阵列的设计指标如下：工作频率为 61.5GHz，最大增益大于 13.5dBi，阻抗带宽和辐射带宽均达到 7GHz，效率高于 80%。

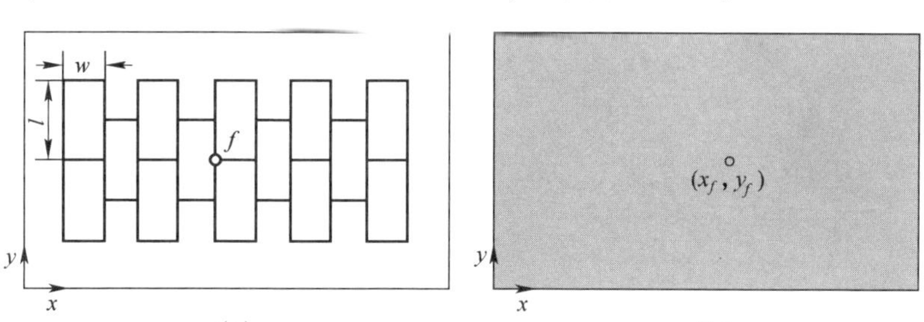

图 27.3　60GHz 栅格阵列天线

(a)俯视图；(b)底视图。

当增益要求为 13.5dBi 时，考虑到各种损耗，可以确定至少需要 14 个网格，这就决定了基板的长度和宽度分别约为 11.5mm 和 5mm。在选取基板厚度时，

应该避免激励起 TE_1 模表面波。因此,考虑到 LTCC 布局的基本原则,最终将天线的整体尺寸确定为 13.5mm×8mm×0.375mm。为了节省成本与便于加工,微带线具有统一的宽度和厚度,分别为 0.15mm 和 0.01mm。通过 HFSS 仿真分析,可以确定网格尺寸、馈电点 f、金属导通孔的直径 d_v、接地板上的孔直径 a_v。上述参数分别为:$l=2.5\text{mm}\approx\lambda_g$,$w=1.365\text{mm}\approx\lambda_g/2$,$d_v=0.1\text{mm}$,$a_v=0.3\text{mm}$,$x_f=4\text{mm}$,$y_f=6.075\text{mm}$,其中 λ_g 为波导波长。

图 27.4(a)、(b)分别为天线的 $|S_{11}|$ 与峰值增益随频率变化的仿真结果。10dB 阻抗带宽达到 13GHz(51~64GHz)或 26.7 %(中心频率为 60GHz)。在 61GHz 处,最大可实现增益为 15dBi。在要求的 7GHz 带宽内,效率优于 85%。图 27.4(c)、(d)分别为天线在 60GHz 处的 xz 面与 yz 面辐射方向图仿真结果。正如预期一样,天线辐射方向图的主瓣沿着边射方向,副瓣电平低于 20dB,交叉极化辐射分量较弱。

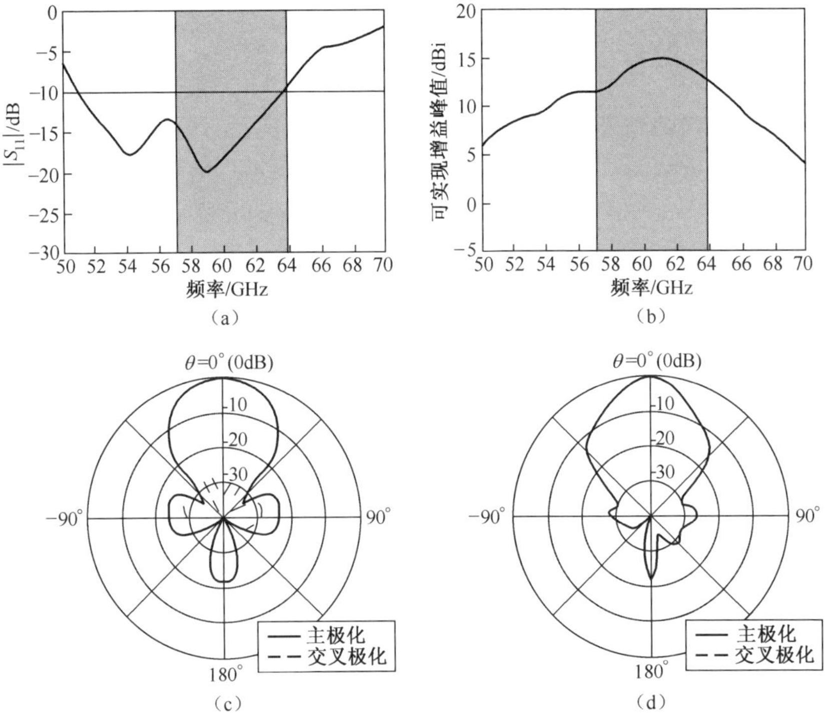

图 27.4　栅格天线阵列的仿真性能

(a) $|S_{11}|$;(b)可实现增益峰值;(c) xz 面辐射方向图(60GHz);(d) yz 面辐射方向图(60GHz)。

27.2.3　基本的双馈结构

基本的双馈点栅格天线阵列如图 27.5 所示。本节所述的差分馈电结构不同于 Kraus(1964a) 和 Nakano 等(2005)提出的天线结构,本节所述的差分馈电栅格天线阵列会在网格短边的缝隙处连接一个差分馈源。设计指标如下:最大增益达到 15dBi,阻抗带宽和辐射带宽均达到 7GHz,效率达到 80 %。双馈 GAA 的设计步骤与单馈 GAA 的设计步骤相似,最终确定网格数目为 14,基板尺寸为 13.5mm×8mm×0.385mm,微带线的宽度与厚度均为初始值。通过 HFSS 仿真分析,最优的网格尺寸、双馈点位置、金属导通孔的直径 d_v、接地板上的孔隙直径 a_v分别为:$l=2.5\text{mm}\approx\lambda_g$,$w=1.365\text{mm}\approx\lambda_g/2$,$d_v=0.1\text{mm}$,$a_v=0.3\text{mm}$,$x_{f1}=7.3\text{mm}$,$y_{f1}=3.98\text{mm}$,$x_{f2}=8.08\text{mm}$,$y_{f2}=3.98\text{mm}$。

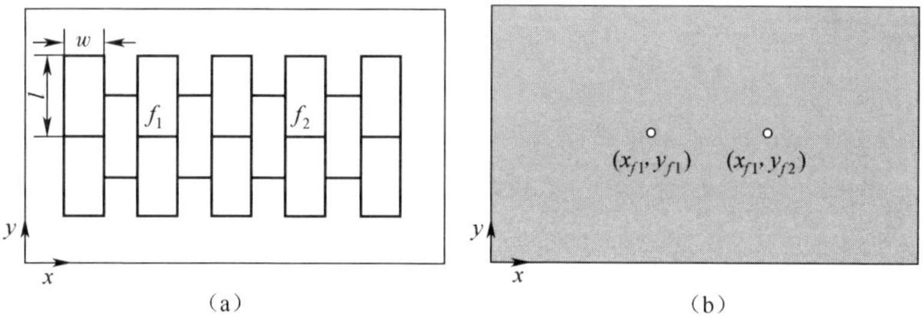

图 27.5　双馈栅格阵列天线

(a)俯视图;(b)底视图。

图 27.6(a)对比了 61.5GHz 处差分馈电和单点馈电两种情况下电流分布的仿真结果。值得注意,Kraus(1964a)、Conti 等(1981)、Palmer 与 Cloete(1997)给出的电流分布均具有如下规律:沿着网格长边呈反相分布,沿着网格短边呈同相分布。然而,图 27.6(a)中,仅仅在馈电点附近电流沿着网格长边呈反相分布,沿着网格短边呈同相分布。这是由于,在如此高的频率下,即使网格尺寸只发生细微变化,传输线上信号的相位也会发生显著变化。例如在 60GHz 频率下,参数 w 变化 70μm,信号将产生约 10°的相位差,这就会使得远离馈电点的网格处的相位同步变得愈发困难。差分工作模式的栅格天线阵列具有两个馈电点,因此它的期望电流分布网格多于单馈栅格天线阵列。

图 27.6(b)对比了两种天线的 $|S_{11}|$仿真结果。单馈栅格天线阵列的阻抗

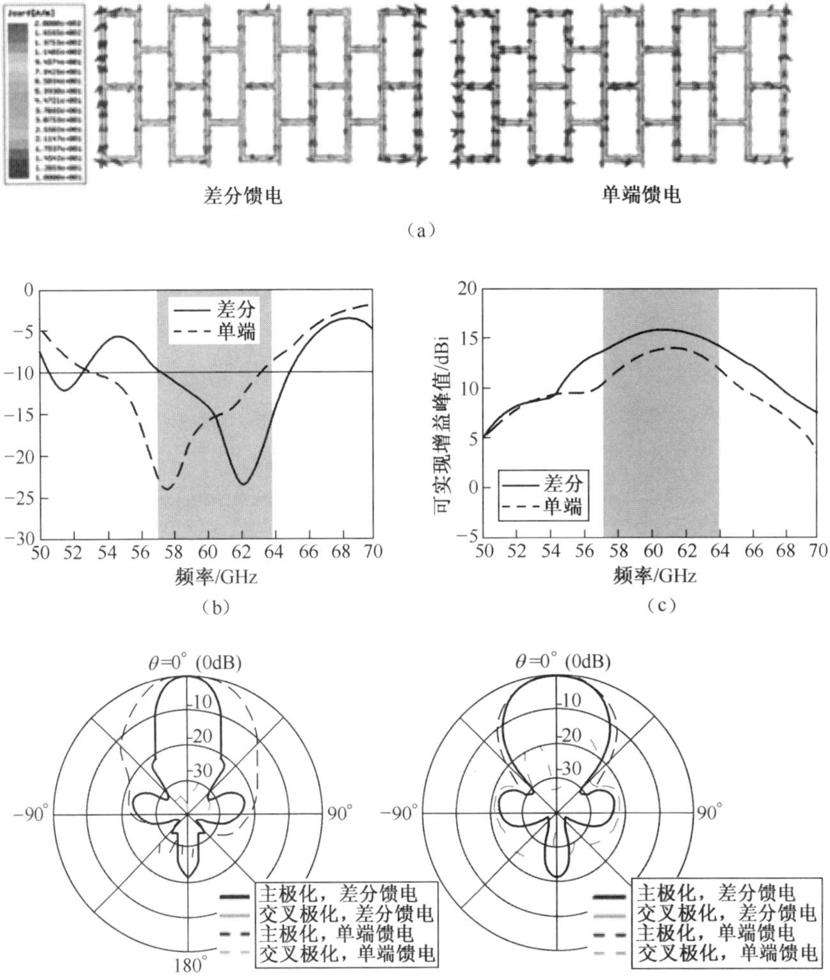

图 27.6　双馈栅格天线阵列与单馈栅格天线阵列仿真结果对比(彩图见书末)

(a)电流分布(61.5GHz);(b) $|S_{11}|$;(c)可实现增益峰值;

(d)xz 面方向图(61.5GHz);(e)yz 面方向图(61.5GHz)。

带宽为 53~63GHz,达到 10GHz(16.7%);差分馈电栅格天线阵列的阻抗带宽为 57~65GHz,达到 8GHz(13%)。单馈栅格天线阵列的阻抗带宽更宽,这是由于单馈天线中同相位电流辐射单元数目更少。图 27.6(c)给出了天线峰值增益的仿真结果。在差分馈电与单端馈电模式下,天线的增益分别为 16dBi 和 13.5dBi,

二者的 3dB 增益带宽都足够宽。在两种馈电模式下,天线的仿真效率均高于 90%。图 27.6(d)、(e)对比了频率为 61.5GHz 处两种馈电模式对应的 *xz* 面与 *yz* 面辐射方向图。正如预期那样,主极化场将在边射方向产生辐射主瓣,而交叉极化场则在边射方向产生辐射零深。与单端馈电相比,差分馈电天线的 *xz* 面主波束宽度更窄,而二者的 *yz* 面波瓣则较为相似。在 *xz* 面与 *yz* 面,差分馈电天线的交叉极化场均弱于单端馈电天线,这是由于差分馈电天线具有如图 27.6(a)所示的电流分布,差分馈电天线的前后比达到了 21dB。

27.2.4　子阵结构

本节将介绍 GAA 子阵的基本工作原理。以图 27.7(a)所示的 GAA 为子阵单元所组成的各种结构的 GAA 如图 27.7(b)~(e)所示。设计频率为 61.5GHz,详细设计过程参见 Zhang(2014)。值得指出,栅格阵列天线子阵的每条短边上的电流确实都呈同相分布,而每条长边上的电流呈反相分布。正如预期,辐射的主波瓣沿着边射方向,辐射方向图参见 Zhang(2014)。

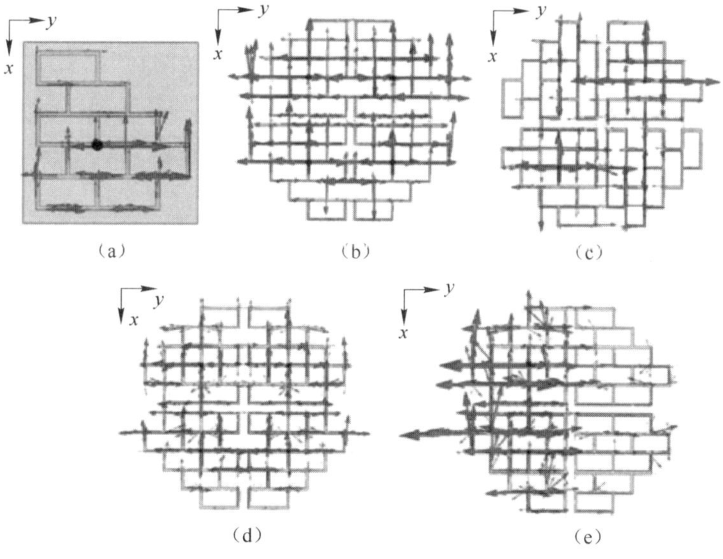

图 27.7　谐振式 GAA 子阵结构及其电流分布(彩图见书末)

(a)GAA 子阵单元;(b)由 4 个子阵组成的线极化 GAA;(c)由 4 个子阵组成的圆极化 GAA;(d)由 4 个子阵组成的单平衡 GAA;(e)由 4 个子阵组成的单非平衡 GAA。

由四个 GAA 子阵构成的大型阵列与多馈结构,不仅改善了非同步电流,而且增加了设计的灵活性。例如,同时对上下两个象限的栅格阵子阵进行差分馈电,就可得到一个线极化(LP)GAA。

图 27.7(b)给出了频率 61.5GHz 处线极化 GAA 的电流分布仿真结果,该 GAA 的 32 个环由 4 个栅格阵列子阵与 4 个馈电点组成。显而易见,相比于图 27.7(a)而言,图 27.7(b)的电流分布更加符合我们的设计要求。由于一个馈电点只激励 8 个环而不是同时激励 32 个环,因此可以有效降低累积相位误差,从而改善天线上的电流分布。虽然子阵间的耦合与多馈点结构仍然可能产生不理想的电流分布,但是在最大辐射方向沿着边射方向的前提下,这种结构能够显著改善天线的辐射方向图,详细性能参见(Zhang et al.,2012b,2013,2014)和 Zhang et al.(2013a)。

按照左手(LH)或右手(RH)顺序旋转栅格阵列子阵,就可以得到圆极化(CP) GAA。图 27.7(c)为频率 61.5GHz 处圆极化 GAA 的电流分布仿真结果,该 GAA 的 32 个环由 4 个栅格子阵与 4 个馈电点组成,详细情况参见文献(Zhang et al.,2010,2012a)和(Zhang et al.,2013b)。该天线具有良好的圆极化性能,最大辐射方向沿着边射方向且具有满足要求的轴比带宽。

如图 27.7(d)所示,当对位于栅格阵列上半区域按照 0°相位馈电,同时对位于栅格阵列下半区域按照 180°相位馈电,此时可以得到一种与平衡输出系统兼容的单平衡天线。如果位于栅格阵列左半区域和右半区域的子阵分别采用差分馈电(对左半区域的栅格子阵采用一组差分对馈电,对右半区域的栅格子阵采用另外一组差分对馈电),就可以得到两个平衡天线,其中一个天线用于发射,另一个天线用于接收。图 27.7(d)给出了频率 61.5GHz 处单平衡 GAA 的电流分布仿真结果。当对两个双平衡 GAA 之中的一个进行馈电时,在频率 61.5GHz 处的电流分布仿真结果如图 27.7(e)所示。单平衡 GAA 与双平衡 GAA 的最大辐射方向都沿着边射方向(Zhang et al.,2014)。

上述 GAA 的最大可实现增益详细结果参见 Zhang 和 Zhang(2014)。由 Zhang 的论文可知,图 27.7(b)所示 GAA 的 3dB 增益带宽最窄。图 27.7(e)所示单非平衡线极化 GAA 的 3dB 增益带宽略宽一些,单平衡线极化 GAA 的 3dB 增益带宽也略宽一些。与图 27.7(b)所示的 GAA 相比,单平衡/非平衡线极化 GAA 的最大增益提高了 2dB 左右,这是由于单平衡/非平衡线极化 GAA 的电流分布得到了改善。如同预期,圆极化和双平衡线极化 GAA 的最大增益值都比图 27.7(b)所示的 GAA 低 3dB 左右。

27.3 集成化设计

27.3.1 集成到栅格阵列封装的 GAA

球栅阵列封装如彩图 27.8 所示,该封装结构包含了连接到微带栅格天线阵列上的 60GHz 接收机芯片。60GHz 接收机芯片的基本框图如图 27.8(a)所示,图中仅仅给出了最重要的输入/输出管脚。该接收机采用双重转换的超外差构型,RF 带宽为 57~64GHz,IF 带宽为 8.1~9.1GHz,VCO 带宽为 16.3~18.3GHz。同相正交(I/Q)基带信号的带宽受限于±1GHz 的 IF 带宽。最重要的输入/输出焊点均为地-信号-地(GSG)共面构型。

输入焊点需要封装结构连接到 50Ω 特性阻抗(频率为 57~64GHz),而输出焊点也需要连接到 50Ω 特性阻抗(频率上限为 2GHz,这取决于 I/Q 基带信号的最大带宽)。接收机芯片的整体尺寸为 3.4mm×1.7mm×0.46mm(Pfeiffer et al.,2006)。

应当指出,封装结构的重要特征是标准的引线键合方法,该封装结构具有四层共烧叠层陶瓷片:第一层陶瓷片的厚度为 0.385mm;第二层陶瓷片的厚度为 0.285mm,开口尺寸为 3.8mm×2mm;第三层陶瓷片的厚度为 0.21mm,开口尺寸为 5mm×3.2mm;第四层陶瓷片的厚度为 0.385mm,开口尺寸为 5mm×3.8mm。上述开口所形成的三层腔体可以放置 60GHz 接收机芯片。该封装结构具有五层金属层:顶层为微带栅格阵列天线的金属层;埋藏的第一层金属为结构稳固的地板;埋藏的第二层金属为天线的馈电线路与信号线路;埋藏的第三层金属为信号线路;底层裸露的金属为封装结构的地板与锡球焊点。该封装结构具有 58 个输入/输出焊点(每个焊点均为 0.65mm 的 JEDEC 标准锡球焊点)。为了增强 PCB 系统上附件的结构,在封装结构的两个拐角处分别设置两个虚设锡球。封装结构的整体尺寸为 13.5mm×8mm×1.265mm。

芯片-封装使用引线键合来实现互连。芯片上 RF 信号(频段为 57~64GHz)的输入焊点连接到封装结构的天线。芯片上基带信号(最高频率为

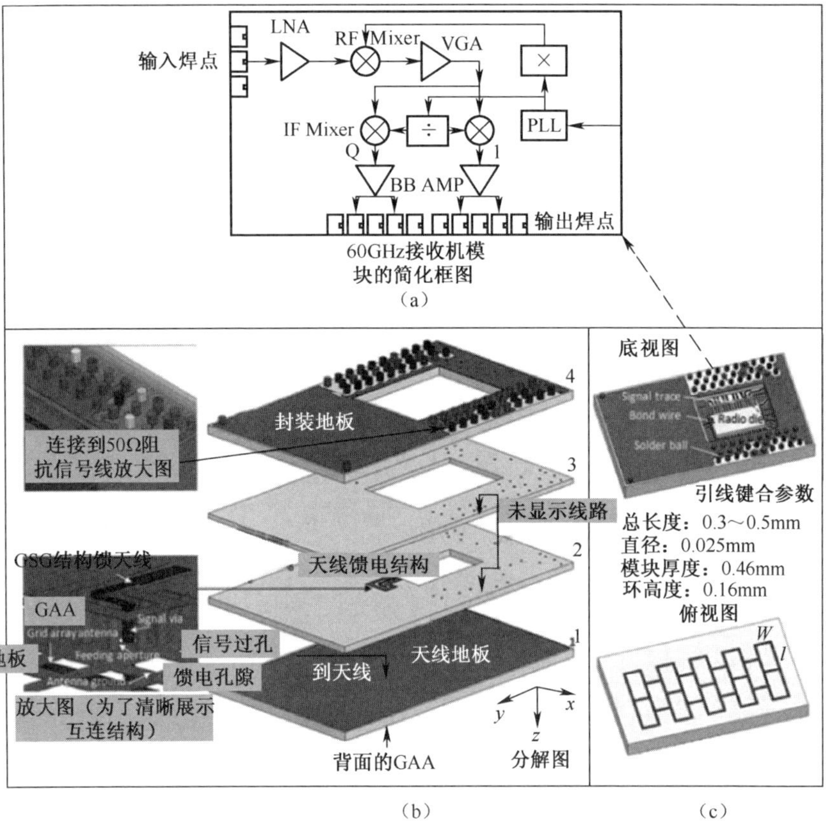

图 27.8　由 GAA 与 60GHz 芯片组成的球栅阵列封装结构(彩图见书末)

(a)60GHz 接收机模块的简化框图;(b)底视图;(c)俯视图。

2GHz)的输出焊点连接到封装结构中的信号线路。接收机芯片与天线之间的键合线尤为重要的,这是由于键合线引入的不连续性会严重影响整个 60GHz 无线电系统的整体性能。尽管如此,引线键合技术(该技术广泛用于消费类电子产品)仍是非常具有吸引力的解决方案,这是由于其鲁棒性较好且成本较低。此外,引线键合技术对于模块与封装结构的热膨胀具有较强的适应性,在许多应用场景下这种适应性是一项非常重要的指标。对于毫米波应用来说,许多方法都能够补偿模块与封装结构单侧或双侧的不连续性(Budka,2001;Sun et al.,2006)。图 27.8 给出了引线键合的详细参数。引线的线型参照 JEDEC 标准。注意,引线的最短长度为 300μm,这几乎是现有技术所能实现的最短引线长度的 2 倍，这能够极大提高封装芯片装置的产量。

目前，60GHz 应用的微带贴片天线阵列已见诸报道（Lamminen et al.，2008）。为了获得更宽的带宽与更高的效率，就需要复杂的馈电网络、复杂的工艺技术以及嵌入式的腔体。采用微带栅格天线阵列可以规避微带贴片阵列天线出现的问题。当栅格天线阵列工作于谐振模式时，网格的两个边的长度分别为一个介质波长与半个介质波长。这样，沿着网格长边的瞬时电流应该呈反相分布，而沿着网格短边的瞬时电流应该呈同相分布。最终辐射波束的主瓣沿着网格的边射方向，而辐射波的极化为平行于网格短边方向的线极化。考虑降低加工成本与降低加工难度等问题，微带线的宽度与厚度均保持不变，分别为 0.15mm 和 0.01mm。网格的尺寸：$l=2.5\text{mm}\approx\lambda_g$，$w=1.365\text{mm}\approx\lambda_g/2$，其中 λ_g 为频率 60GHz 对应的波导波长。

图 27.8 给出了天线馈电网络的局部放大图。馈电网络的结构为：一段共面波导（CPW）线连接到 90°弯角带状线，然后连接到 GSG 结构的导通孔。众所周知，GSG 结构不仅能够降低潜在的电磁干扰，还能够改善馈电性能。最终，信号线穿过天线地板上的孔隙对天线进行馈电。CPW 馈线的特性阻抗设计为 50Ω，缝隙宽度为 0.25mm，线宽为 0.15mm。信号导通孔、孔隙与接地通孔的直径分别为 0.1mm、0.3mm 与 0.1mm。

图 27.8 还给出了信号线的局部放大图（该信号线的阻抗为 50Ω，频率上限为 2GHz）。这些信号线包括键合引线、CPW 线、导通孔、锡球。紫色、红色、碧绿、蓝色信号线分别代表第 1、2、3、4 种信号线。GSGSG 结构的信号线 1 和信号线 2 将芯片上的 Q 路输出信号焊点连接到系统插板，信号线 3 和信号线 4 将芯片上的 I 路输出信号焊点连接到系统插板。

封装结构的加工基板为 FERRO A6 LTCC（电参数：$\varepsilon_r=5.9$，$\tan\delta=0.002$），基板尺寸为 100mm×100mm，由 9 层绿色瓷片与金色金属构成。该封装结构由新加坡制造技术研究所利用 LTCC 精密加工工艺制作。图 27.9 为封装样品的照片。测试中用于支撑封装结构的测试夹具如图 27.9 所示，用基于探针装置的测试夹具来测试封装结构的天线性能（Zwick et al.，2004）。在测试中，采用一种 FR4 夹具来支撑封装结构，该夹具为探针接触天线的 CPW 馈电线提供了良好的支撑。这种夹具能够避免封装结构直接接触金属探针台。图 27.9 中给出了探针接触待测件的照片。探针间距为 250μm，这与待测天线 CPW 线的间距保持一致。

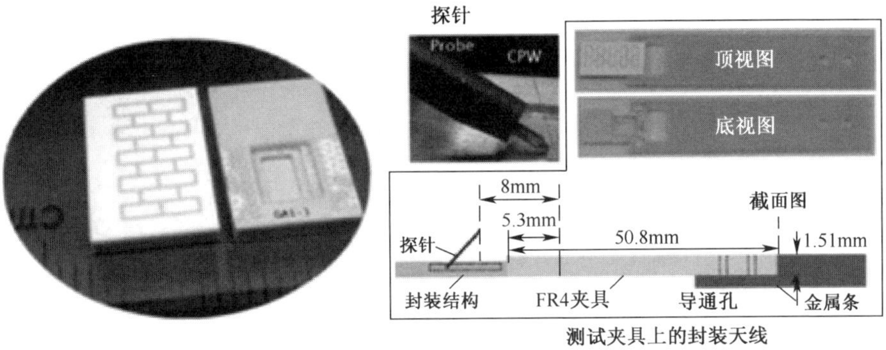

(a) (b)

图 27.9 微带型 GAA 的球栅阵列封装结构以及位于测试夹具上的封装天线结构

图 27.10 给出了球栅阵列封装中微带型 GAA 的仿真结果与实测结果,其中测试结果未经去内嵌处理。由图 27.10(a)可以明显看出,实测的 10dB 阻抗带宽为 56.3~65GHz(带宽达到 8.7GHz),该频带能够完全覆盖整个 57~64GHz 频段。通过图 27.10(b)、(c)中的仿真结果与实测结果的对比可以看出,实测的谐振频率向低频端偏移,实测的阻抗电感强于仿真结果。仿真阻抗和实测阻抗之间存在一定差别,这是由于仿真时的波端口激励和实测时的探针激励之间存在一定区别。另外,如图 27.10(d)所示,主波束方向峰值增益的测量值和计算值都为 14.5dBi。仿真增益在频率 60GHz 处达到峰值,然而实测增益在频率 59GHz 处达到峰值。由图 27.10(e)可知,在 57~64GHz 频带内的估算效率 $\eta>88\%$。

图 27.11 对比了球栅阵列封装微带型 GAA 的仿真辐射方向图和实测辐射方向图。由图 27.11 中辐射方向图可知,xz 面和 yz 面方向图的主波束辐射方向都沿着轴线方向,该方向的交叉极化辐射分量都很弱。注意,频率 60GHz 处的仿真主极化方向图与实测主极化方向图之间吻合良好,两者的后向辐射均较低,而频率 57GHz 与 64GHz 处的后向辐射电平均有所升高。这就解释了图 27.10(d)中 57GHz 与 64GHz 频率处的峰值可实现增益会有所降低。在主极化辐射方向图的主波束内,xz 面随着频率的变化情况明显弱于 yz 面随频率的变化情况。这是由于沿着 yz 面的 GAA 栅格数目更多,这导致在不同频率处对距离馈

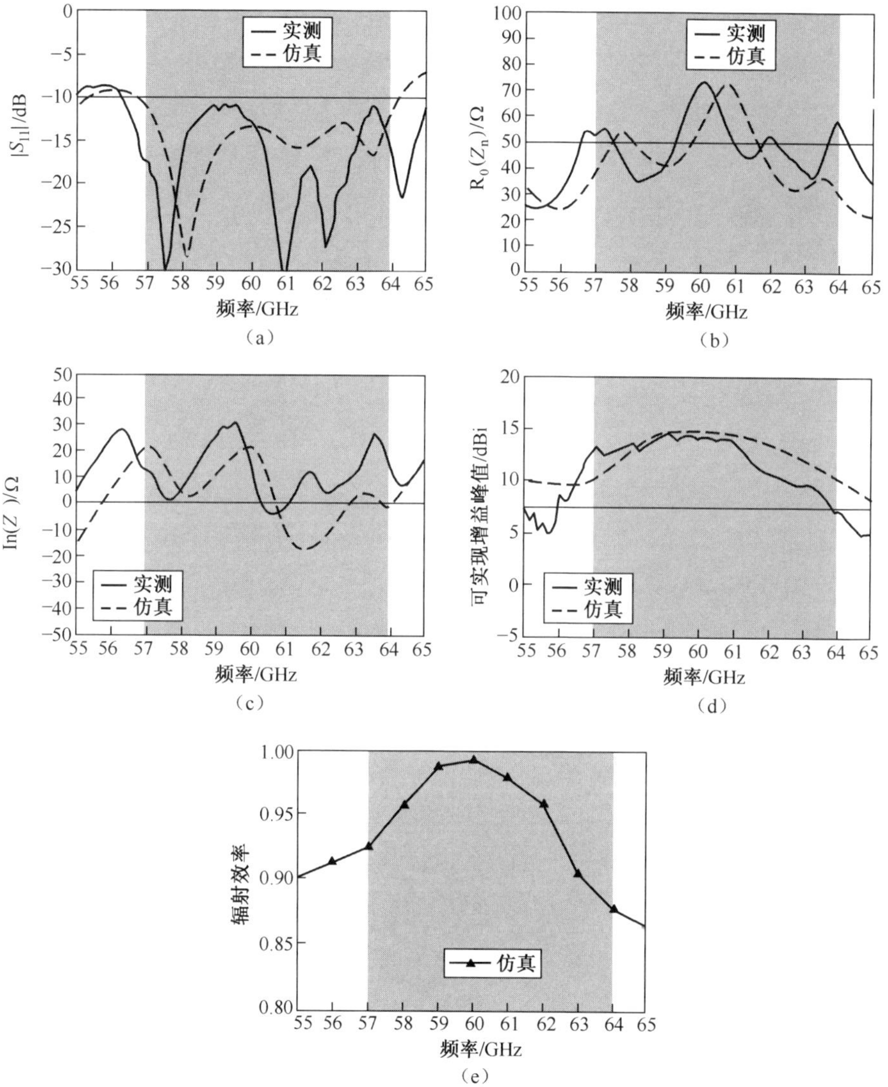

图 27.10　球栅阵列封装中微带型 GAA 的仿真性能与实测性能

(a) $|S_{11}|$;(b)输入电阻;(c)输入电抗;(d)峰值增益随频率变化曲线;(e)效率随频率变化曲线。

源较远处栅格的相位同步控制更加困难。

值得一提,同时还仿真分析了球栅阵列封装微带型 GAA(该 GAA 安装在带单层地板的 FR4 PCB 夹具上)的特性。我们发现,PCB 夹具与地板尺寸对 GAA

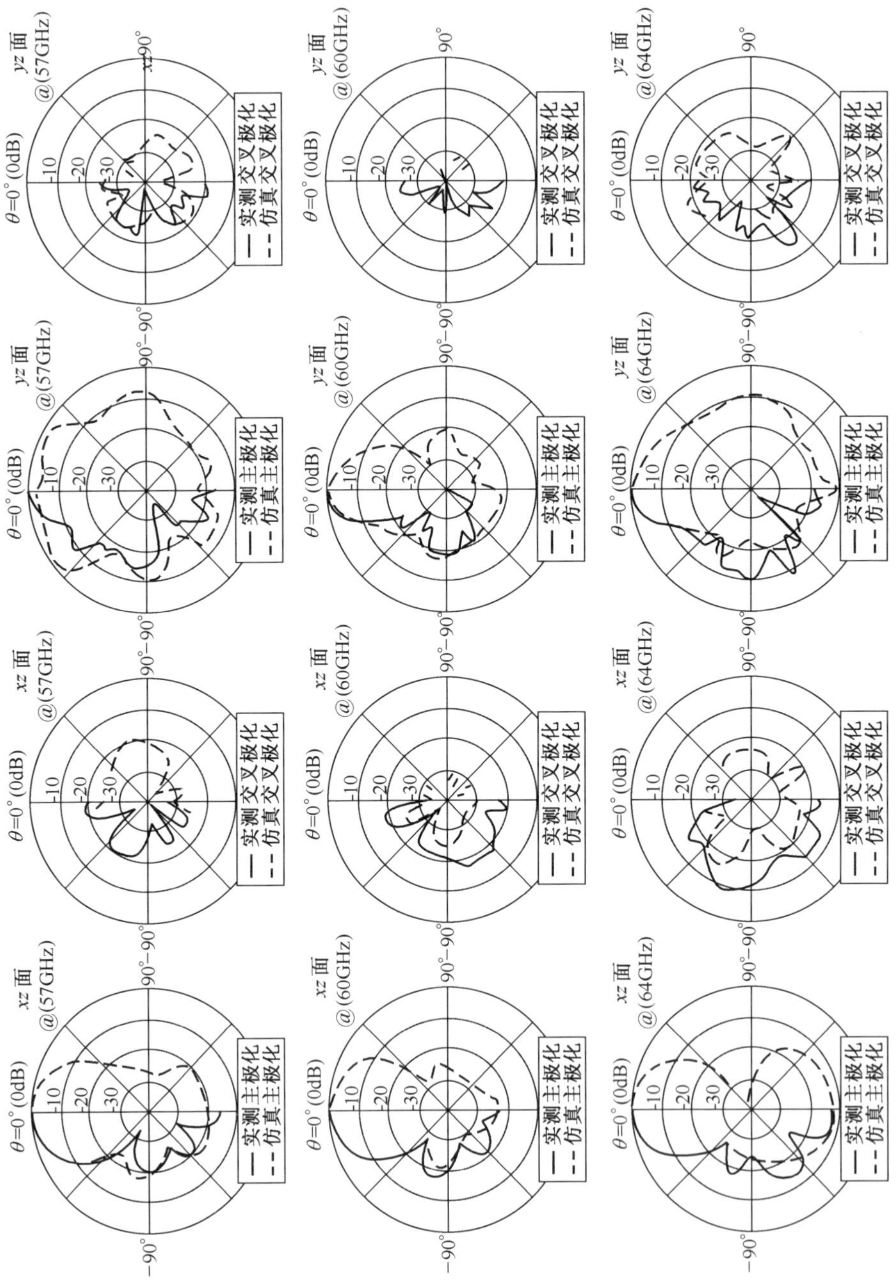

图27.11 球栅阵列封装微带型GAA的仿真辐射方向图与测试辐射方向图

阻抗匹配特性的影响并不明显。另外,可实现增益峰值仅仅降低了约 0.2dB,整个带宽内的增益特性几乎不受影响。因此,微带型 GAA 是 60GHz 无线电系统阵列天线的最佳备选形式之一。

图 27.12 给出了 50Ω 阻抗信号线在 100MHz~5GHz 频带内的插入损耗仿真结果。由图 27.12 可以看出,在频率 5GHz 处信号的损耗仍非常低,而且 3dB 插入损耗带宽远远大于 5GHz,因此很容易实现 2GHz 的带宽指标。图 27.12 还给出了 50Ω 阻抗信号线在 100MHz~5GHz 频带内的回波损耗仿真结果,可以看出在 5GHz 带宽内信号的回波损耗均高于 22dB,这表明该信号线实现了与 50Ω 信号源之间良好的宽带阻抗匹配。遗憾的是,由于现有测量装置与引线键合器的限制,因此没有对这些信号线的频率特性进行实际测试。然而,仿真的插入损耗与回波损耗应该都是正确的。这些仿真结果均基于如下模型设置:在每条信号线的端点添加 50Ω 端口,地线短路连接到地板,只激励 1 个端口,其他端口均连接 50Ω 匹配负载。

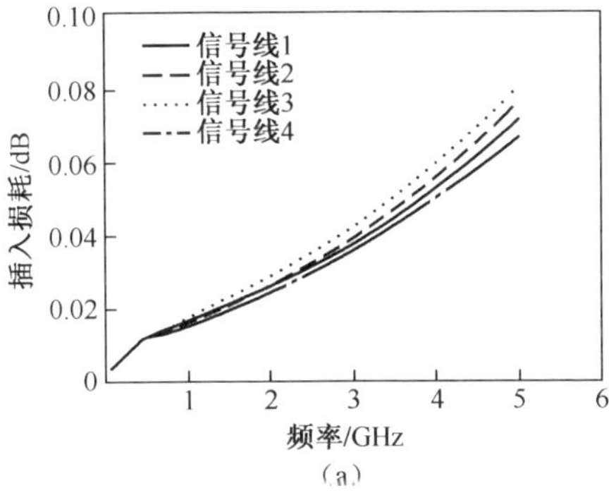

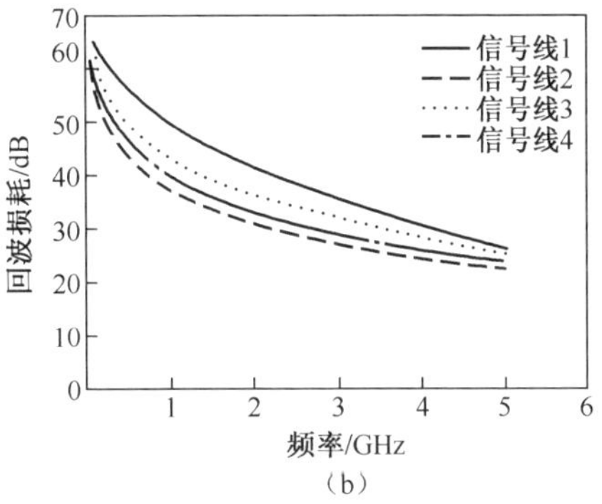

图 27.12　信号线的插入损耗随频率的变化曲线以及信号线的回波损耗随频率的变化曲线

27.3.2　同一封装结构上集成两个 GAA 天线

图 27.13 介绍了如何将芯片级封装中高集成度 60GHz 无线电装置装配到 PCB 系统中。为了放置或保护无线电模块,需要在 PCB 上设计一个腔体(或开口)。为了实现芯片封装与 PCB 之间的互连,需要将芯片封装结构的接地板焊接到 PCB 上,这是低剖面高集成度的 60GHz 无线电系统非常廉价的解决方案。

图 27.13 还给出了高集成度无线电芯片中天线接口的解决方案。首先,应

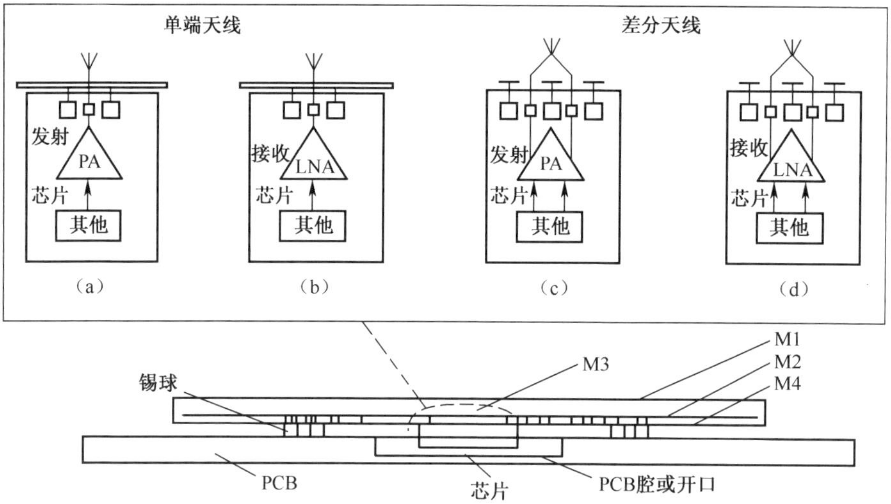

图 27.13　芯片级封装中高集成度 60GHz 无线电装置装配在 PCB 系统概念图
(a)、(b)单端天线电路接口;(c)、(d)差分天线电路接口。

该讨论高集成度 60GHz 无线电芯片。各种基于砷化镓(GaAs)半导体技术的微波单片集成电路(MMIC)装置就是现行的传统商业化 60GHz 无线电系统解决方案。该技术已经用作局域网(Maruhashi et al.,2001;Ohata et al.,2003)之间吉比特以太网(1.25Gb/s)的网桥。最近,基于 0.15μm GaAs pHEMT 和 mHEMT 工艺的集成发射机(Tx)与接收机(Rx)MMIC 已经实现,这能够为 60GHz 短程应用场景提供若干吉比特每秒的数据速率(Gunnarsson et al.,2005,2007)。但是,基于 GaAs MMIC 的 60GHz 无线电系统将非常昂贵和笨重。为了使 60GHz 无线电芯片具有大规模的应用前景并满足消费者市场的需求,因此任何解决方案都必须兼具成本低廉和结构紧凑的特点。与 GaAs 技术相比,硅基技术有可能更好。实际中,低成本、高集成度的 60GHz 无线电芯片已经开始尝试使用硅基技术。例如,Floyd 等利用 0.13μm SiGe 技术实现了 60GHz 的 Tx 与 Rx 芯片组(Floyd et al.,2006),Tanomura 等利用 90nm CMOS 技术实现了 60GHz 的 Tx 与 Rx 芯片组(Tanomura et al.,2008)。通过研究上述文献与其他基于 SiGe 和 CMOS 技术实现的 60GHz 高集成度无线电芯片,我们发现目前的解决方案通常使用图 27.13 所示的两种天线–电路接口:第一类是 50Ω 单端天线–电路接口;

第二类是 100Ω 差分天线-电路接口。在第一类接口中,60GHz 片上输入/输出引脚都被设计成地-信号-地(GSG)引脚;在第二类接口中,60GHz 片上输入/输出引脚都被设计成地-信号-地-信号-地(GSGSG)引脚。GSG 引脚键合到芯片外但位于封装结构中的单端天线,而 GSGSG 引脚则通过芯片倒装或引线键合技术连接到差分天线上(Pfeiffer et al. ,2006;Zhang et al. ,2008a,2009;Sun et al. ,2008)。

有学者尝试研究一种基于 CMOS 工艺的 60GHz 无线电收发器(TRX)的单芯片解决方案(Tomkins et al. ,2009),即在同一个模块上集成了差分 Tx 与 Rx。众所周知,CMOS 工艺可以改善放大器的噪声性能和增益性能,却增大了功率放大器(PA)在 60GHz 频率下产生充足输出功率的困难(Doan et al.,2004)。在理论上,差分 PA 的输出功率比单端 PA 的输出功率高出 3dB。因此,与图 27. 13(a)中单端口天线-电路接口相比,更青睐选用图 13(c)中的差分天线-电路接口作为 TRX 的 Tx 集成结构。此外,与图 27. 13(b)中单端天线-电路接口相比,更青睐选用图 27. 13(d)中的差分天线-电路接口作为 TRX 的 Rx 集成结构。这是由于,与单端低噪放(LNA)相比,差分低噪放的线性度更高、偏移更低、对共模噪声的抑制度更好(Huang et al. ,2006)。这里的共模噪声通常由电源变化或介质耦合引起的。通过上述分析,很容易理解采用差分构架(从天线到电路的差分构架)来实现现代单芯片无线电 TRX 的技术优势(Zhang et al. ,2008b)。

不管采用何种天线-电路接口,当前的高集成度 60GHz 无线电系统都需要两副天线,一副用作发射天线,另一副用作接收天线。由于频率 60GHz 时天线尺寸都在毫米量级,因此使用两副天线不是问题。但是,为了增强链路质量,在高集成度 60GHz 无线电中利用多个天线通过波束倾斜来搜索可用路径时就会出现问题(Zhang et al. ,2009)。这是由于多副天线不仅需要相应的多个静电放电电路(这些电路占用了模块的大量空间),而且会增加整个无线电系统的重量。众所周知,使用发射/接收(T/R)开关或环形器可以将天线数目减少一半。不幸的是,对于 60GHz 频段而言,基于 CMOS 工艺的 T/R 开关的损耗太严重,无法使用(Tomkins et al. ,2009;He et al. ,2008);目前,尚无任何报道介绍过高集成度 60GHz 无线电系统使用的环形器。本节将重点叙述如何将 GAA 集成到用于高集成度 60GHz 无线电芯片组的芯片封装(基于 LTCC 工艺)。例如,将双馈

GAA 集成到差分 Tx 天线-电路接口,将单馈 GAA 集成到单端 Rx 天线-电路接口。

如前文所述,目前的高集成度 60GHz 无线电系统需要两副天线。Nakano 等利用双层结构设计了双 GAA(Nakano et al. ,1995)。上层 GAA 和下层 GAA 均沿着垂直方向放置。这样,上层 GAA 辐射水平极化波,下层 GAA 工作于垂直极化模式。馈电点位于 GAA 的中间,因此可以保证两副天线之间较高的隔离度。基于单层结构的双 GAA 如图 27.14 所示,该结构由两个平行摆放的基本 GAA 组成,整体尺寸为 13.5mm×13.5mm×0.385mm。两个 GAA 辐射相同极化的电磁波,单层结构简化了天线的加工工艺。这种平行结构大大降低了 60GHz 无线电链路的中断概率。但是,由于这种结构存在极化损失,因此这种天线结构通常用于视距应用场景。

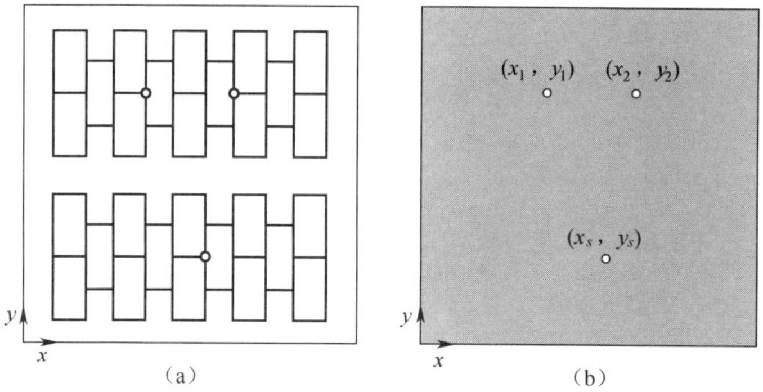

图 27.14　双 GAA 天线

(a)俯视图;(b)底视图。

图 27.15 为双馈差分工作模式 GAA 与单馈单端工作模式 GAA 两种仿真结果的对比。由于这是一个过渡步骤,因此地板没有经过特殊设计,也没有进行性能提升。当激励其中一个 GAA 时,另一个 GAA 起寄生单元的作用,反之亦然。由图 27.15(a)可知,差分馈电天线的阻抗带宽为 59~64.3GHz,达到 5.3GHz(8.6 %);单端天线的阻抗带宽为 52.5~62.2GHz,达到 9.7GHz(15.8 %)。对比分析图 27.6(c)~(e)与图 27.15(b)~(d)可知,差分天线的辐射方向图与最大增益都得到显著改善。差分工作模式压窄了天线的 E 面波束宽度,抑制了天线的 H 面交叉极化电平,因此天线的增益提升到了 15dBi。两个 GAA 之间的隔

离度仿真结果如图 27.15(a)所示。为了便于仿真分析,两个 GAA 都按照单端模式进行馈电。注意,由于两个馈电端口之间的距离较远,因此两个 GAA 之间的隔离度较高。

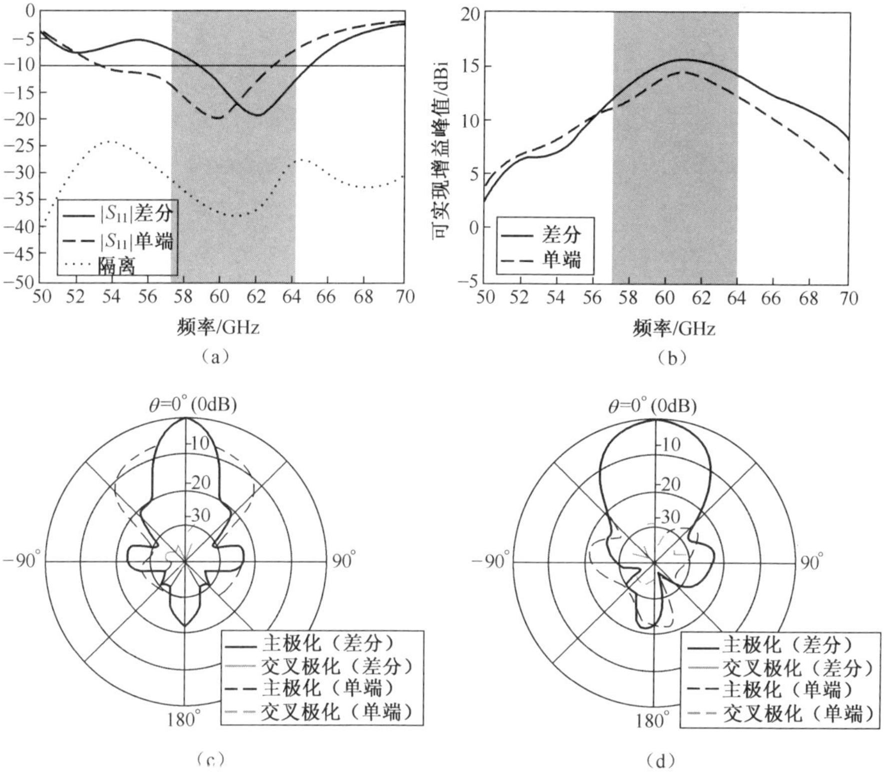

图 27.15　在差分模式与单端模式下双 GAA 天线的仿真结果

(a) $|S_{11}|$与隔离度;(b)可实现增益峰值;(c) *xz* 面方向图(61.5GHz);(d) *yz* 面方向图(61.5GHz)。

图 27.16 为基于芯片倒装的封装结构中 A 型双 GAA 集成结构。注意,该封装结构的特点是用于封装的标准芯片倒装键合与三层低温共烧陶瓷层:第一层陶瓷的厚度为 0.385mm;第二、三层陶瓷的厚度均为 0.095mm。封装结构中有四层金属层:顶层金属为双 GAA 的金属层;埋藏的第一层金属为特殊形状的地板,埋藏的第二层金属为天线馈电线;底层裸露金属为信号线。整个封装结构具有 48 个间距为 0.25mm 的标准 JEDEC 输入/输出端口。封装结构的整体尺寸为 13.5mm×13.5mm×0.585mm。

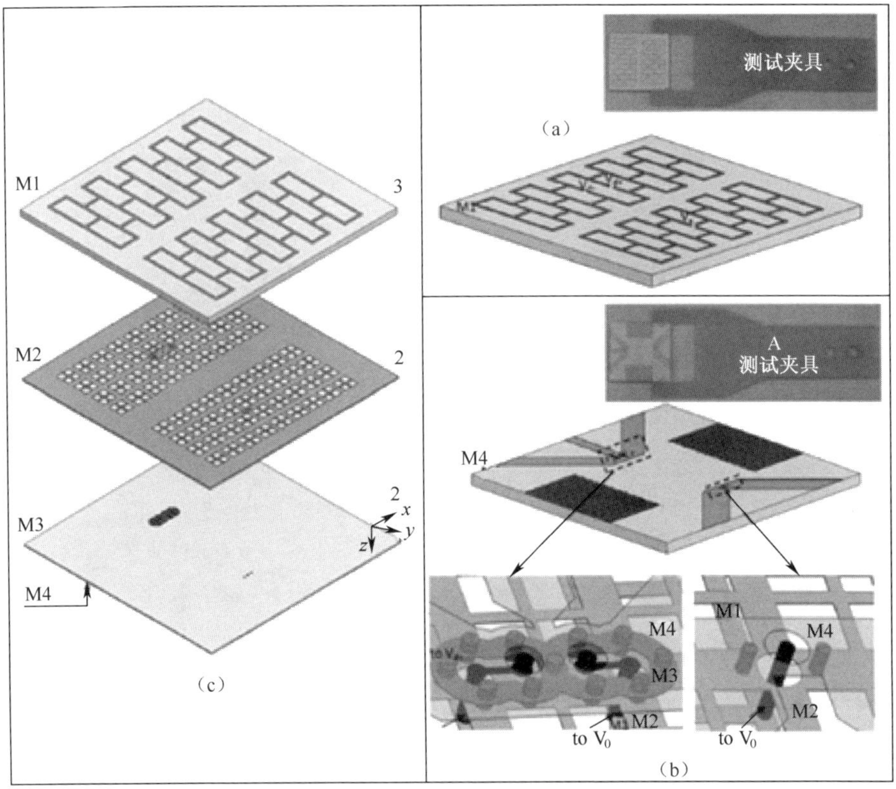

图 27.16　封装结构中 A 型双 GAA 天线图示
(a)俯视图;(b)带有信号线的底视图以及馈电网络的放大视图;(c)分解图。

图 27.16 给出了 A 型双 GAA 馈电网络的局部放大图。双馈 GAA 的馈电网络将这种封装单元用作两根准同轴线,首先级联两根带状线,其次级联两根准同轴线,最终以 GSGSG 的次序连接到地板上两孔隙中间的过孔。有趣的是,由于需要将倒装芯片键合到模块的 GSGSG 焊点,因此图 27.16 中差分馈电端口之间的距离比图 27.14 中差分馈电端口之间的距离更近。为了提高差分馈电端口之间的隔离度,可以移除位于差分馈电端口之间的辐射单元。单馈 GAA 的馈电网络也将这种封装结构用作准同轴线,通过地板上孔隙中间的导通孔连接到 GSG 结构。众所周知,GSG 结构与 GSGSG 结构不仅可以抑制潜在的电磁干扰,还可以改善馈电网络的馈电性能。GSG 与 GSGSG 馈电网络的设计与 GAA 的设计应当同步完成。GSG 与 GSGSG 焊点之间的间距均为 0.25mm。

图 27.17 给出了 B 型封装结构样品的底视图,其中不包含信号线,但是包含用于差分 GAA 测试的单端口集成巴伦结构。图 27.17 中双微带型 GAA 封装结构的基板材料为 FERRO A6 LTCC,新加坡制造技术研究院完成天线加工工作。图 27.17 还给出了用于固定封装结构的测试夹具。

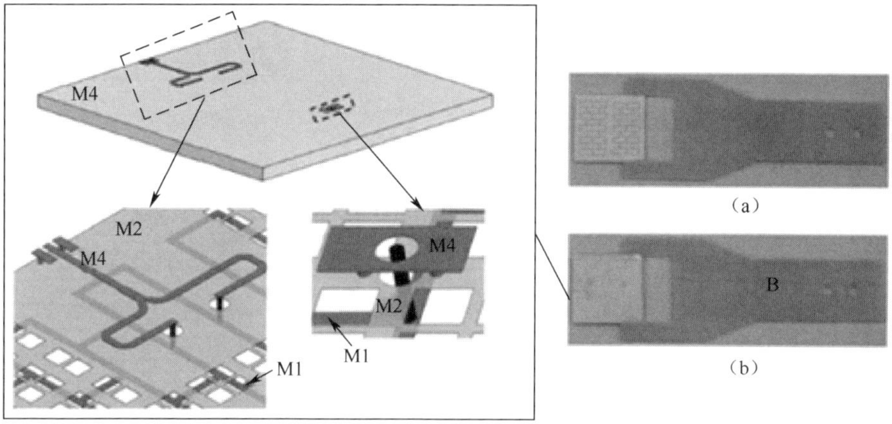

图 27.17　封装结构中 B 型双 GAA 天线的图示

(a)俯视图;(b)底视图以及带有差分馈电集成测试巴伦的单端装置。

图 27.18 为封装结构中 B 型单端天线样件的仿真结果与实测结果对比。在 56~58.5GHz 频段内,仿真回波损耗与实测回波损耗吻合良好。在高频端,仿真结果和实测结果的一致性变差,这是由于加工尺寸公差控制、材料特性变化、仿真的波端口激励与测试的探针激励之间存在差别。在 56.4~61.7GHz 频段内实测回波损耗高于 10dB,在 55~63.4GHz 频段内实测回波损耗高于 8dB,这表明在这些频段内天线与 50Ω 源的匹配性能都在可接受范围之内。在频率 61.5GHz 处,仿真辐射方向图和实测辐射方向图吻合良好。实测增益在频率为 59GHz 时达到最大值 13.5dBi,3dB 增益带宽为 4.5GHz,仿真的辐射效率在 85% 以上。

图 27.18 还对比了封装结构中 B 型差分天线样件的仿真结果与实测结果。仿真回波损耗和实测回波损耗之间存在一定差异,这种差异出现的原因与上述单端天线相同。在 56.2~63.2GHz 频段内实测回波损耗高于 8dB,这表明天线在该频段与 50Ω 源的匹配性能在可接受范围之内。在频率 61.5GHz 处,仿真辐射方向图与实测辐射方向图吻合良好。后瓣辐射电平有所抬高,这是由巴伦造

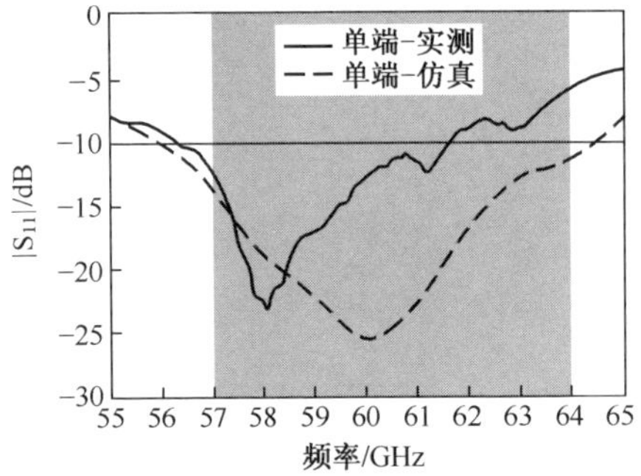
单端-实测
单端-仿真
$|S_{11}|$/dB
频率/GHz

（a）

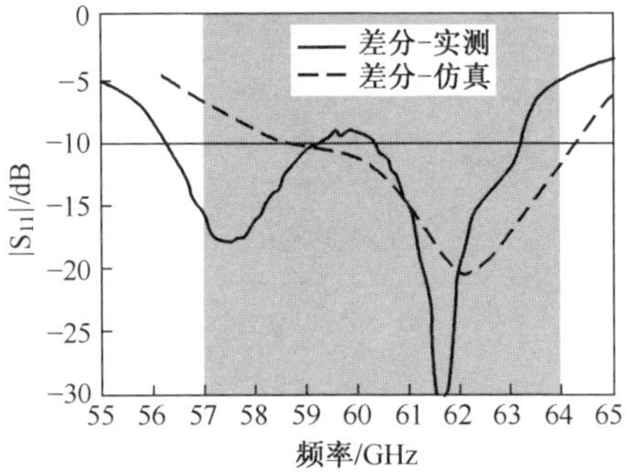
差分-实测
差分-仿真
$|S_{11}|$/dB
频率/GHz

（b）

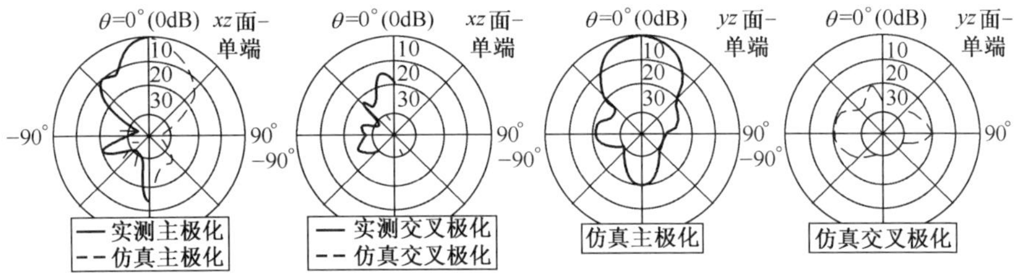
θ=0°(0dB)
xz面-单端
yz面-单端
实测主极化
仿真主极化
实测交叉极化
仿真交叉极化
仿真主极化
仿真交叉极化

（c）

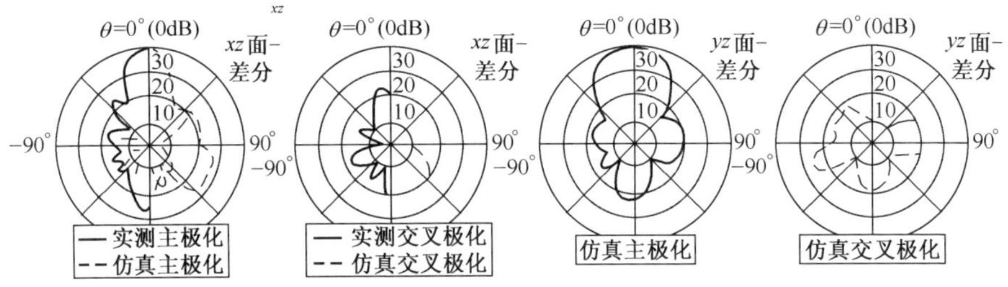
θ=0°(0dB)
xz面-差分
yz面-差分
实测主极化
仿真主极化
实测交叉极化
仿真交叉极化
仿真主极化
仿真交叉极化

（d）

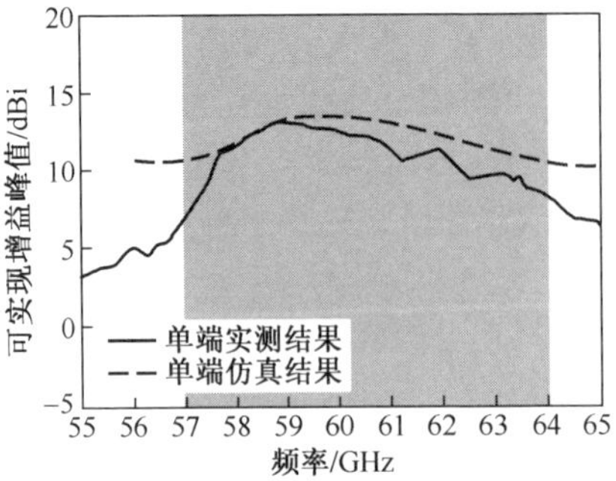
可实现增益峰值/dBi
单端实测结果
单端仿真结果
频率/GHz

（e）

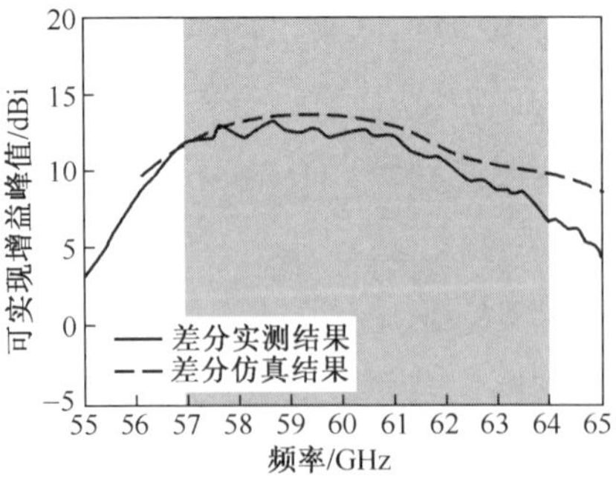
可实现增益峰值/dBi
差分实测结果
差分仿真结果
频率/GHz

（f）

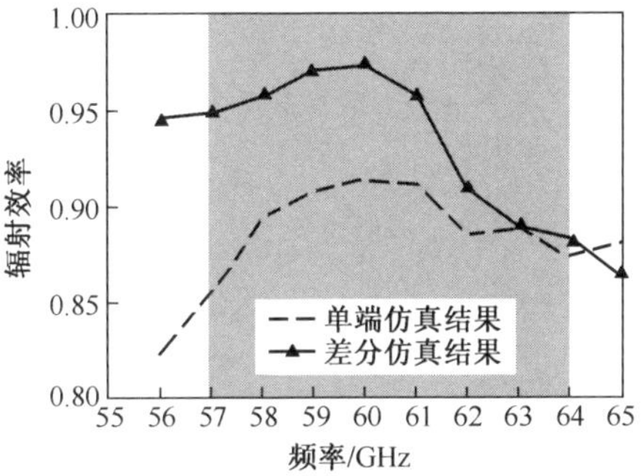

(g)

图 27.18　封装结构中 B 型单端天线与差分天线样件的仿真结果与测试结果

(a)、(b) $|S_{11}|$;(c)、(d)方向图(61.5GHz);(e)、(f)可实现增益峰值;(g)辐射效率。

成的。实测增益在频率 57.5GHz 处达到最大值 13.5dBi,3dB 增益带宽为 5.3GHz。如果扣除集成巴伦额外引入的 1dB 损耗,那么差分天线的最大增益为 14.5dBi。仿真的辐射效率也在 85%以上。总而言之,实测结果证明了仿真结果真实、有效。例如,差分 GAA 的 E 面辐射波束宽度比单端口 GAA 的更窄,差分 GAA 的 H 面辐射方向图与单端口 GAA 的相似,差分 GAA 的增益也高于单端口 GAA 的增益。

27.4　毫米波应用

研究表明,GAA 在微波频段具有广泛用途。Zhang 的团队提供了各种简洁的封装方案,尤其是前文中提到的 60GHz 频段 GAA,并证明了 GAA 是毫米波"封装天线"技术良好的备选天线形式之一。正如引言部分所述,Zhang 的团队已经研发了用作 24GHz 汽车雷达传感器的 GAA(Zhang et al.,2011a,2011b,2012)。

受到 Zhang 团队研究成果的启发,W. Menzel 将 GAA 用于 79GHz 汽车雷达传感器(Bauer et al.,2011;Frei et al,2011;Bauer et al.,2013),设计了一款能够覆盖 77~81GHz 工作频段且具有边射波束的宽带 GAA。在一个 LTCC 封装结构中一共集成了 4 个 GAA(采用 SIW 馈电),在封装结构背面有一个四通道 SiGe 收发器。这种紧凑的 LTCC RF 前端提供四个 TRX 通道,尺寸仅仅为 23mm×23mm。文献中还给出了雷达测量结果,Bauer 等(2013)验证了这种概念的可行性。

T. Zwick 将基于液晶聚合物(LCP)的 D 频段 120GHz GAA 天线用作表面芯片封装结构的盖板(Beer et al. ,2013),并加工实现了两个天线原型来验证这种封装概念的可行性。第一种原型由三部分组成:一个由多层 LCP GAA 天线构成的顶盖,一个尺寸为 2mm×2mm×0. 254mm 的 MMIC 虚体,一个尺寸为 8mm×8mm×0. 4mm 的 LTCC 封装基础(具有一个尺寸为 5mm×5mm×0. 3mm 的腔体来放置 MMIC)。来自 MMIC 虚体的 D 频段 RF 信号通过倒装芯片连接到顶盖上的 GAA,最终 GAA 向自由空间辐射。来自 MMIC 的其他低频信号通过倒装芯片连接到顶盖上的 GAA 信号线,从而分布式地连接到 LTCC 封装基片的键合点,最终通过底面的信号通孔和焊盘连接到 LTCC 封装基片上的外围电路。LTCC 封装基片使用日本的 CS71 陶瓷材料,并使用 Hirai Precision LTCC 工艺。MMIC 虚体使用薄膜技术与瑞士 Hightec MC AG 公司生产的高介电常数 Alumina 材料,其中螺柱焊点的直径约为 60μm、高度为 30μm,这种极具挑战性的螺柱焊点由瑞士 Hybrid SA 公司完成。LCP 基板上的线宽为 60 μm、线距为 40μm,该线宽与线距尺寸都极具挑战性。德国卡尔斯鲁厄理工学院(KIT)实验室采用 Finetech Fineplacer Pico 完成整个原型结构的装配工作。LCP 基板上的镂空结构使得我们能够利用探针来测试 MMIC 的馈线。最终 $|S_{11}|$、天线增益、方向图测试结果证明了这种封装概念的可行性。文献(Beer et al.,2013)还给出了另一种原型:在同一块 LCP 盖板上集成两个 GAA。该原型的单个模块兼具发射机电路与接收机电路,该原型的设计目标是连接到 122GHz 双基地雷达 IC 上。

27.5 总结

从微波频段到毫米波频段,GAA 有着广泛的用途。由 60GHz、79GHz 和 120GHz 等频段的应用实例可知,GAA 是毫米波“封装天线”技术的优秀备选天线形式之一。基于 LTCC、LCP 等多层毫米波加工技术,GAA 能够提供多种便捷的封装方案。在各种封装方案中,GAA 的馈电方式有差分馈电与单点馈电两种形式,辐射结构有 CP 和 LP 两种辐射结构。同时,GAA 还具有良好的抗弯曲特性。

交叉参考：

▶第 23 章　圆极化天线

▶第 63 章　全息天线

▶第 33 章　低剖面天线

▶第 7 章　超材料与天线

▶第 18 章　微带贴片天线

▶第 40 章　毫米波天线与阵列

▶第 50 章　毫米波亚毫米波天线测量

▶第 34 章　片上天线

▶第 57 章　车载卫星天线

▶第 35 章　基片集成波导天线

参考文献

Bauer F, Menzel W(2011) A 79GHz microstrip grid array antenna using a laminated waveguide feed in LTCC. In: Proceedings IEEE symposium on antennas and propagation, Spokane, WA, USA, pp 2067-2070

Bauer F et al(2013) A 79GHz radar sensor in LTCC technology using grid array antennas. IEEE Trans Microw Theory Tech 61(6):2013-2521

Beer S et al(2013) D-band grid-array antenna integrated in the lid of a surface-mountable chipp-ackage. In: Proceedings European conference on antennas and propagation, Gothenburg, Sweden, pp 1318-1322

Budka TP(2001) Wide-bandwidth millimeter-wave bond-wire interconnects. IEEE Trans Microw Theory Tech 49(4):715-718

Conti R et al(1981) The wire-grid microstrip antenna. IEEE Trans Antennas Propag AP-29(1): 157-166

Doan C et al(2004) Design considerations for 60GHz CMOS radios. IEEE Commun Mag 42: 132-140

Floyd B et al(2006) A silicon 60GHz receiver and transmitter chipset for broadband communications. ISSCC digest of technical papers, San Francisco, pp 184-185

Frei M et al(2011) A 79GHz differentially fed grid array antenna. In: Proceedings European microwave conference,Manchester,UK,pp 1320-1323

Gunnarsson SE et al(2005) Highly integrated 60GHz transmitter and receiver MMICs in a GaAs pHEMT technology. IEEE J Solid-State Circ 40(11):2174-2186

Gunnarsson SE et al(2007) 60GHz single-chip front-end MMICs and systems for multi-Gb/s wireless communication. IEEE J Solid-State Circ 42(5):1143-1157

He J,Zhang Y(2008) Design and analysis of SPST and SPDT switches for 60-GHz applications in 65-nmCMOS. In:Proceedings Asia-Pacific microwave conference,Hong Kong and Macau, China,pp 1-4

Hildebrand L(1992) Then analysis of microstrip wire-grid antenna arrays. Master thesis

Huang D et al(2006) A 60GHz CMOS differential receiver front-end using on-chip transformer for 1. 2 volt operation with enhanced gain and linearity. In:Proceedings symposium on VLSI Circuits, Honolulu,pp 144-145

Iitsuka Y et al(2009a) Grid array antenna composed of V-shaped and rhombic elements for beam steering. In:Proceedings IEEE AP-S international symposium,Charleston,USA,pp 1-4

Iitsuka Y et al(2009b) Circularly polarized spiral grid array antenna for beam scanning. Proceedings International Symposium on Antennas and Propagation,Bangkok,pp 5-8

Iitsuka Y et al(2010) Circularly polarized grid array antenna composed of open-loop elements for beam steering. In:Proceedings IEEE AP-S international symposium,Toronto,pp 1-4

Iitsuka Y et al(2012) Grid array antenna radiating a circularly polarized wave. In:Proceedings International Symposium on Antennas and Propagation,Nagoys,pp 130-133

Kawano T,Nakano H(1998) Grid array antenna with c-figured elements. In:Proceedings IEEE Antennas and Propagation Society International Symposium,Atlanta,GA,USA,vol 2. pp 1154-1157

Kawano T,Nakano H(1999) Cross-mesh array antennas for dual LP and CP waves. In:Proceedings IEEE Antennas and Propagation Society International Symposium,Orlando,FL,USA,vol 4. pp 2748-2751

Kawano T,Nakano H(2000) Dual-polarized cross-mesh array antennas. In:Proceedings IEEE Antennas and Propagation Society International Symposium,Orlando,Salt Lake City,UT,USA,vol 2. pp 522-525

Kraus J(1964a) A backward angle-fire array antenna. IEEE Trans Antennas Propag 12(1):48-50

Kraus J(1964b) Wave velocities on the grid structure backward angle-fire antenna. IEEE Trans Antennas Propag 12:509-510

Kraus J(1966) Backward angle non-resonant wire mesh antenna array. US Patent 3209688

Lamminen AEI et al(2008) 60GHz patch antennas and arrays on LTCC with embedded-cavity substrates. IEEE Trans Antennas Propag 56(9):2865-2874

Maruhashi K et al(2001) 60GHz-band flip-chip MMIC modules for IEEE1394 wireless adapters. In:Proceedings 31th European microwave conference,London,England,pp 1-4

Nakano H,Kawano T(1997) Grid array antennas. In:Proceedings IEEE Antennas and Propagation Society International Symposium,Montreal,Quebec,Canada,vol 1. pp 236-239

Nakano H et al(1994) Numerical analysis of a grid array antenna. In:Proceedings international conference on communication system,Singapore,vol 2. pp 700-704

Nakano H et al(1995) Center-fed grid array antennas. In:Proceedings IEEE Antennas and Propagation Society International Symposium,Newport Beach,CA,USA,vol 4. pp 2010-2013

Nakano H et al(1996) Honeycomb wire antenna. Electron Lett 32(21):1937-1938

Nakano H et al(1997) The radiation characteristics of honeycomb antennas. In:Proceedings 10th international conference on antennas and propagation,Edinburgh,vol 1. pp 350-353

Nakano H et al(1998a) Meander-line grid array antenna. IEE Proc Microw Antennas Propag 145(4):309-312

Nakano H et al(1998b) Numerical analysis of honeycomb antennas with an electromagnetic feed system. IEE Proc Microw Antennas Propag 145(1):99-103

Nakano H et al(2001a) A cross-mesh array antenna. In:Proceedings 11th international conference on antennas and propagation,Manchester,vol 1. pp 327-330

Nakano H et al(2001b) Mesh antennas for dual polarization. IEEE Trans Antennas Propag 49(5):715-723

Nakano H et al(2001c) Analysis of a printed grid array antenna by a fast MoM calculation technique. In:Proceedings 11th international conference on antennas and propagation,Manchester,vol 1. pp 302-305

Nakano H et al(2005) A fast MoM calculation technique using sinusoidal basis and testing functions for a wire on a dielectric substrate and its application to meander loop and grid array antennas. IEEE Trans Antennas Propag 53(10):3300-3307

Nakano H et al(2007) A modified grid array antenna radiating a circularly polarized wave. In:Proceedings IEEE 2007 international symposium microwave antennas and propagation and EMC technologies for wireless communications,Hangzhou,pp 527-530

Nakano H et al(2013a) Rhombic grid array antenna. IEEE Trans Antennas Propag 61(5):2482-2489

Nakano H et al(2013b) Loop-based circularly polarized grid array antenna with edge excitation. IEEE Trans Antennas Propag 61(8):4045-4053

Ohata K et al(2003) 1.25 Gbps wireless gigabit Ethernet link at 60GHz-band. In:IEEE MTT-S international microwave symposium digest, Philadelphia, pp 373-376

Palmer K, Cloete J(1997) Synthesis of the microstrip wire grid array. In:Proceedings 10th international conference on antennas and propagation, Edinburgh, vol 1. pp 114-118

Pfeiffer U et al(2006) A chip-scale packaging technology for 60-GHz wireless chipsets. IEEE Trans Microw Theory Tech 56(8):3387-3397

Sun M, Zhang Y(2008) Design and integration of 60-GHz grid array antenna in chip package. In: Proceedings Asia-Pacific microwave conference, Macau, pp 1-4

Sun Y et al(2006) An integrated 60GHz transceiver front end for OFDM in SiGe:BiCMOS. Wireless World Research Forum 16, Shanghai

Sun M et al(2008) Integration of Yagi antenna in LTCC package for differential 60-GHz radio. IEEE Trans Antennas Propag 56(8):2780-2783

Sun M et al(2009a) Integration of grid array antenna in chip package for highly integrated 60-GHz radios. IEEE Antennas Wirel Propag Lett 8:1364-1366

Sun M et al(2009b) A ball grid array package with a microstrip grid array antenna for a single-chip 60-GHz receiver. IEEE Trans Antennas Propag 59(6):2134-2140

Tanomura M et al(2008) TX and RX front-Ends for 60GHz band in 90 nm standard bulk CMOS. ISSCC digest technical papers, San Francisco, pp 558-559

Tiuri M et al(1974a) Chain antenna. In:Proceedings IEEE Antennas and Propagation Society International Symposium, Atlanta, Georgia, pp 274-277

Tiuri M et al(1974b) Chain antenna. US Patent 3806946

Tomkins A et al(2009) A zero-IF 60 Ghz 65 nm CMOS transceiver with direct BPSK modulation demonstrating up to 6 Gb/s data rates over a 2 m wireless link. IEEE J Solid-State Circ 44(8): 2085-2099

Toth J et al(1983) Wire grid microstrip antenna. US Patent 4376938

Zhang Y, Liu D(2009) Antenna-on-chip and antenna-in-package solutions to highly-integrated millimeter-wave devices for wireless communications. IEEE Trans Antennas Propag 57(10): 2830-2841

Zhang Y, Sun M(2008) Grid array antennas and an integration structure. US Patent 20110241969

Zhang B, Zhang Y(2010) A circularlypolarized microstrip grid array antenna for 60GHz radios. In:

Proceedings IEEE Asia-Pacific microwave conference, Yokohama, pp 2194-2197

Zhang B, Zhang Y (2011) Analysis and synthesis of millimeter-wave microstrip grid array antennas. IEEE Antennas Propag Mag 53(6):42-55

Zhang B, Zhang Y (2012a) Grid array antennas with subarrays and multiple feeds for 60-GHz radios. IEEE Trans Antennas Propag 60(5):2270-2275

Zhang B, Zhang Y (2012b) A microstrip array antenna for 60-GHz applications. In: Proceedings IEEE Aisa-Pacific conference antennas and propagation, Singapore, pp 88-89

Zhang B, Zhang Y (2013) A high-gain grid array antenna for 60-GHz antenna-in-package applications. In: Proceedings international symposium EM theory, Hiroshima, pp 195-198

Zhang B, Zhang Y (2014) Grid array antennas. Wiley Encyclopedia of electrical and electronics engineering, John Wiley & Sons, New York

Zhang Y, et al (2008a) Integration of slot antenna in LTCC package for 60-GHz radios. Electron Lett 44(5):330-331

Zhang Y et al (2008b) Antenna and transmit/receive switch for single-chip radio transceivers of differential architecture. IEEE Trans Circ Syst I 55(11):3564-3570

Zhang Y et al (2009) Antenna-in-package design for wirebond interconnection to highly-integrated 60-GHz radios. IEEE Trans Antennas Propag 57(10):2842-2852

Zhang B et al (2011a) Design of low cost linearly-polarized microstrip grid array antenna for 24GHz Doppler sensors. In: Proceedings 2011 I. E. international topical meeting microwave photonics, Singapore, pp 93-96

Zhang L et al (2011b) Microstrip grid and comb array antennas. IEEE Trans Antennas Propag 59(11):4077-4084

Zhang Y et al (2011c) Dual grid array antennas in a thin-profile package for flip-chip interconnection to highly integrated 60-GHz radios. IEEE Trans Antennas Propag 59(4):1191-1199

Zhang L et al (2012) A microstrip grid array antenna for 24GHz Doppler sensors. In: Proceedings IEEE Asia-Pacific conference antennas and propagation, Singapore, pp 257-258

Zhang B et al (2013a) Integration of quadruple linearly-polarized microstrip grid array antennas for 60-GHz antenna-in-package applications. IEEE Trans Comp Packag Manuf Technol 3(8):1293-1300

Zhang B et al (2013b) A circularly-polarized array antenna using linearly-polarized sub grid arrays for highly-integrated 60-GHz radio. IEEE Trans Antennas Propag 61(1):436-439

Zhang B et al (2013c) A high-gain microstrip grid array antenna on low temperature co-fired ceramic for 60 - GHz applications. In: Proceedings European conference on antennas and propagation, Gothenburg, pp 103-107

Zhang L et al(2013d) Integration of dual-band monopole and microstrip grid array for single-chip triband application. IEEE Trans Antennas Propag 61(1):439-443

Zwick T et al (2004) Probe based MMW antenna measurement setup. In: Proceedings IEEE Antennas and Propagation Society International Symposium, Monterey, California, USA, Vol 1. pp 747-750

第28章
反射阵天线

Shenheng Xu and Fan Yang

摘要

反射阵天线作为一种新型的高增益天线，结合了反射面天线及其阵列的若干特点。反射阵天线主要由用于空间馈电的初级馈源与反射单元阵列两部分组成，经过预设这些单元的反射相位，能够使电磁波形成沿着期望方向的笔形波束或者赋形高增益波束。本章首先介绍反射阵天线的基本工作原理；其次详细阐述反射阵单元与反射阵系统的设计流程及分析方法，并将讨论反射阵天线设计中存在的若干实际问题；最后给出反射阵天线的最新研究进展及应用，如宽频带和多频带技术、可重构反射阵设计、赋形波束和多波束反射阵等。

S. Xu(✉)
清华大学电子工程系微波与天线研究所，中国
e-mail：shxu@tsinghua.edu.cn
F. Yang
清华大学电子工程系微波与天线研究所，中国
e-mail：fan_yang@tsinghua.edu.cn

关键词

天线;阵列;电子波束扫描;增益;微带阵列;方向图;相控阵;雷达;反射阵;卫星通信;星载

28.1 引言

在卫星通信、雷达探测和跟踪、遥感遥测与国防军事等应用场景中,高增益天线都是极其重要的组成部分之一。由于反射面天线具有较高的辐射效率且其设计与分析流程都很成熟,因此反射面天线已经成为目前应用最为普遍的一种高增益天线。然而,反射面天线的某些性能并不能满足现代应用场景中不断增长的指标要求。由于其机械结构严重偏离焦点,因此反射面天线缓慢的波束扫描速度严重受制于其机械结构。在高频段,某些特殊设计的金属表面的加工难度非常大,在某些需要波束赋形设计时甚至无法实现。在某些考虑到重量、体积以及共形结构的设计中,笨重的反射面天线显然并不适用。

由于微带阵列天线具有多样的辐射性能、平面特性、低剖面结构且用于精密加工的光刻技术得以飞速发展,微带阵列天线已经成功用于各种现代应用场景中。随着移相器与T/R组件的集成度日益提高,相控阵天线在快速波束扫描、赋形波束以及多波束应用场景中独具优势。另外,特别是对于高频段的高增益天线而言,波束形成网络(Beam-Forming Network,BFN)通常会引入非常大的损耗,这也是相控阵天线最主要的缺点之一。此外,大规模BFN的设计本身也相当困难。波束形成网络中控制模块的造价非常昂贵,这也导致相控阵天线无法大规模应用。控制模块不仅会额外消耗功率,还会增加天线的整体重量和体积,在高功率系统中还需要考虑到特殊的热通风设计。

顾名思义,反射阵天线(Huang et al.,2008;Shaker et al.,2014)是反射面天线与阵列天线的结合体,反射阵天线兼具这两种天线的某些优点并且能够克服二者的某些缺点。反射阵天线的基本结构如图28.1所示,反射阵天线由空间馈电的初级馈源与反射单元阵列组成;为了使高增益波束指向预定方向(或辐射赋形波束),这些反射阵单元的反射相位通常需要预先设计。在栅格状排列的反射阵中,反射阵单元产生的反射相移是反射阵天线的关键参数。为了补偿来自馈源的空间相位延迟并且在反射阵口径上形成一种平面波前(或赋形波前),反射阵单元产生的相移需要特殊设计。通常情况下,通过调整反射阵单元的某个(或多个)几何参数来获得所需要的反射相移。通过在反射阵单元上添加低损耗的调节装置(或特殊的基板材料),可重构反射阵天线还能够产生电控可调的反射相移,并且产生某些类似于相控阵天线的复杂功能。

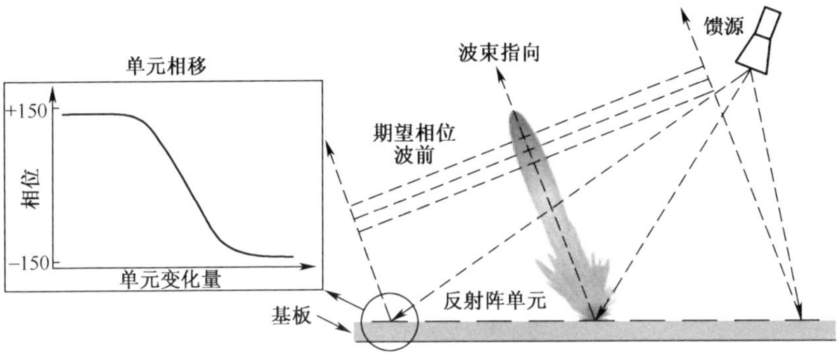

图 28.1　反射阵天线的基本结构

作为新型高增益天线的备选方案之一,反射阵天线技术在近些年取得了飞速的进展。反射阵天线与其他形式的天线之间存在着显著区别,反射阵天线的技术特点简单归纳总结如下:

(1) 与反射面天线相似,反射阵天线也采用空间馈电结构,从而避免了复杂、高损耗的波束形成网络。因此,反射阵天线的辐射效率通常都大于 50% (Huang et al. ,2008)。

(2) 如果分析方法使用得当,则可以精确地设计反射阵天线中每个单元提供的反射相移。与阵列天线相似,每个单元的反射相位都可以独立调节,这就允许反射阵天线产生多种辐射特性,包括沿着期望方向的高增益波束、赋形波束、多波束以及宽角波束扫描能力等。

(3) 结合各种相位综合方法与优化方法,可以精确设计出复杂的相移分布,从而获得高精度的赋形方向图。与赋形反射面天线的加工难度(对于加工精度的要求极其苛刻)有所不同,赋形波束反射阵天线的加工流程与单波束反射阵天线的加工流程一样简单方便,不会提高加工复杂度与加工成本。此外,双线极化反射单元能够独立地调控各自极化电磁波的相移,从而获得更加复杂的性能。

(4) 在反射阵单元设计中,通过使用低损耗与低成本的 PIN 二极管、RF MEMS 开关、特殊基板材料或其他可调装置,就可以获得具有反射相位电控可调性能的反射单元。在不使用有耗的波束形成网络和价格昂贵的移相器(或者 T/R 组件)的前提下,电控可重构反射阵天线能够以较低的成本实现高效快速波束扫描功能。

(5) 通常情况下,反射阵单元是利用光刻技术刻蚀在一块带地基板上的特殊结构。光刻技术已经非常成熟,能够确保以优异的精度实现大规模和低成本加工。反射阵天线技术可以覆盖整个微波频段和毫米波频段,不会明显提高加工复杂度和加工成本。

(6) 反射阵天线具有剖面低、重量轻的特点。通常,反射阵天线的口径是平面(轻微弯曲的曲面或多面体),这就使得反射阵天线极易与各种安装平台进行共形设计。

(7) 大口径反射阵天线可以划分为若干个较小部分,随后进行组装。这样便于天线的加工、包装与运输,并且保证天线的成本低廉。尤其在星载应用场景下,为了使大口径的可展开天线获得令人满意的表面精度,相比于双曲反射面而言,反射阵天线的平面结构所需要的折叠机构更加简单与可靠。如果将反射阵单元印制在大型扁平薄膜上制成充气式反射阵天线,就能够进一步降低天线的重量和存放体积。

因此,近些年反射阵天线越来越引人注目,并且已经取得了大量的研究成果。本章介绍反射阵天线的基本知识,如工作原理、设计流程与分析方法。由于带宽有限是反射阵技术的主要限制因素之一,因此将特别关注各种宽频带和多频带反射阵天线设计。最后,归纳总结反射阵天线的最新研究进展、创新点以及用途。

28.2 反射阵天线:反射面天线与阵列天线的结合体

1963 年,Berry、Malech、Kennedy 最早提出反射阵天线的概念(Berry et al., 1963),最初的反射阵天线采用喇叭馈源照射长度可调的短路波导,并通过控制短路波导的长度来控制反射相位。然而,这种结构在较低的微波频段会变得异常笨重,相关的研究工作因此被搁置了数十年之久。随着微带阵列技术和光刻技术的不断发展,微带反射阵天线在 20 世纪末取得了迅猛的发展(Huang,1991; Pozar and Metzler,1993; Pozar et al. ,1997, 1999; Huang et al. ,1998)。科学计算能力在近 10 年得到飞速发展,这使得在反射阵天线设计中使用更加精确的分析方法和相位综合/优化方法成为可能。在卫星通信需求的牵引下,研究人员围绕反射阵天线开展了大量研究工作,并且验证了多种新型反射阵天线技术和设计方案。

如前文所述,反射阵天线是反射面天线和阵列天线的结合体。反射阵天线通常由馈源和印制在带地基板上的许多不同单元阵列组成。鉴于反射阵天线的结构相对复杂,为了精确地分析和合理地设计反射阵天线,将采用如图 28.2 所

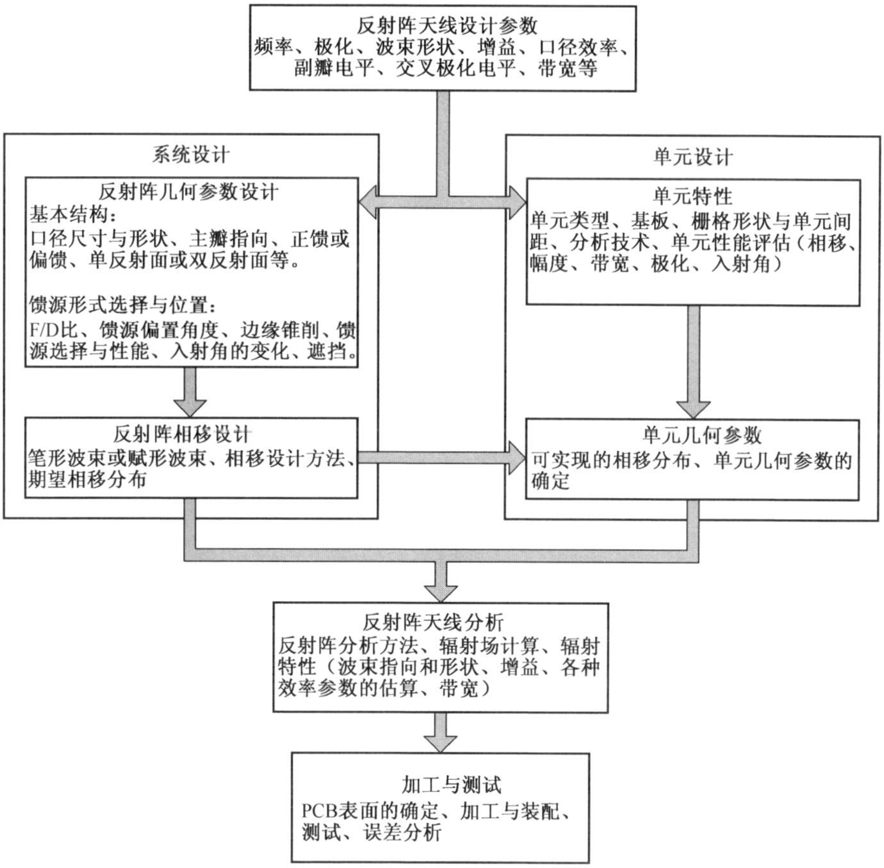

图 28.2　反射阵天线设计分析流程

示的系统化设计流程。反射阵天线的设计通常按照若干个步骤进行,其中单元设计和系统设计是最主要的两个步骤,这两个步骤正是后文将要详细讨论的内容。

28.2.1 反射阵单元

与微带阵列天线相似,微带反射阵天线通常也利用光刻技术印制在平面带地基板上。一些典型的反射阵天线单元如图 28.3 所示,分别是连接长度可调相位延迟线的贴片(Huang, 1991)、尺寸可调的贴片天线(Pozar et al., 1993)和旋转角度可调的开口环(Han et al., 2003)。虽然反射阵天线单元的样式和形状千变万化,但是都存在一个共同点:反射阵是按照栅格形状排列的反射式微带单元阵列。

反射面天线利用特殊形状的金属表面来调整空间相位延迟,从而形成期望的相位波前。然而,反射阵天线是依靠每个单元提供的反射相移来形成特定的相位波前。因此,在反射阵天线设计过程中,精确地分析电磁波入射到反射阵单元上的响应特性是至关重要的步骤。

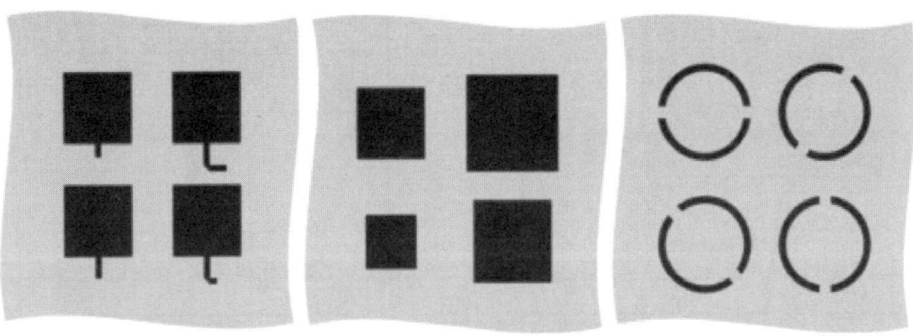

(a) (b) (c)

图 28.3 典型的反射阵天线单元

(a)附加了长度可调相位延迟线的贴片;(b)尺寸可调的贴片;(c)旋转角度可调的开口环。

1. 单元分析技术

基于叠加原理,可以将反射阵单元视作孤立单元,即认为每个单元的性能与位于巨大带地基板上孤立单元的性能相同,并且忽略相邻单元之间的相互耦合作用(Javor et al.,1995)。然而单元之间的间距通常都非常小,单元之间的相互耦合作用又非常强,孤立单元产生的近似误差往往不能忽略。因此,上述假设也许不成立。Milon 等提出一种改进的单元环绕方法,该方法在进行单元评估时通过在单元周围环绕几个异形单元来模拟实际的互耦效应(Milon et al. ,2007)。然而,该方法的计算成本巨大,最终也限制了其实际应用。

反射阵天线由具有相似结构的反射阵单元相互环绕形成(一种准周期结构)。基于该观点,无限阵列法应运而生。无限阵列法利用相同单元构成的无限阵列(考虑互耦的影响)来分析反射单元的反射系数(Pozar et al. ,1993)。除了反射阵边缘与相位突变处的单元之外,反射阵口径上的相位呈现递进式分布,因此相邻的反射单元具有相似的形状或尺寸,由此可见这种假设是成立的。反射阵具有准周期结构,微带阵列和频率选择表面(FSS)的准周期结构之间存在相似之处,因此可以直接借鉴频率选择表面的分析技术,这对于人们分析反射阵单元有帮助。特别值得注意,通过运用 Floquet 定理可以将无限阵列(考虑到互耦效应)的分析简化为分析单个反射单元,这样可以得到极高的分析效率与较好的分析精度(Huang et al. ,2008)。因此,在分析反射阵单元时普遍采用无限阵列法。

无限阵列分析法可以利用各种全波数值算法,如谱域矩量法(MoM)、有限元法(FEM)、时域有限差分法(FDTD)。除了在计算成本上有些许差别外,上述数值算法都可以得到精确结果。通过使用内置的周期边界条件与 Floquet 模式激励,商业全波电磁仿真软件也能够实现上述计算功能,如 Ansoft HFSS(HFSS,2014)、CST 微波工作室(CST,2014)。在这些计算方法中,可采用电壁和磁壁(或周期边界)复制反射单元并将反射单元扩展为期望的无限周期结构。因此,在反射阵单元周围如何恰当地使用电壁和磁壁(或周期边界)是最关键的一步。例如,基于 Ansoft HFSS 的尺寸可调的方形微带贴片的数值分析模型如图 28.4 所示。其中,采用周期边界包围该反射单元,激励端口为 Floquet 端口,并且将参考平面选在贴片表面。在 Floquet 端口处,利用特定极化、沿特定方向传播的平面波激励方形贴片。通过计算反射阵单元的复散射参数,就可以得到反射阵单元的反射相移响应和反射幅度响应。

除了上述各种方法之外,通常还可以利用等效电路法提高计算效率(Bozzi et al. ,2004;Shaker et al. ,2014)。例如,如图 28.5 所示的并联 RLC 等效电路模型可以用来描述尺寸可调的有耗贴片。等效电路法能够帮助我们深入理解反射

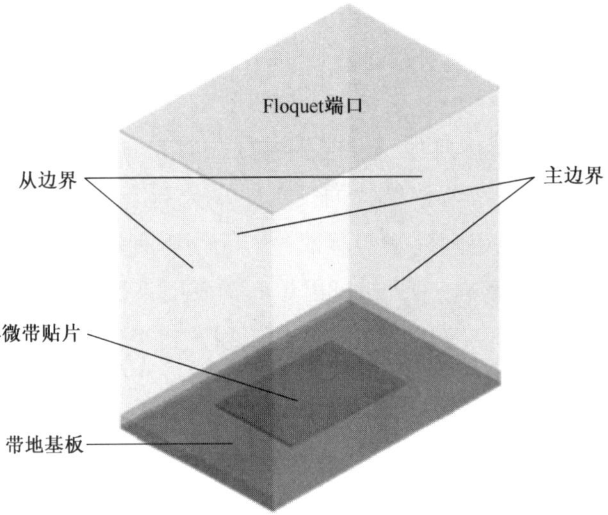

图 28.4　基于 Ansoft HFSS 的单元分析模型

阵单元的基本工作原理。但是,等效电路通常只针对某一种特殊的结构,因此等效电路法的适用范围非常受限。

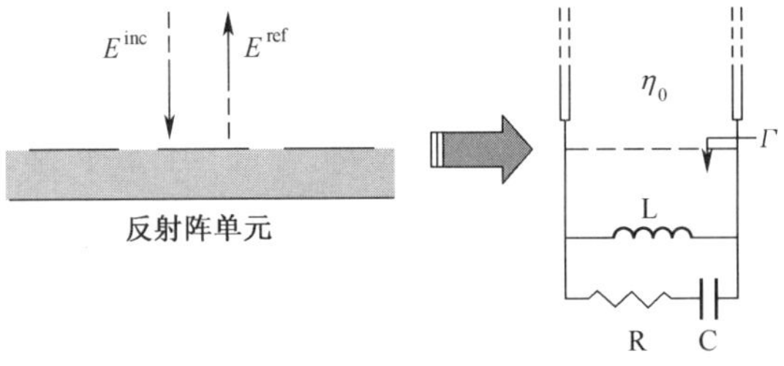

图 28.5　有耗反射阵单元的等效电路模型

2. 单元性能的评估

反射阵单元会对照射到其表面的电磁波产生一定的响应,散射电磁波与反射阵单元的设计参数息息相关。反射阵单元的反射性能直接关系到反射阵天线的整体性能。因此,如何仔细地评估反射阵单元的性能至关重要,这有助于人们确定单元结构和单元参数优化的选取准则(该准则用于确保反射阵单元满足设计指标)。上述任意一种单元分析方法都可以用来分析反射阵单元的性能。反射阵单元性能的某些关键参数需要仔细评估,如相移、反射幅度、单元带宽以及单元对不同极化与从不同角度入射的电磁波的响应。

下面通过算例来详细讨论这些关键参数。例如,采用基于 Ansoft HFSS 的无限阵列法分析工作在 Ka 频段的尺寸可调的方形微带贴片如图 28.4 所示。方形微带贴片的工作频率为 32.5GHz,反射阵单元的长度和宽度均为 4.6mm,大约对应于工作频率的半个波长。带地基板的厚度为 0.51mm,相对介电常数 ε_r = 2.55,损耗角正切 $\tan\delta = 0.0019$。在 Floquet 端口处利用 x 极化平面波对微带贴片进行激励,该平面波垂直入射到微带贴片上。通过计算复散射参数并对端口进行去内嵌处理,就可以得到单元的反射特性,最终得到单元的性能参数。

单元相移是单元表面处反射波相位和入射波相位之间的差异,即复散射参数 S_{11} 的相位。单元相移是反射阵单元的第一个参数,也是最重要的参数。通过改变单元的某个(或多个)几何参数,可以获得不同的单元相移。在本实例中,贴片的尺寸即为上述可变几何参数。当贴片尺寸从 1mm 变化到 4mm 时,可以得到单元相移随贴片尺寸的变化关系,如图 28.6(a)所示,该曲线称为相位曲线。

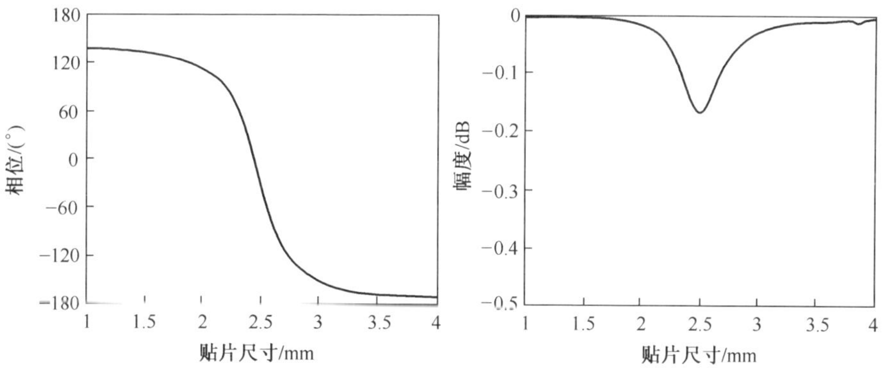

图 28.6　方形微带贴片的相位曲线以及方形微带贴片的反射系数幅度随贴片尺寸的变化关系

由于相位曲线呈典型的 S 形非线性变化,因此相位曲线通常称为 S 曲线。相位曲线表示单元相位的可调节程度,并且是整个反射阵概念得以建立的基石。根据相位曲线和反射阵所需的相移分布来确定单元尺寸,从而形成期望的相位波前。

在反射阵的设计中,相位曲线是最关键的设计曲线之一,因此需要密切关注相位曲线。通常使用两个参数来检验相位曲线的优劣:第一个参数是最大相移波动范围,该参数决定了反射阵单元可实现的相位覆盖范围。理想的相移波动范围需要至少覆盖 360°,较小的相位覆盖范围难免会造成相位误差。由图 28.6(a)可以看出,尺寸可调的贴片的相移波动范围为-170°~+135°,因此其相位覆盖范围约为 305°。虽然该相移覆盖范围小于理想值,但是在实际中这样的相移覆盖范围通常是可以接受的,并且其对应的相位误差也在允许的范围之内。对于最小相移波动范围而言,并没有标准的设计指导原则。因此,通常凭借设计师的经验知识,在不同性能参数之间进行权衡。第二个参数是相位曲线经过 0°时的曲线斜率。该参数既可以表征无限阵列结构的谐振,还可以表征单元的带宽。相位曲线斜率越平缓,单元的带宽越宽。此外,陡峭的相位曲线斜率表示单元的相位对单元的尺寸变化过于敏感,很小的加工误差就能产生不可忽略的相位误差。

如图 28.6(b)为单元反射幅度,即复散射参数 S_{11} 的幅度。由于存在接地板,因此所有的入射能量都向后散射(除去有耗介质和非理想导体上耗散的能量之外)。介质损耗和导体损耗降低了反射阵单元的辐射效率。当单元结构谐振时,单元上激励起来的电流最大,损耗也达到最大,因此单元的反射幅度响应呈现极小值。单元反射幅度响应波谷的宽度也非常重要。单元反射幅度响应波谷的宽度越宽表示有更多的高损耗单元,这会降低反射阵的效率。

后向散射能量可以进一步分为三部分:由于贴片的谐振模式而产生的二次辐射场、接地板产生的镜面反射场和贴片的非谐振结构产生的散射场。当二次辐射场与镜面反射不一致时,镜面反射将提高反射阵天线的副瓣并且降低天线效率(Huang et al.,2008)。

反射阵单元的幅度响应和相位响应都与基板材料的特性息息相关。首先,如图 28.7(a)所示,当基板的厚度增加时,反射阵单元的相移波动范围会下降,这会导致较大的相位误差并且降低效率。介质基板越厚,相应的介质损耗也会越大,从而降低效率。另外,厚介质基板会降低谐振结构的 Q 值。这样,相位曲线的斜率会变得更加平缓,从而有利于展宽反射阵单元的带宽。其次,如图 28.7(b)所示,当相对介电常数增加时,结构的谐振点会向尺寸更小的贴片偏移,相位曲线的斜率也会变得更加陡峭,这对单元带宽非常不利。再次,显而易见,较高的损耗角正切也会导致较高的介质损耗,从而降低效率。最后,非理想金属材料的电导率有限,也会产生导体损耗(An et al.,2014a)。虽然在微波频段通常忽略导体损耗,但是在太赫频段以及光学频段,导体损耗就会成为一个需要特别注意的重要问题(Yang et al. ,2012)。

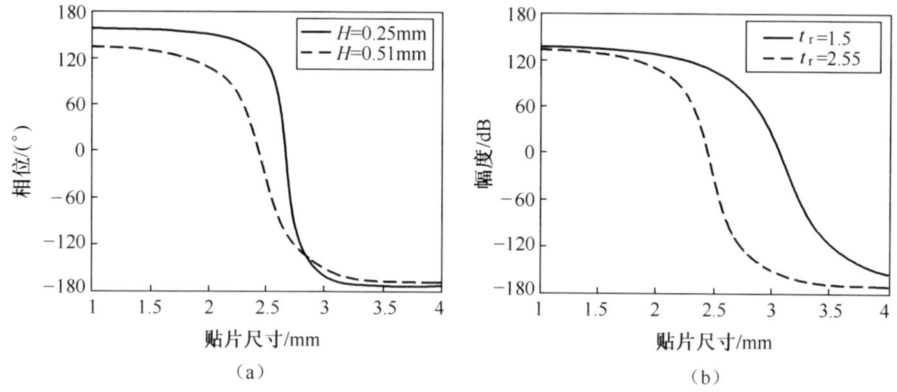

图 28.7　不同基板厚度对应的相位曲线以及不同基板介电常数对应的相位曲线

对于准周期结构而言,反射阵单元的单元尺寸(或单元间距)是非常重要的设计参数。为了避免栅瓣的出现,通常按照如下经验准则选择合适的单元尺寸(或单元间距)

$$\frac{d}{\lambda} \leqslant \frac{1}{1 + \sin\theta} \tag{28.1}$$

式中:d 为单元间距;λ 为自由空间波长;θ 为入射角度与主波束偏离法线方向的角度两者之间较大的角度(Huang et al. ,2008)。

在实际应用中,单元间距通常为 $\lambda/2$。近来,有学者使用亚波长单元间距,即电小单元,按照小于 $\lambda/2$ 的单元间距进行极小间隔排列(Pozar,2007;Naycri ct al. ,2010, 2011)。本算例中,不同单元尺寸对应的相位响应和幅度响应如图 28.8所示,由图 28.8 可知,近距离排布的单元能激励起耦合谐振点。随着单元间距由 $\lambda/3$ 缩小至 $\lambda/4$,相位曲线的斜率与幅度损耗都得到改善,但相移范围却在不断变小。在本质上,亚波长单元间距能够提高反射阵天线的带宽性能。但是,尺寸微小的贴片与缝隙同时也会降低加工误差的容忍度。

单元带宽是单元性能的另一个重要参数。反射阵单元本身就是窄带结构。例如,尺寸可调的微带贴片单元的带宽为 3%~5%。尺寸可调的微带贴片单元在不同频率下的相位曲线如图 28.9 所示。一般而言,如果相位曲线是平滑的(具有平缓的斜率)并且不同频率下的相位曲线基本相似,这种单元就具有较好

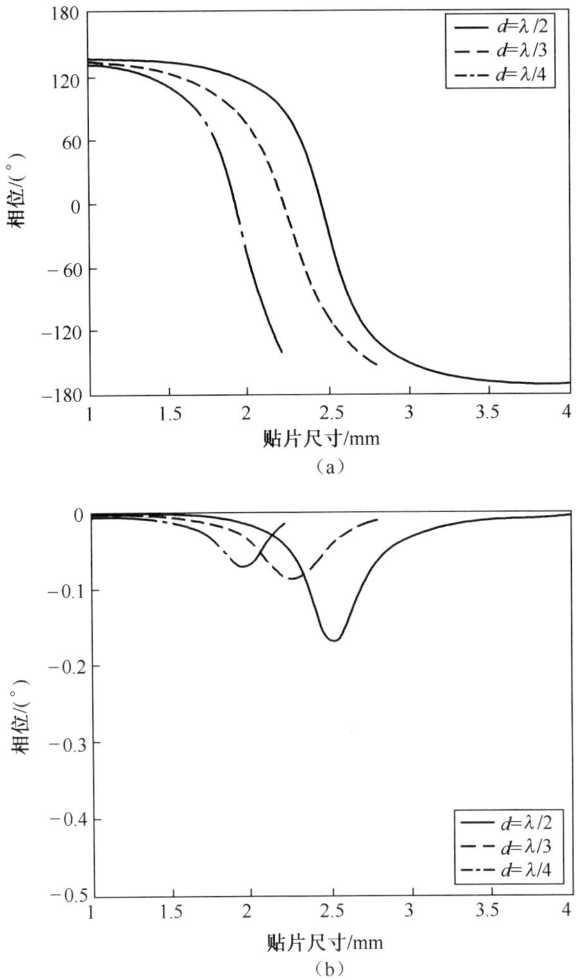

图 28.8　不同的单元尺寸对应的相位响应以及不同的单元尺寸对应的幅度响应

的带宽性能。综上所述,仔细调节单元参数有助于改善单元带宽,如采用低介电常数的厚介质基板、采用亚波长单元间距。例如,在实际应用中,通常将较厚的空气层或泡沫层用作介质基板。最近,研究人员围绕该问题展开了大量的研究工作,并提出了许多新型的宽带和多频带设计方案和技术。

反射阵天线单元对特定极化的入射波产生特定的相位响应和幅度响应。不同类型的反射阵单元具有不同的极化性能,如单线极化、双线极化或圆极化,因此选择合适的单元形式至关重要。例如,尺寸可调的方形贴片适用于单线极化

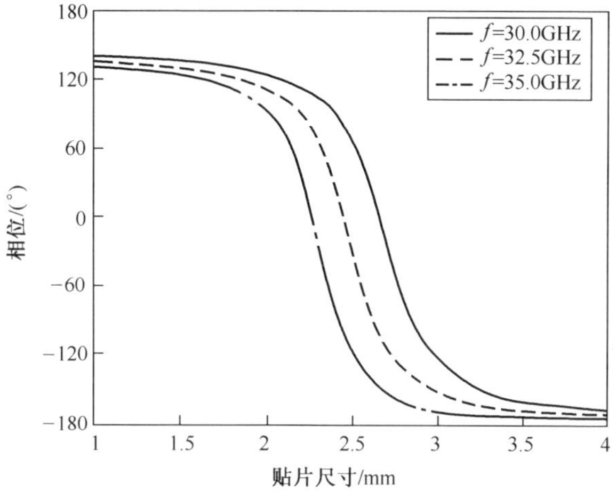

图 28.9　不同频率下的相位曲线

或圆极化。可以独立地调整方形贴片的两个边长使其变为矩形贴片单元,从而实现双线极化性能。

最后,如果入射波的照射方向不同,那么反射阵单元的散射特性也会不同。单元的入射角度取决于接收模式或发射模式,而发射模式或接收模式则取决于反射阵的工作场景(Rengarajan,2009)。例如,单个笔形波束的反射阵天线的基本结构如图 28.1 所示。如果按照接收模式来分析,平面波沿着主波束方向入射到反射阵天线。单元的入射角可以简单地用主波束的偏角表示,且所有单元的入射角均相同。如果按照发射模式来分析,情况就变得更加复杂。从馈源发出的球面波,按照特定的入射角度照射到反射阵单元上。假定反射阵单元处于馈源的远场区域,那么根据局部平面波近似可将入射波局部看作平面波来分析。根据反射阵单元与馈源的相对位置关系就可以确定反射阵单元的入射角。在这种情况下,所有单元的入射角都不相同。这是反射阵的特点之一,在反射阵单元分析和反射阵的设计过程中都需要密切关注这一点。

方形贴片单元在不同入射角度下的相位曲线如图 28.10 所示。由图 28.10 可以看出,相移曲线随着入射角度的改变而改变。理想情况下,为了准确评估反射阵单元的相位特性并且使得潜在的相位误差最小化,那么在反射阵设计中就需要分析反射阵单元在每个入射角度下的相位特性。然而,考虑到典型的高增益反射阵的单元数目非常庞大,这个过程就会变得极其耗时,甚至不可能实现。另外,在特定的角度范围内(如 25°),垂直入射和斜入射两种情况下的相位曲线之间的差别相对来说是很小的。通过合理地设计反射阵的结构,可以将良好照射区域内的反射阵单元的入射角度限定在这一范围。因此,仅需要分析垂直入射的情况,并根据垂直入射时的相位曲线来确定所有的单元参数。这是大多数反射阵天线的设计惯例,并且可以认为这种近似所引起的相位误差在可接受的范围内。然而,在某些特殊应用场合,诸如要求最优口径效率的高增益天线或者要求精确的等相位线的赋形波束等情况下,也会采用逐个单元分析的方法。

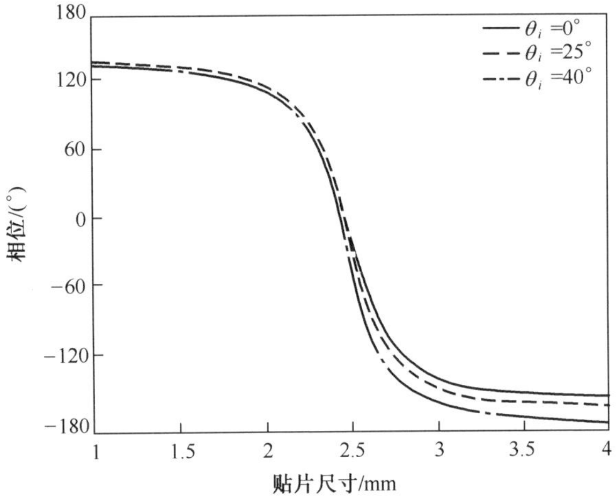

图 28.10　不同入射角度下的相位曲线

3. 代表性单元类型

为了更好地满足反射阵设计的不同指标要求,辐射效率、极化、带宽、加工精度以及加工成本等,目前已经出现了各种各样的反射阵单元。每种反射阵单元都具有自身的优缺点。按照不同反射阵单元在调相原理方面的区别,大多数微带反射阵单元可以大致分为三大类,即谐振式单元、加载调相结构的单元、旋转角度不同的圆极化单元。下面将介绍反射阵单元的设计方案,并对其性能分别进行讨论。

谐振式单元应用变尺寸调相原理以获得期望的相位调节能力。首先,设计谐振在工作频率处的贴片单元(该单元处于阵列环境中),贴片尺寸的细微变化就会引起相位的巨大变化。如图 28.3(b)所示,尺寸可调的方形贴片是应用最广泛的谐振式反射单元。目前,已经有学者研究了不同形状、不同形式的谐振式反射单元,诸如偶极子、方环、圆形贴片和圆环(Bialkowski et al. ,2008)。上述谐振式单元的结构都很简单,相关的几何参数很少,非常便于利用光刻技术来加工。谐振式单元的典型相位曲线与图 28. 6(a)相似。谐振式反射阵单元的相移波动范围通常都小于 360°,无法实现的相位范围将会导致相应的相位误差和效率损失。由于这种单元固有的谐振特性,在谐振点附近相位曲线的斜率都非常陡峭,呈现很强的非线性变化特性,这就要求贴片尺寸的变化极其细微,限制了单元的带宽,并且导致反射相位对加工误差极其敏感。由于大量贴片都工作在非谐振状态,将会引起镜面反射从而抬高副瓣并降低辐射效率。最近,众多学者提出了各种各样的多谐振单元,通过结合(或层叠)两个或多个简单谐振式单元来获得多谐振结构,多谐振结构能够有效改善相位曲线的平滑性,并且从本质上改善单元的带宽性能(Encinar, 2001;Chaharmir et al. ,2009)。

另一种调相原理如图 28. 3(a)所示,即在谐振式微带贴片上加载不同长度的相位延迟线(Huang,1991;Javor et al. ,1995)。入射波耦合到反射阵单元上并沿着加载枝节传播,电磁波传播至开路终端后发生全反射,最终按照一定的相位延迟再次辐射到自由空间中。相位延迟与微带线的长度大致呈线性关系,因此可以利用经验公式计算微带线的长度(Javor et al. ,1995)。为了适应有限的空间,通常采用弯曲的微带线枝节,但这样可能引入寄生辐射,从而造成交叉极化电平和副瓣电平抬升。微带线的长度越长,单元损耗也越大。为了弥补上述缺陷,有学者提出采用多层缝隙耦合贴片单元(Bialkowski et al. ,2001),还有学者提出采用真时延线来改善单元的带宽特性(Carassco et al.,2008)。此外,还有学者提出采用缝隙型加载结构(Chaharmir et al. , 2003a)。值得一提,有学者曾提出在反射阵单元的特定位置集成调节装置,从而实现反射阵单元的可重构化设计(Rajagopalan et al. ,2008;Carassco et al. ,2012)。

单元旋转型的圆极化反射阵单元,通过对尺寸完全相同的反射阵单元进行几何旋转以获得期望的相移。由于反射机理不同,这种单元的反射相移是其旋转角度的两倍。这种移相原理适用于各种圆极化单元,如加载枝节的单元(Huang et al. ,1998)、如图 28. 3(c)所示的开口环(Han et al. ,2003)、单开口环(Yu et al.,2009)等。为了减小每个单元的实际占用面积,没有必要旋转整个反射阵单元,只需要旋转方形环上的开口位置,这是单元旋转校相技术的一种衍生形式(Yu et al.,2012)。单元旋转校相技术能够实现完整的360°相移范围。由于抑制了镜面反射,伪随机分布的单元布局将有助于降低反射阵天线的副瓣电平和交叉极化电平并提高辐射效率(Huang et al.,2008)。必须注意,单元旋转校相技术仅适用于圆极化情况。与其他单元的极化反转不同,旋转型单元的反射波与入射波的极化相同。

前面介绍的反射阵天线单元分类方法是一种常用的分类方法。自反射阵技术诞生以来,已经出现了大量的新型反射阵单元,在一个反射阵设计方案中可能使用一种移相原理或同时综合使用多种移相原理。与此同时,还可以采用其他某些设计参数来获得期望相移,如单元厚度(Nayeri et al.,2014;Deng et al.,2014)、基板材料的介电常数(Hu et al.,2008)等。选择合适的反射阵单元是反射阵天线的设计基础。

4. 单元测试与诊断方法

反射阵单元的相移和损耗可以使用波导模拟器来测量(Hannan et al.,1965)。图28.11为一个Ku频段的波导模拟器,该模拟器由一段Ku频段的标准波导、一个波导同轴转换器和一块背板组成。使用背板可以将反射阵单元样品插入矩形波导中。波导壁的镜像作用可以将反射阵单元扩展为按照一定间距排列的无限阵列。背板上的开口可以利用导体条带密封起来以确保全反射,还可以用作可重构反射阵单元控制信号的接口。在波导内部可以激励起基模TE_{10}模,照射到无限阵列上的平面波入射角为

$$\sin\theta_0 = \frac{\lambda}{2a} \tag{28.2}$$

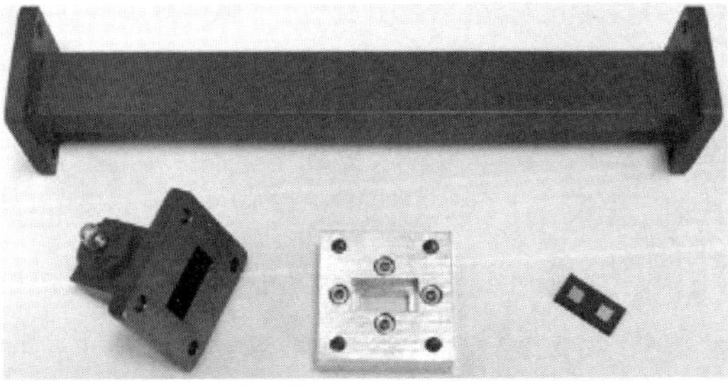

图28.11 基于波导模拟器的反射阵单元测试结构

式中:λ为工作频率处的自由空间波长;a为波导的宽边尺寸。

利用矢量网络分析仪测量复反射系数,根据复反射系数可以计算出反射阵单元的相位响应和幅度响应。虽然这种测量技术简单易行,但是有一些很重要的限制条件必须考虑:平面波只能沿着 H 面以固定的入射角度 θ_0 传播;波导模拟器只能激励起平行于波导壁窄边的线极化波;反射阵单元的尺寸和间距都受限于波导尺寸;如果单元脱离准无限阵列近似,那么这种方法在实际中可能会产生一定程度的误差。

有时候,希望验证反射阵单元的设计精度,尤其当相邻单元的相位变化很剧烈或指标要求非常严格时。因此,有学者提出了一种可视化的方法来辅助完成反射阵的设计、分析和诊断(Rajagopalan et al. ,2012)。通过合理诠释反射阵的辐射机理,利用全波仿真可以得到整个反射阵的实际相位响应,从而近似得到各个反射阵单元在实际结构中的性能。通过微调反射阵单元的参数就能够获得更准确的相移,如同设计相移一般准确,但是这种方法所需要的计算成本限制了其在实际中的应用。

28. 2. 2　反射阵的设计与分析

类似于反射面天线,反射阵天线同样采用空间馈电机制。二者的相似性表明,反射阵天线的设计和分析可以充分借鉴反射面天线的相关理论和设计流程。另外,为了将馈源辐射的球面波前转换为平面波前,反射阵天线利用单元阵列来调节相位波前,而反射面天线却是利用特定形状的金属曲面来调节相位波前。鉴于反射阵的这一特征,反射阵的设计更加灵活,但仍需要特别注意分析反射阵的辐射特性。

1. 反射阵的结构设计

为了满足某些设计指标,与反射面天线类似,反射阵天线的结构也多种多样,如具有中心馈源或偏置馈源的单反射阵天线。以实际中常见的偏馈结构为例,偏馈结构可以避免中心馈电结构的口径遮挡问题。此外,与偏馈反射面天线的投影口径通常小于其物理口径的情况不同,偏馈反射阵天线的主波束可以调整到阵列的边射方向,因此反射阵天线可以有效利用反射阵的整个口径。另外,偏馈反射阵天线照射到单元上的电磁波入射角度范围比中心馈电阵要大,在远端边缘单元处甚至可能出现极大入射角。在这种情况下,单元的实际相移将会不同于垂直入射情况下的相位曲线(在分析反射阵单元时,通常研究电磁波垂直入射情况下的相位曲线),从而造成相位误差和效率损失。与此同时,由于反射阵单元的波束宽度有限,边缘处的反射阵单元截获和再次辐射的能量都较少(Huang et al.,2008),这将进一步降低反射阵天线的辐射效率。因此,需要特别关注反射阵边缘处单元的分析与设计,这也增加了偏馈反射阵天线的设计难度。当主波束偏离边射方向时,减小馈源的偏置角度是一种折中办法。以降低有效口径尺寸作为代价,在实际中通常采用馈源偏置角较小的无遮挡偏馈设计方案。

反射阵天线的口面通常为平面,但出于共形化设计要求,反射阵天线的口面也可轻微弯曲。反射阵的口径形状可以是圆形、方形、多边形或其他特殊形状。反射阵天线口径的电尺寸取决于系统增益指标要求。通常,反射阵天线的口径越大,天线的副瓣电平、交叉极化电平和效率等辐射性能都会越好。这是由于此时的镜面反射、边缘绕射与馈源遮挡效应会变得微不足道。

由于焦径比 F/D 是非常重要的设计参数,因此需要选择合适的焦径比。F/D 较大的反射阵天线可以得到较好的交叉极化电平、带宽与波束扫描能力等辐射性能,但也会增加馈源的尺寸和反射阵天线的包络体积。较小的 F/D 会造成反射阵中心和边缘的空间相位延迟发生剧烈变化,这是反射阵天线工作带宽的主要限制因素。同时,F/D 较小还可能导致反射阵天线边缘处单元的入射角度过大。与反射面天线类比,需要特别注意二者之间的这两点独特区别。在实际设计中,焦径比 F/D 的取值范围通常为0.5~1。

反射阵口径的边缘锥削(ET)也是一个重要参数。与反射面天线类似,边缘锥削会直接影响反射阵天线的辐射性能,如波束宽度、副瓣电平、效率等。简而言之,当边缘锥削逐渐降低时,锥削效率逐渐恶化,泄漏效率也逐渐升高。-10dB左右的边缘锥削就可以获得最佳的辐射效率。因此,必须根据给定的 F/D 对馈源天线进行合理的设计,从而保证馈源天线在反射阵上产生合适的照射电平。在后续章节将给出这些效率参数的详细推导和计算过程。

为了降低反射阵天线的剖面,有学者研究双反射结构(Arrebola et al.,2008;Almajali et al.,2012;Tienda et al.,2012;Rajagopalan et al.,2013)。双反射阵天线是反射阵天线和反射面天线的结合,可以采用双反射阵结构来降低天线剖面尺寸。由于反射阵单元具有独特的相位控制能力,因此反射阵天线可以实现某些特殊功能,如波束扫描(Hu et al.,2013)、反射面形变补偿(Xu et al.,2009;

Rajagopalan et al.，2012b）、用于直播卫星（DBS）的波束赋形用途（Tienda et al.，2013）。然而，由于双反射阵天线结构较为复杂，因此增加了双反射阵天线系统的设计和分析的复杂度。

2. 反射阵相移设计

在反射阵的结构确定之后，为了获得期望的辐射性能，通过射线追踪法或唯相位综合法就可以得到反射阵天线口面所需要的相移分布。在设计高增益单波束反射阵时，广泛采用射线追踪法。

如图 28.12 所示，通常需要使用 4 个坐标系来辅助分析具有 N 个单元的平面反射阵。(x,y,z) 表示坐标原点 O 位于反射阵口面中心的反射阵坐标系，矢量 $\hat{\boldsymbol{u}}$ 表示观察方向。下标带 f 的坐标系表示坐标原点位于焦点 F 的馈源坐标系。馈源的相位中心位于焦点 F，馈源的方向图沿着 z_f 轴指向反射阵口面。H 为馈源的高度，θ_o 为馈源的偏置角。$\boldsymbol{r}_f$ 为馈源的位置矢量。矢量 $\hat{\boldsymbol{u}}_B$ 为主波束方向，同时也是方向图坐标系中的 z_p 轴。θ_B 为主波束偏角。下标带 e 的坐标系表示坐标原点位于每个单元中心处的单元坐标系，$\boldsymbol{r}_n$ 表示第 n 个反射阵单元的位置矢量。不同坐标系之间的坐标变换通过使用欧拉变换很容易实现（Rahamat-Sammi，1979）。

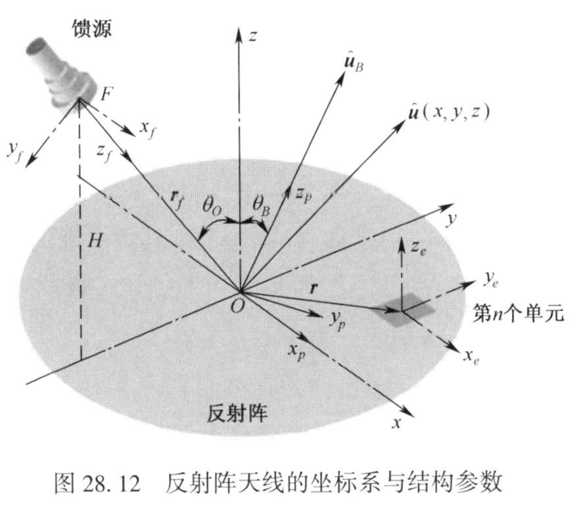

图 28.12　反射阵天线的坐标系与结构参数

例如，按照发射模式来分析反射阵天线的工作原理。假定反射阵单元位于馈源天线的远场区域，因此可以认为馈源辐射的电磁波具有球面波前。照射到每个单元上的入射场都可以局部近似为具有特定初始相位的平面波,该初始相位正比于馈源相位中心到反射阵单元的距离。为了使主波束指向 $\hat{\boldsymbol{u}}_B$ 方向,需要产生垂直于 $\hat{\boldsymbol{u}}_B$ 方向的均匀平面相位波前。每个单元的期望相移 φ_n 可以利用射线追踪法计算得到:

$$\varphi_n = k(|\boldsymbol{r}_n - \boldsymbol{r}_f| - \boldsymbol{r}_n \cdot \hat{\boldsymbol{u}}_B) + \Delta\varphi_0 + 2n\pi, n = 0, \pm 1, \pm 2, \cdots \quad (28.3)$$

式中:k 为自由空间波数;$\Delta\varphi_0$ 为固定参考相位;整数 n 保证 φ_n 的取值范围在 360°之内。

特别值得指出,各个单元之间的相对相移(而不是各个单元的绝对相移)需要满足相位变换条件。因此,在所有单元上施加的固定参考相位 $\Delta\varphi_0$ 可以是任意值。同时,由式(28.3)可以看出,主波束指向 $\hat{\boldsymbol{u}}_B$ 是与馈源位置和口径形状都无关的设计参数。例如,可以利用正馈反射阵天线得到波束指向偏离边射方向的倾斜波束。该实例表明,反射阵天线比反射面天线的设计自由度更加灵活。

在设计反射阵天线时,利用射线追踪法可以模拟反射面将球面波转化为平面波。此外,可将反射阵用作双反射面天线系统中的双曲面或椭球面,射线追踪法已经成功地用来推导这类反射阵天线所需相移的闭式表达式(Almajali et al.,2012;Rajagopalan et al.,2013)。全波仿真结果与测试结果均表明,反射阵能够将由焦点辐射的一组球面波转化为由次级焦点辐射的另一组球面波。

有源相控阵可以同时控制辐射单元的相位和幅度。反射阵单元的幅度取决于馈源的照射情况,因此反射阵只能调节每个单元的相移而无法调节每个单元的幅度。因此,可以直接借鉴阵列天线设计中的唯相位综合技术。在现代反射阵设计中可以使用许多种方法,例如,用于 DBS 波束赋形设计的交叉算法(Encinar et al.,2006,2011),用于四波束设计的正交投影算法(APM,Nayeri et al.,2012),用于改善波束扫描特性的粒子群优化(PSO)算法(Nayeri et al.,2013)。总而言之,这些方法都能获得令人满意的结果,但是相位综合过程通常都非常复杂且非常耗费计算时间。为了提高反射阵天线的效率,需要充分理解并且具备关于反射阵天线期望相移分布的先验知识。

3. 反射阵分析方法

假定可以精确评估反射阵单元的性能,并假定利用选定的单元方案可以实现期望相移分布(或最接近期望相移分布),就可以分析整个反射阵并获得反射阵天线的辐射性能,如辐射方向图、增益、副瓣电平、交叉极化电平、带宽等。常见的反射阵分析方法有三种,即阵列理论法、口径场法、全波分析法。

阵列理论法是计算反射阵天线辐射方向图最直接的方法。根据阵列理论法可以将每个反射阵单元的辐射场直接进行求和,从而得到反射阵天线的辐射方向图(Chang et al. ,1995;Huang et al. ,1998)。为了简化计算,通常采用 $\cos^q(\theta)$ 类型的理想点源来近似表示馈源天线和反射阵单元(Rahamt-Samii et al. ,1981),这类点源的方向图不随方位角的变化而变化。设 q_f 和 q_e 分别为控制馈源天线方向图和反射阵单元方向图的 q 因子。假定反射阵单元位于馈源天线的远场区域,馈源天线辐射到每个反射阵单元上的电场可以表示为

$$E^{\mathrm{f}} = \frac{\cos^{qf}(\theta_{f,n})}{|\boldsymbol{r}_n - \boldsymbol{r}_f|} \mathrm{e}^{-\mathrm{j}k|\boldsymbol{r}_n - \boldsymbol{r}_f|} \tag{28.4}$$

式中:$\theta_{f,n}$ 为馈源坐标系下第 n 个反射阵单元位置的球坐标。

考虑到反射阵单元具有一定的波束宽度,反射阵单元截获的入射场可以修正为

$$E^{i} = \cos^{q_e}(\theta_{e,n}) \cdot E^{f} \tag{28.5}$$

式中:$\theta_{e,n}$ 为第 n 个反射阵单元坐标系下馈源位置的球坐标。

假定使用合适的单元分析技术可以获得反射阵单元的幅度响应 Γ_n 和相位响应 φ_n,那么反射阵单元的激励电流可以表示为

$$I_n = \frac{\cos^{q_f}(\theta_{f,n})}{|\boldsymbol{r}_n - \boldsymbol{r}_f|} \mathrm{e}^{-\mathrm{j}k|\boldsymbol{r}_n - \boldsymbol{r}_f|} \cos^{q_e(\theta_{e,n})} \Gamma_n \mathrm{e}^{\mathrm{j}\varphi_n} \tag{28.6}$$

考虑到反射阵单元的方向图

$$A_n = (\theta, \phi) = \cos^{q_e}(\theta) \mathrm{e}^{\mathrm{j}k(\boldsymbol{r}_n \cdot \hat{u})} \tag{28.7}$$

对反射阵单元的辐射场直接进行求和,就可以得到反射阵天线的辐射场

$$E(\theta,\ \phi) = \sum_{n=1}^{N} \cos^{q_e}(\theta) \cos^{q_e}(\theta_{e,n}) \Gamma_n \frac{\cos^{q_f}(\theta_{f,n})}{|\boldsymbol{r}_n - \boldsymbol{r}_f|} \mathrm{e}^{-\mathrm{j}k(|\boldsymbol{r}_n - \boldsymbol{r}_f| - \boldsymbol{r}_n - \hat{u}\rangle + \mathrm{j}\varphi_n} \tag{28.8}$$

很显然,如果利用式(28.3)计算反射阵单元的相移 φ_n,那么利用式(28.8)就可以得到垂直于 $\hat{\boldsymbol{u}}_B$ 方向的平面波前。如果 $\hat{\boldsymbol{u}}_B$ 为反射阵口面的法线方向,那么将得到边射方向图。值得指出,如果使用无限阵列法等恰当的单元分析技术来计算单元相移 φ_n,在计算中就已经充分考虑到反射阵单元之间的互耦。

通常,阵列理论法能够较好预估某些重要的辐射特性,如波束指向、主波束

宽度、近区副瓣的辐射方向图形状等。该方法的推导过程非常简单、运用方便,同时需要的计算资源较少且计算时间较短,因此该方法非常适合集成到用于相位综合的优化算法中。为了进一步提高计算速度,还可以使用二维逆离散傅里叶变换(IDFT,Huang et al.,2008)。另外,这种方法也存在一些不可忽略的局限因素。由于简化的 $\cos^q(\theta)$ 类模型不包含馈源天线与反射阵单元的极化因子,因此这种计算方法无法获得反射阵的交叉极化。这种方法不考虑有限地板与边缘绕射效应的影响,同时还忽略了馈源天线和反射阵单元的后向辐射。此外,为了提高增益的计算精度,还需要仔细分析损耗。

基于等效原理,根据反射阵天线口径上反射电场的切向分量可以利用口径场法计算反射阵的辐射方向图(Pozar et al.,1997;Huang et al.,2008; Nayeri et al.,2013a)。首先,在考虑馈源交叉极化的情况下得到反射阵口面上的入射电场。馈源天线的 x 极化和 y 极化辐射场分别表示为(Rahmat-Samii,1988)

$$\boldsymbol{E}_x^f(\theta_f,\phi_f)=A_0[\hat{\theta}_f C_E(\theta_f)\cos\phi_f-\hat{\phi}_f C_H(\theta_f)\sin\phi_f]\frac{\mathrm{e}^{-\mathrm{j}kr_f}}{r_f} \tag{28.9}$$

$$\boldsymbol{E}_y^f(\theta_f,\phi_f)=A_0[\hat{\theta}_f C_E(\theta_f)\sin\phi_f+\hat{\phi}_f C_H(\theta_f)\cos\phi_f]\frac{\mathrm{e}^{-\mathrm{j}kr_f}}{r_f} \tag{28.10}$$

式中:A_0 为复常数;下标 f 表示馈源坐标系;C_E 与 C_H 分别是馈源的E面和H面辐射方向图,C_E 与 C_H 通常用 $\cos^q(\theta)$ 类型函数来近似表示,即

$$C_E(\theta_f)=\cos^{q_E}(\theta_f) \tag{28.11}$$

$$C_H(\theta_f)=\cos^{q_H}(\theta_f) \tag{28.12}$$

式中:q_E、q_H 为由馈源天线的仿真或实测方向图数据确定的 q 因子。

注意,上述馈源天线模型可以进一步扩展为包含交叉极化场的表达式。根据上述表达式,可以利用坐标变换(Rahmat-Samii,1979)计算得到反射阵天线口径上入射电场的 x 分量和 y 分量。此外,利用馈源天线的全波仿真数据或实测数据也可以直接得到入射场。在这种情况下,可以充分考虑馈源天线辐射的近场效应,从而提高反射阵天线的分析精度。

当采用无限阵列法分析反射阵单元时,与第 n 个反射阵单元(该单元位于周期环境中)的入射场和散射场的笛卡尔分量相关的广义散射矩阵 $[\boldsymbol{\Gamma}]$ 可以表示为

$$\begin{bmatrix} E_{x,n}^{s} \\ E_{y,n}^{s} \end{bmatrix} = \begin{bmatrix} \Gamma_{xx} & \Gamma_{xy} \\ \Gamma_{yx} & \Gamma_{yy} \end{bmatrix} \cdot \begin{bmatrix} E_{x,n}^{i} \\ E_{y,n}^{i} \end{bmatrix} \tag{28.13}$$

根据矢位可以很方便地计算得到每个反射阵单元的辐射场(Balanis，2005)，对所有反射阵单元的辐射场进行求和即可得到反射阵天线的方向图。

通常，需要已知无限大平面(反射阵口径所在平面)上的切向电场。但是，在实际中该平面都被限定为反射阵的口面尺寸，并假设该口面之外的场强为零。在上述计算过程中，还存在另一个非常重要的近似：假定每个周期单元内部的切向场分量是恒定的，因此反射阵口径上的积分可以近似为求和。每个反射阵单元边界处的不连续性有可能产生辐射方向图计算误差。在反射阵单元的分析中，仅仅使用 Floquet 调谐基函数，却忽略了高阶模式。值得一提的是，为了简化计算，在实际计算中通常只使用电场分量。这是第二类等效原理，即假定反射阵口径位于理想电导体中。利用第一类等效原理得到的计算结果会更加精确，即同时使用反射阵口径上切向电场和切向磁场，但这也会提高计算成本。

口径场法使用的馈源模型更加准确，并考虑了来自馈源天线、几何投影以及反射阵单元的主极化和交叉极化分量。利用口径场法可以较为准确地计算出宽角域的辐射方向图与交叉极化电平，这种方法的缺点是表达式与分析程序都较为繁杂，且需要的计算时间较长。

随着当今计算能力的突飞猛进，对整个反射阵天线进行全波分析也逐渐成为可能。某些通用的商业电磁仿真软件都可以用于反射阵天线的分析和设计，如 Ansoft HFSS(HFSS，2014)、CST 微波工作室(CST，2014)、FEKO(2014)等。由于上述仿真软件充分考虑了反射阵单元设计中的所有近似、互耦以及边缘绕射效应，因此都可以提供准确的计算结果。尽管全波分析方法已经广泛用来分析无限周期阵列中的单元性能，但是该方法的应用范畴仍然局限于小尺寸或中等尺寸反射阵天线。电磁仿真软件能够处理的最大反射阵天线尺寸取决于其所能调用的计算资源与仿真软件本身的复杂度。此外，无需对反射阵天线的整个结构进行仿真也可以获得反射阵的相关性能信息。例如，通过计算由理想磁壁(PMC)包围的反射阵天线中心行单元的散射，就可以很好地评估反射阵的增益带宽(Chaharmir et al.，2010)。

已经有学者研究了一些用于提高上述反射阵天线分析方法的计算精度或者计算效率的方法。例如，Zhou 等提出了一种基于连续平面波谱和谱并矢格林函数的等效流的改进方法(Zhou et al. ,2011)。必须根据反射阵天线设计指标以及可以调用的计算资源来选择合适的反射阵天线分析方法。

4. 反射阵的增益和效率

反射阵分析和设计的最终目标是获得其重要的辐射特性以满足设计指标,如辐射方向图、主瓣方向、增益、口径效率、副瓣电平、交叉极化电平和带宽。在反射阵的结构参数和单元参数都确定的前提下,采用选定的反射阵分析方法计算反射阵的辐射方向图,并从辐射方向图中提取主瓣方向、副瓣电平和交叉极化电平指标。需要注意,反射阵天线辐射场的表达式通常都基于反射阵坐标系,该坐标系的 z 轴沿着反射阵口面的法线方向。为了描绘出反射阵在两个主切面的辐射方向图,需要利用坐标变换将反射阵坐标系下的方向图变换至方向图坐标系下(方向图坐标系的 z_p 轴沿着主瓣方向)。

在众多性能参数之中,天线增益尤为重要。作为一种口径型辐射体,反射阵天线的增益可以根据经典定义表示为

$$G = \frac{4\pi A_a}{\lambda^2}\eta_a \tag{28.14}$$

式中:A_a 为口径面积;η_a 为口径效率。

口径效率是表征反射阵天线对发射功率(或接收功率)转换能力的关键参数。口径效率通常可以表示为若干个效率因子的乘积。某些效率因子的定义与传统反射面天线极其类似,而某些效率因子却是反射阵天线所独有的。反射阵天线的平面阵列结构可以简化效率因子的计算。充分理解这些效率因子对于反射阵天线辐射性能的设计和优化具有极大帮助。

锥削效率(或照射效率)用来衡量反射阵口径上幅度分布 I 的非均匀性。锥削效率的数学表达式为(Yu et al. ,2010b)

$$\eta_t = \frac{1}{A_a}\frac{\left|\int_A I\mathrm{d}A\right|^2}{\int_A |I|^2\mathrm{d}A} \tag{28.15}$$

式中:A 为反射阵口径。

为了简化计算,在反射阵中,式(28.15)可以用求和表达式替代,即

$$\eta_t = \frac{1}{A_a} \frac{\left(\sum_{n=1}^{N} |I_n|\right)^2}{\sum_{n=1}^{N} |I_n|^2} \tag{28.16}$$

式中:I_n 为式(28.6)给出的单元激励。

当单元损耗可以忽略不计时,对于利用简单馈源照射的反射阵而言,通常其幅度分布在中心区域具有最大值且沿着边缘方向单调递减。边缘锥削(ET)定义为反射阵口径边缘处单元的幅度值与最大幅度值之间的比值。众所周知,当边缘锥削逐渐降低时,锥削效率逐渐降低,辐射方向图的主瓣宽度逐渐展宽而副瓣电平逐渐降低。值得注意的是,反射面的照射锥削仅仅取决于馈源的方向图和空间路径长度,而反射阵的幅度分布除了受到馈源的方向图和空间路径长度影响之外还受到单元辐射方向图的影响。正如式(28.5)所示,当馈源辐射的入射场逐渐远离反射阵的边射方向时,反射阵单元截获的功率也逐渐降低。因此,反射阵单元方向图将进一步降低边缘锥削电平,这可能对锥削效率造成不利影响。当反射阵的 $F/D<0.5$ 时,这种不利影响将更加突出。反射阵单元的幅度损耗也会影响幅度分布,但是这种影响与馈源照射相比显得微不足道。

漏失效率的定义为反射阵口径所截获的功率占馈源辐射总功率的比例。漏失效率的经典表达式为

$$\eta_s = \frac{\int_{\sigma} \boldsymbol{P}(\boldsymbol{r}) \cdot \mathrm{d}\boldsymbol{S}}{\int_{\Sigma} \boldsymbol{P}(\boldsymbol{r}) \cdot \mathrm{d}\boldsymbol{S}} \tag{28.17}$$

式中:$\boldsymbol{P}(\boldsymbol{r})$ 为馈源辐射场的坡印廷矢量;Σ 表示以馈源为中心的整个球面;σ 为反射阵口径对应的立体角。

漏失效率的直接计算方法是在指定积分区域上进行解析积分或者数值积分计算。在实际应用中,尤其对于方形口径的偏馈反射阵而言,无法直接确定立体角 σ。除了上述计算方法之外,式(28.17)分子中的积分项还可以表示为反射阵口径上的积分,即

$$\eta_s = \frac{\int_{A} \boldsymbol{P}(\boldsymbol{r}) \cdot \mathrm{d}\boldsymbol{S}}{\int_{\Sigma} \boldsymbol{P}(\boldsymbol{r}) \cdot \mathrm{d}\boldsymbol{S}} \tag{28.18}$$

通常选取一个包含反射阵口径形状和馈源位置的坐标系完成上述计算(Yu et al.,2010b)。以采用 $\cos^q(\theta)$ 型简化馈源照射的圆形口径正馈反射阵为例,Huang 等给出了这种模型漏失效率的闭式表达式(Huang et al.,2008)

$$\eta_s = 1 - \cos^{2q_f+1}(\Psi_0/2) \tag{28.19}$$

式中:Ψ_0 为从馈源到反射阵边缘所覆盖的角度范围。

与反射面相似,当边缘锥削逐渐降低时,来自馈源的漏失功率也逐渐降低,而漏失效率却逐渐提高。锥削效率和漏失效率的乘积是口径效率的主要表征参数。图 28.13 给出了典型反射阵天线的漏失效率、锥削效率以及二者的乘积随馈源 q 因子的变化曲线。如果馈源能够产生-10dB 左右的边缘锥削,就可以获得最优的口径效率。

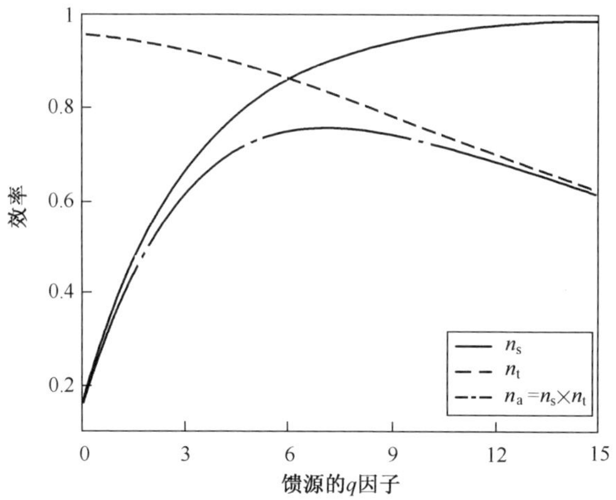

图 28.13　反射阵的效率与馈源 q 因子的关系曲线

单元损耗效率包含反射阵单元的介质损耗和导体损耗。反射面天线为金属曲面,其导体损耗在微波频段可以忽略不计。但是,由于有耗介质基板的存在以及反射阵单元的谐振特性,在反射阵天线中存在固有的介质损耗,如图 28.6(b)所示。此外,非理想金属材料的有限电导率也提高了导体损耗(An et al.,2014a),而在太赫频段和光学频段这种导体损耗会变得更加显著(Yang et al.,2012)。反射阵单元的幅度响应同时包含了介质损耗和导体损耗,因此,反射阵单元的损耗效率可以定量表示为

$$\eta_l = \frac{\sum_{n=1}^{N} |I_n|^2}{\sum_{n=1}^{N} |I_n/\Gamma_n|^2} \tag{28.20}$$

式中:Γ_n 为第 n 个单元的幅度响应。

虽然利用式(28.6)计算单元激励和利用式(28.16)计算锥削效率时都考虑了 Γ_n,但是分子和分母中的 Γ_n 能够相互抵消,尤其当所有单元的 Γ_n 都相同时。因此,在效率因子的乘积中很有必要包含式(28.20),并且需要考虑到单元的介质损耗和导体损耗。

相位效率用来表征反射阵口径上的相位分布与均匀相位分布(或特定形状相位波前)之间的偏差。相位误差会造成增益损失,并导致辐射方向图恶化,相位误差可能源于多方面因素:第一,相位误差可能源于反射阵单元的分析和设计。在分析反射阵单元时,通常假设单元处于无限阵列环境中。在实际的反射阵结构中,每个单元的实际相位也许有所不同,尤其是相位发生陡峭变化的区域(或相邻单元的参数发生剧烈变化时)。当单元的入射角度变化范围较大时,仅仅利用垂直入射情况下的相位曲线进行简单的单元设计也会引入相位误差。当单元设计方案的可实现相移范围小于 360°时,选择最接近期望相移的近似相移也会导致相位误差。虽然采用更加成熟的单元设计方法和单元分析方法可以在一定程度上降低上述相位误差,但是在反射阵的实际设计中,存在于单元相位响应中的相位误差是不可避免的。第二,馈源的实际辐射场也并非球面波前,但在反射阵单元分析和相移设计中,球面波前假设是一项非常重要的假设。在计算中代入馈源的真实入射场(来自仿真数据或实测数据),就可以规避这项误差。第三,馈源的相位中心会随着频率的变化而变化。在宽带和多频带设计中,散焦情况往往出现在预料之中。通过选择合适的馈源或者调整不同频率下单元的相位响应可以补偿馈源相位中心移动所造成的相位误差。第四,加工误差会导致实际相位与期望相位之间存在偏差。该误差类似于反射面天线的粗糙表面引起的相位误差。但是,与反射面天线的粗糙表面相比,加工反射阵天线时使用的平面光刻技术可以达到相当高的加工精度。在 Ka 频段及其以下频段,加工误差引起的相位误差通常可以忽略不计;如果单元相位曲线比较平缓,相位误差也能进一步降低。

极化效率表示反射阵辐射场的极化纯度。对于一个 x 极化天线而言,极化效率可以表示为

$$\eta_x = \frac{1}{A_a} \frac{\left(\sum_{n=1}^{N} |E_{x,n}^{\mathrm{ref}}|\right)^2}{\sum_{n=1}^{N} \left(|E_{x,n}^{\mathrm{ref}}|^2 + |E_{y,n}^{\mathrm{ref}}|\right)^2} \tag{28.21}$$

通常利用极化效率来衡量耦合到反射阵主极化辐射分量的能量所占的百分比,馈源的极化性能和单元的极化性能都将严重影响反射阵天线的极化效率。选用合适的单元设计方案就可以获得较低的交叉极化性能,例如尺寸可变的偶极子就可以抑制式(28.13)中的交叉极化项。由于反射阵单元具有极化选择特性,因此偏馈反射阵的交叉极化性能往往优于偏馈反射面的交叉极化性能。

遮挡效率用来表征馈源装置、副反射面以及位于辐射口径上的其他结构件造成的遮挡效应。计算非遮挡口径沿着主波束方向投影的比例是一种简单的估算方法。如同反射面一样,偏馈结构能够消除馈源的口径遮挡效应。此外,由于反射阵单元能够灵活控制反射相位,因此为了避免馈源装置的遮挡效应可以使主波束偏离边射方向。正馈系统也可以采取这种方法避免馈源遮挡效应。

在计算反射阵的增益和口径效率时,通常忽略馈源的回波损耗效率。由于广泛使用喇叭天线作为馈源,而喇叭天线的反射系数通常低于-20dB,因此回波损耗效率几乎可以忽略不计。对于不存在口径遮挡的反射阵而言,基本可以忽略来自口径的反射波干涉。

总之,必须仔细评估各种效率因子。反射阵的口径效率可以通过各个效率因子的乘积计算得到,而反射阵的增益可以利用式(28.14)得到。

在获得关注频段的增益性能之后,就可以得到反射阵的增益带宽。反射阵的增益带宽可以简单定义为与工作频率处的设计增益值相比所允许的增益降低值所对应的频率范围。在实际中,通常使用1dB和3dB增益降低值。1dB增益带宽通常为3%~8%,与单元设计和反射阵的电尺寸有关;在某些宽带设计中,10%甚至20%以上的增益带宽也有可能实现。当选用喇叭天线作为馈源时,端口匹配性能通常非常优良。因此,反射阵天线通常不考虑阻抗带宽。

5. 反射阵设计实例

例如,设计一个工作频率为32.5GHz的偏馈单波束反射阵天线,如图28.14

所示。反射阵具有直径为 516 mm 的圆形口径。为了兼顾馈源照射和天线的整体体积，选择中等焦径比；采用偏馈结构以消除馈源遮挡效应。x 极化馈源位于口径上方 400mm 处，馈源偏离口径中心的偏置角为 15°。通过匹配馈源方向图的 -10dB 波束宽度与 $\cos^q(\theta)$ 型函数，q_f 的取值为 5.5。为了进一步减小遮挡区域，主波束朝着馈源偏置方向的反方向倾斜 15°。

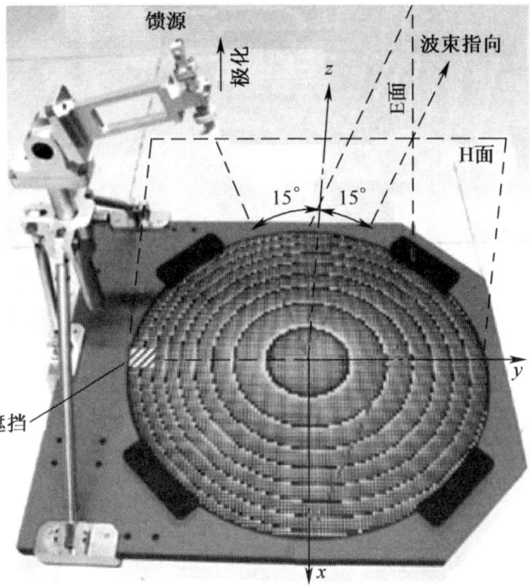

图 28.14　工作频率为 32.5GHz 的偏馈反射阵天线

选用尺寸可调的方形微带贴片作为反射阵单元，反射阵单元排布在间距为 4.6mm 的方形栅格中。带地基板的厚度为 0.51mm，相对介电常数 $\varepsilon_r = 2.55$，损耗角正切 $\tan\delta = 0.0019$。采用无限阵列法分析反射阵单元。在垂直入射情况下，反射阵单元的相移响应和幅度响应如图 28.6 所示。根据射线追踪法，利用式(28.3)能够计算得到每个单元的期望相移 φ_n，如图 28.15(a)所示。其中，为了将相移限定在一个 360°周期内，参考相移常数 $\Delta\varphi_0$ 的取值为 0。由于这种反射阵单元可实现相移的变化范围小于 360°，因此超出可实现相移范围的期望相移通常近似取为最接近的相位值。在反射阵的远端处，单元的最大入射角为 42.4°。因此，需要得到不同入射角度下的若干条相位曲线，根据相应的相位曲线可以得到相应的单元尺寸。利用式(28.6)得到的单元激励幅度如图 28.15

(b)所示。由图 28. 15(b)可知,边缘锥削大约为-10. 5dB,该锥削电平正好位于最优口径效率对应的边缘锥削电平范围之内。注意,虽然馈源和主波束均已经发生了倾斜,但是仍然存在较小的馈源遮挡区域。然而,由于遮挡区域相对较小且阴影区内单元的照射电平较低,因此这部分遮挡区域对增益和方向图造成的影响可以忽略不计。

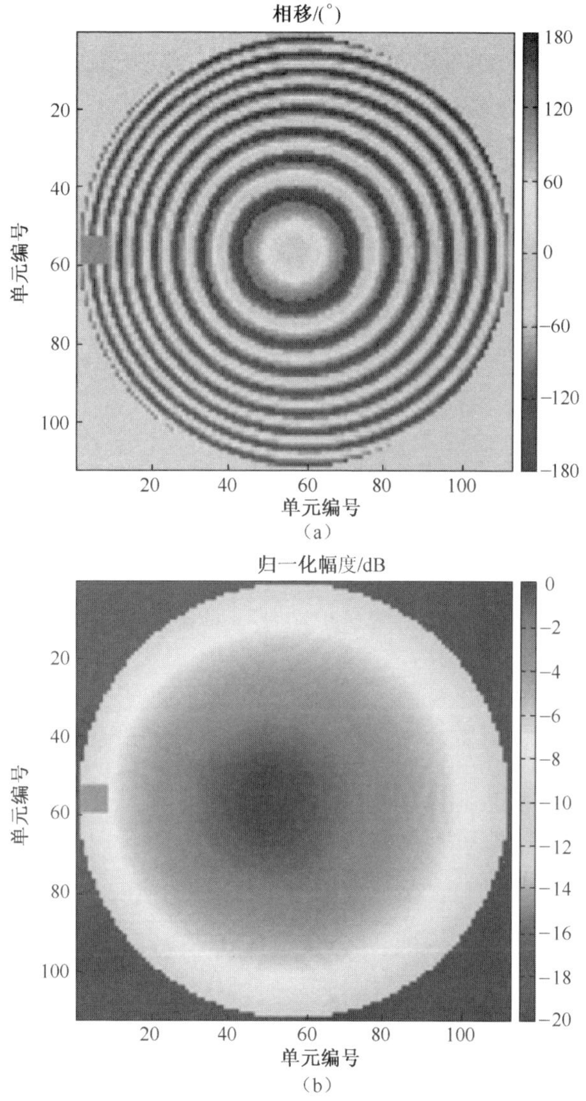

图 28. 15　反射阵的期望相移分布以及反射阵的幅度分布(阴影区域为馈源遮挡)(彩图见书末)

反射阵天线的辐射场可以使用式(28.8)计算得到,方向图坐标系下的远场辐射方向图计算结果如图 28.16 所示。去除求和式(28.8)中位于阴影区域的单元,就可以近似得到馈源遮挡效应。反射阵天线的加工完成之后,在微波暗室内采用紧缩场法测试反射阵天线的辐射性能。图 28.16 给出了实测方向图与仿真方向图的对比。

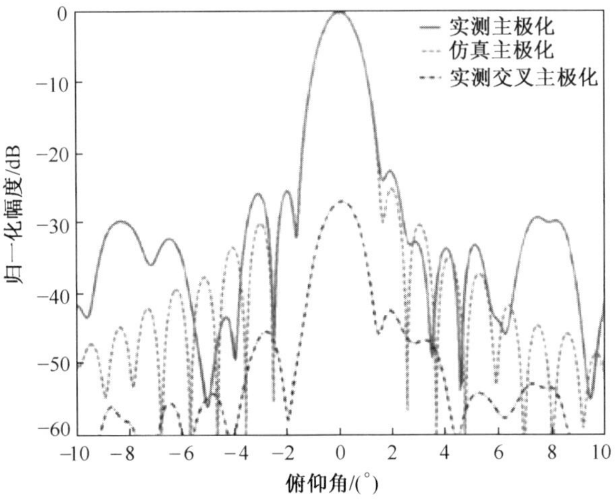

(a)

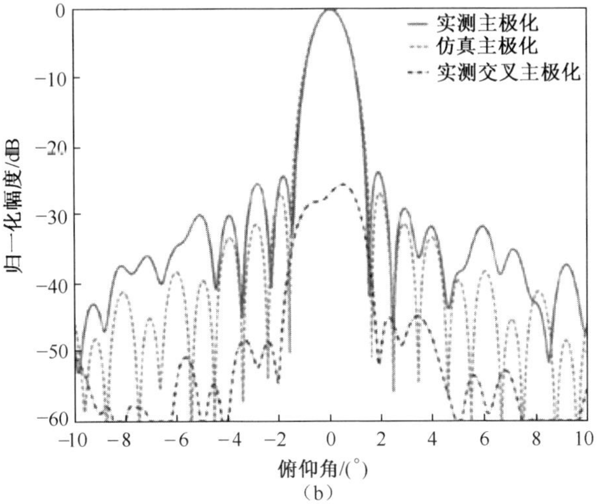

(b)

图 28.16　辐射方向图的仿真结果和测试结果

(a)H 面(偏置面);(b)E 面。

由图28.16可以看出,仿真方向图和实测方向图的主波束方向均准确地指向设计方向。除由于单元设计和系统装置产生的相位误差造成实测副瓣电平有所抬高之外,仿真方向图和实测方向图的主瓣和近区副瓣均吻合良好。基于阵列理论方法计算得到的全阵辐射方向图的副瓣电平更低。反射阵天线的实测交叉极化电平与相同结构的反射面天线接近,这是由于选用的反射阵单元对极化不敏感。

计算增益和实测增益分别为43.4dBi和43.0dBi,两者对应的口径效率分别为70.9%和64.7%。值得指出,由于波束倾斜,因此反射阵的有效口径面积缩小至整个面积的$\cos(\theta_B)$。考虑到这种口径损失,计算口径效率和实测口径效率的最终修正值分别为73.4%和67.0%。对于偏馈反射面而言,约定采用口径的投影面积(而不是口径的物理面积)来计算口径效率。上述口径效率修正与反射面天线设计的约定保持一致,仿真结果和测试结果吻合良好。虽然反射阵天线的口径效率略低于反射面天线的口径效率,但该设计实例证明了反射阵天线具有高效率、高增益等优越的辐射性能。

图28.17给出了关注频段内的实测增益结果,增益曲线的波动主要来源于微波暗室的频率响应不理想。由图28.17可以看出,在31.9~33.6GHz频带内的增益高于42dBi,相应的1dB增益带宽为5.2%。由于该反射阵单元设计简单、电尺寸较大,因此可以预见到该反射阵具有中等增益带宽特性。如果在反射阵设计中采用宽带技术,反射阵的带宽性能也许会有所改善。

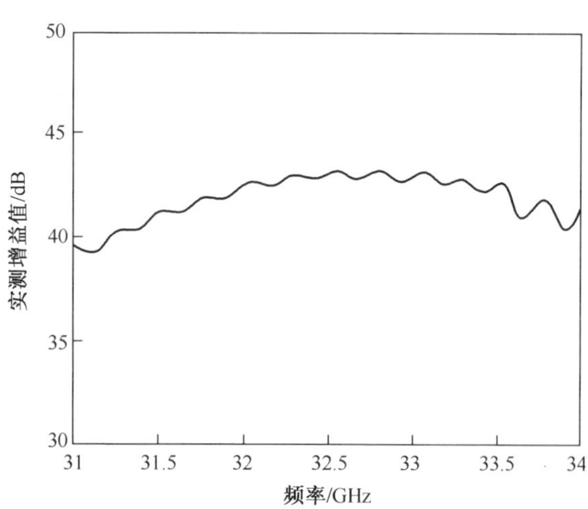

图28.17 关注频带内的实测增益性能

28.2.3　最新研究进展及应用

随着数值分析工具、集成电路、固态调谐装置、新材料与加工技术的发展，各方学者已经开展了大量有关反射阵天线的研究工作以满足在卫星通信、星载应用、国防和军事领域等方面不断增长的需求。目前各方学者已经研究设计了更加先进的单元和更加先进的系统，这充分体现了反射阵天线的设计灵活性和多用途特性。本节将简要介绍反射阵天线的最新研究进展与应用范畴。

1. 宽带和多频技术

带宽有限是反射阵天线技术最主要的限制因素，其主要原因有两方面：如前文所述，首要原因是反射阵单元固有的窄带特性。对于中等焦径比的小尺寸与中等尺寸反射阵天线而言，单元带宽是影响反射阵带宽性能的主要因素。其次，由于从馈源到反射阵平面（期望相移所在的平面）的路径长度不同造成空间相位延迟的差别。从式（28.3）可以明显看出，为了得到期望的波束指向，期望相移与工作频率成正比。如果实现的单元相移无法适应频率变化，反射阵单元就不能在其他频点对空间相位延迟进行有效的补偿，从而造成不可忽略的相位误差。对于大口径反射阵和波程变化较大的小焦径比反射阵而言，上述因素对带宽所造成的不利影响会更加明显。

为了改善反射阵单元的带宽特性，大量学者普遍选用多谐振结构。其中一种方法是将多层尺寸可调的微带贴片堆叠放置（Encinar，2001；Encinar et al.，2003）。与传统的单层尺寸可调的贴片单元相比，额外添加的微带贴片为这个结构引入了第二个谐振点，这可以使相位曲线的斜率更平缓，相位曲线变的更加平滑。与此同时，可实现的相移范围也扩展到 360°以上，不同频率下的单元相位响应也得到了改善。这种设计方案的主要缺点是提高了单元结构的复杂度，从而导致加工工艺更加复杂、加工成本更加昂贵。两层单元的贴片尺寸需要同时调节，这也限制了反射阵设计的灵活性和多样性。

最近，众多学者不约而同地将研究重点放在了单层多谐振单元上。在单元设计中，单层多谐振单元通常采用两个或多个恰当形状的简单结构相结合的形式，如贴片、圆环和交叉偶极子等。许多种单层多谐振单元都已经见诸报道，如双方形环（Chaharmir et al.，2009）、双交叉圈（Chaharmir et al.，2006）、三矩形圈（Mohammadirad et al.，2012）、菲尼克斯单元（Moustafa et al.，2011）等。为了获得更大的相位控制自由度,将简单贴片单元上的缝隙用作第二谐振结构(Cadoret et al.,2005;De Vita et al.,2007)也是一种选择。

一般而言,多谐振单元能够在极大程度上展宽单元带宽,且有可能实现10%以上(最高可达到20%)的1dB增益带宽(Chahamir et al.,2009;Mohammadirad et al.,2012)。这些单元复杂的结构和几何参数都提高了单元设计和分析的复杂度,同时,这也提高了反射阵的加工复杂度。值得指出,还可以同时使用其他设计技术来进一步提高单元带宽,如采用低介电常数的厚基板、亚波长单元间距(Pozar,2007;Nayeri et al.,2010,2011)、优化馈源位置(Mohammadirad et al.,2012)等。

为了解决限制带宽的第二个问题——空间相位延迟的差异,需要仔细分析、设计整个频带内的期望相移与单元相位响应(并非仅仅分析工作频率处的期望相移与相位响应)。由式(28.3)可知,如果一个单元的相移随频率的变化关系可以用下式描述:

$$\frac{\varphi_n(f)}{f}=\frac{\varphi_n(f_0)}{f_0} \tag{28.22}$$

那么,反射阵在整个频带内都能获得相同的相位变换,这可以极大地改善带宽性能。式(28.22)中,f_0和f分别表示中心频点和工作频带内的非中心频点。为了弥补频率色散的影响,真时延单元是一种理想的解决方案(Carssco et al.,2008)。将一段长度为L的U型真时延线连接到口径耦合贴片单元上,可以产生大约$-2\beta L$的相移,β为工作频率f对应的传播常数。在这种情况下,大口径反射阵天线的1.5dB增益带宽甚至可以达到26%以上。这种方案存在的缺点:①欧姆损耗较大,这是由于覆盖3×360°相位范围的传输线长度较长;②在某些极端频点处存在相位响应失真现象。

当采用多谐振单元时,使用恰当的相位优化方法也能消除频率色散带来的不利影响(Encinar et al.,2003;Chaharmir et al.,2010)。在优化相位的过程中,需要兼顾单元的期望相移和可实现相移(此处的可实现相移为中心频点和两端频点处的可实现相移)。多谐振单元结构的灵活性能够保证大量单元在中心频点提供相同的相移,与此同时还具有不同的频率色散特性。利用优化算法在大量单元中挑选最合适的单元。据报道,一个1.2m口径的Ku频段反射阵天线的实测1dB增益带宽可以达到12%(Chaharmir et al.,2010),该实例充分验证了优化方法的有效性。

最近，有学者提出了一种新型的相位综合方法来设计宽带反射阵（Mao et al.，2012）。在相位综合过程中需要考虑如何选取式（28.3）中常数参考相位 $\Delta\varphi_0$（在反射阵设计之初通常忽略该参数的影响），通过优化算法优化所有单元在两个频点的相位误差之和的最小值。如图28.18所示，可以在相位平面上形象地描绘出上述相位综合过程。通过独立调整两个频点各自的参考相位常数可以使两个频点对应的期望相移直线在相位平面上移动，这样可以实现期望相移曲线与单元可提供相移之间的最佳匹配，从而可以有效降低反射阵天线的整体相位误差。当采用上述相位综合方法时，基于简单方环单元的反射阵天线的1.5dB的增益带宽就可以达到16.7%。注意，这种方法还适用于多谐振结构反射阵，采用上述方法优化多谐振单元的可实现相移，可以进一步改善增益带宽性能。

另外，多面阵可以削弱反射阵路径长度变化所造成的影响。多面阵型反射阵的口面由若干个小反射阵平面组成，这些小反射阵平面按照近似抛物面排布（Huang et al.，2008）。目前，从简单的一维排布结构到更加复杂的圆形排布结构都已经见诸报道。但是，多面阵也大大提高了加工、安装以及展开机构的复杂度。因此，该技术目前通常只用于某些特定用途。

宽带反射阵设计中的多种技术都可以用来实现多频带性能。例如，可以在两个叠层上分别放置两类单元，每一层单元工作在各自的工作频带（Encinar，1996；Han et al.，2004；Huang et al.，2008）。为了降低两层单元之间的互耦和遮挡，必须合理设计单元的结构和布局形式。有大量学者研究单层多频段反射阵设计方案，这种设计方案成功规避了多层设计方案中的复杂结构和遮挡效应。对于相距较远的两个频段而言，通常可以对两类适当形式的简单型单元进行合理布局，从而避免各自单元之间的物理干涉（Huang et al.，2008）。在分析单元时，各自频段的单元可以独立设计（在另一频段的单元不存在的情况下进行单元设计）。这样还有可能实现三频段设计（Yang et al.，2008；Yu et al.，2010a）。但是，为了在有限的空间内合理放置三个频段的反射阵单元，三频段反射阵在单元选择上将更具挑战性。对于距离较近的两个频段而言，多谐振单元的备选结构有同心双开口环（Smith et al.，2013）、开槽贴片（Malfajani et al.，2014）。在上述两种多谐振单元结构中，每种子结构分别对应各自的谐振频率。由于利用同

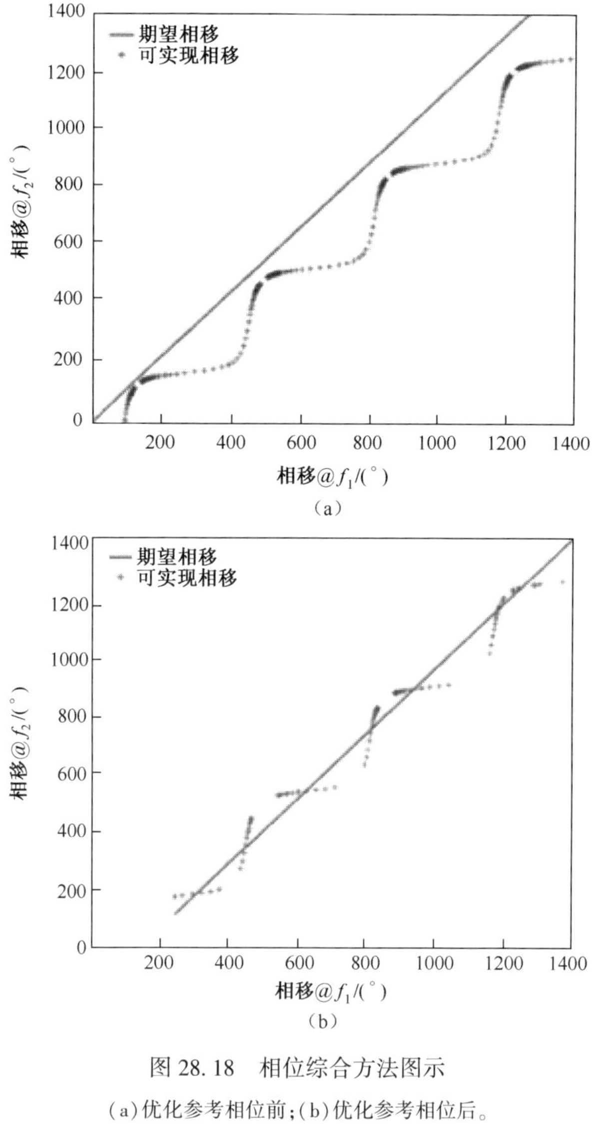

图 28.18　相位综合方法图示
(a)优化参考相位前;(b)优化参考相位后。

一个单元实现两个频点的相移,因此某个频点的可实现相移和幅度损耗可能受到另一个频点的相位控制参数的影响。这样,为了减小这种影响所造成的相位误差,需要对单元进行整体分析(Smith et al. ,2013)。单层多频段设计方案的最大缺点是缺乏单元结构、单元间距和介质厚度选择方面的灵活性,无法独立优化所有单元参数。

值得一提的是，相位综合方法非常适合用于双频段反射阵设计（Mao et al.，2012）。相位综合方法本质上可以提供双频单元响应。此外，为了避免单元间的物理干涉，在设计单层多频段反射阵时，通常选用交叉偶极子、单环等简单结构。一般情况下，每种单元都呈现出窄带特性（受限于单元性能）。如果在单元选择上没有限制，那么可以采用这种方法独立地优化每种简单单元的带宽性能，从而有可能实现宽带多频带反射阵。

2. 可重构反射阵天线

许多应用场景都有波束扫描需求，如卫星通信、雷达、遥感等领域。与反射面类似，机械旋转反射阵（该反射阵具有固定波束）是最直接的实现方法。尽管机械扫描的成本低廉且不会造成辐射性能恶化，但是机械扫描具有波束扫描速度慢的缺点。这就导致在某些现代应用场景中不能使用机械扫描。机械旋转造成的震动与设备维护需求都可能降低其可靠性。

由于反射阵单元与相控阵一样可以独立控制相位，因此都可以实现电子波束扫描（Shaker et al.，2014；Hum et al.，2014）。尤其在最近 10 年，大量学者将研究精力投入到各种可重构反射阵的研究中。可重构反射阵天线可以产生高效的辐射性能，并且以较低的损耗、成本和功耗实现快速波束扫描。此外，可重构反射阵天线还可以获得一些灵活的辐射性能，例如，用于区域覆盖和抗干扰的赋形波束，用于多目标探测的多波束与动态波束宽度控制等。

根据相位控制的原理不同，可重构反射阵天线可以大致分为三类。电子可重构反射阵是研究最为集中的一种形式。电子可重构反射阵通常将固态调谐装置集成到单元设计中，如 PIN 二极管、变容二极管和 RF MEMS 开关（Hum et al.，2007；Perruisseau-Carrier et al.，2008；Rajagopalan et al.，2008；Sorrentino et al.，2009；Kamoda et al.，2011；Carassco et al.，2012）。目前已经研究了各种单元结构，如贴片、偶极子、环和口径耦合单元。学者们将调谐装置集成到微带辐射体、嵌入耦合槽或相位线。各种调谐装置的损耗、成本、速度、功耗、功率容量、封装与偏置的复杂度以及技术可靠性等指标均有所不同（Sorrentino et al.，2009）。各种单元的性能差异主要体现在可实现的移相范围、相位变化状态的数目（也称为位数）、损耗和极化等方面。一般而言，这些设计方案都能获得快速的波束扫描能力与可靠的性能。对整个反射阵的调谐装置和偏置网络进行一体化加工也有可能实现（Perruisseau-Carrier et al.，2008）。值得一提，对于集成了 PIN 二极管和 RF MEMS 开关的反射阵单元(采用数字方式控制)来说,可获得的相位状态数目是非常重要的一个参数。研究表明,1bit 反射阵单元由于相位量化误差造成的增益损失超过 3dB,而 3bit 反射阵单元的平均增益损失为 0.2dB 并且波束指向精度也更高(Wu et al., 2008)。如果反射阵单元含有大量的调谐装置,那么相应的偏置网络就会变得非常庞大,从而需要仔细设计偏置网络。因此根据设计指标,必须在反射阵性能和系统成本与复杂度之间进行权衡。

另一种电子可重构反射阵的设计方法是使用电调材料,诸如将液晶(Hu et al., 2008;Gaebler et al.,2009)、光生等离子体(Chaharmir et al.,2006)以及铁氧体材料用作基板或辐射单元。在不同的偏置电压或照射强度下,介电常数、磁导率或导电率等材料参数会发生变化,从而导致单元相位发生相应的变化。这类设计方案通常能够提供连续的相位变化。但是,材料特性的变化通常需要一定时间,因此响应速度也相对较慢。另外,这类材料的损耗较大,这也限制了这种可重构反射阵的应用。

相位可重构特性还可能利用机械方法来实现。不同于传统反射面的机械旋转,这种可重构反射阵将小型化的动力装置或电机集成到各个单元中,因此可以独立控制各个单元的相位以形成期望的相位波前(Gianvittorio et al.,2006;Fusco,2005;Phillion et al.,2008;Cabria et al.,2009)。目前还出现了其他的相位可重构方法,如有学者研究了流体加载装置(Long et al.,2011)和三态波束切换设计方案(Chaharmir et al.,2003b)。这种可重构反射阵技术通常可以避免调谐装置和调谐材料所造成的损耗与成本,但是这种反射阵的响应速度是三种可重构反射阵之中最慢的。

研究文献中出现了一种更加灵活的新型可重构反射阵。例如有一种反射阵将有源放大器集成到反射阵单元中,因此,每个单元在发射信号之前,可对入射信号进行放大(Bialkowski et al.,2002;Kishor et al.,2012)。学者还研究了工作频率可调的可重构单元(Rodrigo et al., 2013)、极化可变的可重构单元(Perruisseau-Carrier,2010)。这些研究成果进一步证明反射阵技术具有极大的灵活性。

3. 反射阵天线的新用途

作为反射面天线与阵列天线的结合体,反射阵天线具有许多非常有用的特点、出众的灵活性和通用性,从而使之适用于许多现代应用场景。随着反射阵技术的不断发展，反射阵天线不仅可能为现有场景提供更好的设计方案（主要指辐射性能、加工复杂度与加工成本等方面），还可能用于许多以前难以想象的应用场景。

大型反射阵口径可以划分为若干个小口径，随后安装到对应位置。这对于反射阵天线的加工、包装、运输都非常有利，同时可以降低反射阵天线的成本。另外，反射阵天线具有平面结构、剖面低与重量轻等优点，这些优点使得反射阵天线非常适合星载应用。为了确保大口径可展开天线具有令人满意的表面精度，与传统的双曲反射面天线相比，反射阵天线的平面结构可以使展开机构变得更加简单和可靠。将单元印制在大型、平面薄膜上形成可充气型反射阵，有望进一步降低天线的重量和收拢体积（Huang et al. ,2008）。

波束赋形反射阵天线特别适合用于直播卫星（Encinar et al. ,2006,2011；Tienda et al. ,2013）。使用各种相位综合方法或优化方法可以设计并精确获得非常复杂的相位分布，从而产生非常精确的赋形波束。双线极化反射阵单元能够独立控制各自极化分量的相移，因此利用简单的反射阵天线即可实现双极化波束覆盖。赋形反射面对加工精度要求非常严格，而赋形反射阵天线的加工工艺与单波束反射阵的加工工艺一样简单，赋形设计不会提高反射阵天线的加工复杂度和加工成本。

太阳能电池板和高增益天线是卫星平台上口径最大的关键部件。为了缩小卫星的体积、重量、功耗和复杂度，希望将太阳能电池板和高增益天线集成到一起。平面反射阵的出现有望实现这种一体化集成，即直接在太阳能电池板上印制反射阵单元（Huang et al. ,2000；Dreyer et al. ,2014；An et al. ,2014b）。太阳能电池板既为卫星平台提供了电能，又为高增益天线提供了巨大的口径，上述集成使得在小卫星平台上也能够安装高增益天线。由于小卫星平台的展开空间和重量都非常有限，安装高增益天线在以前是基本不可能实现的。

由于单元设计具有极大的灵活性，因此反射阵天线在不同频率、不同极化情况下可以提供独立的相移分布。反射阵天线能够有效分离主波束和馈源，这就更加便于反射阵天线系统的布局设计。通过优化反射阵的相位分布，采用单个馈源照射反射阵面也可以同时产生多个波束（Nayeri et al. ,2012）。这使得反射阵天线非常适用于多目标探测。更加有趣的是，反射阵天线技术在空间功率分配/合成方面具有极大优势（Bialkowski et al. , 2002），尤其在高频段时传统设备的损耗会变得非常大。

可重构反射阵能够提供与相控阵相似的功能,如波束电扫描、辐射方向图改变、多目标探测等。另外,当可重构反射阵的整体加工工艺可行时,反射阵技术在辐射效率、系统复杂度、加工成本和功耗方面都能够获得更加优良的性能。因此,可重构反射阵在卫星通信、雷达、军事和国防领域具有广泛的应用前景。

最后,反射阵的平面准周期结构和加工精度使反射阵更加适用于高频段。反射阵的相关研究已经拓展到太赫兹频段和光学频段(Ginn et al.,2013;Ahmadi et al.,2010;Yang et al.,2012;Niu et al.,2012;Carassco et al.,2013;Zainud-Deen et al.,2013;Nayeri et al.,2014;Deng et al.,2014)。反射阵在太赫兹成像、波形控制和功率分配/合成方面具有巨大的应用潜力,这也是反射阵技术最前沿的研究方向。

28.3 结论

反射阵天线在辐射特性和机械结构方面均具有优越的性能。作为反射面天线和阵列天线的结合体,反射阵天线通过调控相位(合理设计准周期单元阵列的相移)产生期望辐射方向图。由于反射阵单元具有独立的、灵活的相位控制能力,因此反射阵技术已经广泛应用于诸多重要领域。在现代应用中,反射阵技术的巨大应用潜力已经得到证实。基于本章反射阵的基础知识、设计思路和分析流程,读者将更有信心深入地研究、探索这项新兴技术并将反射阵技术应用到实际工程之中。

交叉参考:

▶第68章　射电望远镜天线

▶第65章　无源无线天线传感器

▶第72章　反射面天线的相控阵馈源

▶第41章　共形阵列天线

▶第62章　诊疗系统

▶第22章　介质透镜天线

▶第11章　频率选择表面

▶第26章　菲涅尔区平板天线

▶第 33 章　低剖面天线
▶第 7 章　超材料与天线
▶第 40 章　毫米波天线与阵列
▶第 41 章　多波束天线阵列
▶第 12 章　光学纳米天线
▶第 24 章　相控阵天线
▶第 69 章　面向无线通信的可重构天线
▶第 57 章　车载卫星天线
▶第 67 章　航天器天线及太赫兹天线
▶第 14 章　太赫兹天线与测量
▶第 44 章　宽带磁电偶极子天线

参考文献

Ahmadi A, Ghadarghadr S, Mosallaei H (2010) An optical reflectarray nanoantenna: the concept and design. Opt Express 18:123-133

Almajali E, MaNamara D, Shaker J, Chaharmir MR (2012) Derivation and validation of the basic design equations for symmetric sub-reflectarrays. IEEE Trans Antennas Propag 60:2336-2346

An W, Xu S, Yang F (2014a) A metal-only reflectarray antenna using slot-type elements. IEEE Antennas Wirel Propag Lett 13:1553-1556

AnW, Xu S, Yang F (2014b) A Ka-band reflectarray antenna integrated with solar cells. IEEE Trans Antennas Propag 62:5539-5546

Arrebola M, De Haro L, Encinar JA (2008) Analysis of dual-reflector antennas with a reflectarray as subreflector. IEEE Antennas Propag Mag 50:39-51

Balanis CA (2005) Antenna theory: analysis and design, 3rd edn. Wiley, Hoboken Berry DG, Malech RG, Kennedy WA (1963) The reflectarray antenna. IEEE Trans Antennas Propag 11: 645-651

Bialkowski ME, Sayidmarie KH (2008) Investigations into phase characteristics of a single-layer reflectarray employing patch or ring elements of variable size. IEEE Trans Antennas Propag 56: 3366-3372

Bialkowski ME, Song JH (2001) Dual linearly polarized reflectarray using aperture coupled microstrip patches. Proc IEEE Antennas Propag Symp 3:486-489

Bialkowski ME, Song HJ (2002) Investigations into a power-combining structure using a reflect array of dual-feed perture-coupled microstrip patch antennas. IEEE Trans Antennas Propag 50:841-849

Bialkowski ME, Robinson AW, Song HJ (2002) Design, development, and testing of X-band amplifying reflectarrays. IEEE Trans Antennas Propag 50:1065-1076

Bozzi M, Germani S, Perregrini L (2004) A figure of merit for losses in printed reflectarray elements. IEEE Antennas Wirel Propag Lett 3:257-260

Cabria L, Garcia JA, Gutierrez-Rios J, Tazon A, Vassallo J (2009) Active reflectors: possible solutions based on reflectarrays and Fresnel reflectors. Intl J Antennas Propag 2009:653952

Cadoret D, Laisne A, Gillard R, Legay H (2005) A new reflectarray cell using microstrip patches loaded with slots. Microw Opt Tech Lett 44:270-272

Carassco E, Encinar JA, Barba M (2008) Bandwidth improvement in large reflectarrays by using true-time delay. IEEE Trans Antennas Propag 56:2496-2503

Carassco E, Encinar JA, Barba M (2012) X-band reflectarray antenna with switching-beam using PIN diodes and gathered elements. IEEE Trans Antennas Propag 60:5700-5708

Carassco E, Tamagnone M, Perruisseau-Carrier J (2013) Tunable graphene reflective cells for THz reflectarrays and generalized law of reflection. Appl Phys Lett 102:104103

Chaharmir MR, Shaker J, Cuhaci M, Sebak A (2003a) Reflectarray with variable slots on ground plane. IEE Proc Microw Antennas Propag 150:436-439

Chaharmir MR, Shaker J, Cuhaci M, Sebak A (2003b) Mechanically controlled reflectarray antennafor beam switching and beam shaping in millimetre-wave applications. Electron Lett 39:591-592

Chaharmir MR, Shaker J, Cuhaci M, Ittipiboon A (2006a) Broadband reflectarray antenna with double cross loops. Electron Lett 42:65-66

Chaharmir MR, Shaker J, Cuhaci M, Sebak A (2006b) Novel photonically-controlled reflectarray antenna. IEEE Trans Antennas Propag 54:1134-1141

Chaharmir MR, Shaker J, Cuhaci M, Ittipiboon A (2009) Wideband reflectarray research at the communications research centre Canada. Proc Intl Symp Antenna Tech Appl Electromagn 1-4

Chaharmir MR, Shaker J, Gagnon N, Lee D (2010) Design of broadband, single layer dual-band large reflectarray using multi open loop elements. IEEE Trans Antennas Propag 58:2875-2883

Chang DC, Huang MC (1995) Multiple-polarization microstrip reflectarray antenna with high efficiency and low cross-polarization. IEEE Trans Antennas Propag 43:829-834

CST (2014) www.cst.com, Accessed on 16 March 2015

De Vita P, Freni A, Dassano GL, Pirinoli P, Zich RE (2007) Broadband element for high-gain single-layer printed reflectarray antenna. Electron Lett 43:1247-1248

Deng R, Yang F, Xu S (2014) Design and comparison of four different reflectarray antennas towards THz applications. Proc IEEE Antennas Propag Symp 1019-1020

Dreyer P, Morales-Masis M, Nicolay S, Ballif C, Perruisseau-Carrier J (2014) Copper and transparent-conductor reflectarray elements on thin-film solar cell panels. IEEE Trans Antennas Propag 62:3813-3818

Encinar JA (1996) Design of a dual frequency reflectarray using microstrip stacked patches of variable size. Electron Lett 32:1049-1050

Encinar JA (2001) Design of two-layer printed reflectarray using patches of variable size. IEEE Trans Antennas Propag 49:1403-1410

Encinar JA, Zornoza JA (2003) Broadband design of three-layer printed reflectarrays. IEEE Trans Antennas Propag 51:1662-1664

Encinar JA, Datashvili LS, Zornoza JA, Arrebola M, Sierra-Castaner M, Besada-Sanmartin JL, Baier H, Legay H (2006) Dual-polarization dual-coverage reflectarray for space applications. IEEE Trans Antennas Propag 54:2827-2837

Encinar JA, Arrebola M, De La Fuente LF, Toso G (2011) A transmit-receive reflectarray antenna for direct broadcast satellite applications. IEEE Trans Antennas Propag 59:3255-3264

FEKO (2014) www.feko.info, Accessed on 16 March 2015

Fusco VF (2005) Mechanical beam scanning reflectarray. IEEE Trans Antennas Propag 53:3482-3484

Gaebler A, Moessinger A, Goelden F, Manabe A, Goebel M, Follmann R, Koether D, Modes C, Kipka A, Deckelmann M, Rabe T, Schulz B, Kuchenbecker P, Lapanik A, Mueller S, Haase W, Jakoby R (2009) Liquid crystal-reconfigurable antenna concepts for space applications at microwave and millimeter waves. Intl J Antennas Propag 2009:876989

Gianvittorio JP, Rahmat-Samii Y (2006) Reconfigurable patch antennas for steerable reflectarray applications. IEEE Trans Antennas Propag 54:1388-1392

Ginn JC, Lail BA, Boreman GD (2007) Phase characterization of reflectarray elements at infrared. IEEE Trans Antennas Propag 55:2989-2993

Han C, Chang K (2003) Ka-band reflectarray using ring elements. Electron Lett 39:491-493

Han C, Rodenbeck C, Huang J, Chang K (2004) A C/Ka dual-frequency dual-layer circularly polarized reflectarray antenna with microstrip ring elements. IEEE Trans Antennas Propag 52:

2871-2876

Hannan PW, Balfour MA (1965) Simulation of phase array antennas in waveguides. IEEE Trans Antennas Propag 13:342-353

HFSS (2014) www.ansys.com, Accessed on 16 March 2015

Hu W, Cahill R, Encinar JA, Dickie R, Gamble H, Fusco V, Grant N (2008) Design and measurement of reconfigurable millimeter wave reflectarray cells with nematic liquid crystal. IEEE Trans Antennas Propag 56:3112-3117

Hu W, Arrebola M, Cahill R, Encinar JA, Fusco V, Gamble HS, Alvarez Y, Las-Heras F (2009) 94 GHz dual-reflector antenna with reflectarray subreflector. IEEE Trans Antennas Propag 57:3043-3050

Huang J (1991) Microstrip reflectarray. Proc IEEE Antennas Propag Symp 612-615

Huang J, Encinar JA (2008) Reflectarray antennas. Wiley, New York

Huang J, Pogorzelski RJ (1998) A Ka-band microstrip reflectarray with elements having variable rotation angles. IEEE Trans Antennas Propag 46:650-656

Huang J, Zawadzki M (2000) Antennas integrated with solar arrays for space vehicle applications. Proc Intl Symp Antenna Propag Electromagn Theory 86-89

Hum SV, Perruisseau-Carrier J (2014) Reconfigurable reflectarrays and array lenses for dynamic antenna beam control: a review. IEEE Trans Antennas Propag 62:183-198

Hum SV, Okoniewski M, Davies RJ (2007) Modeling and design of electronically tunable reflectarrays. IEEE Trans Antennas Propag 55:2200-2210

Javor RD, Wu X-D, Chang K (1995) Design and performance of a microstrip reflectarray antenna. IEEE Trans Antennas Propag 43:932-939

Kamoda H, Iwasaki T, Tsumochi J, Kuki T, Hashimoto O (2011) 60-GHz electronically reconfigurable large reflectarray using single-bit phase shifters. IEEE Trans Antennas Propag 59:2524-2531

Kishor KK, Hum SV (2012) An amplifying reconfigurable reflectarray antenna. IEEE Trans Antennas Propag 60:197-205

Long SA, Huff GH (2011) A fluidic loading mechanism for phase reconfigurable reflectarray elements. IEEE Antennas Wirel Propag Lett 10:876-879

Malfajani RS, Atlasbaf Z (2014) Design and implementation of a dual-band single layer reflectarray in X and K bands. IEEE Trans Antennas Propag 62:4425-4431

Mao Y, Wang C, Yang F, Elsherbeni AZ (2012) A single-layer broad-band reflectarray design using dual-frequency phase synthesis method. Proc Asia Pac Microw Conf 64-66

Milon MA, Cadoret D, Gillard R, Legay H (2007) Surrounded - element approach for the simulation of reflectarray radiating cells. IET Microw Antennas Propag 1:289-293

Mohammadirad M, Komjani N, Chaharmir MR, Shaker J, Sebak AR (2012) Impact of feed position on the operating band of broadband reflectarray antenna. IEEE Antennas Wirel Propag Lett 11:1104-1107

Moustafa L, Gillard R, Peris F, Loison R, Legay H, Girard E (2011) The phoenix cell: a new reflectarray cell with large bandwidth and rebirth capabilities. IEEE Antennas Wirel Propag Lett 10:71-74

Nayeri P, Yang F, Elsherbeni AZ (2010) Broadband reflectarray antennas using double-layer subwavelength patch elements. IEEE Antennas Wirel Propag Lett 18:19-29

Nayeri P, Yang F, Elsherbeni AZ (2011) Bandwidth improvement of reflectarray antennas using closely spaced elements. Prog Electromagn Res 9:1139-1142

Nayeri P, Yang F, Elsherbeni AZ (2012) Design and experiment of a single-feed quad-beam reflectarray antenna. IEEE Trans Antennas Propag 60:1166-1171

Nayeri P, Elsherbeni AZ, Yang F (2013a) Radiation analysis approaches for reflectarray antennas. IEEE Antennas Propag Mag 55:127-134

Nayeri P, Yang F, Elsherbeni AZ (2013b) Bifocal design and aperture phase optimizations of reflectarray antennas for wide-angle beam scanning performance. IEEE Trans Antennas Propag 61:4588-4597

Nayeri P, Liang M, Sabory-Garcia RA, Tuo M, Yang F, Gehm M, Xin H, Elsherbeni AZ (2014) 3D printed dielectric reflectarrays: low-cost high-gain antennas at sub-millimeter waves. IEEE Trans Antennas Propag 62:2000-2008

Niu T, Withayachumnankul W, Ung B, Menekse H, Bhaskaran M, Sriram S, Fumeaux C (2012) Design and implementation of terahertz reflectarray. In: 37th international conference on infrared, millimeter terahertz waves, Wollongong, pp 1-2

Perruisseau-Carrier J (2010) Dual-polarized and polarization-flexible reflective cells with dynamic phase control. IEEE Trans Antennas Propag 58:1494-1502

Perruisseau-Carrier J, Skrivervik AK (2008) Monolithic MEMS-based reflectarray cell digitally reconfigurable over a 360 phase range. IEEE Antennas Wirel Propag Lett 7:138-141

Phillion RH, Okoniewski M (2008) Improving the phase resolution of a micromotor-actuated phased reflectarray. Proc Microsyst Nanoelectron Res Conf 169-172

Pozar DM (2007) Wideband reflectarrays using artificial impedance surfaces. Electron Lett 43:148-149

Pozar DM, Metzler TA (1993) Analysis of a reflectarray antenna using microstrip patches of variable size. Electron Lett 29:657-658

Pozar DM, Targonski SD, Syrigos SD (1997) Design of millimeter wave microstrip reflectarrays. IEEE Trans Antennas Propag 45:287-296

Pozar DM, Targonski SD, Pokuls R (1999) A shaped-beam microstrip patch reflectarray. IEEE Trans Antennas Propag 47:1167-1173

Rahmat-Samii Y (1979) Useful coordinate transformations for antenna applications. IEEE Trans Antennas Propag 27:571-574

Rahmat-Samii Y (1988) Reflector antennas. In: Lo YT, Lee SW (eds) Antenna handbook: theory, applications, and design. Van Nostrand Reinhold, New York

Rahmat-Samii Y, Cramer PJ, Woo K, Lee SW (1981) Realizable feed-element patterns for multibeam reflector antenna analysis. IEEE Trans Antennas Propag 29:961-963

Rajagopalan H, Rahmat-Samii Y, Imbriale WA (2008) RF MEMS actuated reconfigurable reflectarray patch-slot element. IEEE Trans Antennas Propag 56:3689-3699

Rajagopalan H, Xu S, Rahmat-Samii Y (2012a) On understanding the radiation mechanism of reflectarray antennas: an insightful and illustrative approach. IEEE Antennas PropagMag 54:14-38

Rajagopalan H, Xu S, Rahmat-Samii Y (2012b) Reflector antenna distortion compensation using sub-reflectarrays: simulations and experimental demonstration. IEEE Antennas Propag Mag 54:235-246

Rajagopalan H, Xu S, Rahmat-Samii Y (2013) Experimental demonstration of reflectarrays acting as conic section subreflectors in a dual reflector system. IEEE Trans Antennas Propag 61:5475-5484

Rengarajan SR (2009) Reciprocity considerations in microstrip reflectarrays. IEEE Antennas Wirel Propag Lett 8:1206-1209

Rodrigo D, Jofre L, Perruisseau-Carrier J (2013) Unit cell for frequency-tunable beamscanning reflectarrays. IEEE Trans Antennas Propag 61:5992-5999

Romanofsky RR (2007) Advances in scanning reflectarray antennas based on ferroelectric thin-film phase shifters for deep-space communications. Proc IEEE 95:1968-1975

Shaker J, Chaharmir MR, Ethier J (2014) Reflectarray antennas: analysis, design, fabrication, and measurement. Artech House, USA

Smith T, Gothelf U, Kim OS, Breinbjerg O (2013) Design, manufacturing, and testing of a 20/30-GHz dual-band circularly polarized reflectarray antenna. IEEE Antennas Wirel Propag Lett 12: 1480-1483

Sorrentino R, Gatti RV, Marcaccioli L (2009) Recent advances on millimetre wave reconfigurable reflectarrays. Proc 3rd Euro Conf Antenna Propag 2527-2531

Tienda C, Arrebola M, Encinar JA (2012) Recent developments of reflectarray antennas in dualreflector configurations. Intl J Antennas Propag 2012:125287

Tienda C, Encinar JA, Arrebola M, Barba M, Carrasco E (2013) Design, manufacturing and test of a dual-reflectarray antenna with improved bandwidth and reduced cross-polarization. IEEE Trans Antennas Propag 61:1180-1190

Wu B, Sutinjo A, Potter ME, OkoniewskiM (2008) On the selection of the number of bits to control a dynamic digital MEMS reflectarray. IEEE Antennas Wirel Propag Lett 7:183-186

Xu S, Rahmat-Samii Y, Imbriale WA (2009) Subreflectarrays for reflector surface distortion compensation. IEEE Trans Antennas Propag 57:364-372

Yang F, Ang Y, Elsherbeni AZ, Huang J (2008) Single-layer multi-band circularly polarized reflectarray antenna: concept, design, and measurement. Proc URSI Gen Assem 1-4

Yang F, Nayeri P, Elsherbeni AZ, Ginn JC, Shelton DJ, Boreman GD, Rahmat-Samii Y (2012) Reflectarray design at infrared frequencies: effects and models of material loss. IEEE Trans Antennas Propag 60:4202-4209

Yu A, Yang F, Elsherbeni AZ, Huang J (2009) A single layer broadband circularly polarized reflectarray based on the element rotation technique. Proc IEEE Antennas Propag Symp 1-4

Yu A, Yang F, Elsherbeni AZ, Huang J (2010a) Experimental demonstration of a single layer tri-band circularly polarized reflectarray. Proc IEEE Antennas Propag Symp 1-4

Yu A, Yang F, Elsherbeni AZ, Huang J, Rahmat-Samii Y (2010b) Aperture efficiency analysis of reflectarray antennas. Microw Opt Tech Lett 52:364-372

Yu A, Yang F, Elsherbeni AZ, Huang J, Kim Y (2012) An offset-fed X-band reflectarray antenna using a modified element rotation technique. IEEE Trans Antennas Propag 60:1619-1624

Zainud-Deen SH, Malhat HAE, Gaber SM, Awadalla KH (2013) Perforated nanoantenna reflectarray. Prog Electromagn Res 29:253-265

Zhou M, Sorensen SB, Jorgensen E, Meincke P, Kim OS, Breinbjerg O (2011) An accurate technique for calculation of radiation from printed reflectarrays. IEEE Antennas Wirel Propag Lett 10:1081-1084

第 4 部分

设计:单元与阵列—高性能天线

第 29 章
小天线

Kyohei Fujimoto

摘要

本章首先阐述小天线的基本概念,先进行综述,讨论定义并给出四种基本类型;讨论小天线尺寸和 Q 值或带宽方面的局限性;指出小天线的重要性并涉及小天线的发展简史。接下来介绍这四类小天线尺寸缩减的原理和方法。参考近年的科技期刊,分别列举四类实用小天线的典型范例。最后,对小天线未来发展进行展望。

关键词

电小天线;小天线制作原理和方法;小天线的定义;小天线局限性;慢波结构的应用;超材料在小天线中的应用;集成和复合小天线;小天线对空间的有效利用。

K. Fujimoto(已退休)(✉)
日本筑波大学应用物理研究所,日本
e-mail:hqm11446@ flute. ocn. ne. jp

29.1　引言

随着移动通信、宽带系统、高速数据传输系统、射频识别(RFID)系统、人体中心通信系统和可穿戴系统等多种无线系统的出现,对小天线的需求日益紧迫。现代小天线发展日新月异,已应用于很多无线系统的终端。由于大多数的无线系统都采用小型终端,安装的天线也必须是小天线。事实上,很多小型终端都要求使用电小天线。尽管目前使用的小天线尺寸较小,却具备宽频、多频及可重构及其他多种复杂功能(功能小天线)。因为体积小,不受工作频率限制(小形体天线),低剖面结构的小天线(有限尺寸小天线)在小型无线终端也极具实用价值。经过合理设计,上述四种类型小天线都可以应用于相应的系统。

本章旨在从理论角度为天线和通信领域的工程和研究人员提供小天线的基本概念和一些缩小天线尺寸的方法和技巧。本章还通过大量现代小天线的实例,对其设计和开发提供指南,满足新的发展需求。

本章共分五部分:①小天线的一般原理;②小天线发展简史;③小天线设计原理和方法;④小天线实例;⑤小天线未来发展展望。

29.2　小天线概论

29.2.1　现代小天线概述

目前,许多小天线(SA)不仅包括长度小于工作波长的电小天线(ESA),也包括依据功能和尺寸从其他角度划分的不同类型小天线。这些小天线均已应用于各种无线系统中,通信、无线电控制、无线电识别、数据和视频传播、传感器等成为这些系统中不可或缺的部分,其中最常见和重要的无线应用包括语音、数据和图像传输的移动系统、无线电识别及可穿戴系统。典型的语音传输移动系统就是移动电话,目前已经发展成为智能手机和数据平板,可以传递信息、动态和静态图像、大量数据,涵盖近场通信(NFC)系统和包括人体中心通信和生物医学系统在内的可穿戴系统。

上述无线系统的设备尺寸较小,安装天线的空间有限,所以要用到小天线。

此外,一些移动终端的天线不但对尺寸有要求,而且需具备宽频或多频性能。目前,这类移动终端越来越多地用于全球定位系统(GPS)、无线局域网(WLAN)、无线保真技术(Wi-Fi)和电话多频系统中;这些复合工作系统安装的天线也必须是小型天线。

在不远的将来,一种新的无线系统——认知无线电也将出现,这种系统可以更加有效和灵活地使用宽频带内的频谱资源(Dudley et al.,2014),从而进一步促进超宽带小天线的发展。

作为无线系统不可缺少的组成部分,小天线在很多场合都发挥着巨大的作用。

小天线的设计和开发存在特殊性,当小天线的尺寸越来越小时,设计者在如何平衡其实际要求和主要限制方面可能遭遇挑战。根本的限制包括发射天线的尺寸与带宽的关系,接收天线的尺寸、噪声系数(或信噪比)、带宽三者的关系。

H. A. Wheeler 早在 1947 年就开始研究小天线的根本限制(Wheeler,1947),相关讨论一直延续到今天,但仍未有定论。

小天线应用的核心问题是如何克服由限制引起的困难,将其性能发挥到极限。目前,小天线发展迅速,并已经开发出多种新功能的小尺寸智能天线。随着使用新型天线的无线系统的出现,天线设计技术也不断进步。

目前,在很多领域的无线系统已经开始广泛应用小天线,然而因为它们通常安装在一些无线设备的小型单元内部,无法直接看到,所以其重要性经常被人们忽视。

29.2.2 小天线定义

按工作波长定义的术语“电小天线”,一般也称为“小天线”。然而,还有很多类型的小天线是按其他方式定义的,如功能和物理尺寸。如果一种天线在尺寸保持不变的前提下实现功能增强,只要它的性能和尺寸较大的天线一样,就是实际意义上的小天线。这种按照功能定义的小天线称为“功能小天线”。另一类低剖面或较薄结构的天线,其厚度远小于波长,由于其某个维度尺寸很小,可以从尺寸的角度出发定义为“有限尺寸小天线”(PCSA)。典型的“有限尺寸小天线”为微带天线(MSA)。

有一类天线的物理尺寸较小,但相比波长并不算小。例如,有种物理尺寸较小的天线可以置于人的手掌上,但是其电尺寸较大,称为“小形体天线”,这种天线不像其他类型的小天线,其没有准确的物理定义。例如,一种小型毫米波喇叭天线工作在超高频范围,此时物理口径只有几厘米,它有几个波长大,不属于电小尺寸,但它是一种“小形体天线”。

小天线的分类方法不是单一的,一种天线可以有多种分类。例如如果低剖面天线的整体结构比工作波长短,那么尺寸受限小天线也是电小天线;如果整个天线置于一个球体中,球体半径 a 满足 $ka \leqslant 0.5(k=2\pi/\lambda)k$(Fujimoto and Morishita,2013;Volakis et al.,2010a),这种尺寸数值的表征可以定义电小天线,而这种能容纳整个天线体积的最小球体称为“Chu 球体”。

另一个例子是一种小型的多频带移动终端天线,如果其最大尺寸的维度可以放进半径为 a、而 $ka<0.5$ 的球体内,它就可以同时称为“功能小天线”和“电小天线”。

还有很多类型的小天线,功能既多,电尺寸又小,如果厚度也较小,就可以同时归为“功能小天线”和“尺寸受限小天线”。

29.2.3 小天线限制条件

天线尺寸越小,带宽随之越窄,从而 Q 值越大,因此,天线的带宽变化趋势与 Q 值变化趋势成反比。

需要注意的是,天线尺寸缩小并不能带来 Q 值无限增大,它会有一个极限值。这种限制是小天线本身固有的,即 Q 值或带宽不能超过天线尺寸所对应的极限值。换言之,不受尺寸限制而无限增大带宽或者减少 Q 值是不可能的。

Wheeler 早在 1947 年就开始研究小天线的限制因素。他发现在多数极限状态下,小天线的 $Q=1/(ka)^3$,式中 k 为波数 $k=2\pi/\lambda$,a 为能容纳整个天线的最小球体的半径。这说明,天线的 Q 值与其三维尺寸成反比,因此,带宽 B 也就受天线尺寸的限制。当 $Q>1$ 时,相对带宽 B 近似与 Q 值成反比关系。

Chu 延续了 Wheeler 的研究工作(Chu,1947),他使用球矢量波函数进一步研究了小天线的限制因素,推导出包围在“Chu 球体”中天线的可能的最小 Q 值和最大的 G/Q(G 为增益)值。

很多学者研究了天线形式、电流分布、增益、阻抗、激励模式和极化方式条件约束下的小天线的限制条件(Volakis et al.,2010b;Fujimoto et al.,2013),其中代表性的有 Mclean 公式(McLean. 1996)和 Thal 公式(Thal,2006,2009)。Mclean 把"Chu 天线"(Chu 球体包围的天线)的 Q 值的限制条件概括为以下公式:

$$Q \leqslant (1/M)\left[1/(ka)^3 + M/(ka)\right] \tag{29.1}$$

式中:M 表示激励模式(线极化)。$M=2$ 表示 TE 和 TM 模式等幅激励(线极化或圆极化),$M=1$ 表示 TE 或 TM(线极化)其中之一被激励。当 $M=2$ 时,已知天线的尺寸,可得出 Q 的下限值。Thal 通过假设"Chu 球体"表面电流分布得出:TM_{10}模辐射的最小 Q 值为 $1.5/(ka)^3$,TE_{10}辐射对应的 Q 值为 $3/(ka)^3$,TE_{10}和 TM_{10}同时辐射的最小 Q 值为 $1/(ka)^3$。

Hansen 也给出了新的"Chu 天线"的 Q 值公式(Hansen,2009),即

$$Q \leqslant \frac{3}{2(ka)^3} + \frac{1}{\sqrt{2}ka} \tag{29.2}$$

结果可以和 Wheeler 描述小天线限制条件的公式进行比较:

$$Q \leqslant 1/(ka)^3 \tag{29.3}$$

随着天线尺寸缩小,式(29.1)接近式(29.3),而式(29.2)则和 Thal 的结果相同。

尽管如此,因为 Wheeler 提出的极限值被看成一定尺寸的天线可以达到的最小 Q 值,所以让小天线的 Q 值和带宽无限接近极限值对电小天线的设计者而言的确是种挑战。

29.2.4 小天线的重要性

从无线电通信中的应用开始直至今天,小天线作为一种重要设备在所有无线系统中都不可或缺。尽管因为工作在低频和中频频段电小天线外形偏大,但它是第一种应用于通信系统的天线。从电报到语音传输,随着通信系统的发展,通信距离也不断延长,这种发展极大地归功于天线技术的进步。随着频率分配向高频和甚高频等更高频段发展,天线的尺度也逐渐缩小,远程乃至覆盖全球的通信最终得以实现。过去,实用天线除了电小天线之外还包括其他种类小天线,它们外形袖珍,却在通信系统发挥着的重要作用。天线技术的发展对通信系统的发展功不可没,反过来后者的发展也带动了前者的进步。

目前,通信系统覆盖领域广泛,有音频、图像、数据、无线电控制、无线电识别、传感器和宽带信号传输,包括动态和静态图像及可穿戴系统等。大多数此类系统都有移动应用模式,而移动设备体积一般不大,适配的天线尺寸也较小。小

天线对于一切无线系统都不可或缺。在一些情况下，如果无线系统的射频前端设计优良，本身的性能几乎不能再提升，那么小天线甚至可以决定系统的性能。

目前，公众使用最多的移动系统是智能电话、平板电脑和无线宽带系统，其他移动系统还包括无线电传感器、射频识别和包括人体为中心通信的可穿戴系统。这些系统可以使用电小天线、功能小天线、有限尺寸小天线和小形体天线。越来越多的移动系统包括了不止一个工作在不同频段的子系统，如全球定位系统（GPS）、无线局域网（WLAN）、无线保真技术（Wi-Fi）等，人们对应用多频和宽频的移动系统也有了更多的需求。于是，为这些系统设计的天线在尺寸基本保持不变的同时，需要满足系统对多频带和宽频带的要求。另外，在保持天线体积变化尽量小的同时，一些系统也要求天线具备频率或方向图可重构、分集等方面的功能。总而言之，小天线对于系统的重要性永远存在，并且将随着移动系统的发展和普及进一步发展。

在不远的将来，人们期待着小型超宽带天线能够应用于实用的认知无线电中，这也是无线世界目前的最新课题。设计超宽带天线的工程师将逐步克服天线带宽和效率/增益带来的尺寸方面的根本限制。

近几十年来，伴随着社会制度的完善，每个时期的天线技术都经历着创新发展。显然，小天线技术将随着无线系统的发展而进步，而小天线技术的进步也将促进无线系统的发展。小天线的重要性将在一代代的技术发展中得到强化。

29.3　小天线简史

天线的发展始于 1846 年，J. Henry 用一个装有感应线圈的小圆环制作的火花隙传送接收装置做实验（图 29.1），这也是一副小天线。许多开拓者如爱迪生、赫兹和洛奇都用电小天线做过无线电波辐射与接收的实验，尽管当时使用低频和中频，小天线尺寸并不小。当时用的天线基本是细长的线天线、单极子天线、双锥偶极子天线、环天线等（Rumsey，1981）。通过取代早期的无线电报火花隙发射机，更远距离的通信得以推进，包括天线终端接地、LC 电路谐振和阻抗匹配在内的多种天线技术也得到发展。

世界上最早的无线电通信由马可尼在 1901 年实现。他当时也使用了小天线，尽管那时的小天线物理尺寸并不小，如架设在英格兰的实验场地的扇形天线

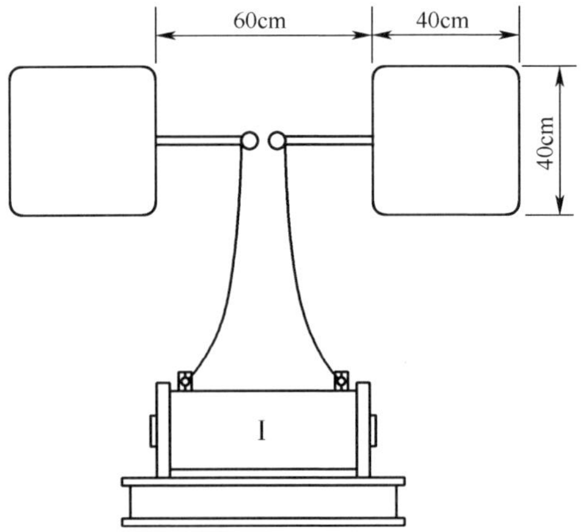

图 29.1 马可尼第一次电波传输试验用的环形天线

宽 48m、高 68m,但它也仅是约 3000m(820kHz)的工作波长的几十分之一。在 20 世纪初,应用于轮船和海岸间的无线电通信范围已经横跨大西洋,船用天线多数采用了细长导线或倒 L 形导线(图 29.2)。

图 29.2 船用倒 L 形天线

1906 年前,船用、远程陆地通信与军用无线电频谱只能使用低频和中频。之后,人们开始开发大型的低频天线。为了缩短长线天线的长度,发明了顶端加载技术,利用该技术开发了一种新型的伞状平顶天线(图29.4)。因为这类天线辐射效率很低,人们发明了很多调谐技术加以改善。经过天线技术的持续发展,最终采用阵列天线形式实现了定向辐射。定向辐射还应用了另一种技术,即采用平行于地面的长导线上的行波,天线的放置高度很低。当时还有一些其他类型的实用天线,如 T 形天线、倒 L 形天线、竖琴式天线、菱形天线和平顶天线(图 29.4)等。上述天线都属于电小天线。20 世纪 30 年代末,缝隙天线和铁氧体天线也开始投入使用。

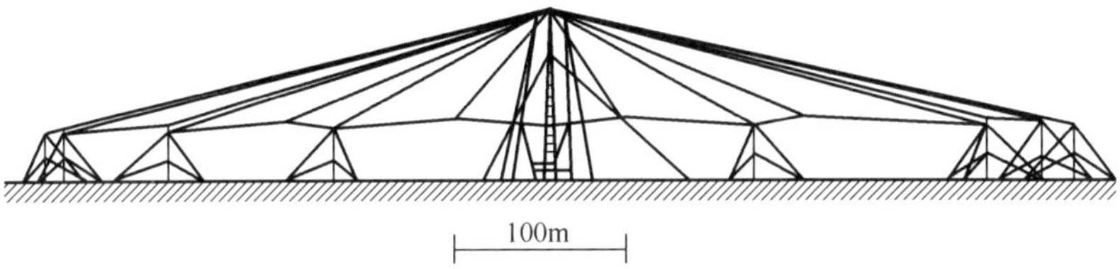

图 29.3　应用顶端加载技术的伞形天线

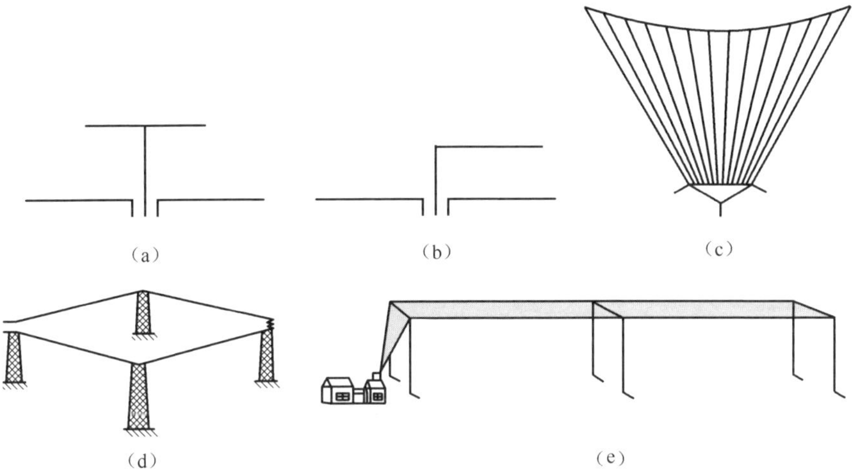

图 29.4　应用顶部加载技术的天线

(a)T 形天线;(b)倒 L 形天线;(c)竖琴式天线;(d)菱形天线;(e)平顶天线。

技术代代更新,工作频率也逐渐提高。20 世纪中期,高频段成为主流,航空和航海无线电设备开始出现。第一次世界大战(1914-1918)和第二次世界大战(1939-1945)期间,小天线在技术上取得显著进步,以满足飞机、飞艇和陆地系统的军事通信需求。第一次世界大战期间用于通信系统的天线主要是一种细的 $\lambda/4$ 单极子天线,安装在作为金属地的设备壳体上。第二次世界大战期间天线的重大进步主要是移动系统,尤其是体现在军队和军用车辆的陆地移动系统方面。

更高频率、甚高频和调频技术的引入加速了天线系统的进步。战后移动系统的应用范围进一步扩大到各种民用的新移动系统,如私人用途和飞机上使用的电话。20世纪40年代另一个重要课题是研究小天线的基本限制因素,这最早是由 Wheeler 在1947年提出的,这一研究至今依然持久不衰。

20世纪50年代,超高频被大众周知,移动系统的天线设计概念随之改变。之前只看作接地的小(金属)无线电装置的外壳,现在也被视为辐射器的一部分,这一变化提高了天线性能。20世纪50年代中晚期,开发了螺旋天线并应用于多种宽带系统,通过采用螺旋结构来设计具有宽带和超宽带特点的小天线更加可行。当时使用的其他天线类型还包括刚开发的法向模螺旋天线(NMHA)、倒F天线(IFA)(图29.5(a)、(b))和各种复合天线,如偶极子与环复合天线。

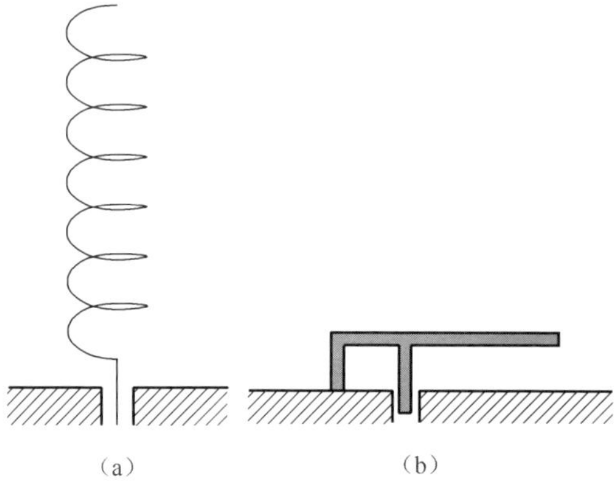

图29.5 (a)法向模螺旋天线和(b)倒F天线

20世纪60年代,新的社会需求催生了雷达、空间通信、电视广播、移动系统等新系统和服务,这种系统的发展也带动了天线技术的进步。

值得注意的是,随着小天线设计技术的显著进步,现在可以对天线及所在的无线系统、传播和环境条件进行综合处理。因此,小天线的设计理念也发展到可以把天线作为一个"整体系统"来对待。在某些情况下,天线特别是小天线的优劣对整个系统的性能起着决定性作用。在设计中,对包括无线设备本身和设备中天线单元附近的硬件等环境条件进行考虑,这对小天线的设计至关紧要,因为这些因素都会影响系统的性能。对于手持系统设备,设备操作者的手部、头部和身体作为重要参数，都影响着天线的设计。

集成天线这一概念最早出现在 20 世纪 60 年代末，这标志着天线小型化和功能天线的出现。因为这类天线系统由无源器件和有源器件构成，具有系统的概念，并作为一个整体工作，被命名为“集成天线系统”（IAS）（Fujimoto，2005），其中“有源集成天线系统”（AIAS）主要用于小尺寸天线匹配。甚小天线的输入阻抗电抗分量很大而电阻分量很小，因此很难匹配。负阻抗变换器（NIC）（Linvill，1953）作为一种代表性的有源集成天线系统，可用来解决甚小天线的匹配困难问题。NIC 既可以用于天线终端负载，也可以在辐射器的近场使用。后者也称为空间匹配（Stuart and Pilwerbetsky，2006；Billoti et al.，2000；Fujimoto and Morishita，2013），这是近期出现的技术。

20 世纪 70 年代，出现了称之为蜂窝电话的民用移动电话。从 80 年代至今，已经发展到第 4 代。移动终端（手持）用的天线系统也已从线状单极子发展为平面天线，如平面倒 F 形天线（PIFA）、微带天线和平行板天线，它们可以完整地布置在设备壳体上。在部分手机中，分集、频率可重构和方向图控制等使用性能也得到了提升，满足人们的需求。上述几类天线归类为功能小天线。

到了 21 世纪，人们对随时随地获取信息的需求增长带来了无线技术的爆炸式发展，也加速了包括无线保真技术、全球微波互联接入（WiMAX）、无线局域网（WLAN）在内的各种无线宽带系统的出现。从手机开始，先进的移动系统“长期演进”（LTE）也不断进化，目前已经可以处理各种高数据率信号，如静止和运动图像、海量数字数据、高质量音乐和语音。这些无线宽带系统上使用的天线随着最新的系统发展而取得了显著进步，其工作宽带能够覆盖几十兆赫兹和超宽带（UWB）范围。

最新的实用型天线结构比以前的偶极子天线、单极子天线或环形天线更复杂，通过改变其形状来构成复合结构以实现宽频或多频工作模式，通过集成来增强天线功能，通过两种或多种类型小规模电小天线的综合布置来实现自适应控制。在集成天线中，有源器件作为有源集成天线系统（AIAS）使用，这自然有助于缩小天线尺寸。负阻抗变换器（NIC）就是一种具有代表性的有源集成天线系统。对于甚小天线，由于其输入阻抗的电抗分量很大而电阻分量很小，导致其匹配困难，负阻抗变换器就可以补偿大的电抗分量，从而解决这一难题。

电磁材料对天线技术进步的贡献也值得一提。长久以来，电介质或磁性材料就被用来缩小天线的尺寸。另外,近来引入的具有负磁导率、负介电常数或者双负特性的超材料,对实现小型化天线、功能型天线、具有重构能力等性能增强型天线做出了重要贡献。这些天线包括所有的电小天线、功能型天线、有限尺寸小天线和小尺寸天线。

29.4 缩小天线尺寸的原理和方法

29.4.1 基本原理

缩小天线尺寸的一种方法是降低谐振频率,使得天线的尺寸远小于工作波长;另一种方法是在不大幅度改变天线尺寸的情况下提高或增强天线的性能。前一种方法用于实现电小天线,后一种方法用于实现功能小天线。通过降低天线的剖面可以制作“有限尺寸小天线”,而最简单的方法是减少天线的厚度,使之小于工作波长。简单来说,“小形体天线”是指不考虑工作波长,尽量缩小天线的尺寸。

29.4.2 缩小天线尺寸的方法

天线的类型不同,其尺寸缩小的方法也各不相同。

1. 电小天线(ESA)

ESA 的主要实现原理包括:

(1) 降低谐振频率;

(2) 延长/增加天线单元表面的电流路径;

(3) 更有效地占用天线空间;

(4) 增加辐射模式的数量;

(5) 保持天线上电流的均匀分布。

在天线尺寸保持不变的同时,通过上述原理可以实现电小天线。以下是制作电小天线的一些实际方法。

1) 降低天线谐振频率

在保持天线尺寸不变的同时降低谐振频率,意味着等效地缩小天线尺寸,因为越低的谐振频率对应的天线越大。

有很多方法可以在天线尺寸保持不变的情况下降低谐振频率。

2）使用慢波结构

这是降低天线谐振频率的典型方法。慢波是一种在介质中传播的相速度 v_p 低于在自由空间中传播的相速度 c 的波，即 $c > v_p$。将慢波概念应用于天线结构可以降低其谐振频率 f_p。因为 $v_p = \omega_p/\beta_p$（$\omega_p = 2\pi f_p$，β_p 为相位常数），$\beta_p = 2\pi f_p/v_p$，而 $c = \omega_0/k$（$\omega_0 = 2\pi f_0$，k 为自由空间相位常数），所以 $v_p/c < 1$ 且 $f_p/f_0 < 1$。$f_p < f_0$ 意味着，通过慢波的方式，在不改变天线尺寸的情况下可以降低天线的谐振频率。

慢波结构的实例如下：

（1）周期性结构。

通过周期性地排列线或平面单元和固态材料，可以获得慢波结构。线单元的实例包括方折线、锯齿线等（图 29.6（a）所示矩形弯折线，图（b）所示锯齿弯折线）。固体结构或 3D 类型结构是指材料表面有褶皱（图 29.7（a））和沟槽（图 29.7（b））的结构。表面有孔的导体板则属于平面结构（图 29.8）。

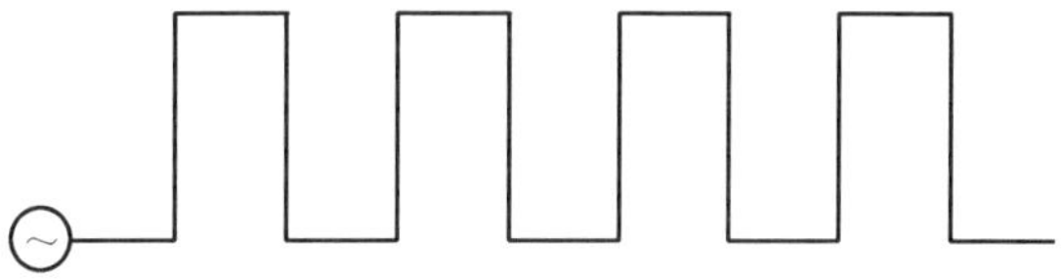

（a）

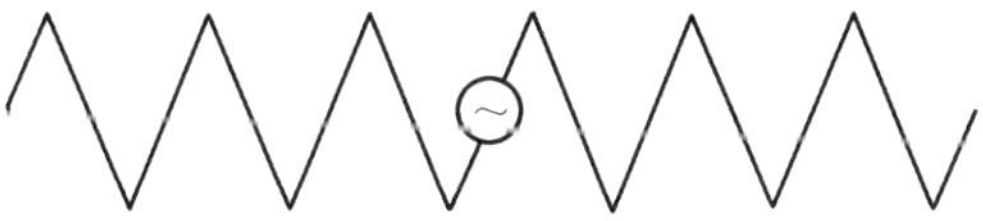

（b）

图 29.6　慢波结构

（a）矩形弯折线；（b）锯齿弯折线。

（2）电磁材料。

电磁（EM）材料如电介质和磁性材料具有传导慢波的特性，可用于缩小天线尺寸。在介电常数为 ε_r 和磁导率为 μ_r 的电磁材料内，电磁波以相速度 $v_p = c/\sqrt{\mu_r\varepsilon_0}$ 或 $v_p = c/\sqrt{\varepsilon_r\mu_0}$ 传播。

除了普通的电磁材料，具有负磁导率/介电常数属性的超材料

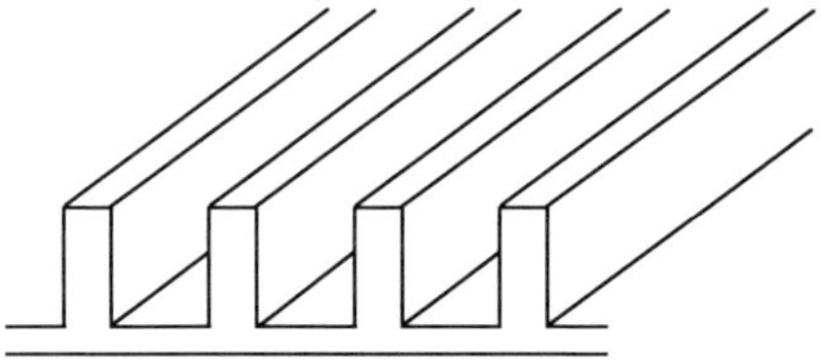
(a)

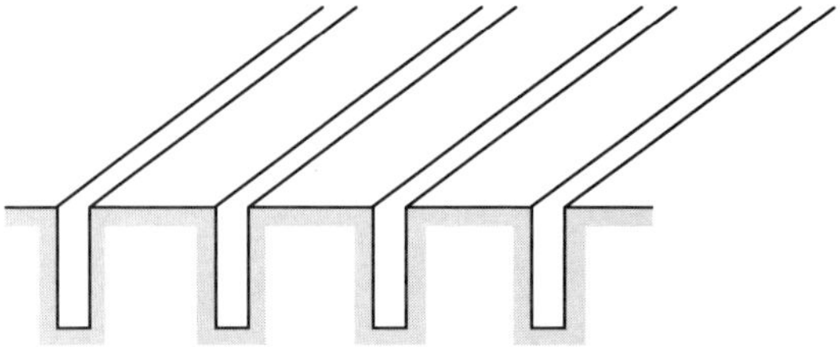
(b)

图 29.7 3D 慢波结构
(a) 表面有褶皱的导体;(b)表面有沟槽的导体。

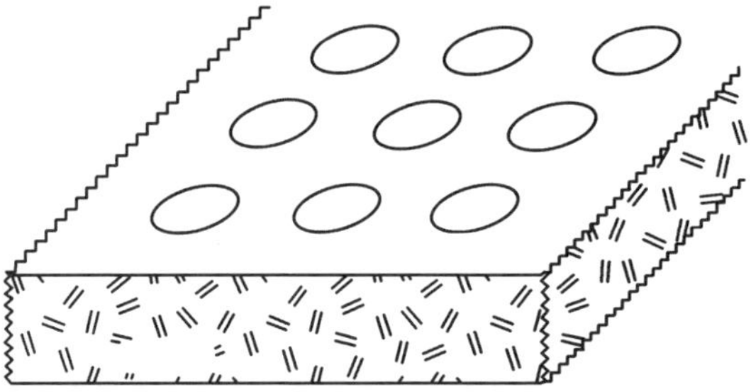

图 29.8 2D 慢波结构:表面有孔的导体板

(Metamatevial,MM)能以比光速 c 低的速率 v_p 传输电磁波。这意味着,超材料具有慢波的属性,可用于小天线的制作。

超材料是自然界本身不存在的材料,具有一些特殊的性质。实际上,通过线结构的密集排列,可以得到具有 $-\varepsilon$ 的等效材料(图 29.9(a))(Pendry et al.,1998),而 $-\mu$ 属性可以通过开口谐振环(SRR)阵列实现(图 29.9(b))(Pendry et al.,1999)。

另一种构造人工超材料结构的方法是采用传输线(TL),通过设置传输线参数(Lai et al.,2004)来实现负本构参数($-\varepsilon$ 和 $-\mu$)。这里传输线是一种具有

“左手”(LH)属性的介质(Caloz and Itoh,2009),因为 $-\varepsilon$ 和 $-\mu$ 的存在从而使之具备负传播常数 $-k$($k=2\pi/\lambda$)的特征。“左手”这个词来自“右手(RH)法则”(Johnk,1975),因为人们使用右手来指示波矢量 $\boldsymbol{k}$ 和坡印廷矢量 $\boldsymbol{S}=\boldsymbol{E}\times\boldsymbol{H}$($\boldsymbol{E}$ 为电场,$\boldsymbol{H}$ 为磁场)的方向,如图 29.10(a)、(b)所示。在左手媒介中,波矢量 $\boldsymbol{k}$ 的方向与 $\boldsymbol{S}$ 的方向相反,如图 29.10(c)所示。

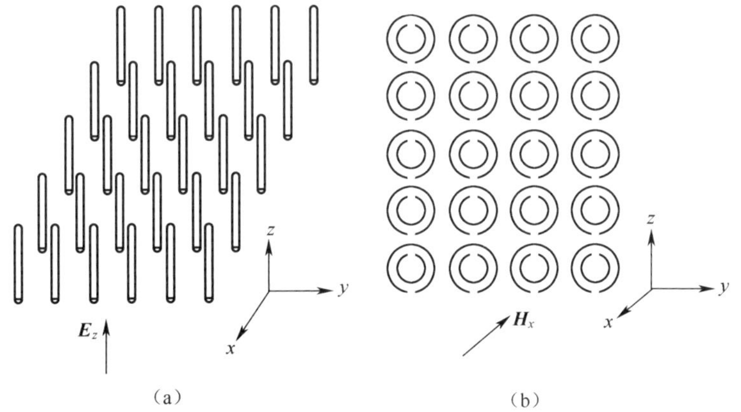

图 29.9　超材料

(a)通过线结构的密集排列表现出 $-\varepsilon$ 特性;(b)通过开口谐振环阵列实现 $-\mu$ 特性。

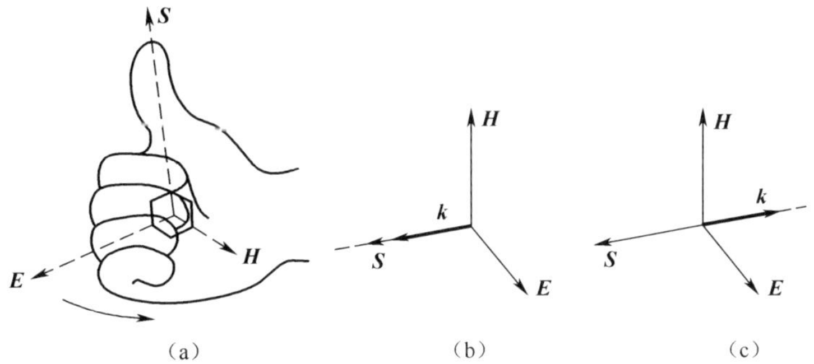

图 29.10　“右手和左手法则”

(a)“右手法则”的解释和矢量的方向;(b)右手情况;(c)左手情况。

左手媒质可以等效地用传输线实现。传输线上传播的是 TEM 波,可以表达为一个用单位长度为 l 的等效电路周期连接而形成的模型,模型中每单位长度的串联阻抗和并联导纳分别为 Z 和 Y,如图 29.11(a)、(b)所示。图中还给出了$\beta-\omega$坐标上的色散特性。借助传播介质的本构参数$\boldsymbol{\varepsilon}$和$\boldsymbol{\mu}$,阻抗Z和导纳Y分别表示为

$$\begin{cases} Z(\omega)=\mathrm{j}\omega\mu \\ Y(\omega)=\mathrm{j}\omega\varepsilon \end{cases} \tag{29.4}$$

图29.11中的阻抗Z和导纳Y用集总电路参数C和L表示,那么图29.11(a)所示电路的等效本构参数ε_{eff}和μ_{eff}分别可以表示为

$$\begin{cases} \varepsilon_{\text{eff}}=C/l \\ \mu_{\text{eff}}=L/l \end{cases} \tag{29.5}$$

图29.11(b)所示电路的相应参数可以表示为

$$\begin{cases} \varepsilon_{\text{eff}}=-1/(\omega^2 L/l) \\ \mu_{\text{eff}}=-1/(\omega^2 C/l) \end{cases} \tag{29.6}$$

因为由式(29.6)定义的传输线具有负的本构参数,所以被视为左手媒质。它因具有$-\varepsilon$和$-\mu$,而具有负传播常数$-k$。图29.11(b)所示电路模型的特点是负相位常数$-\beta$,这也体现在图29.11的色散特性上。在色散图中,虚线是kc,在虚线以下区域$\beta>k$,这意味在该媒质中相速度$v_p<c$(自由空间光速),即该媒质支持慢波传播。

实际上,如图29.12(a)所示,包含寄生串联电感和寄生并联电容的完整等效电路可由串联电抗L_R、C_L和并联电抗L_L、C_R构成的T形电路描述。图29.12(b)给出了$\beta-\omega$坐标的色散特性。在图中,ω_{sh}、$\omega_{s\ell}$和ω_0分别为串联谐振频率、并联谐振频率和转换频率,分别定义为$\omega_{sh}=1/\sqrt{L'_R C'_L}$,$\omega_{s\ell}=1/\sqrt{L'_L C'_R}$,$\omega_0=\sqrt{\omega_{sh}\omega_{s\ell}}$式中,上标(′)表示每单位长度的参数。

ω_{sh}、ω_{sl}孰高孰低取决于电路参数。图中电路行为表现出$-\beta$的范围就是LH特性范围,表现出$+\beta$的范围就是RH特性范围。CRLH(复合左右手)曲线表明,电路同时具有左手和右手特性,ω_0为电路特性从左手转换到右手,或从转换到左手处的频率。这种传输线或表现出左手特性,或表现出右手特性,或同时表现出两种特性,完全取决于参数设置,称为CRLH传输线(Caloz et al.,2005)。图29.12所示的等效电路可以看作最为通用的CRLH传输线结构,其单元具备左手特征。通过调整电路参数,可以设计出左右手之一或兼具二者行为特性的

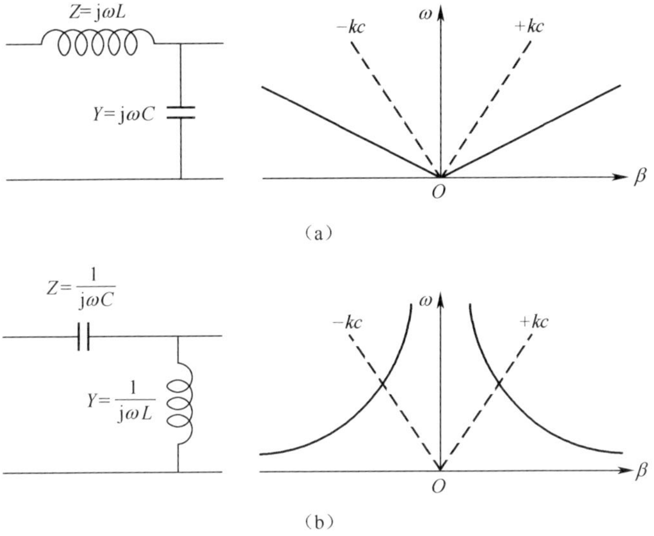

图 29.11　由串联阻抗 Z 和并联导纳 Y 构成的传输线单元等效电路
(a)LC 电路;(b)CL 电路和每种电路的色散特性。

传输线。

利用传输线的左手和右手特性,有望为各种应用开发新型天线。例如,通过左手特性可以实现后向辐射,而通过切换传输线的左右手特性可以实现波束的扫描。

(3) 由不同类型的天线构成的复合天线。

通过将谐振频率不同的各种类型天线单元结合构成复合天线,可以降低天线的谐振频率。改变天线结构外形也是一种有效降低谐振频率的方法。通过改变天线结构,天线表面辐射电流通道的数量增加,而谐振频率降低。通过改变电流方向来改变电流通道,还可以用于增大带宽。

3) 延长/增加电流路径

延长天线单元表面电流路径可以降低谐振频率。

(1) 利用周期结构。前文介绍的矩形弯折线、锯齿弯折线等典型的周期结构,它们的长度(延伸长度 L)大于直线的长度 L_0(图 29.13)。对平面天线而言,在天线表面设置缝隙/切口是最简单的方法,因为电流围绕缝隙/切口的迂回流动(图 29.14)可以延长电流路径,进而降低谐振频率。

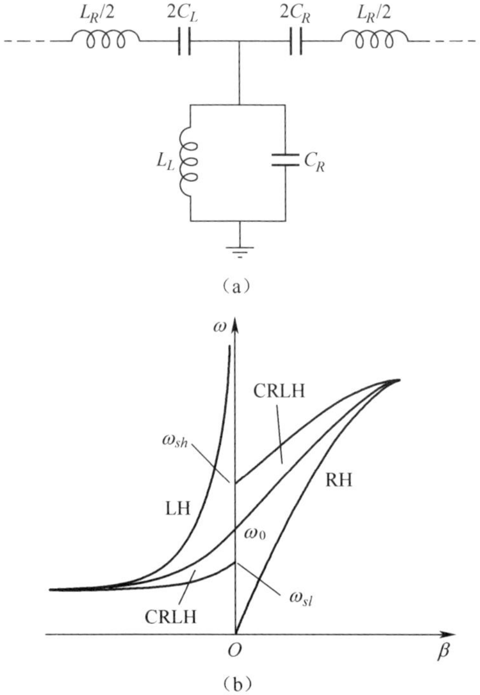

图 29.12 (a)传输线的 T 形电路单元和(b)色散特性

(2) 改变天线几何结构。通过扩大平面天线的面积,增加线性单元厚度,或者对天线的几何结构进行各种改变,均可延长电流分布的路径或增加路径数目,从而达到降低谐振频率和增加带宽的目的。

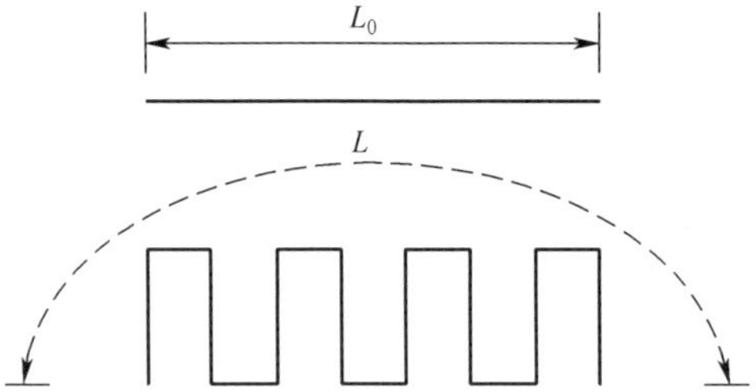

图 29.13 使用矩形弯折线延长电流路径并与直线情况对比

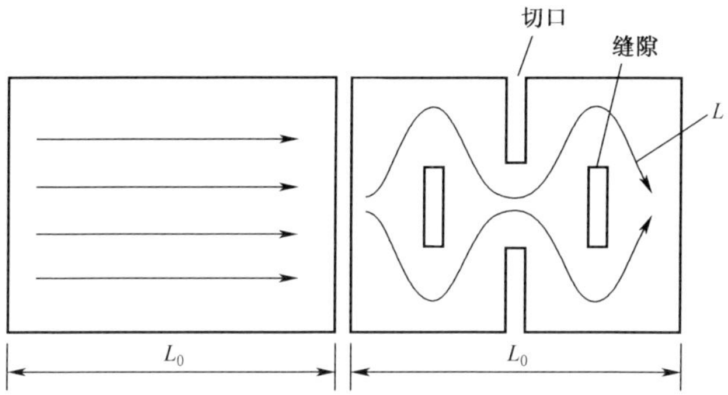

图 29.14 围绕缝隙和切口的迂回电流并与平面情况对比

4）天线空间的有效利用

如果一个天线结构完全占据了其三维空间,那么与空间未被有效利用的情况相比,这种天线带宽可能更宽(Wheeler,1958)。如果一个天线在尺寸不变情况下带宽更宽,就可称为小天线,因为天线越大,其带宽越宽。

为了更有效地利用空间,天线结构应该尽可能充分占用空间。简单做法包括应用分形几何(Werner,2003),如 Peano 图形(图 29.15,Sagan,1994,Zhu et al.,2004)、Hilbert 图形(图 29.16,Sagan,1994;Zhu et al.,2004)、Minkowski 分形图形(图 29.17,Gianvittoro,2002)和 Koch 分形图形(图 29.18,Baliarda et al.,2000)。图 29.19 和图 29.20 分别是使用 Peano 和 Hilbert 线的偶极子天线,图中的圆点是馈电点。

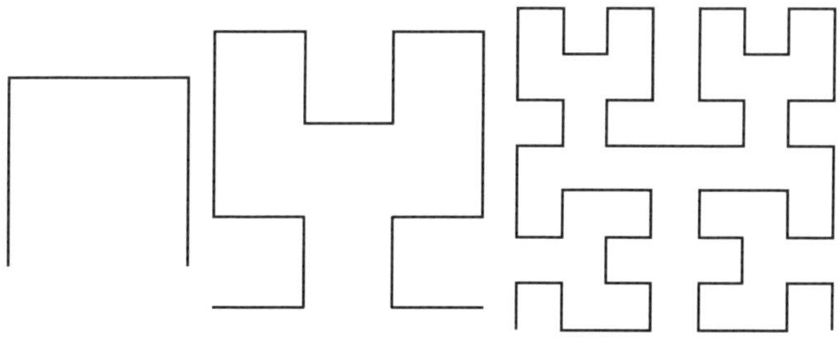

图 29.15 分形几何:Peano 图形

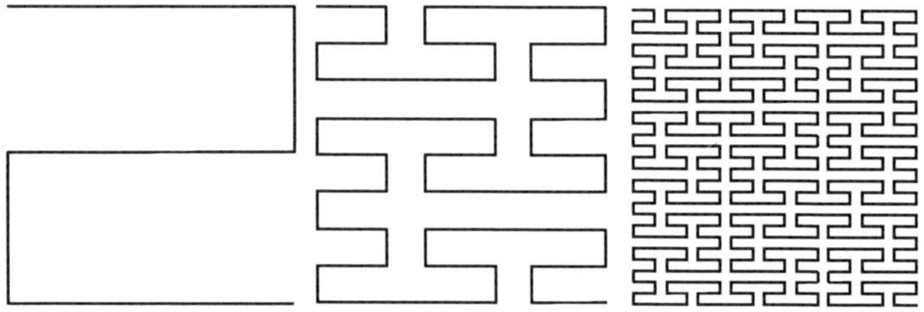

图 29.16　分形几何:Hilbert 图形

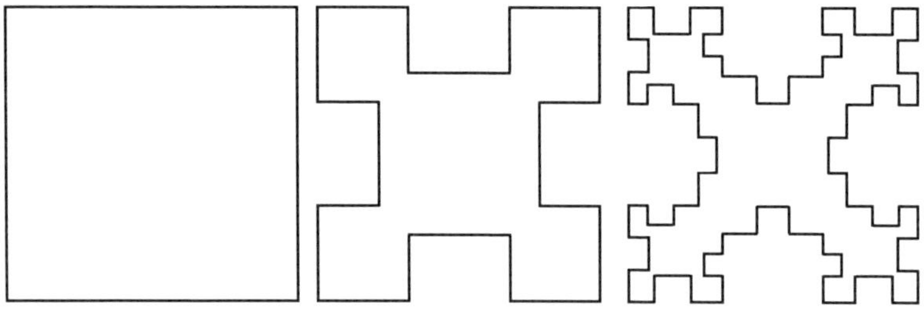

图 29.17　Minkowski 分形图形

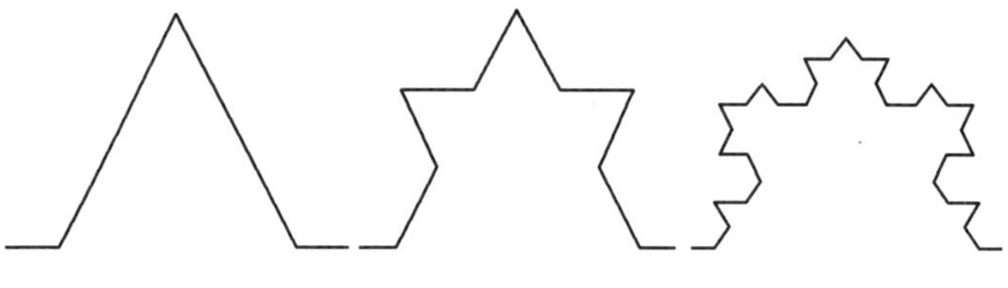

图 29.18　Koch 分形图形

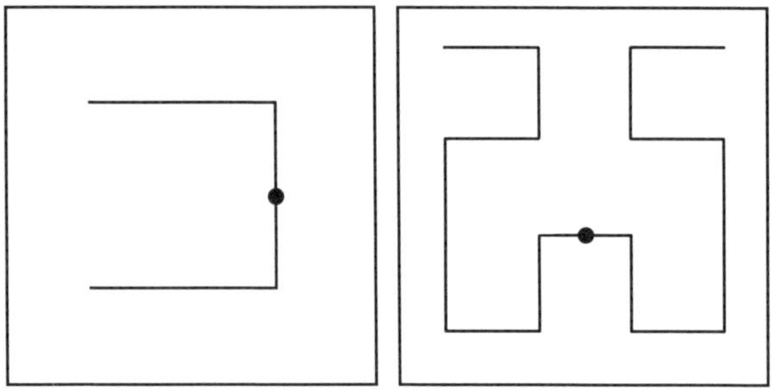

图 29.19　应用 Peano 图形的偶极子天线

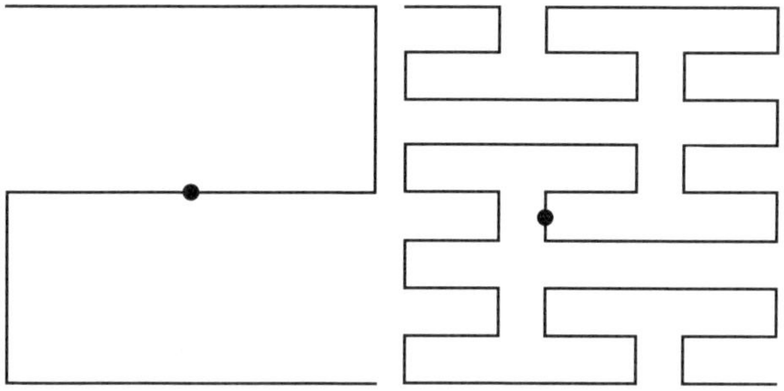

图 29.20　应用 Hilbert 图形的偶极子天线

考虑一个三维天线，如一个包围了天线的球，天线结构可以充分占据球体内的空间或尽可能如此。典型的例子是球面螺旋天线。为了有效利用球面周边空间，在球体外表面设置一条球面螺旋线，如图 29.21 所示。

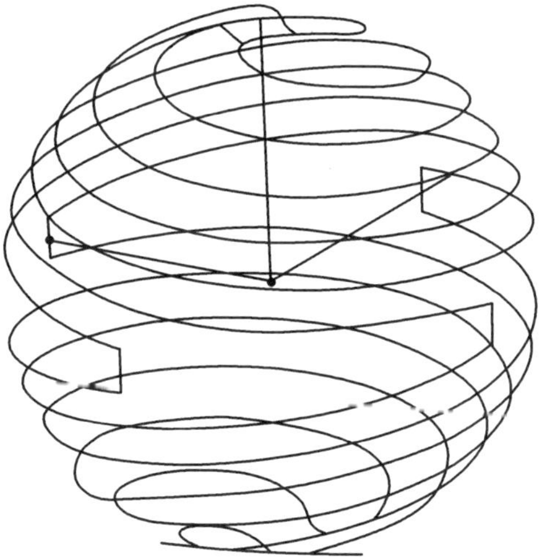

图 29.21　占据球面体空间的球面螺旋线

5）增加辐射模式

如果把两种天线进行组合，如 TE 模天线和 TM 模天线，则辐射模式增加，天线性能增强。天线增益得到提高，带宽也得到增加，且与单个天线相比尺寸不显著增加，因此可称为小尺寸天线。

增加辐射模式的实用方法包括组合 TE 和 TM 模的天线单元，如采用偶极子天线和环天线的组合，或者使用自补原理（Mushiake，1996a）及共轭结构。在自补结构中,当接地板无限大时,理论上可以实现无限大的宽带特性。同时在共轭结构中,小尺寸天线的匹配过程变得更简单,而通常情况下输入阻抗中电阻极低,电容极高,使得阻抗匹配往往非常困难。

6) 使天线单元上的电流均匀分布

如果天线单元上的电流为均匀分布,那么给定尺寸的天线将具有最大的增益。实际上,尺寸很小的偶极子天线上的电流可以视为三角形分布(图29.22a)。如果想用小的偶极子天线获得最大的增益,应当保持均匀的电流分布(图29.22b)。使用加载技术后,小偶极子天线可以实现均匀的电流分布。加载可以在偶极子天线的顶端或中间实现。例如,使用一个圆盘或圆形绕丝在顶部加载(图29.23(a),(b)),或在偶极子天线中间加载一个电感等电抗元件(图29.24)。增益提高意味着天线尺寸的有效降低,因为尺寸越大的天线往往增益更大。

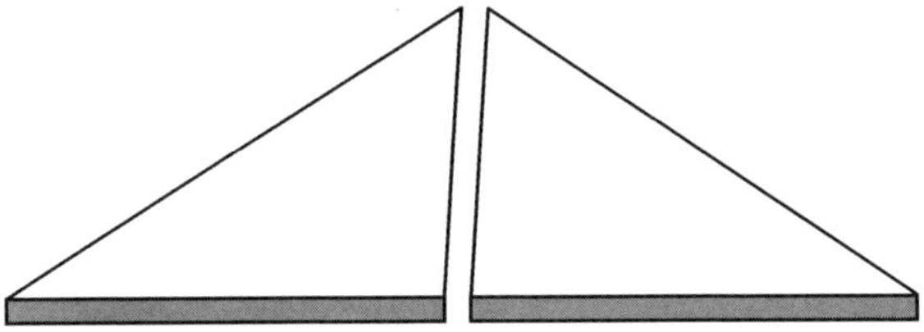

(a)

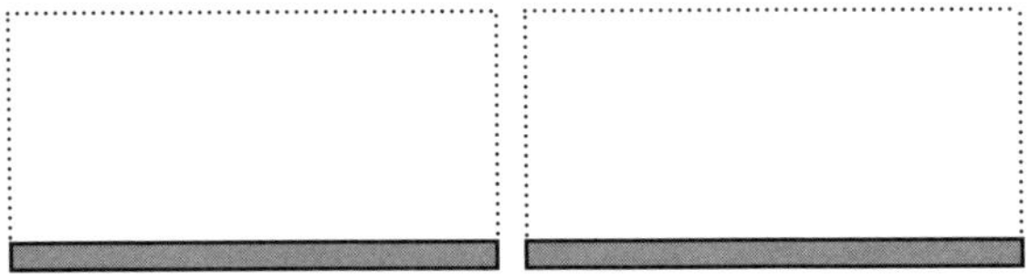

(b)

图29.22 (a)很小尺寸偶极子天线上的三角形电流分布和(b)均匀电流分布

2. 功能小天线

研制功能小天线(FSA)的关键是在保持现有天线尺寸不变情况下,增强天线性能,或通过给天线集成无源或有源器件增加某些功能。增强天线性能的常用方法包括:①更改天线几何结构;②将不同的天线单元组合成一副天线;③使用高阻抗表面(HIS)(Sievenpiper et al.,1989);④在天线结构里集成有源或无源

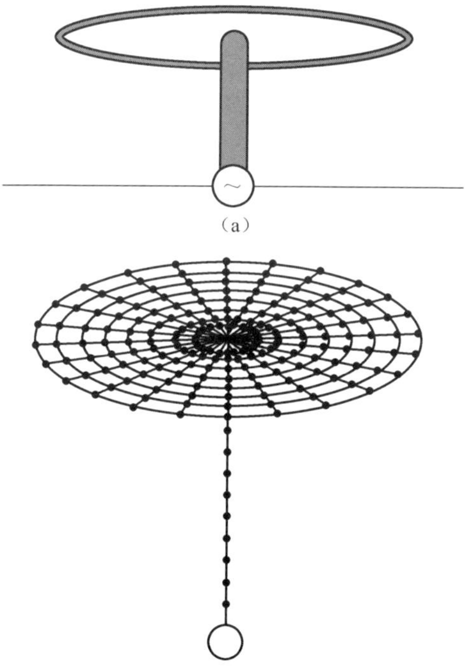

图 29.23　(a)顶部加载圆盘和(b)顶部加载环形绕盘的单极子电线

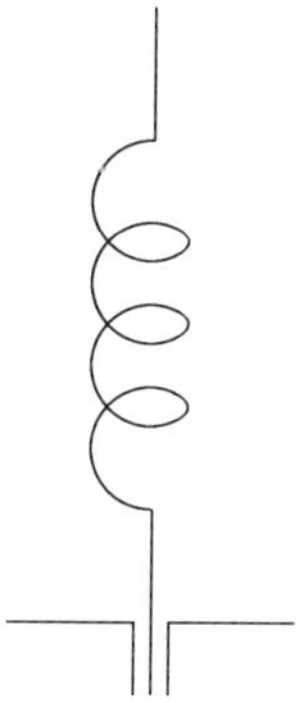

图 29.24　中间加载电感的偶极子天线

器件。超材料的应用也有助于增强天线性能。

在宽带性能要求中,超宽带是比较特殊的一种,因为需要特别关注如何通过本身频带很窄的小尺寸天线获得极大的带宽。

1) 改变天线几何结构

改变天线几何结构的典型方法是增大天线表面积或厚度,以此来增加天线表面的电流路径数量,从而扩大带宽。

图 29.25 是改变天线几何结构的例子,描述了如何增大天线表面积来增加电流路径。

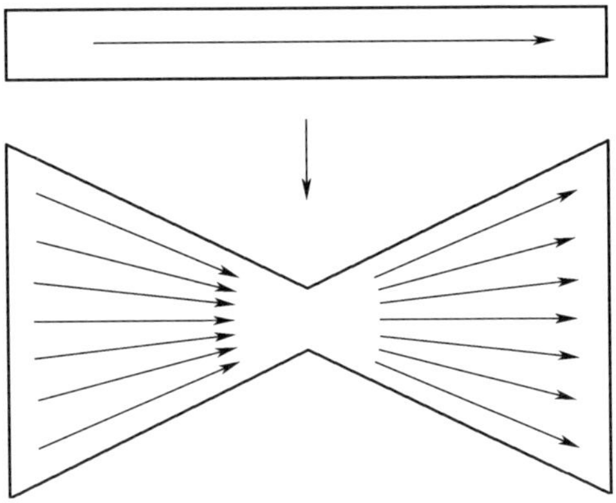

图 29.25　扩大天线几何结构以增加带宽(图中顶部补充了一条线)

2) 复合天线

复合天线的一个例子是把 TE 和 TM 模的天线单元进行组合。作为实例,把一个用自补结构缝隙(TE 模)实现的单极子天线(图 29.26)和一个单极子(TM

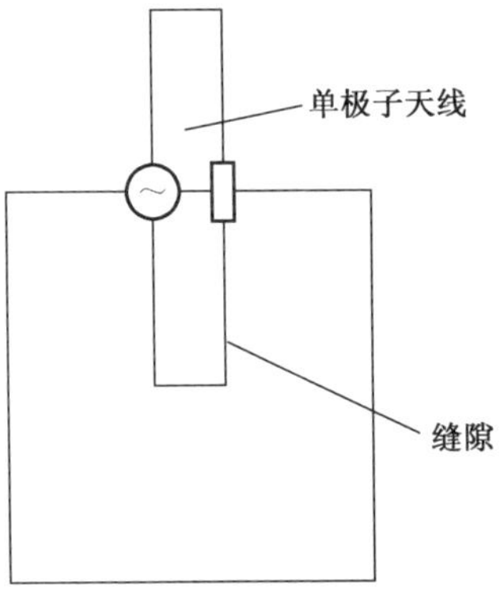

图 29.26　TE 和 TM 模复合天线的范例:一个 L 形的(TE 模)单极子天线和其互补的 L 形缝隙(TM 模)

模)天线组合在一起,可以使天线获得极宽的带宽。假设这个缝隙单极子天线的接地板为无限大,那么天线的带宽理论上为无穷大。然而,实际上接地面是有限的,因此带宽也是有限的。尽管如此,如果接地板的面积足够大,如至少达到几个波长,则仍然能获得很宽的带宽。

另一种复合天线是由一根天线和它的共轭天线组成的,带容性阻抗的天线可以与带感性阻抗的天线相组合在天线内部实现谐振。TM 模的天线可以作为 TE 模天线的共轭天线,如一根短的带容性阻抗的单极子天线可以与带感性阻抗的缝隙天线组合,这种容性和感性天线的共轭结合可以形成共轭电抗,这两个电抗分别对应着那两根互相加载的天线。

3) 集成天线

通过将天线部件、有源或无源器件、电路和包括各种超材料在内的材料集成到天线结构里——集成天线结构(IAS)——有望使天线产生多种显著改变,如天线性能的改善和增强、天线尺寸的缩小,以及天线功能的增加等,这将创造新型的功能小天线。例如,设计多辐射模式的天线可以提高原始天线的辐射功率,带来增益提高;同时,将两种谐振频率略有差异的天线组合,可以增加带宽;通过给天线安装慢波结构,可以降低谐振频率来缩小天线尺寸。

把天线结构和有源部件集成可以产生多种类型的功能小天线。集成了振荡电路的天线可以充当发射天线,其天线功率比最初的无源天线更大。但是,设计集成天线时,电路噪声和导致互调的非线性特征可能会影响系统的性能,必须认真评估此类因素,尽量消除额外的噪声和互调。

天线使用容性电抗或感性电抗等无源部件,其阻抗会发生变化,导致天线内部产生谐振。通过变容二极管,利用偏压改变其电容量,天线的谐振频率也因此改变。利用这一特性可以实现频率可重构天线。

4) 超材料的应用

超材料可以应用于天线结构或者小尺寸天线的辐射天线单元的近场。通过把负电抗($-C$ 或$-L$)的超材料和天线结构进行集成,很有可能产生小天线、宽频天线、功能天线和其他复杂类型天线。有很多方法可以构造超材料,如基于开口环结构的传输线谐振器(开口环形谐振器 SRR),或者基于 SRR 互补结构(互补开口环形谐振器(CSRR))等。

3. PCSA

1) PEC 接地面

用低剖面结构来加工天线,就能实现 PCSA,这种结构要么高度低,要么薄。PCSA 的厚度远小于工作波长,而其他类型天线尺寸则比较随意。倒 L 形和倒 F 形天线这类 TE 模天线可以平行于 PEC 接地面安装。PCSA 可以在接地面下面形成对称镜像,如图 29.27 所示,图中的箭头表示天线单元上的电流。偶极子天线这类 TM 模天线如果平行架设在 PEC 接地面上,就能在该 PEC 板下形成一个负相位镜像单元,如图 29.28 所示。

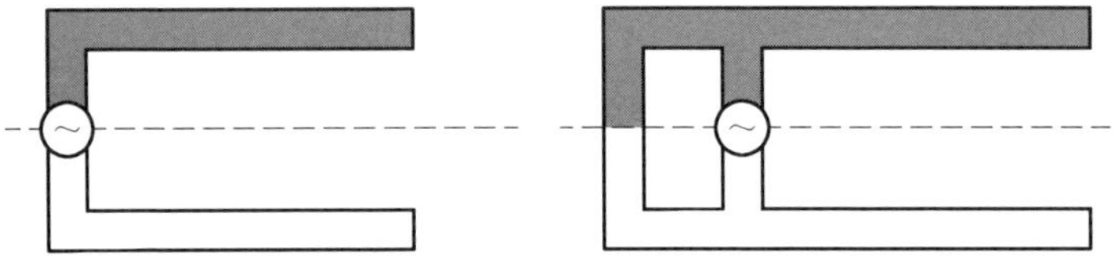

图 29.27　L 形和倒 F 形天线及其在 PEC 地平面下的镜像

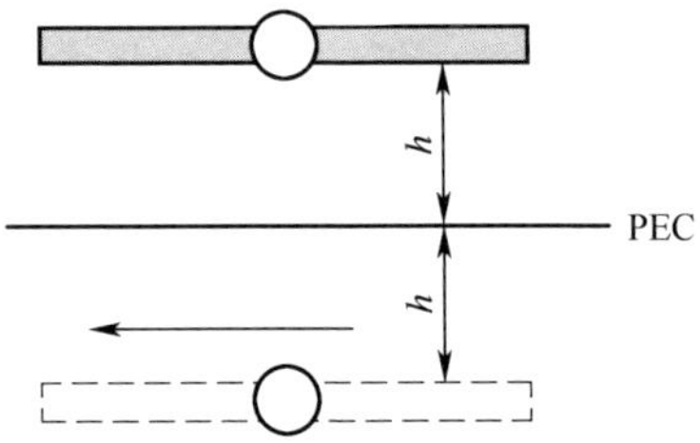

图 29.28　PEC 地平面下的镜像天线上的负相位电流

PEC 接地面的面积应无穷大或等效无穷大,从馈电点到末端,每一边边长至少要几个波长。如果地平面尺寸有限,部分辐射电流在地平面上流动,这种条件下的天线,因为地平面上电流的影响,性能与装配在无限大地平面上的天线不同。换言之,设计天线时,如果地平面面积有限,除了天线单元,还应该考虑地平面产生的影响。

2) 高阻抗表面(HIS)的使用

除了 PEC,还可以使用高阻抗表面作为接地面(Sievenpiper et al.,1989),以避免产生负镜像。在 HIS 接地面附近安装一个偶极子天线,距离 h 更小,如图 29.29所示,因此称其为低剖面天线。在这种情景下,天线阻抗发生改变,辐射效率得以提高。

HIS 上天线的输入阻抗可以表达为

$$Z_d = Z_{11} + Z_{12}e^{j\theta} \tag{29.7}$$

式中：Z_{11}为原始天线的输入阻抗；Z_{12}为原始天线和镜像天线间的互阻抗；θ 为反射相位角，对于 PEC 层，$\theta = 180°$。

HIS 的高表面阻抗会抑制上面的电流，这将导致流向接地层背面的电流减少，从而增强向空间的辐射，而削弱向接地层下方的辐射，这与有限尺寸 PEC 接地层的情况正好相反。同时，HIS 接地面上安装的两根天线间的互耦减少，因此两根天线的安装距离可以小于常规的排布间距。利用这一结果，多根天线可以同时装配在有限的区域内，而不会对彼此产生更大的影响。在实际中，也可以在多输入多输出（MIMO）系统的天线设置中应用这一结论，因为 MIMO 系统要求在有限的小范围内，尤其是在小的移动终端内装配多根天线。

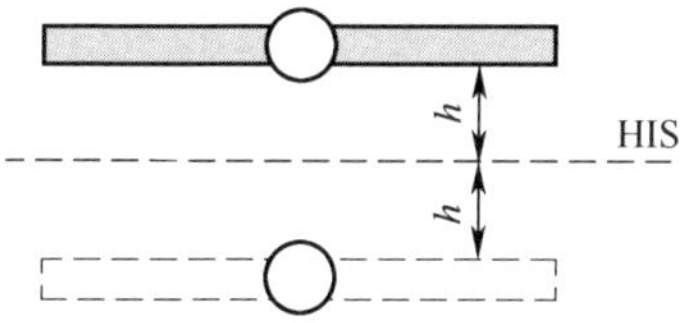

图 29.29　HIS 地平面附近安装的偶极子天线，距离为 h

3）电磁材料的应用

电磁材料一般指电介质，通常用作基板，以利于减小天线的厚度。其中有代表性的是微带天线（MSA）。

电磁材料的另一应用范例是 HIS 和电磁带隙（EBG，Rahmat-Samii et al.，2001），它们既可以减小天线结构的厚度，也可以通过多种方法研制特种天线（Engheta and Ziolkowsy，et al.，2006）。使用在某些频带出现谐振的周期结构和几何样式就可以实现 HIS 或 EBG，HIS 的典型范例是一个有 $\lambda/4$ 波长深度的凹槽的金属板，如图 29.8 所示，这种凹槽结构可视为一排 $\lambda/4$ 波长的传输线。因为沟槽底部等效为短路，这些传输线对垂直于沟槽的极化电场表现为高阻抗边界条件，而对于平行电场表现为低阻抗。这种结构的表面可硬可软（Kildal，1990），取决于波的极化情况和传播方向。EBG 材料的一个实例是蘑菇结构，如图 29.30 所示，图中描述了顶端的外形、中间部分的几段横截面和底部横截面其中一段的等效电路。在这一等效电路中,C 为两平板间的间隙引入的等效电容,L 为电流流经平板、过孔和地板所产生的电感。

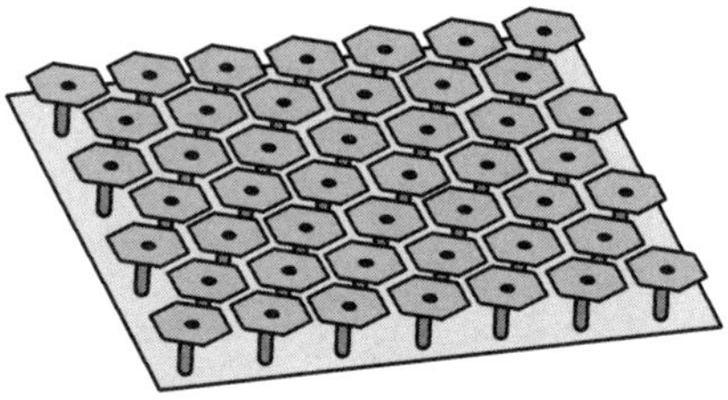

(a)

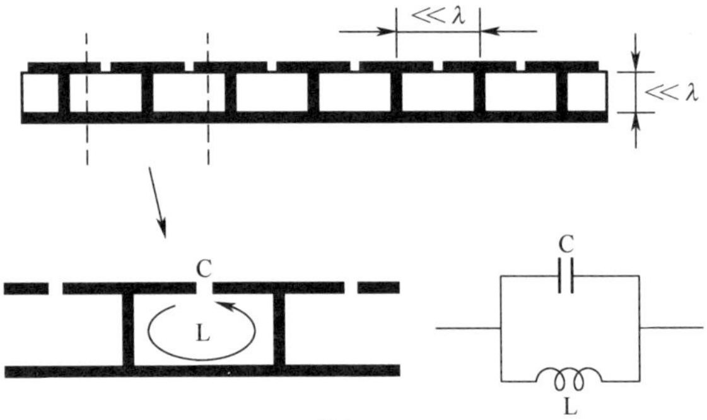

(b)

图 29.30 蘑菇结构的 EBG 材料实例
(a)外形图示;(b)横截面和等效电路。

3. PSA

1) 微波(MW)或毫米波(MMW)天线

微波或毫米波天线由于工作频率高,因此本质上是小尺寸天线。这类天线设计上没有特殊的地方,但是目前这些频段的天线已经发展到使用集成技术进行设计,天线的构造也十分精细复杂,在尺寸变小的前提下,具备多模式、自适应控制等功能。

2) 小形体天线(PSA)

任何外形尺寸较小的天线都称为小形体天线。所以,其他类的天线如 ESA、FSA 和 PCFA 都属于 PSA,只要它们的外形尺寸足够小。“小形体”这个词在这里的内涵是尺寸小于 30cm,或者与人手差不多大小。

目前,无线系统用的天线多数是小形体天线,它们应用于各种无线系统中。

小的射频识别(RFID)系统中使用的天线是比较典型的一种。包括人体中心通信等在内的 RFID、NFC 和一些可穿戴系统使用的小型无线终端通常使用体积较小的小天线,因为 RFID 终端本身体积不大。小形体天线并不是某种特别类型的天线,它们可能是线形的、平面的或者立体的。

天线阻抗匹配在任何时候都很重要。如果设备本身很小,那么它安装的天线尺寸也必然很小。有些时候,因为周围环境因素的干扰,天线未能与负载良好匹配,这种问题的出现往往是由于测量空间有限,因此很难对天线阻抗做出评测。还有一种情况是安装匹配电路的环境不合适。然而无论条件如何,天线的匹配工作都要合理地开展,不能忽略。

举一个小的 RFID 系统没有进行正确匹配的例子:尽管设备可以使用,但是发射功率无端增大,几近浪费,因而对灵敏度和电池容量产生过度的要求,电池尺寸也超过常规尺寸。相反,如果匹配正确,RFID 工作时只需很小功率、低灵敏度、更小容量或体积的电池。或者在功率相同情况下,灵敏度可能更高或者工作范围更大,并且电池的容量或尺寸都可以更小。

29.5　实用小天线

接下来介绍包括电小天线(ESA)、功能小天线(FSA)、有限尺寸小天线(PCSA)和小形体天线(PSA)在内的小天线应用实例。

29.5.1　ESA

1. 慢波结构

图 29.31 是一个用矩形弯折线实现天线单元的应用实例(Lee et al., 2014)。该天线由一条折叠的矩形弯折线构成,使其只有普通偶极子天线的 1/2 尺寸,而阻抗也只有普通偶极子天线的 1/4。天线外形因此非常小,可以像芯片一样安装。天线尺寸只有 3.2mm×1.6mm×0.83mm,呈三层结构,包括两个介质层和一个覆铜芯层。图 29.32 是天线的侧面图(部件分解图),上层矩形弯折线单元置于顶部的覆铜层上,下层在天线块内折叠,并置于底部覆铜层上方。两部分由两个金属化通孔(PTH)连接。信号馈入底部的矩形弯折线一端,通过金属化通孔激励顶部的弯折线。图 29.33 示出了匹配在 2.5GHz 的天线样机的反射

系数 S_{11}。虽然天线样机尺寸很小，但是带宽达到 2.40~2.59 GHz(7.6%)。

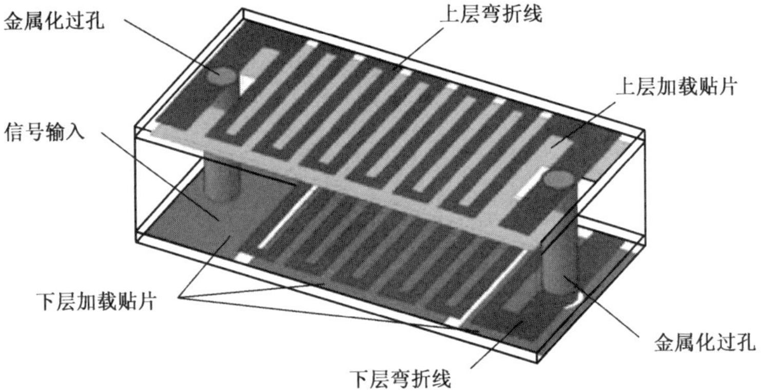

图 29.31　折叠的矩形弯折线芯片单极子天线

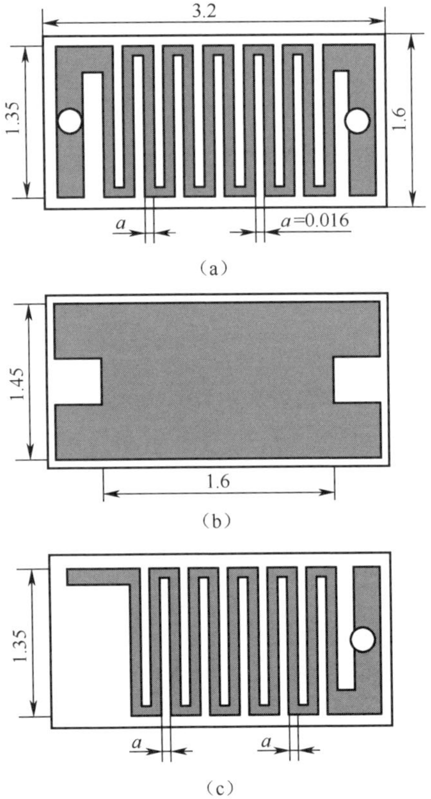

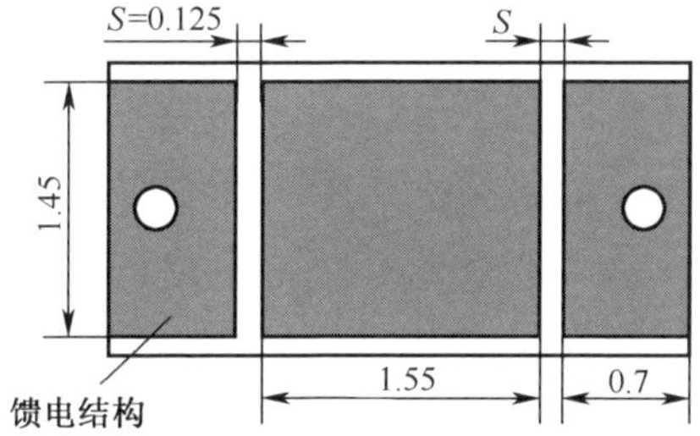

(d)

图29.32　折叠的矩形弯折线芯片单极子天线的部件分解图(单位为mm)

(a)俯视图;(b)第二层;(c)第三层;(d)底层。

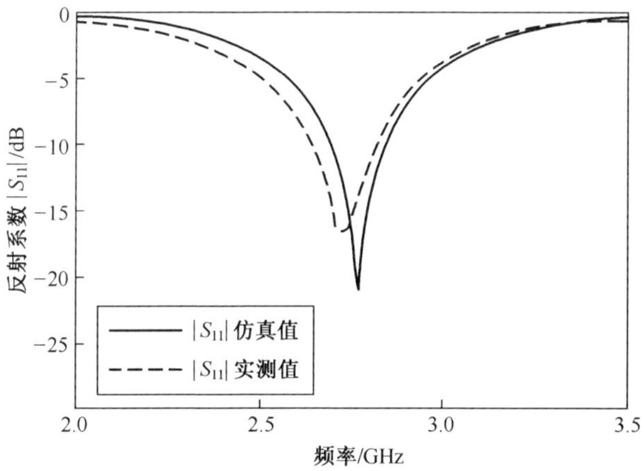

图29.33　天线的实测和仿真 S_{11}

2. 电流路径的扩展/增加

一种经过改进的小型PIFA天线已经面世(Kiourti and Nikita,et al. ,2012),这种天线采用一个圆盘作为平面天线单元,圆盘上面有一些弯曲的沟槽,这些沟槽能够增加平面天线单元上的电流路径的长度,从而降低谐振频率,缩小天线的尺寸。这种天线主要用于医疗植入通信服务(MICS)频段(402.0~405.0MHz)和工业科学医疗(ISM)频段(433.1~434.8MHz、868~868.6MHz及902.8~908MHz)的遥测操作,该天线由三个薄圆形板组成,一个半径6mm的接地板,两个半径5mm的带矩形带弯折线的板,如图29.34所示。图29.34(a)、(b)分别是作为接地层的底板以及第二层板、第三层板。图29.34(a)中,三个板垂直堆放。

第二层板上有馈电点,一端短路形成 PIFA 单元。第三层板构成了 PIFA 附加的上部平面单元。在两个平面天线元件之间使用了介质基片(ε_r = 10.2,tanδ = 0.003)。天线的厚度为 1.2 mm。

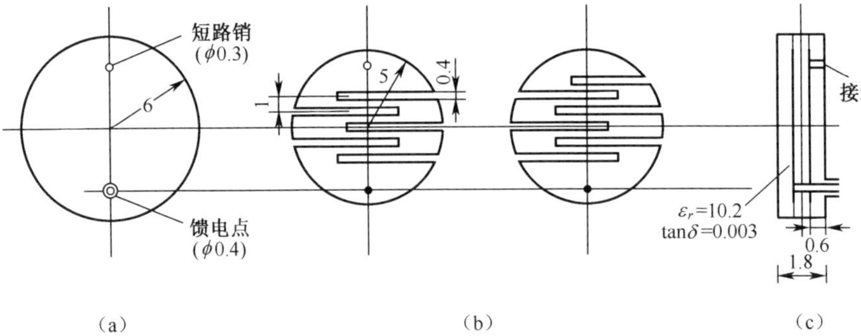

图 29.34 PIFA 天线的参数模型(单位为 mm)

(a)接地层的底板;(b)较低贴片;(c)侧视图。

实际上,上述天线可以植入人的头部,作为医疗植入设备使用。

对上述植入场景下的天线设计进行了优化,通过优化 PIFA 天线,可以使之适于植入一个半径 100mm 的三层球状人类头部模型的头皮下,如图 29.35 所示。该模型由一个 10cm 的代表皮肤组织的立方体和一个三层球状人类头部模型的头皮部分组成,后者包括皮肤(头皮)、皮质骨(头骨)和灰质组织(大脑)。图 29.35(c)描绘的是人类头部的解剖模型,头皮由 13 种组织构成,对这种应用场景下的天线性能也进行了分析。图 29.36 是优化的天线仿真反射系数,分别

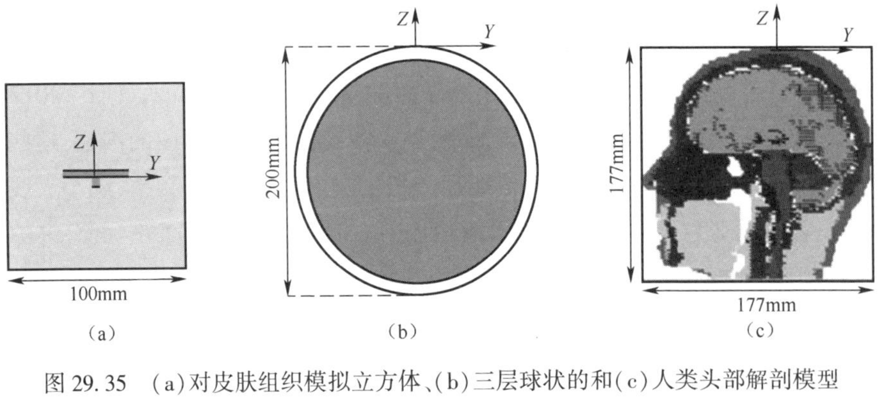

图 29.35 (a)对皮肤组织模拟立方体、(b)三层球状的和(c)人类头部解剖模型的头皮内植入的 PIFA 天线的仿真设置

给出了三层头部模型和解剖模型下的数据。为了让研究结果更真实,结合解剖模型评估了优化 PIFA 天线的辐射性能,研究了辐射方向图,并且评估了比吸收率(SAR)。在天线设备和发射机相连时,该吸收率必须控制在要求的安全范围内。还讨论了优化的 PIFA 天线和外部天线间之间的通信链路,不管是双向的还是半双工的。

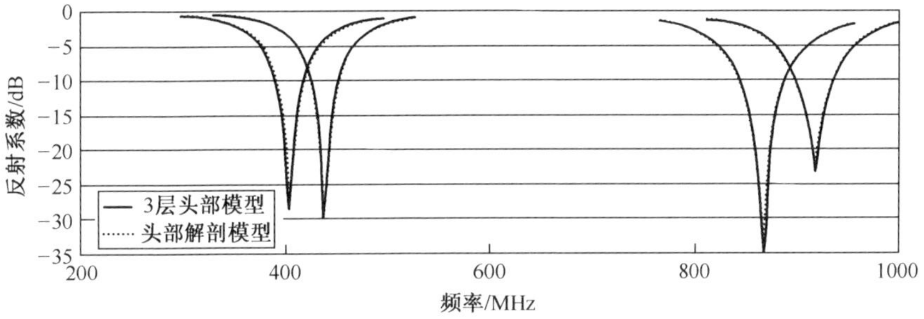

图 29.36　植入图 35(b)、(c) 所示头皮模型内的 PIFA 天线的反射系数

3. 空间的有效利用

应用 Hilbert 图形、Peano 图形和分形图形等几何图形构建天线,可以更有效地利用空间,缩小天线的尺寸(Chen et al.,2003)。下文中的例子利用 Peano 图形修正了一个天线的几何形状,与其他具有相似面积的天线相比,天线不但尺寸更小,其宽带增益更高 (Oraizi and Hedayati,et al. ,2012) 。

基于 Peano 图形的原形(一根直线)和生成元及其尺寸如图 29.37 所示。图 29.38是正方形贴片的边应用一次迭代 Peano 形直线的天线。图 29.39 是应用一次和二次迭代的天线的仿真反射系数 S_{11}, 也提供了零次迭代天线(正方形贴片)的 S_{11}。零次和一次迭代的天线只具有第一阶模态的谐振频率,而二次迭代的天线可以产生第二阶模态的谐振频率,即 2.9GHz,因此该天线可以用于双频段工作。一次迭代的天线其谐振频率比正方形贴片低大约 400MHz,而二次迭代天线比之低 800MHz,结果证明,应用 Peano 图形的天线尺寸比正方形贴片有效降低了,这表明通过应用 Peano 图形可以设计小天线。

假设面积保持 900mm^{2}不变,从谐振频率、带宽和周长角度,对应用 Peano 图形的天线和应用其他不规则图形的天线,如三角形 Koch、正方形 Koch、树状分形及 Sierpinski 分形(图 29.40)进行对比。表 29.1 是这些图形的特征比较。Peano

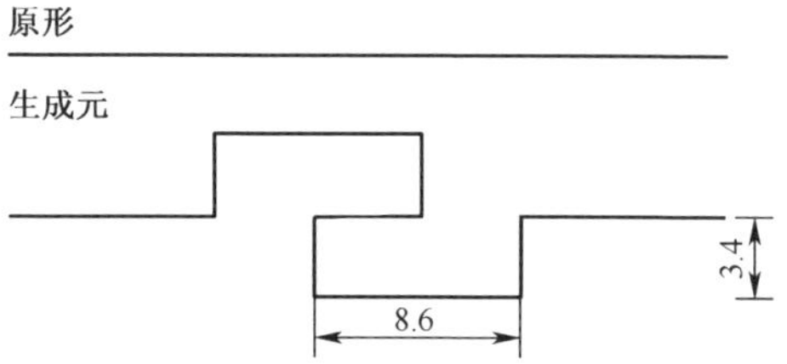

图 29.37　Peano 图形的原形和生成元(单位为 mm)

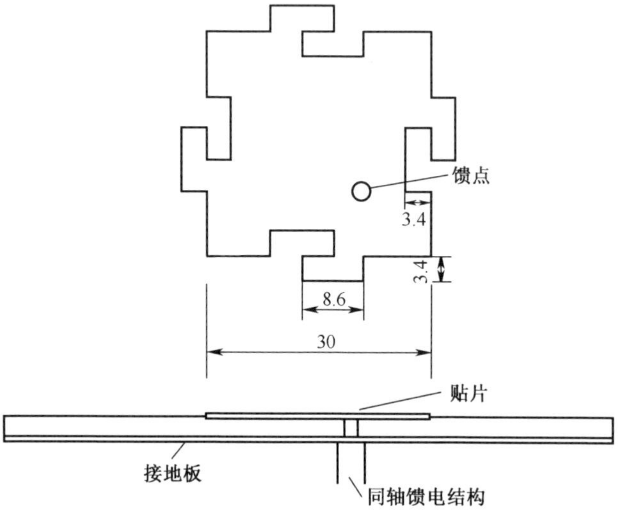

图 29.38　应用于正方形贴片天线的 Peano 图形(单位为 mm)

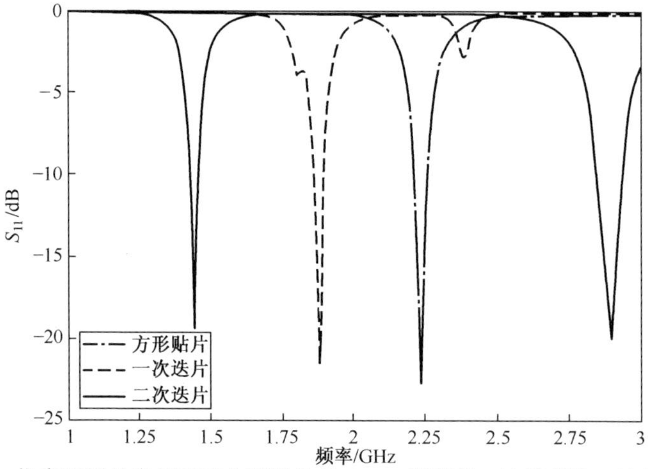

图 29.39　仿真得到的应用于正方形贴片的 Peano 图形的一次迭代和二次迭代的 S_{11}

图形周长最大,但谐振频率最低。这意味着 Peano 图形与其他不规则图形相比,在缩小天线尺寸方面效果最好。

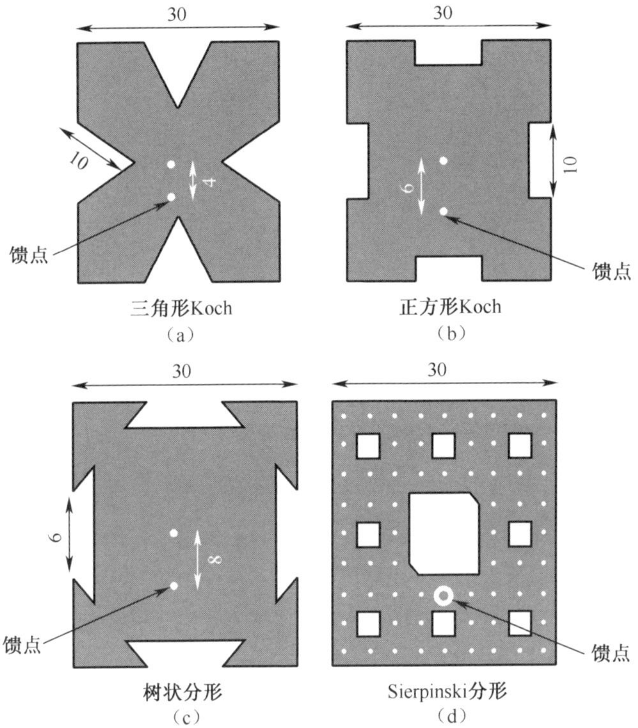

图 29.40　应用于正方形贴片边缘的不规则图形(单位为 mm)

表 29.1　五种应用于贴片天线的分形图形的特征比较

分形	谐振频率/GHz	带宽/MHz	面积/mm^2	周长/mm
Peano 图形	1.87	44	900	155.4
三角形 Koch	1.91	36	900	148.6
正方形 Koch	2.15	82	900	133.3
树状分形	2.14	40	900	134.6
Sierpinski 分形	2.05	40	900	129

4. 超材料的应用

利用超材料概念的甚小尺寸的贴片天线已经得到发展(Ouedraogo et al.,2012)。使用互补开口谐振环(CSRR)已经实现了超材料结构(Baena et al.,2005;Lee et al.,2007)。应用 SRR 的概念,依靠多重同心开口谐振环可以降低贴片天线的谐振频率,因为它提高了有效电容和电感。然而,当 SRR 采用了二元性和互补性概念时,就构成 CSRR,谐振频率得以进一步降低。当介质被沿着互补开口谐振环的轴线极化的电场激励时,可以把介质的等效介电常数设计成所需值。贴片天线的 CSRR 介质一般置于辐射贴片和接地层之间。图 29.41 是一个圆形贴片天线的侧视图,图中辐射贴片被放置在一个圆形的介质基板上,由一个具有相似面积的圆形接地板支撑。互补开口谐振环位于铜圆盘中,其几何结构如图 29.42 所示。圆形铜盘(CSRR)置于辐射贴片下方 0.78 mm 处。

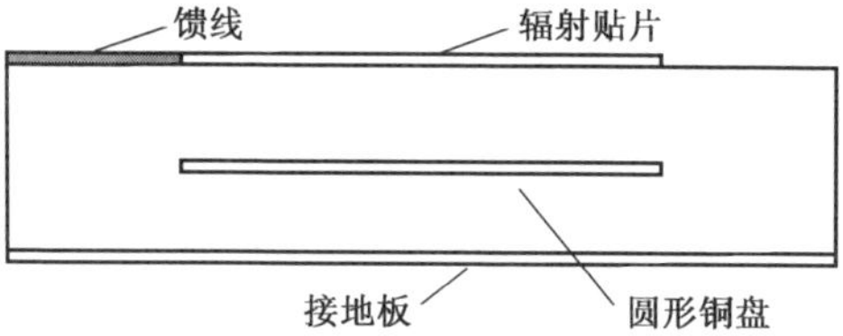

图 29.41　集成圆盘贴片天线的互补 SRR(CSRR)几何结构

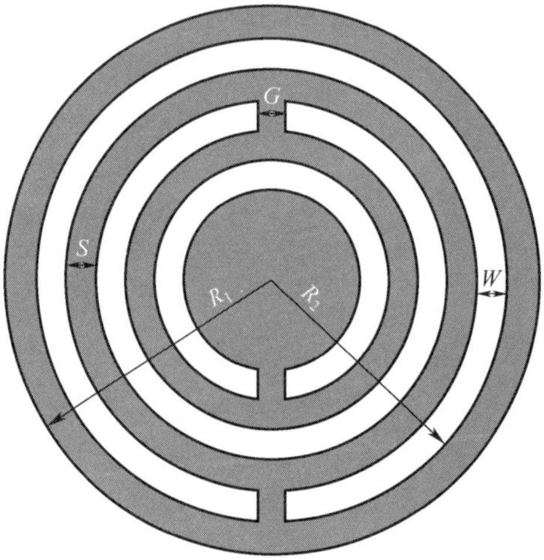

图 29.42　包含 CSRR 圆盘的几何结构

贴片的半径按照 2.45GHz 的谐振频率而选定,三个贴片半径分别设计为

12mm、8mm 和 6mm，与传统的贴片天线比较，尺寸分别减少了 1/2、1/3 和 1/4。传统贴片天线不使用互补开口谐振环，在谐振频率为 2.45GHz 时，半径为 23.1mm。和加载了 CSRR 的天线相比，传统天线有一个圆形的铜贴片镶嵌在圆形基底的顶部（$\varepsilon_r = 2.33$，$\tan\delta = 0.0012$），下方是与基板一样直径为 46.2mm 的接地层作为支撑。谐振腔内的 CSRR 的几何结构经过了优化，形成的天线谐振频率低于不加载的天线；而如果在谐振频率一定的情况下，可以将加载天线缩小到一个理想的尺寸。如图 29.41 所示，通过使用遗传算法进行仿真，可以确定天线的几何结构，保证天线缩减的尺寸是适当的。表 29.2 列出天线在缩减不同尺寸时，对应的 CSRR 的参数。选择这些参数可以确保每一种情况下反射系数都低于 10dB，而且代价都达到同样的最佳。图 29.43 中给出了尺寸减少了 1/4（按面积比例为 1/16）的贴片天线的反射系数，传统天线的反射系数也给出作为参照。由图可见，加载了 CSRR 的天线带宽比传统天线大，但是前者的辐射效率低于后者。

表 29.2　三种不同半径天线的 CRSS 参数尺寸　　（单位：mm）

贴片半径	N	R_1	R_2	W	G	S
12	1	23	7.1	1.5	1.15	—
8	1	15	6.2	1.6	1.75	—
6	3	11.5	9.9	1.65	1.9	1.05

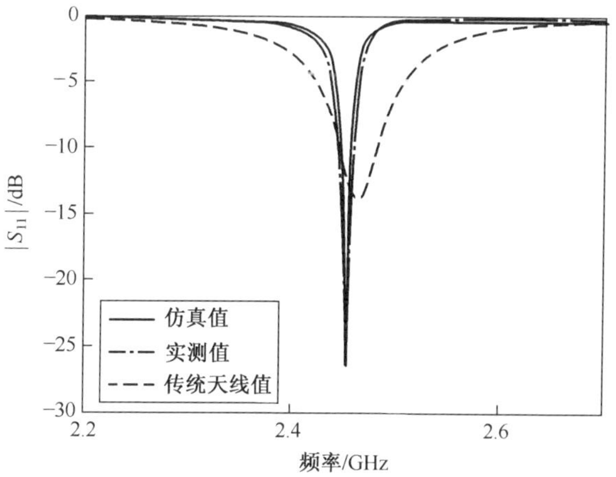

图 29.43　大小为传统天线 1/4 的贴片天线的反射系数 S_{11}

5. 阻抗匹配

目前存在一个共识,天线的最小可达到的 Q 值和它的物理尺寸成反比(Chu,1947)。因此,天线尺寸越小,其 Q 值越高。这就限制了使用无耗无源部件对天线进行匹配所能达到的匹配带宽。为解决这一问题,一种行之有效的手段是采用有源部件或非福斯特电抗($-C$ 或$-L$)元件来进行匹配(Susman-Fort et al.,2009; Perry,1973)。

对本节介绍的天线,非福斯特电抗元件是植入在天线内部(图 29.44)而不是连接到该天线终端上(Mizaei et al.,2013)。非福斯特电抗元件不遵循无源电抗元件所遵守的福斯特电抗原理(Foster,1924)。非福斯特电抗元件可以用有源网络,如负阻抗变换器(NIC)或负阻抗换流器(NII)来实现(Sussman-Fort,1998;Kolev et al.,2001)。这里用到的天线就是高 Q 值窄带的 ESA,使用它的目的是把 NIC 和小天线结构相结合,使其具有宽频带。用来嵌入非福斯特匹配电路的天线是一种频率可重构天线,上面加载了可调的电抗元件 C_t和 L_t。天线的调谐特性可用公式 $B_t=\omega C_t$ 或 $X_t=\omega L_t$,(ω 为谐振频率)给定的曲线表示。图 29.45(a)给出的是在较大带宽内用 HFSS 仿真的调谐特性,以获取负载电容 C_t 的离散值,图 29.45(b)给出的是调谐电纳 $B_t=\omega C_t$ 的结果,该图表明非福斯特特性产生了负斜率。依据非福斯特电抗原理,C_t被$-C_a$和$-L_a$的并联组合所替代,而 L_t被这些元件的串联组合替代,目的是用可以满足谐振条件的网络替代调谐元件 C_t或 L_t。因为存在不止一个适合性能调谐的网络,所以这些网络都可以用来实现非福斯特匹配或者把网络植入天线。该天线的三种电抗函数刚好适合图 29.45(b)描述的天线调谐性能。选择最佳的函数中还需要对复杂度、网络元件的成本和敏感性等因素进行分析。通过福斯特和非福斯特元件的组合,适合调谐性能的函数可以表示合成电抗(电纳函数 $B_t(\omega)$ 或电感函数 $X_t(\omega)$)。调谐元件 C_t或 L_t包含在满足宽带谐振条件的网络中。网络综合了终端的非福斯特电抗,就具备了图 29.45(b)所示的性能,它可以通过给现有的这套电抗元件(电容器或电感器)增加$-C$ 或$-L$ 元件来实现。该天线具有单层介质板结构,但是其电路利用了电路板的正反两面,使设计适应可用的空间。电路板的底层主要用来走 NIC 电路的直流偏置线,还用来布置微调电容器来调谐 NIC 电路。此处的 NIC 电路采用了 Linvill 的 NIC 电路方案(Linvill,1953)。

天线加工完成后,四个微调状态的 S_{11} 测试结果如图 29.46 所示,该结果和

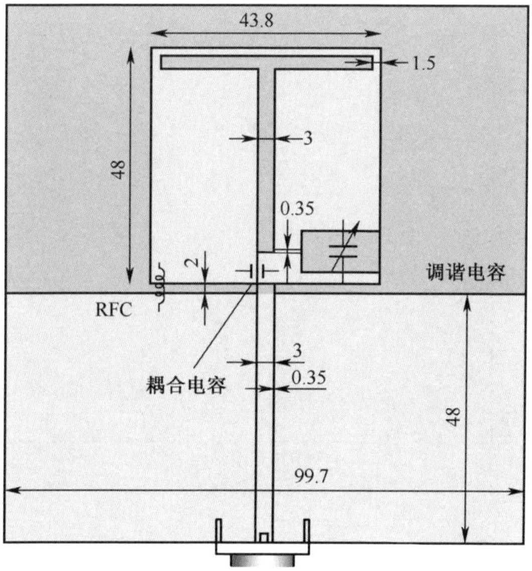

图 29.44　嵌入非福斯特匹配网络的天线实例及其尺寸(单位为 mm)

图 29.45(b)中的无源天线的调谐参数进行了对比,结果见表 29.3。表 29.3 中给出了四种微调状态下的 $S_{11}<-10\text{dB}$ 的相对带宽。根据表 29.3,使用非福斯特网络进行匹配的天线在带宽方面有显著的提高。带宽的增加主要是通过降低天线的电抗分量,而不是通过加载有耗元件降低天线 Q 值实现的。通过将奈奎斯特(Nyquist)测试用于 NIC 电路的环路增益,验证了内嵌匹配网络的稳定性。

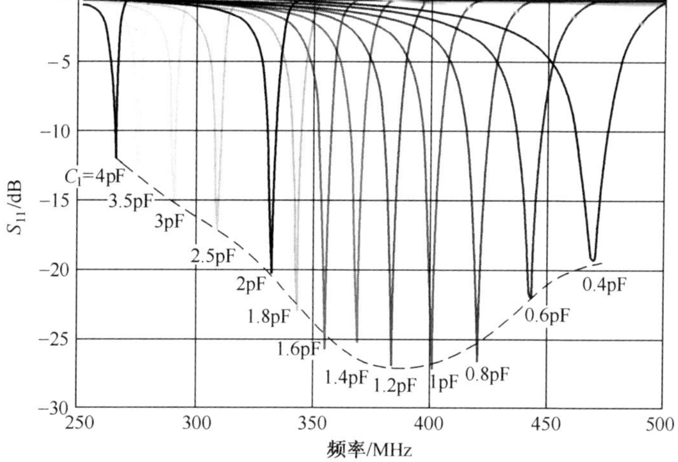

(a)

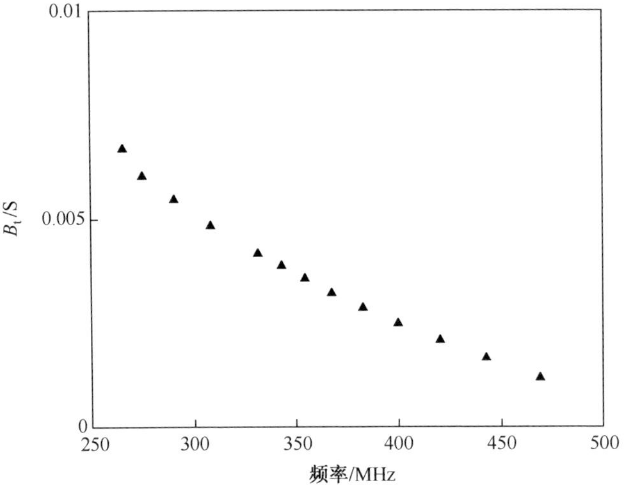

(b)

图 29.45　天线的仿真调谐性能

(a) S_{11}随电容器 C 的变化;(b)电纳 B_t随频率的变化。

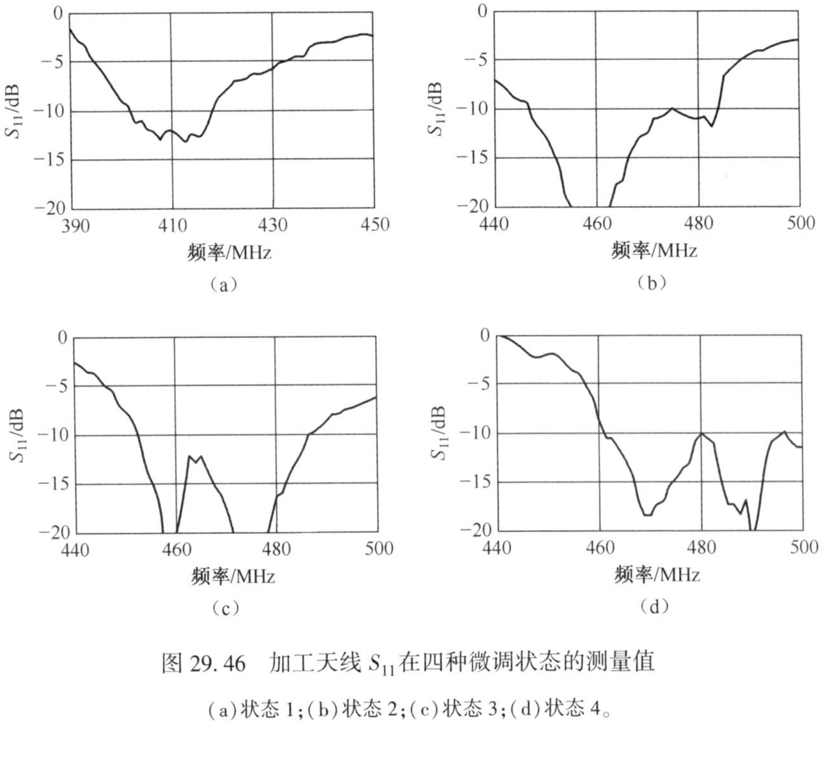

图 29.46　加工天线 S_{11}在四种微调状态的测量值

(a)状态 1;(b)状态 2;(c)状态 3;(d)状态 4。

表 29.3　嵌入非福斯特电路的天线的 S_{11} 值和相连的无源天线的 S_{11} 值在四种微调状态下的比较表

微调状态	S_{11} 相对带宽/%	
	无源天线	非福斯特天线
状态 1	2.0	4.0
状态 2	2.9	8.1
状态 3	2.9	7.4
状态 4	3.0	8.3

29.5.2 FSA

1. 超宽带天线

获得宽带天线最有效的方法就是采用自补结构（SCS）（Mushiake，1996a），这种结构的性能与频率无关（Rumsey，1957）。假设接地板无穷大，理论上可以实现无限大的带宽，然而实际上接地板不可能无穷大，故带宽也不可能无限大。尽管接地板面积有限，依然有可能获得相当大的带宽，此时带宽的大小取决于接地板的面积。该情况通常称为“准自补”（QSC）。图 29.47 为准自补天线构型的实例，采用了对数周期形状的天线单元，其空白图形和天线单元形成自补。

图 29.47　准自补天线构型的实例

下面介绍一种非平面准自补天线（Cortes－Medellin，2011）。图 29.48 是 QSC 天线的几何结构，图 29.48（a）是天线结构的俯视图，给出了天线结构的投影形状,图 29. 48(b)是侧视图。图中显示,该四臂天线是四重方位角对称结构。馈电口位于结构中心,两相对天线臂之间以差分方式馈电,从而产生双极化。每只天线臂包含一个对数周期(LP)自补单元(注意:对数周期结构并不总和自补结构一样,性能与频率无关(Mushiake,1996b))。这种准自补型天线具有差分电压驻波比(VSWR)的特点,在 270Ω 归一化下获得输入匹配优于 1.7 : 1 的带宽,对应的差分输入匹配 1~20.0 GHz 都优于 10dB,如图 29.49 所示。该低剖面天线形状像一个药盒,直径为 $1.2\lambda_{min}$,高为 $0.25\lambda_{min}$(λ_{min}为-10dB 匹配下最低频率对应的波长)。

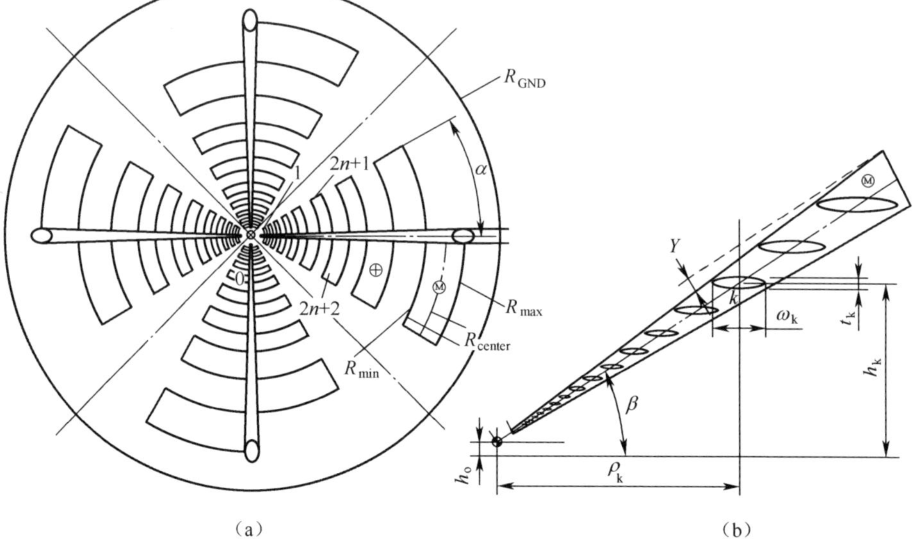

图 29.48 (a)准自补型天线几何结构和(b)四个天线臂之一的侧视图

2. 多频段天线

本节介绍 7 频段小型化移动手机天线(Ban et al.,2013),图 29.50 描述了其几何结构、具体构造和优化尺寸。图 29.50(a)表明天线安装在系统电路板底部的一角,图 29.50(b)是天线的金属模型的具体尺寸。该天线由带线构成,一根用于馈电,另两根(一根较长,另一根较短)用于辐射,还包括分别嵌入短辐射带线和长辐射带线的对称印制弯折感性带线,目的是产生约 810MHz 和 962MHz 的双谐振模式。用较长的辐射带线(在 810MHz 处长 0.25λ)实现了覆盖 GSM/850/900(824~960MHz)低频谐振,用较短的辐射带线(在 962MHz 处长 0.25λ)

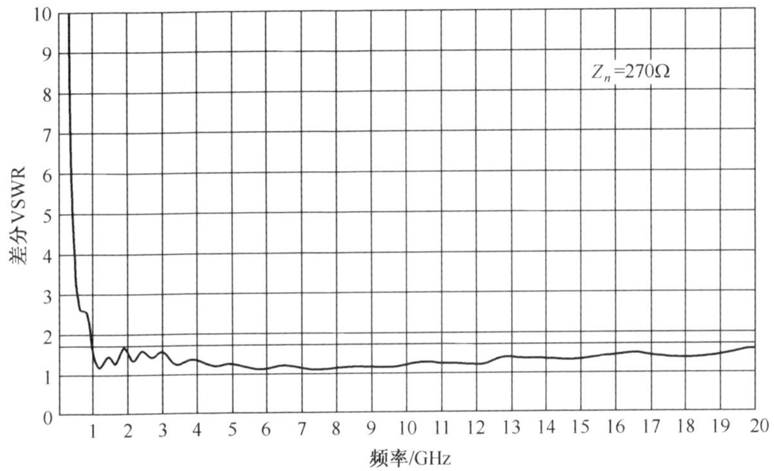

图 29.49　差分 VSWR 的计算值,显示超宽频(>10 : 1):直线表示-10dB

实现了覆盖 GSM 850/900/1800/ 1900、UMTS 2100 和 LTE 2300/2500 高频谐振。馈电带线长约 32mm,可以支持 1800MHz 频点 0.25λ 谐振模,从而覆盖 DCS 1800 的工作频段。长短两条辐射带线(总长 90mm)在 2450MHz 可以产生更高的谐振模。通过印制在系统电路板底部一角的天线单元,可以降低比吸收率(SAR)的值。电路板使用 FR4 基板,ε_r = 4.4, tanδ = 0.02,尺寸为 50mm×150mm, 厚度为 0.8mm。天线有两层印制系统接地板:主接地板尺寸为 50mm×100mm ,另一层凸起的接地板尺寸为 15mm×20mm, 不接地区域尺寸为 50mm×30mm,位于电路板最上方,即图 29.50 中天线所处的位置。系统电路板由塑料壳和厚 1mm 板包围(ε_r =4.4, tanδ =0.02,总高度为 10mm),与真实手机的情况一致。

天线的仿真 S_{11} 如图 29.51 所示,图中同时给出了案例 4 和案例 5 的天线。这里所谓"案例 4"和"案例 5"是指采用了不同馈电方式的天线,在案例 4 中通过耦合方式给较长和较短的带线馈电,而在案例 5 中采用直接馈电。图 29.51 显示了不同馈电方式产生的截然不同的效果。

将一个馈电带线和两个辐射带线及两个对称印制的分布电感结合,天线就具有低频段的两个宽工作频带,即 810MHz 和 962MHz,覆盖 GSM850/960 频段;

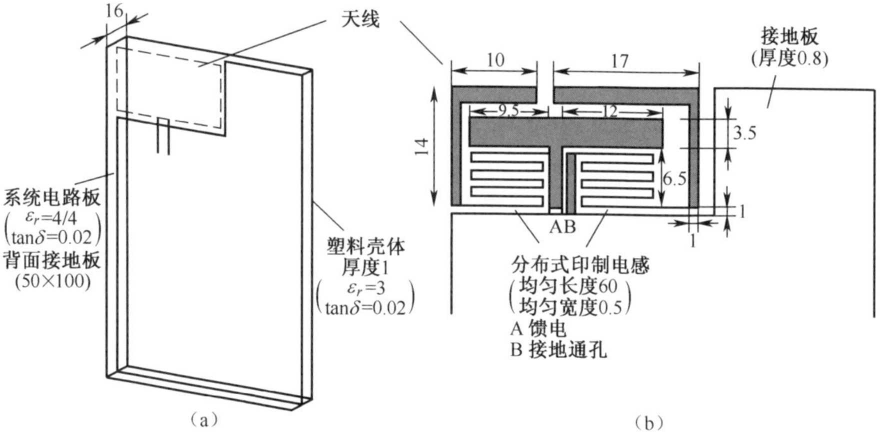

图 29.50　天线的结构:(a)移动电话上安装的 7 频段天线几何结构和(b)天线结构(单位为 mm)

也具有高频段四个宽频带,即 1620~2830MHz,覆盖 DCS 1800/PCS 1900/UMTS 2100/LTE 2300/2500 的工作频率。

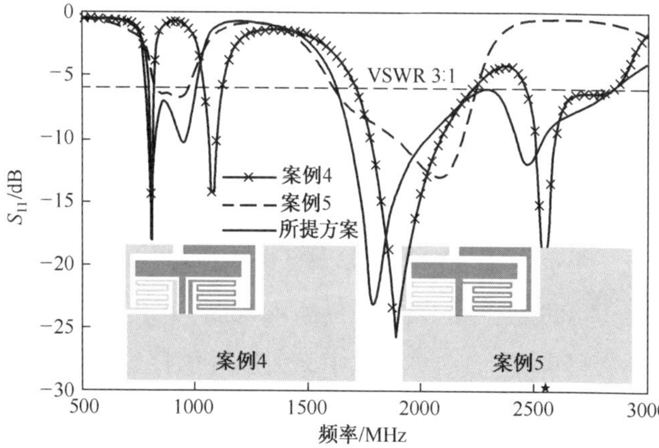

图 29.51　天线的仿真 S_{11}:案例 4 和案例 5

3. 功能天线

一种环状蝶形天线被设计用于射频识别(RFID)标签,它具有远距离和频率可重构特性(Lin et al.,2013)。该天线构型如图 29.52 所示,图中分别给出了俯视图、侧视图和剖面图及相关结构参数。该天线包括两个互不相连的金属加载带和两个蝶形贴片,后者通过四对过孔与一个导电底板进行电连接,构成一个环状蝶形射频识别标签天线结构。通过使用这种结构，标签天线可适合安装在金属物体上。把两个金属加载带放在天线边缘附近，成为金属标签天线的一部分，可以降低金属对标签的影响。在两贴片之间空隙间放置 RFID 标签，把标签和两贴片相连。每对过孔相当于一个单环路，可看作一个单电感 L。

设计射频标签时，可用四种调节自身谐振频率的方法获得理想的天线复阻抗，其中两种方法可调节电感，另两种可调节电容，措施是改变天线尺寸和过孔数量。多对过孔在并联电路中组成多个电感 $L_i(i = 1,2,\cdots,n)$，这些电感合并在一起可以得到等效电感 L_a，如图 29.53 所示，其中图 29.53(a)为通用电路模型，图 29.53(b)为等效电路。图中的 C_a 和 L_a 分别表示天线的等效电容和等效电感，它们决定了天线自身的谐振频率。增加过孔的对数可使电感下降，而使谐振频率升高。图 29.53 中的电容 C_g 和 C_b 分别表示因蝶形贴片单元间隙产生的电容和因长度为 B_1 的金属加载带产生的电容。因此，改变 C_g 和 C_b 的大小会导致输入阻抗改变，从而使谐振频率可控。

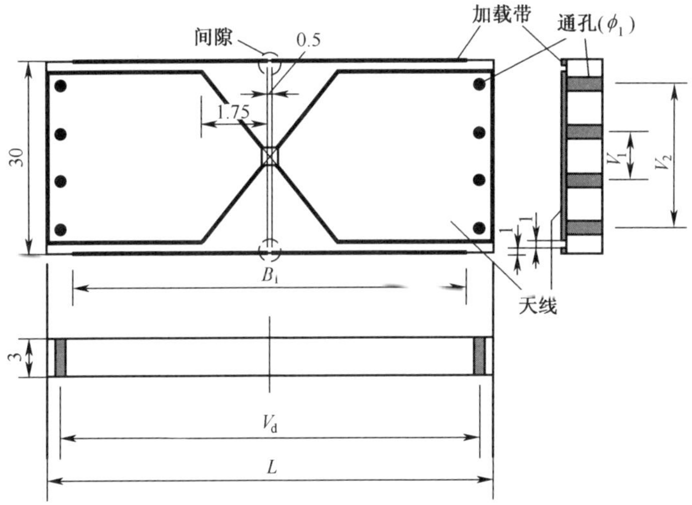

图 29.52　环状蝶形天线结构及尺寸(单位为 mm)

另外，环状蝶形天线本身也可视为电感，通过改变图 29.52 中两通孔间的尺寸 V_1、V_2 和 V_d 可对电感加以控制。V_d 缩短，则电感变小，而谐振频率提高。谐振频率的变化取决于 V_d，如图 29.54 所示。每个金属加载带都有一个截止点，通过激励三个频率模式中任意一个，可以用来重构标签的工作频率，使标签适用于

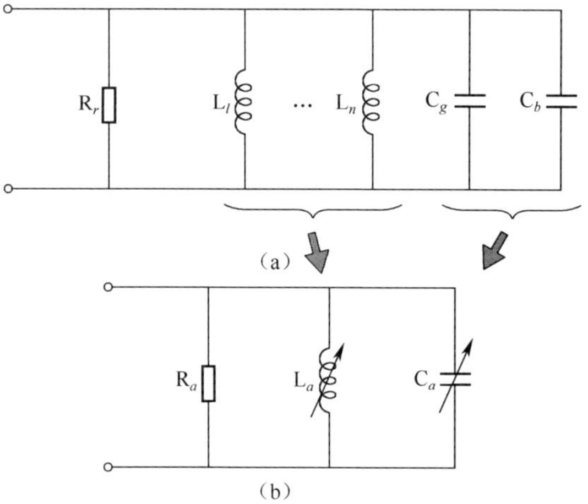

图 29.53 天线的电路模型
(a)通用电路;(b)等效电路。

全球范围的 UHF RFID 频段。试验测试表明:标签安装在金属物体上时,三种不同的工作模式对应的最大的读取范围分别是 3.0m、3.2m 和 3.3m,试验中 RFID 阅读器的等效全向辐射功率(EIRP)只有 0.4W。

实际天线外形尺寸为 68mm×30mm×3mm。

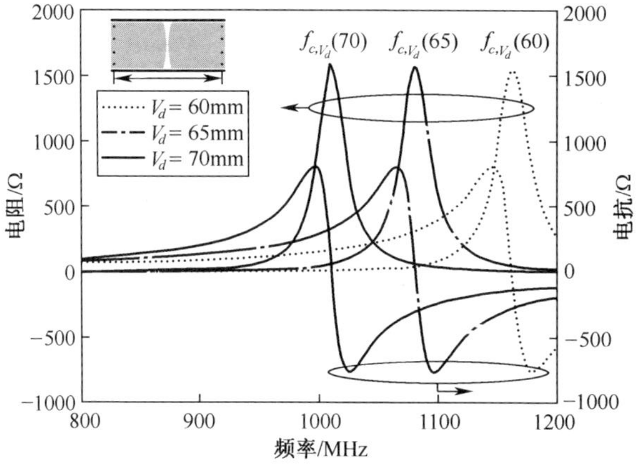

图 29.54 三个不同 V_d 值时天线的仿真输入阻抗

29.5.3　PCSA

1. PEC 接地面

Sung 提出了一种印刷宽槽天线，槽中心有一个寄生贴片（Sung,2012），设计目的是增大带宽，该天线几何结构如图 29.55 所示，图中中心部分的正方形是印制在基板上的贴片，而中心贴片外的正方形是刻蚀的槽。图 29.55 中给出了天线的尺寸参数，虚线代表的是基板另一面上的馈线。

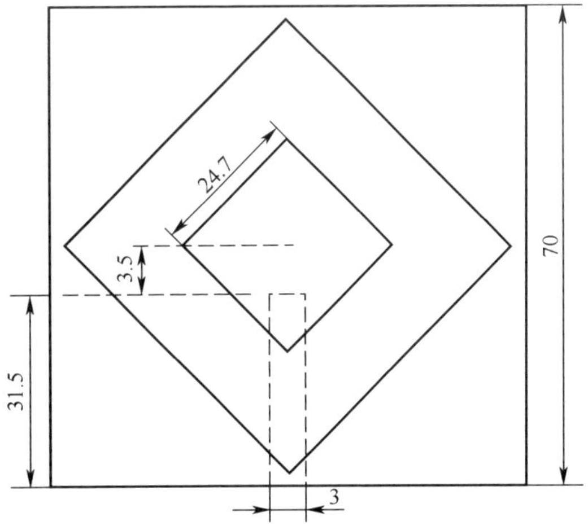

图 29.55　天线几何结构（单位为 mm）

在厚度为 1.6mm 的 FR4（$\varepsilon_r=4.4$）基板一侧印制天线。馈线宽度 3mm，其特征阻抗调整至 50Ω，通过调节槽中心到馈线边缘的距离来实现良好的匹配。

该天线的仿真和测试反射系数如图 29.56 所示，测试的带宽（10dB 反射系数）达到 3130MHz（2225~5355MHz），或者说达到中心频率 3790MHz 的 82%，该天线也适用于 2.4/5.2GHz 的 WLAN 应用。

2. FSS 层的使用

通过将两个互补频率选择表面（FSS）层（Munk,2000）结合，可以构成电磁带隙（EBG）结构，而 EBG 可用于构造宽带法布里-珀罗（Fabry-Perot,F-P）谐振腔天线（Wang et al.,2014）。EBG 结构如图 29.57 所示，转换为天线形式就是制作在厚度为 T、介电常数为 ε_r 的基板上，基板顶层是金属贴片，底层是方形孔

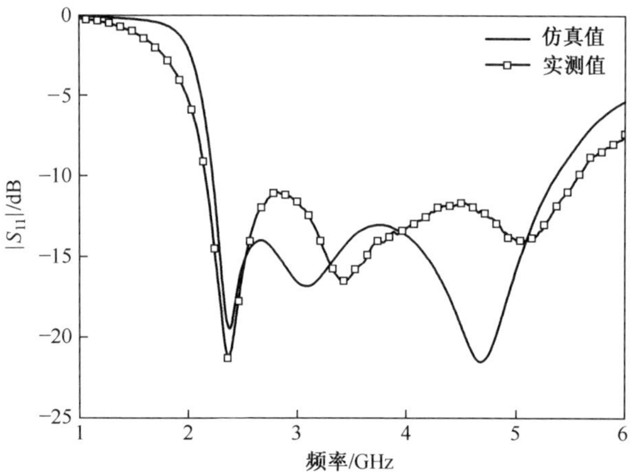

图 29.56　天线的仿真和测试反射系数

(金属网格)。孔的形状和正方形贴片互补。在图 29.57(a)中,针对垂直极化波的情况,天线顶层表面上两个正方形贴片间的每个水平缝隙都可等效为容值为 C_p 的电容,而贴片提供了感值 L_p 很小的电感,如图 29.57(e)所示等效电路的 B 部分。图 29.57 中底层的正方形口面组成了几个长杆,这些长杆等效为电感,水平杆部分则等效为和电感并联的电容,如图 29.57(e)所示等效电路 D 部分所示。介质基板可以看作一段长度为 L_{01}、特征阻抗为 Z_{01} 的传输线,如图 29.57(e)所示等效电路 C 部分所示。$L_{01}=T\sqrt{\varepsilon_r}$,$Z_{01}=Z_{air}\sqrt{\varepsilon_r}$,其中 Z_{air} 为空气的波阻抗,$Z_{air}\approx 377\Omega$。

图 29.58 是加工好的 F-P 谐振腔天线,其设计是把悬置 EBG 层和馈电天线组合而成的,馈电贴片天线位于腔的中心。该贴片天线通过金属接地层的开槽和馈线相耦合,并通过一个空气间隙和接地层隔开,目的是抑制表面波激励。EBG 结构尺寸为 72mm×72mm,由 77 个周期单元组成。周期单元、激励贴片和孔径的大小分别被设计为 8mm×8mm(在 10GHz 时小于 $\lambda/3$)、6.3mm×6.3mm 和 5.6mm×5.6mm。

3. 超材料的应用

本节介绍加载合成超材料的小型贴片天线(Dong et al.,2012),这种超材料由嵌入在电抗性阻抗表面(RIS)上的互补开口环谐振器(CSRR)构成,主要用来缩小天线尺寸。CSRR 由并联 LC 谐振器和贴片天线构成,产生低谐振频率,从

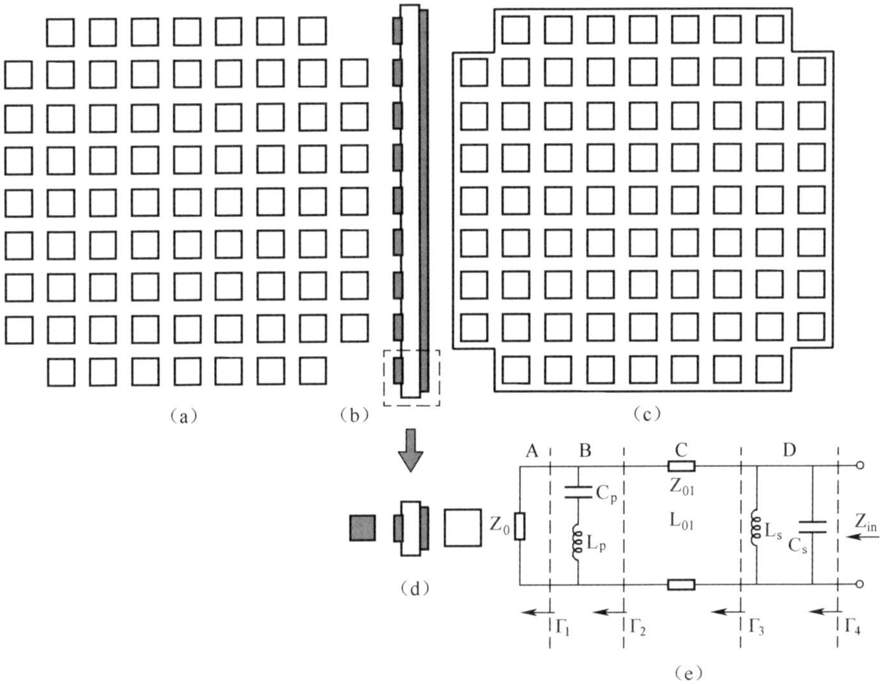

图 29.57　EBG 结构

(a)俯视图;(b)侧视图;(c)底视图;(d)周期单元;(e)等效电路。

而达到缩小天线尺寸的目的。RIS 可使用印制在带金属地层介质上的二维金属贴片实现。CSRR 结构及其等效电路如图 29.59 所示。因为 CSRR 可以用一个并联 LC 谐振器电路等效,并用正交电场激励,所以可以视为沿环的轴放置的电偶极子。RIS 用于进一步降低谐振频率,改进天线的辐射性能,因为它充当了电感,可以储存磁能并且提高贴片型谐振的电感值。贴片本质上是并联 RLC 谐振器,因此其谐振频率得以降低,天线尺寸也得以减小。

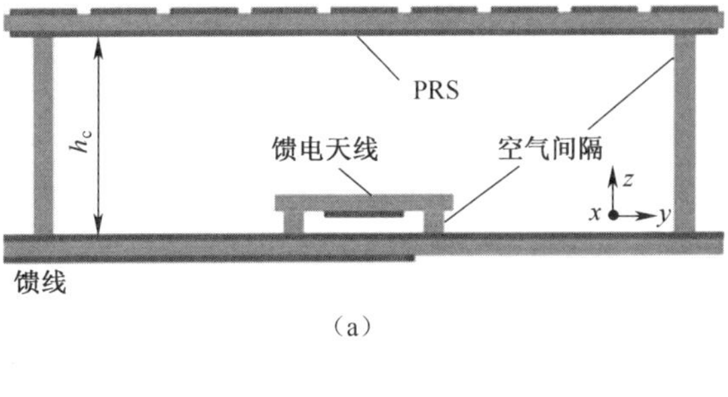

(a)

(b)

图 29.58　F-P 谐振腔天线的侧视图和天线原型照片

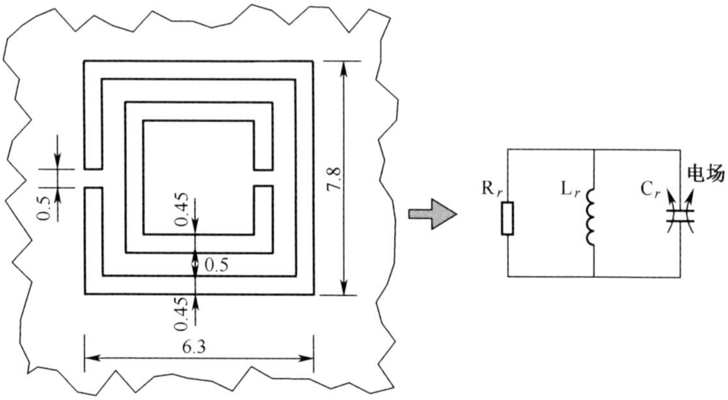

图 29.59　CSRR 结构和等效电路

天线的结构如图 29.60 所示。天线由两个 CSRR 单元构成,两单元环的开口方向呈前后相对的状态。天线通过微带贴片中心的一个同轴探针馈电。由 25 个金属正方形贴片组成的周期性阵列,这构成了 RIS,贴片印制在一面有金属地的介质基板上。如图 29.60(c)所示,天线是三层结构,中间以介质隔开,介质在 2.4GHz 时的参数为 $\varepsilon_r = 4.4$, $\tan\delta = 0.009$。通过用 TEM 平面波照射一个周期单元,可以在单元周围建立理想电导体(PEC)和理想磁导体(PMC)边界,并用并联 LC 电路等效,如图 29.61 所示。正方形贴片的边缘耦合形成了并联电容 C,而短路的介质加载传输线则可以用并联电感 L 等效。接地板尺寸为 34mm×34mm,贴片尺寸为 12.4mm×19.2mm。

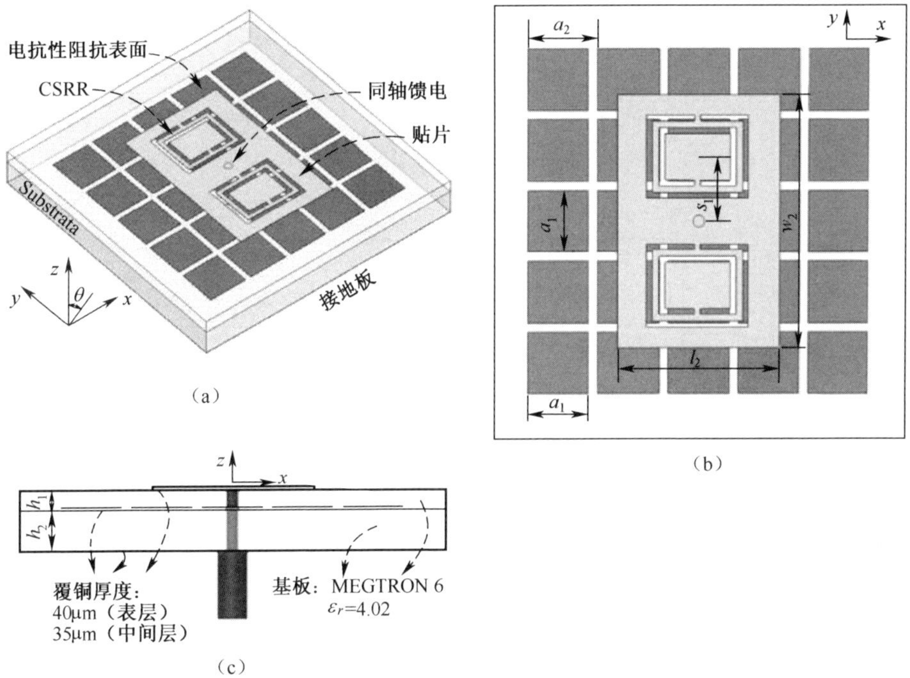

图 29.60　HIS 上加载 CSRR 贴片天线结构

(a)透视图;(b)俯视图;(c)侧视图。

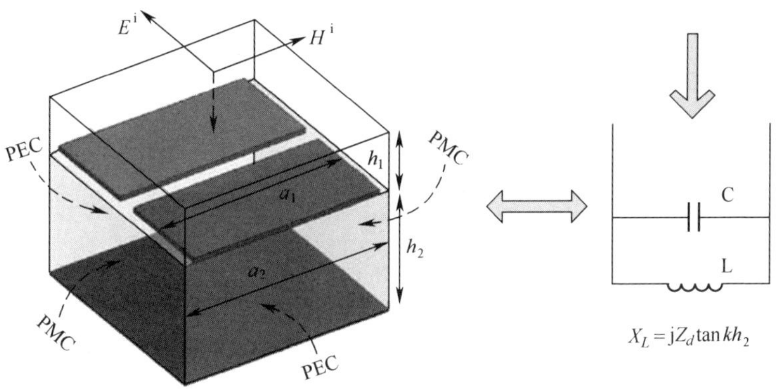

图 29.61　RIS 上的辐射贴片的周期单元及等效电路

对工作频率为2.4GHz天线进行了参数设计和优化,例如:图29.62(a)反映了反射系数对 h_2 的依赖关系,此时保持 $h_1+h_2=3\text{mm}$;图29.62(b)反映了反射系数对 a_1 的依赖关系,此时保持 $a_2=5.68\text{mm}$。

利用分析结果研制的天线可以实现特定功能,如圆极化辐射、在同极化和不同极化时支持双频或三频工作。通过改变CSRR的构型可以对辐射特性进行控制。该天线尺寸小巧,结构简单,却适用于多种用途。

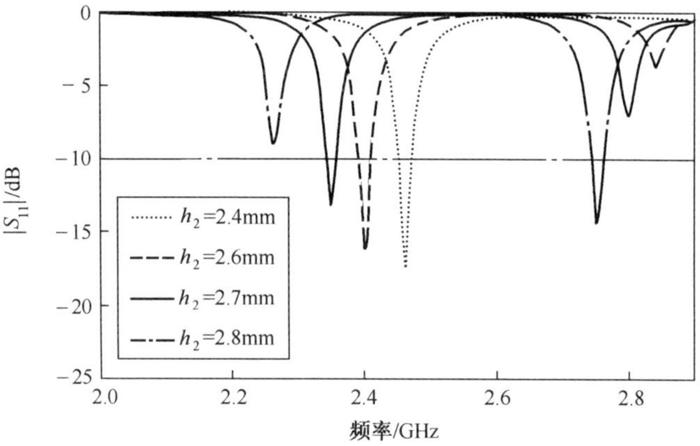

(a)

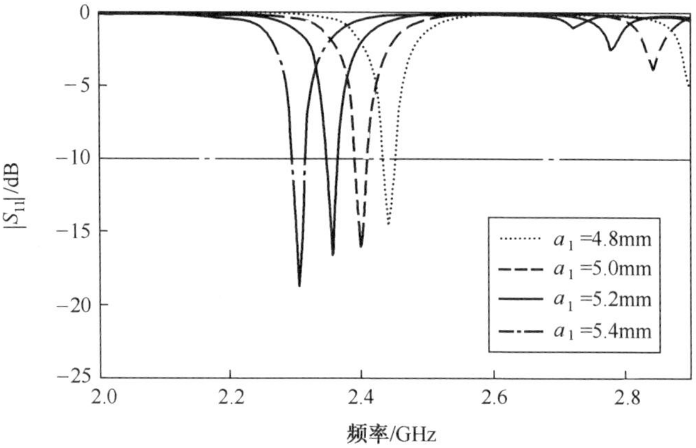

(b)

图29.62 反射系数 S_{11}

(a) $h_1+h_2=3.0\text{mm}$, h_2 变化;(b) $a_2=5.68\text{mm}$, a_1 变化。

29.5.4 PSA

1. 小形体天线

1）封闭环结构的单极子天线

小形体天线(PSA)主要用于平板和笔记本电脑(Chang et al.,2012),属于封闭环结构的单极子天线,其线几何结构及尺寸如图 29.63 所示。该天线由单个环天线演化而来,形成包含了由单个环展成的两个闭合环单元和折叠带线的宽带天线,其上安装了一个电感。天线的外包络尺寸为 69mm×10mm,介质基板厚度为 1.6mm($\varepsilon_r=4.4$,$\tan\delta=0.02$)。天线蚀刻于一个厚 1.6mm 的玻璃纤维加固环氧树脂基板上,整个天线外包络对于最低频段 700MHz 来说是 0.16λ。

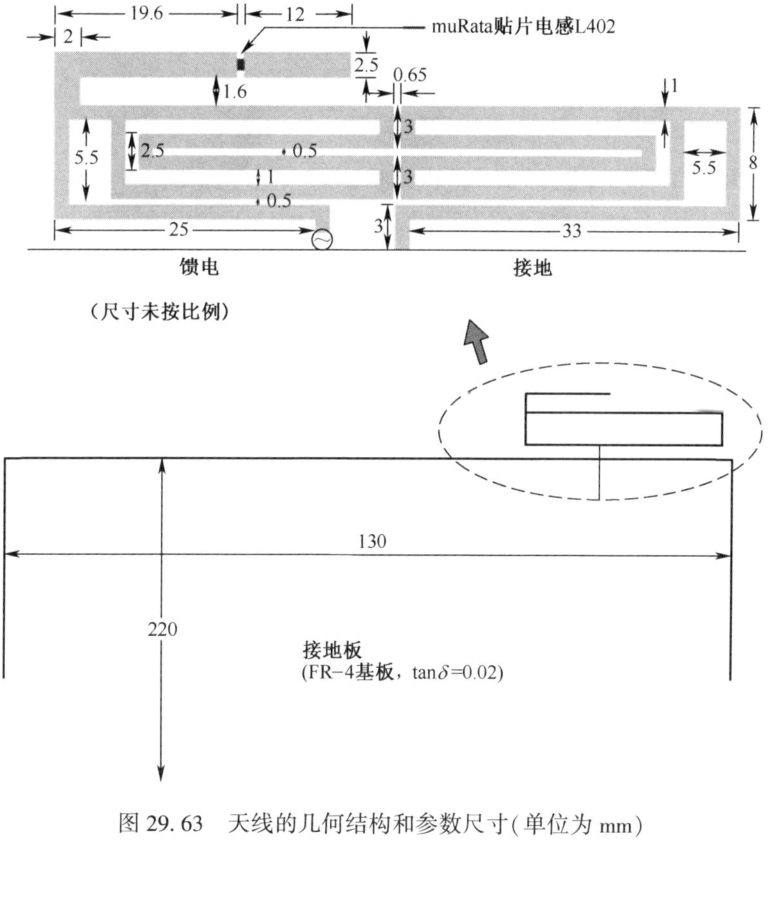

图 29.63　天线的几何结构和参数尺寸(单位为 mm)

制作好的天线用于尺寸为220mm×130mm的平板电脑,如图29.63所示,安装在尺寸为220mm×130mm接地板的右上角,与10英寸(1英寸=2.54cm)的LCD显示屏配套。图29.64是天线样机的仿真和测试反射系数,该天线安装在一个尺寸为130mm×220mm的测试板上。由于同时具备高频和低频上的多种工作能力,该天线也可作为LTE的便携终端,同时适用于高频和低频的GSM和UMTS系统。

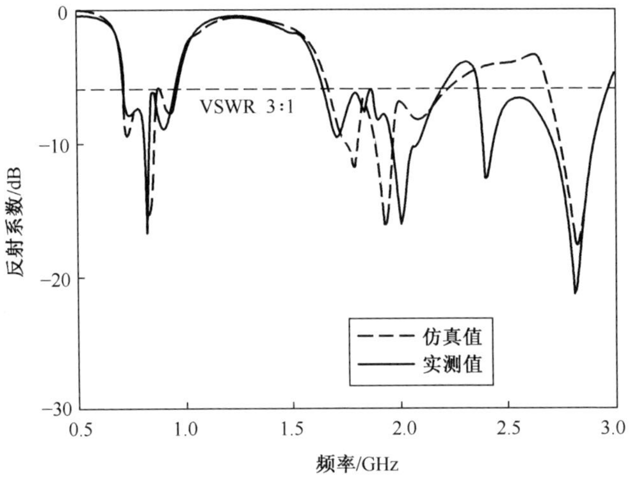

图29.64 天线的仿真和测试反射系数

2) V形偶极子结构

这里讨论的是一个用于传感设备的UHF RFID标签(Babar et al.,2012)。天线属于V形偶极子天线(图29.65),嵌在多层基片上,一层是厚0.16mm的FR4,一层是厚0.1mm的真空塑料袋,还有一层厚1mm的固体石蜡(图29.66)。石蜡作为基片的主要热敏层,利用固体石蜡层性质和特征变化,可以探测基片材料的任何结构和物理的变化。图29.65中的天线几何结构的数值参数见表29.4。IC芯片位于终端a处,而天线的馈电线d和V形偶极子天线的两臂相连。使用这种V形结构可以得到更长的电流通路,借助短路传输线g产生的附加电感和T形匹配电路来缩小天线尺寸,并使匹配状态下的谐振频率降至870MHz。整个天线的尺寸为44mm×30mm。

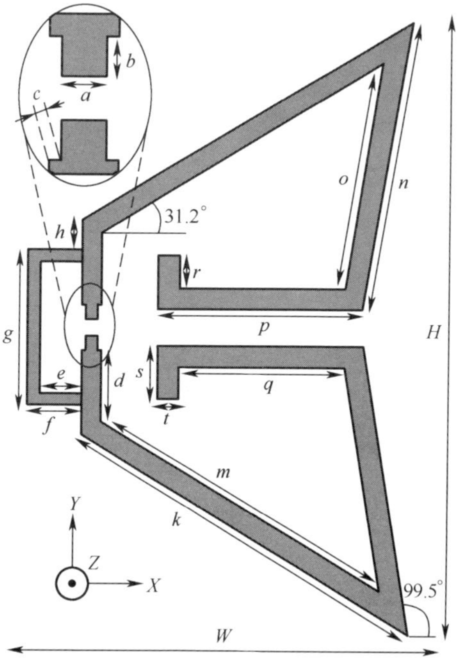

图 29.65　天线的几何结构和几何尺寸

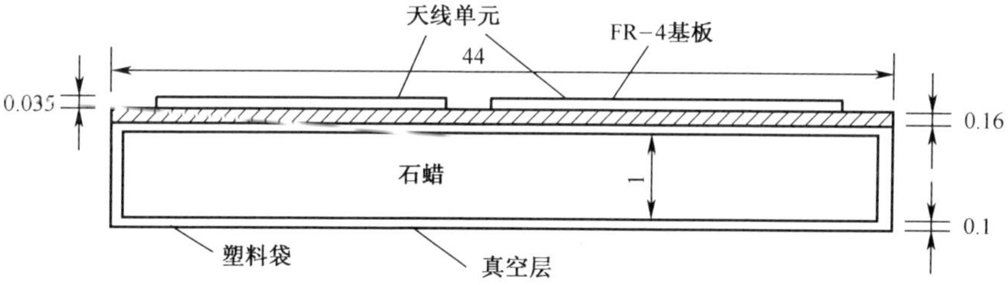

图 29.66　图 29.65 中天线的多层基片侧视图(单位为 mm)

表 29.4　天线的几何参数

线	长度/mm	宽度/mm	线	长度/mm	宽度/mm
a	1		e	2.75	1
b	1		f	3.75	1
c	0.25		g	11	1
d	5	1.5	h	1.92	1.5

(续)

线	长度/mm	宽度/mm	线	长度/mm	宽度/mm
k	27	1.5	q	11.6	1.5
m	23	1.5	r	2.25	1.5
u	3	1.5	s	3.75	1.5
n	20.5	1.5	t	1.5	
o	16	1.5	H	44	
p	14.4	1.5	W	30	

上述天线用于热敏标签,通过传感器标签的失谐来探测各种货物和产品在高热环境下的暴露程度。图 29.67 给出了最大的读取范围,加热后大约发生了 30MHz 的频移。固体石蜡作为基片的热敏层,在高温环境下特性发生变化。石蜡特性的变化影响了标签的整个多层基片的介电性质,继而影响了整个基片,于是天线的阻抗和工作频率都发生了变化。

热敏标签有多种应用,包括供应链运行及各种热敏药物和食品的运输。

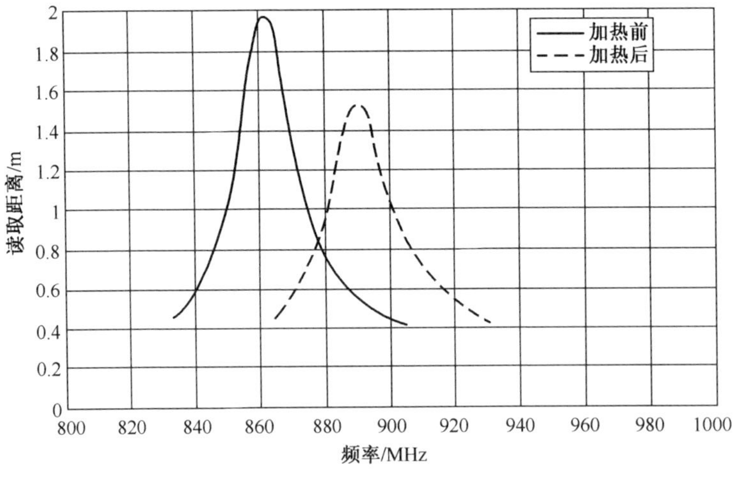

图 29.67 使用测量结果计算出的最大读取范围;给+z 轴上空纸箱加热引起的变化

3) 改良的平面倒 F 天线(PIFA)

一种工作在 ISM 波段(2.45GHz)的小型 PIFA 天线设计用于人体通信,该天线(Lin et al.,2012)由矩形平面水平单元(贴片)和折叠的接地层构成,其几何结构和尺寸参数如图 29. 68 所示。水平贴片(20. 5mm×26mm)通过一个小的短路板接地,短路柱位于馈电柱附近。天线尺寸为 26mm×26mm×4mm。接地层长度 $L_1+L_2+L_3=32$mm,高度 $h=3.5$mm。天线采用这种结构后谐振频率可以达到 2. 45GHz。图 29. 69(a)是三种手臂体模,分别是长方体、圆柱体和三层结构长方体,仿真反射系数如图 29. 69(b)所示。体模由去离子水、琼脂盐、聚乙烯粉末和 TX-151 构成。该天线位于一个模拟肌肉的模型的 2/3 处(尺寸为 50mm×50mm×400mm;相对介电常数 $\varepsilon_r = 35.2$,电导率 $\sigma = 1.16$S/m)。天线置于手臂体模上距离末端 70mm 远处,天线和体模的间距为 2mm。三层体模的结构包括皮肤($\varepsilon_r = 42.85, \sigma = 1.59$S/m)、脂肪($\varepsilon_r = 5.28, \sigma = 0.1$S/m)和肌肉($\varepsilon_r = 53.59, \sigma = 1.81$S/m)。当天线安装在人类手臂上时,其谐振频率几乎不受影响。

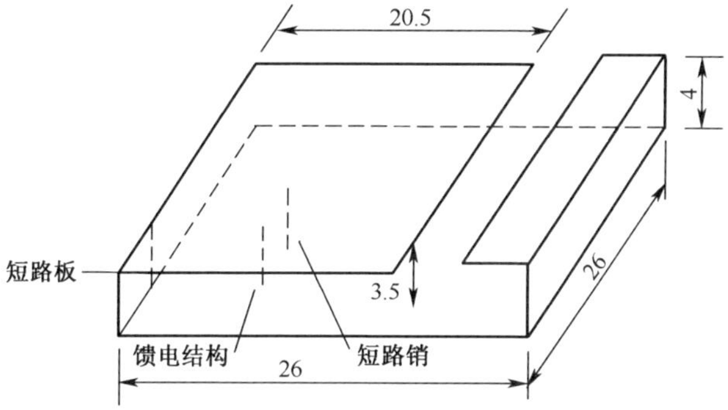

图 29. 68　天线结构和尺寸(单位为 mm)

2. 微波和更高频范围的天线

1) 5~25GHz 宽带天线

图 29. 70 是半球结构/圆锥结构的混合单极子介质谐振器天线(Guha et al. ,2012),其中图 29. 70(a)是介质谐振器天线的顶视图,图 29. 70(b)是加载半球介质环谐振器(HDRR)的单极子天线的侧视图,图 29. 70(c)是加载圆锥介质环谐振器(CoDRR)的单极子天线的侧视图。图中还给出了天线的尺寸参数。

该天线设计为超宽带。设计过程首先使用最低频率 f_L 和最高频率 f_H 确定工作频率,并设置 $f_H=4f_L$。在 1 号设计中 $f_L=4$GHz,2 号设计中 $f_L=5.6$GHz。表

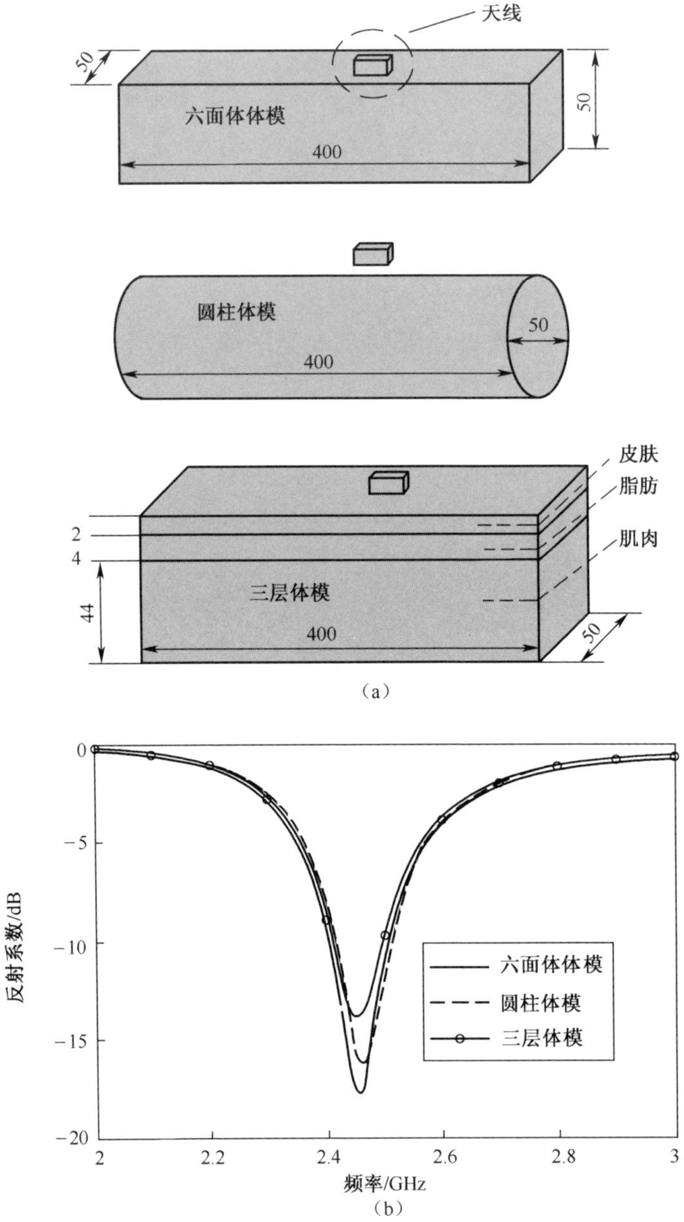

图 29.69　三种体模(单位为 mm)和仿真反射系数

29.5 列出了设计天线的参数,设计中 $\varepsilon=10$,$h=a$,$d=0.6\lambda_1$,d 为接地层的直径,h 为 HDRR 和 CoDRR 的高度。图 29.71(a)、(b)分别是 HDRR 和 CoDRR 的仿真 S_{11},两个设计方案分别标记为 1 号和 2 号。

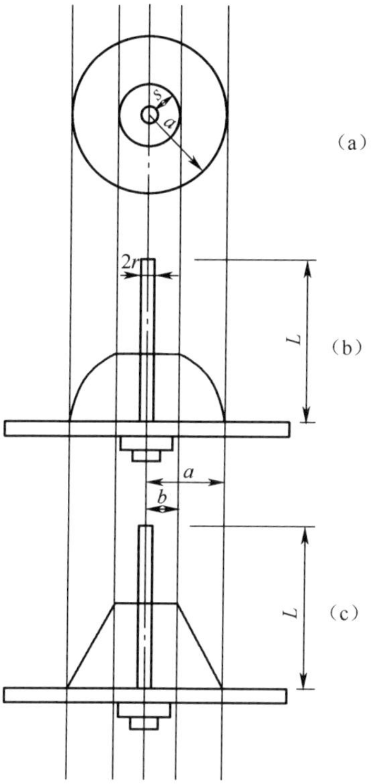

图 29.70 天线示意图

(a)俯视图;(b)剖面视图;(c)加载 HDRR 和加载 CoDRR 的单极子天线。

表 29.5 HDRR/CoDRR 的参数

设计频率 $f_L \sim f_H$/GHz	λ_1/cm	天线参数/mm				
		l	s	r	b	a
1 号:4~16	6.00	15.0	1.35	0.65	2.0	6.8
2 号:5.6~22.4	4.29	10.7	1.3	0.65	1.95	4.8

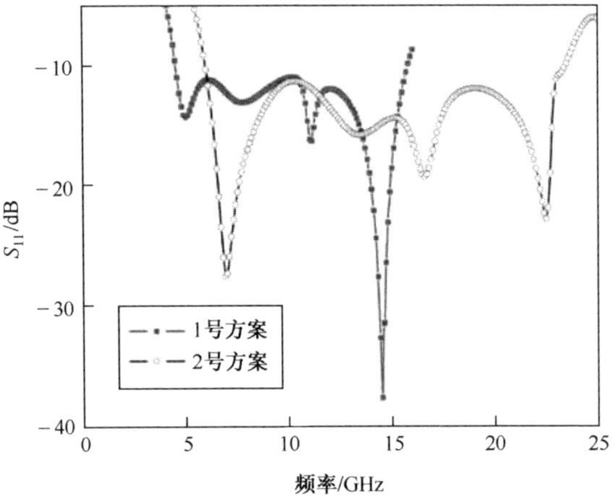

(a)

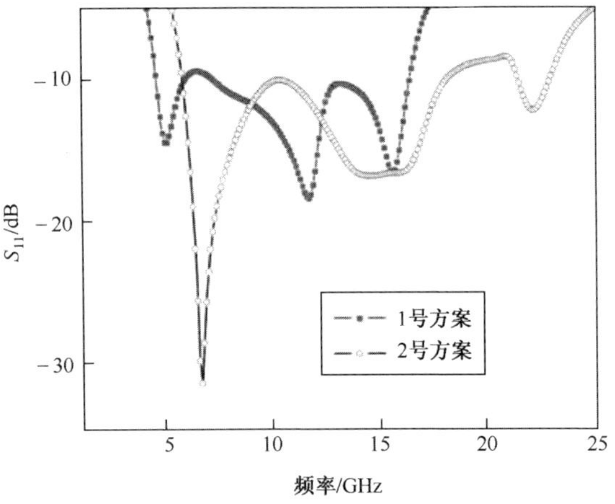

(b)

图 29.71　加载 HDRR 和 CoDRR 的混合单极子天线的仿真 S_{11}

这里描述的流程对设计实际天线很有用。本节介绍的这个小型单极子天线的工作带宽几乎达到 126%或者 1~4 个倍频程,平均峰值增益达到 4dBi,这种天线适用于从宽频电磁传感器到 UWB 通信的诸多领域。

2）60GHz 天线

图 29.72(a)是一个 λ/4 平面(电)偶极子天线和一个 λ/4 贴片(磁)天线(Ng et al.,2012)的组合天线,图 29.72(b)和(c)分别是 3D 视图和侧视图。实际应用中,平面偶极子单元印制在一个 ROGERS 层压板上(RT/duroid 5880,

ε_r =2.2，厚度 h= 0.787mm）。$\lambda/4$ 贴片天线由三个金属通孔组成，采用金属化过孔技术加工，它们位于各个平面偶极子单元每一半的内沿上，并短接至接地层，所以等效形成了一个垂直方向的天线。图 29.73 是天线原型样机的仿真反射系数，由图可见天线-10dB S_{11} 带宽可达 43%，即 48～75GHz。在 50～70GHz 范围内天线增益约为 7.5dB，该天线原型样机的尺寸见表 29.6。

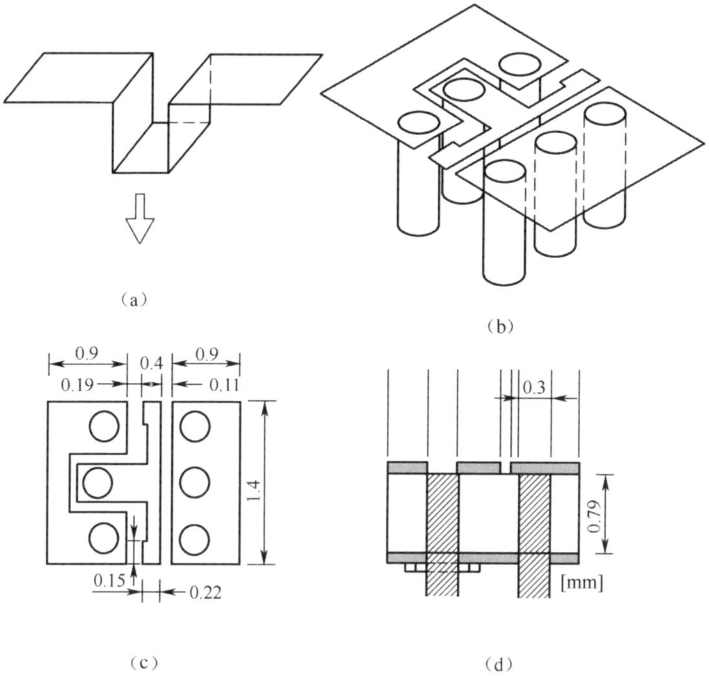

图 29.72 60GHz 磁-电（ME）天线结构

（a）ME 偶极子原理；（b）3D 视图；（c）侧视图；（d）剖面图。

3）太赫兹及更高频段天线

一种由成束碳纳米管（BCNT）组成的天线（Choi and Sarabandi et al.，2011）已见诸报道，BCNT 用作导电材料来制作天线，并在太赫兹及更高频段评估了该天线性能。碳纳米管的性能经常和镀金薄膜进行比较，后者也常用于制造这种天线。从单层壁碳纳米管（SWNT）离散电路模型提取的各向同性阻性薄片模型，可以用于为 BCNT 的宏观行为建模。通过运用矩量法（MoM）和混合位积分方程(MPIE)方法进行数值仿真,可以量化BCNT和镀金薄膜构成的谐振带状天线的辐射效率。

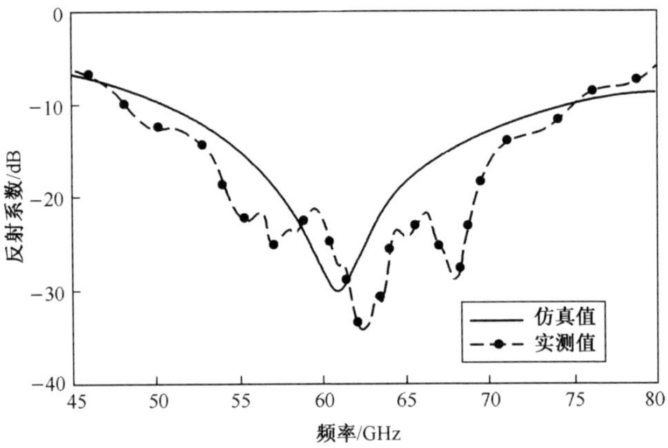

图29.73 金属化过孔印刷磁电偶极子天线的反射系数测量值

表29.6 磁电偶极子天线尺寸

参数	W	L_1	L_2	L_F	G_1	G_2	H	E_1	E_2	D
单位/mm	1.4	0.9	0.4	0.3	0.19	0.11	0.79	0.22	0.15	0.3
λ_g(导波波长)	0.42	0.26	0.12	0.09	0.06	0.03	0.23	0.07	0.04	0.09

SWNT具有圆柱几何结构,半径很小,达到纳米级别,因此具有极高的长径比和极高的单位长度电阻。这些性质限制了它不能直接用于微波应用。为突破这些限制,开发了BCNT来减小SWNT的高固有电阻。这里对BCNT性能进行分析,了解它作为太赫兹及更高频率的天线制造材料的性能。图29.74为用SWNT研制的带状偶极子天线的几何结构,图中给出了由管束结构并联SWNT的电路元件表示的宏观等效电路模型。这些管束形成了极薄的导电层(约10nm),可以支持沿天线轴线方向的电流。管束中每一个纳米管都可以表示为SWNT的等效电路模型,假定这些纳米管并联,而电子只沿SWNT的轴向移动,那么只有平行于这些管束的电场分量才可以激励起表面电流。

在太赫兹或光学频率范围,Drude模型可以提供良导体(铜或金)的电导率与频率的函数关系。根据该模型,金在太赫兹频率表现出负的实介电常数,

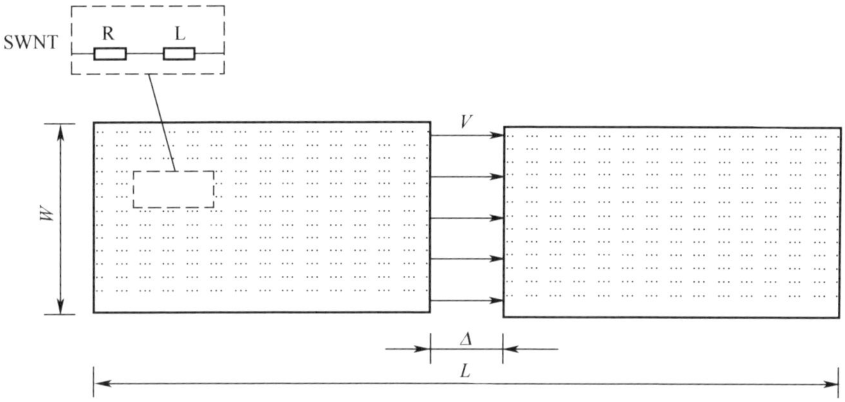

图 29.74　间隙电压 V 激励的中心馈电带状天线几何结构(附 SWNT 单元等效电路)

这对应着感性电抗,这与对低频段良导体设定的在自由空间的恒介电常数不同。

为了评估由 BCNT 或薄镀金薄膜构成的天线的性能,调整带状偶极子天线的长度 L 以获取 1~50GHz 范围内的基频谐振频率。天线(图 29.74)由中心位置的间隙电压激励。天线的宽度 W 设为 $L/6$。研究了 50Ω 特征阻抗下天线的输入阻抗和反射系数,目的是评估工作在同样频率下的 BCNT 和镀金天线的性能。选取了密度值为 10CNT/μm 和 50CNT/μm 的两根带状 BCNT 天线,天线长度确定为 150μm,符合工作频率为 1THz 的理想偶极子天线的长度要求。虽然用目前的纳米制备设备可以实现上述的密度值,但是天线阻抗仍然相当高,在千欧范围,并且感性电抗过大,因此很难真正实现 50Ω 负载的匹配。如果改变 BCNT 密度至 10^3CNT/μm 以上来改变输入阻抗,则不需要任何外部的匹配元件就可以实现天线的匹配。特别需要指出的是:BCNT 天线可以实现天线的小型化,其效应可定义为 $2L/\lambda$,即归一化天线长度。如果 BCNT 的密度从 10^3CNT/μm 增至 5×10^4CNT/μm,则 $2L/\lambda$ 接近单位值 1,因为 BCNT 的密度和管束的电感成反比关系,密度越低,谐振频率越低,则谐振波长越大。图 29.75 比较了使用 BCNT 和镀金薄膜的天线的效率,其中图 29.75(a)给出了 BCNT 密度 10^2~5×10^4CNT/μm 的天线效率,图 29.75(b)给出了 BCNT 密度 10^4~5×10^4CNT/μm 的局部放大图。

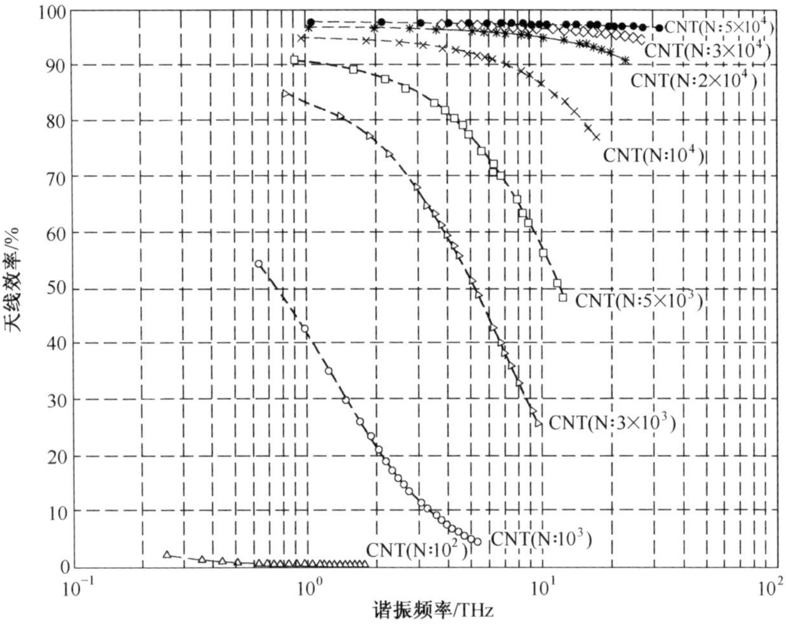

(a)

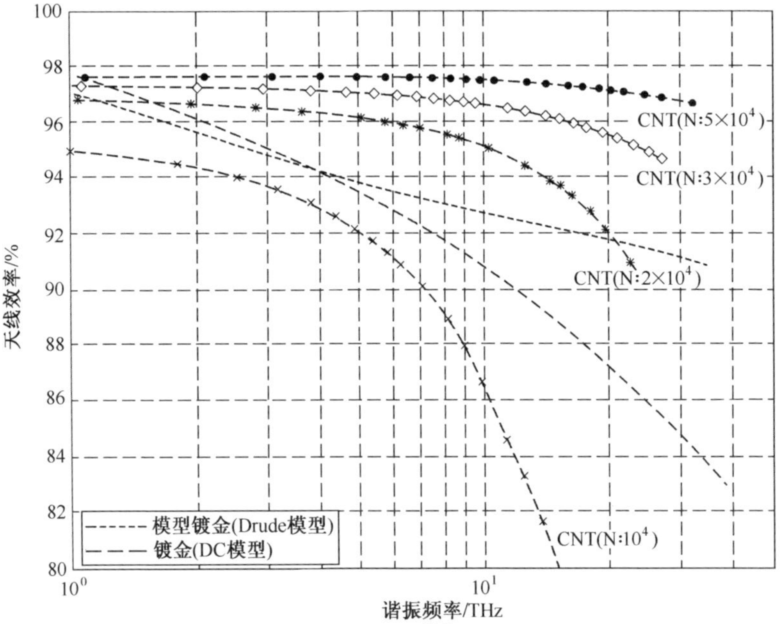

(b)

图 29.75 BCNT 和镀金薄膜带状天线效率

(a) $10^3 \sim 5\times10^4$ CNT/μm 范围内的 BCNT 密度;(b) BCNT 和镀金薄膜天线效率比较。

29.6 未来发展方向和待解决问题

小天线的应用范围从各种无线系统向更广阔的领域扩展,不仅应用于通信,还有高速率数据和图像传输、无线电控制,以及包括RFID、无线能量传输、体域中心通信、可穿戴系统等在内的近场系统。

在每个时代,新的系统总是伴随科技进步和社会需求提高而出现。无线系统和小天线技术也不例外,甚至整个天线技术都在进步。因此,小天线的发展也带动了无线系统的进步。小天线对无线系统影响巨大,甚至可以说,没有小天线, 一些系统就将基本失去用处。

这一趋势将进一步使小天线的应用范围扩大到一些更复杂的系统和更小型的无线终端等。天线工程师也将面临更多挑战,要克服更多小天线开发和设计方面的困难,不断超越极限,满足新的应用领域的要求。伴随着更高精尖理论的突破,集成技术、包括超材料在内的电磁材料的应用和尖端设计技术将进一步促进小天线的发展和进步,给无线世界带来更深远的影响,做出不断的贡献。

参考文献

Babar AA et al (2012) Passive UHF RFID tag for heat sensing applications. IEEE Trans Antennas Propag 60:4056-4064

Baena JD et al (2005) Equivalent-circuit models for split-ring resonator and complementary splitring resonators coupled to planar transmission lines. IEEE Trans Microwave Theory Tech 53:1451-1461

Baliarda CP, Romeu J, Cardama A (2000) The Koch monopole: a small fractal antenna. IEEE Trans Antennas Propag 48:1773-1781

Ban Y-L et al (2013) Small size coupled-fed antenna with two printed distributed inductors for seven-band WWAN/LTE mobile handset. IEEE Trans Antennas Propag 61:5780-5784

Barlevy AS, Rahmat-Samii Y (2001) Characterization of electromagnetic bandgaps composed of multiple periodic tripoles with interconnecting vias: concept, analysis, and design. IEEE Trans Antennas Propag 49:343-353

Best SR (2003) A comparison of the resonant properties of small space-filling fractal antenna. IEEE Antennas Wireless Propag Lett 2:197-200

Best SR (2008) Small and fractal antennas. In:Balanis CA (ed) Modern antenna handbook. Wiley, New York, p 476

Bilotti F, Ali A, Vegni L (2008) Design of miniaturized metamaterial patch antenna with μ-negative loading. IEEE Trans Antennas Propag 56:1640-1647

Caloz C, Itoh T (2003) Novel microwave devices and structures based on the transmission line approach of meta-materials. IEEE MTT Int Symp Digest 1:195-198

Caloz C, Itoh T (2005) Electromagnetic metamaterials: transmission line theory and microwave applications. Wiley/IEEE Press, Hoboken

Chang S-H, Liao W-J (2012) A broadband LTE/ WWAN antenna design for tablet PC. IEEE Trans Antennas Propag 60:4354-4359

Chen X, Naeini, Liu Y (2003) A down-sized printed Hilbert antenna for UHF band. IEEE antennas and propagation society international symposium, pp 581-584

Choi S, Sarabandi K (2011) Performance assessment of bundled carbon nanotube for antenna application at terahertz frequencies and higher. IEEE Trans Antennas Propag 59:802-807

Chu LJ (1947) Physical limitations of omni-directional antennas. Research Laboratory of MIT, MIT tech report no 64

Cortes-Medellin G (2011) Non-Planar quasi-self complementary ultra-wideband feed antenna. IEEE Trans Antennas Propag 59:1935-1944

Dong Y, Toyao H, Itoh T (2012) Design and characterization of miniaturized patch antennas loaded with complementary split-ring resonators. IEEE Trans Antennas Propag 60:772-785

Dudley SM et al (2014) Practical issues for spectrum management with cognitive radio. IEEE Proc 102:249-250

Engheta N, Ziolkowsy RW (2006) Metamaterials: physics and engineering exploration. Wiley, Hoboken, pp 88-90

Foster RM (1968) A reactance theorem. Bell System Tech J 3:259267

Fujimoto K, Morishita H (2013) Modern small antennas. Cambridge University Press, Cambridge, UK, p 8

Fujimoto K (2005) Integrated antenna system. In: Chang K (ed) Encyclopedia of RF and microwave engineering. Wiley, New York, pp 2113-2147

Fujimoto K, Morishita H (2009) Modern small antennas. Cambridge University Press, Cambridge,

UK, pp 64-65

Gianvittorio JP, Rahmat-Samii Y (2000) Fractal antenna: a novel antenna miniaturization technique and applications. IEEE Antennas Propag Mag 44:20-36

Guha D, Gupta B, Antar YMM (2012) Hybrid monopole-DR using hemispherical/conical-shaped dielectric ring resonators: improved ultrawideband designs. IEEE Trans Antennas Propag 60:393-398

Hansen RC, Collin RE (2009) A new formula for Q. Antennas Propag Mag 51:38-41

Johnk CTA (1975) Engineering electromagnetic field & waves. Wiley, New York, pp 16-17

Kildal P-S (1990) Artificial soft and hard surfaces in electromagnetics. IEEE Trans Antennas Propag 38:1537-1544

Kiourti A, Nikita K (2012) Miniature scalp-implantable antennas for telemetry in the MICS and ISM bands: design, safety considerations and link budget analysis. IEEE Trans Antennas Propag 60:3568-3575

Kolev S, Delacressonniere B, Gautier JL (2001) Using a negative capacitance to increase the tuning range of varactor diode. IEEE Trans Microwave Theory Tech 49:2425-2430

Lai A, Caloz C, Itoh T (2004) Composite right/left-handed transmission line metamaterials. IEEE Microw Mag 50:34-50

Lee Y, Tee S, Hao Y, Parini CG (2007) A compact microstrip antenna with improved bandwidth using complementary split-ring resonators (CSRR) loading. IEEE International symposium antennas and propagation and URSI radio science meeting digest, pp 1869-1872

Lee MWK, Leung KW, Chow YL (2014) IEEE Trans Antennas Propag 62:442-445

Lin C-H, Saito K, Takahashi M, Itoh K (2012) IEEE Trans Antennas Propag 60:4422-4426

Lin K-H, Chen S-L, Mittra R (2013) A looped-Bowtie RFID tag antenna design for metallic objects. IEEE Trans Antennas Propag 61:499-505

Linvill JG (1953) Transistor negative impedance converter. Proceedings of IRE. 41:725-729

McLean JS (1996) A re-examination of the fundamental limits on the radiation Q of electrically small antennas. IEEE Trans Antennas Propag 44:672-676

Mizaei H, Eleftheriades GV (2013) A resonant printed monopole antenna with an embedded non-Foster matching network. IEEE Trans Antennas Propag 61:5363-5371

Munk BA (2000) Frequency selective surface. Wiley, New York

Mushiake Y (1996a) Self-complementary antennas. Springer, London

Mushiake Y (1996b) Self-complementary antennas. Springer, London, pp 93-97

Ng KB, Wong H, So KK, Chan CH, Luk KM (2012) 60 GHz plated through hole printed magnetoelectric dipole antenna. IEEE Trans Antennas Propag 60:3129-3136

Oraizi H, Hedayati S (2012) Miniaturization of microstrip antenna by the novel application of the Giuseppe Peano fractal geometries. IEEE Trans Antennas Propag 60:3559-3567

Ouedrao go RO, Rothwell EJ, Dias AR, Fuchi K, Temme A (2012) Miniaturization of patch antennas using a metamaterial-inspired technique. IEEE Trans Antennas Propag 60:2175-2181

Pendry JB, Holden AJ, Robbins DJ, Stewart WJ (1998) Low frequency plasmons in thin wire structures. J Phys Condens Matter 10:4785-4809

Pendry JB, Holden AJ, Robbins SWJ (1999) Magnetism from conduction and enhanced nonlinear phenomena. IEEE Trans Microwave Theory Tech 47:2075-2084

Perry AK (1973) Broadband antennas system realized by active circuit conjugate impedance matching. MS Thesis, Naval Postgraduate School, Monterey. Acc No. AD 769800

Rahmat-Samii Y, Mosallaei (2001) Electromagnetic band-gap structures; Classification, characterization, and application. Proceedings of 11th conference antennas and propagation, Manchester, pp 560-564

Rumsey VH (1957) Frequency independent antennas. IRE National Conv Rec. pt 1,114-118

Rumsey VH (1981) Highlights of antenna history. IEEE Antennas and Propagation Society Newsletter, December p 8

Sagan H (1994) Space-filling curves. Springer,New York

Sievenpiper D et al (1989) High impedance electro-magnetic surfaces with a forbidden frequency band. IEEE Trans Microwave Theory Tech 47:2059-2074

Stuart HR, Pilwerbetsky A (2006) Electrically small antenna elements using negative permittivity resonator. IEEE Trans Antennas Propag 54:1644-1653

Sung Y (2012) Bandwidth enhancement of a microstrip line-fed printed wide-slot antenna with a parasitic center patch. IEEE Trans Antennas Propag 60:1712-1716

Susman-Fort SE (2006) Matching network design using non-Foster impedance. Int J RF Microwave Comput Aided Eng 16:135-142

Susman-Fort SE, Rudish RM (2009) Non-Foster impedance matching for electrically-small antennas. IEEE Trans Antennas Propag 57:2230-2241

Thal HL (2006) New radiation Q limits for spherical wire antennas. IEEE Trans Antennas Propag 54:2757-2763

Thal HL (2009) Gain and Q bounds for coupled TM-TE modes. IEEE Trans Antennas Propag 57:

1879-1885

Volakis JL, Chen CC, Fujimoto K (2010a) Small antennas. McGraw-Hill, New York, pp 1-2

Volakis JL, Chen CC, Fujimoto K (2010b) Small antennas. McGraw-Hill, New York, p 103

Wang N, Liu Q, Wu C, Talbi L, Zeng Q, Xu J (2014) Wideband Fabry-Perot resonator antenna with two complementary FSS layers. IEEE Trans Antennas Propag 62:2463-2471

Werner DH, Gargiel S (2013) An overview of fractal antenna engineering research. IEEE Antennas Propag Mag 45:38-57

Wheeler HA (1947) Fundamental limitation of small antennas. Proceedings of IRE. 35:1479-1484

Wheeler HA (1958) The spherical coil as an inductor, shield, or antenna. Proceedings of IRE. 58:1595-1602

Yogo H, Kato K (1974) Circuit realization of negative impedance converter at UHF. Electron Lett 10:155-156

Zhu J et al (2004) Peano antennas. Antennas Wirel Propag Lett 3:71-74

第 30 章
波导缝隙阵列天线

Jiro Hirokawa and Miao Zhang

摘要

本章首先简要描述波导缝隙天线及阵列的发展历程，然后介绍波导缝隙天线的构成组件，讨论各种波导缝隙天线的方案，给出一些方案的等效电路；阐述波导缝隙阵列天线的设计步骤，讨论设计单元所使用的分析模型、连接等效电路和传输线的散射矩阵；最后给出波导缝隙天线一维和二维阵列的设计实例。

关键词

缝隙天线；波导；阵列；等效电路；纵向缝隙天线；倾斜缝隙天线；边缘缝隙天线；反射消除缝隙天线；驻波激励；行波激励；串联馈电

J. Hirokawa(✉) · M.Zhang
日本东京工业大学，日本
e-mail：Jiro@ antenna. ee. titech. ac. jp；miao@ antenna. ee. titech. ac. jp

30.1　引言

波导缝隙天线是在波导上切割形成的辐射缝隙天线。本章主要研究矩形金属波导缝隙天线及其阵列。在一般情况下波导是中空的,但在有些情况下会通过在其中填充介质来缩短导波波长。波导缝隙天线具有低损耗和大功率容量等特点,主要用于微波和更高频段的通信和雷达系统中。

长期以来,在相关数学知识辅助下,波导缝隙天线及其阵列的分析与设计理论得到了长足的发展。近年来,电磁波仿真技术的快速发展已使之广泛应用于波导缝隙天线及其阵列的分析和设计。本章的重点是应用该技术进行上述分析与设计。

30.2　波导缝隙天线及阵列的发展历程

Watson 最早利用实验方法对波导缝隙天线及其阵列技术开展了研究(Watson,1946、1947)。在波导壁上开缝将切断电流,从而将波导模式场中一部分功率耦合到自由空间。Stevenson 首先将其看作一个边界值问题并进行了理论分析(Stevenson,1948),他发现在一阶近似情况下谐振缝隙电场具有正弦分布,对于不同的谐振缝隙可以获得归一化电导和电阻表达式。Oliner 利用变分法得到了传输线上缝隙的等效阻抗(Oliner,1957),他提出的表达式中缝隙的偏移和长度共同决定了缝隙的电导,但缝隙的电纳与偏移量无关,同时他也通过波导壁厚的影响效果从实验上证明了该理论。Yee 将 Oliner 的变分解法扩展用于解决偏移量的影响(Yee,1947)。Stegen 仔细地测量了一组数据,并且完善了缝隙阵列天线的设计,其方法是绘制以矩形波导宽壁上开缝的纵向缝隙天线的等效电导和等效电纳为因变量,以缝长归一化到它的谐振长度为自变量的函数图像(Stegen,1971)。Khac 和 Carson 首次用数值方法——矩量法解决了缝隙天线的分析问题(Khac et al.,1973),他们使用脉冲基函数和点匹配的方法来求解在槽孔径处的未知电场。Lyon 和 Sangster 使用全域正弦基函数,并且认为仅用两个基函数就可以得到准确的解(Lyon and Sangster et al.,1981)。Stern 和 Elliott 在

Galerkin 法中使用了分段正弦基函数(Stern and Elliott et al.,1985)。Seki 和 Goto 通过考虑矩形波导窄壁上的两个缝隙的互耦和壁厚两个因素的影响,分析了天线的圆极化缝隙对(Seki et al.,1981)。Josefsson 和 Rangarajan 分别准确地分析了在矩形波导宽壁上的纵向缝隙和复合缝隙(Josefsson,1987;Rangaraja,1989)。Elliott 给出了包括外部互耦效应的波导馈电缝隙的线性阵列和平面阵列的设计理论(Elliott et al.,1978;Elliott,1983)。

30.3 部件

30.3.1 缝隙天线

图 30.1 是缝隙天线的典型结构,它是加工在金属平板上的既窄又直的矩形缝隙,长度大约是缝隙天线谐振波长的 1/2,宽度远小于长度和波长。

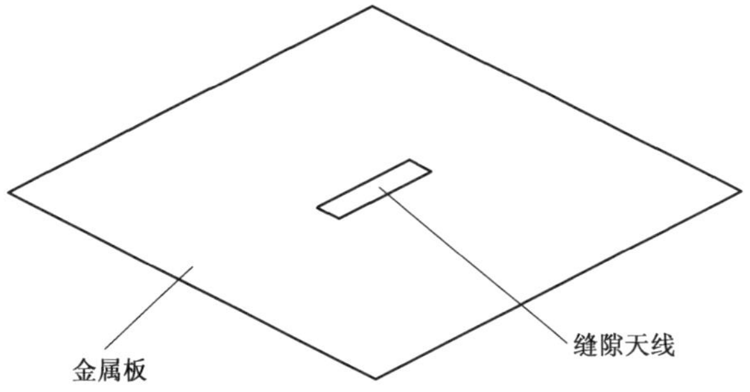

图 30.1 缝隙天线

缝隙天线由流过的电流激励(等效于沿着它的磁场),激励强度与电流密度有关,也与流过电流的角度有关。当电流垂直于缝隙天线(磁场平行于缝隙天线)时,激励最强;当电流平行于缝隙天线(磁场垂直于缝隙天线)时,激励为零。如果缝隙的长度小于 $\lambda/2$,激励就变得更弱。

缝隙天线的极化方向(缝隙天线的电场)沿着宽度方向,电场强度沿着长度方向呈正弦规律变化而且在边缘处的幅度为零。电场在沿着宽度方向的边缘处发生了散射。E 面辐射方向图是均匀的,而在 H 面上辐射呈 8 字形,辐射在侧射方向最大,沿长度方向为零。

30.3.2　矩形波导

图 30.2 是矩形波导的结构。宽壁的宽度 a 应该介于 $\lambda/2 \sim \lambda$ 的范围,窄壁的宽度 b 应该小于 $\lambda/2$,从而只允许主模 TE10 模传输。宽壁称为 H 面,因为 TE10 模的磁场平行于宽壁;同样的,窄壁称为 E 面,因为 TE10 模的电场方向平行于窄壁。Z 方向的 TE10 模的场分量由下式给出:

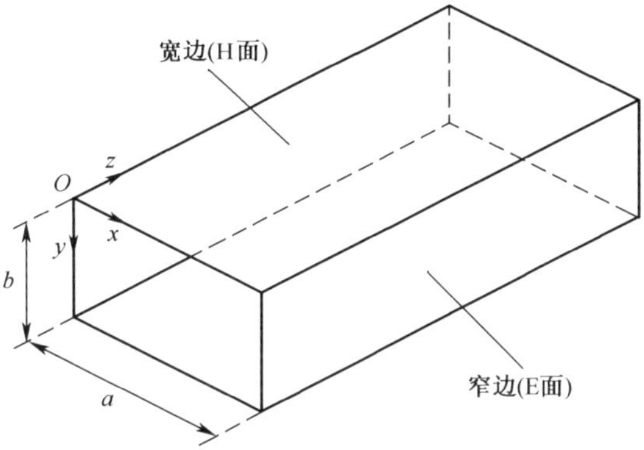

图 30.2　矩形波导

$$H_Z = A\cos\frac{\pi x}{a}\exp(-\mathrm{j}\beta z)$$

$$H_x = \frac{\mathrm{j}\beta}{k_c}A\sin\frac{\pi x}{a}\exp(-\mathrm{j}\beta z)$$

$$E_y = -\mathrm{j}AZ_h\frac{\beta}{k_c}\sin\frac{\pi x}{a}\exp(-\mathrm{j}\beta z)$$

$$E_z = E_x = H_y = 0$$

式中:k_c、β、Z_h 分别为截止波数、传播常数和特征阻抗,分别通过下式给出,即

$$k_c = \frac{\pi}{a}$$

$$\beta = \sqrt{k_0^2 - \left(\frac{\pi}{a}\right)^2}$$

$$Z_h = -\frac{E_y}{H_x} = \frac{k_0}{\beta}Z_0$$

其中:k_0、Z_0分别为自由空间中的波数和波阻抗,且有

$$k_0 = \frac{2\pi}{\lambda_0}$$

$$Z_0 = \sqrt{\frac{\mu_0}{\varepsilon_0}} = 120\pi$$

式中:λ_0、ε_0、μ_0 分别为自由空间中的波长、介电常数和磁导率。

电流的横向分量(磁场的纵向分量 H_z)在波导宽壁上呈正弦分布,沿着宽壁的宽度在边沿处达到最大,在中心处为零。电流的纵向分量(磁场的横向分量 H_x)在宽壁上呈正弦分布,沿着宽壁的宽度在中心处达到最大,在边沿处为零。窄壁上的电流沿着高度的方向有分量(磁场仅有纵向分量)。沿着窄壁场和电流的分量是均匀的。

无介质填充时矩形波导的导波波长:

$$\lambda_g = \frac{2\pi}{\beta} = \frac{\lambda_0}{\sqrt{1 - \left(\frac{\lambda_0}{2a}\right)^2}}$$

无介质填充的矩形波导的导波波长比自由空间中的波长更长。在无介质填充的矩形波导上以一个导波波长为间隔排列缝隙阵列天线时,各缝隙为同相激励,会出现不希望的栅瓣。为了抑制栅瓣,间隔长度应该改为导波波长的一半,仍然短于自由空间波长;或者采用慢波结构,如在波导中填充介质。

30.4 单元

30.4.1 纵向缝隙天线

图30.3是纵向缝隙天线的结构,在平行于波导长边的方向,距离宽壁中心偏移为 d 处加工缝隙。极化方向垂直于波导,激励主要由偏移量决定,其在边沿处最大,在中心为零。因为纵向缝隙天线是被由流经上、下两宽壁之间窄壁的电流的横向分量所激励,所以在传输线上它的等效电路是并联导纳。

当纵向缝隙天线谐振时,等效电路成为并联电导。为了实现侧射方向的辐射,纵向缝隙要以半个导波波长的间距排列,而且要求相邻的缝隙偏移方向相反。

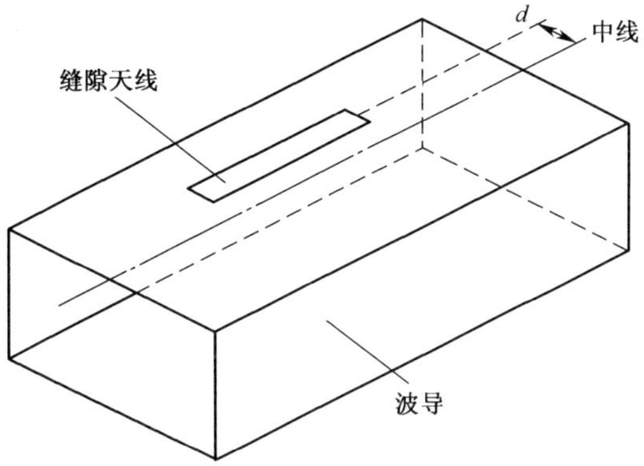

图 30.3　纵向缝隙天线结构

30.4.2　横向缝隙天线

图 30.4 是横向缝隙天线的结构,缝隙加工在宽壁上垂直于波导长边的中心处。极化方向平行于波导,激励主要由长度 l 决定。为了实现侧射方向的辐射,横向缝隙应该以一个导波波长的间隔进行排列,而且应该采用慢波结构,如在波导中填充介质。

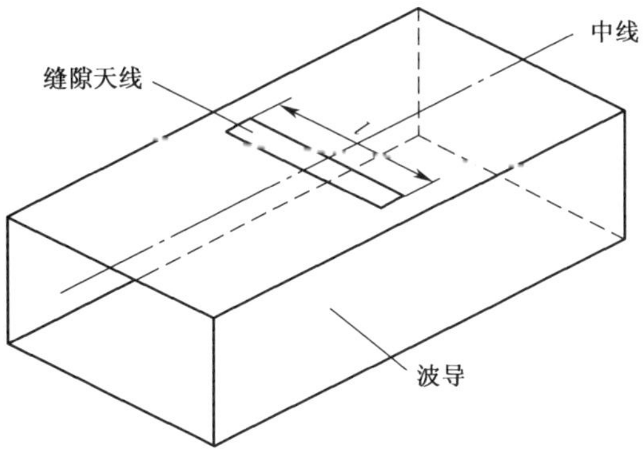

图 30.4　横向缝隙天线结构

30.4.3　倾斜缝隙天线

图 30.5 是倾斜缝隙天线的结构。在宽壁上加工一个与中心轴有一定倾斜

角的缝隙,激励大小由角度 ϕ 决定。对于一个更大的倾斜角度,激励更大,而对于 0°倾斜角,激励是零。由于倾斜缝隙天线是由流经沿着宽壁中心的电流的纵向分量所激励,所以在传输线上的等效电路是串联阻抗。当倾斜缝隙天线谐振时,等效电路成为串联电阻。

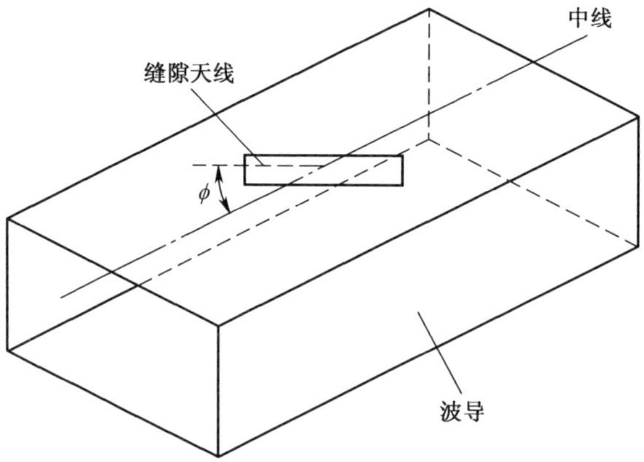

图 30.5　倾斜缝隙天线

为了实现侧射方向的辐射,倾斜缝隙天线以半个导波波长的间隔排列加工,而且相邻缝隙的倾斜方向是相反的。主极化方向垂直于波导的轴向,在偏离侧射方向 θ 角度上观测到交叉极化,倾斜角度由公式 $\arcsin\dfrac{\lambda_0}{\lambda_g}$ 决定。如果缝隙的倾斜角度更大,那么交叉极化的电平更高。倾斜的缝隙经常用于给二维波导缝隙阵列天线辐射波导馈电。

30.4.4　复合缝隙天线

图 30.6 是复合缝隙天线的结构(Maxum,1960),缝隙在宽壁上既偏移中心轴线又有倾斜角度。对于一个谐振长度,它能任意控制激励的相位,而纵向缝隙天线或者倾斜缝隙天线的激励相位是固定的。倾斜则引起了交叉极化。

30.4.5　边缘缝隙天线

图 30.7 是边缘缝隙天线的结构,在窄壁上与波导中心轴有一个倾斜角度处

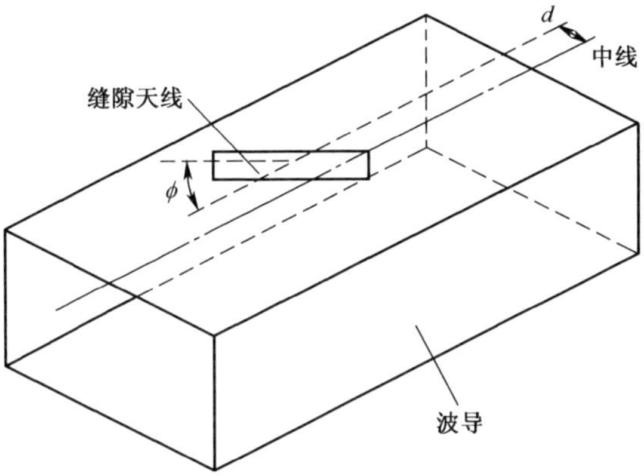

图 30.6　复合缝隙天线

加工一个缝隙就形成了边缘缝隙天线。为了获得半个波长的谐振长度,经常在宽壁上加工缝隙。激励是由倾斜角度 ϕ 控制,对于一个更大的倾斜角度,激励变得更小,而且在 0°时,激励是零。因为边缘缝隙天线是被在窄壁上的流经顶部和底部的电流的横向分量所激励,所以在传输线上的等效电路是并联导纳。当边缘缝隙天线谐振时,等效电路变为并联电导。

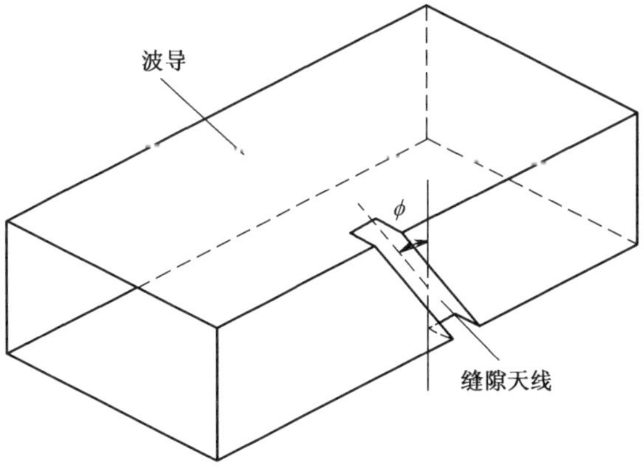

图 30.7　边缘缝隙天线

为了在侧射方向辐射,常以半个导波波长为间隔排列缝隙,相邻的缝隙倾斜方向相反。主极化方向平行于波导轴向,在偏离侧射方向 θ 角度上观测到交叉极化,倾斜角度由 $\arcsin\frac{\lambda_0}{\lambda_g}$ 给出。对于一个小的缝隙倾斜角度,它的交叉极化电平更高。

30.4.6 反射相消缝隙天线

上面提到的每一个缝隙天线都有反射。由这些缝隙构成的阵列天线,反射会使工作和设计变得复杂。为了避免复杂性,将引入反射相消缝隙天线。图30.8是在宽壁上的横向缝隙天线对的结构(Sakakibara et al.,1994),成对的两个缝隙天线间隔大约四分之一导波波长。由于两个缝隙天线之间互耦,因此它们之间的间隔小于四分之一导波波长。两个缝隙天线的反射波有半个导波波长的路径差异,因此可以反相对消。一个缝隙天线的长度可用于控制激励的幅度,另一个缝隙天线的长度和两个缝隙天线之间的间隔可用于抑制反射。反射相消缝隙天线的另一个例子是用一个柱或者一个壁来配合缝隙天线(Park et al.,2003)。在一个反射相消缝隙天线的阵列中,相邻单元的激励相位可以简单地通过单元间距来控制。

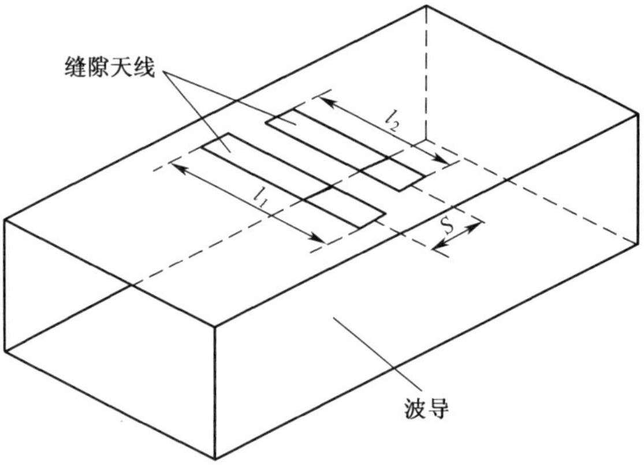

图30.8 横向缝隙天线对

在矩形波导上的圆极化单元通常反射较小,它由两个相互垂直的缝隙天线组成,而后者由90°相位差的两个信号所激励。因为来自两个缝隙天线的反射波有180°的相位差,所以反射波能得以消除。

30.5　波导缝隙阵列天线的设计步骤

波导缝隙阵列天线的设计步骤如下：

(1)设计单元的激励分布；

(2)根据所需的激励设计单元；

(3)通过分析整个阵列天线来修改单元设计。

对于二维的缝隙阵列天线，辐射波导上的缝隙天线阵列和馈电波导上的缝隙天线阵列应该分别设计。下面将解释以上设计过程的每一步。

30.5.1　设计单元的激励分布

在考虑单元方向图的情况下，通过方向图综合技术，根据所需要的辐射方向图来得到阵列天线单元的激励分布。

30.5.2　根据所需的激励设计单元

应该根据需要的激励设计每个单元的大小。换句话说，它们应该设计成等效电路中需要的并联导纳、串联阻抗或者在反射相消单元中所需的耦合。图 30.9是一个纵向缝隙天线分析模型的例子，接地面通常被嵌在外部区域，无限接地面或有限接地面取决于孤立缝隙天线的分析方法。在很多情况下，如使用电磁波仿真软件，接地面是有限的，外部区域被辐射盒子截断。接地面的截断影响了辐射方向图和耦合。除了接地面，盒子的其它面被假设为辐射边界。例如，选定辐射盒子的尺寸为 $\lambda_0(x)\times\lambda_0(y)\times 0.5\lambda_0(z)$ 时，不会对耦合产生太大的影响。在均匀激励的无限阵列中考虑互耦，有助于缝隙天线获得更好的尺寸初始值。对于一维阵列，辐射盒子上平行于 xy 平面的两个面应该用周期边界代替。在 z 方向的两个面的间距应该等于单元间距。对于二维阵列，空气盒子上不仅平行 xy 平面的两个面，而且平行于 yz 平面的两个面都应该被周期边界代替。在 x 方向两个面的间隔应该等于宽壁的宽度加上波导的壁厚。在缝隙天线中，壁厚和边缘的形状（有时从生产制造的角度考虑应为圆形）应该在设计中考虑进去，因为它能影响激励的频率。

端口应该置于波导的两端，并保证端口和缝隙中心之间的距离足够大，以此

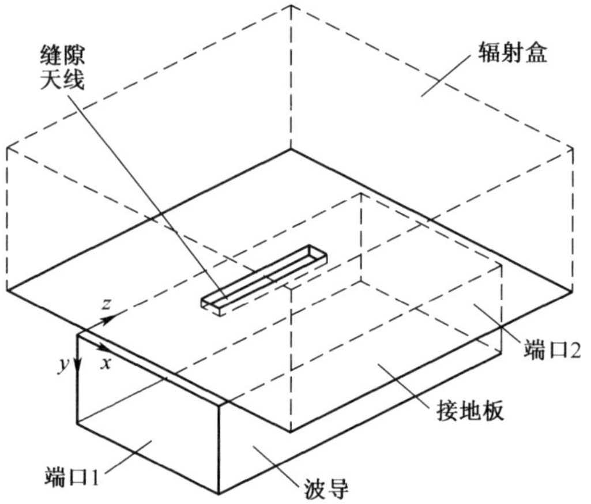

图 30.9　纵向缝隙天线的分析模型

来减弱高次模。例如,间距可以选定为半个导波波长。一旦通过分析得到了波导缝隙天线的散射矩阵,就可以获得等效电路的参数。当等效电路是如图 30.10所示的并联导纳时,归一化到传输线特性导纳的 y 值可利用如下所示的二端口散射矩阵的参数给出:

$$y = -2 \times \frac{S_{11}}{1 + S_{11}} = 2 \times \frac{1 - S_{21}}{S_{21}}$$

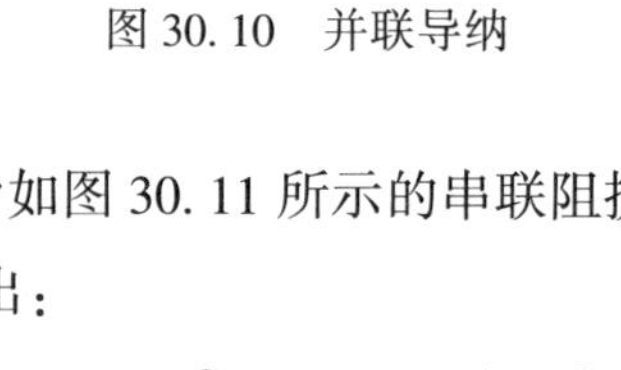

图 30.10　并联导纳

类似地,当等效电路为如图 30.11 所示的串联阻抗时,归一化到传输线特性阻抗的 z 值可利用下式给出:

$$z = 2 \times \frac{S_{11}}{1 - S_{11}} = 2 \times \frac{1 - S_{21}}{S_{21}}$$

注意:由于互易性,满足 $S_{12} = S_{21}$;由于电路的对称性,满足 $S_{11} = S_{22}$。

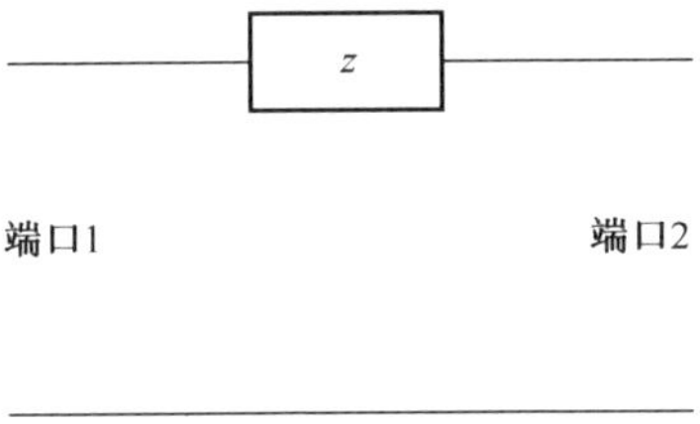

图 30.11　串联阻抗

30.5.3　通过分析整个阵列天线来改进单元设计

通过分析整个波导缝隙天线的结构来修正每个单元的尺寸,可以获得需要的激励。

30.6　一维缝隙阵列天线

30.6.1　驻波激励

图 30.12 为驻波激励的一维谐振型纵向缝隙天线结构,缝隙天线的数量为 N。阵列天线的馈电方式是末端馈电,从波导的一端馈电而在另一端进行终端短路,在短路和最后一个缝隙天线之间的间隔长度对应于设计频率导波波长的

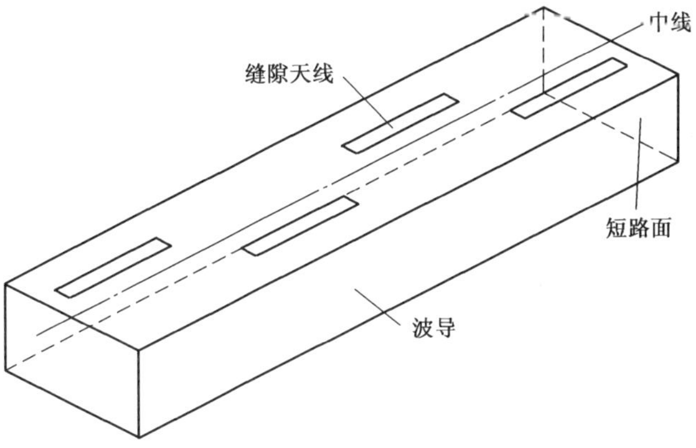

图 30.12　驻波激励的一维谐振型纵向缝隙天线

四分之一。终端短路使波导中产生了驻波,激励了缝隙天线。纵向缝隙天线的间隔为设计频率上对应的半个波导波长,同时相邻的缝隙中偏移方向相反。天线的主波束指向宽边。

图 30.13 为驻波激励阵列天线的等效电路。第 n 个缝隙设计的激励幅度为 a_n,其归一化电导是 g_n,由常数电压 V 激励,其辐射功率是 $g_n V^2$, 与 a_n^2 成正比。因此, $g_n = C a_n^2$,其中 C 为常数。其他缝隙为了在馈电点匹配,应该满足:

$$\sum_{n=1}^{N} g_n = C \sum_{n=1}^{N} a_n^2 = 1$$

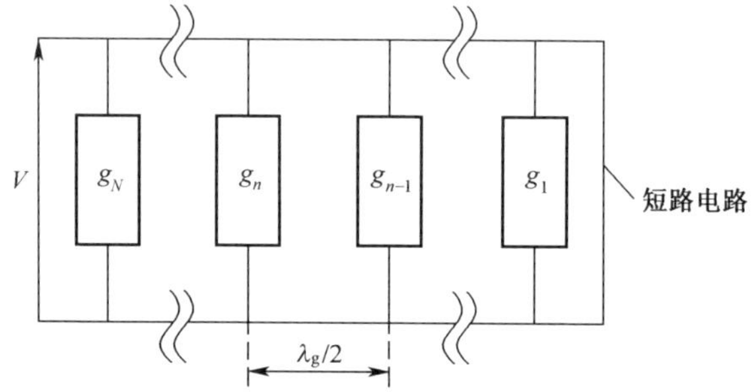

图 30.13 驻波激励的谐振型纵向缝隙天线的等效电路

从上式可以确定 C,进而可以得出 g_n。第 n 个缝隙的参数由 g_n 决定。

另一种给一维阵列天线馈电的方法是中心馈电,即在波导的中心给它馈电并且在两个末端进行短路。用这种方法时,馈电点的匹配条件则变为

$$\sum_{n=1}^{N} g_n = C \sum_{n=1}^{N} a_n^2 = 2$$

30.6.2 行波激励

图 30.14 为行波激励的一维谐振型纵向缝隙阵列天线结构。缝隙的数量为 N。该阵列天线为终端馈电,在另一端接匹配负载。匹配负载可被终端能够辐射所有剩余能量的匹配单元替换。终端无反射会在波导中产生激励缝隙天线的行波。纵向缝隙天线的间距为指定频率下半个导波波长,相邻单元间的偏置方向相反。天线主波束从侧射方向倾斜。

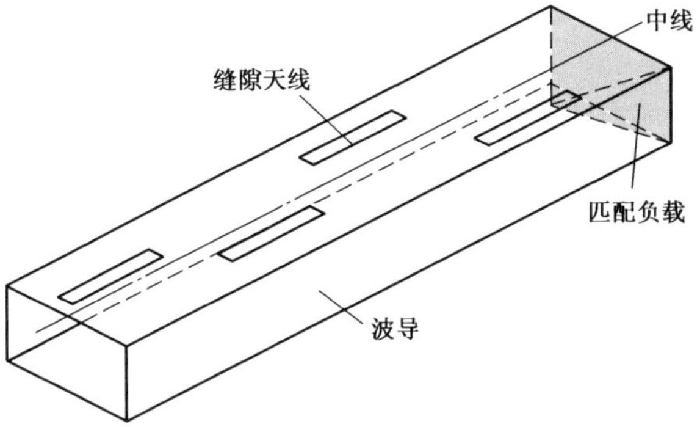

图 30.14　行波激励的一维谐振型纵向缝隙阵列天线

图 30.15 为行波激励的一维谐振型纵向缝隙阵列天线的等效电路。将缝隙天线从终端到激励端依次编号，第 n 个缝隙的设计激励幅度为 a_n，其归一化电导为 g_n。两缝隙之间距离为 d，波导中传播常数为 β。在第 n 个缝隙处看向匹配负载端的总导纳和电压分别为 y_n 和 v_n，它们满足以下递推关系：

$$y_n = g_n + \frac{y_{n-1}\cos\beta d + \mathrm{j}\sin\beta d}{\cos\beta d + \mathrm{j}y_{n-1}\sin\beta d}$$

$$V_n = V_{n-1}(\cos\beta d + \mathrm{j}y_{n-1}\sin\beta d)$$

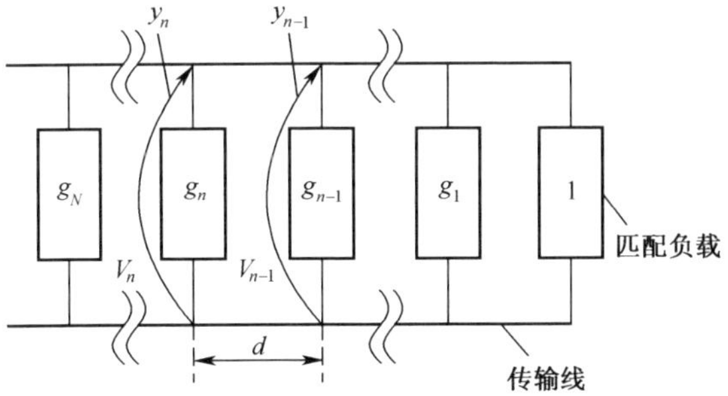

图 30.15　行波激励的一维谐振型纵向缝隙阵列天线的等效电路

第 n 个缝隙辐射能量为 $g_n|V_n|^2$，其与 a_n^2 成比例关系。故有 $g_n|V_n|^2 = C{a_n}^2$，式中 C 为常数。由上述递推表达式，可以最终得到 g_n。

当缝隙天线数量很多时，它们之间的反射可以忽略不计，所有缝隙会被均匀激励，设计也会随之简化。为了抑制馈电点的总反射，缝隙间的距离可由下式

确定:

$$d=\left(\frac{1}{2}\pm\frac{1}{2N}\right)\lambda_{\mathrm{g}}$$

波束朝终端方向倾斜角有以下关系:

$$\sin\theta=\lambda_0\left(\frac{1}{\lambda_{\mathrm{g}}}-\frac{1}{2d}\right)$$

式中:λ_0为自由空间中波长;λ_{g}为波导中波长。

类似驻波激励,可以通过电导 g_n 确定第 n 个缝隙天线的参数。

30.6.3 反射相消缝隙天线阵列

图 30.16 为一维横向缝隙天线对阵列结构,共有 N 对横向缝隙天线,每对缝隙天线通过设计可抑制反射。整个天线阵列在一个终端激励,在另一个终端设计一个能够辐射所有剩余能量的匹配单元。

将缝隙天线对从终端到激励端编号,第 n 个缝隙天线对的指定激励幅度和以度数为单位的相位分别为 a_n 和 P_n,其耦合系数为

$$c_n=\frac{a_n^2}{\sum\limits_{m=1}^{n}a_m^2}$$

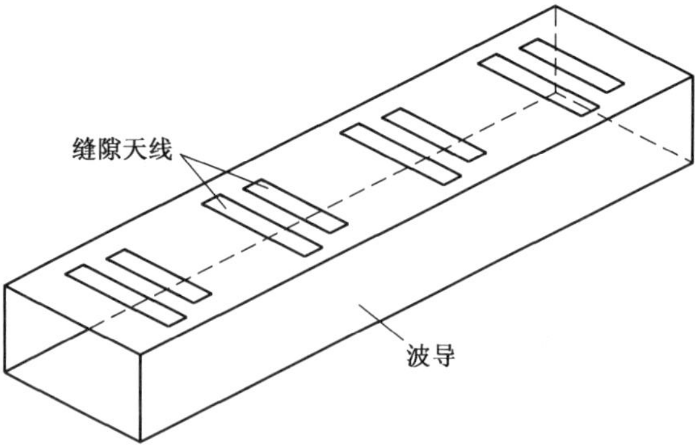

图 30.16 一维横向缝隙天线对阵列

其中耦合系数为辐射功率和入射功率之比。第 n 个缝隙的尺寸由 c_n 确定,x 传输相位 p_{21n} 和辐射相位 p_{31n} 也可由耦合系数 c_n 估计,相位参数单位采用度。图 30.17为天线阵列中缝隙间的相位关系,第 $n+1$ 个天线和第 n 个天线之间的

距离可以由下式得出：

$$p_{n+1}-p_{31n+1}+p_{21n+1}-360\frac{d_n}{\lambda_g}+p_{31n}=p_n-360$$

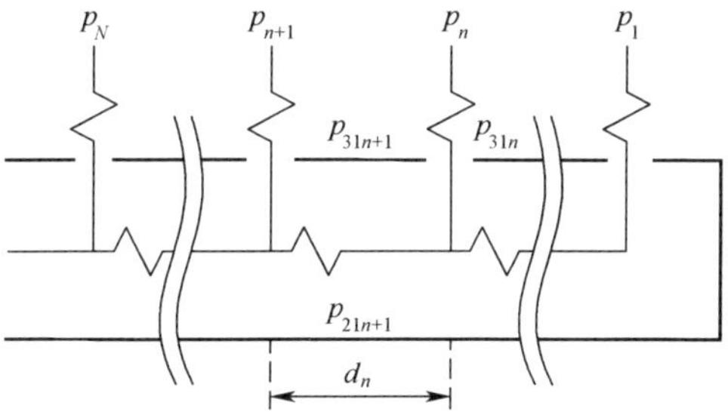

图 30.17　横向缝隙天线对阵列相位关系

30.7　二维缝隙天线阵列

30.7.1　结构

图 30.18 为典型的二维纵向缝隙天线阵列的结构。辐射波导排布在顶层，馈电波导位于下一层，通常位于辐射波导中心位置处。两边的辐射波导由位于其中心处的纵向馈电缝隙在进行同相馈电。如图 30.18 所示，辐射波导和馈电

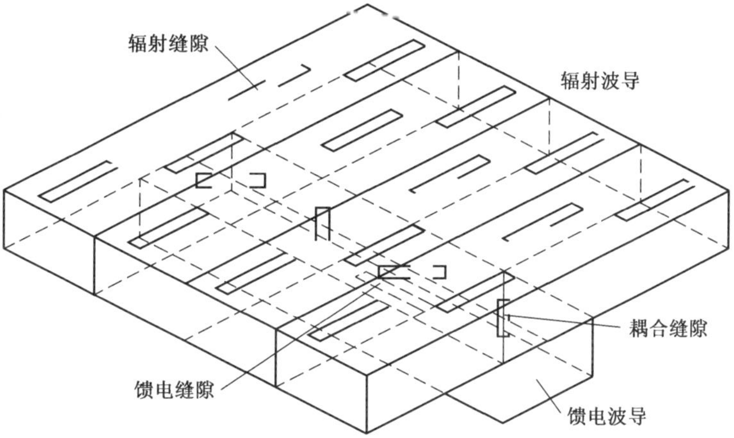

图 30.18　二维纵向缝隙天线阵列

波导间通过倾斜缝隙进行耦合。馈电波导上的倾斜耦合缝隙间距为半个导波波长,相邻缝隙间倾斜方向相反,从而在设计频率上实现各缝隙同相激励。图30.19为倾斜耦合缝隙天线的结构,辐射波导和馈电波导分别进行设计,在设计中应该将外部区域中辐射波导缝隙天线之间的互耦考虑在内,而馈电波导之外的耦合缝隙天线之间的互耦则无须考虑。

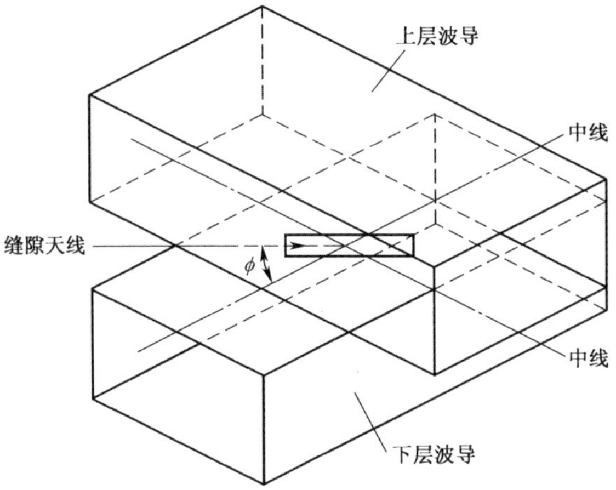

图30.19 倾斜耦合缝隙天线

30.7.2 串联馈电与并联馈电

在串联馈电天线阵列中,各单元在指定频率处同相激励。而当频率偏离中心频率时,导波波长会产生变化,各缝隙天线不再是同相激励,阵列的方向性系数会恶化。另外,在并联馈电天线阵列中,即使频率偏离中心频率,波导波长也发生变化,缝隙天线仍然可以实现同相激励,方向性系数也不会降低。并馈阵列天线的带宽取决于辐射波导和馈电波导中的单元。

30.8 设计实例

30.8.1 相位交替馈电的单层18×18单元波导缝隙阵列

设计了一个25.3GHz的相位交替馈电的单层18×18单元均匀分布天线阵

列(Sakakibara et al.,1997)。它的一端有 18 个辐射波导与馈电电路相连接,每一个辐射波导上开的 18 个缝隙为串联馈电。辐射波导的宽为 7.9mm,高度为 3.0mm。另外,波导的侧壁厚度和缝隙厚度分别为 1.5mm 和 0.2mm。为了抑制来自缝隙的反射,并将缝隙间隔减小到半个导波波长以下,在缝隙天线阵列的设计中采用了波束向后倾斜方法。由式 $d=(1/2+m/18)\lambda_g$ 可以求得缝隙间距为 7.96mm,其中 $m=-1$,主波束从侧射方向向馈电方向倾斜-4.7°。

第一步:为实现均匀的孔径分布和最大的天线增益,首先由等效电路模型求得缝隙天线导纳的值。在终端采用匹配缝隙来辐射所有剩余能量,一维阵列归一化的电导和电纳如图 30.20 所示。自完成谐振缝隙天线阵列设计,每个单元的电纳都认为是 0。此外,从等效电路模型得出波导输入端总反射约为-19.9dB。

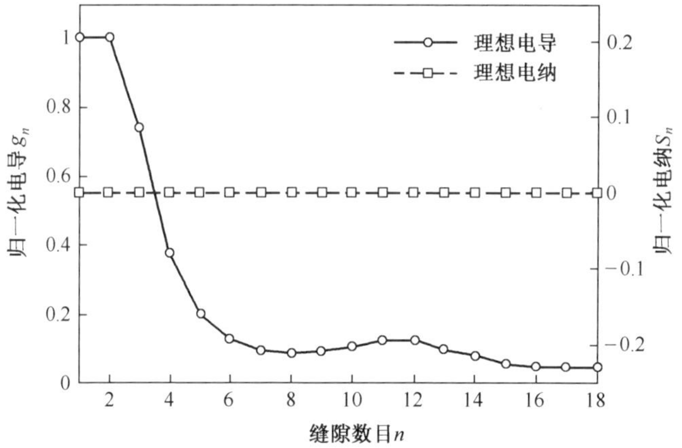

图 30.20　构成二维阵列的一维阵列归一化电导和电纳

第二步:为获得设计模型和初始的缝隙参数,仿真了均匀激励的无限大二维谐振缝隙天线阵列中单个谐振缝隙。如图 30.21 所示,在缝隙阵列的外部区域有一对沿纵向的周期边界和另一对沿横向的理想电导体(PEC)边界。当阵列采用同相激励替代交替相位激励时,这些 PEC 边界将被周期边界所替代。谐振缝隙的缝宽和偏移量与归一化电导的函数关系如图 30.22 所示,这也在设计模型中得到了应用。缝隙参数的初始值如图 30.23 所示,它们由图 30.20 中的导纳值所决定的。

第三步:分析上述一维缝隙天线阵列的参数,并且考虑互耦的影响。这样,无论用矩量法(MoM)分析(Sakakibara,1996)还是用在横向应用周期边界壁的

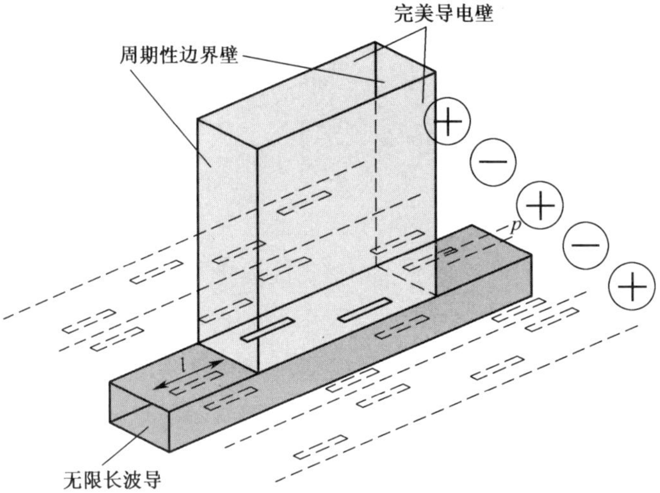

图 30. 21　在外部区域具有周期性边界的单缝隙分析模型

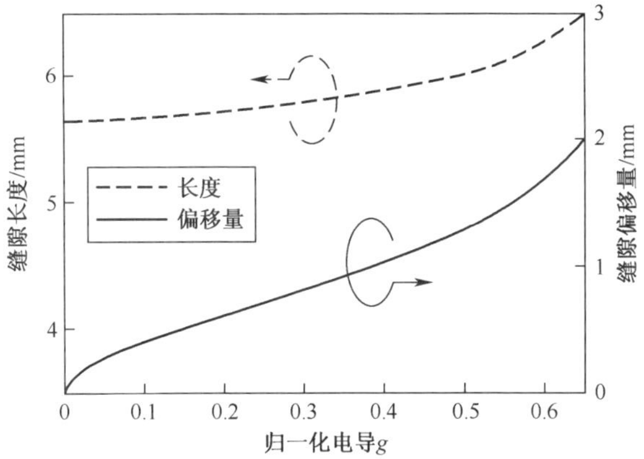

图 30. 22　在无限大地平面情况下得到的缝隙长度和偏移量与归一化电导的函数关系

电磁场(EM)仿真软件,都可以帮助评估外部的相互耦合,这种方法对于实际的二维 18×18 单元阵列是良好近似,而且可以缩短计算时间。缝隙参数可以经过迭代设计得到改善,改进和优化过的缝隙参数作为对比列在图 30. 23 中。

第四步:设计完缝隙后,通过一系列 T 形结组成的馈电电路实现了等幅和 180°交替相位差的信号来激励辐射波导。用应用全波矩量法(Zhang et al., 2011)或用电磁场仿真软件来分析整个结构,从而确定天线的性能。由矩量法

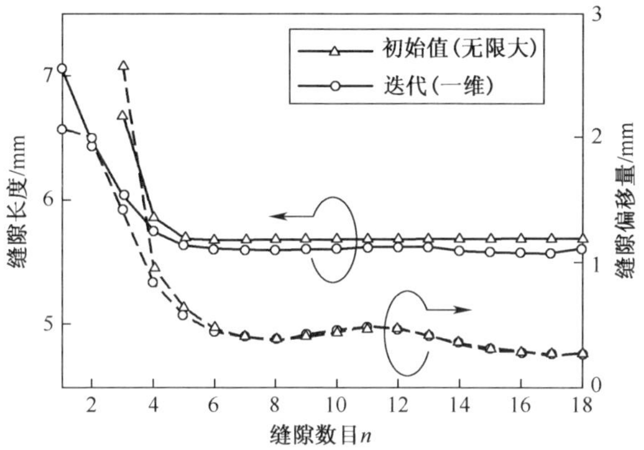

图 30.23　缝隙长度和偏移量的初始值和迭代值

分析得到的激励系数如图 30.24 所示,幅度和相位的不一致性分别为 5dB 和 ±25°。天线增益的仿真结果为 32.3dBi,口径效率为 79%。

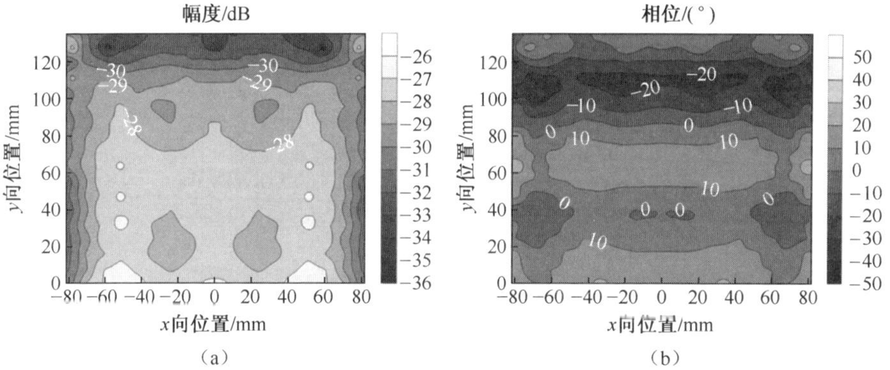

图 30.24　18×18 单元阵列的激励系数

值得一提的是,研究人员提出了更好的设计方法(Zhang et al.,2011),可以进一步改善缝隙的反射和一致性。首先,由于输入匹配的约束,导纳和单元间距是由天线输入到终端等效电路所决定的。同时,如图 30.24(b)所示,y 方向所示的激励相位的显著偏差可以通过改变槽间距 d_n 或通过调谐非谐振导纳 y_n 来补偿。其次,为了实现上述导纳,槽长度和偏移量可以通过多次迭代使用全波矩量法对有限二维波缝隙阵列分析来确定。这样,可以进一步提高 x 和 y 方向上的均匀性以及口径效率。

30.8.2 部分并联馈电的双层 20× 20 单元波导缝隙阵列

设计了工作于 38.7GHz 的具有均匀激励的 20×20 单元双层天线阵列,辐射和馈电波导的宽度分别为 5.0mm 和 5.4mm,高度为 2.0mm,侧壁厚度为 1.0mm。辐射和耦合缝隙的宽度和厚度分别为 1.0mm 和 0.4mm。通过引入如图 30.25 所示的部分并联馈电结构,整个天线可分解成 2×2 个子阵列。理论上这四个子阵列以相同的幅度和相位馈电,且与频率无关。此外,采用的同相馈电阵列具有规则的缝隙布局和可抑制二阶波束的优点(Kurtz et al.,1957),也就是说,所有辐射波导由耦合缝隙实现同相馈电。一般来说,只要在馈电和辐射部分设计五个单元就足够了,因为 20×20 单元的阵列根据部分并联馈电可以简化为 2×2 个子阵列。

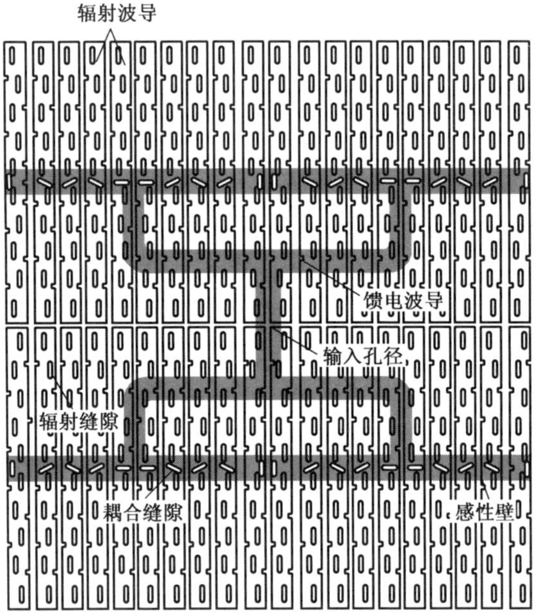

图 30.25 双层 20×20 单元波导缝隙阵列结构

在中心馈电和部分并联馈电阵列中,有必要将子阵列的主波束辐射保持在侧射方向上。此外,串联单元数量只有 5 个,对所有辐射缝隙引入感性壁以实现反射抑制以及行波激励,而不再使用波束倾斜方法。缝隙和感性壁的主要设计参数如图 30.26 所示。值得注意的是,设计中开的缝隙在两端具有圆形边缘。

与上一个设计实例中的过程类似,在单元设计和一维阵列分析中应用矩量法分析或电磁场仿真软件。由于单元数量只有 5 个,因此没有必要再给出设计模型。每个单元可以由耦合系数 $c_n = 1/n$ 独立设计,其中 n 是缝隙数量。缝隙长度和偏移量参数与耦合系数 c_n 的函数关系如图 30.27 所示。通过对图 30.26 所示的感性壁的位置进行优化,可以局部的抑制反射,它们的参数总结在图 30.28中。顺便提及,第一个缝隙称作匹配缝隙,它自身就可以匹配,而不需要采用感性壁。由于这里采用谐振缝隙阵列,因此假设辐射相位 p_{31n}对于所有 n 都具有相同的值。缝隙间隔 d_n从半个导波波长增加,以补偿由于引入感性脊而引入的相位增量 p_{21n}。缝隙间距和相位数据总结在图 30.29 中,每个单元的反射频率特性总结在图 30.30 中。容易看到,在具有行波激励的阵列中,靠近终端的缝隙具有更强的耦合,并且在反射中显示较窄的带宽。此外,图 30.30 中还给出了五单元子阵列的反射,可见在中心频率处较好地将其抑制在-30dB 以下。第一副瓣电平为-12.8dB,并且预测激励的均匀性较好。

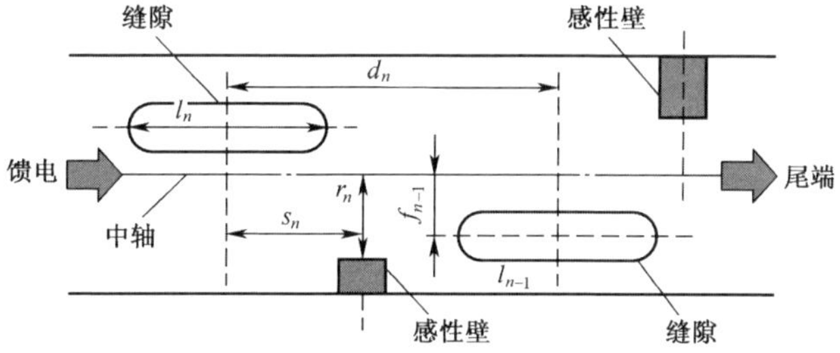

图 30.26　带有感性壁的缝隙的设计参数

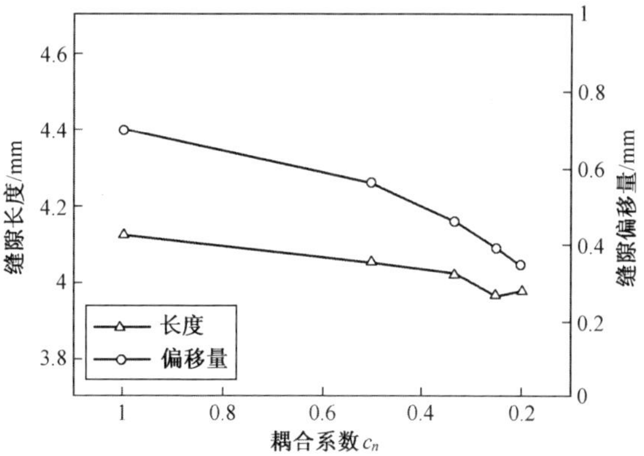

图 30.27　缝隙长度和偏移量的设计值与耦合系数的关系

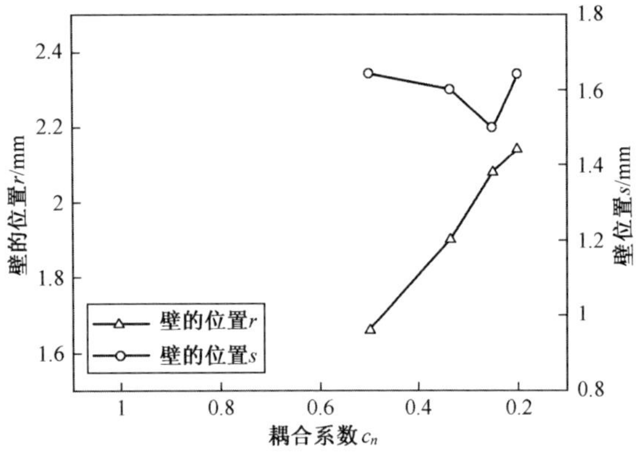

图 30.28　壁的位置的设计值与耦合系数的关系

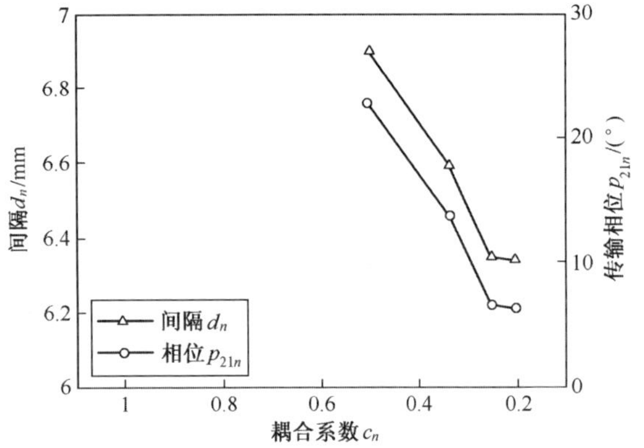

图 30.29　缝隙间距和传输相位与耦合系数的关系

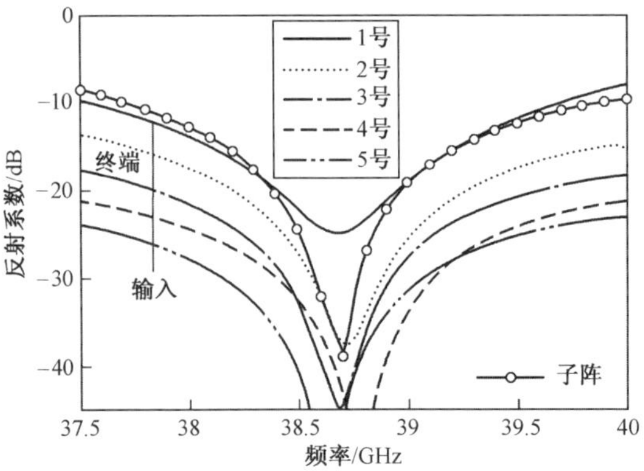

图 30.30　带感性壁的辐射缝隙的反射

30.9　总结

本章讨论矩形波导上的缝隙天线及其阵列，总结单元及其等效电路特性。通过实例介绍了波导缝隙天线的一维和二维阵列天线的设计步骤。

交叉参考：

▶第 74 章　间隙波导

▶第 39 章　径向线缝隙天线

▶第 35 章　基片集成波导天线

参考文献

Elliott RS (1983) An improved design procedure for small arrays of shunt slots. IEEE Trans. Antennas Propag 31:48-53

Elliott RS, Kurtz LA (1978) The design of small slot arrays. IEEE Trans Antennas Propag26:214-219

Josefsson LG (1987) Analysis of longitudinal slots in rectangular waveguide. IEEE Trans Antennas Propag 35:1351-1357

Khac TV, Carson CT (1973) Impedance properties of a longitudinal slot antenna in the broad face ofa rectangular waveguide. IEEE Trans Antennas Propag 21:708-710

Kurtz LA, Yee JS (1957) Second-order beams of two-dimensional slot arrays. IRE Trans Antennas Propag 5:356-362

Lyon RW, Sangster AJ (1981) Efficient moment method analysis of radiating slots in a thick-walled rectangular waveguide. IEE Proc 128(pt. H):197-205

Maxum BJ (1960) Resonant slots with independent control of amplitude and phase. IRE Trans. Antennas Propag 8:383-388

Oliner AA (1957) The impedance properties of narrow radiating slots in the broad wall of rectangular waveguide. IRE Trans Antennas Propag 5:1-20

Park SH, Hirokawa J, Ando M (2003) Simple analysis of a slot with a reflection-canceling post in a rectangular waveguide using only the axial uniform currents on the post surface. IEICE Trans Commun 86(8):2482-2487

Rangarajan SR (1989) Compound radiating slots in a broad wall of a rectangular waveguide. IEEE Trans Antennas Propag 37:1116-1123

Sakakibara K, Hirokawa J, Ando M, Goto N (1994) A linearly-polarized slotted waveguide array-using reflection-canceling slot pairs. IEICE Trans Commun 77:511-518

Sakakibara K, Hirokawa J, Ando M, Goto N (1996) Periodic boundary condition for evaluation of external mutual coupling in a slotted waveguide arrays. IEICE Trans Commun 79: 1156-11641412 J. Hirokawa and M. Zhang

Sakakibara K, Kimura Y, Akiyama A, Hirokawa J, Ando M, Goto N (1997) Alternating phase-fed waveguide slot arrays with a single-layer multiple-way power divider. IEE Proc Microw Antennas Propag 144:425-430

Seki H, Goto N (1981) Synthesis of circular polarization with non resonant slots in the narrow wall of a rectangular waveguide. Trans IECE 64(pt. B):1000-1007

Stegen RJ (1971) Longitudinal shunt slot characteristics, Technical report 261, Hughes technical memorandum

Stern GJ, Elliott RS (1985) Resonant length of longitudinal slots and validity of circuit representation: theory and experiment. IEEE Trans Antennas Propag 33:1264-1271

Stevenson AF (1948) Theory of slots in rectangular waveguides. J Appl Phys 19:24-38

Watson WH (1946) Resonant slots. IEE J 93(pt. 3A):747-777

Watson WH (1947) The physical principles of wave guide transmission and antenna system. Oxford University Press

Yee HY (1974) Impedance of a narrow longitudinal shunt slot in a slotted waveguide array. IEEE Trans Antennas Propag 22:589-592

Zhang M, Hirokawa J, Ando M (2011) Full-wave design considering slot admittance in 2-Dwaveguide slot arrays with perfect input matching. IEICE Trans Commun 94:725-734

第31章
全向天线

Xianming Qing, Zhi Ning Chen

摘要

全向天线,即在特定平面(往往是方位面)上均匀辐射电磁波的天线,是无线通信系统中常用的天线类型之一。本章根据垂直极化、水平极化、双线极化以及圆极化等不同的极化方式介绍全向天线的基本原理和研究现状,还对当前最新的全向天线设计做简要的文献综述。

关键词

全向天线;垂直极化全向天线;水平极化全向天线;双极化全向天线;圆极化全向天线;偶极子天线;单极子天线;环形天线;缝隙天线;介质谐振天线

X. Qing(✉)
新加坡资讯通信研究院,新加坡
e-mail:qingxm@i2r.a-star.edu.sg
Z. N. Chen
新加坡国立大学电气与计算机工程系,新加坡
e-mail:eleczn@nus.edu.sg;znchen@ieee.org

31.1 引言

天线是无线通信系统中不可或缺的部件,一般由金属导体(单元)构成,与无线发射机或无线接收机连接。发射机驱动电流在天线上振荡,从而在天线单元周围产生变化的磁场,与此同时电子的运动也产生沿着天线单元变化的电场,这种时变场从天线出发以正交的电磁场波的形式向空间辐射。相应地,在接收过程中,入射电磁波的时变电场和磁场对天线单元中的电子施加作用力,使之做往返运动,从而在天线上产生振荡电流。

自 1888 年赫兹通过他开创性的试验证明了电磁波的存在以来,人们已经设计了大量天线,并将其应用于各种无线通信系统。一般来讲,天线可以从以下角度进行分类:

(1) 工作频率:甚低频(VLF)天线、低频(LF)天线、高频(HF)天线、甚高频(VHF)天线、超高频(UHF)天线、微波天线、毫米波(mmW)/亚毫米波天线、太赫兹天线、以及光学天线。

(2) 口径形式:线天线、反射面天线、微带贴片天线、缝隙天线等。

(3) 极化方式:线(垂直和水平)极化天线、双线极化天线、圆极化天线。

(4) 辐射特性:各向同性天线、全向天线、定向天线。

如图 31.1 所示,全向天线可以在特定平面(一般是方位面)上朝所有方向

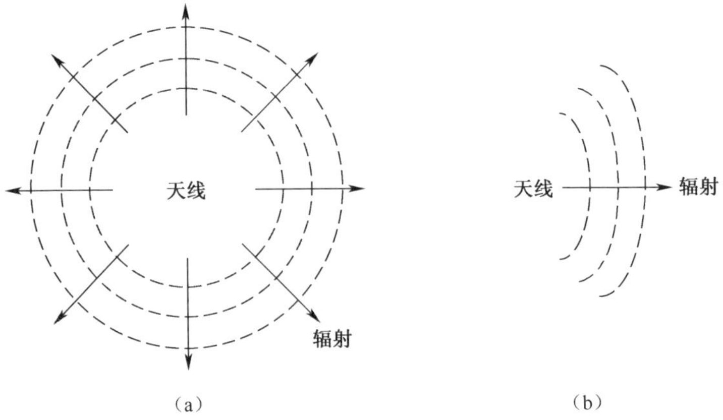

图 31.1 全向天线与定向天线

(a)全向天线的辐射;(b)定向天线的辐射。

均匀辐射无线电波,实现 360°覆盖,这一特性使之适用于对多用户的通信。全向天线广泛应用于广播、卫星、全球定位系统(GPS)、无线局域网(WLAN)的接入点以及移动设备,如蜂窝电话、无线电话、FM 广播、笔记本电脑等(Riblet,1947;Croswell et al.,1969)。

第一款全向天线可以追溯到很久之前,简单的偶极子或单极子天线都可以在某一平面上产生垂直极化的全向辐射。一般来讲,全向辐射要么通过单极子天线或偶极子天线等辐射单元上的圆形对称电流分布实现,要么通过圆柱排列的微带贴片和缝隙天线等定向辐射单元的辐射叠加实现。本章首先简要阐述全向天线的基本原理,然后回顾各种全向天线,最后还讨论最近发展起来的技术,如超材料全向天线。

31.1.1　全向辐射方向图

根据 IEEE 关于天线术语的标准定义(IEEE 145—1983),天线辐射的相关定义如下:

(1) 各向同性天线:在所有方向上具有同等辐射强度的理想的无损天线。

(2) 全向天线:在给定平面上具有无方向性辐射方向图,而在任何正交平面上具有定向辐射方向图的天线。

(3) 定向天线:在某些方向上能更有效地辐射或接收电磁波的天线。

各向同性天线在所有方向上均匀地辐射能量,形成球形辐射方向图,也就是在任意平面上都表现为全向辐射。但各向同性天线实际上是不存在的,只是用作参考天线来衡量实际天线的性能。全向天线在某个平面的所有方向上均匀地辐射电磁波,辐射的功率随偏离该平面的俯仰角而下降,直到在天线轴向降至零,从而产生了甜甜圈形辐射方向图,如图 31.2 所示。

31.1.2　全向天线的方向性

各向同性天线的方向性为 1,因为它在所有方向上均匀地辐射能量。而对于其他天线,最高方向性总是高于 1,这也成为该天线与各向同性天线相比表征其方向特性的重要参数。定向天线的方向性可以用天线在两个平面上的半功率波束宽度(HPBW)准确地估计(Balanis,1977)。但这样的计算公式对全向天线是不成立的,因为半功率波束宽度的定义不适用于全向辐射的平面。

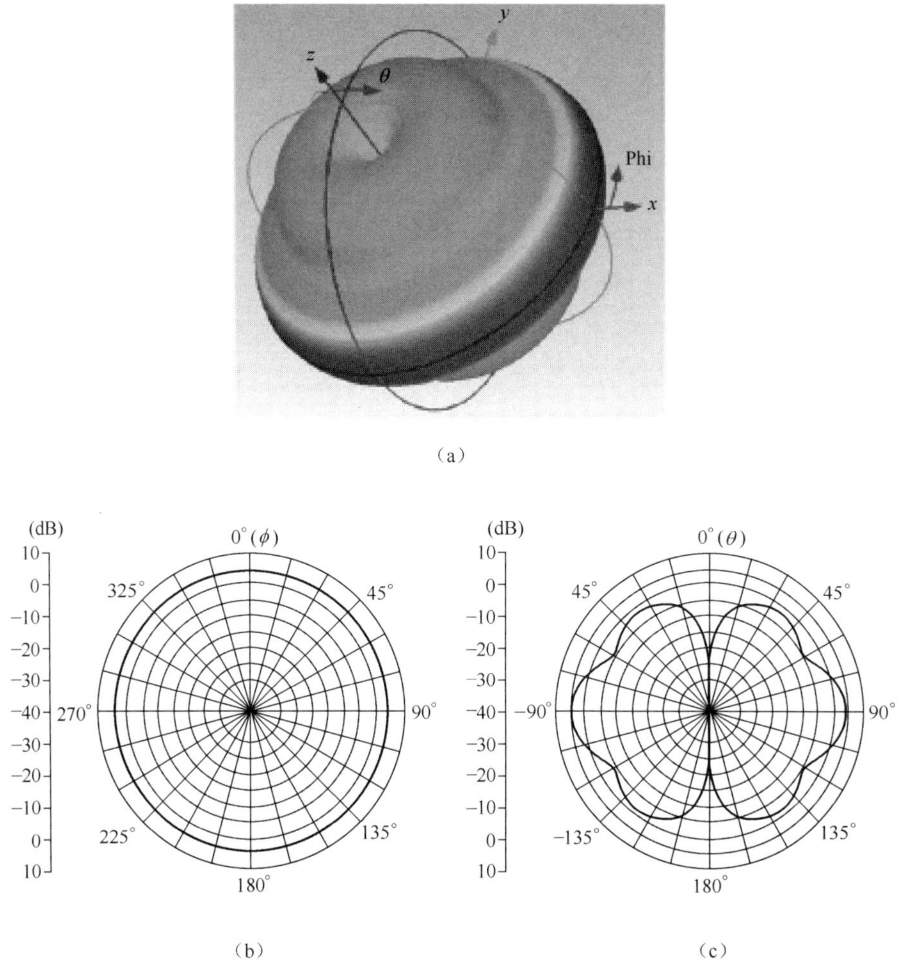

图 31.2　全向天线的典型辐射方向图(彩图见书末)

(a)三维方向图;(b)方位面($x-y$ 面)全向方向图;(c)俯仰面方向图($x-z$ 面)。

全向天线在俯仰面的辐射方向图可用下式近似:

$$U = |\sin^n\theta|, 0 \leqslant \theta \leqslant \pi, 0 \leqslant \phi \leqslant 2\pi \tag{31.1}$$

式中:n 为整数或非整数。

方向图用式(31.1)表示的天线,一旦 n 已知,其方向性可由上述定义的闭式决定。然而,在实际设计中,通过近似公式用 HFBW 计算方向性更为方便。

McDonald(1978)基于宽边线阵的阵列因子推导了天线方向性的公式:

$$D_0 \approx \frac{101}{\text{HPBW} - 0.0027\text{HPBW}^2} \tag{31.2}$$

式中：HPBW 单位为(°)。

Pozar(1993)基于式(31.1)得到的确切数值推导了天线方向性的公式，然后通过曲线拟合用闭式表征该数据，其表达式为

$$D_0 \approx -172.4 + 191\sqrt{0.818 + 1/\text{HPBW}} \tag{31.3}$$

一般来说，式(31.3)用于计算副瓣电平很低(理想情况下没有副瓣)的全向方向图时更为精确，而式(31.2)用于计算没有副瓣的全向方向图时更为精确，分别如图 31.3(a)、(b)所示。

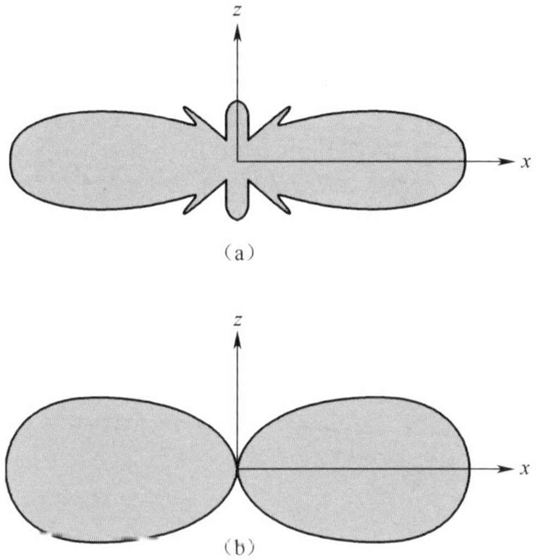

图 31.3　全向方向图

(a)存在副瓣；(b)不存在副瓣。

31.1.3　全向性

实际应用的全向天线永远不可能获得像圆那样的全向辐射方向图。如图 31.4所示，全向辐射方向图一般总会表现出非对称性或者起伏，这些是由非对称的辐射结构、加工误差、不合理的天线装配以及测量误差等因素引起的。

全向性是个工程术语，也称不圆度，虽然它不在 IEEE 关于天线术语的标准定义中，却在实际应用中广泛采用。它是一个描述各方向全向辐射、量化天线最

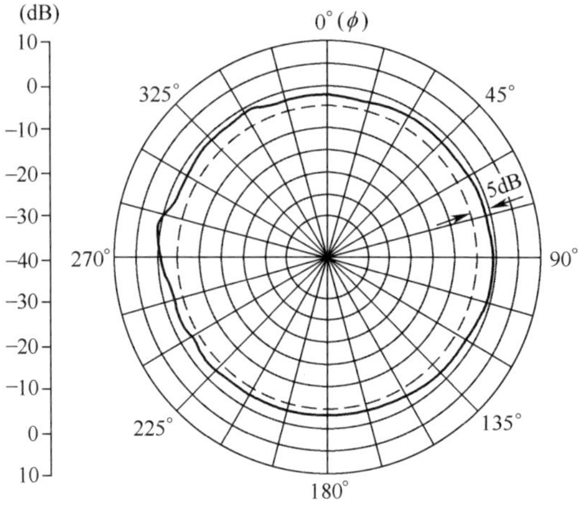

图 31.4　全向性的定义

高增益与最低增益之比的参数。理想的全向天线辐射方向图理应是各个方向幅度一致的圆,天线的增益沿周向保持不变,因此全向性或不圆度为 0 dB。工程上对全向天线全向性的典型要求为 6dB(或±3dB)~2dB(或±1dB),甚至一些特定应用场景达到 1dB(或±0.5dB)。如图 31.4 所示的全向辐射方向图具有 5 dB 的全向性。

31.1.4　全向天线的构成

典型的全向天线的实现方式如图 31.5 所示,最简单的方法是使用具有圆对称电流分布的辐射器。直偶极子的电流分布就是如此,因此可以在垂直于辐射器的平面上产生全向辐射。电小环天线表现出相似的特性,电流沿环向流动,在环所在平面上产生全向辐射。

全向辐射也可以用多个定向天线来实现。这些定向辐射单元一般位于圆柱结构的表面上,或分布在一个平面圆周上,这样就能合成全向的方向图(Knudsen,1956;Chu,1959;Jayakumar et al.,1986;Herscovici et al.,2001;Li et al.,2003;Wang et al.,2012)。对于多天线单元方案,单元位置是获得全向辐射方向图的关键因素。一般来讲,具有圆对称辐射结构的全向天线的全向性要优于多辐射单元的全向天线。

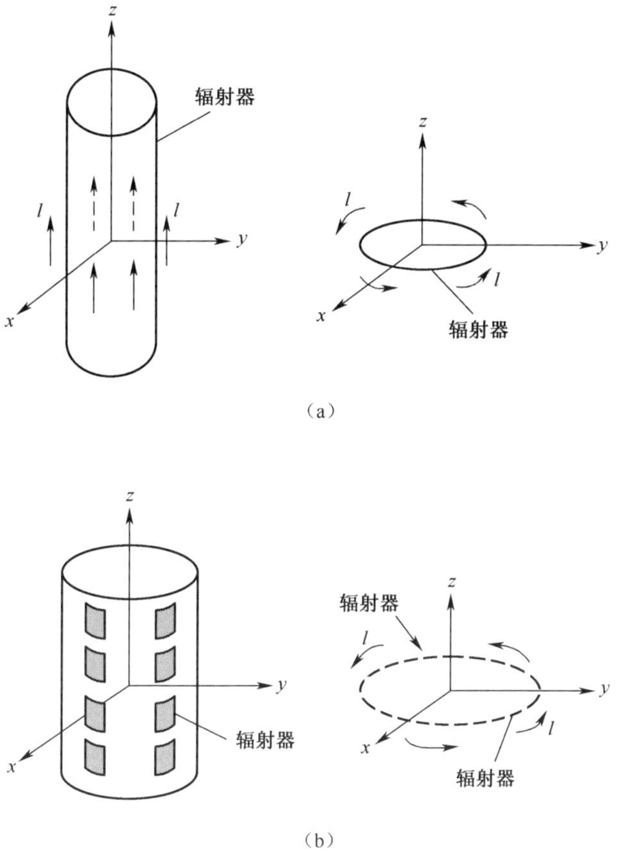

图 31.5　全向天线的构成

31.1.5　全向天线的设计思路

与其他天线一样，在尺寸和成本约束下，要设计的全向天线必须具有特定的辐射特性。在诸多特性中，以下这些对全向天线尤为重要：

(1) 极化极化方式：全向天线设计的首要因素就是极化方式，也是构建天线的起点。垂直放置的偶极子可以产生垂直极化，但是在水平面的全向辐射，也就是说，偶极子只能在 H 面产生全向辐射方向图，而不是在 E 面。为了产生水平极化全向辐射，就必须采用电小环天线或者合理排列的多个辐射器。对于双线极化或圆极化全向天线，构建起来更为复杂，因此要考虑采用正交场部件和移相器件。

(2) 全向性:全向性是工程应用中最重要的参数。从设计角度来看,用圆对称的单辐射器产生需要的全向性比用多阵元合成全向辐射更为容易。

(3) 带宽:带宽是全向天线的另一个关键参数,而且现代无线通信系统中超宽带或多带宽应用的带宽非常大。例如,超宽带无线电系统的全向天线要覆盖3.1~10.6GHz(109.5%)的频率范围;长期演化(LTE)室内接入点的天线要工作在670~2690MHz,相对带宽达到了122.7%。在全向辐射和极化的约束下,宽带天线设计是个极大的挑战。一般来说,宽带垂直极化全向天线可以通过增大辐射器体积来实现。对于水平极化全向天线,宽带可以用特殊开发的辐射器或多个宽带阵元实现,这样的阵元包括渐变缝隙或对数周期天线。

(4) 增益:全向天线相比于定向天线,其一般增益较低。要使全向天线具备高增益,最直接的解决方法是采用天线阵列。例如,偶极子天线增益为2.15dBi,而一个14单元偶极子天线阵列却可以获得6~7dBi的增益。另外,采用特殊的方案也可以得到高增益特性,一种具有两种形状反射器的全向天线展现了高于10dBi的增益。

31.2 垂直极化全向天线

本节讨论几种垂直极化全向天线。如果由于天线放置原因而使其在水平面或H面产生垂直极化全向辐射,该垂直极化全向天线也称为H面全向天线。

31.2.1 基于偶极子的全向天线

1. 直偶极子天线

偶极子是天线的基本类型之一,多年来一直在发展进步。实际上,赫兹在其1888年的开创性电火花试验中就使用了偶极子天线。作为一种基本辐射器,偶极子因其本身的对称结构产生全向辐射。偶极子天线的分析和设计原则也已得到全面阐述(Kraus et al.,2008),这里不再重复。值得注意的是短偶极子天线(整个偶极子总长小于一个工作波长)只有一个主瓣,最大辐射方向在水平面上($\theta=90°$),而长偶极子(整个偶极子总长大于一个工作波长)具有多个波瓣,如图31.6所示。

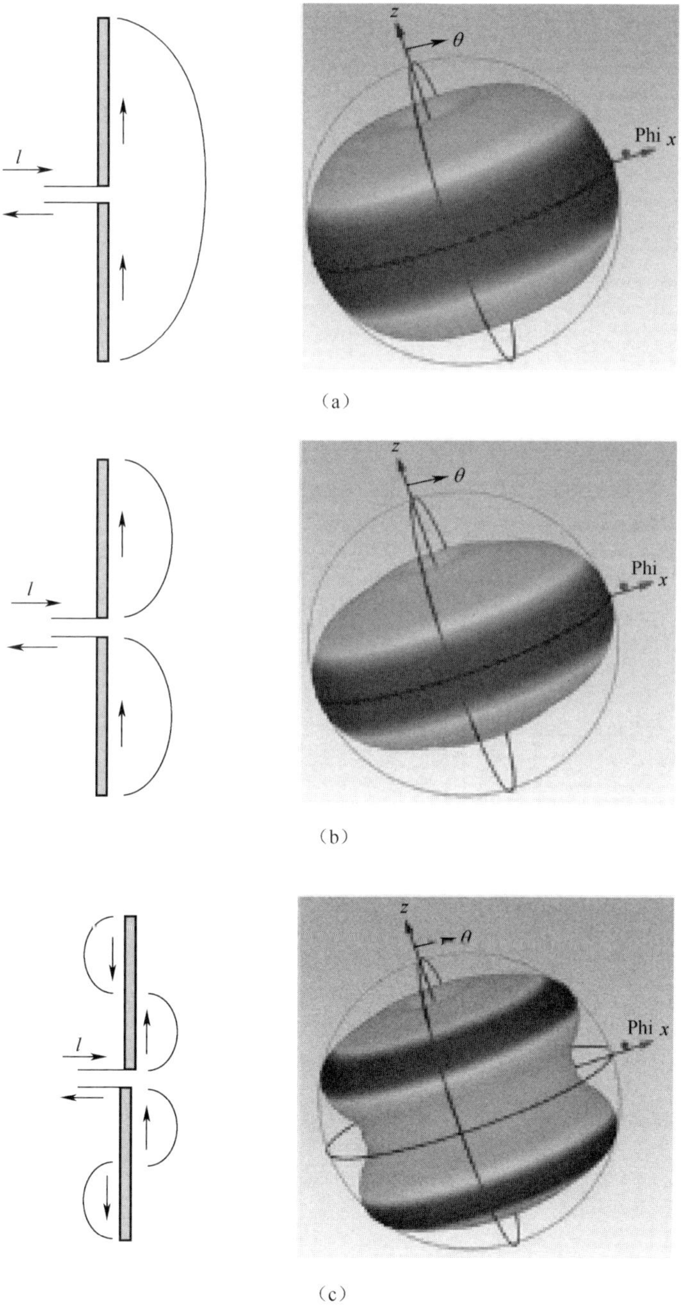

图 31.6　偶极子天线的电流分布及其三维辐射方向图(彩图见书末)

(a)半波偶极子;(b)全波偶极子;(c)双波长偶极子。

2. 同轴共线偶极子天线

同轴共线(CoCo)天线由 H. A. Wheeler 于 1956 年提出,是一种高增益全向天线(Balsley et al.,1972;Judasz et al.,1989)。它以同相馈电偶极子线阵的形式辐射,形成一个窄的边射波束,并在垂直于天线轴线的平面上形成全向方向图。它既可作为独立的天线使用,也可用作大型阵列的单元。因其结构简单,加工便利,数十年来大量用于雷达和通信系统。

如图 31.7 所示,CoCo 天线由一系列共线的同轴电缆构成,每一段都是半波长(以导波波长 λ_g 计),同轴电缆的内导体与相邻单元的外导体连接,这样可以使加在所有间隙的激励电压等幅同相,从而在同轴电缆外表面上激励起强的同相电流分布,并在宽边方向获得高增益。因此,每一段同轴电缆不仅是传输线,而且是辐射器。

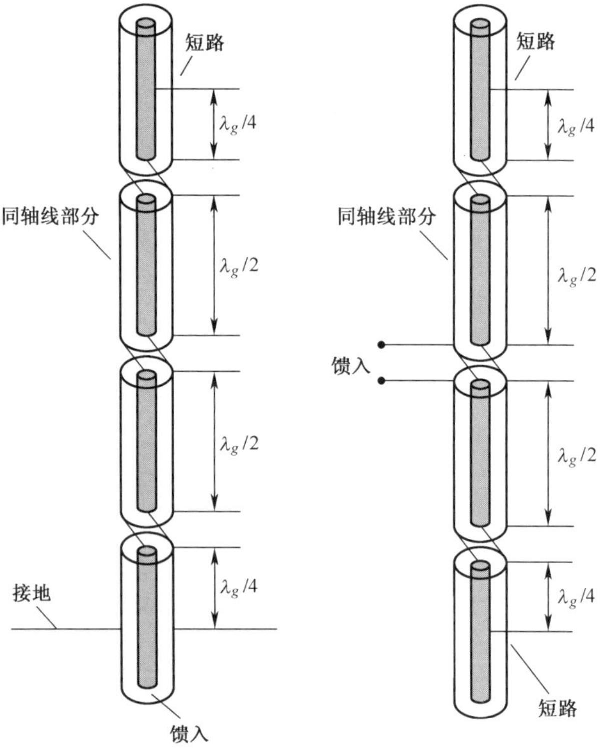

图 31.7 同轴共线偶极子天线

(a)底部馈电方式;(b)中心馈电方式。

除了同轴线结构，R. Bancroft 和 B. Bateman 于 2004 年还提出了基于微带的共线偶极子天线，这种天线的形状如图 31.8 所示，包括印制电路板（PCB）正反两面的两条金属带，顶层的金属带从宽度为 W_1 的宽线开始，接一段宽度为 W_2 的窄线，两段长度都为 L。这条金属带宽窄部分交替，直到最后以一个宽线收尾。底层的金属线从一段窄线开始，并从窄线向宽线过渡，与顶层金属带形状形成互补。底层金属带的第一段和最后一段与顶层对应的宽金属段中心短接。窄金属带宽度 W_2 按 50Ω 微带线宽度选取，而对面的宽金属带可视为接地面。宽金属带宽度 W_1 近乎是窄金属带的 5 倍。每一段的长度 $L \approx \lambda_g/2$，由工作波长、介电常数和 PCB 的厚度共同决定。工作在 2.4GHz 的四段天线设计实例仿真得到的最高增益达到 6.4 dBi（增益测试值为 4.6dBi），旁瓣为 11dB，在 15.5% 的带宽范围内 VSWR≤2。

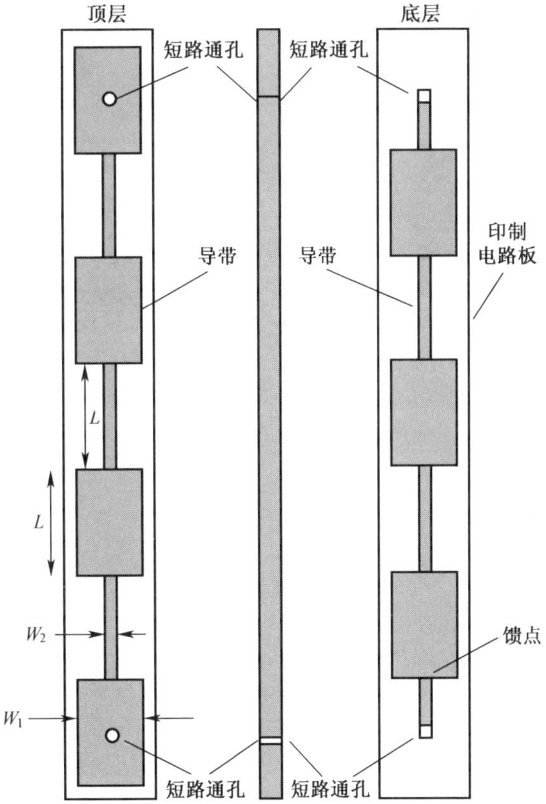

图 31.8　微带共线偶极子天线

3. 双锥天线

双锥天线具有与偶极子类似的特性,即 H 面全向辐射,E 面具有“8”字形方向图,相位中心固定,增益良好,并通过双锥体单元获得极大带宽。10 多年来,人们开发了许多双锥天线,频率从数兆赫兹到数吉赫兹,带宽达到 3 个倍频程或更多。

如图 31.9 所示,双锥天线由两个相对而置的金属锥体构成,锥体通常是沙漏状,双锥共轴。可将锥体视为一致渐变的传输线(Barrow et al.,1939;Nagasawa 和 et al.,1988)。

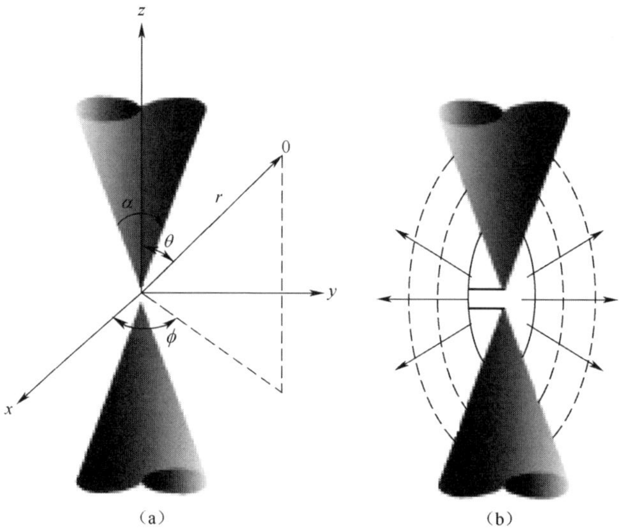

图 31.9　双锥天线形状及其辐射的球面波

无限大双锥天线的输入阻抗为

$$Z_{in} = 120\ln\cot\frac{\alpha}{4} \tag{31.4}$$

式中:α 为锥角。该阻抗为纯电阻。

当 α 很小时,Z_{in} 可写为

$$Z_{in} = \frac{\eta}{\pi}\ln\cot\frac{\alpha}{4} = \frac{\eta}{\pi}\ln\frac{1}{\tan(\alpha/4)} \approx \frac{\eta}{\pi}\ln\frac{4}{\alpha} \tag{31.5}$$

双锥天线输入阻抗在较宽的频率范围内基本保持不变。小角度双锥天线并不实用(小的 α 意味着大的 Z_{in},天线可能难以与馈线匹配),而宽角双锥天线方案($30°<\alpha/2<60°$)却常常被采用。除锥角之外,实际天线设计中另一个关键因

素是锥体间距,在频率较高时尤为重要。在微波频段,经常用间隔物来支撑锥体,而支撑物的特性也会影响天线的阻抗。在实际天线设计中,并不需要用上述公式计算阻抗,借助于强大的商用电磁仿真软件,设计师可以合理优化天线的锥角。

双锥天线可采用同轴线直接馈电,还可以通过巴伦来展宽带宽。图 31.10 是一些实用的双锥天线,锥体可以由线来构建,锥体形状可采用金字塔形,锥体也可取不同的长度。

(a)　(b)　(c)

图 31.10　双锥天线形式

4. 盘锥天线

盘锥天线是一种垂直极化全向天线,带宽达到几个倍频程(Nagsawa and Matsuzuka,1988;Bergmann,2003;Kim et al.,2005;Chen et al.,2011)。如图 31.11 所示,盘锥天线由一个盘和一个锥构成,盘在锥顶上并垂直于其轴线,这也是“盘锥”一词的由来。盘锥天线宜用同轴电缆馈电,盘与同轴电缆内导体相

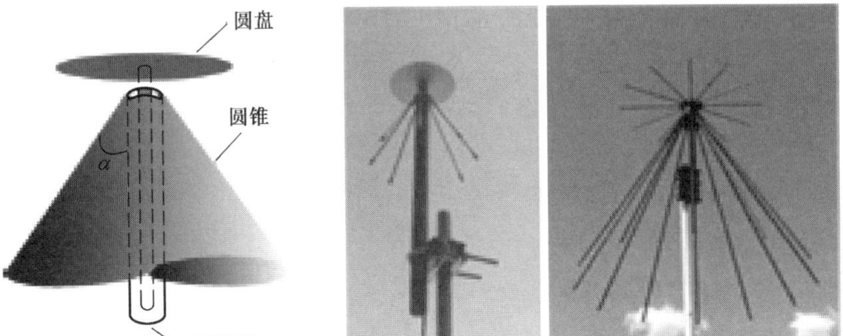

(a)　(b)

图 31.11　盘锥天线

(a)天线构型;(b)实际的盘锥天线。

连,而锥顶与同轴电缆外屏蔽层相连。只要锥体长于 $\lambda/4$,且顶角达到一定度数,盘锥天线的输入阻抗主要由顶角大小决定。一般来说,盘锥天线的频率性能与高通滤波器近似,在截止频率以下效率很低,在馈线上引起严重的驻波。在截止频率处,锥体的斜边高度约等于 $\lambda/4$。

图 31.12 是超宽带(UWB)应用中的一副盘锥天线(Qing et al.,2005),其性能如图 31.13 所示。在 3.0~11.0GHz 频率范围内 $|S_{11}|<-10$dB,增益约为 2dBi($\theta=90°,\phi=0°$)。测试辐射方向图如图 31.13(c)所示,在 $x-y$ 面上获得良好的全向方向图,全向性约为 3dB。

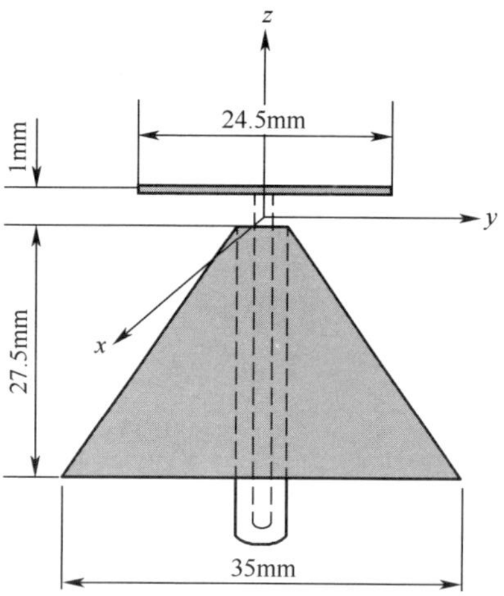

(a)

(b)

图 31.12 UWB 应用中的盘锥天线

(a)天线具体尺寸;(b)天线原型样机。

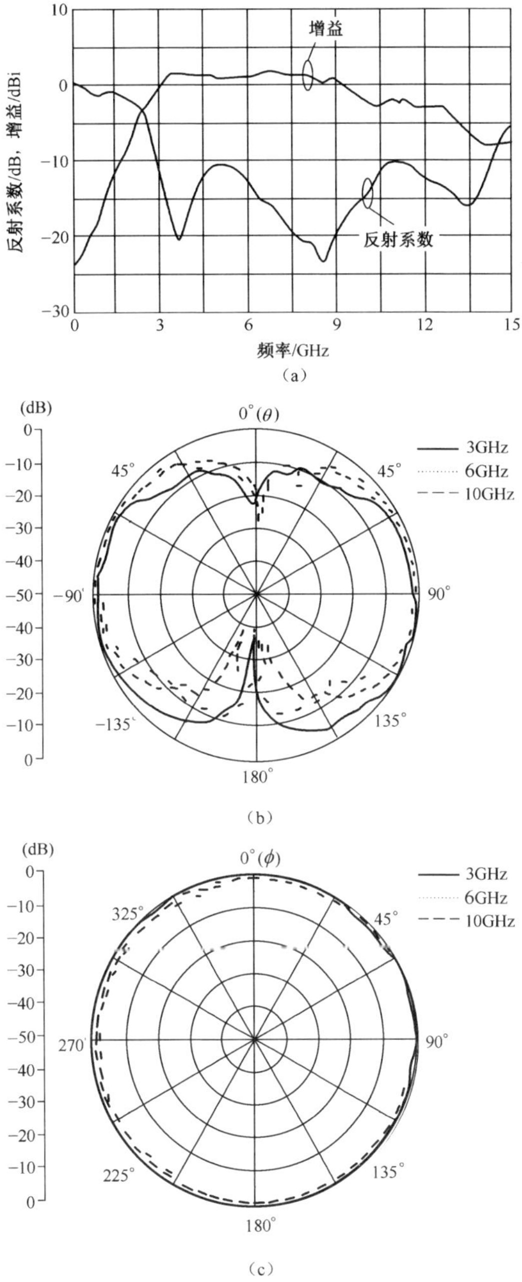

图 31. 13　UWB 盘锥天线的测试结果

(a)反射系数和增益;(b)x-z 平面归一化辐射方向图;(c)x-y 平面归一化辐射方向图。

31.2.2 基于单极子的全向天线

传统的单极子天线由一根直杆状导体构成,往往垂直安装在某种接地面上。Guglielmo Marconi 于 1895 年发明了单极子天线,他发现一旦将发射机的一端接到悬在空气中的一段长线,另一端接到地上,就可以远距离传输无线电波。正因为如此,这种天线可称为马可尼天线,而 Alexander Popov 也几乎在同时发明了这种天线。

如图 31.14 所示,单极子天线可视为将竖直的偶极子天线的下面一半用垂直于上面一半的接地板代替,根据镜像理论,具有无限大良导体地的单极子天线的辐射方向图与 2 倍长度的偶极子方向图的上半部分相同。$\lambda/4$ 单极子天线只有一个"瓣",场强在水平方向上从最大值单调下降,而更长的单极子方向图也更复杂,具有多个指向空中的锥形"瓣"(辐射极大值)。因为只在接地板以上的空间或偶极子天线的一半空间产生辐射,单极子天线方向性是偶极子天线的 2 倍(3dB)。另外,单极子天线的输入阻抗则是偶极子天线的 1/2。例如,对于具有理想无限大接地面的 $\lambda/4$ 单极子天线($L=0.25\lambda$),其方向性为 5.15dBi,而输入阻抗 $Z_{in} = 35.5 + j21.35\Omega$ 。

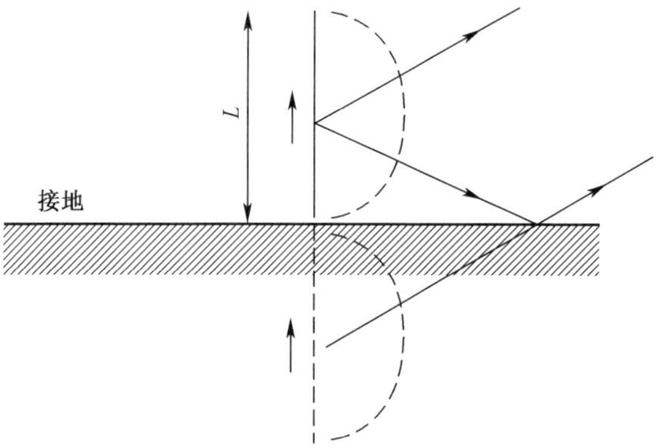

图 31.14 用镜像理论进行单极子分析

单极子天线的接地面可以是实际的地面,如果这样,天线就安装在地上,馈线的一头也就接到天线底部的地上,这就是低频无线电广播中采用的桅杆辐射天线方案。在 VHF 和 UHF 频段,需要的接地面物理尺寸更小,因此可以将天线安装在金属板上,像这样的表面有汽车车顶或飞机机身。

电小尺寸的接地以及不良导电的接地对单极子天线性能的影响一般是使最大辐射方向向上倾斜，也就是俯仰角更大。图 31.15 比较了一个 $\lambda/4$ 单极子天线在不同接地板尺寸下的辐射方向图。

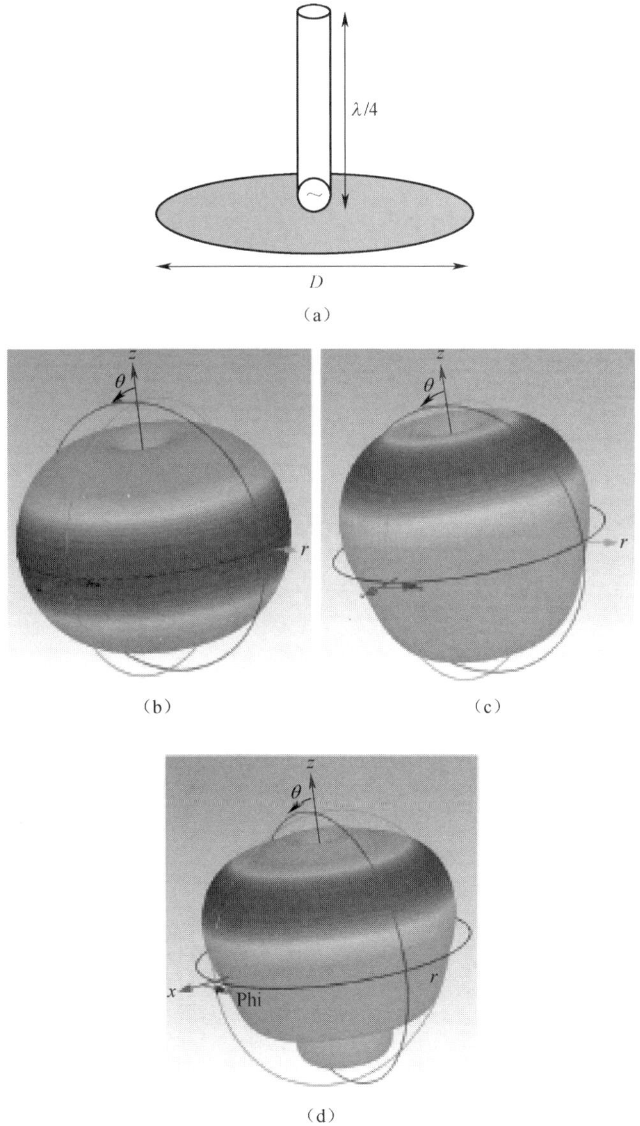

图 31.15　$\lambda/4$ 单极子在不同接地板尺寸下的辐射方向图(彩图见书末)

(a)天线形式；(b)$D=0.25\lambda$；(c)$D=1\lambda$；(d)$D=2\lambda$。

1. 三维单极子天线

与偶极子天线不同,单极子天线是一种非平衡天线,因此非常适合用同轴线馈电。如图31.16所示,将同轴连接器如微型A形头(SMA)的内导体与单极子天线的底端相连,而将其外导体与接地面相连。除了基本的杆状辐射体,单极子天线还可以采用其他不同的形状,如圆锥、渐变锥、交叉板、平行板以及卷曲板。辐射体体积越大,天线带宽就超出杆状单极子带宽越多,而渐变结构的阻抗匹配更好(Taniguchiet al.,2002;Wong et al.,2005;Wong et al.,Chen,2005)。这些形式都能实现宽带阻抗匹配,但只有圆对称辐射体才能产生需要的全向辐射。

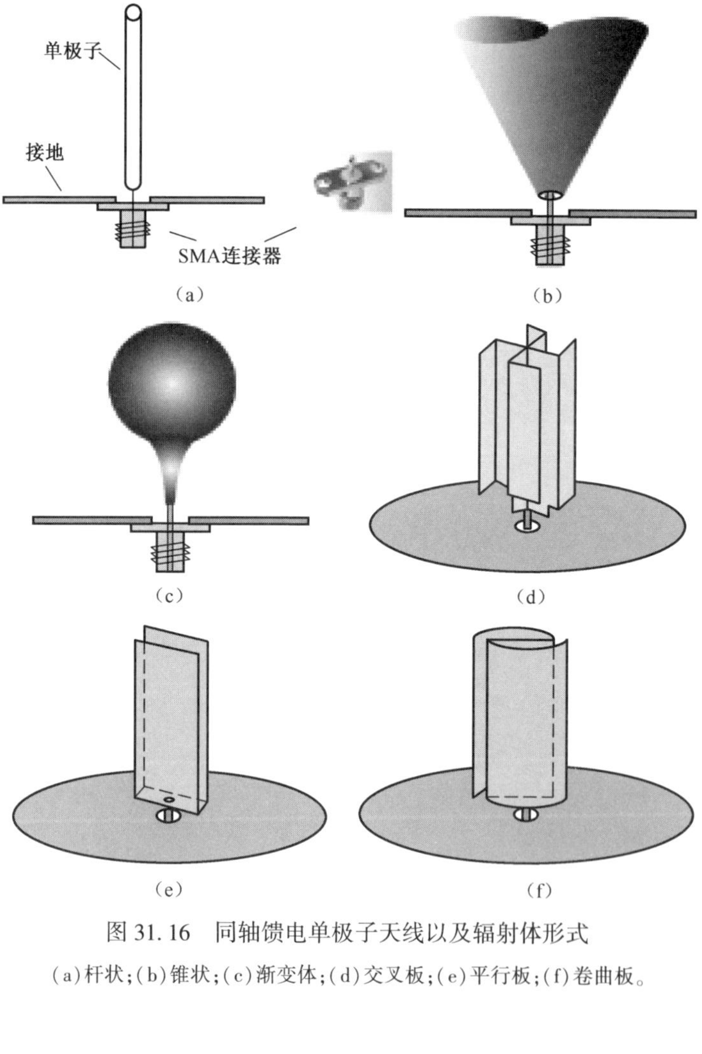

图31.16 同轴馈电单极子天线以及辐射体形式

(a)杆状;(b)锥状;(c)渐变体;(d)交叉板;(e)平行板;(f)卷曲板。

2. 平面印制单极子天线

一些印制全向天线也已见诸报道,平面单极子和接地都刻蚀在 PCB 上。如图 31.17 所示,这些天线由辐射体和小接地面组成,通过微带线或共面波导(CPW)馈电。对于微带馈电天线,辐射体和微带馈线位于 PCB 一侧,而接地位于 PCB 另一侧。而对于共面波导馈电天线,辐射体和 CPW 都位于 PCB 的同侧。这类天线可以提供宽的阻抗带宽和增益带宽,尤其是在高频段,此时得到的是双向方向图而不是全向方向图。改变辐射体形状有助于调整天线带宽,从而实现一些特殊性能,如带阻特性。

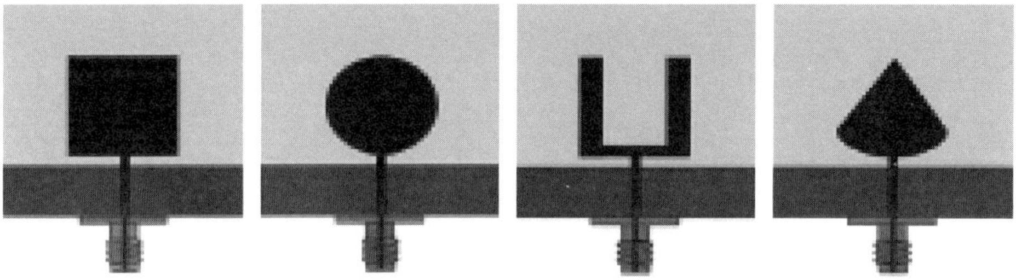

(a)

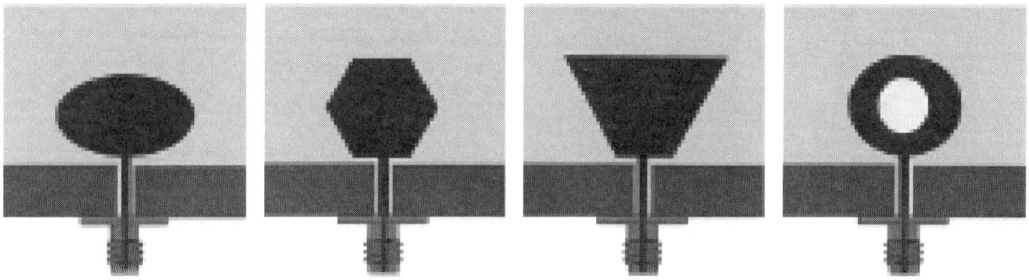

(b)

图 31.17　印制全向天线

(a)微带馈电印制单极子天线;(b)共面波导馈电印制单极子天线。

31.2.3　缝隙阵列天线

在圆波导或同轴线上切出横向的缝隙就可以实现垂直极化全向辐射,一般用缝隙阵列取代单个缝隙来获得高增益,缝隙单元之间的间隔为一个导波波长 λ_g,这样可以获得同相激励。因为在壁上具有圆对称的电流分布,传输模式为 TM_{01} 模的圆波导适于实现缝隙阵列以获得全向辐射。需要注意的是:TM_{01} 模的中空圆波导的波导波长 λ_g 比自由空间波长 λ_0 要长,缝隙天线阵列会产生栅瓣。为避免栅瓣,λ_g 应比 λ_0 短,就应该用介质填充中空圆波导,或者采用慢波结构。

同轴线同样适用于实现全向缝隙阵列。Baumer 和 Landstorfer(1990)提出了如图31.18所示的缝隙阵列天线,同轴线的内导体采用慢波结构,外导体的直径约为中心频率处自由空间波长的1/4。为便于实现,非谐振的横向缝隙略小于360°。这个八元缝隙阵列天线在方位面可以获得全向辐射方向图,测得的定向性为10dBi。

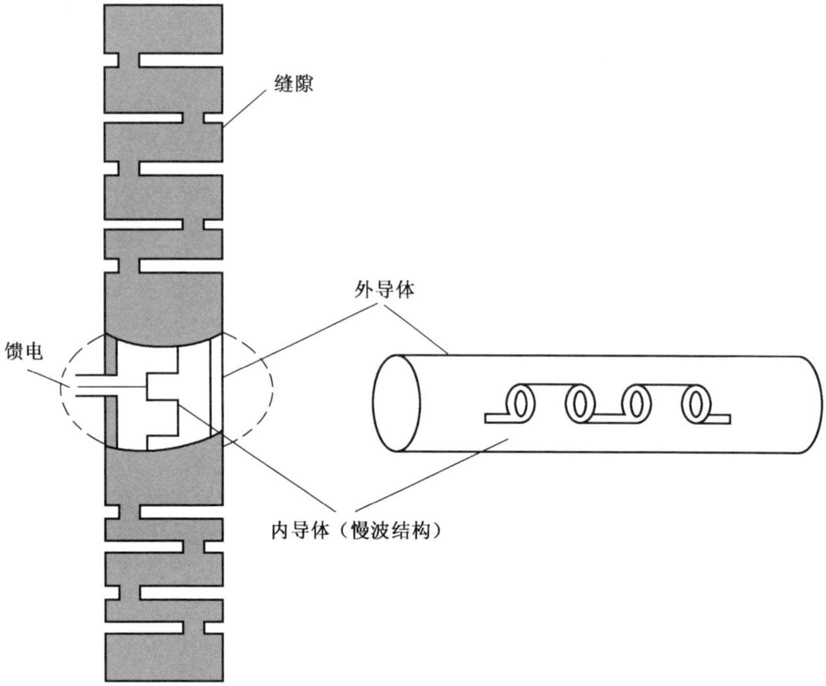

图31.18　基于同轴线的垂直极化全向辐射缝隙天线阵

Chen 等提出了如图31.19所示的平面全向缝隙阵列天线(Chen et al.,2011),该天线由一根中心导体和两个接地面构成。中心导体嵌在PCB中,并被两个平行接地板夹在中间,从而形成带状线结构。中心导体的一端连接馈电同轴线,另一端开路。在顶面和接地面的金属地上刻出一系列方形环槽,可以发现,方形环槽不一致、单元间距不等的非均匀阵列可以为天线设计提供更多灵活性,且可能获得比尺寸均匀、间距相等的阵列更优的性能。用低成本的精确平面

印制技术容易实现这种天线。该阵列天线有八对背对背环槽，中心频率为 5.8GHz，其阻抗带宽达到 4.6%（$|S_{11}| < 11$dB），具有全向方向图，在水平面上全向性为 0.5dB，增益达到 10dBi，旁瓣电平比主瓣低 10dB，且不存在波束倾斜。

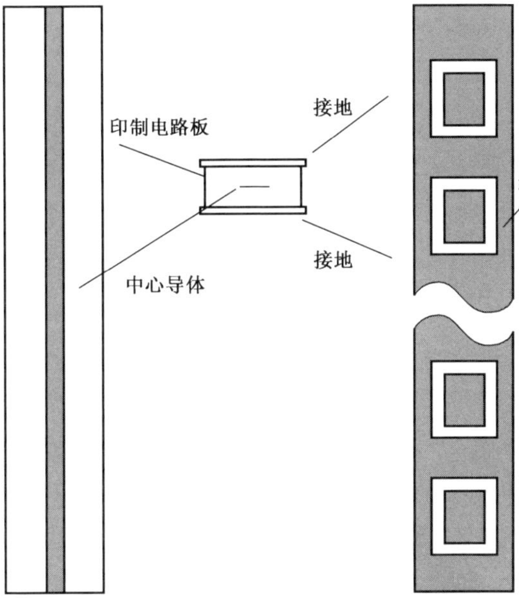

图 31.19　基于带状线的垂直极化全向辐射缝隙天线阵

31.2.4　双反射器全向天线

下一代通信系统有望通过高数据率无线信道提供服务，将工作在高达 60GHz 的毫米波频段，这就要求天线提供几吉赫兹的绝对带宽。传统的杆状偶极子天线和单极子天线工作带宽通常都窄，而双锥天线和盘锥天线工作带宽较宽，但增益较低，且难以在毫米波频段实现。

双反射器天线（Willoughby et al.，1959；Orefice et al.，1993）是在毫米波等高频段实现垂直极化全向覆盖的理想方案。如图 31.20 所示，一个全向双反射器天线由共轴的两个中心对称反射器构成，用同轴喇叭馈电。馈源位于抛物面副反射器的焦点处，电磁场先被抛物面反射，然后向锥状反射器传播，平面波由此被反射到水平面的各个方向上。为了在特定俯仰角获得最强辐射，可以设计锥状反射器的形状。

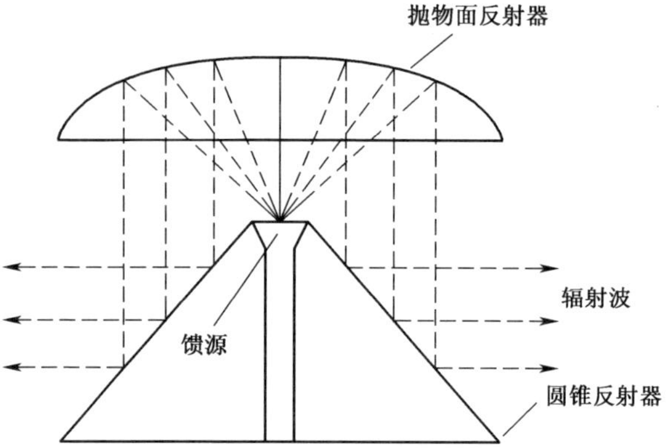

图 31.20　双反全向天线原理图

这种天线的一个重要特性是采用非常规的馈源来实现垂直极化。要求馈源的辐射场只有 θ 向分量,而沿轴向是一个零点。纯径向模口径如同轴喇叭或 TM_{01} 模激励的锥状喇叭宜用作这类天线馈源。

反射器可采用各种不同形状,如图 31.21 所示,方位面的全向辐射保持不变,而 E 面俯仰方向的辐射方向图形状和最强辐射倾斜角可由反射器的外形轮廓控制(Pino et al.,2000;Bergmann et al.,2004;Silva et al.,2005;Zang et al.,2013)。

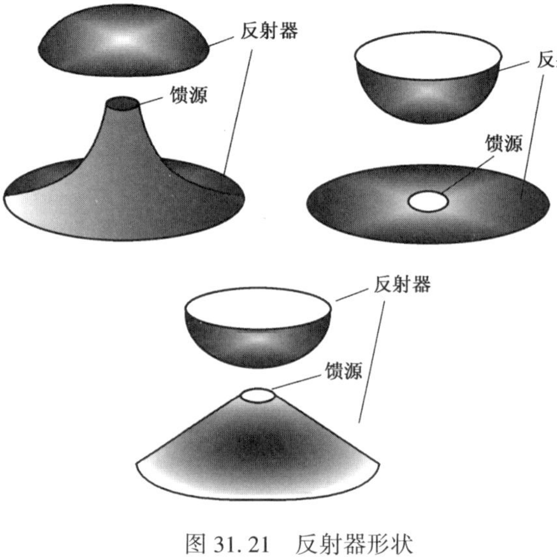

图 31.21　反射器形状

31.2.5　低剖面全向天线

传统的 $\lambda/4$ 高度的单极子天线并不适用于当今的无线系统，如 LTE 和空白电视信号频段无线电，这些系统的工作频率在几百兆赫兹以上。与之对应，低剖面天线却往往更受欢迎，尤其是对室内系统。采用天线加载技术可以减小单极子天线的垂直高度，如应用介质感性加载和容性加载（Delaveaud et al.，1998；Foltz et al.，1998；Mclean et al.，1999；Liu et al.，2004；Heydari et al.，2009）。除小型化单极子型天线之外，其他具有类似单极子全向辐射方向图的低剖面垂直极化天线还包括 Goubau 天线（Goubau et al.，1982）、四脚壶底盘天线（QKA，Tokumaru，1976）和螺旋式微带（SMM）天线等。Goubau 天线是一种多单元天线，包括四个电小垂直导体，每个导体端接一块感性板；四脚壶底盘天线由多块金属板组成；螺旋式微带天线是一种行波宽带天线。这些天线的高度都很小，只有工作波长的 1/20。

1. 多单元低剖面全向天线

1976 年，Tokumaru 提出一种了多板组合的全向天线（Tokumaru，1976），也就是如图 31.22 所示的四脚壶底盘天线。QKA 天线是一种自支撑多板组合的纯金属结构，包括一个接地板、一个馈电底板和一个上层板。底层金属板呈十字结构，中心是一个方形或圆形小贴片，其馈电是通过中心处的探针实现的，该探针底部与接地板短接。顶层板呈正方形或八边形/圆等形状，通过边沿上的四个垂片与底层板连接。这种天线可以方便地用同轴线馈电，同轴线的外导体与接地板连接，而同轴线的内导体则延长至底层板。底层板交叉壁的长度决定了最低工作频率，而上层板的形状决定了工作带宽内的阻抗匹配特性。QKA 天线是一种轴对称天线，可以产生类似于单极子天线的垂直极化辐射，天线高度比 0.05λ 还短，而带宽却大于 50%。

除了四角锥结构之外，多板组合天线还可采用三角锥、六角锥或八角锥构型。Zurcher 提出了如图 31.23 所示的三脚壶底盘天线（TKA）（Zurcher，2013），该天线设计中心频率为 7.5GHz，阻抗带宽达到 75%（$|S_{11}| < -10$dB），天线高度只有 5.9mm（在频率低端相当于 0.079λ）。

另一种多单元低剖面垂直极化全向天线如图 31.24 所示，其特点是高度小于 $\lambda/20$，且横向尺寸不大于 $\lambda/5$。与 QKA 天线类似的是，这种天线也包括接地

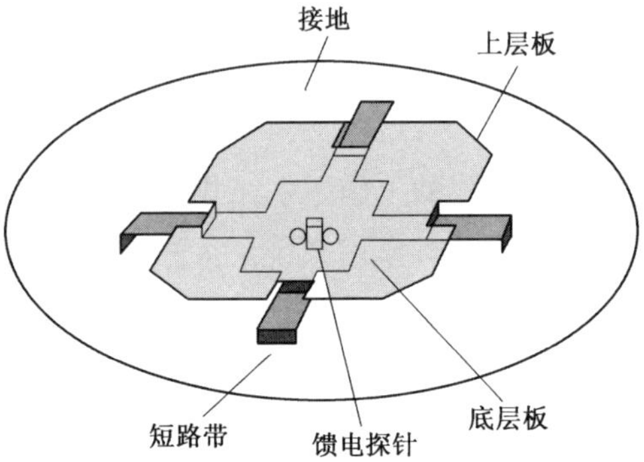

(a)

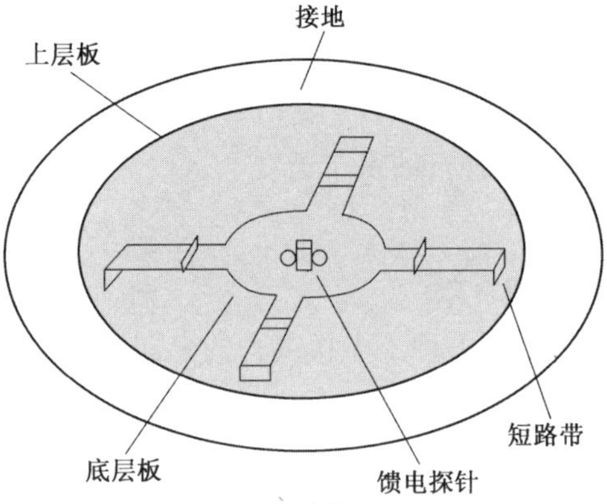

(b)

图 31.22　四脚壶底盘天线原理图

(a)八边形结构;(b)圆形结构。

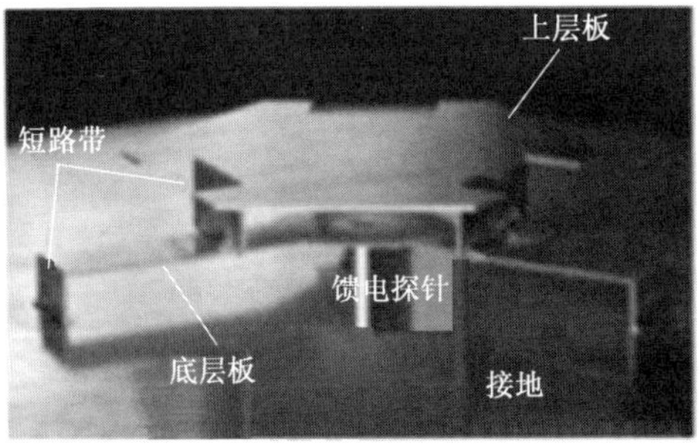

(a)

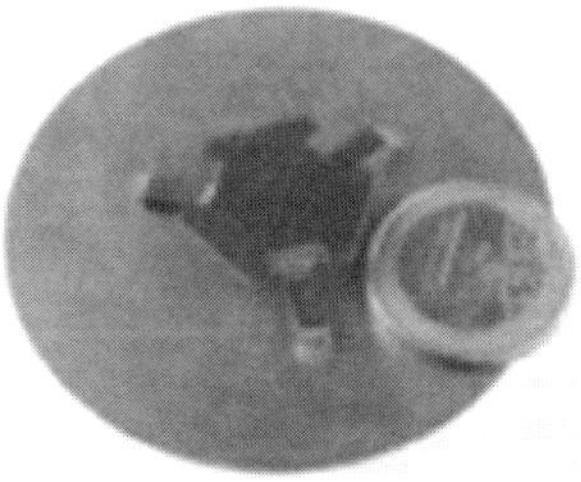

(b)

图 31.23　三脚壶底盘天线

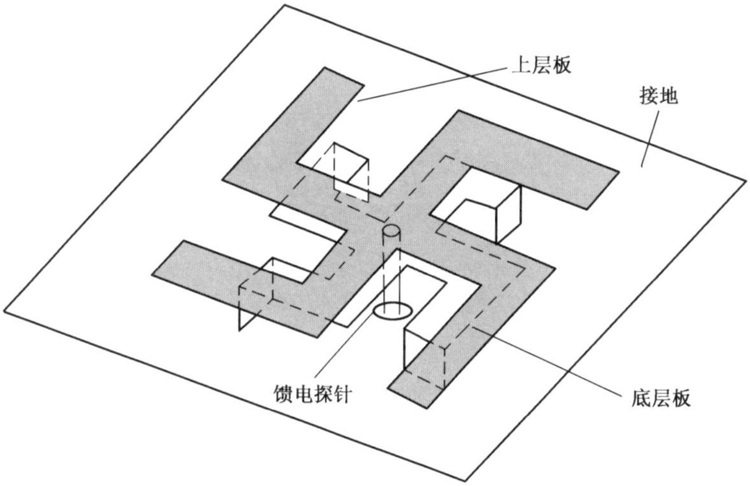

图 31.24　小型多元单极子天线原理图(Hong et al.,2009)

板、具有四个接地端的底层金属结构以及顶层金属结构。与 QKA 天线不同的是,金属带取代了金属板,顶层金属带中心通过探针和底层金属带馈电。另外,顶层金属带是开路的。通过弯曲和折转金属带可以形成多臂螺旋结构,这样就能缩小天线的横向尺寸。这种天线无须外部匹配就可以与 50Ω 同轴线匹配,在短路端和馈电之间弯曲金属线也有利于阻抗匹配。

2. 基于超材料的低剖面全向天线

人工超材料结构也可应用于全向天线设计。图 31.25 是一种应用蘑菇结构的低剖面全向零阶谐振器天线。作为传输线,蘑菇结构依据工作频率的不同可能具有负的、零值或正的传输系数。零阶谐振的长度与物理长度无关,是自然发生的。特别地,蘑菇构结零阶谐振器(zeroth-order resonator,ZOR)天线能激发垂直于接地板的均匀电场,这种垂直电场类似于金属接地平板上短单极子天线的电场,因此可以在水平面上产生垂直极化全向辐射。蘑菇结构 ZOR 的谐振频率和单元数目可根据色散曲线决定。

Lee 提出了一款工作在 7.8 GHz 的全向 ZOR 天线(Lee et al.,2007),该天线设计在厚度为 1.57 mm 的 RT/duroid 5880 PCB 上,基板的介电常数为 2.2。对于 3×2 的蘑菇结构阵列,单元尺寸为 4.8mm×4.8mm(贴片),单元间距为 0.2mm,过孔直径为 0.3mm。这个低剖面天线高度为 0.04λ,增益为 3.1dBi,

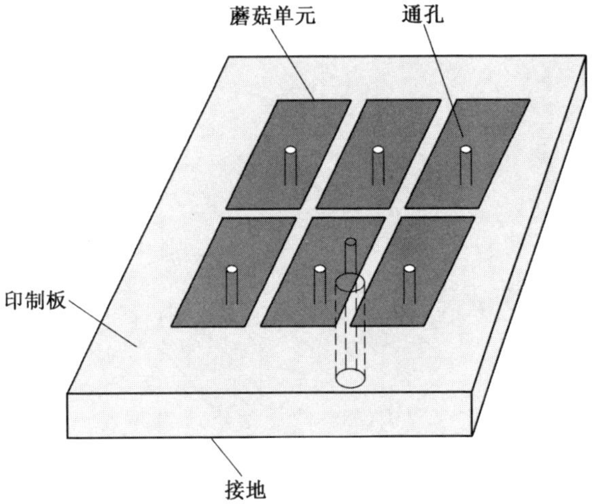

图 31.25　同轴探针馈电的 ZOR 天线

在 7.8GHz 反射系数为 -15dB，用该天线获得了全向辐射方向图，全向性为 2dB。

31.3　水平极化全向天线

在市区或室内无线环境下，无线电波的极化在传播中可能发生显著的变化，原因是存在复杂的多径反射或散射。尽管在当前许多无线系统中使用了垂直极化天线，但仍有报道指出，相比于在链路两端使用垂直极化天线，在发射机和接收机使用水平极化天线可以获得 10dB 的系统增益改善(Chizhik，1998)。在第三代(3G)通信网络中，水平极化全向天线常与垂直极化全向天线共同应用以构建多输入多输出(MIMO)天线系统，该系统可提供极化分集以代替空间分集。极化分集可用于提高通信链路的可靠性，其中正交极化可以支持频率复用，独立局域网之间的隔离度也会得到提高。

水平极化全向天线与在磁场面产生均匀辐射的垂直极化全向天线相比，其设计更具挑战性，因为后者要在电场平面内产生均匀辐射。这类天线的设计要点是构建一个在方位面具有均匀和同相电流分布的结构，可以采用单个环，也可以采用多单元形式。

31.3.1　基于环的全向天线

1. 电小环形天线

电小的实线环可以产生水平极化全向辐射,因为流经环的电流方向一致,分布均匀。然而这样的电小环形天线辐射电阻非常小,而辐射电抗非常大,这使得天线与激励源的匹配非常困难。周长接近一个波长的环形天线具有合适的辐射电阻和电抗以供匹配,然而此时已不具备全向辐射特性,原因是流经环的电流相位发生了反转。一般来讲,周长小于 $\lambda/10$ 的环形天线都具备均匀同相的电流分布。图 31.26 为周长不同的环天线的辐射方向图。由此可知,用周长小于 0.1λ 的环天线可以获得所需的全向辐射,而电大尺寸的环天线具有双向辐射特性。

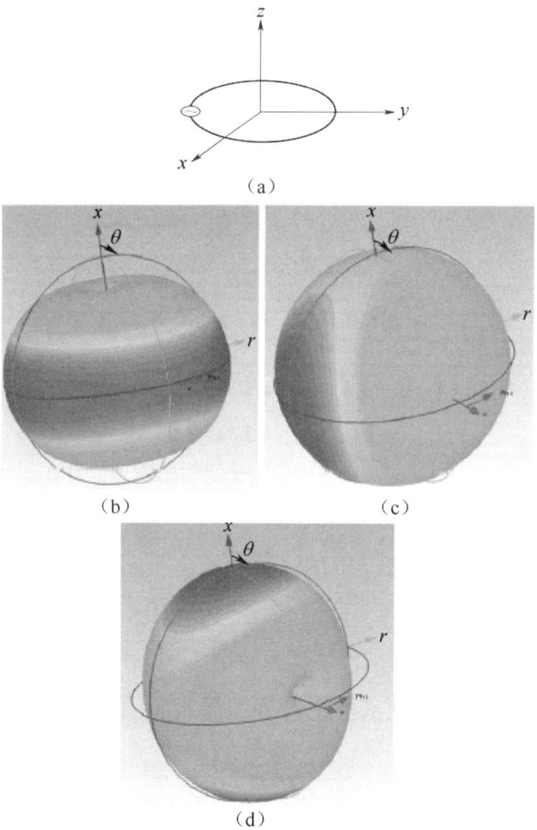

图 31.26　不同周长环形天线的天线三维辐射方向图(彩图见书末)

(a)坐标系中的环形天线;(b)~(d)周长分别为 0.1λ、0.5λ 和 1λ 时的辐射方向图。

2. Alford 环形天线

Alford 和 Kandoian 于 1940 年提出了 Alford 环形天线(Alford et al.,1940),如图 31.27 所示。该天线由两条 Z 形金属线/带构成,它们垂直放置形成一个正方形轮廓。天线馈点在(K,K')标记的中心部分,因为结构对称,流经 AB 段和 CD 段的电流幅度一致,方向相反,对 BC 段和 AD 段也是这样。而且,因为 BB' 部分、DD' 部分和 AC 部分彼此非常接近,这些方向相反的电流相互抵消。这样,流经 Alford 环轮廓的电流就形成一个方环的分布,获得了水平极化全向辐射。在实际设计中,应用圆环构型可以获得比方环构型更好的全向辐射性能。轮廓的周长可设定为大约一个波长,从而使之适用于高达吉赫兹频段的应用,实现也很方便。对于不同的应用已经出现了一些变化形式,后续章节将讨论一些设计实例。

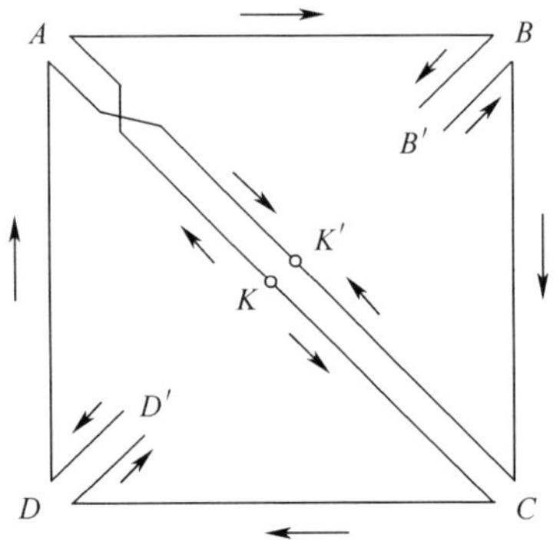

图 31.27　Alford 环形

3. 印制 Alford 环形天线

印制 Alford 环形天线如图 31.28(a)所示(Lin et al.,2006),用于与外部接口卡的集成,如个人计算机存储卡国际协会(PCMCIA)卡和笔记本电脑的 WLAN 卡。这种天线由两条印制在 PCB 顶层和底层的 Z 形金属带构成,底层带的排布方式使得这条“臂”通过 PCB 基板映射到顶层带,用同轴连接器连接顶层和底层的中心馈点。Alford 环的“翼”长大约为 $\lambda/4$。因为结构对称,天线在上述两条带上的电流分布呈现出等幅反向的特点。因为 PCB 基板很薄,天线上流经“臂”的电流的辐射相互抵消,而流经每条 Z 形带的“翼”的电流构成一个方“环”电流分布,从而产生水平极化全向辐射。

风车形环形天线如图 31.28(c)所示(Kim et al.,2007),由两条刻蚀在 PCB 上正交的 Z 字形带线构成,每条带线有四条臂,其外围弧形部分长度约为 $\lambda/8$。PCB 上层的外围弧线部分与 PCB 底层的对应部分互为镜像。这种排布就形成了一种合成环形天线,它由 8 个弧线段组成,周长为一个波长。天线采用中心馈电,流经十字形平行带线的电流方向相反,而流经合成环部分的电流则幅度均匀,方向一致,这样就在 E 面(x-y 面)产生了全向辐射。基于介电常数为 2.2、厚度为 1.6mm 的 RT/duroid 5880 的 PCB 开发了风车形天线,在 2.6GHz 工作频率上获得了 6%的阻抗带宽($|S_{11}<-10dB|$),天线增益为 1.5dBi。

增加一圈弧形带线可以构建双频风车形 Alford 环形天线(Ahn et al.,2009),如图 31.28(d)所示,该天线包含两个不同直径的环,分别谐振在不同频率。不采用额外的匹配电路或寄生元件可以实现双频工作模式,一款中心频率分别为 2.45GHz 和 3.9GHz 的双频天线可作为这种天线的设计实例。

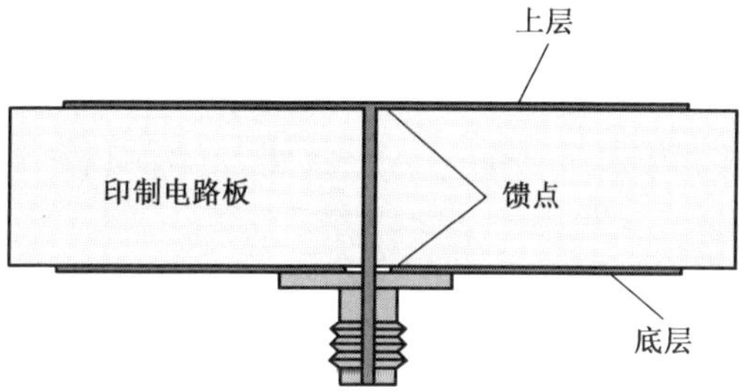

(a)

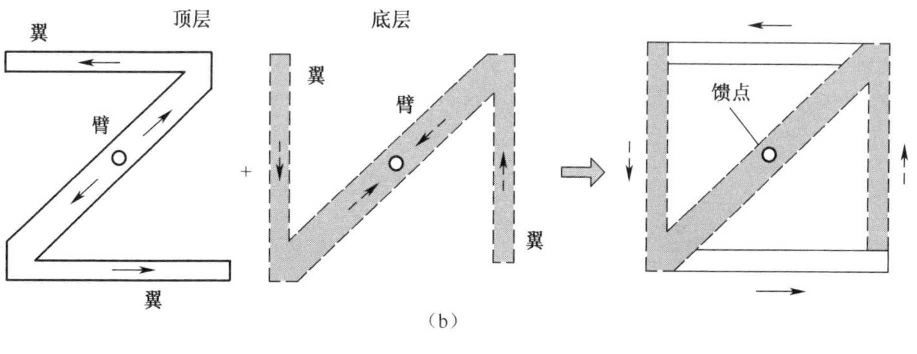

(b)

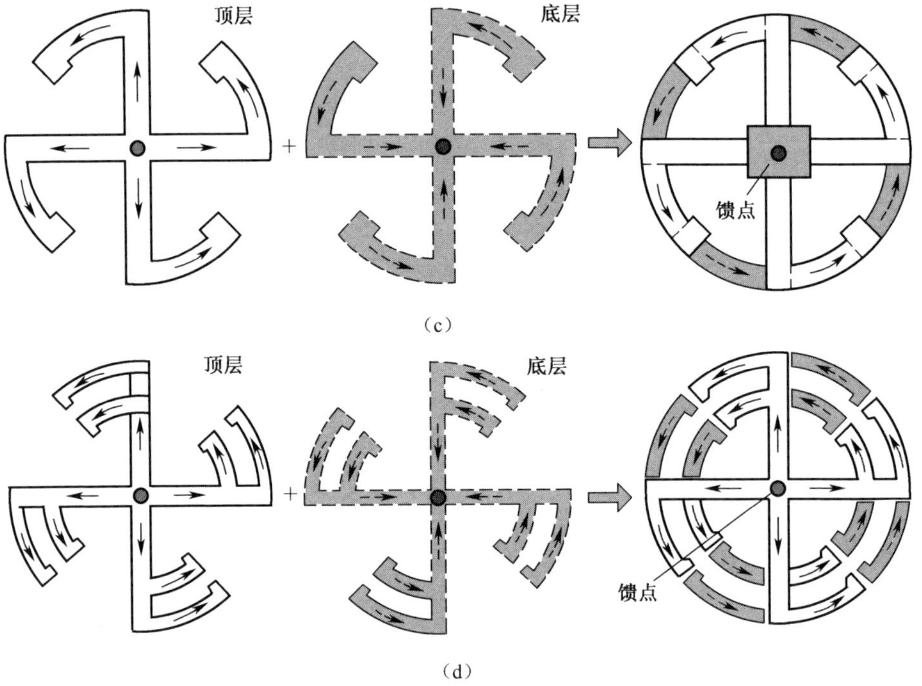

图 31.28　印制 Alford 环

(a)PCB 的结构;(b)方形环;(c)风车形环;(d)双频风车形环。

4. 宽带 Alford 环形天线

常规的线状 Alford 环形天线或印制带状 Alford 环天线带宽都限于 10%以下,难以满足 4G LTE 系统对高数据吞吐率和大链路范围的要求,其中高动态移动通信的峰值速率达到 100Mb/s,低动态移动通信的峰值速率达到 1Gb/s。

图 31.29 是一款宽带 Alford 环形天线(Yu et al.,2013),与传统的印制 Alford 环形天线类似,PCB 两面的多条弧状带线可形成一个组合环,从而产生水平极化全向辐射。为了扩展带宽,该天线还应用了渐变带线、寄生带和巴伦。

上述天线包括分别位于 PCB 顶层和底层的两对弧形辐射器和一个圆形贴片,还包括顶层的四条寄生带。顶层的四条弧形带通过四条渐变带线与中心处的圆形小导电贴片相连,弧形带的末端刻凹槽以产生两个相互邻近的谐振。在基板顶层印制四条寄生带以降低天线的电抗,从而扩展带宽。底层的辐射器排布与顶层相似,但弧形带呈逆时针方向排列,与之相连的中心导电圆贴片也更大

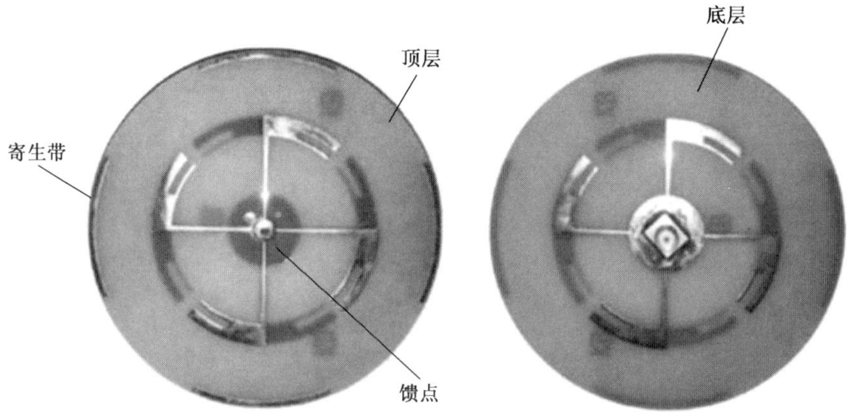

图 31.29　4G LTE 应用中的宽带 Alford 环形天线

一些。圆贴片和渐变馈线形成一个向天线同轴馈电的巴伦。天线受到激励时，两个圆贴片之间的准 TEM 波通过渐变带线导向四对弧形辐射器。因为基板正反两面带线上的电流方向相反，两面的电流就顺时针或逆时针地同步流过弧形带，合成一个圆环并产生全向辐射。一款实用的天线工作在 1.76～2.68GHz，回波损耗大于或等于 10dB，最大增益达到 3.6～4.2dBi，平均辐射效率为 83%，在整个阻抗带宽内具有很好的 E 面全向辐射方向图。

31.3.2　基于超材料的零相移线环形天线

在水平极化全向天线设计方面，基于超材料的零相移线环形天线近来已引起广泛的关注。零相移传输线对于构建水平极化全向的电大尺寸环形天线非常理想，因为很容易获得均匀的电流分布。两种基于超材料的传输线已应用于 E 面全向辐射环形天线设计，那就是左右手传输线（CRLH-TL）和无负传输线（MNG-TL）。

1. CRLH 传输线环形天线

CRLH 传输线已广泛用于提升微波器件（Sanada et al.，2003；Caloz et al.，2004）和漏波天线（Liu et al.，2002）的性能。这些基于超材料的传输线特点是它有三个不同的频谱区域：位于低频段的左手区域支持反向波传输，这里观察到负的传播常数 $\beta(\beta > 0)$；位于高频段的右手区域支持前向波传输，这里的传播常数 β 为正（$\beta > 0$）；还有临界点，即 $\beta=0$ 处。CRLH 传输线在零阶谐振点零传播常数的独有特性是具备非零的群速,使之适用于构建全向辐射环形天线。图31.30(a)为CRLH传输线环形天线,采用了表面贴装的集总电感和电容(Borja et al.,2007),该天线在500 MHz具有E面全向辐射方向图,但增益较低,只有0.3dBi。增益低的原因是实现CRLH传输线时采用了有耗的集总元件。图31.30(b)为优化过的设计(Locatelli et al.,2012),所有集总元件由印制元件代替,该天线在2.4GHz的E面全向性为0.4dB,最大增益达到1.35dBi。

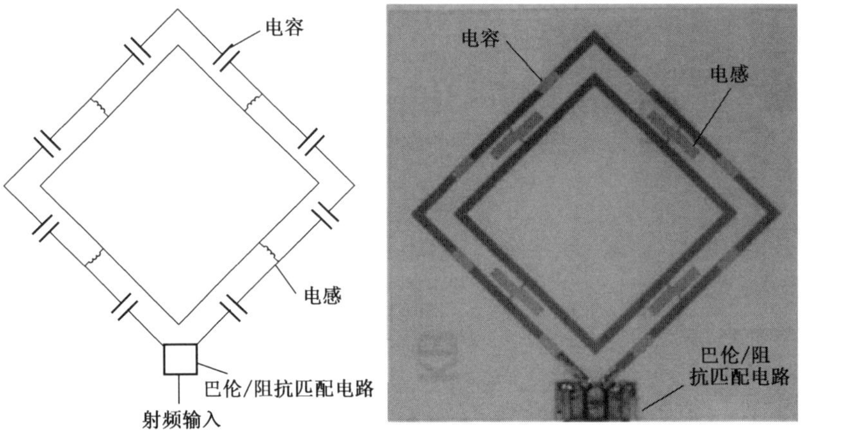

(a)　　(b)

图31.30　CRLH线环形天线

(a)用集总元件天线设计;(b)印制板形式的天线设计。

2. 分段传输线环形天线

分段环形天线首先在UHF射频识别(RFID)应用得到研究,要求阅读器天线在一个大的阅读区内产生强而均匀的磁场,传统的环形天线不能满足这一要求。Dobkin等首先提出分段磁天线,由一些段构成,每一段包括一段金属线和一个串联电容(Dobkin et al.,2007)。在这种结构中,将每一段线的寄生电感和一个集总电容进行分割和合并可使电大尺寸的环电流幅度均匀,方向一致,并产生强磁场。基于这一方法,已经提出了几种分段环形天线(Qing et al.,2009;Ong et al.,2010),如图31.31所示,集总电容可用耦合线或分布电容代替。

因为电大尺寸分段环结构支持均匀单向的电流分布,所以已用于设计2.4GHz和5GHz WLAN的水平极化全向天线(Qing et al.,2012;Hasse et al.,

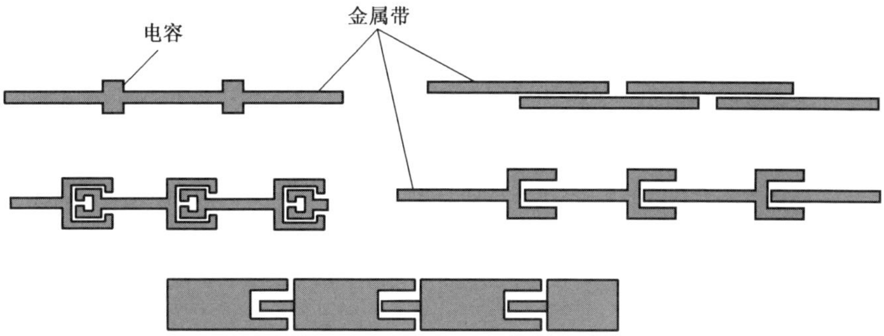

图 31.31　分段线的形式

2012;Wei et al.,2012)。Wei 等提出了分析分段线的电路模型(Wei et al.,2012),分段线用周期加载平行板传输线实现。研究发现,基于分段线的单元的磁导率可以为负值、零和正值。当传输线工作在非零频率时,它具备的独有特性是支持零传播常数,而相速不为零。在零阶谐振点处,整个辐射器不产生相移,因此环上的电流分布保持同相,可以产生所需的水平极化全向辐射方向图。注意:对于分段线的通用分析理论至今仍然是一个挑战,因为尚没有有效的传输线模式可用于单根传输线,因此这类天线的设计主要借助于商用仿真软件。

边馈的分段线环形天线与必须采用中心馈电的 Alford 环形天线相比,其更便于构建高增益的天线阵列。图 31.32 是一些具有串联馈电或并联馈电网络的水平极化全向分段线环形天线阵列,适用于 2.4GHz 和 5GHz 频段 WLAN 应用。

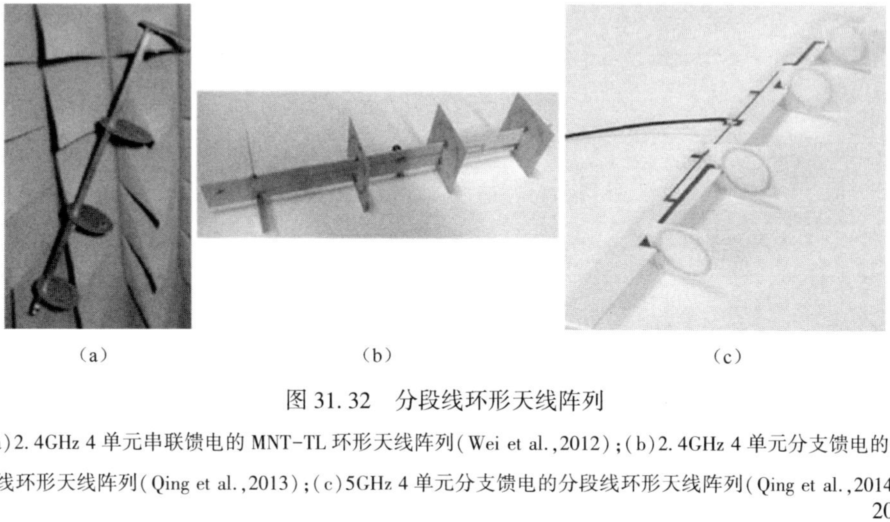

(a)　　　　(b)　　　　(c)

图 31.32　分段线环形天线阵列

(a)2.4GHz 4 单元串联馈电的 MNT-TL 环形天线阵列(Wei et al.,2012);(b)2.4GHz 4 单元分支馈电的分段线环形天线阵列(Qing et al.,2013);(c)5GHz 4 单元分支馈电的分段线环形天线阵列(Qing et al.,2014)。

图31.33和图31.34分别为图31.32(c)中天线阵列的详细构造及其性能,这个4单元天线阵是为5GHz WLAN应用设计的。分段线构成的环印制在一片厚度为0.5mm的FR4($\varepsilon_r = 4.4$,$\tan\delta = 0.02$)PCB上,4个单元分别连接到平行线馈电网络的输出端口,平行线馈电网络印制在厚度为0.8mm的RO4003 PCB($\varepsilon_r = 3.38$,$\tan\delta = 0.0023$)的反面。用两个开路分支线加强天线阵列的阻抗匹配。该天线阵展现了宽带特性:在5.05~5.9GHz频率范围内,反射系数低于-10dB,增益高于5dBi,E面全向辐射方向图的全向性低于5dB,上述频率范围正是WLAN网络所需的。

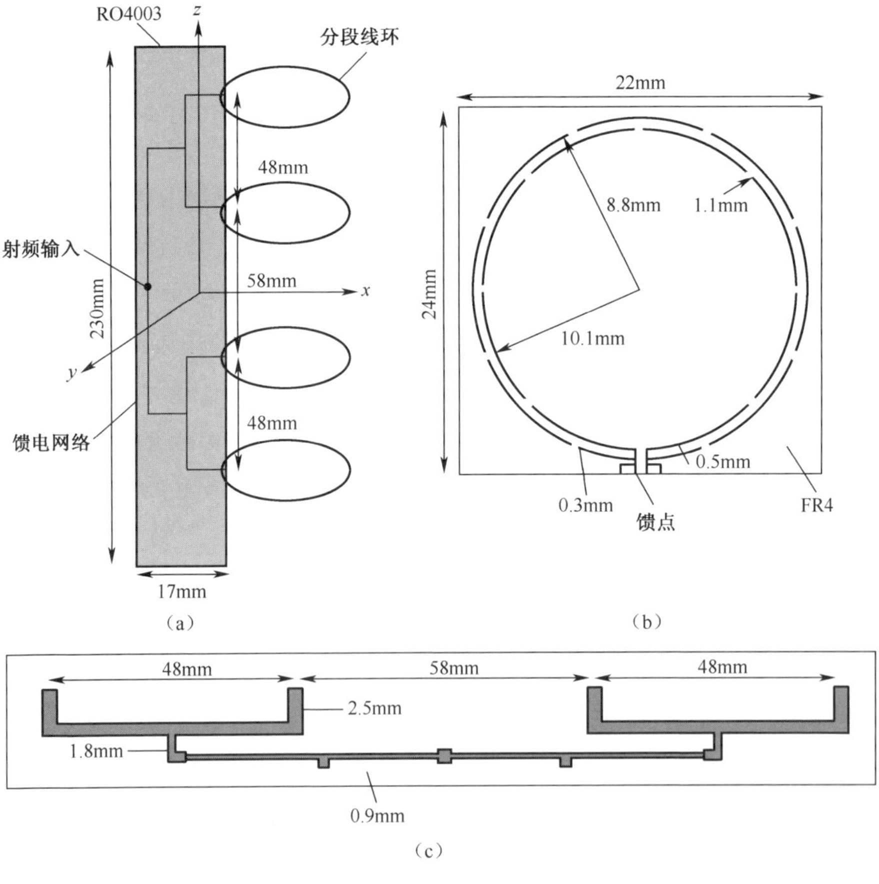

图31.33 WLAN应用中的分段线环形天线阵列

(a)阵列构造;(b)分段线环形天线;(c)馈电网络。

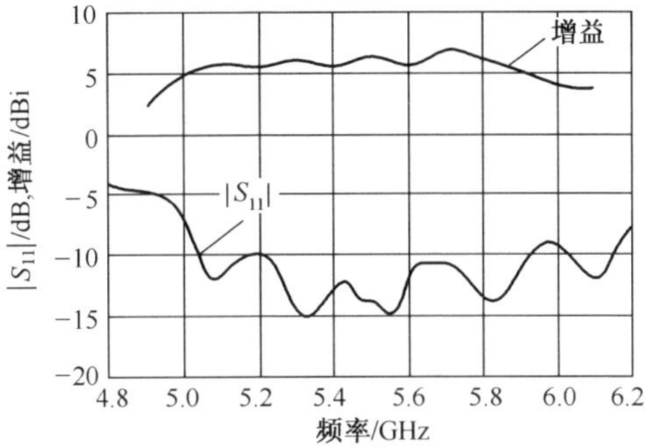

(a)

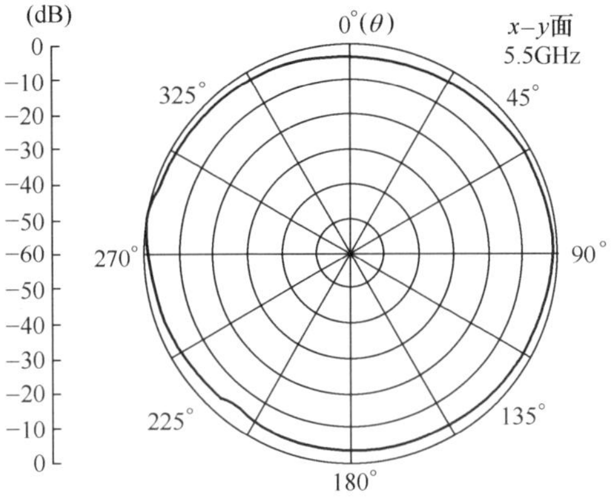

(b)

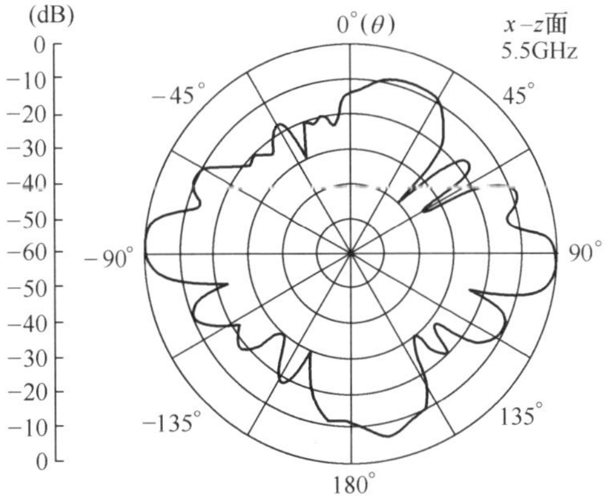

(c)

图 31.34　5GHz 分段线环形天线测试结果

(a) $|S_{11}|$ 和增益;(b) E 面归一化辐射方向图;(c) H 面归一化辐射方向图。

31.3.3 波导缝隙阵列天线

与垂直极化全向缝隙天线相似,波导缝隙阵列也可以实现水平极化全向辐射。旋转对称的 TM_{01} 模圆波导或 TEM 模同轴线适用于构建此类天线。图 31.35是用圆波导和方波导构造水平极化全向天线的方案(Sangster et al.,1995;Grabherr et al.,1999;Kyouichi et al.,2000)。

一般来讲,这类天线在其轴向包含多行缝隙,每一行又包含一些间距相等、形式相同的半波长缝隙,排布在波导的周长上。研究表明,用八条缝隙足以在方位面获得所需的全向辐射。因为 TM_{01} 模圆波导壁上的电流取轴向,所以缝隙必须倾斜一定的角度以实现波导到自由空间的耦合。俯仰面的辐射方向图由缝隙的行数、行间距以及缝隙形状和倾角决定。相邻的缝隙行一般按圆波导传播的 TM_{01} 模的半波长间距排布,为了实现稳定的宽边全向辐射,要在最后一行缝隙后面 $\lambda/4$ 处将波导短路,这就使天线成为一个谐振阵列。必须将圆波导的内径选定为足够小的值以允许 TM_{01} 模传播,但又必须低于下一个高次模 TM_{11} 模的截止频率。另外,波导中 TM_{01} 模的波长和相邻缝隙行的间距随着波导内径的减小而增大,为避免在俯仰面的辐射方向图中产生栅瓣,行间距必须小于一个自由空间波长。一般来讲,圆波导的最小内径可选为中心工作频率对应的一个自由空间波长。对于 TM_{11} 模圆波导上的缝隙阵列,缝隙不必倾斜,因为圆波导壁上的电流取向本身就存在倾角 ϕ。

TM_{01} 模矩形波导也可用于设计水平极化辐射的缝隙阵列,而且纵向缝隙阵列的特点是交叉极化电平很低。如图 31.35(c)所示,纵向缝隙开在波导的两个宽边上以实现所需的全向辐射。谐振缝隙交叉分布在波导中线两侧,缝隙间距为波导中 TM_{01} 模的半导波波长。这样的排布抵消了每半个导波波长处波导模的 180°相移,从而保证所有缝隙受到同相激励。

多年来,传统的矩形金属波导缝隙阵列天线已经在雷达、导航和通信系统中广泛应用,然而这类天线的体积、重量、成本往往对有些应用产生困扰。随着基片集成波导(SIW)技术的发展,有可能设计水平极化全向辐射的全印制缝隙阵列天线,这种天线因其尺寸小、重量轻、加工成本低等优点而适应 WLAN 应用之所需。SIW 是一种平面导波结构,像传统金属矩形波导一样支持近似 TE 模传播,易于集成到微波毫米波集成电路中,已经被广泛研究,用于设计滤波器、耦合器、功分器、天线甚至无源前端(Takenoshita et al.,1998;Deslands et al.,2001;Yan et al.,2004;Hao et al.,2005)。

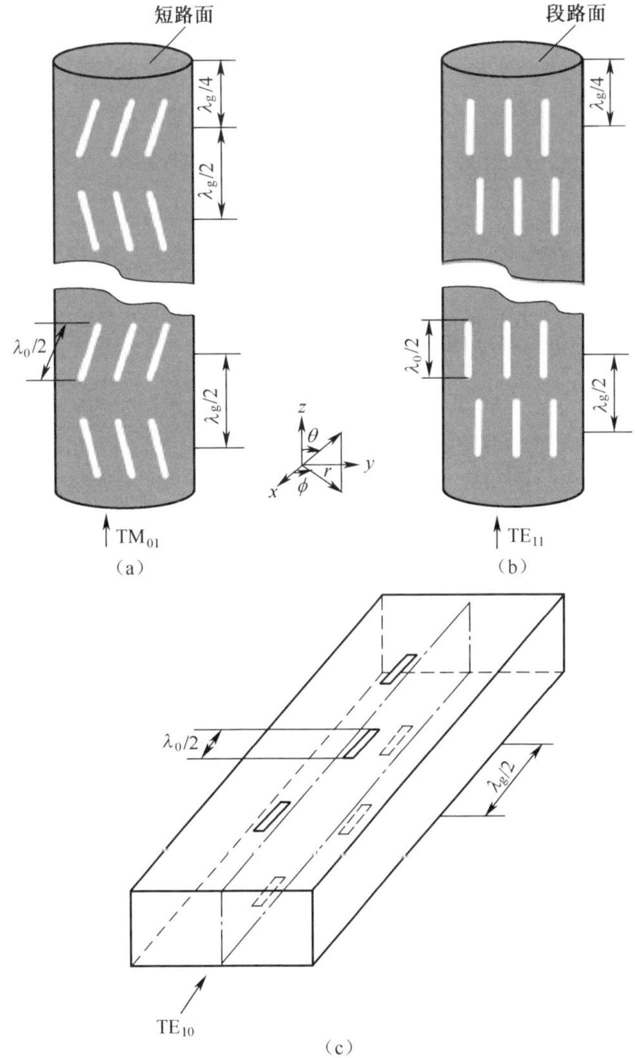

图 31.35　波导缝隙阵列

(a)TM_{01}模圆波导上的缝隙阵列;(b)TE_{11}模圆波导上的缝隙阵列;(c)TE_{10}模方波导上的缝隙阵列。

图 31.36 是一个水平极化全向 SIW 缝隙阵列天线(Hua et al.,2008),该天线采用常规 PCB 基板($\varepsilon_r = 2.2$,$\tan\delta = 0.003$,厚度为 1.5mm)和标准 PCB 工

艺,纵向缝隙开在 SIW 顶层地和底层地上。该天线设计频率为 6GHz,相对带宽达到 3%(VSWR≤1.5),E 面全向辐射方向图优良。

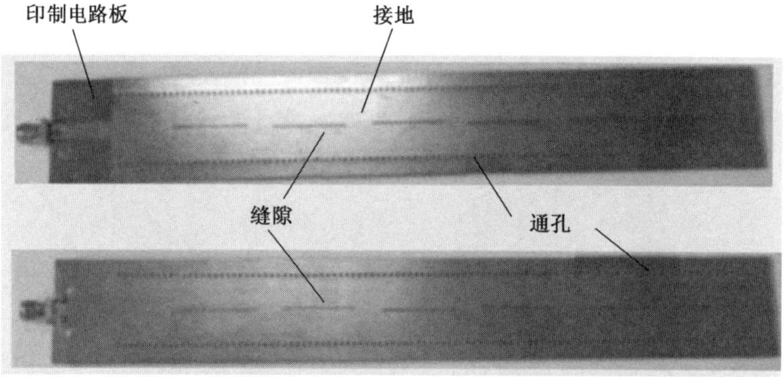

图 31.36　SIW 缝隙阵列天线

除波导缝隙天线阵列之外,基于微带缝隙结构的水平极化全向天线也已见诸报道(Qing et al.,2012)。

31.3.4　平面天线阵列

考虑一组排列成一圈的天线单元,如图 31.37(a)所示,N 个天线单元均匀排布在半径为 r 的圆周上。假设天线单元受到在以 ϕ 递增方向上电流主分量的等幅激励,通过选择适当的 N 和 r 即可产生预期的水平极化全向辐射(McEwan et al.,2003)。这种天线构型特点是在正上方辐射为零,而在特定的俯仰角存在变化的最大辐射。例如:如果采用偶极子天线作为辐射单元,最大辐射将出现在 $\theta=90°$ 的方向;如果天线单元具有接地面(如微带天线),最大辐射将指向某个特定的仰角,这时产生锥状波束的全向辐射。

图 31.38 给出了一种天线设计方案,采用了四个宽带 T 形偶极子(Sabatier,2003)以获得 E 面全向辐射。该天线加工在圆形 PCB 基板上,如 RF4 基板;T 形偶极子刻蚀在 PCB 顶层,并通过一个金属方片连接,这个方片也是反面微带的接地面。馈点位于天线中心处,同轴线的地和天线的地板相连,同轴线的内导体穿过基板与微带线相连。用两条分支线可以实现良好的阻抗匹配:两条 T 形偶极子水平臂之间并联一条分支线,微带线末端串联一条分支线。四单元 T 形偶极子天线阵列(Ma et al.,2006)获得了 80%的阻抗带宽(3~7GHz),反射系数小

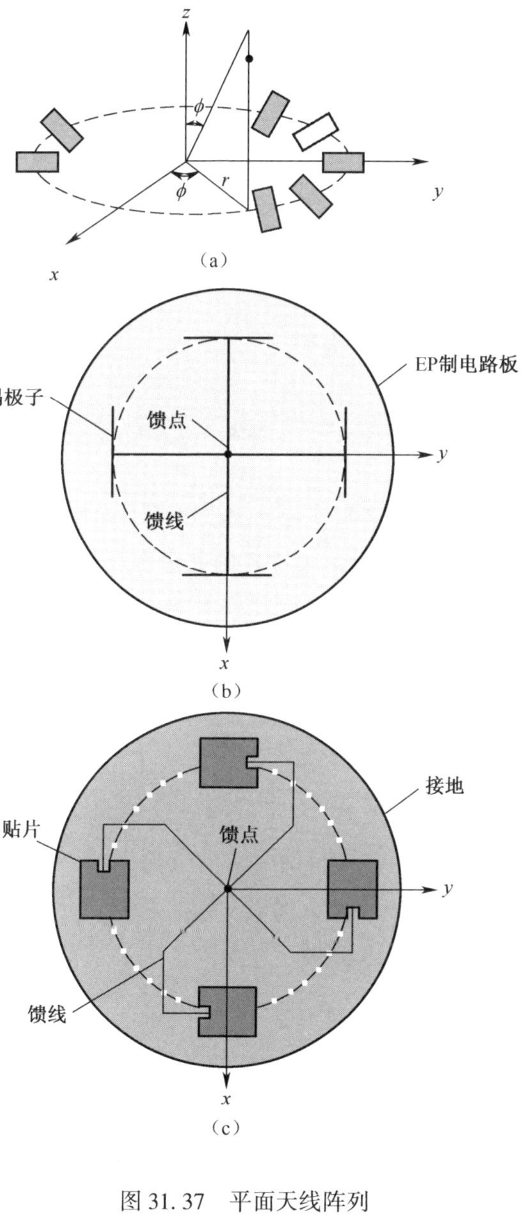

图 31.37　平面天线阵列

(a)基本构型;(b)四元偶极子天线阵列;(c)四元贴片天线阵列。

于-9dB,增益约为 0dBi,在 3~5.4GHz 带宽内 E 面全向辐射方向图良好,全向性为 3dB。

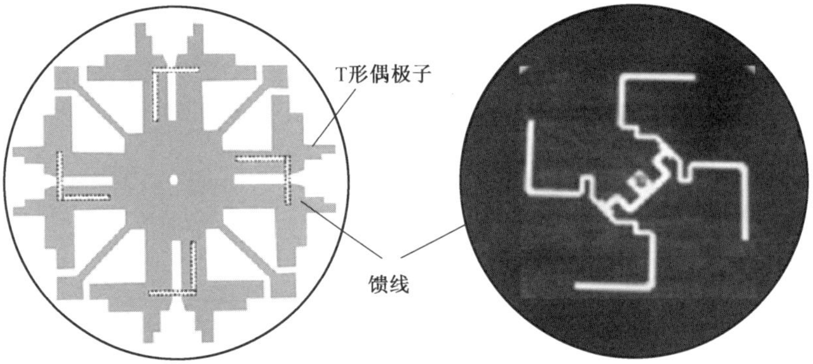

(a)　　　　　　　　(b)

图 31.38　四单元 T 形偶极子水平极化全向天线

采用更多天线单元有利于增强全向性,却使天线结构更为复杂(Wu et al., 2007)。另外,应用宽带天线单元如对数周期天线或渐变缝隙则有利于展宽天线阵列的带宽(Fu et al.,2008)。

对于安装在天花板的室内 WLAN 基站天线,全向辐射的锥状波束更为适合,该天线提供方位面全向辐射,正下方存在零点,峰值辐射位于某个俯仰角处(如 60°)。为达到这样的目标,广泛地采用单极子型的天线,但辐射的是垂直极化波,且剖面一般较大。图 31.39 为宽带水平极化的锥状波束全向天线(Wu et al.,2009),用位于接地面下方的同相渐变功分器激励四个磁电偶极子,每个磁电偶极子由一个电偶极子和一个磁偶极子组合构成。天线的上部是电偶极子,由一对水平的扇形板形成。电偶极子连接到天线的下部, 后者等效为一个折叠

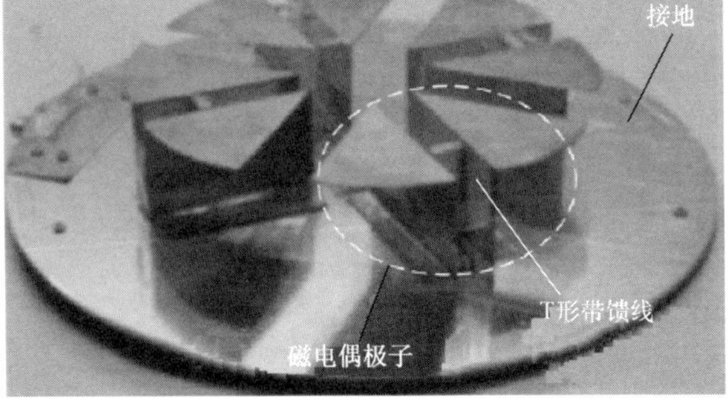

图 31.39　基于磁偶极子的锥状波束宽带全向天线

磁偶极子。磁偶极子是一对垂直朝向的短接贴片天线，用 Γ 形带馈线进行耦合以产生沿两个垂直壁边沿的磁流。这种低剖面面天线（高度为 $0.1867\lambda_0$）阻抗带宽达到 38%（1.61~2.38GHz），平均天线增益达到 5dBi，在整个工作频带上获得了稳定的锥状波束。

31.3.5 介质谐振器天线

除贴片阵列和磁电偶极子阵列之外，介质谐振器天线也可以产生锥状波束的垂直极化全向辐射。考虑圆柱介质谐振器（DR）中的前三个基模 $TM_{01\delta}$ 模、$HEM_{01\delta}$ 模和 $TE_{01\delta}$ 模；$TE_{01\delta}$ 模和 $HEM_{01\delta}$ 模式在宽边辐射方向图的垂直极化全向辐射中得到广泛研究；$TE_{01\delta}$ 模常用于滤波器，因为它具备高品质因数 Q。近来，已有报道显示圆柱 DR 中的 $TE_{01\delta}$ 模可以用于产生锥状波束水平极化全向辐射。

图 31.40 是一个设计实例（Zuo et al.，2011），介电常数 $\varepsilon_r = 10$、直径为 40mm、高度为 6.62mm 的圆柱 DR 安装在 Rogers Ultralam 基板的 PCB（$\varepsilon_r = 2.5$，厚度为 1.524mm）上，PCB 底层为金属层。用两条印制在基板顶层同等尺寸的弯曲微带线激励 $TE_{01\delta}$ 模，两个 SMA 连接器位于基板背面，用于将两条微带线连接至功分器。实测的阻抗带宽（$|S_{11}| < 10$dB）覆盖了 3.84~4.06GHz 的频率范围。天线增益高于 4dBi，最大增益为 5.2dBi。与其他类型的 E 面全向天线相比，DR 天线因其设计简单、剖面低、增益较高而颇受欢迎。

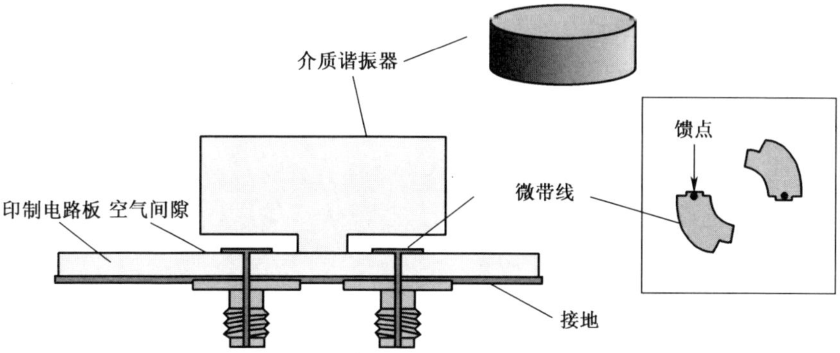

图 31.40 $TE_{01\delta}$ 模水平极化全向辐射介质谐振器天线

31.4 双线极化全向天线

双极化天线可以提高信道容量,削弱多径衰落的影响,所以在无线通信系统中已得到广泛研究和应用。极化分集将极化正交的几对天线组合在一起,已广泛应用于移动通信。为实现360°全覆盖的极化分集方案,基站需要采用双极化(垂直/水平)全向天线,因此双极化全向天线的设计已经成为当前无线通信中的一个有趣的话题。

众所周知,垂直极化全向辐射天线的构建与水平极化全向辐射天线不同,因此几乎不可能用一个辐射器产生正交极化的全向辐射。最为可行的解决方案是将垂直极化和水平极化全向天线单元组合在一起以获得双极化全向辐射。一个特例是双极化全向 DR 天线,利用一个反射器的不同模式产生正交极化的全向辐射。

图 31.41 是几种双线极化全向天线。图 31.41(a)中的双极化通过在细窄方柱的壁上开正交的缝隙来实现双极化(Li et al.,2012,2014),该天线设计工作在 WLAN 的 2.4~2.48GHz 频段,分别获得了垂直极化的 3.17dBi 增益和水平极化的 1.19dBi 增益,端口隔离度高于 33.5dB,天线尺寸为 $0.664\lambda_0 \times 0.088\lambda_0 \times 0.088\lambda_0$。有报道一种小型化的紧凑型设计方案(Li et al.,2014),应用了一条带背腔缝隙实现了水平的全向极化,并用一条折叠缝隙实现垂直的全向极化。该天线尺寸为 $0.336\lambda_0 \times 0.096\lambda_0 \times 0.096\lambda_0$,在 2.4~2.48GHz 频带内,隔离度达到 32.5dB 以上,垂直极化和水平极化的最高增益分别为 2.78dBi 和 1.35dBi。2.44GHz 处的辐射方向图垂直极化的全向性为 4.5dB,水平极化的全向性为 2.4dB。

图 31.41(b)为多频段/宽带的双线极化天线(Dai et al.,2013),该天线在垂直极化下可覆盖 806~960MHz(17.4%)和 1880~2700MHz(35%)的频率范围,在水平极化下可覆盖 1880~2700MHz(35%)的频率范围,使之适用于 GSM900、CDMA800、GSM1800、GSM1900、PCSUMTS 和 LTE 等通信系统。该天线由 1 个改进的非对称双锥天线和 6 个向心排列的印制偶极子组合而成,分别用于实现垂直极化和水平极化。垂直极化单元由两个直径不同的改进的圆锥构成,工作于不同的频率。用于水平极化的印制偶极子由印制在 PCB 上的 6 路功率分配器

馈电,水平极化单元位于垂直极化的两个锥之间,从而形成了紧凑结构。该天线表现出了所需的性能,在低频段垂直极化的增益达到 1.4~2.2dBi,在高频段双极化的增益达到 4.5dBi,隔离达到 25dB 以上,方位面上双极化的交叉极化电平低于-15dB,全向方向图的全向性达到 1.5dB。

图 31.41(c)是基站应用的低剖面宽带双线极化天线,工作于 2GHz 频段(Deng et al.,2012)。该天线由一个垂直极化的低剖面单极子和一个水平极化平面圆环组成。改进的低剖面单极子是一个圆形折叠贴片,用四条线短接,而圆环由四个半波长弧形偶极子构成。该天线实现了 25%的带宽(1.7~2.2GHz),隔离度达到 40dB,垂直极化和水平极化的全向性分别达到 2.5dB 和 1.5dB。

与采用不同辐射单元产生正交极化辐射的传统双线极化天线设计相比,DR 天线可以用一个辐射器产生双线极化辐射。图 31.41(d)是一个全向圆柱 DR 天线,同时实现了水平极化和垂直极化的全向辐射,且交叉耦合很低(Zou et al.,2012)。水平极化和垂直极化的全向辐射是通过在圆柱介质谐振器中激励正交的 $TE_{01\delta}$ 模和 $TM_{01\delta}$ 模而实现的,$TE_{01\delta}$ 模对应于水平极化辐射,Q 值更高一些,因

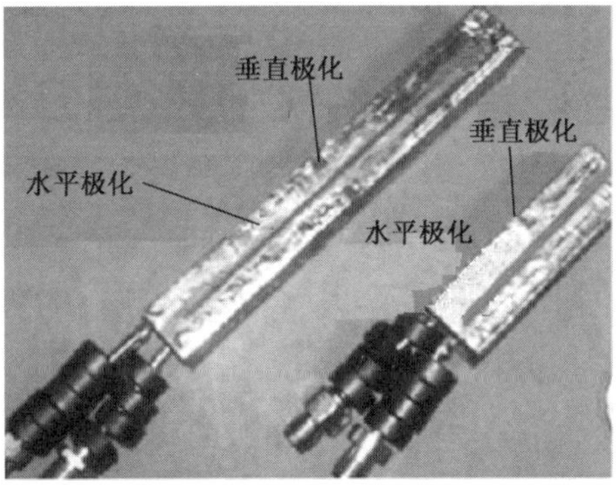

(a)

(b)

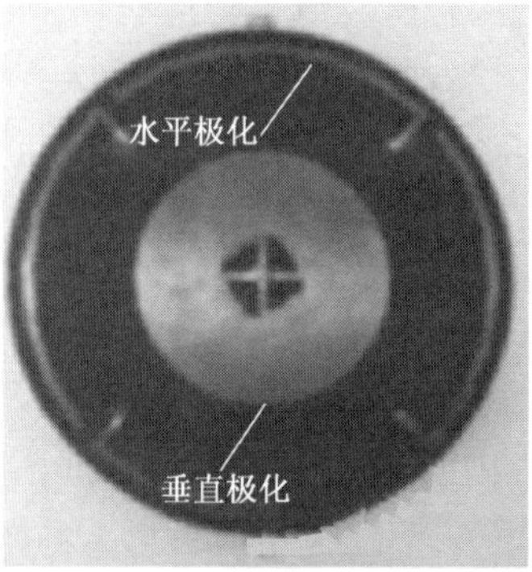

(c)

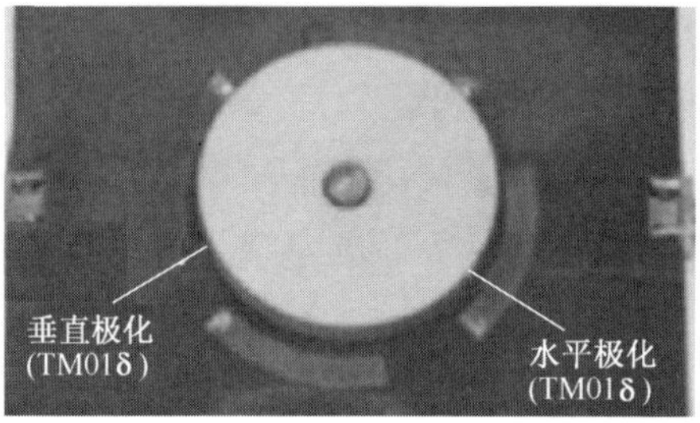

(d)

图 31.41　双线极化全向天线

(a)细长柱紧缩缝隙天线(Li et al.,2012,2014);(b)多频段/宽带天线(Dai et al.,2013);
(c)低剖面天线(Deng et al.,2012);(d)介质谐振器天线(Zou et al.,2012)。

此水平极化的带宽比 $TM_{01\delta}$模产生的垂直极化辐射的带宽要小。为了增大 $TE_{01\delta}$模的带宽,并抑制高次模的影响,采用了两组四条放射状排列的微带馈线,其长度也分为两种,这就在两个模式的重叠频带内实现了双极化全向辐射,带宽达到7.4%(3.78~4.07GHz)。

其他不同形式的双线极化全向天线设计也已见诸报道,组合方式包括开口盘天线和线天线、平面圆锥天线和圆环天线、共线阵列天线和缝隙圆柱天线等。为便于理解,将一些天线方案的对比列在表 31.1 中。

表 31.1　双线极化全向天线对比

参考文献	天线构造	频率范围/GHz	带宽/%	回波损耗/dB	增益/dBi	隔离/dB	交叉极化/dB	全向性/dB	备注
Kuga 等(1998)	VP:3 个垂直线环	1.688~1.838	8.5	≥10	0 *	>14	N. A.	5	* 平均增益
	HP:开口盘	1.648~1.878	13	≥10	0		N. A.	3	
Ando 等(2008)	VP:平面盘锥	2.4~2.5	4.1	≥10	-2.5	>20	≤14.4	1.6	双频设计
		4.9~6.0	20.2	≥10	0.9		≤13.8	3.8	
	HP:3 个圆形偶极子	2.4~2.5	4.1		0		≤8.6	5.4	
		4.9~6.0	20.2		0.6		≤11.3	5.5	
Deng 等(2012)	VP:环形贴片	4.80~5.27	9.3	≥10	5.3	>40	≤18	0.6	—
	HP:组合环	4.83~5.02	3.8	≥10	4.1	—	≤18	1.1	—
Zou 等(2012)	VP:环柱介质谐振器,$TM_{01\delta}$模	3.55~4.30	19.1	≥10	>1.7	N. A.	≤20	N. A.	—
	HP:环柱介质谐振器,$TE_{01\delta}$模	3.78~4.07	7.4	≥10	>5.1		≤20	N. A.	—
Quan 和 Li(2013)	VP:改进的单极子	1.7~2.2	25	≥10	~8	>40	≤20	2.5	8 单元阵列
	HP:4 个弧状偶极子	1.7~2.2	25	≥10	~8		≤20	1.5	
Dai 等(2013)	VP:改进的圆锥	0.806~0.96	17.4	≥10	1.4~2.2	>25	≤15	1.5	多频带设计
		1.88~2.70	35	≥10	4.5				
	HP:6 个偶极子	1.88~2.70	35	≥10	4.5		≤15	1.5	
Li 等(2014)	VP:折返缝隙	2.34~2.72	19.1	≥10	2.78	>30	N. A.	4.5	紧缩设计
	HP:背腔开口	2.39~2.49	7.4	≥10	1.35		N. A.	2.4	

31.5 圆极化全向天线

线极化天线的辐射都在包含传播方向的平面内:当电场垂直于地球表面时,天线就是垂直极化天线;当电场平行于地球表面时,天线就是水平极化天线。对于圆极化天线,极化面以螺旋前进形式旋转,每一个波长内旋转一个周期。圆极化天线的电场既存在于垂直面和水平面,也随着旋转存在于中间的所有平面。圆极化天线与线极化天线相比,其独特优势在于以下方面:

(1) 无论天线的方向如何,都可以建立可靠的信息链路;

(2) 对抑制多径干扰更为有效;

(3) 更易抵抗天气条件变差引起的信号恶化;

(4) 圆极化波在穿墙传播时更有效,在建筑中传播时总体效能更佳。

圆极化全向天线在以下系统中已经得到广泛应用:电视广播,移动通信卫星,空天飞行器如飞机、导弹、火箭和空间飞行器等,移动通信以及WLAN。

圆极化辐射可通过产生两个正交且相位相差90°的场分量来实现。设计圆极化全向辐射天线比设计线极化天线来要复杂得多,因为设计师必须考虑指定方向特定带宽内空间正交的场分量以及场分量之间的相位差。圆极化全向天线的研究可以追溯到20世纪40年代(Wheeler,1947;Lindenblad,1941;Brown et al.,1947),数十年来已经发展了多种圆极化全向天线,其构成方案可分为以下三类:

(1) 单辐射器;

(2) 圆极化辐射器的共形阵列;

(3) 线极化辐射器的组合。

31.5.1 单辐射器圆极化全向天线

1. 螺旋天线

螺旋天线因其圆极化全向辐射特性而广为人知:当螺旋天线的周长大约等于一个波长时,轴向的辐射模式占主导地位;当螺旋天线的周长远小于一个波长时,则法向的辐射模式占主导地位,如图31.42所示。

如图31.43所示,螺旋天线的远场可用两个电场分量 E_ϕ 和 E_θ 描述,分别源

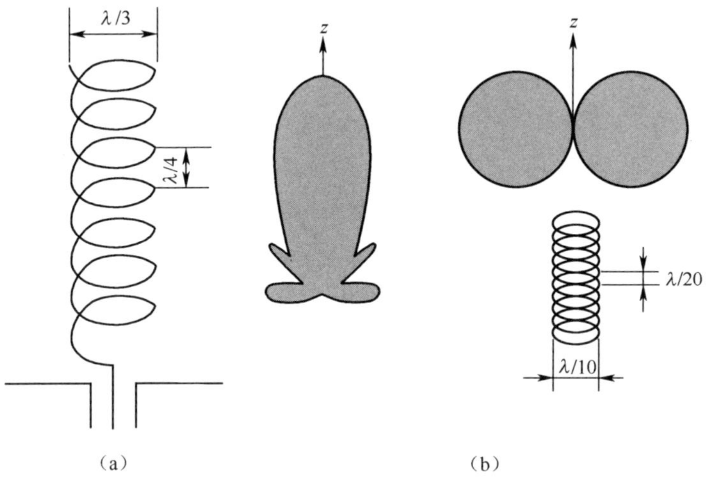

图 31.42　螺旋天线轴向和法向模式的场方向图

(a)法向模式;(b)轴向模式。

自小的环天线和短偶极子,对于这种小螺旋天线,可以假设在整个螺旋线长度上电流的幅度和相位是均匀一致的。小环的远场只有 E_ϕ 这一个电场分量(Kraus et al.,2008):

$$E_\phi = \frac{120\pi^2[I]\sin\theta}{r}\frac{A}{\lambda^2} \tag{31.6}$$

式中:A 为环的面积,$A = \pi D^2/4$。

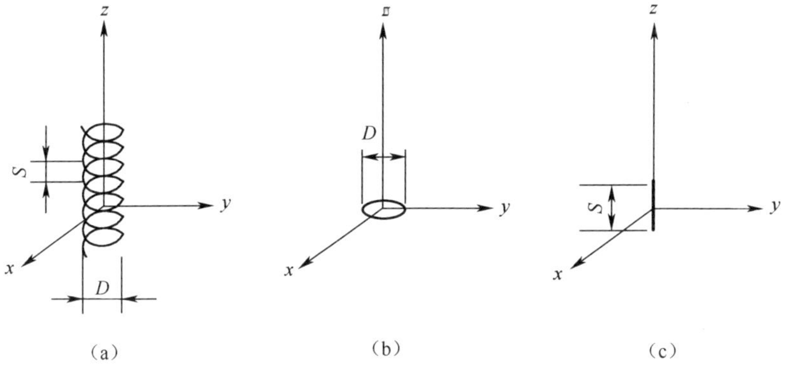

图 31.43　小螺旋天线法向模式计算

(a)螺旋天线;(b)小环;(c)短偶极子。

短偶极子的远场只包含 E_θ 分量,可表示为

$$E_\theta = \mathrm{j}\frac{60\pi[I]\sin\theta}{r}\frac{S}{\lambda} \tag{31.7}$$

对比式(31.6)和式(31.7)可见,式(31.7)中的虚数单位j在式(31.6)中没有出现,说明场分量 E_ϕ 和 E_θ 正交。式(31.6)和式(31.7)幅度的比值就是远场极化椭圆的轴比:

$$\mathrm{AR} = \frac{|E_\theta|}{|E_\phi|} = \frac{S\lambda}{2\pi A} = \frac{2S\lambda}{\pi^2 D^2} = \frac{2S_\lambda}{C_\lambda^2} \tag{31.8}$$

式中:S_λ、C_λ 分别为用波长表示的螺旋天线的螺距和周长。

当 AR=1 时,得到圆极化辐射,由式(31.8)可得

$$\pi D = \sqrt{2S\lambda} \text{ 或 } C_\lambda = \sqrt{2S_\lambda} \text{ 或 } A = \frac{\lambda}{2\pi}S \tag{31.9}$$

以上关系是由 Wheeler(1947)首先给出的,因此这种天线也称为“Wheeler线圈”。单绕组的法向模螺旋天线是谐振型窄带圆极化全向天线,为展宽带宽可以采用双绕组形式(Amin et al.,2013)。

2. 带极化器的偶极子型和单极子型天线

众所周知,一对倾斜45°、间隔 $\lambda/4$ 的偶极子,且互相垂直地放置,如果偶极子上电流分布相同,就会在阵列的两个轴方向辐射圆极化波。图31.44给出了具有圆极化全向辐射极化器的偶极子原理,极化器由倾斜45°的寄生单元的同心阵列构成,偶极子和寄生单元之间的间距 $R=\lambda/4$。垂直偶极子的辐射场可分为两个正交的电场(平行于和垂直于寄生带线单元的分量);每个倾斜单元因此受平行场分量的激励。因为偶极子和寄生单元之间 $\lambda/4$ 的间隔,反射的垂直分量被抵消掉。两个辐射场分量之间90°的相位差通过寄生单元和平行分量之间的相互作用而实现。

一般来说,寄生单元以 $\lambda/2$ 的间隔均匀地排布,单元的长度大约为 0.5λ,而每个单元的宽度大约为 $\lambda/10$。在实际设计中,寄生单元一般由一片泡沫或PCB等材料来支撑;偶极子天线和寄生单元的尺寸和间隔需要经过调整以获得最佳性能。

基于上述基本结构,许多学者又提出了几种不同的产生圆极化全向辐射的极化器,它们采用盘锥、套筒偶极子和锥裙单极子作为辐射器,同时应用了多层

寄生单元(Kelleher et al.,1955;Goatley et al.,1956;Sakaguchi et al.,1993;Fernandez et al.,2007)。

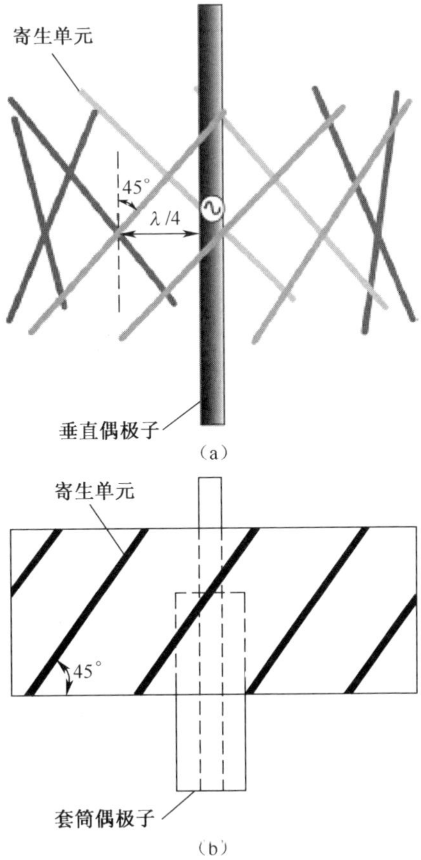

图 31.44　具有 45°倾斜寄生单元的共形阵列的偶极子和套筒天线
(a)偶极子方案;(b)套筒偶极子方案。

31.5.2　多圆极化辐射器的圆极化全向天线

1. 圆柱共形阵列

任意朝向的卫星和导弹、火箭等空间飞行器都需要通过圆极化全向天线来保持与中心接收站之间可靠的通信链路,对于这类应用,低剖面圆柱共形全向天线阵列颇为适用(Galindo et al.,1965;Wu,1995)。为了构建这样的天线,最简便的方法是在圆柱表面上等间距地排布一定数量的圆极化辐射器,所需的全向极化辐射可以通过在圆柱表面上合理地排布足够多的辐射器来实现。多种低剖面辐射器如交叉偶极子、切角微带贴片、螺旋线、缝隙等可作为阵列单元使用(Dubost et al.,1979;Nakayama et al.,1999),如图31.45所示。

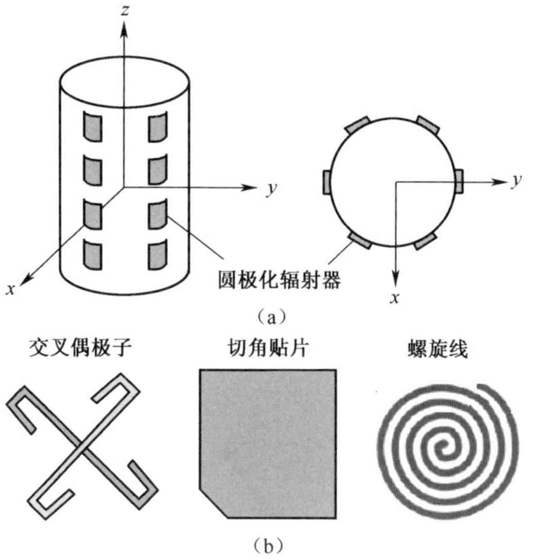

图31.45 圆柱共形阵列

(a)基本构型;(b)圆极化单元。

直接在圆波导壁上开缝也可以实现圆极化全向辐射。这样的天线方案从系统的角度讲更具吸引力,因为其具备简单化、鲁棒性和轻量化的优点。图31.46是缝隙阵列的设计方案(Masa-Campos et al.,2007),共形缝隙阵列设计在毫米波频段的36.7~37GHz;8对缝隙对称地排布在TM_{01}模圆波导壁上,每对缝隙包括两条长度为$\lambda_0/2$、间距为$\lambda_g/4$的谐振缝隙(λ_g为TM_{01}传播模的波导波长)。

基于传统圆极化辐射器的圆柱共形天线阵列其阻抗匹配带宽很有限,特别是对于表示圆极化特性的轴比带宽也很有限。例如,第二代和第三代移动通信系统要求基站覆盖1.71~2.17GHz的频率范围,至少需要25%的带宽。近年来,Quan等(2013)提出了如图31.47所示的宽带共形圆极化全向天线,首先将四个矩形环单元印制在柔性薄介质基板上,然后将其卷成空心圆柱,并将一个导电圆柱置于空心圆柱之中以获得所需的全向圆极化性能。该天线在轴比小于3dB

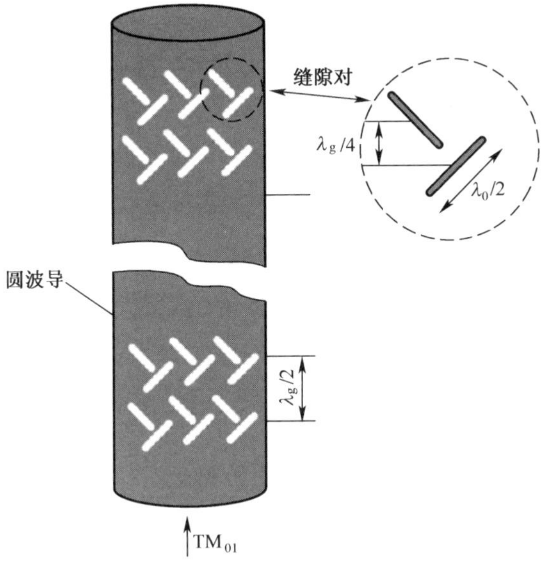

图 31.46　基于圆波导缝隙辐射器的共形圆极化全向天线

和不圆度为 1dB 的条件下的带宽为 41%(1.65~2.5GHz),在回波损耗小于 -10dB的条件下带宽为 45%(1.58~2.5GHz)。

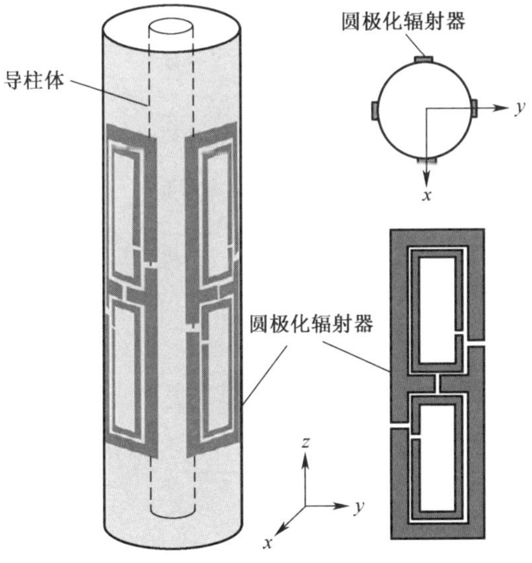

图 31.47　宽带全向圆极化天线

2. 背对背贴片

为了使圆柱共形阵列复杂的馈电网络得以简化,人们研究了背对背耦合贴片天线以实现圆极化全向辐射;Iwasaki 和 Chiba 报道了共面波导(CPW)馈电的背对背贴片天线(Iwasaki et al.,1999),如图 31.48(a)所示,两个切角微带贴片单元排布在 PCB 的正反面,CPW 馈线置于中间夹层。该天线阻抗带宽较窄,约为 13%(VSWR<2),方位面轴比低于 4dB。

Narbudowicz 等(2013)提出了基于背对背开缝贴片的双频段圆极化全向天线,如图 31.48(b)所示,该天线包括两层基板和三层金属,中间层金属形成接地面并包含共面波导馈电结构,外面的两层金属形成贴片,且两个贴片通过细铜带连接起来。辐射器与沿贴片对角线方向的 50Ω CPW 形成电磁耦合,采用两条长短略有不同的缝隙提供双频圆极化辐射,缝隙中心各搭接一个集总电容。导电金属带连接着贴片,尺寸缩减的接地面使阻抗匹配变得更好,也利于减小整体

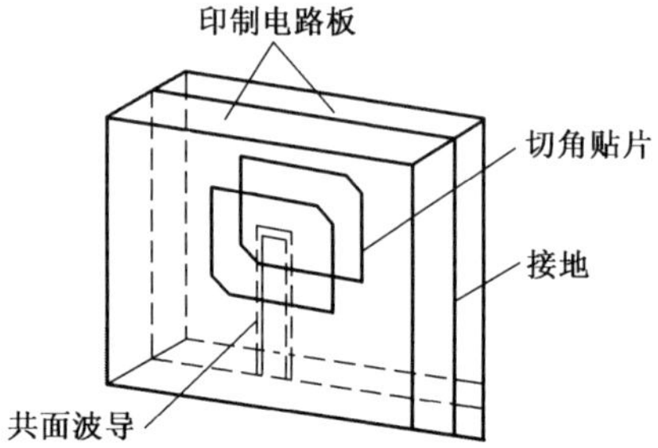

(a)

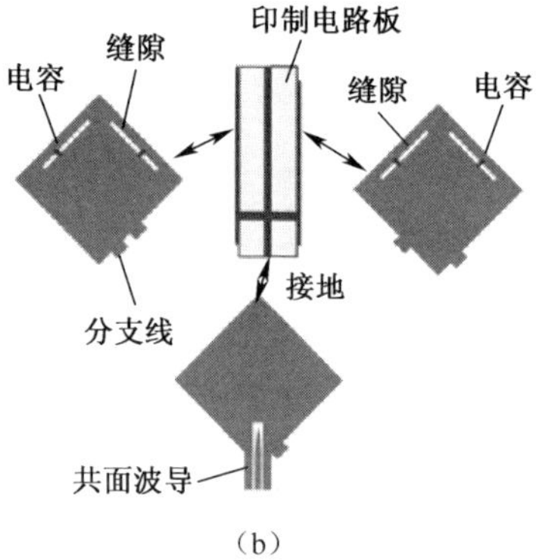

(b)

图 31.48 基于背对背贴片的圆极化全向天线

(a)切角贴片;(b)开缝贴片。

尺寸。该双频天线分别在 1.329GHz 的低频段和 1.565GHz 的高频段产生右旋圆极化辐射，带宽约为 20MHz。全向辐射面的轴比在高频段为 0.6~4.8dB，全向辐射面上的全向性在低频段为 3.3dB，在高频段是 3.8dB。

简而言之，背对背贴片设计的特点是结构简单，但带宽和辐射性能受到一定的限制，而且很难获得所需的全向性和轴比，尤其是在偏离轴向的方向上。

31.5.3　组合线极化辐射器的圆极化全向天线

1. Lindenblad 天线

通过合理排布的多个辐射器可以实现圆极化全向辐射，Lindenblad 天线或许是首先采用这一形式的圆极化全向天线（Lindenblad，1941）。如图 31.49 所示，Lindenblad 天线采用了四个同相馈电的偶极子单元来产生圆极化全向辐射方向图，偶极子与水平方向呈 30°斜角，均匀排布在直径约 $\lambda/3$ 的圆周上。为了简化与 50Ω 馈线的阻抗匹配，在实际设计中常采用折叠偶极子而不是直偶极子的形式。Lindenblad 天线自发明 70 年之后，仍然在广播基站、卫星通信和业务无线电中得到广泛应用。

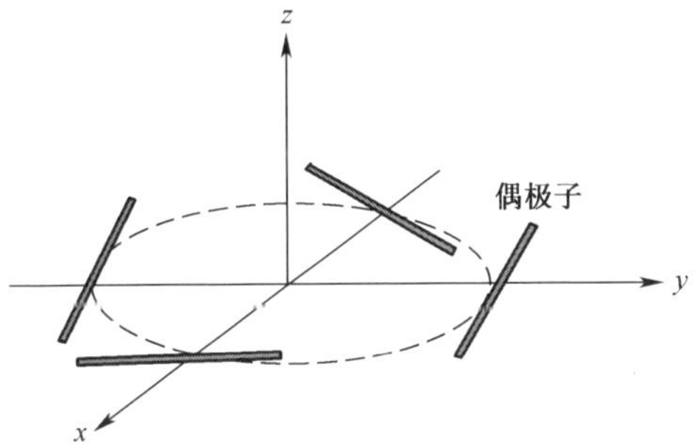

（a）

（b）

图 31.49　Lindenblad 天线

（a）天线形式；（b）实际天线设计。

2. 单极子和环天线组合

偶极子和单极子可以实现垂直极化全向辐射，而具有均匀同向电流的环天线则可以产生水平极化全向辐射。偶极子和环天线的组合经合理排布可以保证两个互相垂直的辐射器上的电流存在90°相位差,这个组合可能产生圆极化全向辐射。

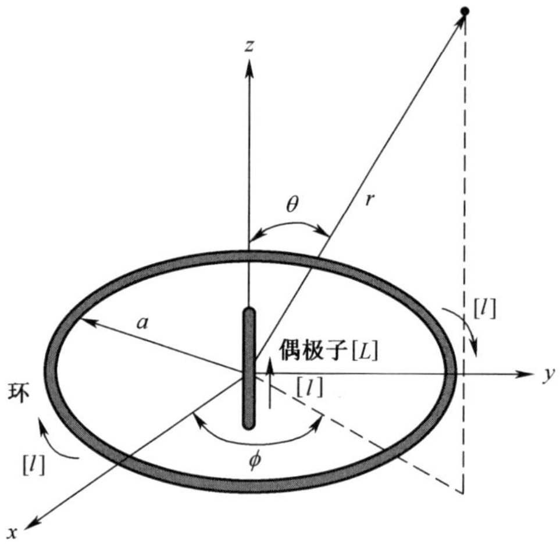

图31.50 包括高度为L的短偶极子和半径为α的小环的理想全向圆极化天线

如图31.50所示,考虑长度为L的短偶极子和半径为α的环天线,偶极子恰好与z轴重合且中心位于原点处,短偶极子产生的远场辐射可写为(Kraus et al.,2008):

$$E = \mathrm{j}\frac{[I]L\omega\mu_0}{4\pi r}(\sin\theta)\theta \tag{31.10}$$

式中:$[I]$为短偶极子上的电流;ω为角频率;μ_0为自由空间磁导率;r为源点到场点的距离。

环形天线位于x-y平面上,其中心在原点处,轴线与z轴重合,环上的电流假设与偶极子一样,幅度均匀,相位一致。环形天线的远场辐射可写为

$$\boldsymbol{E} = \frac{[I]a\omega\mu_0}{2r}J_1(\beta a\sin\theta)\phi \tag{31.11}$$

式中:J_1为宗量$(\beta a\sin\theta)$的一阶贝塞尔函数。

将偶极子和环天线的远场叠加起来,就得到偶极子/环组合天线的远场:

$$\boldsymbol{E} = \frac{[I]L\omega\mu_0}{4\pi r}(\sin\theta)\boldsymbol{\theta} + \frac{[I]a\omega\mu_0}{2r}J_1(\beta a\sin\theta)\boldsymbol{\phi} \tag{31.12}$$

组合天线的轴比可写为

$$\mathrm{AR} = \left| 20\lg\left(\left| \frac{L}{2\pi a} \frac{\sin\theta}{J_1(\beta a\sin\theta)} \right| \right) \right| \tag{31.13}$$

圆极化全向天线需要在方位面($x-y$ 面)上实现好的轴比特性,考查 $\theta = 90°$ 的情况,式(31.13)可写为

$$\mathrm{AR} = \left| 20\lg\left(\left| \frac{L}{2\pi a} \frac{1}{J_1(\beta a)} \right| \right) \right| \tag{31.14}$$

下式成立时 AR=0:

$$\left| \frac{L}{2\pi a} \frac{1}{J_1(\beta a)} \right| = 1 \tag{31.15}$$

由上式可以发现,适当选取 L 和 α 的值可使轴比等于 0dB,天线也就实现了完美的圆极化辐射。

这类天线的一个实例如图 31.51(a)所示,应用于 2.4GHz WLAN 系统,顶端加载的圆柱单极子产生垂直极化全向辐射,四条相同的印制弧形偶极子形成一个实际的环,并产生水平极化全向辐射(Hisao et al.,2005)。通过调整弧形偶极子的馈线长度使得两种互相垂直单元的电流相位差为 90°,从而形成圆极化全向辐射。图 31.51(b)是另一个实例,这里金属套筒作为单极子,制作在两层基板上的轮辐状的印制金属带构成了一个环(Li et al.,2013)。图 31.51(c)是基于超材料的双频圆极化全向天线,包括一个带弯曲分支的圆形蘑菇状结构,通过应用负介电常数(ENG)传输线的零阶和一阶谐振模实现双频垂直极化全向辐射,通过弯曲分支实现水平极化全向辐射(Park et al.,2012)。

图 31.51(d)是一种小型化全向圆极化天线,由圆柱 DR 天线和顶部加载改进的 Alford 环形天线组合而成(Li et al.,2013)。DR 天线用同轴探针馈电,工作在 $\mathrm{TM}_{01\delta}$模,其辐射特性类似于垂直极化电偶极子;改进的 Alford 环形天线包括一个中心圆贴片和四条弯曲分支,它们制作在介质谐振器天线的顶端,提供等效的水平极化磁偶极子模。当两个正交极化场幅度相等,相位相差 90°时,就实现了全向圆极化辐射。

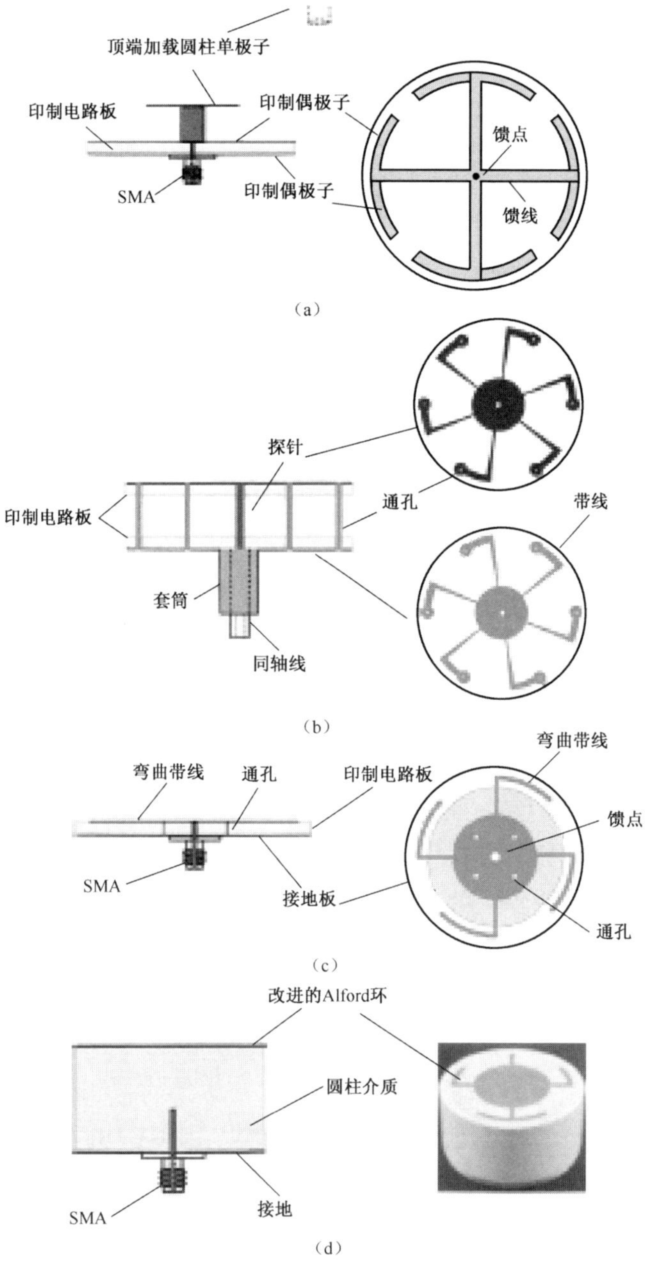

图 31.51　用组合辐射器实现的全向圆极化天线设计

(a)顶端加载单极子加弧形偶极子;(b)套筒天线加印制辐条形带线;

(c)零阶和一阶谐振模-ε 传输线加弯曲带线;(d)介质谐振器天线加改进的 Alford 环天线。

31.6　结论

全向天线对于现代无线通信系统至关重要，尤其对提供宽覆盖的基站应用来说。数十年来，针对各种应用发展了多种全向天线。一般来讲，通过采用具有圆对称分布电流的单辐射器或具有组合圆电流分布的多辐射器，都可以获得全向辐射。本章基于极化方式介绍了经典的全向天线形式，并围绕各个主题讨论了一些天线设计实例。相信相关参考文献可以为天线研究者、工程师和学生提供帮助，有利于深入理解全向天线。

交叉参考：

▶第 52 章　移动通信基站天线系统
▶第 59 章　WLAN/Wifi 接入天线
▶第 23 章　圆极化天线
▶第 41 章　共形阵列天线
▶第 21 章　介质谐振天线
▶第 16 章　线天线
▶第 17 章　环天线
▶第 33 章　低剖面天线
▶第 7 章　超材料与天线
▶第 20 章　螺旋，螺旋线与杆状天线
▶第 35 章　基片集成波导大线
▶第 36 章　超宽带天线
▶第 30 章　波导缝隙阵列天线
▶第 44 章　宽带磁电偶极子天线

参考文献

Ahn CH, Oh SW, Chang K (2009) A dual-frequency omnidirectional antenna for polarizationdiversity of MIMO and wireless communication applications. IEEE Antennas Wirel Propag Lett 8: 966-969

Alford A, Kandoian AG (1940) Ultrahigh-frequency loop antennas. TIEE Trans Electr Eng 59 (12):843-848

Amin M, Yousaf J, Iqbal S (2013) Single feed circularly polarised omnidirectional bifilar helixantennas with wide axial ratio beamwidth. IET Microw Antennas Propag 7(10):825-830

Ando A, Kita N, Yamada W (2008) 2.4/5-GHz dual-band vertically/horizontally dual-polarizedomnidirectional antennas for WLAN base station. IEEE Int Symp Antennas Propag 1-4

Balanis CA (1997) Antenna theory_analysis and design. Wiley, New York

Balsley BB, Ecklund WL (1972) A portable coaxial collinear antenna. IEEE Trans Antennas Propag 20(4):513-516

Bancroft R, Bateman B (2004) An omnidirectional planar microstrip antenna. IEEE Trans Antennas Propag 52(11):3151-3153

Barrow WL, Chu LJ, Jansen JJ (1939) Biconical electromagnetic horns. Proc IRE 27(12):769-779

Baumer C, Landstorfer F (1990) Design of omnidirectional slot antennas with vertical polarization. IEEE Int Symp Antennas Propag 2:938-941

Bergmann JR (2003) On the design of broadband omnidirectional compact antennas. Microw OptTechnol Lett 39(5):418-422

Bergmann JR, Moreira FJS (2004) An omnidirectional ADE reflector antenna. Microw Opt Technol Lett 40(3):250-254

Borja AL, Hall PS, Liu Q, Lizuka H (2007) Omnidirectional loop antenna with left-handed loading. IEEE Antennas Wirel Propag Lett 6:495-498

Brown H, Woodward OM Jr (1947) Circularly polarized omnidirectional antenna. RCA Rev 8(2): 259-269

Caloz C, Sanada A, Itoh T (2004) A novel composite right-/left-handed coupled-line directionalcoupler with arbitrary coupling level and broad bandwidth. IEEE Trans Microw Theory Techn 52 (3):980-992

Chen ZN (2005) Novel bi-arm rolled monopole for UWB applications. IEEE Trans Antennas Propag 36(9):672-677

Chen A, Jiang T, Chen Z, Su D, Wei W, Zhang Y (2011a) A wideband VHF/UHF discone basedantenna. IEEE Antennas Wirel Propag Lett 10:450-453

Chen X, Huang K, Xu XB (2011b) Novel planar slot array antenna with omnidirectional pattern. IEEE Trans Antennas Propag 59(12):4853-4857

Chizhik D, Ling J, Valenzuela RA (1998) The effect of electric field polarization on indoorpropagation. IEEE Int Conf Univ Pers Commun 1:459-462

Chu TS (1959) On the use of uniform circular arrays to obtain omnidirectional patterns. IRE Trans Antennas Propag 7(4):436-438

Croswell WF, Cockrell C (1969) An omnidirectional microwave antenna for use on spacecraft. IEEE Trans Antennas Propag 17(4):459-466

Dai XW, Wang ZY, Liang CH, Chen X, Wang LT (2013) Multiband and dual-polarized omnidirection alantenna for 2G/3G/LTE application. IEEE Antennas Wirel Propag Lett 12:1492-1495

Delaveaud C, Leveque P, Jecko B (1998) Small-sized low-profile antenna to replace monopoleantennas. Electron Lett 34(8):716-717

Deng C, Li P, Cao W (2012) A high-isolation dual-polarization patch antenna with omnidirectional radiation patterns. IEEE Antennas Wirel Propag Lett 11:1273-1276

Deslandes D, Wu K (2001) Integrated microstrip and rectangular waveguide in planar form. IEEE Microw Wirel Components Lett 11:68-70

Dobkin DM, Weigand SM, Iye N (2007) Segmented magnetic antennas for near-field UHF RFID. Microw J 50(6):96-102

Dubost G, Samson J, Frin R (1979) Large-bandwidth flat cylindrical array with circular polarization and omnidirectional radiation. Electron Lett 15(4):102-103

Fernandez JM, Masa-Campos JL, Sierra-P rez M (2007) Circularly polarized omnidirectional millimeter wave monopole with parasitic strip elements. Microw Opt Technol Lett 49 (3):664-668

Foltz HD, McLean SJ, Crook G (1998) Disk-loaded monopoles with parallel strip elements. IEEE Trans Antennas Propag 46(12):1894-1896

Fu T, Hu B (2008) A new kind compact omnidirectional antenna for wireless communication system. In: 2nd international conference on anti-counterfeiting, Nanjing, P. R. China, pp 433-435

Galindo V, Green K (1965) A near-isotropic circulary polarized antenna for space vehicles. IEEE Trans Antennas Propag 13(6):872-877

Goatley C, Green F (1956) Circularly-polarized biconical horns. IRE Trans Antennas Propag 4 (4):592-596

Goubau G, Puri NN, Schwering FK (1982) Diakoptic theory for multielement antennas. IEEE Trans Antennas Propag 30(1):15-26

Grabherr W, Huder B (1999) Omnidirectional slotted-waveguide array antenna. In: 29th

European microwave conference, Munich, Germany, 3:134-137

Hao ZC, Hong W, Chen JX, Chen XP, Wu K (2005) Compact super-wide bandpass substrate integrated waveguide (SIW) filters. IEEE Trans Microw Theory Tech 53(9):2968-2977

Hasse RD, Hunsicker W, Naishadham K, Elsherbeni AZ, Kajfez D (2012) Design of a planar segmented circular loop antenna for omnidirectional radiation at 5. 8 GHz. IEEE AntennasWirelPropag Lett 11:1402-1405

Herscovici N, Sopus Z, Kildal S (2001) The cylindrical omnidirectional patch antenna. IEEE Trans Antennas Propag 49(12):1746-1753

Heydari B, Afzali A, Goodarzi HR (2009) A new ultra-wideband omnidirectional antenna. IEEE Antennas Propag Mag 51(4):124-130

Hisao FR, Wong KL (2005) Low-profile omnidirectional circularly polarized antenna for WLAN access points. Microw Opt Technol Lett 46(3):227-231

Hong W, Sarabandi K (2009) Low-profile, multi-element, miniaturized monopole antenna. IEEE Trans Antennas Propag 57(1):72-80

Hua G, Hong W, Sun XH, Zhou HX (2008) Design of an omnidirectional line array with SIW longitudinal slot antenna. Int Conf Microw Millimeter Wave Technol 3:1114-1117

Iwasaki H, Chiba N (1999) Circularly polarised back-to-back microstrip antenna with an omnidirectional pattern. IEE Proc Microw Antennas Propag 146(4):277-281

Jayakumar I, Garg R, Sarap B, Lal B (1986) A conformal cylindrical microstrip array for producing omnidirectional radiation pattern. IEEE Trans Antennas Propag 34(10):1258-1261

Judasz TJ, Balsley BB (1989) Improved theoretical and experimental models for the coaxial collinear antenna. IEEE Trans Antennas Propag 37(3):289-296

Kelleher K, Morrow C (1955) Omnidirectional circularly-polarized antennas. IRE Int Conv Rec 1:28-31

Kim KH, Kim JU, Park SO (2005) An ultrawide-band double discone antenna with the tapered cylindrical wires. IEEE Trans Antennas Propag 53(10):3403-3406

Kim DS, Ahn CH, Im YT, Lee SJ, Lee KC, Park WS (2007) A windmill-shaped loop antenna for polarization diversity. IEEE Int Symp Antennas Propag 1:361-364

Knudsen HL (1956) Radiation from ring quasi-arrays. IRE Trans Antennas Propag 4(3):452-472

Kraus JD, Marhefka RJ (2008) Antennas for all applications. McGraw-Hill, Boston

Kuga N, Arai H, Goto H (1998) A notch-wire composite antenna for polarization diversity reception. IEEE Trans Antennas Propag 46(6):902-906

Kyouichi I, Tanaka M (2000). A horizontally polarized slot-array antenna on a coaxial cylinder. Asia Pac Microw Conf 1444-1447

Lee JG, Lee JH (2007) Zeroth order resonance loop antenna. IEEE Trans Antennas Propag 35(3):994-997

Li WW, Leung KW (2013) Omnidirectional circularly polarized dielectric resonator antenna with top-loaded alford loop for pattern diversity design. IEEE Trans Antennas Propag 61(8):4246-4256

Li P, Luk KM, Lau KL (2003) An omnidirectional high gain microstrip antenna array mounted on a circular cylinder. IEEE Int Symp Antennas Propag 4:698-701

Li Y, Zhang Z, Feng Z (2012) Compact azimuthal omnidirectional dual-polarized antenna using highly isolated co-located slots. IEEE Trans Antennas Propag 60(9):4037-4045

Li B, Loia SW, Xue Q (2013) Omnidirectional circularly polarized antenna combining monopole and loop radiators. IEEE Antennas Wirel Propag Lett 12:607-610

Li Y, Zhang Z, Feng Z, Iskander MF (2014) Design of omnidirectional dual-polarized antenna in slender and low-profile column. IEEE Trans Antennas Propag 62(4):2323-2326

Lin CC, Kuo LC, Chuang HR (2006) A horizontally polarized omnidirectional printed antenna for WALN applications. IEEE Trans Antennas Propag 54(11):3551-3556

Lindenblad NE (1941) Antennas and transmission lines at the Empire State television station. Communications 21:10-14

Liu L, Caloz C, Itoh T (2002) Dominant mode leaky-wave antenna with backfire-to-endfire scanning capability. Electron Lett 38(23).1414-1416

Liu YT, Su CW, Tang CL, Fang AT, Wong KL (2004) Radiation pattern control for an on-ceiling omnidirectional monopole antenna. Microw Opt Technol Lett 41(2):106-108

Locatelli A, Capobianco A, Boscolo S, Modotto D, Midrio M, De Angelis C (2012) Low-profile CRLH omnidirectional loop antenna for mobile wireless communications. In: 42nd European microwave conference, Amsterdam, The Netherlands, pp 401-403

Ma H, Wu D (2006) Awideband E-plane omnidirectional antenna. In: 7th international symposium on antennas, propagation and EM theory, Guilin, P. R. China, pp 1-2

Masa-Campos JL, Fernandez JL, Sierra-Perez JM, Fernandez-Jambrina JLF (2007) Omnidirectional circularly polarized slot antenna fed by a cylindrical waveguide in millimeter band. Microw Opt Technol Lett 49(3):638-642

McDonald NA (1978) Approximate relationship between directivity and beamwidth for broadside collinear arrays. IEEE Trans Antennas Propag 26(2):340–341

McEwan NJ, Abd-Alhameed RA, Ibrahim EM, Excell PS, Gardiner JG (2003) A new design of horizontally polarized and dual-polarized uniplanar conical beam antennas for HIPERLAN. IEEE Trans Antennas Propag 51(2):229–237

McLean J, Foltz H, Crook G (1999) Broadband, robust, low profile monopole incorporating top loading, dielectric loading, and a distributed capacitive feed mechanism. IEEE Int Symp Antennas Propag 3:1562–2565

Nagasawa K, Matsuzuka I (1988) Radiation field consideration of biconical horn antenna with different flare angles. IEEE Trans Antennas Propag 36(9):1306–1310

Nakayama I, Kawano T, Nakano H (1999) A conformal spiral array antenna radiating an omnidirectional circularly-polarized wave. IEEE Int Symp Antennas Propag 2:894–897

Narbudowicz A, Xiu L, Ammann MJ (2013) Dual-band omnidirectional circularly polarized antenna. IEEE Trans Antennas Propag 61(1):77–83

Ong YS, Qing X, Goh CK, Chen ZN (2010) A segmented loop antenna for UHF near-field RFID. IEEE Int Symp Antennas Propag 1–4

Orefice M, Pirinoli P (1993) Dual reflector antenna with narrow broadside beam for omnidirectional coverage. Electron Lett 29(25):2158–2159

Park BC, Lee JH (2012) Dual-band omnidirectional circularly polarized antenna using zeroth- and first-order modes. IEEE Antennas Wirel Propag Lett 11:407–410

Pino G, Acuna AMA, Lopez JOR (2000) An omnidirectional dual-shaped reflector antenna. Microw Opt Technol Lett 27(5):371–374

Pozar DM (1993) Directivity of omnidirectional antennas. IEEE Trans Antennas Propag 35(5):50–51

Qing X, Chen ZN (2012) Horizontally polarized omnidirectional segmented loop antenna. In: 6th European conference on antennas and propagation (EUCAP), Prague, Czech, pp 2904–2907

Qing X, Chen ZN (2013) A compact metamaterial-based horizontally polarized omnidirectionalantenna array. IEEE Int Symp Antennas Propagation 1792–1793

Qing X, Chen ZN (2014) Metamaterial-based wideband horizontally polarized omnidirectional 5-GHz WLAN antenna array. In: 8th European conference on antennas and propagation, Hague, The Netherlands, pp 605–608

Qing X, Chen ZN, Chia MYW (2005) UWB characteristic of disc cone antenna. IEEE Int Work

Antenna Technol 97-100

Qing X, Chen ZN, Goh CK (2012) A horizontally polarized omnidirectional slot antenna array. IEEE Int Symp Antennas Propag 1-2

Quan X, Li R (2013) A broadband dual-polarized omnidirectional antenna for base stations. IEEE Trans Antennas Propag 61(2):943-947

Quan X, Li R, Tentzeris MM (2013) A broadband omnidirectional circularly polarized antenna. IEEE Trans Antennas Propag 61(5):2363-2370

Riblet HJ (1947) Microwave omnidirectional antennas. Proc IRE 35(5):474-478

Sabatier C (2003) T-dipole arrays for mobile applications. IEEE Antennas Propag Mag 45(6):9-26

Sakaguchi K, Hasebe N (1993) A circularly polarized omnidirectional antenna. In: 8th international conference on antennas and propagation, 1:477-480

Sanada A, Caloz C, Ito T (2003) Novel zeroth-order resonance in composite right/left-handed transmission line resonators. Asia Pac Microw Conf 3:1588-1591

Sangster AJ, Wang H (1995) Moment method analysis of a horizontally polarised omnidirectional slot array antenna. IEE Proc Microw Antennas Propag 142(1):1-6

Silva FJD, Bergmann JR (2005) Classical axis-displaced dual-reflector antennas for omnidirectional coverage. IEEE Trans Antennas Propag 53(9):2799-2908

Takenoshita T, Fujii M(1998) Development of a laminated waveguide. IEEE Trans Microw Theory Tech 46(12):2438-2443

Taniguchi T, Kobayashi T (2002) An omnidirectional and low-VSWR antenna for ultra-wideband-wireless systems. IEEE Radio Wirel Conf (RAWCON) 145-148

Tokumaru S (1976) Multiplates: low profile antennas. IEEE Int Symp Antennas Propag 14:379-382

Wang JJH, Workman SC, Triplett DJ (2011) Ultra-wideband omnidirectional low-profile miniaturized 3-dimensional (3-D) traveling-wave (TW) antenna. IEEE Int Symp Antennas Propag 3301-3304

Wang Y, Yang L, Gong S, Feng X, Wang J (2012) Omnidirectional antenna with dipole array. In:10th international symposium on antennas propagation and EM theory (ISAPE), Xian, P. R. China, pp 347-348

Wei K, Zhang Z, Feng Z, Iskander MF (2012) A MNG-TL loop antenna array with horizontallypolarized omnidirectional patterns. IEEE Trans Antennas Propag 60(6):2702-2710

Wheeler HA (1947) A helical antenna for circular polarization. Proc IRE 35(12):1484–1488

Wheeler H (1956) A vertical antenna made of transposed sections of coaxial cable. IRE Int Conv-Rec 4(1):160–164

Willoughby EO, Heider E (1959) Laboratory development notes – omnidirectional verticallypolarized paraboloid antenna. IRE Trans Antennas Propag 7(2):201–203

Wong KL, Su SW (2005) Broadband omnidirectional ushaped metal-plate monopole antenna. Microw Opt Technol Lett 44(4):365–369

Wong KL, Wu CH, Chnag FS (2005) A compact wideband omnidirectional cross-plate monopoleantenna. Microw Opt Technol Lett 52(2):492–494

Wu DL (1995) Omnidirectional circularly-polarized conformal microstrip array for telemetryapplications. IEEE Int Symp Antennas Propag 2:998–1001

Wu BQ, Luk KM (2009) Awideband, low-profile, conical-beam antenna with horizontal polarization for indoor wireless communications. IEEE Antennas Wirel Propag Lett 8:634–636

Wu D, Zhao M, Fan Y, Zhang Y (2007) A wideband 8-element omnidirectional array for wirelesssystem. Microw Opt Technol Lett 49(12):2944–2946

Yan L, HongW, Hua G, Chen J, Wu K, Cui TJ (2004) Simulation and experiment on SIW slot arrayantennas. IEEE Microw Wirel Components Lett 14:446–448

Yu Y, Jolani F, Chen Z (2013) A wideband omnidirectional horizontally polarized antenna for 4G LTE applications. IEEE Antennas Wirel Propag Lett 12:686–689

Zang SR, Bergmann JR (2013) Omnidirectional dual-reflector antennas for flexible coverage. IEEE Antennas Wirel Propag Lett 12:821–824

Zou L, Fumeaux C (2011) Horizontally polarized omnidirectional dielectric resonator antenna. Asia-Pac Microw Conf 849–852

Zou L, Abbott D, Fumeaux C (2012) Omnidirectional cylindrical dielectric resonator antenna with dual polarization. IEEE Antennas Wirel Propag Lett 11:515–518

Zurcher JF (2013) Tripod omnidirectional low profile antenna: a vertically polarized antenna with 90% bandwidth. Microw Opt Technol Lett 55(3):516–521

第32章
分集天线和MIMO天线

Zhinong Ying, Chi-Yuk Chiu, Kun Zhao, Shuai Zhang and Sailing He

摘要

近来,多输入多输出(MIMO)技术和分集技术因其高数据率和高频谱效率,在工业界和学术界引起了广泛关注。在复杂反射环境中,通过增加无线链路的发射端和/或接收端天线的数量,分集/MIMO方法可以提升无线信道的容量而不需额外增加功率和频谱。然而因为小型移动设备内空间受限,MIMO天线单

Z. Ying(✉)
索尼移动通信公司研究与技术部,瑞典隆德
e-mail:Ying. Zhinong@ sonymobile. com;Zhinong-ying@ hotmail. com
C. -Y. Chiu
索尼移动公司,中国北京
e-mail:eecychiu@ hotmail. com
K. Zhao
索尼移动通信公司研究与技术部,瑞典隆德
e-mail:kunzhao@ kth. se
S. Zhang
奥尔堡大学电子系统系,丹麦奥尔堡
S. He
KTH皇家技术学院电磁工程系,瑞典斯德哥尔摩
e-mail:sailing@ kth. se

元之间的相关系数往往很高,而MIMO单元的总效率将因互耦而显著降低。另外,人体将引起电磁波严重损耗,在实际应用中,用户的存在可能引起天线总效率的明显降低,MIMO天线系统的相关性也受到显著影响。本章将综述一些基本MIMO天线的性能,以及提升手持设备和移动终端MIMO天线性能的新技术,还将论及MIMO天线和人体之间的相互影响,尤其是有关移动终端应用的。

关键词

MIMO;分集;复用;天线降低阵列;移动手机天线;长期演化(LTE);WiFi;空中下载(OTA)性能;人体效应;比吸收率(SAR)

32.1 引言

自1960年以来,天线分集技术就已被引入通信系统(Pierce et al.,1960;Schwartz et al.,1965;Jakes,1974)。20世纪70年代后期,分集技术通过采用多天线系统来克服衰落环境引起的性能下降(Taga,1990;Pedersen et al.,1999;Ogawa et al.,2001)。多天线系统通常要求辐射单元间低互耦损耗和低方向图相关,目的是获得良好的分集性能。独立衰落信号(分集支路)不仅可以通过空间隔离的接收天线即空间分集获得,也可以通过频率分集、到达角分集、极化分集、时间分集和多径分集等技术获得。一个系统的整体分集性能通常是多种分集机制的组合。

自1985年以来,移动通信系统已经飞速地从模拟系统(1G:第一代系统)发展到数字系统(2G:第二代系统)以及后来的第三代系统(3G),而后者支持多媒体传输。为进一步提高数据传输速率,MIMO技术已经成为LTE无线通信系统(4G:第四代系统)的重要特点。作为十年来无线通信领域的巨大成就,MIMO通过增加天线数量和采用空间复用,可以线性地增大信道容量,而不需要增加额外的频谱或功率。另外,大多主流的无线通信系统一般工作在散射丰富的环境中,如第四代LTE蜂窝电话和IEEE 802.11n等,其中MIMO都实现了上述系统的性能提升。

在最新的现代智能电话中,根据散射丰富环境下信噪比(SNR)的水平,多天线系统可以以分集体制或 MIMO 体制工作,这种电话也支持多频段和多模式工作。因为移动终端内有限的空间,多天线单元之间的相关系数将会很高,因此相应的带宽和总效率就会大大降低。

另外,人体将引起电磁波能量的严重衰减,在实际应用中,用户的存在通常会导致天线总效率的显著降低,也引起 MIMO 天线系统相关性的改变。移动终端需要满足不同的标准和要求,如许多电信运营商都要求移动电话在用户影响下具备射频 OTA 性能。另外,移动终端的 SAR 表征了无线电发射的一定量的射频辐射被人体吸收,SAR 的量值由政府法规严格限定。MIMO 技术可以提升系统的信道容量是事实,但是 SAR 问题的复杂性也因此提高。

本章将讨论移动终端中分集和 MIMO 应用的天线设计。在"分集和 MIMO 天线的性能表征"一节中,将介绍移动终端中分集和 MIMO 天线的一般术语,如各种分集机制、分集增益、多天线的相关系数、MIMO 容量、复用效率;然后,"一些典型 MIMO 天线性能"一节分析并给出了典型 MIMO 天线的性能;在"紧凑 MIMO 天线设计中的去耦技术"一节,将阐述几种紧凑空间内 MIMO 天线的去耦技术;"LTE MIMO 应用中的天线设计"一节则将给出几种移动终端的小型 MIMO 天线设计,用于 WiFi 和 LTE 的高低频段;最后,在"多天线的 SAR 和 OTA 性能及其现场测试"一节中将会给出某个 MIMO 终端当天线排布变化时的 SAR 和人体损耗,同时还给出用 MIMO 天线在 700 MHz 频段 LTE 网络中的现场测试数据。

32.2　分集和 MIMO 天线的性能表征

32.2.1　移动通信中的分集技术

1. 空间分集

实现分集支路最常规,也可能最简单的机制是空间分集。采用两个分开一定距离的天线,产生的相位延迟使到达天线单元的信号衰落不一致。为了使衰落信号的相关性足够低,移动终端中天线单元之间的最小间距通常为 0.5λ,这是由零阶贝塞尔函数计算得到的。这其中并不包含互耦的影响,而后者可能对系统影响甚大。天线间距小于 0.5λ 可能引起其他分集机制。近年来,移动系统的工作频率越来越高,空间分集重新唤起了研究者的关注。

2. 频率分集

频率分集可以描述为信号通过两个或更多载波进行传输,这样信号就有多个版本,也就得到多个独立的衰落特性。因为生成多个发射信号和在接收机合成多个不同频率信号具有很高的复杂度,所以这种工作机制的成本很高。

3. 角度分集

到达天线的信号来自不同的角度或方向,因为其衰落变量各自独立,这些信号可用于角度分集。在移动终端处,可通过使用两副全向天线实现角度分集,这两副天线互为彼此的寄生单元,其辐射方向图可以进行切换以控制对不同方向信号的接收。

4. 时间和多径分集

时间和多径分集是两种相关的机制,多用于数字传输。通过在不同的时间间隔内重复发射单比特的信息可以实现时间分集,这些不同的重复信号的衰落变量将变得独立。多径分集是将时间分集用于多径环境下,重复信号通过不同的行进路径向接收机传输。

5. 极化分集

一种极化的传输(经传输介质的去极化后)使接收机有可能接收两种衰落变量不相关的正交极化,这种分集机制相对来说更为实用,因为这样可以采用更小尺寸的天线。极化分集也通常与空间分集进行组合。

32.2.2 无线通信中的 MIMO

在传统的无线系统中往往只存在一台发射机和一台接收机,这称为单输入单输出(SISO)系统。在窄带和静态环境(频率和时间不变)的条件下,标量信号模式可写为

$$y = hx + n \tag{32.1}$$

式中:y 为接收到的信号;x 为发射信号;n 为加性高斯白噪声(AWGN),其均值为零,并具有一定方差。

对于 1Hz 的带宽,SISO 的信道容量上限由 Shannon(1948)和 Witners(1987)给出:

$$C = \log_2\left(1 + \frac{E_s}{N_0}|h|^2\right) \tag{32.2}$$

式中：E_s、$|h|^2$ 分别为总发射功率和标量信道的功率增益。

可见，SISO 系统的信道容量随发射功率的增大而呈现对数规律的增长。

在 MIMO 系统中，发射端和接收端都可以采用多副天线。针对 MIMO 系统已经开展了一些先驱性的工作（Winters，1987；Foschini et al.，1998；Telatar，1999），其信道响应可用信道矩阵表示：

$$\begin{bmatrix} h_{11} & \cdots & h_{1M_R} \\ \vdots & \ddots & \vdots \\ h_{M_T1} & \cdots & h_{M_TM_R} \end{bmatrix} \tag{32.3}$$

式中：h_{mn} 为从发射机的单元 n 到接收机的单元 m 的复传输系数。

在此情况下，采集到的矢量信号模型可写为

$$\boldsymbol{Y} = \boldsymbol{HX} + \boldsymbol{n} \tag{32.4}$$

式中：$\boldsymbol{Y}$ 为 M_R 个接收天线接收到的信号矢量；$\boldsymbol{X}$ 为 M_T 个发射天线发射的信号矢量；$\boldsymbol{n}$ 为在 M_R 个接收天线处的 AWGN 矢量。

在发射机的信道状态信息（CSI）未知的前提下，Winters（1987）将 MIMO 系统的信道容量表示为

$$C = \sum_{i=1}^{r} \log_2\left(1 + \frac{E_s}{N_0 M_T}\lambda_i\right) \tag{32.5}$$

式中：r 为正交了信道（秩）的数量；λ_i 为矩阵 $\boldsymbol{HH}^{\mathrm{H}}$（若 $M_T < M_R$）或 $\boldsymbol{H}^{\mathrm{H}}\boldsymbol{H}$（若 $M_T > M_R$）的特征值，$(\cdot)^{\mathrm{H}}$ 表示共轭转置（或厄米特）算符。

式（32.5）表明，MIMO 系统通过在发射机和接收机之间提供相同工作频率的通道，就可以实现高数据率信号传输。

32.2.3　多天线的性能评价

根据散射丰富环境下信噪比（SNR）的水平，多天线系统可以以分集体制或 MIMO 体制工作。如果 SNR 低，则可以应用分集来抵消衰落，发射机（或接收机）的所有天线都通过同一信道发射（或接收）同样的信号。因为发射（或接收）天线互不相关，所有天线都陷入深度衰落的可能性很低，这样就提高了无线链路

的可靠性。在高 SNR 水平下,多天线系统将以 MIMO 体制工作,并利用衰落提供多个非相关信道。不同的数据通过工作在相同频率的不同信道同时传输,其结果是实现了最高的数据率。本章阐述多天线系统的优良特性,这有助于评估分集和 MIMO 的性能。本章不会讨论关于单天线的参数细节(如阻抗带宽、增益、辐射方向图、效率等),可参见文献(Balanis,2005)。

1. 分集性能

1) 平衡支路功率——平均有效增益(MEG)

分集支路的功率不平衡将引起分集损耗,而分集损耗与不平衡水平成正比(Plicanic et al.,2009)。这种失衡将受天线总效率的影响,既然在任何环境中都可能采用分集,那么天线—信道的失配也将发挥重要作用,因此需要平均有效增益的概念,它反映了天线总效率、天线增益以及无线环境的所有效应。MEG 可表示为(Taga,1990)

$$\mathrm{MEG} = \oint\left(\frac{\mathrm{XPR}}{\mathrm{XPR}+1}G_\theta(\Omega)P_\theta(\Omega) + \frac{1}{\mathrm{XPR}+1}G_\phi(\Omega)P_\phi(\Omega)\right)\mathrm{d}\Omega \quad (32.6)$$

式中:$\mathrm{d}\Omega = \sin\theta\mathrm{d}\theta\mathrm{d}\phi$;$G_\theta(\Omega)$、$G_\phi(\Omega)$ 分别为天线现实增益方向图的 θ 向和 ϕ 向分量;XPR 为交叉极化比。

需要指出的是,MEG 应当向各天线增益归一化(Ogawa et al.,2001)。

$$\oint(G_\theta(\Omega) + G_\phi(\Omega))\mathrm{d}\Omega = 4\pi \quad (32.7)$$

垂直极化和水平极化入射电磁波的统计传播特性可用 $P_\theta(\Omega)$ 和 $P_\phi(\Omega)$ 表示,如果 $P_\theta(\Omega)$ 和 $P_\phi(\Omega)$ 在俯仰向和方位向可分离,则它们可表示为(Pedersen and Andersen,1999)

$$P_\theta(\Omega) = P_\theta(\theta,\phi) = P_\theta(\theta)P_\theta(\phi) \quad (32.8)$$

$$P_\phi(\Omega) = P_\phi(\theta,\phi) = P_\phi(\theta)P_\phi(\phi) \quad (32.9)$$

同时它们满足归一化条件

$$\oint(P_\theta(\Omega))\mathrm{d}\Omega = \oint(P_\phi(\Omega)\mathrm{d}\Omega = 1 \quad (32.10)$$

交叉极化比是时域平均垂直功率 $P_\theta(\Omega)$ 与时域平均水平功率 $P_\phi(\Omega)$ 的比值(Kunden,2001),即

$$\mathrm{XPR} = \frac{P_\theta(\Omega)}{P_\phi(\Omega)} \quad (32.11)$$

在各向同性环境中，有 $XPR = 1, P_\theta(\Omega) = P_\phi(\Omega) = \frac{1}{4\pi}$ (Kildal et al.，2004)，以及 $MEG = \eta/2$，其中 η 为天线总效率(Glazunov et al.，2009)。

为了获得好的分集性能，多天线系统应当具备以下平衡特性：

$$MEG_{antenna1} \approx MEG_{antenna2} \tag{32.12}$$

2) 相关性

(1) 根据辐射方向图计算相关系数。多天线系统的相关性用于描述各天线端口之间的独立性，Vaughan 和 Andersen(2003)提出了复杂的相关系数的计算方法：

$$\rho_c = \frac{\oint (XPR \cdot E_{\theta X}E_{\theta Y}^* P_\theta + E_{\phi X}E_{\phi Y}^* P_\phi)\,d\Omega}{\sqrt{\oint (XPR \cdot E_{\theta X}E_{\theta X}^* P_\theta + E_{\phi X}E_{\phi X}^* P_\phi)\,d\Omega \oint (XPR \cdot E_{\theta Y}E_{\theta Y}^* P_\theta + E_{\phi Y}E_{\phi Y}^* P_\phi)\,d\Omega}} \tag{32.13}$$

式中：$E_{\theta,\phi X}$、$E_{\theta,\phi Y}$ 分别为多天线系统中天线 X 和 Y 的嵌入极化复数电场方向图。

在瑞利衰落下，包络相关系数 $\rho_e \approx |\rho_c|^2$。判断分集/MIMO 性能优越的第一准则是 $\rho_e < 0.5$。由式(32.13)可见，相关性也是描述特定无线环境的参数。在实际的多天线系统中，相关性可能受到单元间距、天线方向性、接地面(底座)、Q 值等因素的影响。

(2) 根据 S 参数和辐射效率计算相关系数。在无损 MIMO 天线系统中，相关系数还可以根据 S 参数进行估算(Blanch et al.，2003)。考虑辐射效率，可以计算相关性的上限(Hallbjoner，2005)；Li 等(2013)采用基于等效电路的方法计算有耗天线阵列的相关性，其等效电路如图 32.1所示，图中引入有耗元件模拟损耗。这样可以获得比 Hallbjoner (2005)和 Li 等(2013)的方法更为精确的估计。

$$|\rho_{ij}|_{max} = \left| \frac{-S_{ii}^* S_{ij} - S_{ji}^* S_{jj}}{\sqrt{(1 - |S_{ii}|^2 - |S_{ji}|^2)(1 - |S_{jj}|^2 - |S_{ij}|^2)\eta_i \eta_j}} \right| + \sqrt{\left(\frac{1}{\eta_i} - 1\right)\left(\frac{1}{\eta_j} - 1\right)} \tag{32.14}$$

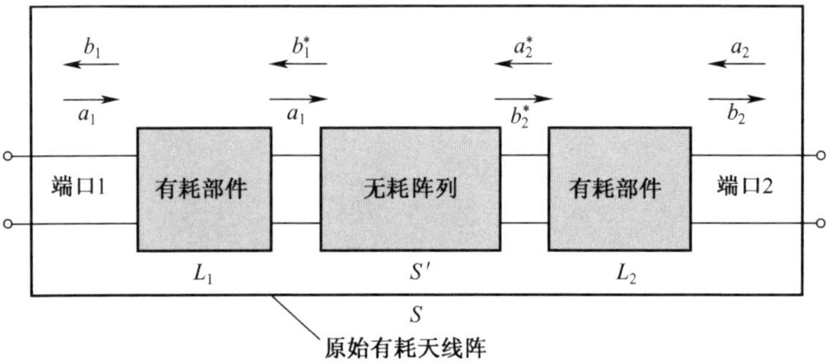

图 32.1 根据 S 参数和辐射效率计算相关系数

3）分集增益

分集增益可用于描述多天线系统中合成信号相对于时间平均 SNR 的增益增强。选取最佳天线支路作为参考天线(Vaughan et al.,2003;Plicanic,2011),Vaughan 等(2003)将概率为 $P(r_c)$ 的分集增益(DG)表示为

$$\mathrm{DG} = \left.\frac{\left(\dfrac{r_c}{\Gamma_c}\right)}{\left(\dfrac{r_c}{\Gamma_c}\right)_{\text{最佳支路}}}\right|_{P(r_c)} \tag{32.15}$$

式中:r、r_c 为瞬态 SNR;Γ、Γ_c 分别为合成信号和最佳天线支路信号的平均 SNR。概率 $P(r_c)$ 的典型值为 1%或 50%。

一般来讲,小型多天线系统中的最佳天线支路的总效率低于单天线系统,其原因在于失配、互耦以及附加欧姆损耗等因素。通常还采用有效分集增益(EDG)(Kildal et al.,2004)以使结果更加全面:

$$\mathrm{EDG} = \left.\frac{\left(\dfrac{r_c}{\Gamma_c}\right)}{\left(\dfrac{r}{\Gamma}\right)_{\text{最佳支路}}}\right|_{P(r_c)} \cdot \eta_{\text{最佳支路}} \tag{32.16}$$

式中:$\eta_{\text{最佳支路}}$ 为小型多天线系统中最佳天线支路的总效率。

DG 和 EDG 给出了两个极限值,引入另一个参数实际分集增益(ADG)来提供其他附加信息,这个概念采用单天线系统作为参考(Plicanic ,2011;Kildal et al.,2004):

$$\mathrm{DG} = \left.\frac{\left(\dfrac{r_c}{\Gamma_c}\right)}{\left(\dfrac{r}{\Gamma}\right)_{\text{单天线方案}}}\right|_{P(r_c)} \tag{32.17}$$

2. MIMO 性能

1）MIMO 容量

在“无线通信中的 MIMO”一节已经谈到，如果发射机不预知信道状态信息（CSI），功率就将平均分配到各个发射机，Winters（1987）将 MIMO 系统的信道容量表示为

$$C_{\text{等功率}} = \sum_{i=1}^{r} \log_2\left(1 + \frac{E_s}{N_0 M_T}\lambda_i\right) \tag{32.18}$$

式中：r 为正交子信道的数量（秩）；λ_i 为矩阵 $\boldsymbol{H}\boldsymbol{H}^{\mathrm{H}}$（若 $M_T < M_R$）或 $\boldsymbol{H}^{\mathrm{H}}\boldsymbol{H}$（若 $M_T > M_R$）的特征值，$(\cdot)^{\mathrm{H}}$ 表示共轭转置（或厄米特）算符。

如果发射机预知 CSI，可通过注水算法进行将功率分配给较强的子信道而不是较弱的子信道（Vaughan et al.，2003）：

$$C_{\text{注水算法}} = \sum_{i=1}^{r} \log_2(\lambda_i \cdot D) \tag{32.19}$$

以及

$$D = \frac{1}{\lambda_i} + p_i \tag{32.20}$$

式中：D 为每个需要注水的子信道的“水平线”；p_i 为需要输入第 i 个子信道的功率，$p_i = \mathrm{SNR}_i/\lambda_i$。

2）复用效率

为了用单一的手段评价 MIMO 性能，Tian 等（2011）引入了复用效率（ME）或 η_{mux} 的概念。ME 定义为一个实际多天线系统在实现特定容量时，相比于具有 100%总效率和零相关的理想天线系统需付出的功率代价（Tian et al.，2011）。

假设在高 SNR 和各向同性环境中（来自各个方向的入射波似然性相同），Tian（2011）将 ME 表示为

$$\eta_{\text{mux}} = \sqrt{\eta_1 \eta_2 (1 - |\rho_c|^2)} \tag{32.21}$$

式中：η_1、η_2 为 MIMO 天线单元的总效率。

Tian 等(2011)用式(32.9)定义了到达角(AoA)呈高斯分布的传播信道，在这样的信道中 MIMO 复用效率可以基于以下假设进行评估：平均入射角可用 ϕ_0 和 θ_0(相对于各向同性信道，入射波在各个方向的似然性不同，而在到达角 ϕ_0 和 θ_0 处达到最大值)表示。假定在俯仰向和方位向的角度扩展都一样，而且都约等于 30°，进一步将分析限定在极化平衡的信道，也就是说 XPR=1。作为参考，两个极化理想的天线将具有零相关性。根据上述条件，复用效率是平均入射方向的函数：

$$\eta_{\text{mux}}(\phi_0,\theta_0)=\sqrt{4\text{MEG}_1(\theta_0,\phi_0)\text{MEG}_2(\theta_0,\phi_0)(1-|\rho_c(\theta_0,\phi_0)|^2)} \tag{32.22}$$

式中：$\text{MEG}_1(\theta_0,\phi_0)$、$\text{MEG}_2(\theta_0,\phi_0)$ 为每个天线端口的平均有效增益(Tian et al.,2012)；$\rho_c(\theta_0,\phi_0)$ 为接收信号的复包络相关。

这一概念可用于评价大规模 MIMO 和新一代移动系统中毫米波系统(Bentsson et al.,2015)的 MIMO 性能。

3. 讨论

根据对多天线系统原理的介绍和分析可知，天线的总效率和多个天线单元之间的相关性将会影响分集和 MIMO 性能。如果传播信道环境已确定，且多个天线单元在小型移动终端里是对称的，就可以实现好的分集/MIMO 性能，天线总效率高，而相关性低。另外，为使小型终端满足各种标准与功能，分集/MIMO 天线单元的多频段和宽阻抗带宽也很重要。

在多端口天线系统中，如果只有一个端口馈电而其他端口接 50Ω 匹配负载，则可用下式计算总效率：

$$\eta_{\text{total}}=\eta_{\text{radiation}}\eta_{\text{mismatching+coupling}} \tag{32.23}$$

$$\eta_{\text{mismatching+coupling}}=1-|S_{ii}|^2-\sum_{j\neq i}|S_{ji}|^2 \tag{32.24}$$

式中：η_{total}、$\eta_{\text{radiation}}$ 和 $\eta_{\text{mismatching+coupling}}$ 分别为总效率、辐射效率和“失配+互耦”效率；下标 i 和 j 分别为工作和匹配端口。

互耦 $\left(\sum_{j\neq i}|S_{ji}|^2\right)$ 也将使总效率降低。因此，通过减小分集/MIMO 单元之间的互耦就可以获得高效率和低相关(Zhang et al.,2013；Zhao et al.,

2014)。一般情况下,当多天线工作在高频(高于 1700MHz)时,该方法颇为有效。

如果多天线系统的辐射效率较低,就意味着存在几种形式的高损耗。天线单元之间的低互耦将不会有助于提升总效率,工作在低频(960MHz 以下)的移动终端 MIMO/分集天线就属于这种情况。另外,低频段(700~960MHz)的波长与移动终端机壳尺寸可相比拟,这时接地面就成为一个有效的辐射器,使 MIMO/分集单元具备类似的辐射方向图,这也将最终损害多天线的性能。还应指出的是,在这种情况下,低互耦并不反映出低相关和高效率。

在小型 MIMO 天线设计中,带宽要求是关键要点之一。实际上,所有天线参数如阻抗匹配、天线效率、天线间包络相关、分集增益以及复用效率等都有各自的带宽。单天线单元的带宽主要受到小天线基本限制,如尺寸、材料负载和 Q 值等因素的影响。然而在多天线条件下,工作带宽还要受到天线系统尺寸、天线不平衡性、天线单元件互耦等因素的影响。在“若干主要 MIMO 天线的性能”一节中,将讨论几种基本的 MIMO 天线。

此外,多天线之间以及天线与用户之间的相互作用将因谐振频率偏移而使天线总效率降低,部分辐射/接收的功率被吸收掉。人体的存在将在不同情况下显著影响相关和效率(通话模式、数据模式或读取模式)。在“多天线的 SAR 和 OTA 性能及现场试验”一节将讨论更多的细节。

32.3　若干基本 MIMO 天线的性能

32.3.1　平行偶极子

两个偶极子单元互相平行地放置,谐振频率设置为 850MHz,单元间距为 0.1λ,偶极子的长度分别为 $\lambda/6$、$\lambda/3$、$\lambda/2$, 如图 32.2 所示。偶极子天线的谐振长度为 $\lambda/2$,因此在长 $\lambda/3$ 和 $\lambda/6$ 的 MIMO 偶极子要增加匹配网络,将其谐振频率调至 850MHz。

图 32.3 是平行 MIMO 偶极子的性能,用四个参数来进行评价,即 S 参数、效率(辐射效率(RE)和总效率(TE))、包络相关系数(ECC)以及复用效率。天线的阻抗带宽通常定义在发射系数 $S_{11}<-6$dB 的条件下,然而对于 MIMO 应用,还

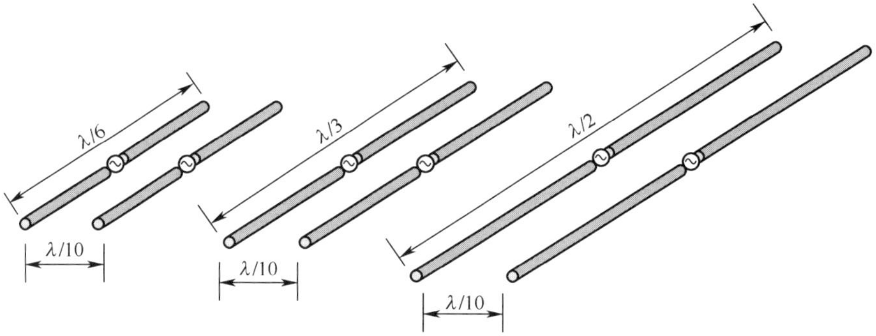

图 32.2　基本 MIMO 偶极子天线结构

需要考虑总效率带宽和包络相关系数带宽,其约束条件分别是效率高于-4dB 和包络相关系数小于 0.5。由图 32.3(a)可见,天线体积越大,获得的 S_{11} 带宽越宽。同样,体积越大的天线互耦 S_{21} 一般也越低。

在图 32.3(b)中,MIMO 偶极子天线越小,天线效率越低,这是强互耦和匹配网络导致的效果。据此推算,λ/6 偶极子的总效率一般低于-4dB,因此其效率带宽为零。

还可以看到,体积越小的 MIMO 偶极子的 ECC 带宽越窄。然而天线体积越小,中心频率处的 ECC 就越低(图 32.3(c)),这是因为天线体积越小,Q 值往往越高,这将增强互散射效应,从而降低 ECC(Zhang et al.,2013a)。相比于长 λ/2 的 MIMO 偶极子,长 λ/3 和长 λ/6MIMO 的偶极子的 MUX 也更低。

如果 MIMO 天线的相关系数接近 1,那么两单元 MIMO 天线可视为体积加倍的单个天线,结果是天线效率可以提升而 MUX 仍然很低,其原因是高相关。这一现象可以在 λ/6 MIMO 偶极子的 860MHz 处观察到。

Zhao 等(2014)定义了一个更容易理解的参数来评价 MIMO 性能,即 S_{11} 带宽、TE 带宽和 ECC 带宽的重叠部分。这个有效带宽类似于 MUX 带宽,却一般遵从更为严格的标准。MIMO 偶极子天线的有效带宽列在表 1 中。容易发现,对于某些参数,体积越小的 MIMO 天线(长 λ/3 的和长 λ/6 的 MIMO 偶极子)在中心频率处可以获得越好的性能,但其有效带宽往往比体积大的 MIMO 天线(长 λ/2 的 MIMO 偶极子)更窄。有效带宽的变化趋势与 MUX 带宽一致,但总体上更窄一些。

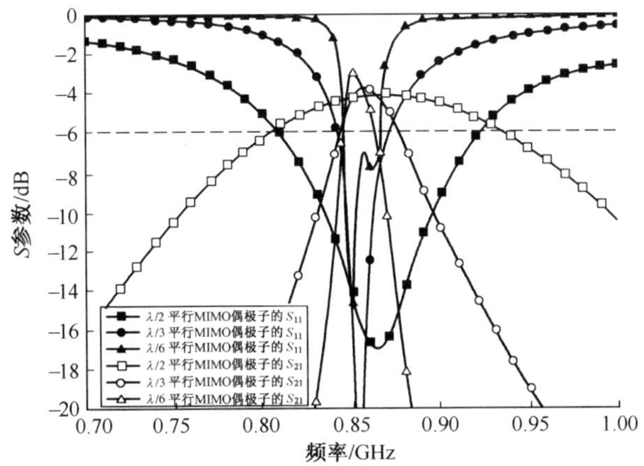
S参数/dB
频率/GHz
λ/2 平行MIMO偶极子的 S_{11}
λ/3 平行MIMO偶极子的 S_{11}
λ/6 平行MIMO偶极子的 S_{11}
λ/2 平行MIMO偶极子的 S_{21}
λ/3 平行MIMO偶极子的 S_{21}
λ/6 平行MIMO偶极子的 S_{21}

（a）

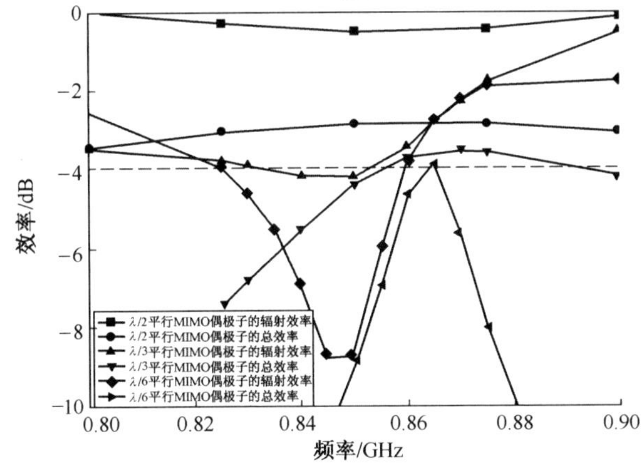
效率/dB
频率/GHz
λ/2平行MIMO偶极子的辐射效率
λ/2平行MIMO偶极子的总效率
λ/3平行MIMO偶极子的辐射效率
λ/3平行MIMO偶极子的总效率
λ/6平行MIMO偶极子的辐射效率
λ/6平行MIMO偶极子的总效率

（b）

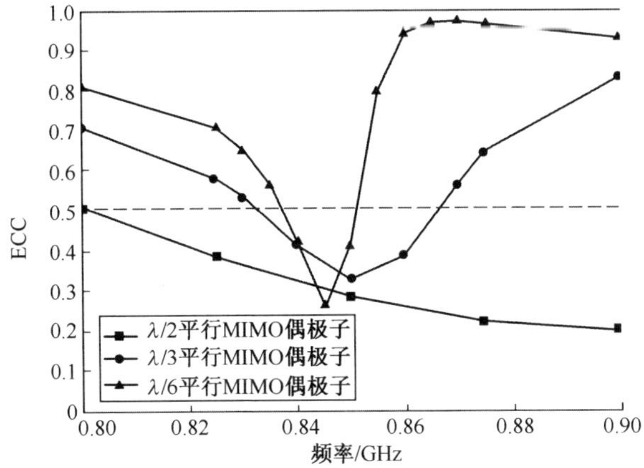
ECC
频率/GHz
λ/2平行MIMO偶极子
λ/3平行MIMO偶极子
λ/6平行MIMO偶极子

（c）

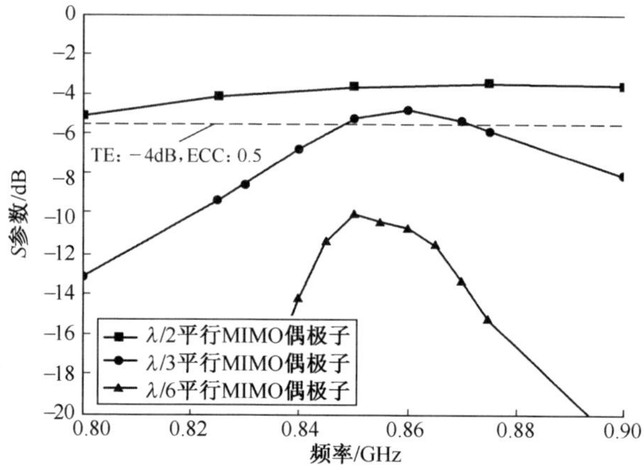

(d)

图 32.3 不同长度 MIMO 偶极子的性能

(a)S参数;(b)辐射效率(RE)和总效率(TE);(c)包络相关系数(ECC);(d)复用效率(MUX)。

表 32.1 带匹配网络的平行 MIMO 偶极子的有效带宽(单位:MHz)

	λ/2MIMO 偶极子	λ/3MIMO 偶极子	λ/6MIMO 偶极子
S_{11}带宽(<−6dB)	800~920	840~870	840~860
TE 带宽(>−4dB)	770~950	850~890	无
ECC 带宽(<0.5)	> 800	830~860	837~850
有效带宽	800~920	850~860	无

32.3.2 交叉偶极子和三偶极子

1. 交叉偶极子

两个互相正交放置的偶极子单元如图 32.4 所示,图 32.5 展示了几种不同单元尺寸的正交偶极子的性能。

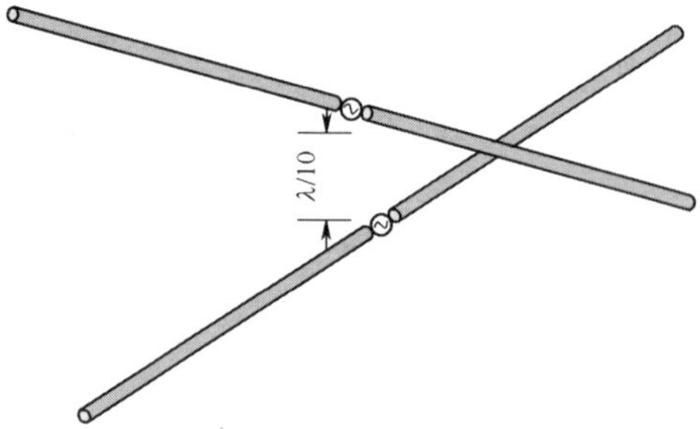

图 32.4 正交 MIMO 偶极子结构

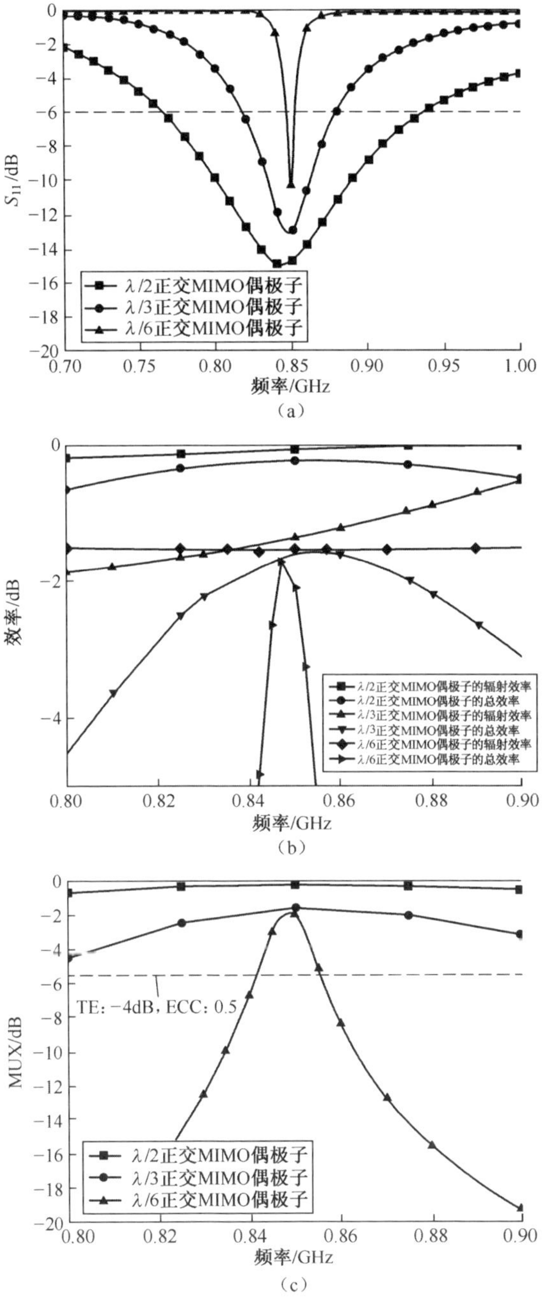

图 32.5 不同天线长度的正交 MIMO 偶极子的性能

(a)S 参数;(b)辐射效率(RE)和总效率(TE);(c)复用效率(MUX)。

正交 MIMO 偶极子天线比平行偶极子性能好得多,这是忽略了 S_{21} 和 ECC 的结果,因为这两个天线单元理论上是互相去耦的,导致 S_{21} 和 ECC 的值太低。因此,两个正交单元可视为各自独立的单天线,这种天线构型有望实现高分集增益和大 MIMO 信道容量。

这样一来,正交 MIMO 偶极子的 MUX 带宽和有效带宽比平行 MIMO 偶极子要宽得多,如表 32.2 所列。这些 MIMO 天线因为正交而使其性能类似两个独立单天线,其辐射效率很高,但包络相关系数极低,而有效带宽则主要受到天线体积的限制。

表 32.2　带匹配网络的正交 MIMO 偶极子的有效带宽(单位:MHz)

	λ/2MIMO 偶极子	λ/3MIMO 偶极子	λ/6MIMO 偶极子
S_{11} 带宽(<-6dB)	765~935	816~880	846~852
TE 带宽(>-4dB)	全带	> 800	845~853
ECC 带宽(<0.5)	全带	全带	全带
有效带宽	765~935	816~880	846~852

2. 三偶极子

Andrews 等(2001)提出利用 3 组正交的电场和磁场分量可以在某一点获得 6 个独立信道,它们在球面上形成路径的全角扩展。

Chiu 等(2007a)用偶极子或半缝隙实现的三端口正交极化天线。例如,在 FR4 环氧树脂基板上加工天线单元的形式集成 3 个偶极子,可以建立三极化偶极子。每块基板的总尺寸为 51mm×51mm×1.6mm,还应指出,其中一个偶极子需要偏离另外两个偶极子的交点,这样才能设计一条用于装配的缝(图 32.6(a))。

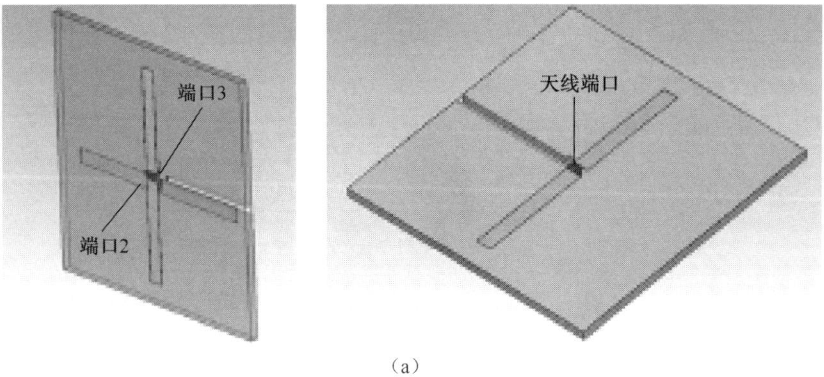

(a)

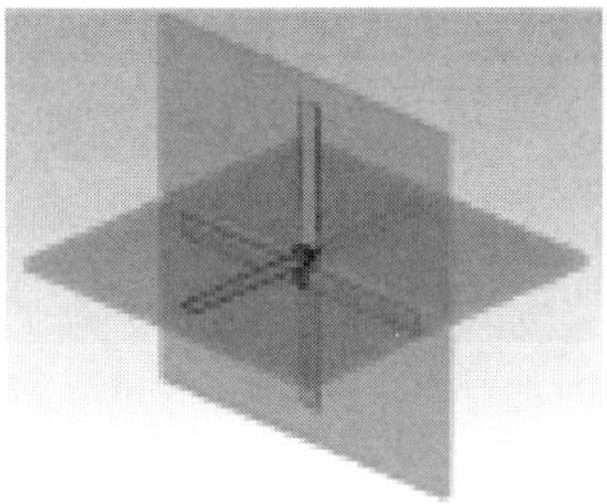

（b）

图 32.6　单个的偶极子天线和三极化偶极子的三维视图

三极化偶极子的试验结果表明,3 个天线都可以谐振在大约 2.5GHz 的频率。除了端口 2 和端口 3 之间的互耦是-18dB 外,其他天线单元间的平均互耦低于-25dB,这是因为偶极子 2 和偶极子 3 加工在同一块 FR4 板的正反面上,且两个偶极子在加工时发生了一点重合(图中未画出巴伦)。

32.3.3　三趾半缝隙天线

半缝隙天线如图 32.7(a)所示,加工在总尺寸为 22mm×27mm×1.6mm 的 FR4 环氧树脂基板上。半缝隙天线从半波长谐振长度的标准缝隙天线发展而来。对于标准缝隙天线,中点从馈点经 λ/4 变换而呈开路状态,因此,半缝隙天线可以与常规的缝隙天线工作在相同频率,其长度却得以减半。正交地集成 3 个半缝隙天线就可以建立三极化天线,如图 32.7(b)所示。实验结果表明,最恶劣的互耦发生在 2.58GHz,为-21dB。尽管这 3 个天线单元紧密地装配在一起。

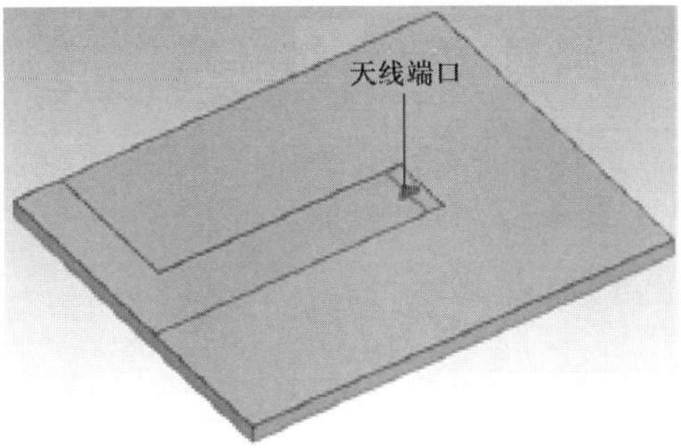

（a）

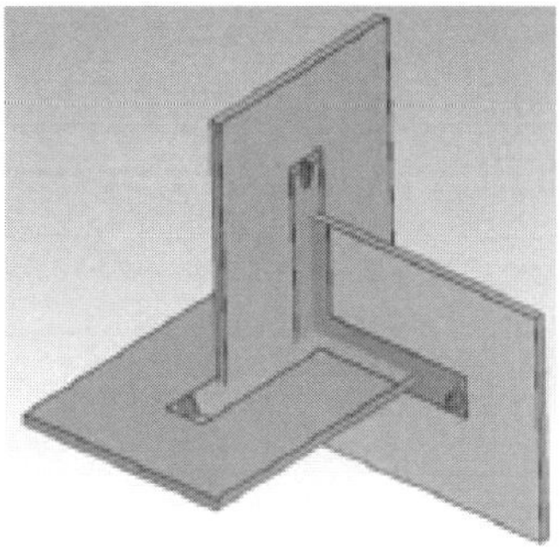

（b）

图 32.7　单个的偶极子天线和三极化偶极子的三维视图

如果信号相关系数为零,且平均接收信噪比相等,系统就将具备理想的分集性能(Vaughan et al.,1987)。在接收机采用最大比合并的实际系统中,实现良好分集的条件是信号相关系数$\rho < 0.8$,(Norklit et al.,2001)。对于辐射效率并不理想的实际天线,可以求得信号相关系数的上限(Hallbjorner,2005),$|\rho_{eij}|_{max}$为天线i和天线j之间信号相关系数的上限,η_i、η_j分别为天线i和天线j的辐射效率。根据前文的表达,所提出天线的信号相关系数的最大值可以用测试数据计算得到,计算结果如表32.3所列。由表32.3可见,所提出天线的信号相关系数的上限满足Norklit(2001)给出的准则。因此可以得到结论上述两种天线都表现出良好的分集性能。

表32.3 三极化偶极子和半缝隙天线的信号相关系数计算结果

端口		偶极子	半缝隙
i	j	ρ_{eij}	ρ_{eij}
1	2	0.48	0.36
1	3	0.41	0.38
2	3	0.56	0.46

32.3.4 共地单极子

单极子型的天线在移动终端中比偶极子天线更为通用,因为其谐振长度更小,馈电结构也简单。本节介绍理想的双单元$\lambda/2$长MIMO单极子天线的性能,该天线的中心频率约为850 MHz,辐射单元安装在一个大的圆形接地板上,其半径大于2λ,单元间距约为0.1λ,如图32.8所示。

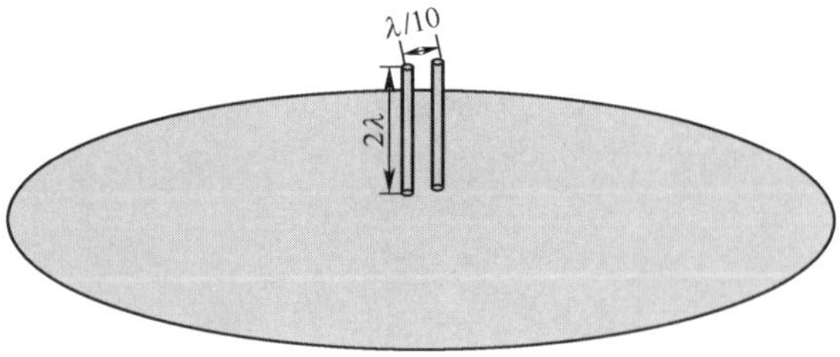

图32.8 共地单极子天线

图32.9给出了共地单极子的S参数、总效率和包络相关系数。因为安装距离

近,这种构型的天线的互耦相当高,谐振频率处的总效率低于-2dB。与平行偶极子天线类似,包络相关系数主要受到互散射效应的影响(Zhang et al.,2013a)。

MIMO 单极子的有效带宽为 810～960MHz,该性能比 λ/2 长平行 MIMO 偶极子好,但比 λ/2 长正交 MIMO 偶极子差。

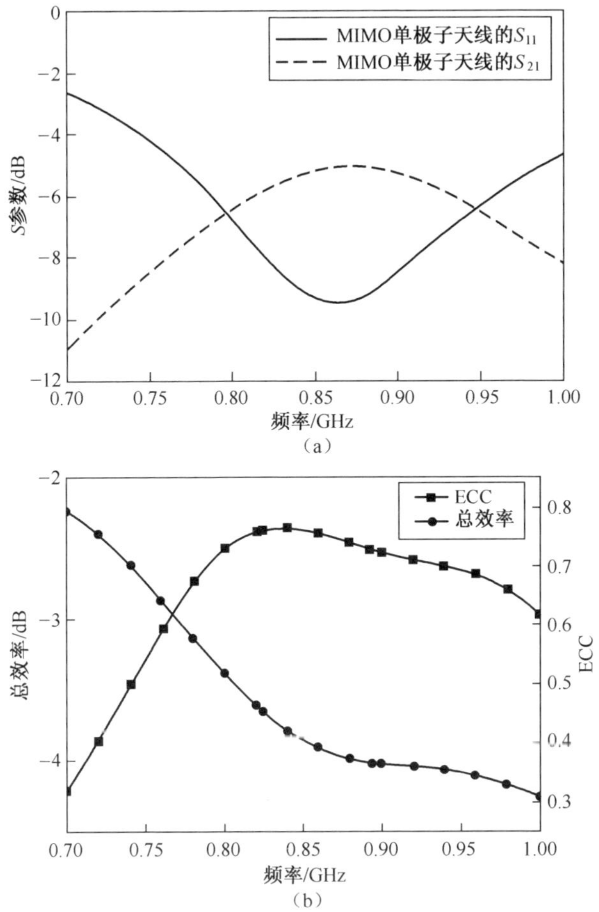

图 32.9　共地偶极子的 S 参数和总效率与相关系数

32.4　紧凑型 MIMO 天线设计的去耦技术

在以下“中和线”“耦合器设计”“匹配网络”及“散射去耦”等节,要研究采用各种去耦方法的共地 λ/4 长双单元 MIMO 单极子。设计中心频率在850 MHz左右。最近报道的单极子结构的性能可作为参考,在图 32.9 中给出。

32.4.1 中和线

中和线是在辐射单元或馈线上某些位置连接两副天线的金属带,这一概念由 Chebini 等(2008)首次针对 PIFA 研究而提出。采用中和线的目的是补偿两个单元之间的耦合,如果中和线位置选取得当,就可能获得大的去耦带宽,同时保持天线匹配良好。这项研究中,一条金属带用于连接两个单极子天线,图 32.10 示出了这种天线的结构。

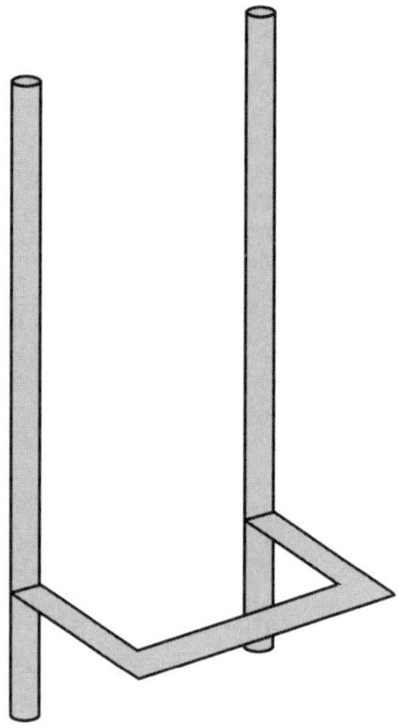

图 32.10 中和线结构

既然去耦单元必定要加在两副天线之间,那么两个辐射单元之间的隔离就不可能太低,然而中和线也可以从 PIFA 的内沿转移到外沿处,正像 Diallo 等(2008)的论文中所说的,这样一来天线的隔离可以进一步降低。中和线方法同样适于双频 MIMO Wi-Fi 天线,如图 32.11 所示。通过改变中和线的长度可以获得合理的去耦频率,包含了匹配网络的仿真结果如图 32.12 所示。

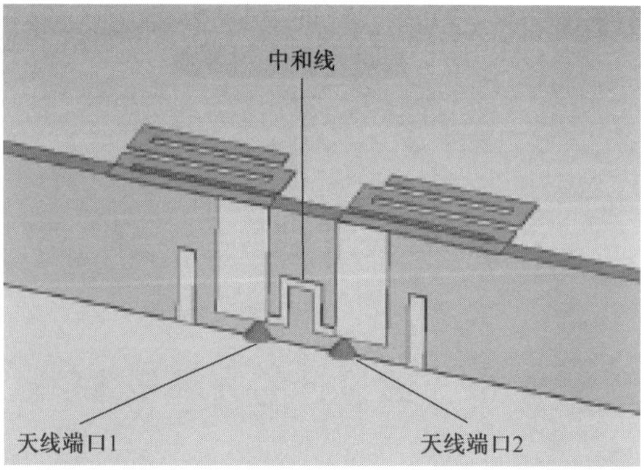

图 32.11 带去耦中和线的双频/多频 Wi-Fi 天线设计

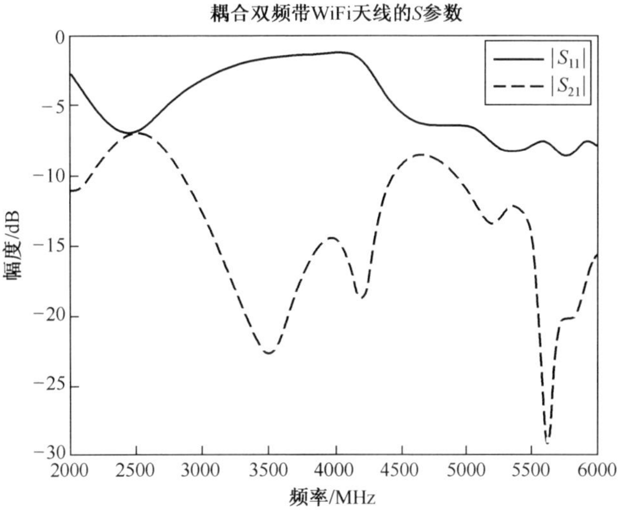

(a)

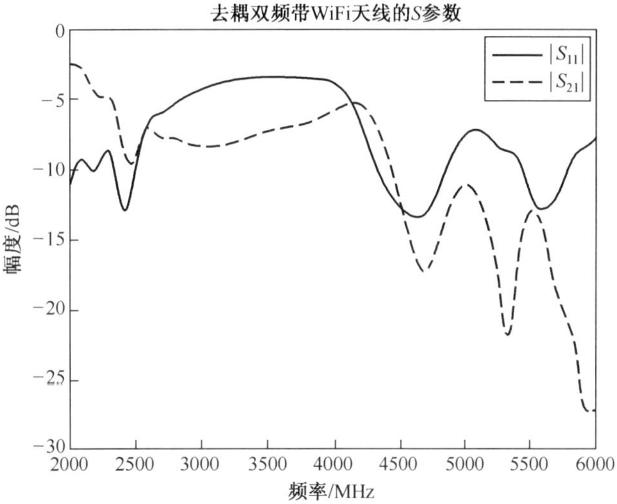

(b)

图 32.12　(a)耦合天线的 S 参数和(b)去耦天线的 S 参数

32.4.2　电桥设计

混合电桥是一种微波部件,可以将输入端的功率分配到两个输出端,另外还存在一个隔离端口,理论上没有功率分配到该端口。采用混合耦合器进行天线去耦的方法是将天线连接到电桥的输入端和隔离端,理想情况下两副天线就不会出现耦合。在本节的实例中,设计了一个工作在 859MHz 的 90°混合电桥,特征阻抗为 50Ω,电桥的版图及对应的天线 S 参数分别如图 32.13(a)和(b)所示。

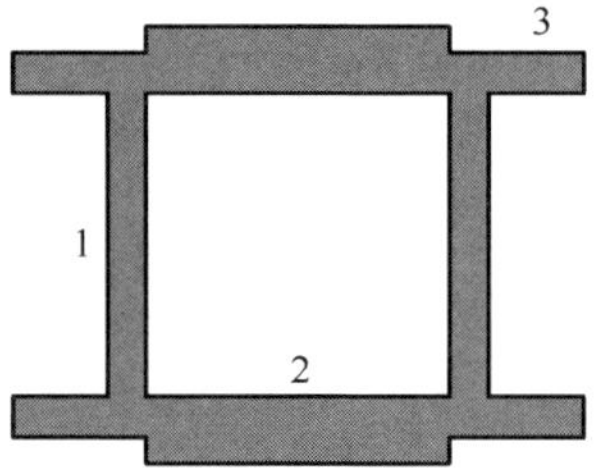

(a)

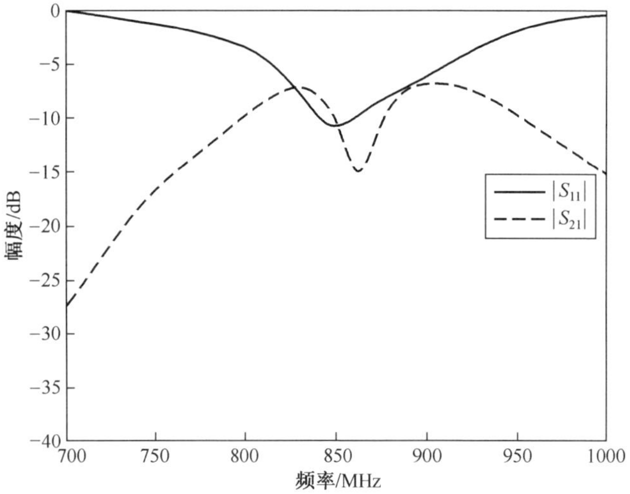

(b)

图 32.13　90°混合电桥

(a)几何版图;(b)S 参数。

除 90°电桥之外,还可以用 180°电桥进行天线去耦(Volmer et al.,2008),180°电桥可以将馈入信号分解成两个正交信号,通常称为“奇模”和“偶模”,这就可以产生深度的宽带去耦。实际上,电桥可以工作在两种方式:如图 32.14(a)所示,第一种方式是信号加在和端口或差端口,这就在端口 2 和端口 3 得到两个均等的信号,它们同相或相差 180°,端口 4 就将作为隔离端口;第二种工作方式是将两个信号分别馈入端口 2 和端口 3,此时信号在和端口将会叠加,而在差端口将会相减。利用第二种方式可以实现去耦天线。

根据图 32. 14(b),耦合相对较低,在整个仿真带宽内几乎一致低于-20dB,这同样也是模式分解后两个端口呈正交状态的直接结果。理论上,两个信号彼此互不影响,尽管理想隔离仅在中心频率处才真正实现,却可以在相对较大的带宽内产生去耦效应。

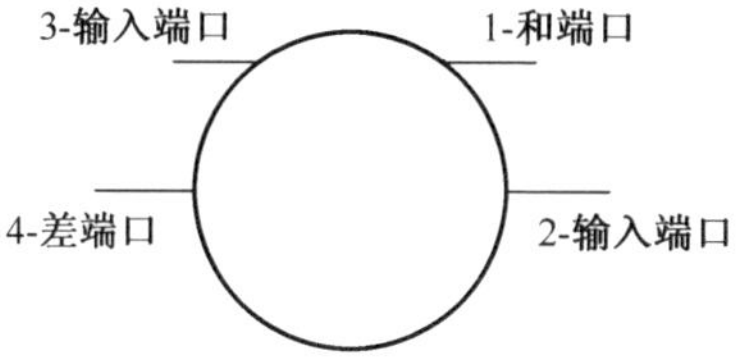

(a)

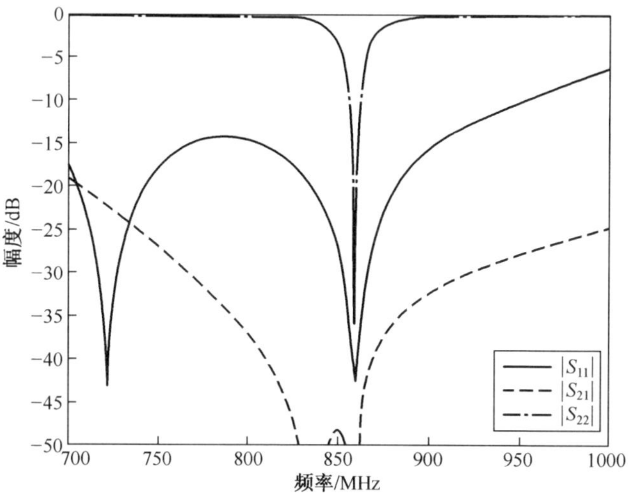

(b)

图 32. 14　180°混合电桥

(a)几何结构;(b)S 参数。

32. 4. 3　匹配网络

Pozar(2005)提出了 90°和 180°混合电桥的集总元件等效电路, 这比等效分布式电路的结构紧凑得多,为了验证它们的性能,对全带宽(824~894MHz)和中心频率(859MHz)进行了优化。下面只给出针对中心频率的优化结果,集总元件 90°混合电桥的相关布局和 S 参数分别如图 32. 15(a)和(b)所示。对于 180°

集总混合电桥,布局和 S 参数分别如图 32.16(a)和(b)所示。

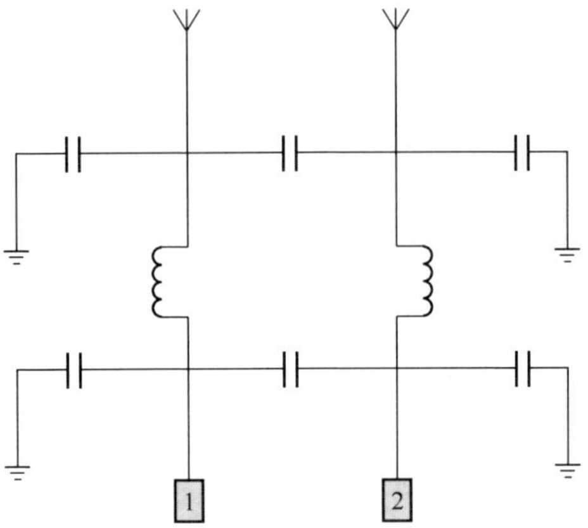

(a)

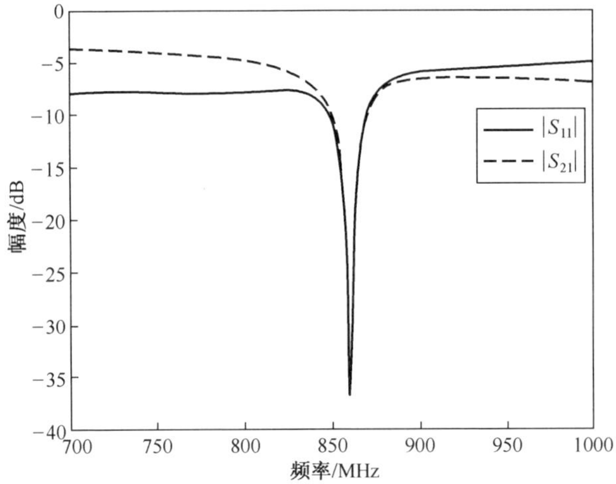

(b)

图 32.15 (a)用 90°混合电桥集总元件等效电路去耦合天线和(b)S 参数

32.4.4 散射体去耦

在两个天线之间加载寄生元件是减少互耦和相关系数的另一种方法。寄生元件可以构成散射体,并可以通过扼流圈和寄生枝节实现。为了进一步减少互耦,Zhang 等(2009a,2010a)还发现了一种新的谐振模式。

Zhang 等(2012a)利用两个 PIFA 的边缘激励 $\lambda/4$ 的缝隙。Ogawa 等

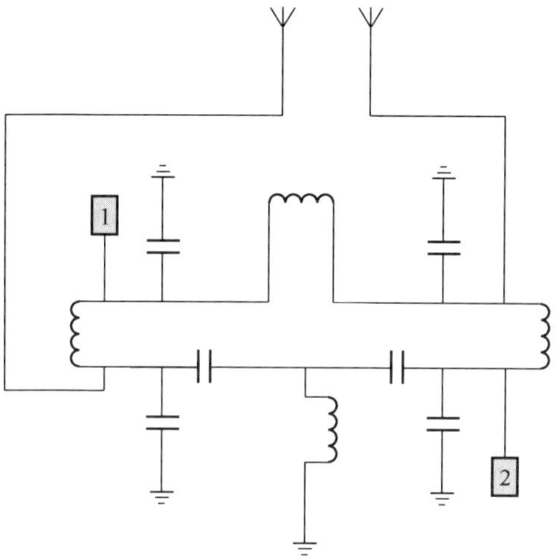

（a）

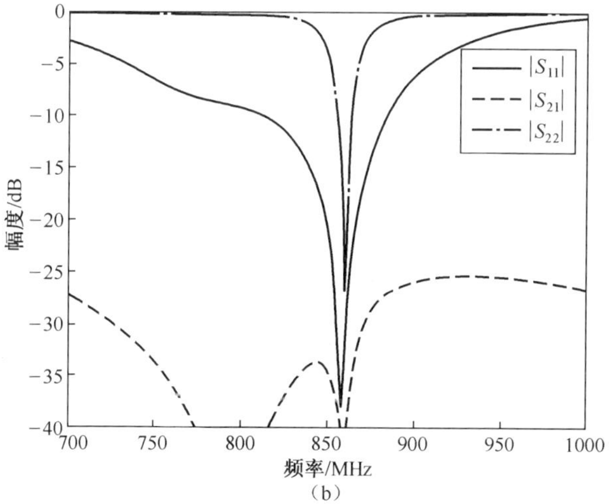

（b）

图 32.16　(a)用 180°混合电桥集总元件等效电路去耦合天线和(b)S 参数

(2001),在两个 PIFA 天线之间的地板上刻蚀了一个半波长的 U 形槽。除了遏制天线之间的位移耦合电流之外,Zhang 等(2010a)提出的新模式还遏制了接地面上 U 形槽中的耦合电流。因此,槽的谐振机制有效地切断了所有耦合电流,并使得间隔为 0.0016λ 的 PIFA 实现了高于 40dB(仿真结果)隔离。然而,Zhang 等(2009a,2010b)的方法不能用于具有任意大小和形状(如手机的地面)的地平面,因为在这些情况下可能无法对去耦槽进行良好的匹配以便成功地将其激励。

Zhang 等(2012a)添加了一个匹配的短枝节(图 32.17),随之形成的去耦槽可以匹配任何一种尺寸和形状的接地面。Chiu 等(2013)在手机外壳的侧面添加了一对寄生短枝节以减少主、副蜂窝天线的互耦,如图 32.18 所示。此外,去耦单元技术也可用于 USB 适配器的 UWB MIMO 天线中(Zhang et al.,2009b)。

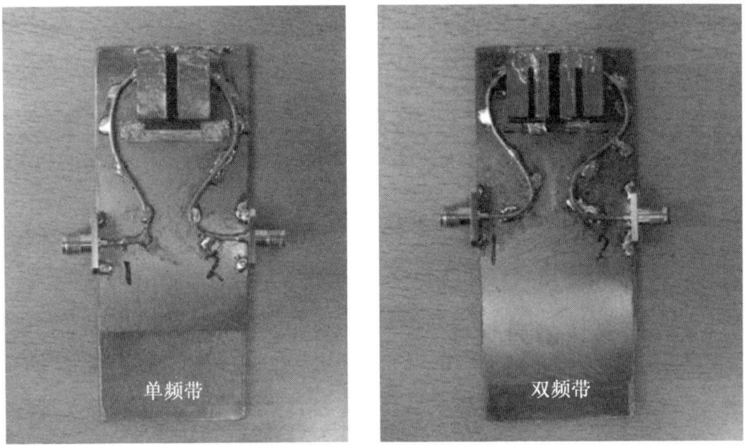

(a) (b)

图 32.17 加载自然构成的去耦合分枝和匹配枝节的单频带和双频带 MIMO 天线
(a)单频带;(b)双频带。

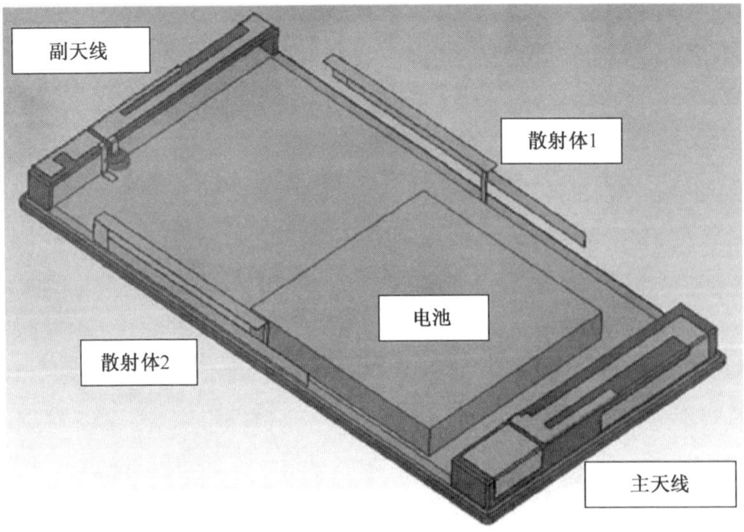

图 32.18 用于降低移动终端中双 MIMO 相关系数的天线寄生枝节

32. 4. 5　修改接地面

前文所述的技术也可以和另一种方法相结合，就是在 PCB 上蚀刻一个或几个细狭缝，而不一定在辐射体之间（Chiu et al.，2007b；Zhang et al.，2009），如图 32. 19所示。这种技术可以认为是对 PCB 接地面进行修改，这种物理层面上的修改会迫使在 PCB 上循环的电流流过狭缝。通过这种方式，从一个天线端口到另一个天线端口的信号获得了抵消所有信号的合适相位。Mavridis（2006）、Shin 和 Park（2007）和 Chae 等（2008）使用了同样的技巧用于解决双频 2. 5/5GHz 的情况下的去耦问题。按照槽的形状，这种技术可以用 N 形谐振器来描述（Kim et al.，Ahn，2007）。Chi 等（2005）提出用突出的 T 形扩展枝节修改 PCB。Liu（2008）和 Ding 等（2007）提出了不同的、复杂的 PCB 扩展的方法，从而增强了 UMTS 移动电话中的两个或四个单极天线之间的隔离。在某些结构中，刻蚀槽甚至被视为主要辐射体（Bolin et al.，2005；Rao et al.，2009）。不幸的是，尽管通过修改接地面可以很大程度上增强天线单元之间的宽带隔离，但它可能并非适用于所有的实际应用，因为目前的智能手机中的每 $1mm^2$ 的 PCB 都要用来放置电子元件。

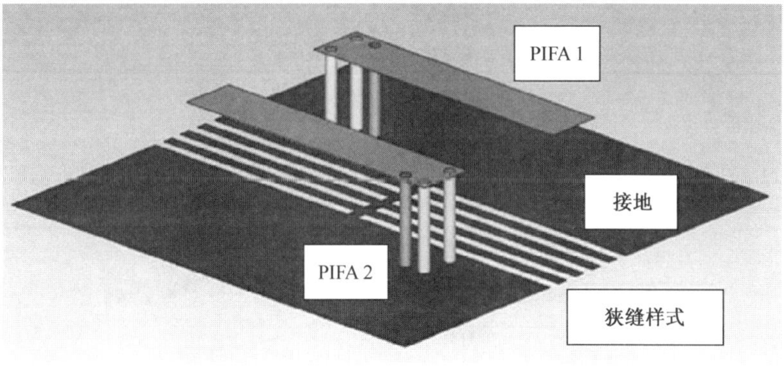

图 32. 19　带有鱼骨去耦结构的 MIMO 天线

32. 4. 6　正交模式去耦

Tian 等（2010）利用不同的极化方式设计了一个非常紧凑的三端口介质谐振天线（DRA），如图 32. 20 所示。Zhang 等（2009b）利用极化和模式分集方法在

USB 适配器中实现 UWB MIMO 天线的宽带隔离。设计的 MIMO 天线覆盖了 3.1~5GHz 的 UWB 低频带,隔离度高于 20dB。

(a)

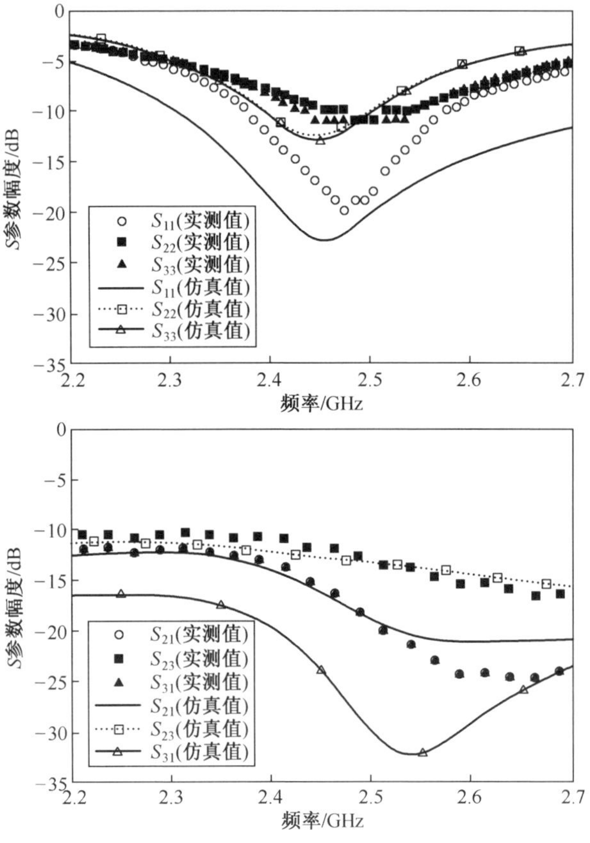

(b)

图 32.20 (a)集成三端口 DRA MIMO 天线和(b)测量 S 参数

另一个例子是将一对半波长狭缝和窄贴片天线堆叠在一起构成的一组紧凑的具有低耦合效应的天线阵,如图 32.21 所示。尺寸为 40mm×30mm×6.6mm 的一对天线在 2.5GHz 左右表现出低于-17dB 互耦(Chiu,2009)。两个紧密封装的天线单元之间的低互耦是由于同时接收了正交电场 E 和磁场 H。事实上,这个想法可以进一步扩展到利用每个坐标轴上的极化分集,三对半波缝隙天线和 PIFA 天线被分别封装在 x、y 和 z 坐标轴方向的点上。这提供了一个实现紧凑的 6 端口天线的示例,其中 6 个辐射单元在一点上并且在笛卡儿方向上周向间隔开。

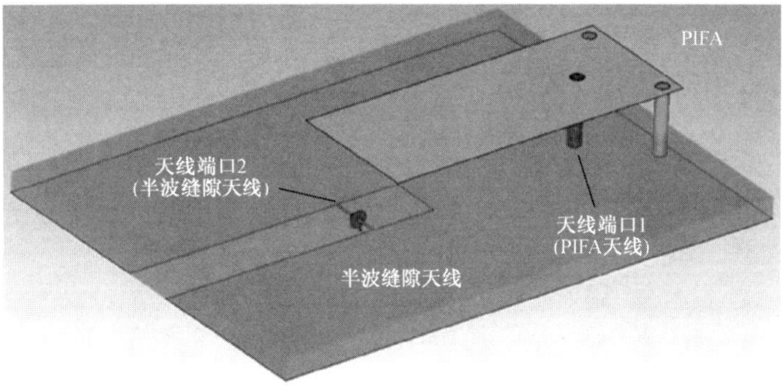

图 32.21　半波缝隙和 PIFA 天线对的几何结构

32.5　LTE MIMO 应用上的天线设计

在目前和将来的无线电信系统,如 LTE 和先进 LTE 中,MIMO 系统都是移动终端的组成部分。在 LTE 标准中,为 700~960MHz 的较低频带分配了几个新的信道。如"紧凑 MIMO 天线设计的去耦技术"一节中所述,MIMO 天线系统中的单元应具有低的相关性和高的总体效率,以此保证良好的多路复用 MIMO 性能。与更高的频带不同,在较低频率下工作的移动手机 MIMO 天线系统将不会侧重于减少相互耦合,因为低辐射效率在明显降低了相关性的同时也提高了效率(Li 等,2013)。低频对应的波长比高频对应的波长要长得多,这对移动终端良好的 MIMO 性能的实现提出了一些新的挑战:①每个 MIMO 天线元件必须重新设计以获得紧凑的结构来适应设备;②去耦合的结构必须足够小,且性能良好;③MIMO 天线单元和去耦结构更紧密地放置导致了强耦合和低效率;④基座模式将被有效地激励,这使得每个 MIMO 单元的辐射模式非常相似,从而导致相关性非常高。根据工业界的研究,其中包括现场试验和实物模型测试(Ying,2012),低于 0.5 的耦合系数和 40% 以上的总体效率可作为低频段蜂窝 LTE MIMO 天线的参考值。目前,已经开展了几项研究来解决这些问题。例如,Bae(2010)和 Park 等(2009)使用了单频 LTE MIMO 天线的中和线,Park(2011)、Kim (2011)和 Andersen(2012)等使用了低频段去耦网络。然而,这些方法只能用于非常窄的频带,并且在实践中将导致辐射效率大大降低。下面将回顾更多的降低低频带(低于 1GHz)耦合和提高总体效率的技术。

32.5.1 基座模式和正交基座模式 MIMO 天线

Li 等(2012b)研究了 MIMO 天线与移动基座之间的相互作用。基本移动基座特征模式的电场 E 和磁场 H 如图 32.22 所示,结果表明, 特征模式在确定天

(a)

(b)

图 32.22　移动基座的特征模式(彩图见书末)

(a)电场;(b) 磁场。

线的最佳位置方面发挥着重要作用。例如,如果将两个电天线放置在移动基座的两端,则两个天线之间将会产生非常高的互耦。

在移动终端中,基于 Li 等(2012a)的分析,可以通过电流天线(偶极子)和磁流天线(缝隙,环流)的组合来实现正交 MIMO 天线(Li et al., 2012a)。设计的正交模式 MIMO 天线的原型如图 32.23 所示(Li et al,2012a),在较低频率的窄带上实现了低互耦(<20dB)。

图 32.23　移动终端中正交模式 MIMO 天线

32.5.2　局部模式

在某些情况下,在移动终端中使用两个 MIMO 电天线单元时,通过对不同天线激励不同模式可以实现良好的空间分集和去耦性能。例如,天线 1 在基座模式下被激励,而天线 2 在局部模式下被激励(Li et al.,2011)。典型的方向性天线如贴片天线、缝隙天线和平衡偶极子天线都可以很好地激励局部模式。图 32.24 给出了具有不同介电常数的 PIFA 天线的电流分布。当介电常数较高时,PIFA 上的电流分布更为局部化。局部模式天线的辐射图与基座模式天线相比会有所不同,从而可以减小两个天线之间的包络相关性。

通过这样的折中设计得到了不平衡的 MIMO 天线结构。Li 等(2011)给出了配置不同介电常数的 MIMO 天线的电流分布,并介绍了局部模式对 MIMO 性能的影响。

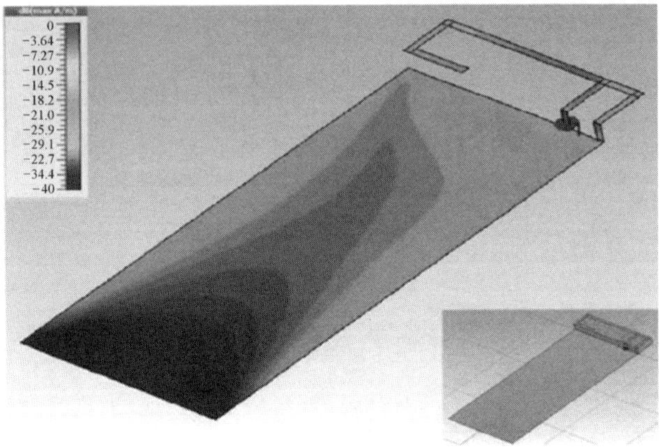

(a)

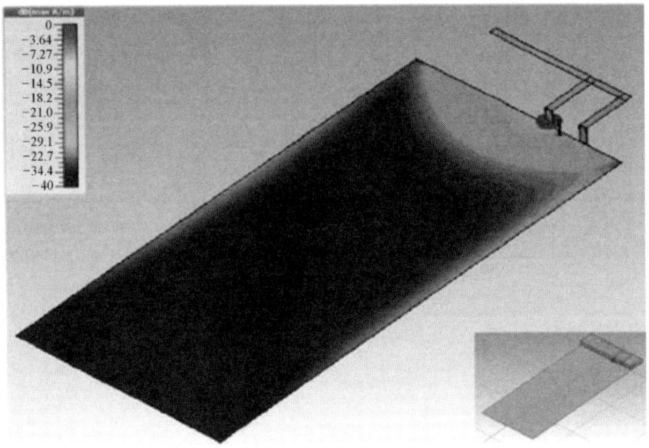

(b)

图 32.24 PIFA 天线的归一化磁流分布(彩图见书末)

(a) E_r = 1;(b) E_r = 20。

32.5.3 用于增强 MIMO 带宽的相互散射模式和对角线天线—基座模式

为了在低频宽带工作模式中实现小于 0.5 的相关性和高于 4dB 的总效率,相互散射模式(Zhang et al.,2012b,2013a)和对角天线基座模式(Zhang et al.,2012c, 2013b,2015a)被提出用于增强 MIMO 带宽。

对于紧凑放置的 MIMO 天线,强相互散射效应(Zhang et al.,2012a,b)可以有效地降低 MIMO 天线的相关系数。通常,具有高 Q 值的 MIMO 天线将具有较强的相互散射效应,这可以通过优化与集总元件的阻抗匹配来实现。在图 32.25

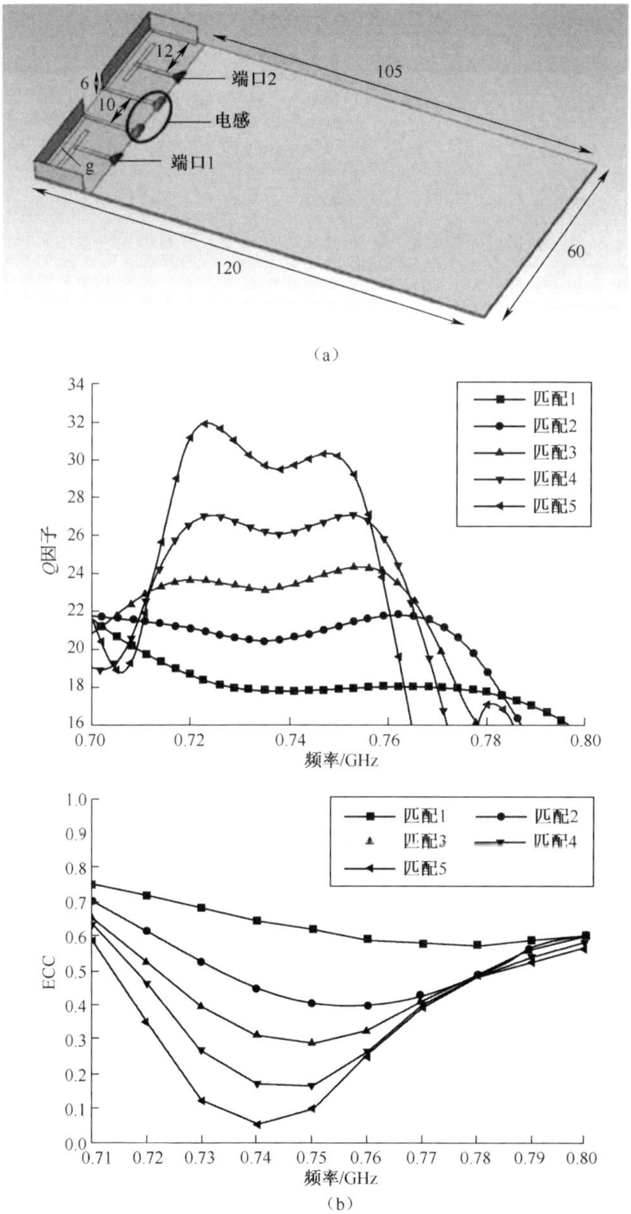

图 32.25　移动终端中的相互散射模式

中可以看出,当将两个天线放在移动终端的同一端时,较高的 Q 因子可以提高整体效率,且具有较低相关性。另外,Zhang 等(2013b)基于相互散射模式提出了应用于 OTA 的 MIMO 基准天线。

为了结合对角基座模式,可以在低 LTE 频带(低于 1GHz)下实现更好的模式分集(Zhang et al.,2012c,2013b,2015a)。当终端天线以低频工作时,天线元件和接地面可以看作是偶极天线的两个臂,因此该偶极子天线的辐射模式的方向主要取决于接地面上的电流分布,这是因为接地面的体积比天线单元大得多。可以通过将双单元 MIMO 天线的两个天线端口放置在接地面的不同角落来实现对角基座模式。结果显示,两个 MIMO 天线单元可以形成两个正交的类偶极子辐射方向图(图 32.26 和图 32.27),可以看出,由于对角基座模式的影响,成对放置的 MIMO 天线具有几乎相反的模式。

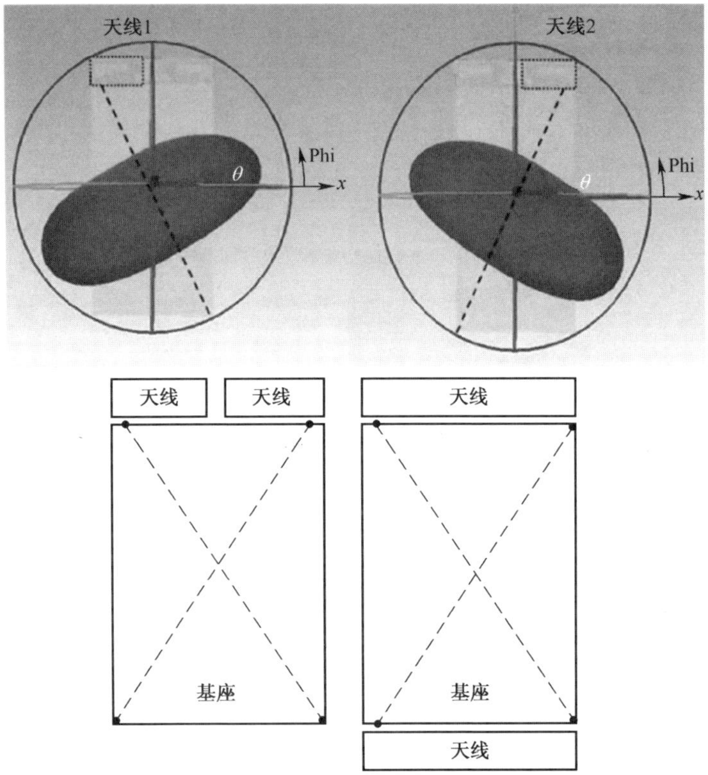

图 32.26　移动终端中的对角基座模式

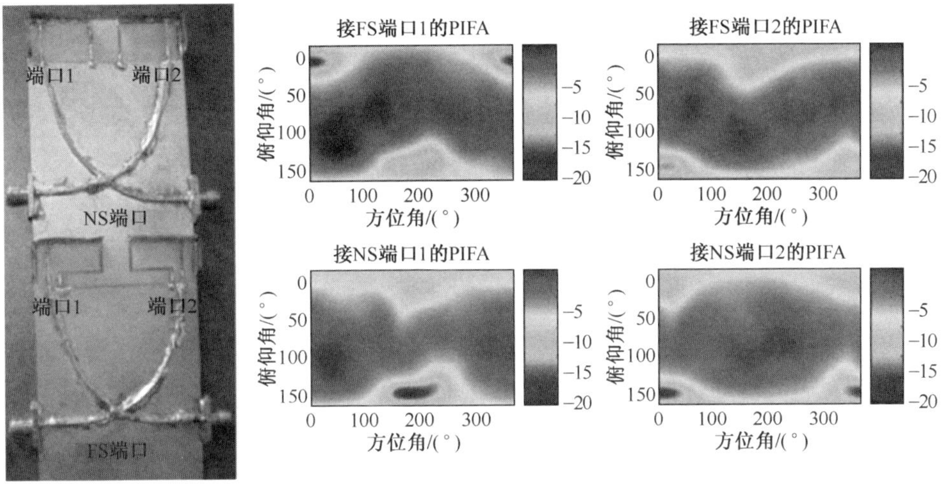

图 32.27　不同接地点的移动终端的正交地盘模式(彩图见书末)

32.5.4　去相关散射体设计

在 LTE 终端中设计两个蜂窝天线的另一个常见做法是主天线置于手机底部,而副天线置于顶部。Zhang 等(2014)指出,在插入散射体后,750 MHz 的包络相关性可以从 0.7 降低到 0.2。如图 32.28 所示,如果在手机机基座的不同侧面引入两个散射体,则还可能实现双频去耦,相关联的谐振频率可以独立调整。一般来说,两个共形散射体可以印制在电话机壳的外部或内部,并与主 PCB 连

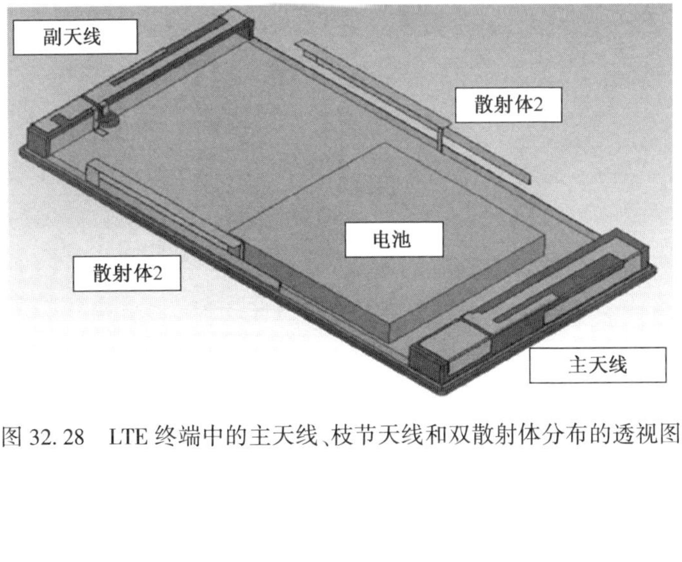

图 32.28　LTE 终端中的主天线、枝节天线和双散射体分布的透视图

接。应当注意的是,由于散射体可认为是一种辐射体,远离接地面有助于提高工作带宽。然而,实际应用中还需要考虑手持效应。

在两个紧密放置的天线之间插入散射体可以提高隔离,因为人为地创建了附加的耦合路径,其中场被抵消,从而也降低了相应的包络相关性。另外应该指出,根据 Booker 关系(Chiu et al.,2013),偶极子和缝隙天线在电磁学上是互补的,因此,以在手机壳体上开槽的方式进行散射体设计也可以降低包络相关性。

32.5.5 环形天线和人体低敏感天线

由于人体对磁场不敏感,Zhao 等(2015)提出了一种新型的移动终端天线,称为双环形天线,主要工作于磁环模式(图 32.29)。环路模式由接地面包围,其中环 1 沿着接地元件和端口 1 的馈线(图 32.30(a)中的黑线)构成。当端口 2 使用容性馈电时,电流不会被馈线切断,而是被封闭在两个接地点之间(图 32.30(b)中的黑线)。另外可以看出,环路模式由两个蜂窝天线之间作为隔离器的接地单元包围。基于这种方法,可以用更大周长的金属环来集成更多的端口。在 MIMO 中使用环形天线的另一个优点是两个缝隙天线之间具有低相关性。

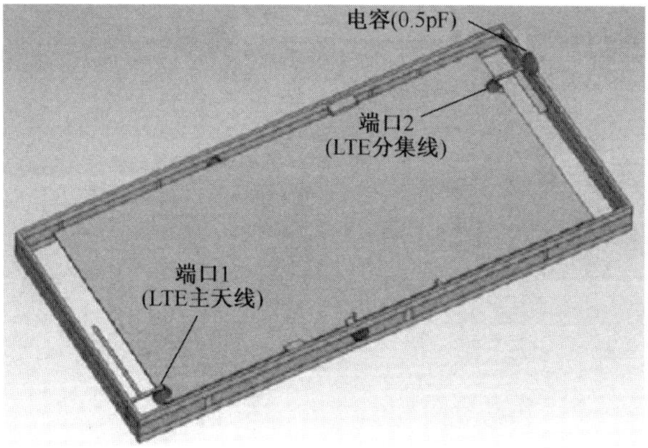

图 32.29　双金属环形天线

双环形天线在真人使用场景下的测试如图 32.31(a)所示,单手握持对双环形天线与常规天线的 S 参数影响的对比如图 32.31(b)所示,单手握持时的平均总效率损耗如表 32.4 所列。所有结果表明，与移动终端中的其他常规 MIMO 天线相比，双环形天线能够在用户实际使用时保持较高的总效率。

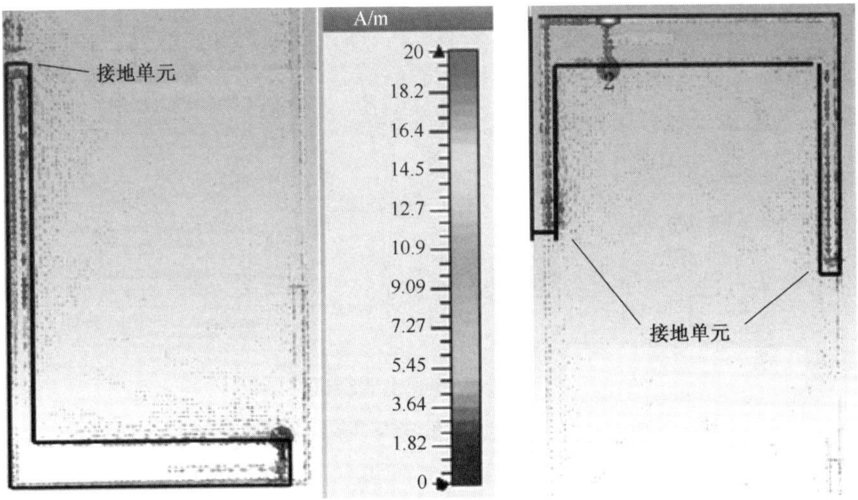

（a）　　　　（b）

图 32.30　端口 1 和端口 2 在 880MHz 的电流分布（彩图见书末）

（a）

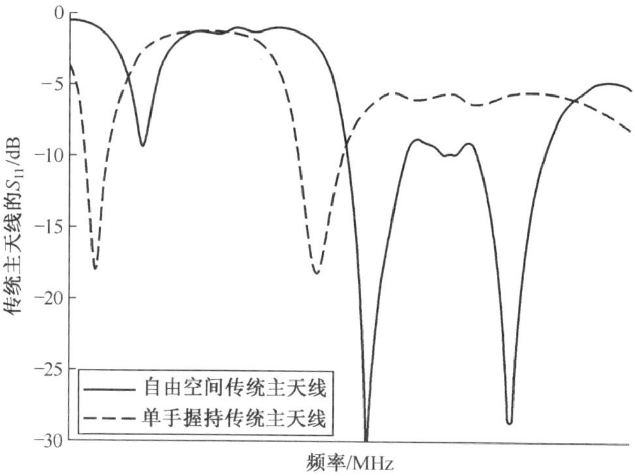

(b)

图 32.31 真人对双环形天线进行测试

(a)测试场景;(b)单手握持时双环形天线和传统天线的 S 参数对比。

表 32.4 单手握持时的平均总体效率

手持模式的 TE 损耗/dB	DR 主天线	CA 主天线
左侧低频段	6.44	8.39
右侧低频段	9.02	9.38
左侧高频段	5.29	11.61
右侧高频段	5.31	6.87

32.6 多天线 SAR 和 OTA 性能及其现场测试

32.6.1 身体效应对移动终端的集成 MIMO 天线的影响

考虑用户影响后的移动终端中 MIMO 天线的辐射性能是另一个重要的问题,这类案例中的移动终端的测试规范已经提出或正在进行中。蜂窝通信和互联网协会(CTIA)/无线通信协会是一家总部在美国的国际组织,通过游说政府机构和协助规范制定(CTIA 2011)为无线电产业领域服务。到目前为止,CTIA 已经在移动终端的 OTA 测试中定义了两个用户案例,分别为通话模式(头+手)和数据模式(单手)如图 32.32 所示。

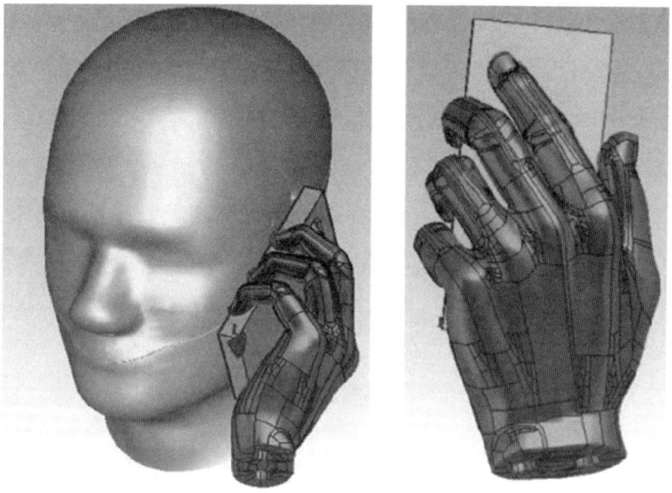

（a）　　　　　　　　　　（b）

图 32.32　CTIA 用户使用案例

（a）通话模式；（b）数据模式。

在用户使用情况下，MIMO 终端天线的相关系数和总效率一般较低。总效率的实质损失主要是由天线不匹配和辐射效率的降低（身体吸收）引起的，可以通过集总元件调谐天线的工作频率来解决不匹配问题；但是辐射效率的下降不容易消除。通常，效率损失与天线体积、天线类型和终端体积有关，增大天线和终端体积将有助于降低效率损失，且磁天线（如环形天线、缝隙天线）比电天线（IFA，PIFA 等）的效率损失更少。

由于身体散射和遮挡，相关系数变低。对于一个良好的 MIMO 接收系统，身体效应对天线性能的影响是主要关注点。

MIMO 终端天线的效率损失取决于天线位置、工作频率、手机大小等（Zhao et al.，2013a；Zhang et al.，2013c，2015b），如图 32.33 所示。已经提出几种方法试图消除 MIMO 终端天线中人体损耗。Zhao 等（2013）通过在人体和天线之间引入一个很小的空间，可以在 CTIA 通话和数据模式下大大降低 LTE 移动天线的手持人体损耗。Zhang 等（2015b）设计了自适应四元组 MIMO 天线阵列（图 32.34），当终端由用户握持时，可以减少人体损耗，并可以通过选择四个单元中最好的两个单元来提高 MIMO 性能。

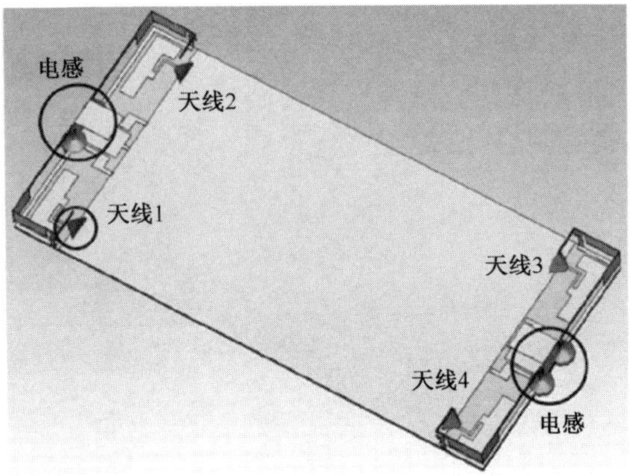

(a)

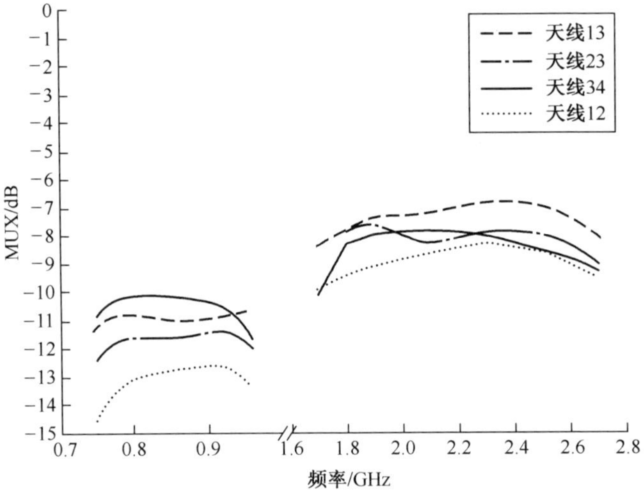

(b)

图 32.33　用户效应自适应四单元 MIMO 天线

(a)天线配置;(b)通话模式的 MIMO 天线的 MUX 值。

32.6.2　多发射机 SAR 问题

由于手机的广泛普及,手机辐射也迅速得到更多关注。辐射可以通过 SAR 来进行评估,它代表组织内吸收的微波能量的功率:

$$\mathrm{SAR}=\frac{\sigma}{2\rho}E^2 \tag{32.25}$$

式中：σ、ρ 分别为组织的电导率（S/m）和密度（kg/m^3）；E 为体内感应电场强度（V/m）。

移动终端的 SAR 值受到政府的严格限制，这使得该参数对移动天线设计来说十分重要。SAR 有两个标准：在欧洲，国际非电离辐射防护委员会（ICNIRP）将 SAR 的限制设置为每 10g 立方体 2.0W/kg（ICNRP，1998）；在美国，联邦通信委员会（2008）将限制设定为每 1g 立方体 1.6W/kg（FCC，2008）。SAR 值需要在特定人体模型（SAM）头部体模和平面体模（图 32.34）上进行测量，分别对应通话和身体损耗问题。

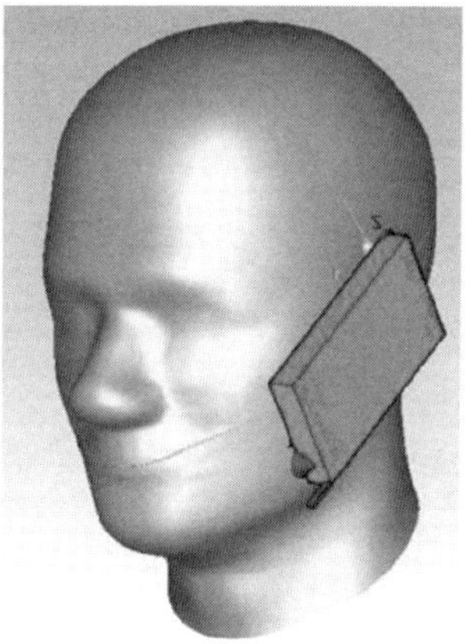

（a）

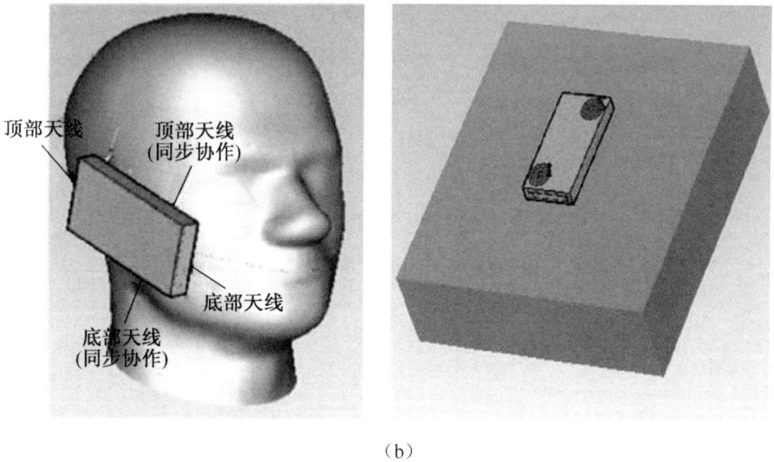

（b）

图 32.34　SAR 测试位置

（a）SAM 头部仿真；（b）身体仿真。

对于 MIMO 天线,SAR 的评估变得更加复杂。只用独立的 SAR 不足以评估 MIMO 天线的 SAR 性能,当多个天线同时辐射时,需要将两个端口的 SAR 场相加,并计算组合的峰值 SAR 值,从而得到同步 SAR。

为简化移动终端 MIMO 天线的 SAR 评估,FCC 定义了 SAR 对 PEAK 位置间隔比(SPLSR)的值:

$$\text{SPLSR} = \frac{\text{SAR}_1 + \text{SAR}_2}{D} \tag{32.26}$$

式中:SAR_1、SAR_2 分别为单元 1 和 2 的 SAR 值(W/kg);D 为两个 SAR 峰值的间隔距离(cm),如图 32.35 所示。

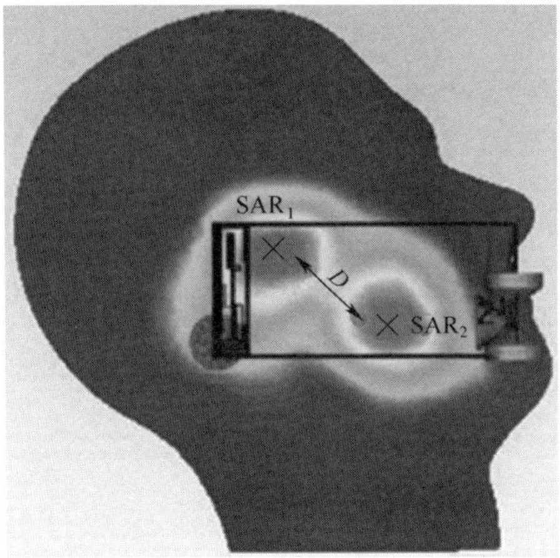

图 32.35　SAR PEAK 位置空间比的说明(彩图见书末)

根据 FCC 标准,如果 SPLSR<1.6,则手机同步 SAR 测量是不必要的(FCC,2008)。根据式(32.26)明显可以看出,接地面的长度对于同步 SAR 有着重要的影响:一方面,适当的接地面长度可以激励基座模式,降低独立 SAR 的峰值;另一方面,由于 SAR 峰值位置移动了接地面中心,突出的基座模式可以减少两个 SAR 峰值之间的距离,从而可以增强同步 SAR(FCC,2008)。除了接地面长度外,天线类型对 SAR 值也有很大影响,如图 32.36 所示。从工程角度来看,无接地面天线(具有高 SAR)总是位于手机底部,而有接地面天线(具有低 SAR)将被放置在手机的顶部以减少相关性。可以通过 DASY 系统测量头部模型,并且可以使用图 32.37 中的 iSAR 系统测量平面仿真的 SAR。在平面仿真模型上方

10mm 处的半接地 PIFA 的仿真和测量的 SAR 分布如图 32.38 所示(Zhao et al., 2013b)

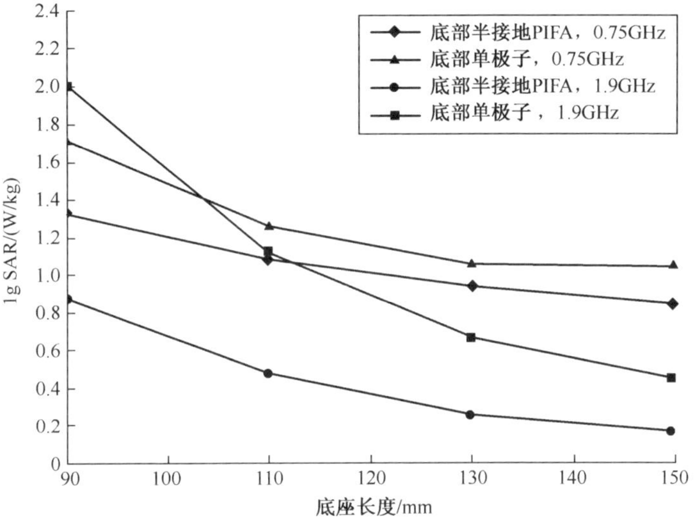

(a)

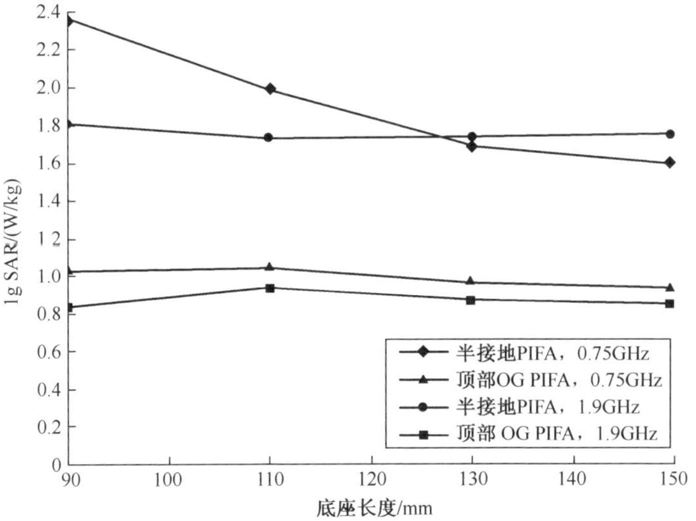

(b)

图 32.36　不同天线类型和不同基座长度的仿真 SAR

(a)底部天线;(b) 顶部天线。

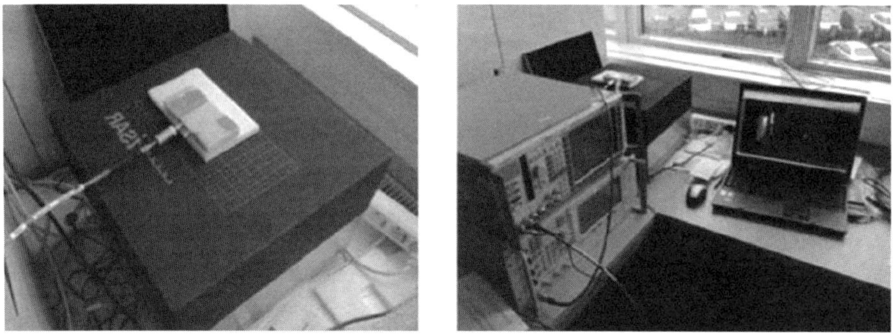

(a)　　　　　　　　　　　　　　　　(b)

图 32.37　iSAR 系统测试装置

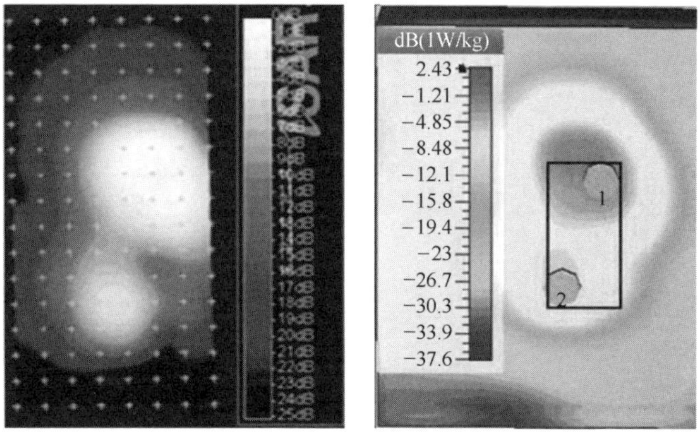

(a)

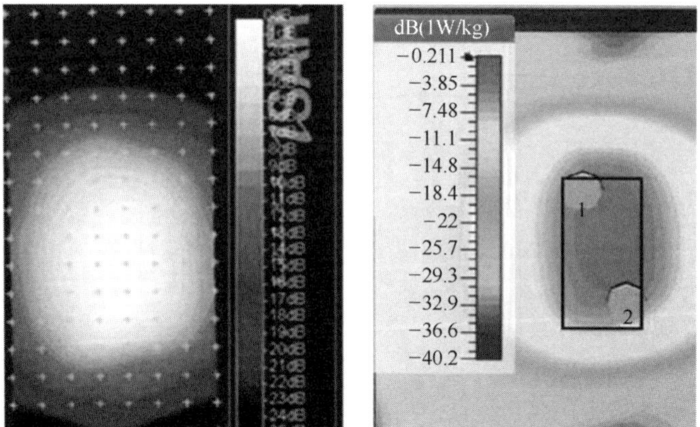

(b)

图 32.38　在平面仿真体上 10mm 的半接地面 PIFA 仿真和实测 SAR(dB)分布的比较

(彩图见书末)

32.6.3　工作于 700MHz 频段的不同 MIMO 天线设计的 LTE 现场测试

对于 LTE MIMO 终端,平均有效增益和相关性将决定 MIMO 的吞吐量性能。在经典的智能手机中,天线通常在 2GHz 及以上的频带具有较低的相关性。因此,为了实现良好的 MIMO 性能,主要是设计在上述频率范围内耦合损耗较小的高效天线,这些在“紧凑型 MIMO 天线设计的去耦技术”一节已经讨论过。然而,在低频带设计低相关和低耦合 MIMO 天线是一个相当大的挑战,特别是在 700MHz 频段。在索尼移动研究实验室和爱立信研究部门的实地试验中,建立并测试了不同相关级别的一些精细模型。图 32.39 显示了 700MHz 频段的典型

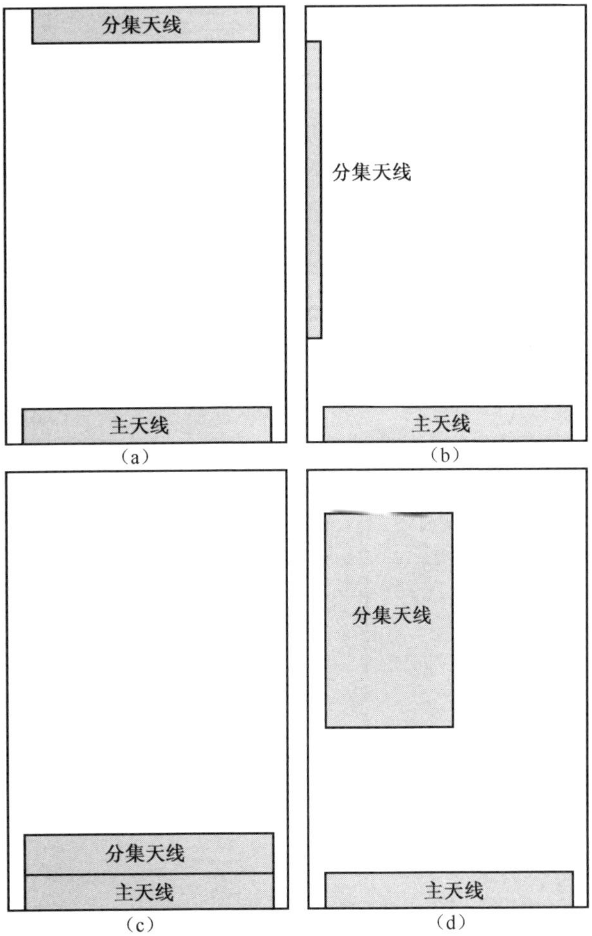

图 32.39　700MHz 频段的移动终端中不同的 LTE 天线设计
(a) 两个单极子;(b) 单极子和凹槽;(c) 双环;(d) 单极子和贴片。

智能手机中的四种不同的 MIMO 天线设计。图 32.39(a)所示方案顶端和底端有两个单极子,基座模式较强,相关性较高。图 32.39(b)所示方案一个单极子和一个陷波,其中两个天线彼此正交排列,所以在这种情况下相关性很低。图 32.39(c)所示方案具有共定位环形天线,其中一个天线元件由两个端口馈电,这是有意设计高相关性天线。图 32.39(d)所示方案由一个基座模式单极子和一个局部模式贴片天线组成,可以看出其相关性非常低。索尼移动实验室对模型进行了测试和表征,性能总结在表 32.5 中(图 32.40)。

(a) (b)

图 32.40 在(a)车顶(无手持)和(b)车内(手持)的实测场景

表 32.5 四种不同模型的 MIMO 天线的测试结果和实地测试结果

不同模型	两天线平均增益/dB	方向图包络相关	MIMO 复用效率/dB	方向图相关引起的 MIMO 增益下降/dB	1% CDF 处分集增益/dB	现场测试:MIMO 两通道比值(以分离偶极子为参考)/%
分离偶极子	-5.5	0	-5.5	0	11.5	100
两个单极子	-5.6	0.51	-7.2	1.6	9.5	91
单极子和凹槽	-5.0	0.17	-5.4	0.4	10	95
双环形	-5.5	0.94	-11.6	6.1	6.5	8
单极子和贴片	-2.9	0.06	-2.9	0	11.5	100

与参考天线(分离的正交偶极子)的性能相比发现,紧凑的 MIMO 天线布置也可以具有相当好的 MIMO 性能, 即使在 700MHz 频带,包络相关度也可以小

于 0.5。所有天线的高效率对于覆盖具有良好数据通信质量的 LTE 的较大服务区域是至关重要的(Hagerma et al.,2011)。在用户案例中,人体负荷和吸收是平均有效增益的主要影响因素,而平均有效增益决定了服务区域的良好数据率覆盖;用户案例的相关性通常较低(Hagerman et al.,2011;Derneryd et al. ,2010)。

32.7　总结

本章讨论表征分集和 MIMO 天线的某些基本参数,提出几种基本的 MIMO 天线和有效的去耦技术。此外,还综述了紧凑型 MIMO 天线的最新先进技术,特别是便携式设备和移动终端的 MIMO 天线。MIMO 天线与人体之间的相互作用以及多种无线电 SAR 问题对于移动行业来说是十分重要的,已经证明 700MHz 频段的天线影响问题可以用 LTE MIMO 现场试验来解决。

参考文献

Andrews MR,Mitra PP,de Carvalho R (2001) Tripling the capacity of wireless communications using electromagnetic polarization. Nature 1:316-318

Bae H,Harackiewicz FJ,Park M,Jim T,Kim N,Kim D,Lee B (2010) Compact mobile handset MIMO antenna for LTE700 applications. Microw Opt Technol Lett 11:2419-2422

Balanis CA (2005) Antenna theory. analysis and design,3rd edn. Wiley-Interscience,Hoboken

Bentsson E,Tufvesson F,Edfors O (2015) UE antenna properties and their influence on massive MIMO system performance. In: European conference on antennas and propagation, Lisbon,accepted

Blanch S,Romeu J,Corbella I (2003) Exact representation of antenna system diversity performance from input parameter description. Electron Lett 39:705-707

Bolin T,Derneryd A,Kristensson G,Plicanic V,Ying Z (2005) Two-antenna receive diversity performance in indoor environment. IET Electron Lett 10:1205-1206

Chae SH,Yoon HS,Park SO (2008) The realization and analysis of attern/polarization diversity in multiple input multiple output array. Microw Opt Technol Lett 3:561-566

Chebihi A,Luxey C,Diallo A,Thuc PH,Staraj R (2008) A novel isolation technique for UMTS mobile phones. IEEE Antennas Wirel Propag Lett 7:665-668

Chi G,Li B,Qi D (2005) Dual-band printed diversity antenna for 2.4/5.2-GHz WLAN application. Microw Opt Technol Lett 6:561-563

Chiu CY,Yan J,Murch RD (2007a) Compact three-port orthogonally polarized MIMO antennas. IEEE Antennas Wirel Propag Lett 6:619-622

Chiu CY, Cheng CH, Murch RD, Rowell CR (2007b) Reduction of mutual coupling between closely-packed antenna elements. IEEE Trans Antennas Propag 6:1732-1738

Chiu CY, Yan JB, Murch RD, Yun JX, Vaughan RG (2009) Design and implementation of a compact 6-port antenna. IEEE Antennas Wirel Propag Lett 7:767-770

Chiu CY,Liu,X,Gao F,Ying Z (2013) Reduction of envelope correlation on non-metallic and metallic chassis phones. In: International workshop on antenna technology, Karlsruhe, vol 3, pp 31-34

CTIA (2011) Test plan for mobile station over-the-air performance. Rev 3.1:184-189

Derneryd A,Ying Z (2010) Evaluation of different MIMO antenna designs in different correlation-level for LTE 700 bands. Ericsson internal report 5

Diallo A,Luxey C,Thuc PL,Staraj R,Kossiavas G (2008) Enhanced two-antenna structures for universal mobile telecommunications system diversity terminals. IET Microwaves Antennas Propag 2:93-101

Ding Y,Du Z,Gong K,Feng Z (2007) A four-element antenna system for mobile phones. IEEE Antennas Wirel Propag Lett 6:655-658

Federal Communications Commission (FCC) (2008) SAR evaluation considerations for handsets with multiple transmitters and antennas 9:4-5

Foschini GJ,Gans MJ (1998) On limits of wireless communications in a fading environment when using multiple antennas. Wirel Pers Commun 6:311-335

Glazunov AA,Molisch AF,Tufvesson F (2009) Mean effective gain of antennas in a wireless channel. IET Microwaves Antennas Propag 3:214-227

Hagerman B,Werner K,Yang J (2011) MIMO performance at 700MHz: field trials of LTE with handheld UE. In: IEEE vehicular technology conference,San Francisco,vol 9,pp 1-5

Hallbjorner P (2005) The significance of radiation efficiencies when using S-parameters to calculate the received signal correlation from two antennas. IEEE Antennas Wirel Propag Lett 4: 97-99

International Commission on Non-Ionizing Radiation Protection(ICNIRP) (1998) Guidelines for limiting exposure to time-varying electric,magnetic,and electromagnetic fields (up to 300GHz).

Health Phys 4:494-522

Jakes WC (1974) Microwave mobile communications. Wiley, New York

Kildal PS, Rosengren K (2004) Correlation and capacity of MIMO systems and mutual coupling, radiation efficiency, and diversity gain of their antennas: Simulations and measurements in a reverberation chamber. IEEE Commun Mag 42:104-112

Kim KJ, Ahn KH (2007) The high isolation dual-band inverted F antenna diversity system with the small N-section resonators on the ground plane. Microw Opt Technol Lett 3:731-734

Kim J, Kim M, Jeon S (2011) Dual-antenna diversity-gain improvements for even-odd mode feed network at 755MHz. Microw Opt Technol Lett 2:304-306

Knudsen MB (2001) Antenna systems for handsets. ATV - industrial PhD project EF - 755, Aalborg University

Lau BK, Andersen JB (2012) Simple and efficient decoupling of compact arrays with parasitic scatterers. IEEE Trans Antennas Propag 2:464-472

Li H, Lau BK, Tan Y, Ying Z (2011) Impact of current localization on the performance of compact MIMO antennas. In: European conference on antennas and propagation, Rome, vol 4, pp 2423-2426

Li H, Lau BK, Ying Z, He S (2012a) Decoupling of multiple antennas in terminals with chassis excitation using polarization diversity, angle diversity and current control. IEEE Trans Antennas Propag 12:5947-5957

Li H, Tan Y, Lau BK, Ying Z, He S (2012b) Characteristic mode based tradeoff analysis of antenna-chassis interactions for multiple antenna terminals. IEEE Trans Antennas Propag 2:490-502

Li H, Lin X, Lau BK, He S (2013) Equivalent circuit based calculation of signal correlation in lossy antenna arrays. IEEE Trans Antennas Propag 10:5214-5222

Liu Q, Du Z, Gong K, Feng Z (2008) A compact wideband planar diversity antenna for mobilehandsets. Microw Opt Technol Lett 1:87-91

Mavridis A, Christodoulou CG, Sahalos JN, Chryssomallis MT (2006) A planar two-branch diversity antenna for wireless applications. In: IEEE international symposium on antennas and propagation, Albuquerque, vol 7, pp 309-312

Norklit O, Teal PD, Vaughan RG (2001) Measurement and evaluation of multi-antenna handsets in indoor mobile communication. IEEE Trans Antennas Propag 3:429-437

Ogawa K, Matsuyoshi T, Monma K (2001) An analysis of the performance of a handset diversity antenna influenced by head, hand and shoulder effects at 900MHz: part I-effective gain characteristics and part II-correlation characteristics. IEEE Trans Veh Technol 50:830-853

Park G, Kim M, Yang T, Byun J, Kim AS (2009) The compact quad-band mobile handset antenna for the LTE700 MIMO application. In: IEEE international symposium on antennas and propagation, Charleston, vol 6, pp 1-4

Park BY, Choi JH, Park SO, Yang TS, Byun JH (2011) Design of a decoupled MIMO antenna for LTE applications. Microw Opt Technol Lett 3:582-586

Pedersen GF, Andersen JB (1999) Handset antennas for mobile communications: integration, diversity and performance. Rev Radio Sci 8:119-137

Pierce JR, Stein S (1960) Multiple diversity with nonindependent fading. Proc IRE 48:89-104

Plicanic V (2011) Characterization and enhancement of antenna system performance in compact MIMO terminals. A thesis of Lund University for the degree of Doctor of Philosophy

Plicanic V, Lau BK, Derneryd A, Ying Z (2009) Actual diversity performance of a multiband diversity antenna with hand and head effects. IEEE Trans Antennas Propag 57:1547-1556

Pozar DM (2005) Microwave engineering, 3rd edn. Wiley, New York

Rao Q, Wang D (2009) Compact low coupling dual-antennas for MIMO applications in handheld devices. In: IEEE international symposium on antennas and propagation, Charleston, vol 6, pp 1-4

Schwartz M, Bennet WR, Stein S (1965) Communication systems and techniques. McGraw-Hill, New York

Shannon CE (1948) A mathematical theory of communication. Bell Syst Technol J 27:623-656

Shin YS, Park SO (2007) Spatial diversity antenna for WLAN application. Microw Opt Technol Lett 6:1290-1294

Taga T (1990) Analysis for mean effective gain of mobile antennas in land mobile radio environments. IEEE Trans Veh Technol 39:117-131

Telatar IE (1999) Capacity of multi-antenna Gaussian channels. Eur Trans Telecommun 10:585-595

Tian R, Plicanic V, Lau BK, Ying Z (2010) A compact six-port dielectric resonator antenna array: MIMO channel measurements and performance analysis. IEEE Trans Antennas Propag 4:1369-1379

Tian R, Lau BK, Ying Z (2011) Multiplexing efficiency of MIMO antennas. IEEE Antennas Wirel Propag Lett 10:183-186

Tian R, Lau BK, Ying Z (2012) Multiplexing efficiency of MIMO antennas in arbitrary propagation scenarios. In: European conference on antennas and propagation, Prague, pp 373-377

Vaughan R, Andersen JB (2003) Channels, propagation and antennas for mobile communications. Institution of Electrical Engineers, London

Vaughan RG, Anderson JB (1987) Antenna diversity in mobile communications. IEEE Trans Veh Technol 11:147-172

Volmer C, Sengül M, Weber J, Stephan R, Hein MA (2008) Broadband decoupling and matching of a superdirective two-port antenna array. IEEE Antennas Wirel Propag Lett 7:613-616

Winters J (1987) On the capacity of radio communication systems with diversity in a Rayleigh fading environment. IEEE J Sel Areas Commun 5:871-878

Ying Z (2012) Antennas in cellular phones for mobile communications. Proc IEEE 7:2286-2296

Zhang S, Xiong J, He S (2009a) MIMO antenna system of two closely-positioned PIFAs with high isolation. IET Electron Lett 45:771-773

Zhang S, Ying Z, Xiong J, He S (2009b) Ultra wideband MIMO/diversity antennas with a tree-like structure to enhance wideband isolation. IEEE Antennas Wirel Propag Lett 12:1279-1282

Zhang S, Khan SN, He S (2010a) Reducing mutual coupling for an extremely closely-packedtunable dual-element PIFA array through a resonant slot antenna formed in-between. IEEE Trans Antennas Propag 8:2771-2776

Zhang S, Zetterberg P, He S (2010b) Printed MIMO antenna system of four closely-spaced elements with large bandwidth and high isolation. IET Electron Lett 7:1052-1053

Zhang S, Lau BK, Tan Y, Ying Z, He S (2012a) Mutual coupling reduction of two PIFAs with a T-shape slot impedance transformer for MIMO mobile terminals. IEEE Trans Antennas Propag 3: 1521-1531

Zhang S, Ying Z, He S (2012b) Mutual scattering mode for LTE MIMO antennas. In: Asia-pacific conference on antennas and propagation, Singapore, vol 8, pp 13-14

Zhang S, Ying Z, He S (2012c) Diagonal chassis mode for mobile handset LTE MIMO antennas and its application to correlation reduction. In: International workshop on electromagnetics; applications and student innovation, Chengdu, vol 8, pp 1-2

Zhang S, Glazunov AA, Ying Z, He S (2013a) Reduction of the envelope correlation coefficient with improved total efficiency for mobile LTE MIMO antenna arrays: mutual scattering mode. IEEE Trans Antennas Propag 6:3280-3291

Zhang S, Zhao K, Ying Z, He S (2013b) Diagonal antenna-chassis mode for wideband LTE MIMO antenna arrays in mobile handsets. In: International workshop antenna technology, Karlsruhe, vol

3,pp 407–410

Zhang S,Zhao K,Ying Z,He S (2013c) Adaptive quad–element multi–wideband antenna array for user–effective LTE MIMO mobile terminals. IEEE Trans Antennas Propag 8:4275–4283

Zhang S,Zhao K,Zhu B,Ying Z,He S (2015a) Investigation of diagonal antenna–chassis mode in mobile terminal LTE MIMO antennas for bandwidth enhancement. IEEE Antennas Propag Mag 57(2):217–228

Zhang S,Zhao K,Zhu B,Ying Z,He S (2015b) Body loss study of beam forming mode in LTE MIMO mobile terminals. In: Antennas and propagation (EuCAP),2015 9th European conference on,pp 1–5,13–17

Zhang S,Zhao K,Zhu B,Ying Z,He S (2014) MIMO reference antenna with controllable correlations and total efficiencies. Prog Electromagn Res 145:115–121

Zhao K,Zhang S,Ying Z,Bolin T,He S (2013a) SAR study of different MIMO antenna designs for LTE application in smart mobile handsets. IEEE Trans Antennas Propag 6:3270–3279

Zhao K,Zhang S,Ying Z,He S (2013b) Reduce the hand–effect body loss for LTE mobile antenna in CTIA talking and data modes. Prog Electromagn Res 137:73–86

Zhao K,Zhang S,Chiu C,Ying Z,He S (2014) Impact of size and decoupling element on dome fundamental compact MIMO antennas. In: International workshop on antenna technology 2014,Sydney

Zhao K,Zhang S, Ying Z, He S (2015) Body–insensitive multimode MIMO terminal antenna of double–ring structure. IEEE Trans Antennas Propag 63(5):1925–1936.

第 33 章
低剖面天线

Gijo Augustin, Qinjiang Rao, and Tayeb A. Denidni

摘要

本章讨论低剖面天线的设计及其应用。广义上,低剖面天线可以分为变形的偶极子天线、缝隙天线、环形天线和微带贴片天线。本章介绍了基本概念,还讨论该领域目前的设计水平和未来的发展趋势,本章所述内容有助于增强读者对该工程领域概念的理解。

关键词

偶极子天线;低剖面天线;紧凑型天线;平面倒 F 天线;环形天线;微带天线印制带线偶极子;缝隙馈电天线;开放套筒偶极子

G. Augustin(✉) · T. A. Denidni
国立科学研究院能源材料与电信中心,加拿大
e-mail:gijo@ieee.org;augustin@emt.inrs.ca;denidni@emt.inrs.cn
Q. Rao
黑莓公司,加拿大
e-mail:raoqinjiang@hotmail.com

33.1 引言

在现代社会中,智慧科技正遍及世界每个角落,影响着人们日常生活的各个方面。科学和工程等学科领域的协同发展为各类应用提供了强有力的工具,无线通信领域也不例外。无线通信领域所经历的巨大变革使得小到无线键盘,大到具有复杂通信模块的太空飞船等产品大量地涌现出来。无线通信领域的飞速发展是21世纪最杰出的变革之一,如集成了大量服务功能的智能手机和笔记本电脑的出现。这些便携设备包含了大量无线通信组件,并且远比10年前的版本复杂得多。人类文明对数据交换的需求不断增大,这也使得众多信息技术企业不断投资研发无线通信系统,如苹果公司(Apple Inc.)和谷歌公司(Google Inc.)都分别成立了多个研发中心来促进相关硬件设计技术的发展。这些技术进步推动了全球无线通信的快速发展,在日常生活中我们所见到的大部分设备均配有一种或多种无线通信单元。

从天线工程师的角度来看,30年来,天线的设计方法也发生了很大变化。无线通信领域的发展促使新型系统需要更为先进的低剖面天线。相比于传统的语音通信系统,现代移动电话中集成了大量通信模块,这是目前通信系统的重要特点之一。相比于只有单个射频模块的老式手机而言,在设计新型手机时需要对多个低剖面天线进行集成化设计。例如,智能手机和平板电脑(如苹果的iPhone或谷歌的Nexus等设备)中的天线比1983年第一代商用手持移动电话摩托罗拉Dyna TAC 8000x中所使用的套筒电偶极子天线复杂很多。智能手表、近场通信设备、无芯片近场识别、可穿戴系统、医疗传感器等各种通信设备的出现满足了人们对无线通信的各种需求。在不降低天线整体性能的前提下,上述复杂通信系统要求天线具有尽可能低的剖面,从而给天线的设计带来了极大挑战。例如,为了满足不同管理部门提出的技术规范,现代通信组件需要在比吸收率(SAR)等方面满足严格的技术规范要求。基于低剖面天线的基本工作原理、工艺设计和发展趋势,本章详细介绍四类重要的低剖面天线,分别为基于电偶极子类型的低剖面天线、缝隙天线类型的低剖面天线、环形天线类型的低剖面天线和微带贴片天线类型的低剖面天线(图33.1)。

(a)　　　　　　　　　　(b)

图 33.1　移动通信设备的演变

(a)摩托罗拉 DynaTAC 800x(从摩托罗拉公司转载)的第一个商业手持手机;

(b)苹果公司的智能手机 iPhone 6。

33.1.1　术语:低剖面天线和电小天线

低剖面天线:牛津词典将“剖面”定义为“结构的垂直截面”。所以,低剖面天线直白地定义为具有相对较小垂直截面的天线。在早期的定义中,Stutzman 和 Davis(1998)将低剖面天线的定义为“具有小的物理厚度的天线”。该术语经过多年的发展和演变,目前被用来表示一类相比于其工作波长 λ 而言具有较小物理截面面积的天线。众所周知的低剖面天线包括微带贴片天线、平面倒 F 天线(Planar Inverted-F Antenna,PIFA)、缝隙天线和环形天线等。图 33.2 给出了一些经典的低剖面天线。

电小天线(Electrically Small Antennas,ESA):电小天线和低剖面天线经常会产生混淆,虽然某些低剖面天线也具有小的电尺寸,但并非所有的低剖面天线都满足电小天线的定义。Wheeler(1947)提出了一个被广泛引用的定义。如图 33.3 所示,Wheeler 将电小天线定义为能够被包围在一个半径 $r=\lambda/2\pi=0.0796\lambda$ 的辐射球内的天线。根据国际电气与电子工程师协会天线术语标准

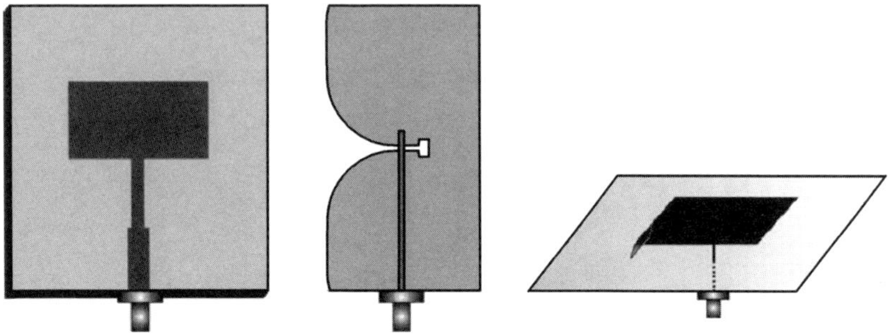

(a)　　　(b)　　　(c)

图 33.2　经典的低剖面天线

(a)微带贴片天线;(b)锥形缝隙天线;(c)平面倒 F 天线。

(IEEE Standard Definitions of Terms for Antennas,1993),电小天线的定义为“相比天线的工作频率对应的波长而言,能够被直径较小的圆球所包围的天线”。上述定义表明,电小天线并不一定具有较小的物理尺寸。实际上,在早期无线通信系统中(19 世纪 90 年代),马可尼所使用的具有历史性意义的天线就具有电小尺寸。经典的电小天线包括各种电抗加载的电偶极子天线、加工在特殊磁性材料上的环形天线和介质谐振天线等。

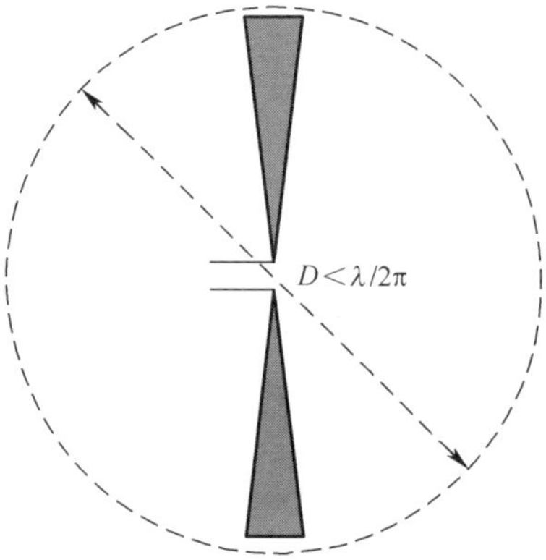

图 33.3　Wheeler(1947)对电小天线的定义

综上所述,需要注意“低剖面”仅仅是一个相对术语,很难在低剖面和电小天线之间有清晰的界限。另外,电小天线被明确定义为小于特定辐射球体的天线,因而并非所有的低剖面天线都属于电小天线。本章讨论若干种不同类型的低剖面天线，其中某些低剖面天线也满足电小天线的标准定义。

33.1.2 低剖面天线的重要性

1. 历史视角

由于天线是系统设备内放置的最大结构之一，因此低剖面天线的重要性在通信时代伊始便广受关注。真空管与其他高功率源的发明促使早期科研人员研究该技术，并研发出结构更加紧凑的无线电系统。20世纪30年代前后，研究人员研发了诸多技术，如加载磁性材料的天线和缝隙天线等并应用到实际系统。这也催生了许多电小天线，如螺旋天线和微带贴片天线的发明。在这一时期之后的10多年中，低剖面天线和电小天线引起了全球天线研究人员的关注（Fujimoto，1987）。在天线小型化技术兴起的初期，小型化天线主要用于地面交通车辆上的无线通信系统。第一次世界大战和第二次世界大战中的特殊需求也促进了紧凑型低剖面天线的研发进程，20世纪末移动通信技术的迅猛发展进一步促进了低剖面天线的发展。目前设计小天线和低剖面天线主要是为了满足科学和工程领域的发展带来的无线通信系统尺寸的不断减小的需求。特别是在某些关键的无线通信系统中，如平板电脑和智能手机，这一需求十分明显。目前，消费者市场也为这些新一代通信设备提供了大量的无线通信配件。

2. 重要性和设计挑战

按照摩尔定律，无线通信设备中的集成电路将会变得越来越密集；与此同时，天线尺寸的缩减程度却显得相对较小（Schaller，1997）。这是由于电子芯片的尺寸受加工技术的限制，而天线的尺寸则受限于基本的物理原理。减小天线尺寸的直接后果是系统效率或系统带宽降低。因此，虽然天线设计存在物理原理的限制，但是工业界对小型化天线的需求使得这个研究领域具有巨大的挑战性与显著的吸引力。

33.2 设计的基本原理和限制

本节概括了诸多典型低剖面天线的设计技巧、应用以及一些基本原理和限制。

33.2.1 小型化技术

许多小型化技术已经用于低剖面和电小天线的设计中。大部分技术的关注点在于通过引入一些单元来激励起基模谐振,从而克服经典天线(如偶极子天线和微带贴片天线)在结构上的限制。

1. 改变谐振长度

改变天线剖面的常用小型化技术之一。该技术通过改变电流路径,从而使电流路径长度大于沿着天线结构中两点间的连线长度。图 33.4 给出基于该技术的设计案例,包括倒 L 天线、螺旋天线、缝隙加载的微带贴片天线等。虽然该技术能够实现天线的小型化设计,但在设计过程中设计师需要特别关注反向电流的出现(反向电流会引起场的相互抵消),否则将会导致辐射效率大幅降低。

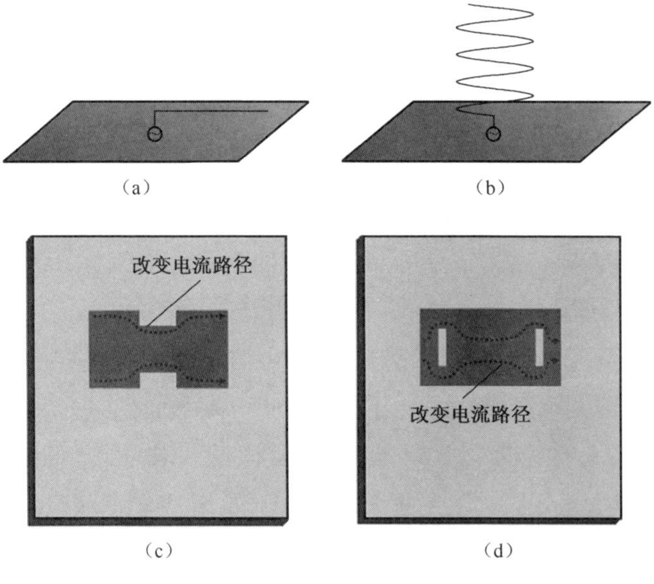

图 33.4　在经典天线中修改谐振长度来实现小型化

(a)倒 L 天线;(b)螺旋天线;(c)、(d)加载缝隙的微带贴片。

2. 使用高介电常数的材料

同一种天线结构可以被激励并工作在不同的谐振模式上,这是通用的天线设计原则。最低谐振频率对应的模式称为主模。每个谐振模式具有不同的谐振频率和辐射特性。天线结构中的谐振长度大约为 $\lambda_g/2$,其中 $\lambda_g = \lambda_0/\sqrt{\varepsilon_{\text{eff}}}$ (λ_0

为自由空间波长，ε_{eff} 为天线介质材料的等效介电常数）。上述关系式表明，介质中的波长与材料的等效介电常数成反比。这就表示，通过使用高介电常数介质板可以减小天线的整体尺寸。例如，通过使用高介电常数材料可使介质谐振天线的尺寸减小至 $\lambda_0/20$。然而，提高天线介质板的介电常数会提高天线的品质因数（Q 值），从而降低天线的带宽，同时会提高材料的介质损耗。在实际的应用中，天线设计师需要在天线的带宽和整体尺寸之间进行权衡。

3. 电抗加载

该技术是移动通信手机中减小天线尺寸的常用方法之一。设计理念是在天线的谐振结构中进行容性加载或感性加载，从而降低天线的工作频率，达到减小天线尺寸的目的。在早期的设计中，一般通过改变天线的结构来实现电抗加载。然而，随着元器件加工技术的不断进步，设计师目前已经可以使用集总元件来实现电抗加载，并且不会降低系统的整体效率。图 33.5 中的垂直单极子顶部加载和鞭状天线感性加载是两种经典的低剖面天线设计方法。

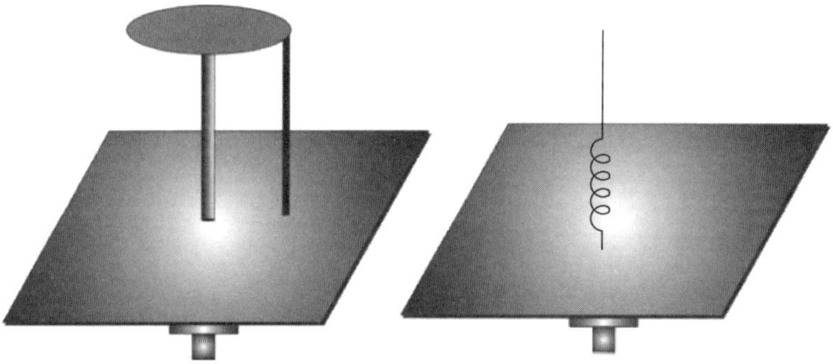

（a）　　　　（b）

图 33.5　电抗加载技术减小天线总体尺寸

（a）容性加载；（b）感性加载。

33.2.2　基本限制

随着移动通信系统的发展，天线的小型化设计逐渐成为人们的研究热点。然而，在设计低剖面天线时还需要遵循一些基本限制。下面列出的一些概念可以帮助设计师在天线的尺寸和性能之间进行权衡设计。

Chu 限制：根据天线特定频点处的物理尺寸，Chu 限制可以用来估计天线可能实现的最大归一化带宽。根据 Chu 公式(Chu,1948)可知,电小天线的最低品质因数 $Q=r/\lambda$,其中 r 为图 33.6 中能够包围整个天线的圆球半径。为了适用于各种不同情况,Chu 给出的辐射边界基于一个没有具体理论限制的模型(Chu,1948)。后来,其他杰出的科学家对 Chu 公示进行了修正(Geyi,2003;McLean,1996;Wheeler,1947)。谐振天线($Q\gg1$)归一化带宽的近似值可以利用下式计算(Hansen,1981):

$$Q_{\text{因子}} = \frac{\text{上限频率}(f_u) - \text{下限频率}(f_L)}{\text{中心频率}(f_c)} \tag{33.1}$$

在实际应用中,计算最小球半径是天线设计师需要面临的挑战之一。例如,平板电脑中安装的天线的部分地板有可能也会参与辐射,因此在这种情况下只考虑天线单元的尺寸将会产生计算误差。

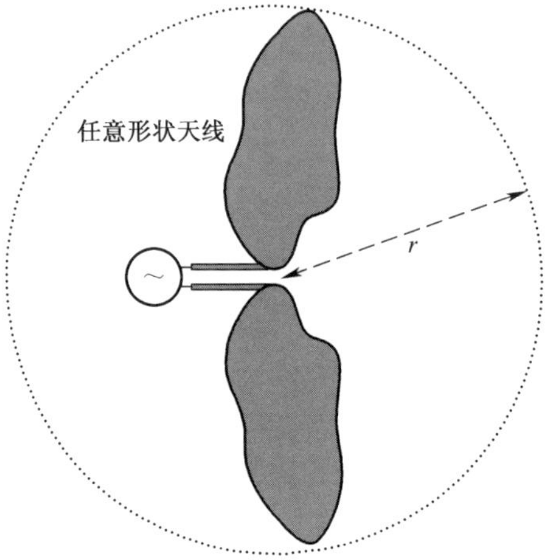

图 33.6　最小球体包围的电小天线

33.3　低剖面天线类型

33.3.1　基于偶极子的天线设计

经过多年发展,偶极子天线已经成为最基本的经典天线类型之一。实际上,在 1888 年电磁波传播的历史性试验中,赫兹使用的电火花间隙发射器上的天线便是偶极子天线。偶极子是最基本的辐射器之一，基于偶极子而设计的各种不同天线已被用于多种系统。因此，清晰地理解偶极子将有助于研究基于偶极子而设计的各种不同类型天线。如图 33.7 所示，偶极子天线是由双线传输线自然延伸而得到的有效辐射体。由图 33.7(b)、(c)可知，通过图 33.7(a)中的传输线直至垂直于其轴向即可得到偶极子天线。两条平行线在被特定的信号激励后，电荷在导体间振荡，从而产生特定的电场和磁场。由该导体的物理结构可知，部分信号能量将以导行电磁波的形式辐射到空间中。

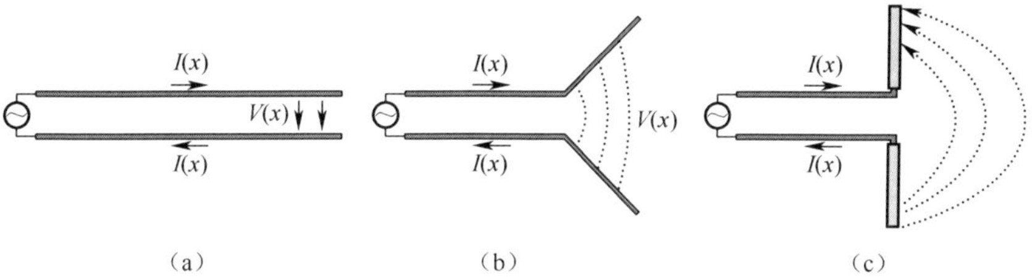

图 33.7　从双导线到偶极子天线

1. 偶极子因何得名

通过观察如图 33.8 所示的传输线和偶极子上的电流分布，很容易理解“偶极子”名称的由来。如图 33.8(a)所示，开路传输线的两端电流为零。当将传输线弯折成偶极子时，在特定频率处，偶极子的电流分布如图 33.8(b)所示。由图中可以看出，在某个特定的时间点，电流从偶极子的底部流到顶部。这样，负电荷会在弯折传输线的底部累积，而正电荷则会在弯折传输线的顶部累积，这相应地可以看作相隔一定距离的两种电荷或电极(正与负)，这也就是偶极子。

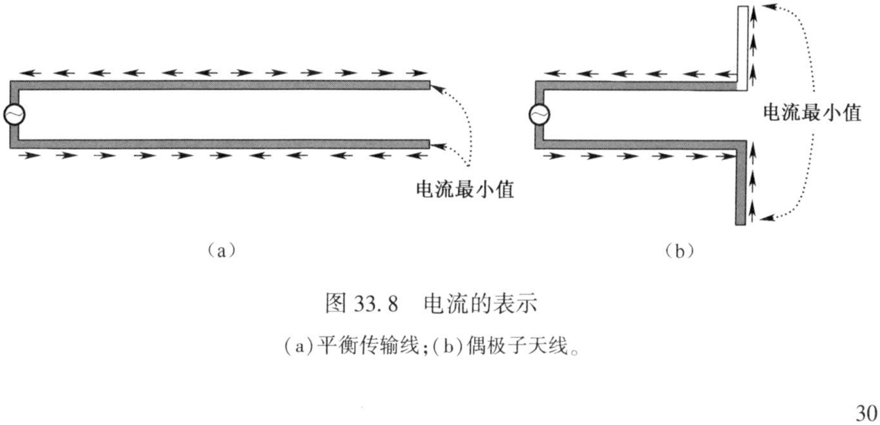

图 33.8　电流的表示

(a)平衡传输线；(b)偶极子天线。

2. 基本分类

根据辐射器的长度 L 不同,可以将偶极子天线分为短偶极子、半波偶极子和全波偶极子等,如图33.9所示。这种分类方法是根据偶极子长度 L 与激励天线的信号的波长 λ 的相对长短得出的。表33.1归纳了各种不同结构偶极子的特性。

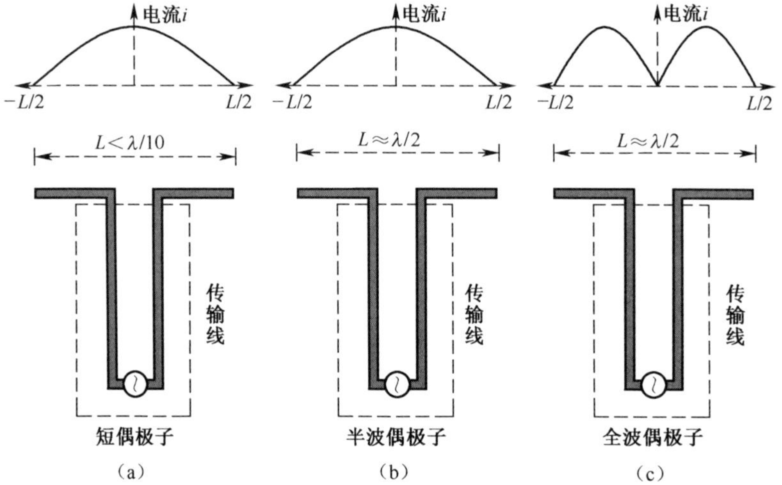

图33.9　偶极子天线的一般分类

(a)短偶极子;(b)半波偶极子;(c)全波偶极子。

表33.1　不同偶极子结构的特性

特　　性		短偶极子	半波偶极子	全波偶极子
方向性系数/dB		1.76	2.15	3.8
输入阻抗	实部	极小	≈73Ω	很大
	虚部	高容性	≈0	≈0
半功率波瓣宽度(HPBW)/(°)		≈90	≈78	≈47
极化方式		线性	线性	线性
辐射方向图		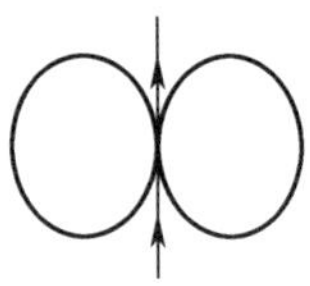	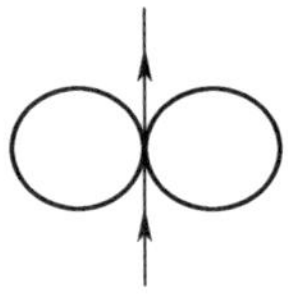	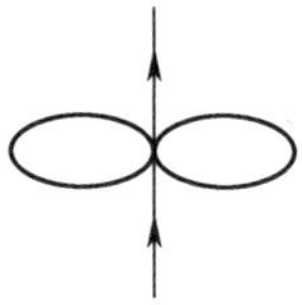

3. 输入阻抗

阻抗 Z 是一个用来表征天线输入端口处电压 V 与电流 I 之间关系的概念。

阻抗的实部表示天线辐射或吸收的能量，阻抗的虚部表示天线近场区域存储的能量。通过控制参数可以使天线阻抗的虚部为零，从而使天线处于谐振状态。史密斯圆图（由 Philip H. Smith 发明）是用来处理包括输入阻抗在内的多种天线参数的强大工具。如图 33.10 所示，史密斯圆图清晰地描述了输入阻抗随着偶极子长度 L 变化的情况。

4. 可以观察到一个有趣的现象

偶极子长度 L 为 $\lambda/2$ 时处于自然谐振状态，即阻抗的虚部为零。在自然谐振点处，半波偶极子的阻抗实部约为 73Ω。当偶极子的长度变小时，偶极子可以看作一个有耗电容。这是由于偶极子的长度越小，其特性越接近高容性的开路传输线。当偶极子长度 L 增加至 $\lambda/2$ 以上时，偶极子的阻抗将会变大。当偶极子长度为 λ 时，偶极子的阻抗将很大并产生并联谐振。当 $L=\lambda/2$ 时，天线的输入阻抗与导体厚度无关；然而，在其他情况下，天线的输入阻抗对偶极子线臂的直径非常敏感。这使得半波偶极子成为最受欢迎的天线结构之一。

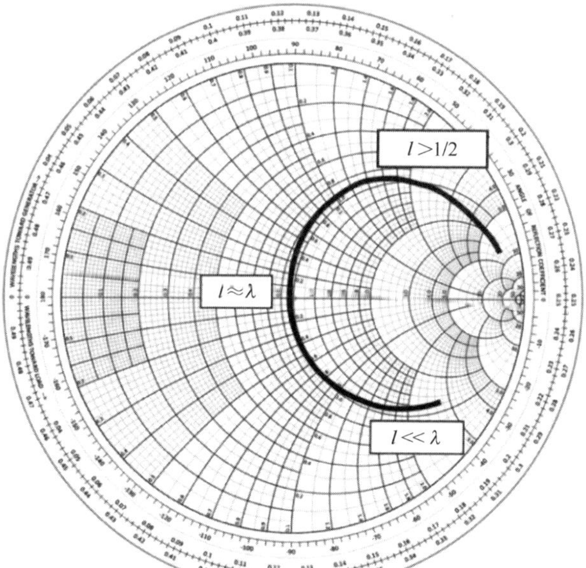

图 33.10　偶极子天线的史密斯圆图

5. 电流分布

细偶极子的电流分布可以由以下数学表达式近似计算获得：

$$I(z)=I_0\sin(\beta(l-Z)),0\leqslant Z\leqslant l \tag{33.2}$$

$$I(z)=I_0\sin(\beta(l+Z)),\ -l\leqslant Z\leqslant 0 \tag{33.3}$$

式中:I_0为偶极子臂上电流的最大值,显然该数值并不等于馈电点处的电流值。由电流表达式可知,偶极子两端的电流接近于零。由上述表达式可以看出,电流分布以一个波长为周期呈周期性分布。

半波偶极子的主要特点如下:

(1) 全向辐射方向图,适用于大多数的无线通信场景。

(2) 较好的方向性,适合对水平面进行宽角覆盖。

(3) 输入阻抗实部约为73Ω(电抗为零),从而易于采用标准阻抗匹配技术在一定频带内对天线进行匹配。

(4) 输入阻抗的电抗部分对偶极子线臂的直径变化不敏感,从而提供了更大的设计灵活度和自由度。

图33.11给出了偶极子天线的一些常见演变形式,其中包括双锥天线、领结形天线、半波天线、折合天线和同轴套筒偶极子天线等。

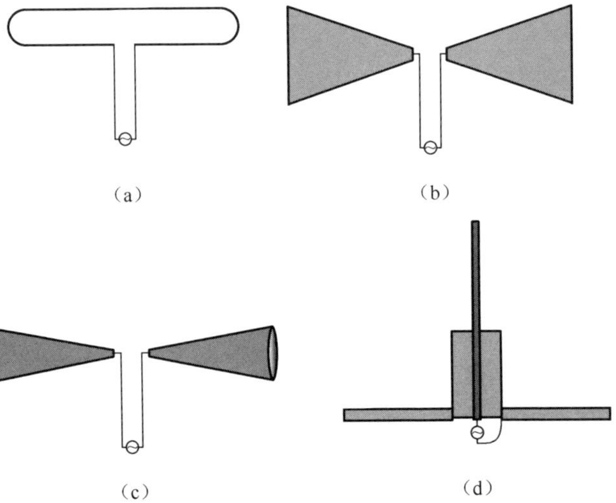

图33.11　偶极子天线的设计变化

6. 低剖面偶极子天线发展现状

印制电路技术取得了飞速发展,这为研究人员设计各种印制天线提供了很好的技术支持。许多天线的设计(包括印制偶极子天线)都是从相应的线天线原型演变而来。表 33.2 列出了该领域的一些天线设计案例。研究人员将各种设计方法用于低剖面天线设计,如在高频介质基板的两面都印制上偶极子天线单元。对于基于偶极子而设计的印制天线而言,天线的厚度可以控制在 $0.003\lambda_0 < h < 0.012\lambda_0$ 范围内,天线的阻抗带宽可以达到 109%。人工电磁材料也被广泛用来提升天线的整体性能。例如,当采用零阶谐振器来设计多频低剖面单极子天线时,天线整体尺寸的减缩量高达 60%(Mehdipour et al.,2014a)。另一个引人关注的设计方法是将电磁带隙结构(EBG)用作贴片天线的接地板。该方法不仅可以减小天线的尺寸,而且可以改善天线的阻抗带宽和方向性(Siya et al.,2013)。图 33.12 给出了一些基于偶极子的低剖面天线设计实例。

表 33.2　低剖面偶极子天线的最新设计

中心频点 /GHz	E_r	最大天线尺寸	厚度	带宽 /%	频带内的平均增益	金属层数量	文献
2.1	2.2	$1.2\lambda_0$	$0.006\lambda_0$	38.1	5	2	Tefiku and Grimes,2000
2.4	2.3	$1.1\lambda_0$	$0.004\lambda_0$	18.8	4.2	2	Suh and Chang,2000
2.5	4.4	$0.4\lambda_0$	$0.003\lambda_0$	19.7	3.8	1	Su et al.,2002
2.3	2.2	$0.8\lambda_0$	$0.012\lambda_0$	27.9	—	1	Tilley et al.,1994
6.9	2.2	$2.1\lambda_0$	$0.036\lambda_0$	109.5	4	2	Ma and Jeng,2005
基于 EBG 设计							
2.0(有 EBG 的偶极子)	3.38(偶极子) 4.5(EBG)	$0.7\lambda_0$(有 EBG)	$0.03\lambda_0$(有 EBG)	35.2	6.8	4(偶极子,巴伦,和 EBG)	Azad and Ali,2008
2.7(有 EBG 的偶极子)	2.2	$0.9\lambda_0$(有 EBG)	$0.02\lambda_0$(有 EBG)	6	6.7	4(偶极子,巴伦,和 EBG)	Abedin and Ali,2005

7. 最新发展趋势

作为最受欢迎的天线类型之一,基于偶极子的天线仍然是世界各地研究人

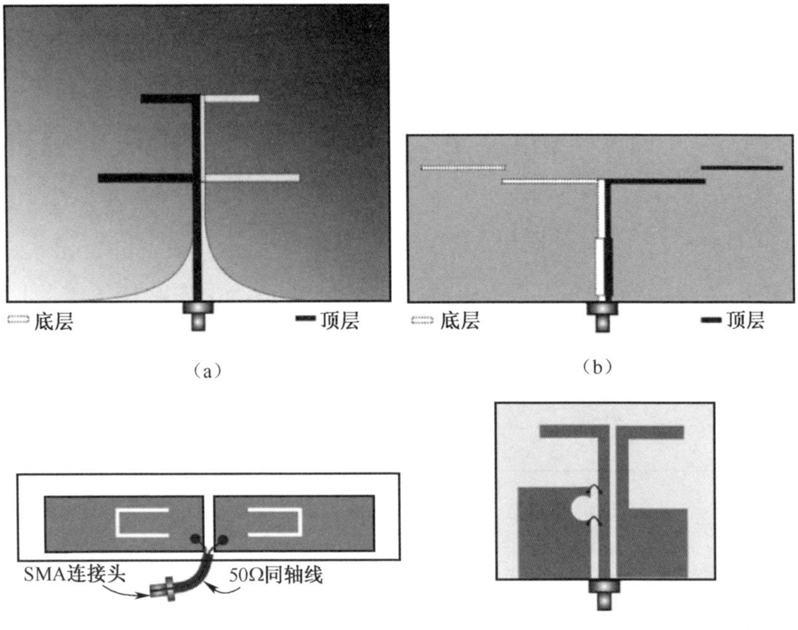

图 33.12 一些低剖面偶极子设计的流行实例

员非常关注的研究方向。表 33.3 列出了一些最新的研究成果。

许多通信系统都要求天线两个主辐射切面的波束宽度相同。近年来的研究表明,一种基于偶极子结构的定向天线的剖面高度低至 $0.017\lambda_0$,带有集成反射板的锯齿形微带偶极子天线的平均增益高达 21dB(Qudrat-E-Maula et al.,2014)。图 33.13 给出了一些基于偶极子的天线设计实例。最新的设计方法还包括充分利用人工材料来设计可重构天线。研究人员设计了一种工作于 3.3GHz 频段,具有方向图可重构特性的偶极子天线(Zarghooni et al.,2014)。研究人员结合双开口谐振环和螺旋谐振器设计了一种超材料,可使天线的 E 面产生 35°的波束偏转。变形设计的印制偶极子天线也适用于移动电话设备,其中一类设计基于单极子天线,即将偶极子的一半放置在系统的接地面上。此外,研究人员提出了一种共面折叠单极子天线(Augustin et al.,2014b),该天线由两个折叠单极子单元和一个电容耦合寄生单元组成,天线的整体尺寸为 22mm×34mm×0.8mm。该单金属层的天线可以提供三个谐振频带,从而覆盖 LTE/GSM/UMTS/WiFi 的主要工作频段。

表 33.3　低剖面偶极子天线的最新进展

中心频点 /GHz	E_r	最大天线尺寸	厚度	带宽 /%	频带内的平均增益 /dBi	金属层数量	文献
3.2	2.5	$0.93\lambda_0$	$0.017\lambda_0$	27.3	21.4	2	Qudrat E-Maula et al.,2014
2.4	3.4	$0.73\lambda_0$	$0.004\lambda_0$	71.1	6.7	2	Lu et al.,2014
1.7	2.2	$0.70\lambda_0$	$0.004\lambda_0$	103	7.75	2	Ge and Luk,2014
2.4	10.2	$0.95\lambda_0$	$0.010\lambda_0$	6.8	3.35	2	Cure et al.,2014
1.5	4.4	$0.96\lambda_0$	$0.005\lambda_0$	14.4	5.34	1	Chen et al.,2014

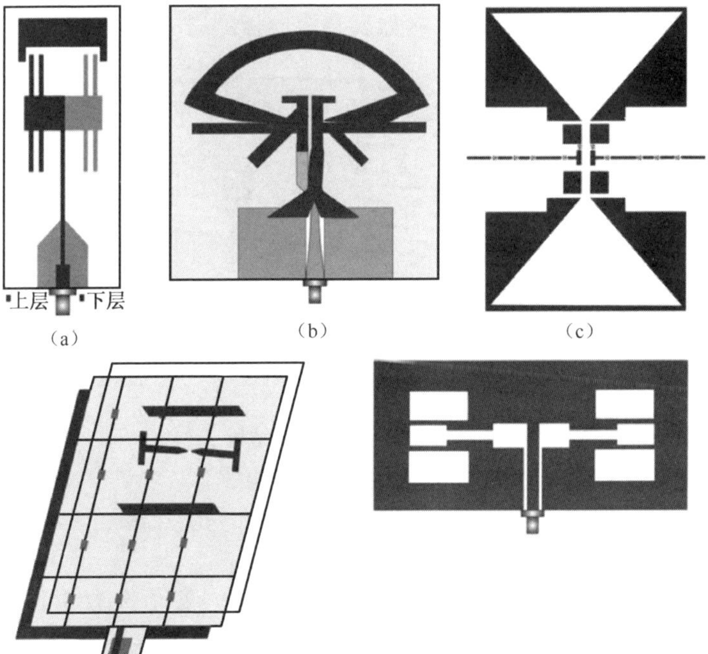

图 33.13　最近的低剖面偶极子天线实例

(a)具有波纹元件的印制偶极子(QudRAT-E-Maula et al.,2014);(b)宽带应用的环路偶极子(Lu et al.,2014);(c)电控可重构偶极子天线(Ge and Luk,2014);(d)加载钛酸锶钡(BST)的可调谐低剖面偶极子天线(Cure et al.,2014);(e)共面波导馈电的宽带印制偶极子天线(Chen et al.,2014)。

33.3.2 缝隙天线设计

缝隙天线是另一种广泛用于低剖面天线设计的典型结构。缝隙天线通常归类为“口径天线”,广泛应用于200MHz~25GHz频段。由其命名方式可知,缝隙天线为刻蚀在较大的口径面(如系统地板等)上的缝隙结构。缝隙天线的主要特点包括:

(1) 可以用来设计低剖面天线和共形天线;

(2) 可以用来实现线/圆极化辐射;

(3) 可以实现几乎全向的辐射方向图。

图33.14为缝隙天线的结构,其中的缝隙开在一个金属平板上。缝隙可以开在波导的一个壁上,也可以开在印制电路板上。缝隙可以通过多种方式进行激励,包括电磁耦合馈电和同轴馈线直接馈电。影响缝隙天线辐射特性的结构参数有缝隙形状、天线的加工材料(如高频多层板的介电常数)和缝隙的尺寸。

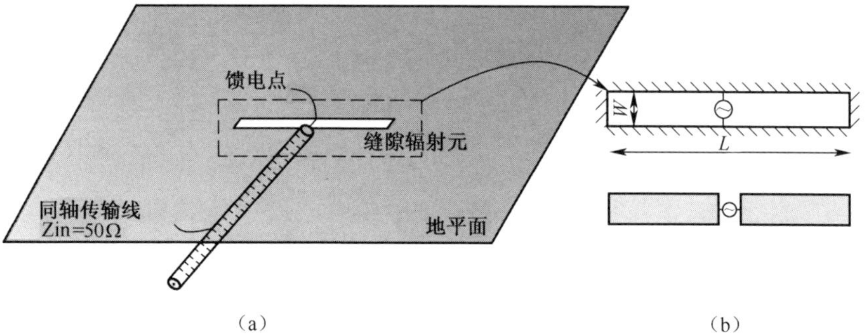

图33.14 缝隙天线结构

(a)缝隙天线;(b)互补偶极子。

1. 巴俾涅原理

在光学中,巴俾涅原理表明:位于薄导电屏后方一处光场,加上用互补薄导电屏替换后在同一处的光场,等于没有导电屏时的光场。从这个角度来看,缝隙的互补结构为偶极子,如图33.14(b)所示。将该原理从光学推广到低频段,就可以计算得到互补天线的输入阻抗(Lang,1973)。因此,对于一对互补的天线而言,有

$$Z_{\text{metal}}Z_{\text{air}} = \frac{\eta^2}{4} \tag{33.4}$$

式中：Z_{metal} 为金属片存在时的阻抗；Z_{air} 为空气存在时的阻抗；η 为介质的本征阻抗。

当介质为空气时，$\eta = 377\Omega$，可以通过 $\sqrt{\mu_0/\varepsilon_0}$ 计算获得。这表明：基于互补结构的概念，缝隙天线与偶极子天线将具有相似的特性，只是二者的电场与磁场相互交换。这就导致偶极子天线与缝隙天线的极化也将相互交换，即如果偶极子天线为水平极化，则与其互补的缝隙天线将为垂直极化。

2. 半波缝隙天线

图 33.15(a)为 $\lambda/2$ 缝隙天线的示意。通常从缝隙的一侧延伸到另一侧对天线进行馈电。为了获得较低的输入阻抗，馈电结构会稍微偏离缝隙的中心。从天线电压和电流的角度看，如果在缝隙中心进行馈电，天线的输入阻抗将会很大（$I \to 0, V/I \to \alpha$）。值得一提的是，缝隙天线的辐射来源于缝隙上的时变电场，而线偶极子天线的辐射来源于天线上电流的变化。当天线被激励时，电流在缝隙周围流动并向外扩展至整个金属片，这与线偶极子受到限制的电流分布互补。缝隙周围的电流幅度相同，但相位相反，因此会互相抵消。这揭示了一个事实：与缝隙天线相比，线偶极子天线需要更大的电流才能辐射出相同的功率。缝隙天线的形状多种多样，从简单的方形到其他复杂的形状（如指数曲线等复杂曲线）。缝隙结构的形状将会影响缝隙的辐射特性。表 33.4 列出了不同形状的缝隙天线及其主要优点。

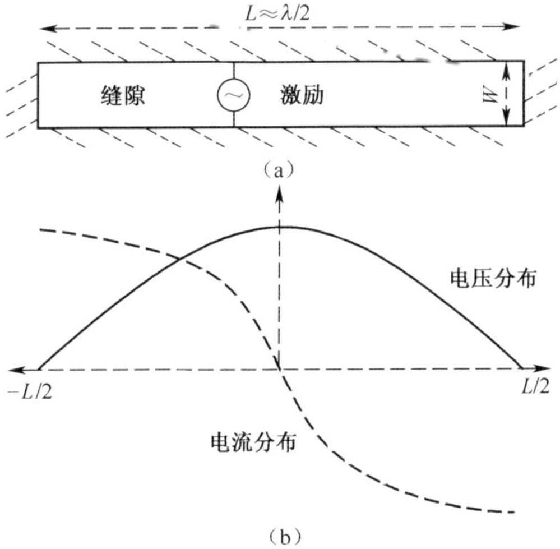

图 33.15　半波长缝隙天线上的电压和电流分布

表 33.4　不同形状缝隙天线及其主要优点

缝隙类型	主要优点	形　状
锥形缝隙	定向辐射,宽频带	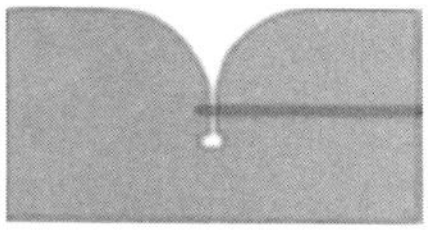
U形缝隙	宽频带	
矩形缝隙	全向辐射	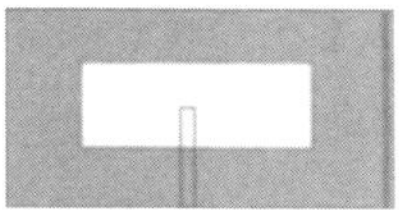
椭圆形缝隙	宽频带	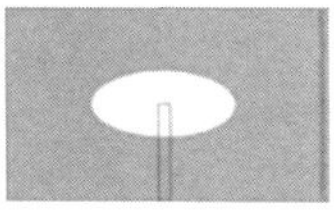
蝴蝶结形	宽频带	
环形	多谐振	

3. 缝隙天线发展现状

近几十年来,低剖面缝隙天线很受追捧,同时也涌现出很多设计方法,这包括采用不同馈电方式的形状各异的缝隙天线。成本低廉的印制电路板材料和现代加工技术的进步使得缝隙天线取得了长足的发展,表33.5列出了一些低剖面缝隙天线的设计实例及其性能。选择的天线设计实例均具有低剖面的特点,即天线的厚度均在(0.006~0.034) λ_0 之间。天线整体的尺寸(包括地板和馈电结构)均在(0.5~2.89) λ_0 之间,天线的结构如图33.16所示。

表33.5　低剖面缝隙天线的最新设计

中心频点/GHz	E_r	缝隙形状	最大天线尺寸	厚度	带宽/%	频带内的平均增益/dBi	金属层数量	文献
2.37	4.4	方形	$0.90\lambda_0$	$0.006\lambda_0$	46.1	4.7	2	Sze and Wong(2001)
2.22	4.4	方形	$0.75\lambda_0$	$0.012\lambda_0$	59.5	4.5	1	Chen(2003)
6.85	4.7	椭圆形	$0.48\lambda_0$	$0.034\lambda_0$	109.5	4.3	1	Li et al.(2006)
6.14	3.4	方形	$2.89\lambda_0$	$0.017\lambda_0$	109	3.5	1	Chair et al.(2004)
5.45	4.4	三角形	$2.83\lambda_0$	$0.015\lambda_0$	111.2	8.3	2	Liu et al.(2004)

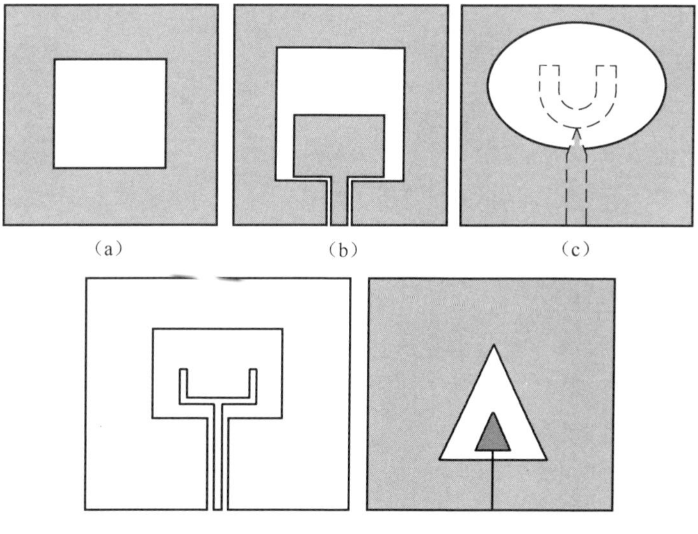

图33.16　常见的缝隙天线设计实例

(a)宽带微带馈电方形缝隙天线(Sze et al.,2001);(b)CPW馈电单平面缝隙天线(Chen,2003);(c)超宽带椭圆形缝隙天线(Li et al.,2006);(d)U形支节加载的矩形缝隙天线(Li et al.,2006);(e)三角形缝隙天线(Li et al.,2006)。

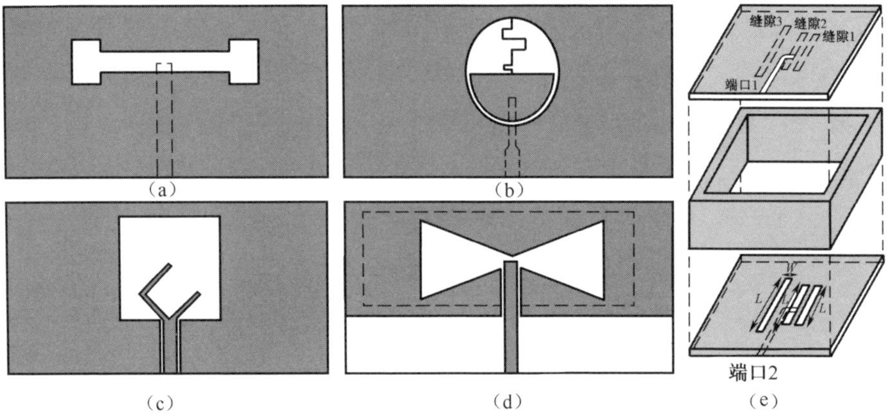

图 33.17 最近的缝隙天线设计的例子

(a)阶梯形缝隙天线(Wang et al.,2014);(b)频率可调的环形缝隙(Sim et al.,2014);(c)具有 U 形短截线的方形缝隙天线(Li et al.,2014b);(d)宽带蝴蝶结形缝隙天线(Mukherjee et al.,2014);(e)背腔端射缝隙天线(Chen et al.,2014)

4. 最新发展趋势

缝隙天线可以利用宽金属表面来实现,这一特性使得缝隙天线适用于多种应用。无线通信领域的最新技术发展需要适用于多种通信模块共形天线。在缝隙天线设计中,某些结构(如渐变缝隙、椭圆形缝隙等)能够同时激励起多种谐振模式,这些结构的应用能够使天线获得很宽的阻抗带宽。表 33.6 列出了一些最新的缝隙天线设计实例。

表 33.6 最近缝隙天线设计的例子 [$L_0 = C/F_C$]

中心频点/GHz	E_r	缝隙形状	最大天线尺寸	厚度	带宽/%	频带内的平均增益	金属层数量	文献
2	4.4	阶梯形	$0.85\lambda_0$	$0.005\lambda_0$	10	3.46	2	Wang and Chen(2014)
2.5	4.4	环形	$0.60\lambda_0$	$0.014\lambda_0$	5.4	1.2	1	Sim et al.(2014)

（续）

中心频点/GHz	E_r	缝隙形状	最大天线尺寸	厚度	带宽/%	频带内的平均增益	金属层数量	文献
10.2	2.2	蝴蝶结形	$0.81\lambda_0$	$0.027\lambda_0$	9.4	3.49	1	Mukherjee et al.(2014)
3	4.4	方形	$0.58\lambda_0$	$0.010\lambda_0$	38.8	4.255	1	Li et al.(2014a)
5.8	2.2	矩形	$1.58\lambda_0$	$0.232\lambda_0$	9.8	7.75	2	Chen and Shen (2014)

由于经典的缝隙形状(如环形缝隙和蝴蝶结形缝隙)具有一些重要的设计特性,因此经典形状仍然受到许多研究人员的关注。有关极低剖面缝隙天线的最新研究成果表明,某些天线的厚度可以低至 $0.005\lambda_0$,天线整体的最大尺寸为 $0.85\lambda_0$。图 33.17 列出了一些最新的缝隙天线,这些缝隙天线的形状均比较有趣。缝隙天线的拓扑结构为设计双端口集成天线提供了很好的平台。例如,Augustin 和 Denidni(2012)提出将共面波导馈电的缝隙天线集成在两个渐变缝隙之间,这种双端口(超宽带/窄带)设计可使天线具有单层结构,并且不影响该超宽带天线的频域特性和时域特性。这类天线的另一个特点是易于与射频电路集成,从而易于实现可重构特性。这种方法可以应用在认知无线电中(Augustin et al.,2014a;Chacko et al.,2015),从而使通信系统可以通过探测周围环境的变化实现电可重构特性。双端口天线还可以用于多输入多输出的无线通信系统,从而达到提高系统分集特性的目的(Ayatollahi et al.,2012)。利用正交结构馈电的环形缝隙天线可以提供较好的极化分集特性,该天线具有较低的包络相关系数和近乎全向的辐射方向图(Chacko et al. ,2013)。上述研究成果表明,缝隙天线具有诸多吸引人的特点,使之在现代无线通信系统中具有很大的潜在应用。

33.3.3　环形天线

环形天线的历史可以追溯到赫兹所搭建的无线系统,该系统将偶极子天线用作发射天线,将环形天线应用于接收模块中。如图 33.18 所示,偶极子天线由开路传输线演变而来,而环形天线则可以看作由短路传输线演变而来。最简单的环形天线由单个(或多个)导电环和用于平衡馈电的传输线组成。当环形天线的周长接近一个波长时,环形天线产生谐振(输入阻抗的虚部接近零)。例如,对于满足 IEEE 802.11b/g 标准 WiFi 天线而言,工作频率为 2.4GHz 的环形天线的周长约为 12.5cm。环形天线可以具有不同的形状,如圆形、三角形、方形、椭圆形等,而这种结构的灵活性也使其能够被设计成电小或电大天线,其周长的变化范围为(0.1~1.0)λ。环的圈数是该类天线的另一个重要参数,其与辐射电阻成正比。仅有一圈的电小环形天线的辐射电阻值较小。例如,当环的周长小于 $\lambda/3$ 时,环上的电流远大于环上的电压,因此天线的输入阻抗就较低,从而很难与发射器匹配。天线设计师需要选择形状合适的环,从而避免由于电流的抵消而降低天线效率和工作带宽等性能。例如,常见的曲折线技术就会给天线引入额外电容并导致环上的电流相互抵消。

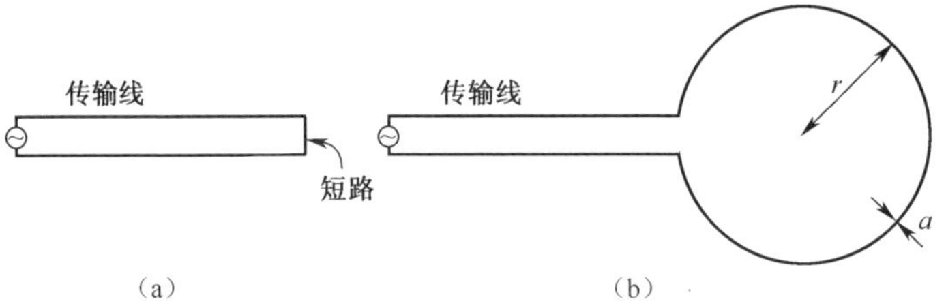

图 33.18　短路传输线和环形天线

1. 对偶原理——环和偶极子

由于偶极子天线可以看作环形天线的对偶形式,因此可以通过已知的一个天线的特性来预测另一个天线的电磁场特性。基于对偶原理,如果一个天线的辐射由磁流产生,那么其对偶形式的天线的辐射由电流产生,这就表明环形天线远区电场与偶极子远区磁场的分布一致。因此,偶极子天线和环形天线均具有相同的甜甜圈形辐射方向图,但偶极子天线方向图的零陷沿着偶极子天线臂的方向,而环形天线方向图的零陷则沿着与环形天线所在平面相垂直的方向。需要注意的是,作为短路传输线的一种特殊形式,环形天线的线圈上会感应出很大的电流,这一点与由开口传输线演变而来的偶极子天线相反。事实上,谐振环形天线上的电流呈余弦分布,如图 33.19 所示。环形天线的整体效率取决于损耗电阻和辐射电阻的相对值。

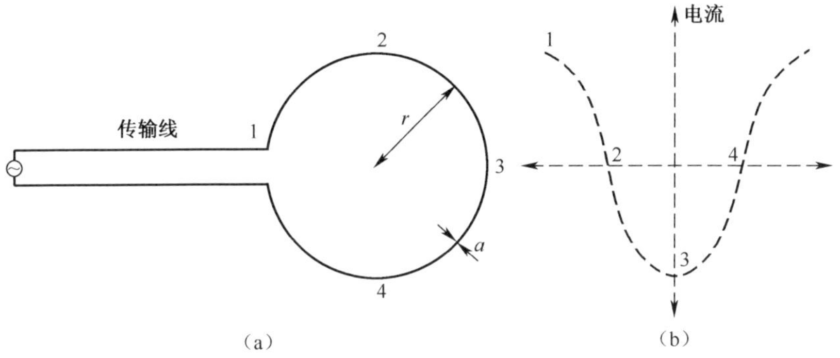

图 33.19 谐振回路中的电流

辐射电阻：与短偶极子天线相比，电小尺寸的环形天线的辐射电阻更小，这就导致这类天线的效率较低。因此，当对于系统整体效率的要求较为苛刻时，通常不会选用环形天线。小环形天线的辐射电阻可由下式得到：

$$R_r = 20\pi^2 \left(\frac{C}{\lambda}\right)^4 \tag{33.5}$$

式中：C 为环的周长；λ 为自由空间中的波长。

图 33.20 为环形天线输入阻抗的史密斯圆图。在低频（环周长远小于 λ）处，环形天线与短路线类似，即随着频率的升高，环的感抗将会逐渐增大，从而导致辐射电阻增大。当环的周长接近半波长时，曲线将会跨过史密斯圆图的实轴（反射系数接近 1）；当环的周长接近一个波长时，环形天线将产生谐振。

2. 环形天线与人体

众所周知，人体的组成成分接近于导电体并且具有较大的介电常数（Salonen et al.，2004）。因此，当将近场区域有强电场分布的天线放置在人体附近时，该类天线的性能将会受到很大影响。例如，对于以人体为中心的无线通信系统，偶极子天线并非很好的选择，因为介电常数的变化会对电场产生影响，从而影响天线的辐射特性。相反，人体表现出弱磁性，在环形天线的近场区域，磁场大于电场，环形天线的性能将不易受到人体影响，从而使其更适用于靠近人体布置的通信系统。因此，环形天线被广泛用于可穿戴系统，如植入式助听设备或智能手表。环形天线的主要优点如下：

（1）可实现低剖面的天线结构；

（2）可实现全向或定向辐射方向图；

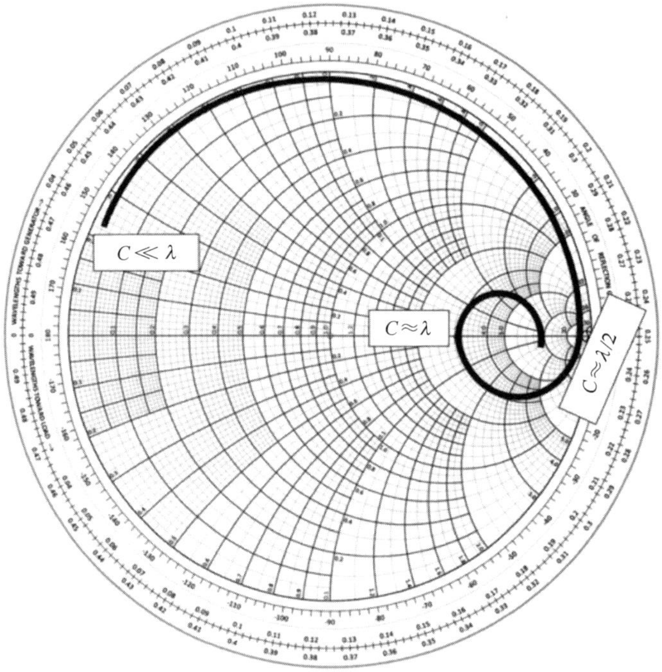

图 33.20　史密斯圆图示出环形天线不同环周长的阻抗特性

(3) 可灵活使用非平衡或平衡馈电;

(4) 可实现线或圆极化辐射;

(5) 在可穿戴设备中具有稳固的结构。

3. 常见的环形天线设计

低剖面环形天线的变化形式多种多样,适用于包括移动通信终端在内的多种设备(Denidni et al.,2005;Wang et al.,2008)。为了实现低剖面,许多设计都要求天线谐振在一个波长处。表 33.7 列出了一些低剖面天线的典型实例,其中大部分文献关注的重点是如何将低剖面环形天线应用到商业产品中。在表 33.7中,大多数天线设计方案都利用曲折线、矩形、圆形等结构,或者将环形结构放置在系统的接地板上,此类天线使用非常薄的 FR4 介质板进行加工(Lee et al.,2008;Wong et al.,2009; Wong et al.,2008)。另一个研究热点是在设计天线时使用共面波导馈电结构(Denidni et al.,2005),这类天线可以获得较宽阻抗带宽(1.68~2.68GHz),同时可以实现较高的辐射效率(见图 33.21)。

表 33.7　低剖面环形天线设计实例

中心频点/GHz	E_r	环形结构	最大天线尺寸	厚度	带宽/%	频带内的平均增益/dBi	金属层数量	文献
0.893	4.4	矩形	$0.35\lambda_0$	$0.03\lambda_0$	15.9	1.25	2	Wong and Huang (2008)
0.9875	4.4	折叠	$0.41\lambda_0$	$0.003\lambda_0$	33.92	1.25	2	Wong and Chen (2009)
4.8	3.5	方形	$1.36\lambda_0$	$0.075\lambda_0$	25	8.65	4	Deo et al. (2010)
1.25	4.4	矩形	$0.18\lambda_0$	$0.042\lambda_0$	8	—	2	Lee et al. (2008)
1.5	1	圆形	$0.89\lambda_0$	$0.064\lambda_0$	74.67	7	2	Nakano et al. (2000)

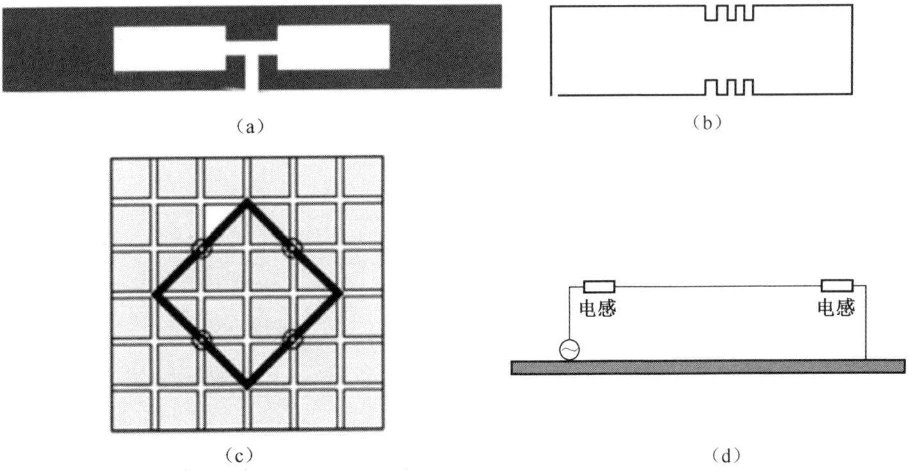

图 33.21　低剖面天线设计中各种回路形状的实例

(a)多频带环路结构(Wong et al.,2008);(b)曲折方形环路结构(Wong et al.,2009);(c)高阻抗表面上方的方形环结构(Deo et al.,2010);(d)电感加载。

33.3.4 微带贴片/平面倒F天线

微带贴片天线是目前商业通信设备中最常见的天线类型之一。微带贴片天线的概念在20世纪50年代初提出(Deschamps,1953),但由于无法找到成本低廉的标准介质材料,最初的设想在工程实践时遇到很多问题。19世纪70年代中期的技术进步对该天线概念的发展起到了很大的推进作用,从而吸引了大量学者致力于贴片天线在各种无线通信设备的应用研究。近年来,边缘切割技术可以将贴片天线直接印制在电路板上。贴片天线的主要优点为易于加工和成本低廉。

1. 基本概念

贴片天线的基本形式如图33.22(a)所示,天线由放在很大接地板上的金属平板组成。天线结构包括由介质材料或空气填充形成的腔体。贴片天线的中心频率可由下式近似计算得到:

$$F_c \approx \frac{C}{2L\sqrt{\varepsilon_r}} \tag{33.6}$$

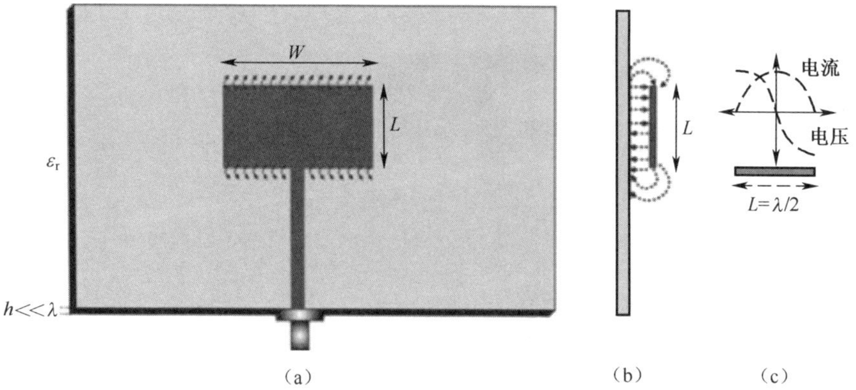

图33.22 微带贴片天线、俯视图、侧视图 $\lambda/2$ 贴片上的电压和电流

当采用交变电信号激励天线时,半波长贴片上的电流以及贴片和接地板之间的电压如图33.22(c)所示。另外,贴片上的电流同相叠加,但贴片和接地板上电流等幅反向互相抵消。因此,微带贴片天线为电压辐射,即辐射由边缘场产生(图33.22(b)),这与作为电流辐射器的线天线形成了对比。贴片天线的辐

射方向图可由式(7)和式(8)表示:

$$E_\theta = \frac{\sin\left(\dfrac{kW\sin\theta\sin\varphi}{2}\right)}{\dfrac{kW\sin\theta\sin\varphi}{2}}\cos\left(\frac{kL}{2}\sin\theta\cos\varphi\right)\cos\varphi \tag{33.7}$$

$$E_\varphi = \frac{\sin\left(\dfrac{kW\sin\theta\sin\varphi}{2}\right)}{\dfrac{kW\sin\theta\sin\varphi}{2}}\cos\left(\frac{kL}{2}\sin\theta\cos\varphi\right)\cos\theta\sin\varphi \tag{33.8}$$

式中:k 为自由空间波数,$k=2\pi/\lambda$。

图 33.23 给出了天线在两个主平面上的辐射方向图。

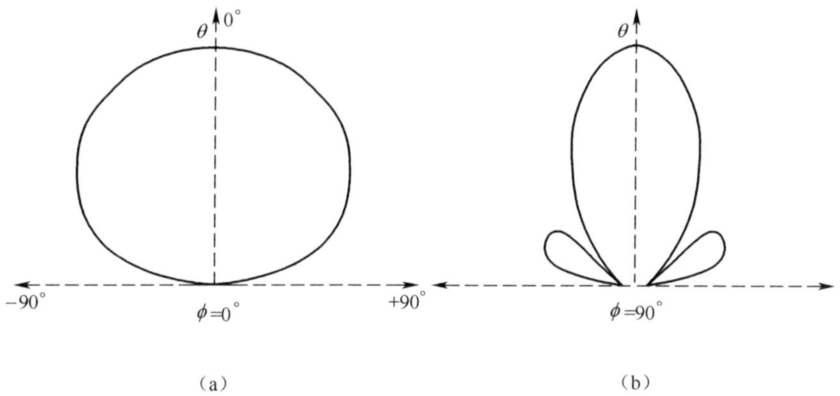

图 33.23　微带贴片天线在两个主平面上的辐射方向图

2. 馈电技术和设计参数

表 33.8 归纳总结了微带天线的激励技术。微带天线具有多种可选的馈电结构,这也是微带天线能够成为工业界中最常见天线类型的原因之一。另外,天线的结构参数对辐射特性的影响很大。例如,介电常数会影响边缘弯曲场,即介质板的介电常数越大,场的弯曲越小。贴片天线的宽度会影响天线的输入阻抗和工作带宽。例如,方形贴片天线的输入阻抗约为 300Ω,通过加大贴片的宽度可以获得较小的输入阻抗。表 33.9 总结了各种结构参数对微带贴片天线性能的影响。

表 33.8　多种馈电结构

馈电类型	插　　图	说　　明
插入馈电	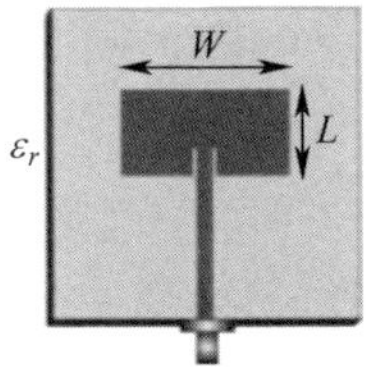	插入长度控制输入阻抗,它是 cos($\pi D/L$)的函数,其中 D 为插入长度
阶梯阻抗 txn 线	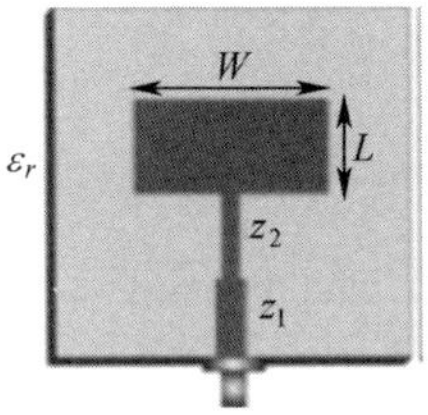	使用阶梯阻抗变换器来匹配阻抗
探针馈电	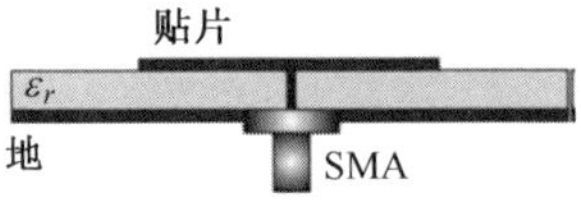	可以自由地改变馈电位置来进行阻抗匹配
容性耦合馈电	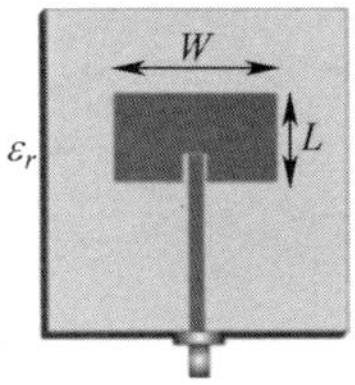	容性间隙提供了设计的灵活性
孔径耦合馈电	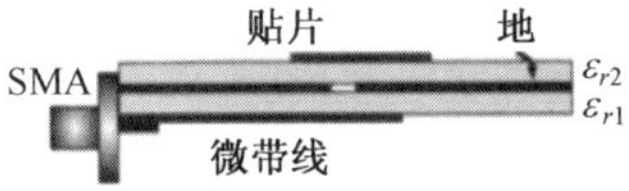	主要优点是传输线被接地面屏蔽,避免了来自微带线的寄生辐射

表 33.9　设计参数对天线特性的影响

参数	影　　响
L	主要控制谐振频率 $F_c \approx \dfrac{C}{2L\sqrt{\varepsilon_r}}$
W	控制输入阻抗（一般地,贴片越宽,输入阻抗越低）,影响辐射方向图
h	影响带宽（h 越大,带宽越宽）

（续）

参数	影　　响
ε_r	它主要控制场的边缘，从而控制辐射模式，介电常数越低，边缘和辐射方向图越大；输入阻抗随介电常数的增加越高，贴片尺寸越小（ε_r增大 4 倍，尺寸减小 1/2）

3. 平面倒 F 天线

平面倒 F 天线的基本概念起源于微带贴片天线的小型化设计。在半波贴片天线的中心，电流峰值和额外的短路可以使天线的整体尺寸减小 1/2，同时保持原有的电流电压分布。如图 33.24 所示，在半波贴片的中心进行短路即可得到平面倒 F 天线。

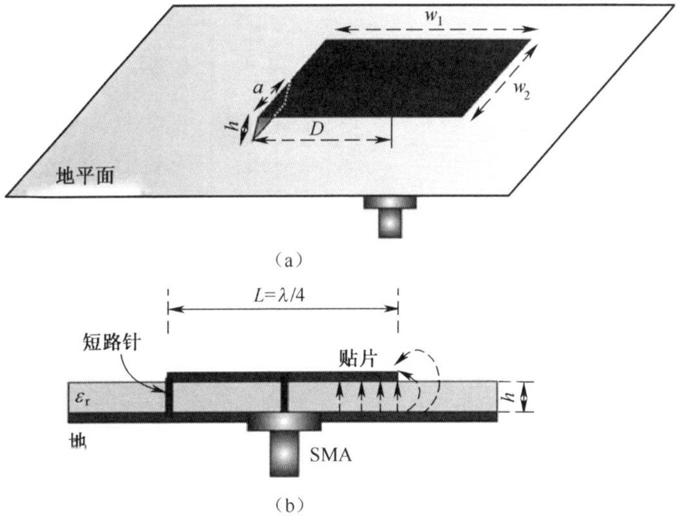

图 33.24　平面倒 F 天线
(a)透视图；(b)侧视图。

短路点到馈电点的距离 D 会影响平面倒 F 天线的输入阻抗。馈电位置距离短路点越近，天线的输入阻抗越低。因此可将 D 看作一个调节天线性能的参数。天线的谐振频率还与短路柱的尺寸 a 有关，平面倒 F 天线的谐振频率可由下式近似计算获得：

$$F_{\mathrm{GHz}} = \frac{30}{4(W_{1\mathrm{cm}} + W_{2\mathrm{cm}} - a_{\mathrm{cm}})} \tag{33.9}$$

如图 33.24(b)所示，由于存在接地短路柱，因此贴片一端的边缘场将会消失。同时,贴片另一端的边缘场仍将保持不变,并向外辐射。因此,该设计方法可使天线的尺寸减小1/2,同时还可以保持贴片天线的基本辐射特性不变。然而,该设计方法最直接的结果便是天线的增益会降低。

33.3.5 设计发展现状

目前已经出现了各种形式的微带天线,而且微带天线已经成为多种现代天线设计的概念基础。目前,可以利用激光刻蚀等现代技术来加工低剖面天线。表33.10列出了一些基本的微带天线/平面倒F天线设计实例。

表33.10 微带贴片/PIFA天线的最新进展

天线类型	微带贴片天线				平面倒F天线			
中心频点 F_c /GHz	2.405	4.475	1.537	4.6	1.8	0.905	0.892	0.925
E_r	1	1	4.8	1	1	1	4.4	4.6
贴片结构	E形	矩形	圆形	方形	矩形	矩形	矩形	矩形
总体天线尺寸	$0.68\lambda_0$	$0.65\lambda_0$	$0.06\lambda_0$	$0.59\lambda_0$	$0.16\lambda_0$	$0.11\lambda_0$	$0.13\lambda_0$	$0.13\lambda_0$
厚度	$0.12\lambda_0$	$0.04\lambda_0$	$0.007\lambda_0$	$0.101\lambda_0$	$0.03\lambda_0$	$0.012\lambda_0$	$0.002\lambda_0$	$0.019\lambda_0$
带宽/%	21.21	32.4	1.041	36.52	12.22	9.945	15.7	22.7
频带内的平均增益/dBi	8	7.25	2.9	7.5	—	—	1.85	0
金属层数量	2	2	2	2	2	2	2	2
参考文献	Yang et al., 2001	Lee et al., 1997	Waterhouse, 1995	Luk et al., 1998	Rowell and Murch, 1997	Rowell and Murch, 1998	Chang and Wong, 2009	Cabedo et al., 2009

大部分天线设计方案是由基本的贴片天线衍生出来的,如E型、矩形和圆形等形状的贴片天线。贴片的整体尺寸在(0.11~0.68)λ_0的范围内,天线厚度的变化范围为(0.007~0.12)λ_0。需要注意,大部分基本设计方案的带宽都比较窄,Yang等(2000)和Cabedo等(2009)使用了缝隙加载技术和L形探针馈电技术扩展了天线的带宽。还可以利用RF开关二极管来控制贴片天线的表面电流分布,从而实现电可重构特性。简单易行的方法是在一个方形微带贴片上加载

一个六边形的缝隙，利用PIN二极管来实现天线的谐振模式在TM_{10}模和TM_{01}模之间进行变换(Shynu et al.，2005，2006)。随着微机电系统(Microelectromechanical Systems，MEMS)技术的进步，可以将MEMS应用到贴片天线的设计之中，从而提高贴片天线的可重构特性(Rajagopalan et al.，2014)。贴片天线设计的简便，使得其可以广泛地用于各种设备。例如，增强型连续碳纤维复合材料(Reinforced Continuous Carbon Fiber Composite，RCCFC)具有突出的力学特性和化学特性，因而被广泛应用在航空工业中(Mehdipour et al.，2013)，可以在贴片天线中加载增强型连续碳纤维复合材料来实现可重构特性，从而用于军用设备中(Mehdipour et al.，2014b)。贴片天线具有设计简单和成本低廉的优点，但贴片天线的增益较低。解决该问题的传统方法之一是将天线单元组成阵列，从而获得较大增益。但是，这就需要设计复杂馈电网络，天线的整体尺寸也会变得较大。人工材料的应用为解决该问题提供了新的途径(Augustin et al.，2013；Chacko et al.，2014；Niroo-Jazi et al.，2013)。

33.4　总结

本章回顾了几十年来低剖面天线的发展历程，并介绍了基本的低剖面天线设计方案，如偶极子天线、缝隙天线、环形天线、微带贴片天线和平面倒F天线等。本章有助于帮助刚入门的天线设计师理解低剖面天线的基本概念与该领域的最新进展。

交叉参考：

▶第71章　手持设备天线

▶第21章　介质谐振天线

▶第29章　小天线

参考文献

Abedin MF，Ali M (2005) Effects of EBG reflection phase profiles on the input impedance and bandwidth of ultrathin directional dipoles. IEEE Trans Antennas Propag 53(11)：3664-3672. doi：10.1109/TAP.2005.858584

Augustin G, Chacko BP, Denidni TA (2013) A zero-index metamaterial unit-cell for antenna gain enhancement. Paper presented at the IEEE Antennas and Propagation Society, AP - S international symposium (digest)

Augustin G, Chacko BP, Denidni TA (2014a) Electronically reconfigurable uni-planar antenna for cognitive radio applications. IET Microwaves Antennas Propag 8(5):367-376. doi:10.1049/ietmap.2013.0287

Augustin G, Chacko BP, Denidni TA (2014b) Uniplanar folded monopole antenna formobile phone applications in LTE/GSM/UMTS/WiFi band. Paper presented at the IEEE Antennas and Propagation Society, AP-S international symposium (digest)

Augustin G, Denidni TA (2012) An integrated ultra wideband/narrow band antenna in uniplanar configuration for cognitive radio systems. IEEE Trans Antennas Propag 60(11):5479-5484. doi:10.1109/TAP.2012.2207688

Ayatollahi M, Rao Q, Wang D (2012) A compact, high isolation and wide bandwidth antenna array for long term evolution wireless devices. IEEE Trans Antennas Propag 60(10):4960-4963

Azad MZ, Ali M (2008) Novel wideband directional dipole antenna on a mushroom like EBG structure. IEEE Trans Antennas Propag 56(5):1242-1250. doi:10.1109/TAP.2008.922673

Cabedo A, Anguera J, Picher C, Ribó M, Puente C (2009) Multiband handset antenna combining a PIFA, slots, and ground plane modes. IEEE Trans Antennas Propag 57(9):2526-2533

Chacko BP, Augustin G, Denidni TA (2013) Uniplanar slot antenna for ultrawideband polarization-diversity applications. IEEE Antennas Wirel Propag Lett 12: 88 - 91. doi: 10.1109/LAWP.2013.2242841

Chacko BP, Augustin G, Denidni TA (2014) High-gain metamaterial antenna for point-to-point communication systems. Paper presented at the 8th European conference on antennas and propagation, EuCAP 2014

Chacko BP, Augustin G, Denidni TA (2015) Electronically reconfigurable uniplanar antenna with polarization diversity for cognitive radio applications. IEEE Antennas Wirel Propag Lett 14:213-216. doi:10.1109/LAWP.2014.2360353

Chair R, Kishk AA, Lee KF (2004) Ultrawide-band coplanar waveguide-fed rectangular slot antenna. IEEE Antennas Wirel Propag Lett 3(1):227-229

Chang CH, Wong KL (2009) Printed λ/8-PIFA for penta-band WWAN operation in the mobile phone. IEEE Trans Antennas Propag 57(5):1373-1381

Chen HD (2003) Broadband CPW-fed square slot antennas with a widened tuning stub. IEEE

Trans Antennas Propag 51(8):1982-1986

Chen SW, Wang DY, Tu WH (2014) Dual-band/tri-band/broadband CPW-Fed stepped-impedance slot dipole antennas. IEEE Trans Antennas Propag 62(1):485-490

Chen Z, Shen Z (2014) A compact cavity-backed endfire slot antenna. IEEE Antennas Wirel Propag Lett 13:281-284

Chu LJ (1948) Physical limitations of omni-directional antennas. J Appl Phys 19(12):1163-1175

Cure D, Weller TM, Price T, Miranda FA, Van Keuls FW (2014) Low-profile tunable dipole antenna using barium strontium titanate varactors. IEEE Trans Antennas Propag 62(3):1185-1193

Denidni TA, Lee H, Lim Y, Rao Q (2005) Wide-band high-efficiency printed loop antenna design for wireless communication systems. IEEE Trans Veh Technol 54(3):873-878

Deo P, Mehta A, Mirshekar-Syahkal D, Massey PJ, Nakano H (2010) Thicknessreduction and performance enhancement of steerable square loop antenna using hybrid high impedance surface. IEEE Trans Antennas Propag 58(5):1477-1485

Deschamps GA (1953) Microstrip microwave antennas. Paper presented at the third USAF symposium on antennas

Fujimoto K (1987) Small antennas. Wiley Online Library, USA

Ge L, Luk KM (2014) A band-reconfigurable antenna based on directed dipole. IEEE Trans Antennas Propag 62(1):64-71

Geyi W (2003) Physical limitations of antenna. IEEE Trans Antennas Propag 51(8):2116-2123

Hansen RC (1981) Fundamental limitations in antennas. Proc IEEE 69(2):170-182

IEEE Standard Definitions of Terms for Antennas (1993) IEEE Std 145-1993 1-32. doi:10.1109/IEEESTD.1993.119664

Lang K (1973) Babinet's principle for a perfectly conducting screen with aperture covered by resistive sheet. IEEE Trans Antennas Propag 21(5):738-740. doi:10.1109/TAP.1973.1140576

Lee DH, Chauraya A, Vardaxoglou Y, Park WS (2008) A compact and low-profile tunable loop antenna integrated with inductors. IEEE Antennas Wirel Propag Lett 7:621-624

Lee KF, Luk KM, Tong KF, Shum SM, Huynh T, Lee RQ (1997) Experimental and simulation studies of the coaxially fed U-slot rectangular patch antenna. IEE Proc Microwaves Antennas Propag 144(5):354-358

Li G, Zhai H, Li L, Liang C (2014a) A nesting-L slot antenna with enhanced circularly polarized bandwidth and radiation. IEEE Antennas Wirel Propag Lett 13:225-228

Li P, Liang J, Chen X (2006) Study of printed elliptical/circular slot antennas for ultrawideband applications. IEEE Trans Antennas Propag 54(6):1670-1675

Li WM, Liu B, Zhao HW (2014b) The U-shaped structure in dual-band circularly polarized slot antenna design. IEEE Antennas Wirel Propag Lett 13:447-450

Liu YF, Lau KL, Xue Q, Chan CH (2004) Experimental studies of printed wide-slot antenna for wide-band applications. IEEE Antennas Wirel Propag Lett 3(1):273-275

Lu WJ, Liu GM, Tong KF, Zhu HB (2014) Dual-band loop-dipole composite unidirectional antenna for broadband wireless communications. IEEE Trans Antennas Propag 62(5): 2860-2866

Luk KM, Mak CL, Chow YL, Lee KF (1998) Broadband microstrip patch antenna. Electron Lett 34 (15):1442-1443

Ma TG, Jeng SK (2005) A printed dipole antenna with tapered slot feed for ultrawide-band applications. IEEE Trans Antennas Propag 53(11):3833-3836

McLean JS (1996) A re-examination of the fundamental limits on the radiation Q of electrically small antennas. IEEE Trans Antennas Propag 44(5):672

Mehdipour A, Denidni TA, Sebak AR (2014a) Multi-band miniaturized antenna loaded by ZOR and CSRR metamaterial structures with monopolar radiation pattern. IEEE Trans Antennas Propag 62(2):555-562. doi:10.1109/TAP.2013.2290791

Mehdipour A, Denidni TA, Sebak AR, Trueman CW (2014b) Reconfigurable TX/RX antenna systems loaded by anisotropic conductive carbon-fiber composite materials. IEEE Trans Antennas Propag 62(2):1002-1006. doi:10.1109/TAP.2013.2293784

Mehdipour A, Denidni TA, Sebak AR, Trueman CW, Rosca ID, Hoa SV (2013) Mechanically reconfigurable antennas using an anisotropic carbon-fibre composite ground. IET Microwaves Antennas Propag 7(13):1055-1063. doi:10.1049/iet-map.2013.0115

Motorola DynaTAC. https://www.motorola.com/us/consumers/about-motorola-us/About_Motorola-History-Timeline/About_Motorola-History-Timeline.html#1980

Mukherjee S, Biswas A, Srivastava KV (2014) Broadband substrate integrated waveguide cavity-backed bow-tie slot antenna. IEEE Antennas Wirel Propag Lett 13:1152-1155

Nakano H, Fujimori K, Yamauchi J (2000) A low-profile conical beam loop antenna with an electromagnetically coupled feed system. IEEE Trans Antennas Propag 48(12): 1864-1866

Niroo-Jazi M, Erfani E, Denidni TA (2013) On the antenna gain enhancement using artificial materials. Paper presented at the IEEE Antennas and Propagation Society, AP-S international symposium (digest)

Qudrat-E-Maula M, Shafai L, Pour ZA (2014) A corrugated printed dipole antenna with equal beamwidths. IEEE Trans Antennas Propag 62(3):1469-1474

Rajagopalan H, Kovitz JM, Rahmat-Samii Y (2014) MEMS reconfigurable optimized e-shaped patch antenna design for cognitive radio. IEEE Trans Antennas Propag 62(3):1056-1064. doi: 10.1109/TAP.2013.2292531

Rowell CR, Murch RD (1997) A capacitively loaded PIFA for compact mobile telephone handsets. IEEE Trans Antennas Propag 45(5):837-842

Rowell CR, Murch RD (1998) A compact PIFA suitable for dual-frequency 900/1800-MHz operation. IEEE Trans Antennas Propag 46(4):596-598

Salonen P, Rahmat-Samii Y, Kivikoski M (2004) Wearable antennas in the vicinity of human body. Paper presented at the Antennas and Propagation Society international symposium, 20-25 June 2004. IEEE

Schaller RR (1997) Moore's law: past, present and future. IEEE Spectr 34(6):52-59

Shynu SV, Augustin G, Aanandan CK, Mohanan P, Vasudevan K (2005) A reconfigurable dualfrequency slot-loaded microstrip antenna controlled by pin diodes. Microw Opt Technol Lett 44(4):374-376. doi:10.1002/mop.20639

Shynu SV, Augustin G, Aanandan CK, Mohanan P, Vasudevan K (2006) C-shaped slot loaded reconfigurable microstrip antenna. Electron Lett 42(6):316-318. doi:10.1049/el:20060238

Sim CYD, Han TY, Liao YJ (2014) A frequency reconfigurable half annular ring slot antenna design. IEEE Trans Antennas Propag 62(6):3428-3431

Siya M, Yee Hui L (2013) Design of a compact patch antenna using UC-EBG structure. Paper presented at the antennas and propagation society international symposium (APSURSI), 7-13 July 2013 IEEE

Stutzman WL, Davis WA (1998) Antenna theory. Wiley Online Library, USA

Su CM, Chen HT, Wong KL (2002) Printed dual-band dipole antenna with U-slotted arms for 2.4/5.2GHz WLAN operation. Electron Lett 38(22):1308-1309

Suh YH, Chang K (2000) Low cost microstrip-fed dual frequency printed dipole antenna for wireless communications. Electron Lett 36(14):1177-1179

Sze JY, Wong KL (2001) Bandwidth enhancement of a microstrip-line-fed printed wide-slot antenna. IEEE Trans Antennas Propag 49(7):1020-1024

Tefiku F, Grimes CA (2000) Design of broad-band and dual-band antennas comprised of series-fed printed-strip dipole pairs. IEEE Trans Antennas Propag 48(6):895-900

Tilley K, Wu XD, Chang K (1994) Coplanar waveguide fed coplanar strip dipole antenna. Electron Lett 30(3):176-177

Wang CJ, Chen LT (2014) Modeling of stepped-impedance slot antenna. IEEE Trans Antennas Propag 62(2):955-959

Wang D, Wen G, Rao Q, Pecen M (2008) A quad-band loop PIFA Antenna for wireless applications. Paper presented at the 2008 world automation congress, WAC 2008

Waterhouse R (1995) Small microstrip patch antenna. Electron Lett 31(8):604-605

Wheeler HA (1947) Fundamental limitations of small antennas. Proc IRE 35(12):1479-1484

Wong KL, Chen WY (2009) Small-size printed loop antenna for penta-band thin-profile mobile phone application. Microw Opt Technol Lett 51(6):1512-1517

Wong KL, Huang CH (2008) Printed loop antenna with a perpendicular feed for penta-band mobile phone application. IEEE Trans Antennas Propag 56(7):2138-2141

Yang F, Zhang XX, Ye X, Rahmat-Samii Y (2001) Wide-band E-shaped patch antennas for wireless communications. IEEE Trans Antennas Propag 49(7):1094-1100

Zarghooni B, Dadgarpour A, Denidni TA (2014) Reconfigurable metamaterial dipole antenna. Paper presented at the IEEE Antennas and Propagation Society, AP-S international symposium (digest)

第34章
片上天线

Tianwei Deng, Yue Ping Zhang

摘要

片上天线的特点是使用CMOS或者SiGe等主流硅技术在同一个芯片上集成天线和其他前端电路。本章阐述了片上天线的基本理论、技术和应用,重点介绍了其电路模型、辐射效率和集成;同时还说明了片上天线与其他电路元件间的串扰机理。

关键词

片上天线;互补金属氧化物半导体(CMOS)技术;射频电路;辐射效率;通信

T. Deng
新加坡国立大学淡马锡实验室,新加坡
e-mail:tsldt@nus.edu.sg
Y. P. Zhang
南洋理工大学电子电气工程学院,新加坡
e-mail:eypzhang@ntu.edu.sg

34.1 引言

硅技术支撑了半导体和集成电路工业的飞速发展,提供了在单个芯片上集成整个系统的可能性。对片上射频系统来说,一个关键问题或者终极目标是将天线与其他电路进行集成。2002年,Floyd等使用标准的0.18μm CMOS技术实现了片上偶极子天线与发射机和接收机的集成,该系统工作频率为15GHz,用于片内无线互联(Floyd et al.,2002)。2003年,Chan等使用优化后的质子注入工艺,在硅基片上实现了工作频率100GHz以上的片上单极子天线(Chan et al.,2003)。2005年,Zhang等报道了工作频率为60GHz的片上倒F天线和准八木天线的阻抗和辐射特性(Zhang et al.,2005)。与此同时,对片上天线间的传输机理和通信性能的研究也引起了更多研究人员的关注。Kim等发现当信号通过片内通道传输时,片上天线间的传输性能随频率升高而改善(Kim et al.,1998;Kim et al.,2001)。Zhang等发现当信号通过片内通道传播时,存在一个传输性能更好的频率窗口,此时传播的表面波扮演了一个更为重要的角色(Zhang et al.,2007)。Zhang等还分析了当片上天线间通过片内通道进行无线互联时的比特误码率(Zhang,2004)。Lin等给出了片上天线间通过自由空间进行无线通信的例子(Lin et al.,2004)。上述以及其他相关的研究结果都说明片上天线的关键问题是辐射效率低。为了提高辐射效率,质子注入(Chan et al.,2003)、显微机械加工(Chu et al.,2012)、使用人工磁导体(Kang et al.,2010)、使用介质覆盖层(Ou and Rebeiz,2012)等新技术都被应用到片上天线的设计中。近年来,学者们对应用于毫米波和太赫兹频段的片上天线投入了更多的研究精力(Uzunkol et al.,2013;Ojefors et al.,2009)。

34.2 片上天线技术

使用CMOS技术进行复杂的电路或系统集成给天线设计引入了新的挑战。相比于单独对天线结构进行优化,集成芯片及其与电路进行协同设计会使整个设计过程更为复杂,这正是上述挑战的来源。图34.1中给出了单芯片直接变频收发机的典型射频前端框图。收发机由天线、收发切换开关、低噪声放大器(LNA)或者功率放大器(PA)组成。此外,在射频集成收发机设计中还广泛使用一种有助于改善信噪比(SNR)的差分架构。在这一系统中需要采用差分馈电天线。

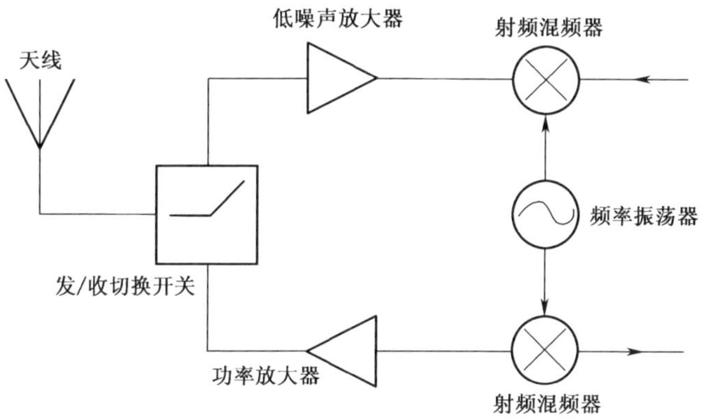

图 34.1　单芯片射频直接变频收发机

标准的 CMOS 工艺包含了多个金属层和介质层,如图 34.2 所示。底层硅基片的厚度 t_s 为 250~700μm,介电常数 $\varepsilon_{rs}=11.9$,电阻率 $\rho_s=10\Omega\cdot cm$。晶体管通过在硅基片的顶部区域进行 N 阱或者 P 阱参杂的方式实现。在硅基片层上是多层二氧化硅,每一层厚度 t_i 为 0.2~1.5μm,介电常数 ε_{ri} 为 2.2~4.2。二氧化硅层使得不同金属层间实现绝缘。金属层的数量一般为 4~8 层,从顶层金属到底层金属的间距很少超过 15μm。不同的金属层通过金属过孔进行连接,这些金属层的主要作用是实现互连或者实现电感、电容等无源元件。片上天线一般在顶层金属(铜)层上实现,其厚度 t_d 为 1~4μm、电导率 $\sigma_d = 5.8\times10^6 S/m$。芯片的顶部为氮化硅钝化保护层,其厚度 t_p 为 1~5μm,介电常数 ε_{rp} 为 4.2~8.1。

设计规则检查(DRC)是制造前最重要的步骤。大致来说有 4 个规则会影响无源器件,特别是片上天线设计的规则:第一,金属层设计规则,这一规则定义了最大宽度 w_{mi}、最小间距 w_{msi}、金属线或者贴片围成的封闭区域的最小对角线长度 l_{mei},其中下标"i"表示层的编号,并且不同的金属层这一要求也会不同。一般来说,金属线的最大宽度 $w_{mi}<20\mu m$,这就极大地限制了天线的设计。第

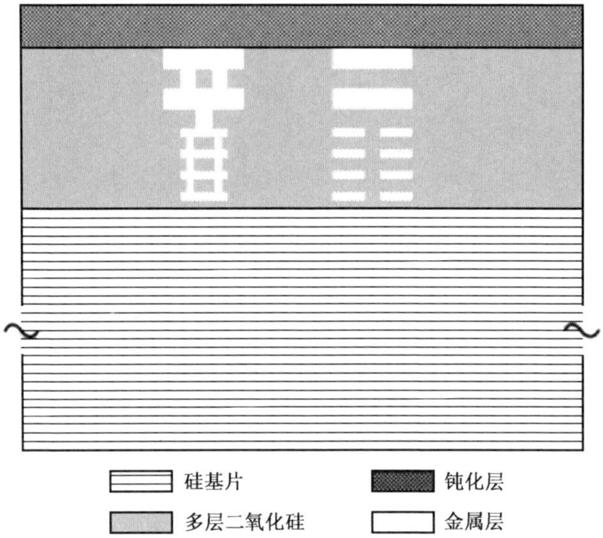

图34.2　标准CMOS芯片多层结构

二,金属过孔设计规则,这一规则给出了金属过孔的最大宽度 w_{vi} 、最小间距 w_{vsi} 以及由金属过孔围成的封闭区域的最小宽度。第三,金属覆盖率设计规则。这一规则给出了对每一个金属层和每一个检查窗口区域的金属覆盖率的限制。代工厂推荐采用矩形区域金属填充,从而扩大金属覆盖率。金属填充会相应增加二氧化硅层的介质损耗。当对无源器件附近、底下或者上方进行金属填充时,这一问题需要在设计中着重考虑。第四,芯片外部连接设计规则。芯片进行外部连接设计时,钝化层上需要设计连接窗口、最上层金属上面的铝制保护盖上需要设计连接焊盘。键合线和球状焊点都是常用的芯片外部连接方式。这两种方式虽然导电性都比较好,但占用的空间也比较大。芯片外部连接方式对片上天线的影响需要作为一个课题进行专门研究。

偶极子是片上天线的常用结构形式。一般来说,半波偶极子的线宽只有几微米。因此它只占用很小的区域,易于与其他电路元件统一布局。为了进一步减小天线的尺寸,偶极子天线的辐射臂可以做成锯齿形或者弯折线,如图34.3所示。八木天线经常用来增加常规偶极子天线的方向性,但是其尺寸较大。

图34.4给出了片上环形天线的结构。与偶极子相比,环形天线需要占用更大的面积。为了便于集成,环形天线经常布置在电路的周围。由于低噪声放大

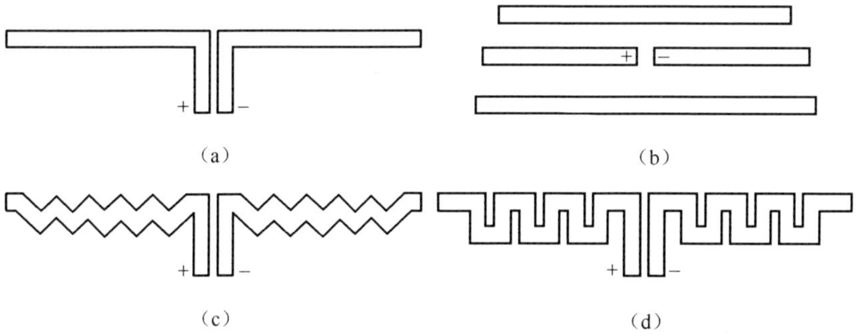

图 34.3　片上偶极子天线示例

(a)半波偶极子;(b)八木天线;(c)锯齿形偶极子;(d)弯折线偶极子。

器中的电感等无源器件相对尺寸也都比较大,因此其在环形天线内部的布局也需要仔细规划。

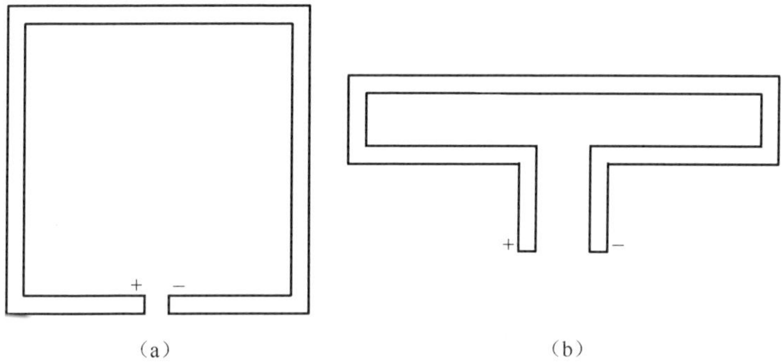

图 34.4　片上环形天线示例

(a)环形天线;(b)折合环形天线。

微带天线是片上天线的另一种常用形式。当片上系统采用这种形式的天线时,需要注意两点:第一,标准微带天线的尺寸接近 $\lambda/2$,这比金属层设计规则中的要求大得多,因此设计者必须在贴片上开槽以满足设计规则要求,如图 34.5 所示;第二,地平面应该距离贴片尽量远。

缝隙天线也可用于片上天线设计。为了提高辐射效率,通常采用在缝隙天线上加载介质谐振器或者介质覆盖层。单极子和倒 F 天线也可用于片上天线中。表 34.1 列出了片上天线的关键参数。

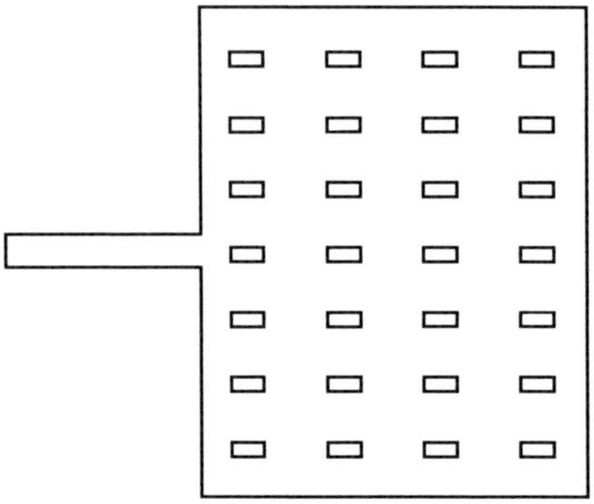

图 34.5 片上微带天线示例

表 34.1 片上天线的关键参数

结构	工艺	频率/GHz	增益/dBi	效率/%	尺寸/(mm×mm)	参考文献
倒F	0.18μm CMOS	57~64	-15.5	6	0.4×0.3	Guo and Chuang et al.,2008
准八木	0.18μm CMOS	55~65	-10.6	10	1.1×0.95	Hsu et al., 2008
三角形单极子	0.18μm CMOS	50~65	-9.4	12	1×0.81	Kuo et al., 2008
背腔缝隙天线	CMOS	140	-2	18	1.2×0.6	Pan and Capolino et al.,2011
椭圆缝隙+介质覆盖层	0.13μm CMOS	89	0.7	30	2.5×1.5 (t=0.4)	Edwards and Rebeiz,2012
介质覆盖层	0.13μm CMOS	86~100	3	63	1.2×1.24 (t=0.1)	Ou and Rebeiz et al., 2012
介质覆盖层	0.13μm SiGe	92~98	3	57	1.5×18 (t=0.125)	May et al.,2010

（续）

结构	工艺	频率 /GHz	增益 /dBi	效率 /%	尺寸 /(mm×mm)	参考文献
弯折线缝隙+介质谐振天线	0.18μm CMOS	123~137	4.7	43	0.8×0.9 (t=1.27)	Hou et al., 2012
介质谐振天线	0.5μm SiGe	28	1	45	2×2.3 (t=0.93)	Bijumon et al., 2008
H 形缝隙+介质谐振天线	0.13μm SiGe	33~37	1	48	1.1×1.6 (t=0.5)	Nezhad-Ahmadi et al., 2010
单极子+人工磁导体	90nm RF CMOS	57.5~66	-2.1	19.60	1.3×1.1	Kang et al., 2010

34.3 片上天线的紧凑电路模型和辐射效率

片上天线的设计依赖于具有较强计算能力的商用电磁场数值仿真软件(如 HFSS 或 CST)。要将片上天线和电路进行集成时,需要进行天线和电路的联合设计,从而评估两者间阻抗匹配和互耦的影响,但是场仿真软件很难与电路仿真软件(如 Cadence 或者 Mentor Graphics)直接结合。设计人员需要获得片上天线的紧凑电路模型,这样不仅能减少对计算能力和时间的需求,而且可以进行快速的电路优化。如前所述,偶极子天线是最常用的一种片上天线形式。图 34.6 给出了一个片上偶极子天线的紧凑电路模型,并将其分为两部分:并联支路表示了硅基片和二氧化硅层的影响;串联支路给出了天线的辐射性能和损耗。在这一电路模型中,串联支路由R_r、R_c、R_{sur}、L_d和C_d组成,其中电阻R_r、R_c、R_{sur}分别表示偶极子天线的辐射损耗、导体损耗和表面波损耗。L_d和C_d分别表示偶极子天线的电感和电容。并联支路由C_{ox}、C_{sub}和R_{sub}组成,C_{ox}表示偶极子和硅基片间的氧化物电容,C_{sub}和R_{sub}分别表示硅基片电容和电阻。对于其他片上天线的结构,也有类似的紧凑电路模型。当片上天线有金属地时,需要修改的地方在于:

并联谐振支路(L_d和C_d)用于并联谐振天线,而氧化物电容C_{ox}对地短路,并分别去掉硅基片电容C_{sub}和电阻R_{sub}。

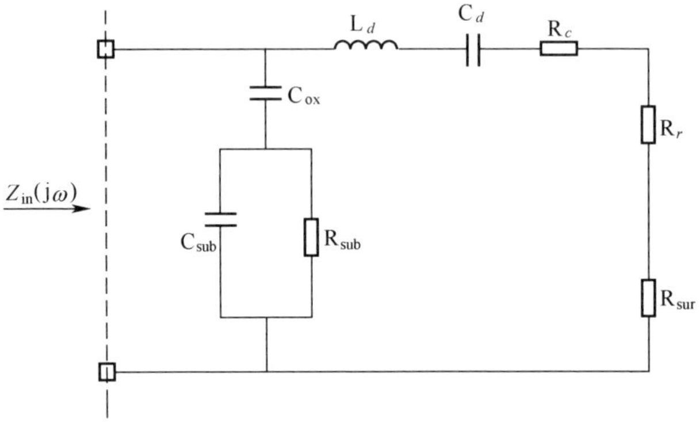

图 34.6 具有片外地屏蔽的片上偶极子天线的紧凑电路模型

对于使用多层基片的片上偶极子天线,辐射电阻R_r对基片层特性比较敏感,可以用与微带偶极子天线类似的方式近似表示为(Perlmutter et al.,1985)

$$R_r = \frac{120}{\pi}\varepsilon_{\text{eff}}\int_0^{\pi/2}\int_0^{2\pi}\frac{\cos^2\left(\pi\sin\theta\cos\phi/\left(2\sqrt{\varepsilon_{\text{eff}}}\right)\right)}{(\sin^2\theta\cos^2\phi-\varepsilon_{\text{eff}})^2}$$

$$\times\left[\frac{\cos^2\theta\sin^2\phi}{(\varepsilon_{\text{eq}}-\sin^2\theta)\cot^2\left(h\boldsymbol{k}_0\sqrt{\varepsilon_{\text{eq}}-\sin^2\theta}\right)+\cos^2\theta}\right.$$

$$\left.+\frac{\cos^2\theta\cos^2\phi(\varepsilon_{\text{eq}}-\sin^2\theta)}{(\varepsilon_{\text{eq}}-\sin^2\theta)+\varepsilon_{\text{eq}}^2\cos^2\theta\cot^2\left(h\boldsymbol{k}_0\sqrt{\varepsilon_{\text{eq}}-\sin^2\theta}\right)}\right]$$

$$\times\sin c^2(w_{\text{d}}\boldsymbol{k}_0\sin\theta\sin\phi/2)\sin\theta\cdot\mathrm{d}\theta\mathrm{d}\varphi \tag{34.1}$$

式中 h、w_d 和 $\boldsymbol{k}_0$ 分别为基片的总厚度、微带偶极子的宽度和自由空间的波矢量;ε_{eq} 为多层基片的等效介电常数(Yoon and Kim,2000);ε_{eff} 为多层基片的有效介电常数,且有

$$\varepsilon_{\text{eff}} = \frac{\varepsilon_{\text{eq}}+1}{2}+\frac{\varepsilon_{\text{eq}}-1}{2\sqrt{1+10h/w_d}} \tag{34.2}$$

一个需要特别考虑的问题是芯片尺寸,其通常小于5mm×5mm。考虑到将

基带处理器等更多电路集成到这一芯片中的可能性,芯片的尺寸可能会增大到 10mm×10mm。由于这一芯片的电尺寸还不够大,不能忽略其对辐射电阻的影响(Gutierrez et al.,2009)。图 34.7 给出了 60GHz 片上偶极子天线随着芯片边长从 3mm 增加到 10mm,其辐射电阻 R_r 从 19.5Ω 减小到 10.5Ω。这是由芯片边缘的表面波辐射引起的(Deng et al.,2011)。

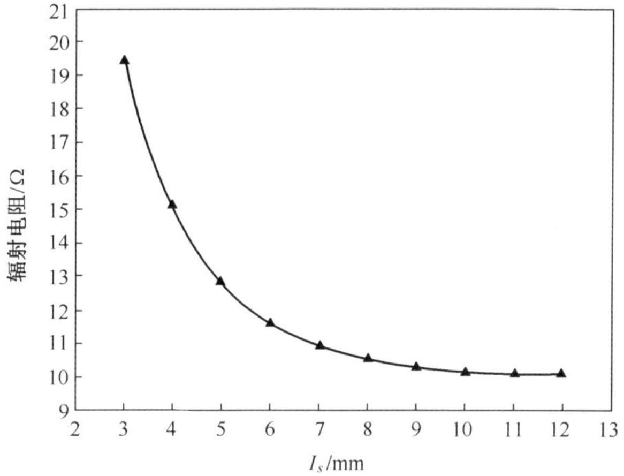

图 34.7　片上偶极子天线的辐射电阻随芯片边长 l_s 的变化

微带天线的导体损耗在低频段可以忽略,但是在毫米波频段导体损耗比较明显。芯片上的金属层厚度非常薄,可能小于 5μm。由涡流引起的导体损耗 R_c 无法避免。金属层的趋肤深度可以表示为

$$\delta = \sqrt{\frac{R_{\text{sh}} \cdot t_d}{\pi \cdot \mu_0 \cdot f}} \tag{34.3}$$

式中:R_{sh}、t_d 分别为金属层的表面电阻和厚度;f 为工作频率。

长度为 l_d、等效半径为 w_{eff} 矩形金属贴片的导体电阻可以表示为

$$R_c = \frac{l_d}{w_{\text{eff}}} \sqrt{\frac{\mu_0 \cdot f \cdot R_{\text{sh}} \cdot t_d}{\pi \cdot \exp\left(-\frac{t_d}{\delta}\right)}} \tag{34.4}$$

例如,在 60GHz,当表面电阻 $R_{\text{sh}} = 25\text{m}\Omega/\text{sq}$,厚度 $t_d = 2\mu\text{m}$,$l_d/w_{\text{eff}} = 60$,电导率 $\sigma_d \approx 2.35 \times 10^6 \text{S/m}$,导体电阻 $R_c \approx 15.3\Omega$。

表面波电阻 R_{sur} 表征表面波的损耗,其随硅基片的厚度(t_s = 300 ~

700μm) 和工作频率而变化。表面波的基模为 TM0 模,其功率 p_{sur} 可以由下式给出(Pozar,1990):

$$P_{\text{sur}} = 30\pi k_0^2 \frac{\varepsilon_{\text{eq}}(\chi_0^2 - 1)}{\varepsilon_{\text{eq}}\left[\frac{1}{\sqrt{\chi_0^2 - 1}} + \frac{\sqrt{\chi_0^2 - 1}}{\varepsilon_{\text{eq}} - \chi_0^2}\right] + \left[1 + \frac{\varepsilon_{\text{eq}}^2(\chi_0^2 - 1)}{\varepsilon_{\text{eq}} - \chi_0^2}\right] k_0(t_s + t_i)} \tag{34.5}$$

式中:$\beta_0 = x_0 \cdot k_0$ 为 TM0 模表面波的传输常数,k_0 为空气中的波数。当 x_0 是准确时 p_{sw} 也是准确的。对于高介电常数基片,x_0 可以用下式给出:

$$x_0 = 1 + \frac{-\varepsilon_{\text{eq}}^2 + \alpha_0\alpha_1 + \varepsilon_{\text{eq}}\sqrt{\varepsilon_{\text{eq}}^2 - 2\alpha_0\alpha_1 + \alpha_0^2}}{\varepsilon_{\text{eq}}^2 - \alpha_1^2} \tag{34.6}$$

式中

$$\alpha_0 = \sqrt{\varepsilon_{\text{eq}} - 1}\tan(k_0 t_s)$$

$$\alpha_1 = \frac{-1}{\sqrt{\varepsilon_{\text{eq}} - 1}}\left[\tan(k_0 t_s) + \frac{k_0 t_s}{\cos^2(k_0 t_s)}\right]$$

已知表面波功率 p_{sur},表面波电阻可以表示为

$$R_{\text{sur}} = \frac{Z_0^2}{2P_{\text{sur}}} \tag{34.7}$$

硅基片电阻 R_{sub} 表示了在低阻硅基片中的损耗。由于 $C_{\text{ox}} \ll C_{\text{sub}}$,该损耗会进一步增大。在金属层和硅基片之间设计了浮动金属屏蔽结构(Kim et al.,2001),这一措施可以增加 C_{ox} 的值并阻止电磁波向硅基片中传输,但是这会导致金属屏蔽结构中产生感应损耗。

片上天线的主要关注点是其较低的辐射效率。这主要是由硅基片的低电阻率和高介电常数的综合效应导致的(Zhang et al.,2009)。低电阻率引起的损耗是由基片中电场热效应导致的,高介电常数引起的损耗是由基片中捕获的表面波模功率导致的。片上天线的辐射效率是评估其辐射性能的关键因素,可以表示为

$$\eta = \frac{R_r}{\text{Re}[Z_{\text{in}}(\text{j}\omega_d)]} \tag{34.8}$$

式中:$\text{Re}[Z_{\text{in}}(\text{j}\omega_d)]$ 为片上天线在谐振角频率 ω_d 处输入阻抗的实部。

辐射电阻实际上非常小,其他电阻比较大,这就导致辐射效率比较低。研究

者提出了几种提高片上天线辐射效率的有效方法。

34.3.1　硅基片改性

硅基片的电阻较低,会导致较大的基片损耗。这是片上天线辐射效率较低的关键原因。使用质子注入工艺可将硅基片电阻从 10Ω · cm 增加到 10^6Ω · cm。为了避免闩锁效应,只是在天线底下选择特定区域进行注入(Chan et al.,2003)。也可以采用微加工技术来去除硅基片,从而在片上天线下方实现空气腔。研究表明,单个片上单极子天线的辐射效率可以提高到 93.9%(Chu et al.,2012)。较厚的硅基片可以支持更多的表面波模式,从而引起更大的表面波损耗,因此减小基片厚度对提高辐射效率有利。

34.3.2　人工磁导体的实现

由于损耗大部分来自于硅基片,设计者可以将最下面的金属层作为片上接地,阻止电场在硅基片中的传输,从而降低表面波的功率。然而片上地设置的过近会引入镜像电流,从而削弱天线的辐射。通常片上地和天线间的距离小于 10μm。在太赫兹频段,片上地是一种广泛应用于片上天线设计的有效方法(Seok et al.,2008)。在毫米波频段,人工磁导体(AMC)可以用来避免镜像电流的影响(Kang et al.,2010;Kuo et al.,2003;Jiang et al.,2012;Bao et al.,2012;Takahagi et al.,2011)。人工磁导体可以像理想磁导体(PMC)一样产生与入射电磁波同相的反射电磁波。辐射被加强而不是抵消。用 AMC 结构作为八木天线的地可以使辐射效率提高 5%~10%。

34.3.3　增加介质覆盖层和介质谐振器

在天线上增加介质覆盖层可以提高辐射效率(Alexopoulos et al.,1984)。例如,使用石英作为覆盖层的缝隙耦合天线可以实现 30%的效率,而同样没有覆盖层的天线其辐射效率只有 6%(Edwards et al.,2012)。使用片上介质谐振天线(DRA)是另一种提高辐射效率的方法。片上介质谐振器天线的辐射效率可以非常高,因为硅基片被片上地隔离,不存在降低天线辐射效率的镜像电流问题。然而,在片上增加 DRA 的主要困难是其必须要精确定位。

34.3.4 使用基片透镜

使用具有匹配层的半球硅透镜可以将表面波功率转换为有用的辐射功率，因此这种透镜可以用来增加辐射效率，提高片上天线的方向性系数(Babakhani et al.,2006)。通常底层金属层用于天线，减小硅基片的厚度可以减小辐射波在低电阻的硅基片中的传输距离。

34.4 片上天线和电路

本节介绍在同一个芯片上集成天线和电路，讨论天线和无源电路器件间串扰机理和效应。

34.4.1 天线和电路的集成

对于单独的发射机或者接收机，片上天线可以与功率放大器或者低噪声放大器直接集成(Uzunkol et al.,2013;Babakhani et al.,2006)。对于收发机来说，天线通常与一个单刀双掷(SPDT)开关集成。在更高的频段，单刀双掷开关通常采用图34.8所示的拓扑。单刀双掷开关总共有三个端口：端口1接天线，端口2接功率放大器。端口3接低噪声放大器。当 V_c 为高电平时，晶体管 M_1 导通，晶体管 M_2 截止，天线接收到的信号馈入低噪声放大器。当 V_c 为低电平时，晶体

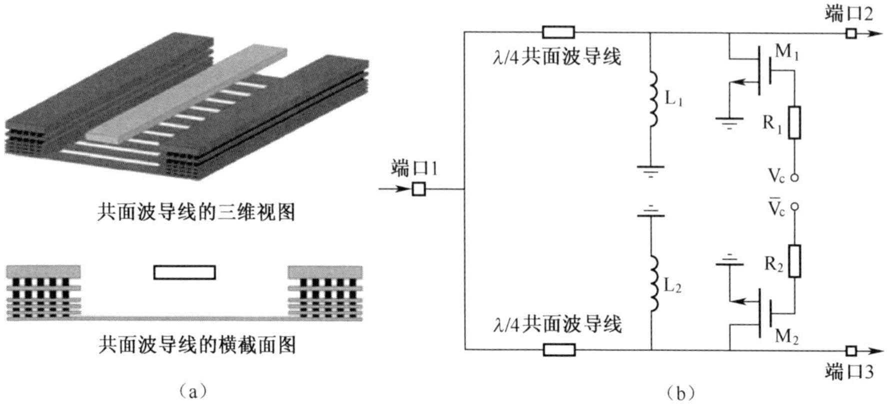

图34.8 与共面波导传输线连接的单刀双掷开关的原理

管 M_1 截止，晶体管 M_2 导通，功率放大器输出的信号馈入天线。两个 $\lambda/4$ 传输线用来进行阻抗匹配，两个短路传输线枝节作为电感以抵消晶体管电容的影响（Uzunkol et al.，2010）。

图 34.9 给出了用于集成的共面波导馈电的缝隙折叠偶极子天线的三维视图。使用折叠缝隙结构的优点是它具有较大的带宽，易于与共面波导连接，金属损耗低且隔离度高。

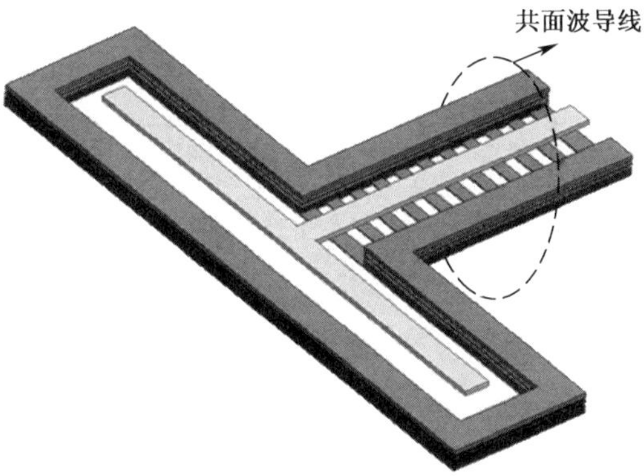

图 34.9　缝隙折叠偶极子天线三维视图（Chen et al.，2012）

34.4.2　片上天线和电路间的串扰

片上天线的关注点为其与低噪声放大器（LNA）、压控振荡器（VCO）等片上电路之间产生串扰的风险（Deng et al.，2013）。噪声电流由片上天线注入基片中，然后通过基片介质耦合到片上电路的有源区域（Briaire et al.，2000）。图 34.10 给出了从一个片上天线到片上电路有源区域的串扰过程。片上天线和金属氧化物半导体（MOS）晶体管间的串扰在高频段可能非常明显，这主要是由漏极和源极节电容引起的；在低频段，串扰主要是由于衬底效应导致的。对硅基片的高电阻率掺杂可以降低基片噪声耦合（Soens et al.，2006）。此外，隔离孔和保护环都可以起到较好的噪声隔离作用（Chu et al.，2012；Kang et al.，2010；Uemura et al.，2012）。相应的，由晶体管产生的热噪声电流和开关噪声电流是从基片流到片上天线。这些串扰本质上是共模的，使用差分天线代替单端天线则可以充分抑制它们。

与有源器件相比，无源器件对由片上天线引起的串扰更为敏感。这主要是

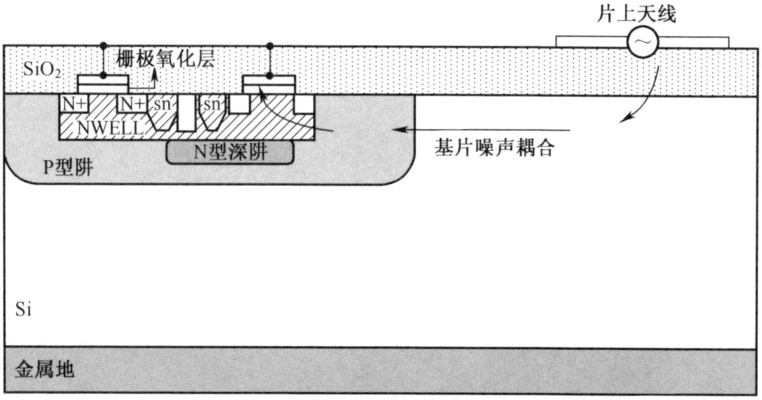

图 34.10　由在基片介质中传播的电场波动引起基片串扰

由于电感、电容、传输线等无源元件的尺寸比低噪声放大器中的晶体管、压控振荡器电路中的变容管等有源器件大得多。通常,片上天线和无源器件间的串扰包含不同的机理,主要取决于工作频率和间距。必须考虑的是,无源器件都位于片上天线的近场区。图 34.11 给出了与电感相连的片上单极子天线的等效电路。图中:C_{ant}、L_{ant}和R_{ant}分别为单极子天线的电容、电感和电阻;L_{ind}和R_{ind}分别为电感器的电感和电阻。C_{oxi_ant}(或C_{oxi_ind})为单极子(或电感器)和硅基片间的氧化电容;R_{sil_ant}和C_{sil_ant}(或R_{sil_ind}和C_{sil_ind})分别为单极子天线(或电感器)硅基片的电阻和电容;C_m和R_m分别为单极子和电感器之间的电感和电阻;K_m 为磁耦合系数,表示了单极子和电感器之间的磁耦合。

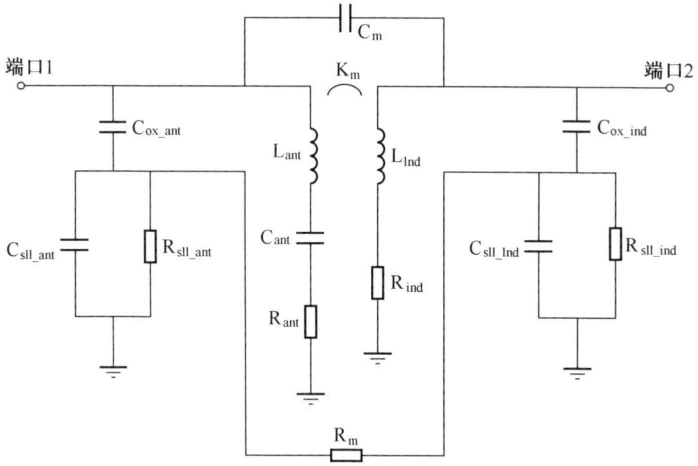

图 34.11　片上天线和电感间串扰的等效电路

单极子和电感器之间的串扰机理一般可以分为电耦合、磁耦合和电阻耦合。通过互电容C_m产生的电耦合在低频段占主要地位，表现为高通频率特性；磁耦合用磁耦合系数 K_m 表示，它随电感器的不同形状和布局而变化。由于R_m是必然存在的，因此通过基片产生的电阻耦合也是不可避免的，其幅度不随频率变化。但是与电磁耦合相比，电阻耦合比较弱。由于磁耦合（单极子、电感器等产生的电感L_{ant}、L_{ind}和 K_m）和电耦合（电容C_m）的联合作用，将会发生谐振。响应频率可以从等效电路得出：

$$f_{dip} = \frac{1}{2\pi\sqrt{L_{eq}C_{eq}}} \approx \frac{1}{2\pi\sqrt{\left(\frac{L_1 L_2}{L_3} + L_1 + L_2\right)C_m}} \tag{34.9}$$

式中

$$L_1 = L_{ant} - L_m, L_2 = L_{ind} - L_m, L_m = K_m\sqrt{L_{ind}L_{ant}}$$

$$L_3 = L_m - \frac{R_{ind}^2}{\omega^2 C_{ant}[(R_{ant} + R_{ind})^2 + 1/\omega^2 C_{ant}^2]} \approx L_m$$

从式（34.9）可以看出，频率响应中存在一个低互耦的零点/区域。这一频率响应的零点/区域会随着放置于电感器周围或者下面的不同屏蔽和保护结构而移动。此外，随着频率升高，氧化物和基片电容（C_{oxi_ant}、C_{sil_ant}、C_{oxi_ind}和C_{sil_ind}）有可能减少耦合强度。这主要是因为信号被氧化物和基片电容短路到基片或者地，而不是耦合到其他端口。关于天线和传输线之间的串扰，在这些频段的耦合机理类似。注意到共面波导（CPW）传输线在信号线附近存在地线，在这种情况下不存在氧化物和基片电容，导致耦合也会大大降低。

对于优化电路和天线的布局来说，串扰效应是十分重要的。当电感器、电容器和传输线等无源部件相互距离比较近时，会在片上天线中起到寄生贴片的效果。通常来说，电场会通过硅基片在片外金属地上终止。当放置无源部件时，它们会与单极子相互作用，产生电场分布的不对称性并使电场在非片外金属地上终止。

如图 34.12 所示的单极子天线的远场辐射方向图说明了这一情况。单极子天线附近的电感器或者共面波导传输线使得 H 面上的最大辐射方向偏移了10°~20°。无源部件也可以像八木天线中那样起到寄生反射器的作用。然而，无源部件也会使 E 面的交叉极化电平恶化 20dB，这会降低单极子天线的辐射性

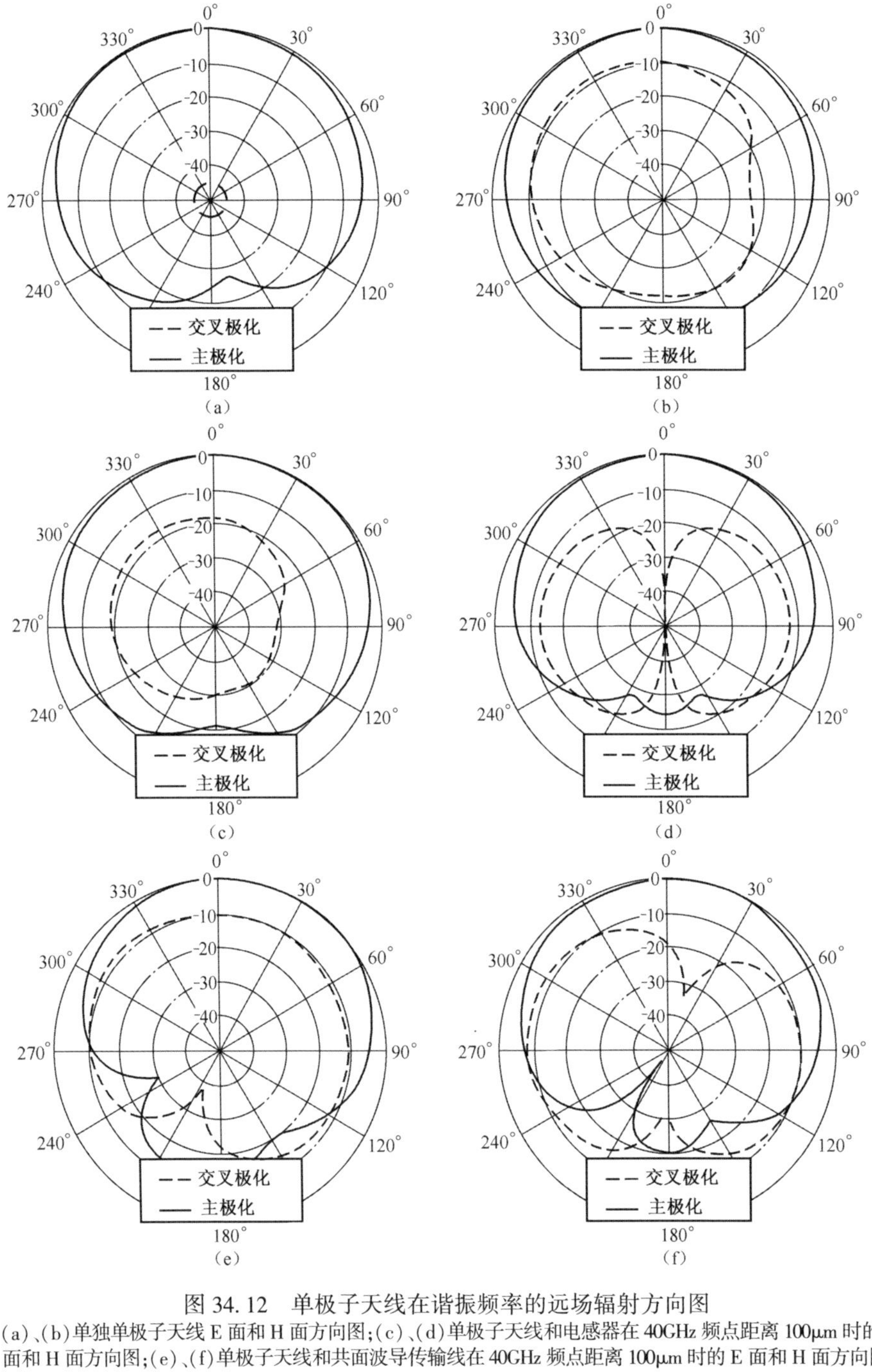

图 34.12　单极子天线在谐振频率的远场辐射方向图

(a)、(b)单独单极子天线 E 面和 H 面方向图;(c)、(d)单极子天线和电感器在 40GHz 频点距离 100μm 时的 E 面和 H 面方向图;(e)、(f)单极子天线和共面波导传输线在 40GHz 频点距离 100μm 时的 E 面和 H 面方向图。

能。片上单极子天线对无源部件的影响有限,特别是当这些无源部件有浮动屏蔽结构保护时。

34.5　片上天线应用实例

超大规模集成(ULSI)或者片上系统(SoC)提出了片中内核间无线互联的需求。片上天线通常用于构成片内通信系统,片上天线间的信号耦合主要基于电波传播而不是 R-C 耦合。图 34.13 给出了工作于 15GHz、用于片上全局时钟信号分发的无线互联系统(Floyd et al.,2002)。从图 34.13 可以看到,一个时钟信号发射机和一个时钟信号接收机位于芯片上的不同位置。发射机和接收机均采用片上偶极子天线。发射机产生的 1.875GHz 的本地时钟信号可以被距离 5.6mm 的时钟接收机检测到。

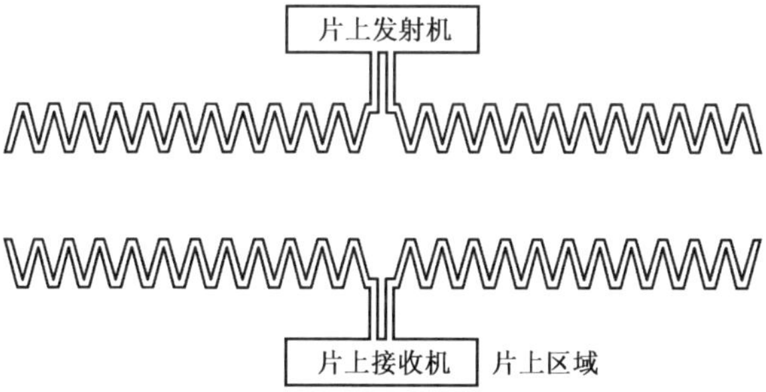

图 34.13　使用片上偶极子天线实现时钟信号传输的片内无线互联

使用片上天线的常规无线通信系统的例子也已见诸报道。例如,在 24GHz 频点,使用片上天线的单芯片无线电设备和具有 20dBi 增益喇叭天线间的无线通信距离最远可达 95m(Cao et al.,2008)。另一个工作于 5.8GHz 在高阻基片上实现的单芯片无线电设备与 11dBi 增益贴片天线间的无线通信距离超过 310m,系统的数据传输速率可达 100Kb/s(Lin et al.,2007)。

片上天线也可用于高集成度雷达和成像系统。在一个距离传感雷达(Khanh et al.,2013)中,使用片上天线的 180nm CMOS 工艺的收发信机实现了 9~11GHz 阻尼脉冲发射机和包含混频器及三级低噪声放大器的接收机。发射机和接收机采用相同天线,但是正交放置以减小串扰。此外,0.65THz 的用于房间温度检测的焦平面阵列使用低成本0.25μm CMOS工艺实现了全集成。电路架构基于分布式电阻自混频原理,有利于提高远超过截止频率时的宽带方向检测能力。3×5像素阵列包括差分片上贴片天线、NMOS直接探测器、集成43dB增益电压放大器,在0.65THz频段,这一焦平面阵列(FPA)实现了80kV/W敏感度,等效噪声功率为300pW/$\sqrt{\text{Hz}}$(Ojefors et al.,2009)。

34.6 总结

受射频片上系统发展的驱动,在用主流硅工艺实现片上天线方面开展了一些尝试性的工作。本章阐述了片上天线的原理、技术和应用,重点论述了其电路模型、辐射效率、集成、与其他电路元件的串扰机理。未来的研究应集中在片上天线的快速仿真和优化、片上天线和其他电路的联合设计方面。同时,太赫频段的片上天线(特别是其辐射效率)如何测试?此外,寻找提高辐射效率的有效方法是片上天线设计中的主要关注点。

参考文献

Alexopoulos N,Jackson DR (1984) Fundamental superstrate (cover) effects on printed circuit antennas. IEEE Trans Antennas Propag 32:807-816

Babakhani A,Guan X,Komijani A,Natarajan A,Hajimiri A (2006) A 77-GHz phased-array transceiver with on-chip antennas in silicon: receiver and antennas. IEEE J Solid-State Circuits 41:2795-2806

Bao XY,Guo YX,Xiong YZ (2012) 60-GHz AMC-based circularly polarized cn-chip antenna using standard 0.18-μm CMOS technology. IEEE Trans Antennas Propag 60:2234-2241

Bijumon PV,Antar YMM,Freundorfer AP,Sayer M (2008) Dielectric resonator antenna on silicon substrate for system on-chip applications. IEEE Trans Antennas Propag 56:3404-3410

Briaire J,Krisch KS (2000) Principles of substrate crosstalk generation in CMOS circuits. IEEE Trans Comput Aided Des Integr Circuits Syst 19:645-653

Cao C,Ding Y,Yang X,Lin JJ,Wu HT,Verma AK,Lin J,Martin F,Kenneth KO (2008) A 24-GHz transmitter with on-chip dipole antenna in 0.13-μm CMOS. IEEE J Solid-State Circuits

43:1394–1402

Chan K T,Chin A,Lin YD,Chang CY,Zhu CX,Li MF,Kwong DL,McAlister S,Duh DS,Lin WJ (2003) Integrated antennas on Si with over 100GHz performance,fabricated using an optimized proton implantation process. IEEE Microwave Wirel Compon Lett 13:487–489

Cheema HM,Shamim A (2013) The last barrier: on-chip antennas. IEEE Microw Mag 14:79–91

Chen Z,Wang CC,Yao HC,Heydari P (2012) A BiCMOS W-band 2×2 focal-plane array with on-chip antenna. IEEE J Solid-State Circuits 47:2355–2371

Chu H,Guo YX,Lim TG,Khoo YM,Shi X (2012) 135-GHz micromachined on-chip antenna and antenna array. IEEE Trans Antennas Propag 60:4582–4588

Deng T,Zhang Y,Guo Y (2011) Modeling of radiation resistance of 60 GHz on-chip dipole. In: Proceeding of the Asia-Pacific microwave conference,Melbourne,Australia

Deng T,Chen Z,Zhang YP (2013) Coupling mechanisms and effects between on-chip antenna and inductor or coplanar waveguide. IEEE Trans Electron Devices 60:20–27

Edwards JM,Rebeiz GM (2012) High-efficiency elliptical slot antennas with quartz superstrates for silicon RFICs. IEEE Trans Antennas Propag 60:5010–5020

Floyd BA,Hung CM,Kenneth KO (2002) Intra-chip wireless interconnect for clock distribution implemented with integrated antennas,receivers,and transmitters. IEEE J Solid-State Circuits 37:543–552

Guo PJ,Chuang HR (2008) A 60GHz millimeter-wave CMOS RFIC-on-chip meander-line planar inverted-F antenna for WPAN applications. In: IEEE antennas and propagation society international symposium,San Diego,USA

Gutierrez F,Agarwal S,Parrish K,Rappaport TS (2009) On-chip integrated antenna structures in CMOS for 60GHz WPAN systems. IEEE J Sel Areas Commun 27:1367–1378

Hou D,Xiong YZ,Goh WL,Hu S,Hong W,Madihian M (2012) 130-GHz on-chip meander slot antennas with stacked dielectric resonators in standard CMOS technology. IEEE Trans Antennas Propag 60:4102–4109

Hsu SS,Wei KC,Hsu CY,Huey RC (2008) A 60 GHz millimeter-wave CPW-fed Yagi antenna fabricated by using 0.18-μm CMOS technology. IEEE Electron Device Lett 29:625–627

Huang KK,Wentzloff DD (2011) A 60GHz antenna-referenced frequency-locked loop in 0.13μm CMOS for wireless sensor networks. IEEE J Solid-State Circuits 46:2956–2965

Jiang L,Mao JF,Yin WY (2006) High transmission gain slot antennas on silicon substrate for wireless interconnect. In: IEEE proceedings of Asia-Pacific microwave conference,Yokohama,Japan

Jiang I, Mao JF, Leung KW (2012) A CMOS UWB on-chip antenna with a MIM capacitor loading AMC. IEEE Trans Electron Devices 59:1757-1764

Kang K, Lin F, Pham DD, Brinkhoff J, Heng CH, Guo YX, Yuan X (2010) A 60-GHz OOK receiver with an on-chip antenna in 90 nm CMOS. IEEE J Solid-State Circuits 45:1720-1731

Khanh M, Ngoc N, Asada K (2013) A 0. 18-μm CMOS fully integrated antenna pulse transceiver with leakage-cancellation technique for wide-band microwave range sensing radar. In: IEEE radio frequency integrated circuits symposium (RFIC), Seattle, USA, pp. 97-100

Kim K, Kenneth KO (1998) Characteristics of integrated dipole antennas on bulk, SOI, and SOS substrates for wireless communication. In: Proceedings of the IEEE 1998 international interconnect technology conference, San Francisco, USA, pp. 21-23

Kim K, Bomstad W, Kenneth KO (2001) A plane wave model approach to understanding propagation in an intra-chip communication system. In: 2001 I. E. antennas and propagation society international symposium, vol 2, Boston, USA, pp. 166-169

Kuo PC, Hsu SS, Lin CC, Hsu CY, Chuang HR (2008) A 60-GHz millimeter-wave triangular monopole antenna fabricated using 0. 18-μm CMOS technology. In: 3rd International Conference on Innovative Computing Information and Control (ICICIC '08), Dalian, China

Kuo HC, Yue HL, Ou YW, Lin CC, Chuang HR (2013) A 60-GHz CMOS sub-harmonic RF receiver with integrated on-chip artificial-magnetic-conductor Yagi antenna and balun bandpass filter for very-short-range gigabit communications. IEEE Trans Microwave Theory Tech 61: 1681-1691

Lin JJ, Gao L, Sugavanam A, Guo X, Li R, Brewer JE, Kenneth KO (2004) Integrated antennas on silicon substrates for communication over free space. IEEE Electron Device Lett 25:196-198

Lin JJ, Wu HT, Su Y, Gao L, Sugavanam A, Brewer JE, Kenneth KO (2007) Communication using antennas fabricated in silicon integrated circuits. IEEE J Solid-State Circuits 42:1678-1687

May JW, Alhalabi RA, Rebeiz GM (2010) A 3 G-Bits W-band SiGe ASK receiver with a higheffi-ciency on-chip electromagnetically-coupled antenna. In: IEEE radio frequency integrated circuits symposium (RFIC), Anaheim, USA

Nezhad-Ahmadi MR, Fakharzadeh M, Biglarbegian B, Safavi-Naeini S (2010) High-efficiency on-chip dielectric resonator antenna for mm-wave transceivers. IEEE Trans Antennas Propag 58: 3388-3392

Ojefors E, Sonmez E, Chartier S, Lindberg P, Schick C, Rydberg A, Schumacher H (2007) Monolithic integration of a folded dipole antenna with a 24-GHz receiver in SiGe HBT technology. IEEE Trans Microwave Theory Tech 55:1467-1475

Ojefors E, Pfeiffer UR, Lisauskas A, Roskos HG (2009) A 0.65 THz focal-plane array in a quarter-micron CMOS process technology. IEEE J Solid-State Circuits 44:1968-1976

Ou YC, Rebeiz GM (2012) Differential microstrip and slot-ring antennas for millimeter-wave silicon systems. IEEE Trans Antennas Propag 60:2611-2619

Pan S, Capolino F (2011) Design of a CMOS on-chip slot antenna with extremely flat cavity at 140GHz. IEEE Antennas Wirel Propag Lett 10:827-830

Perlmutter P, Shtrikman S, Treves D (1985) Electric surface current model for the analysis of microstrip antennas with application to rectangular elements. IEEE Trans Antennas Propag 33:301-311

Pozar DM (1990) Rigorous closed-form expressions for the surface wave loss of printed antennas. Electron Lett 26:954-956

Seok E, Cao C, Shim D, Arenas DJ, TannerDB, Hung CM, Kenneth KO (2008) A 410GHz CMOS push-push oscillator with an on-chip patch antenna. In: IEEE international Solid-State circuits conference (ISSCC), San Francisco, USA

Shamim A, Arsalan M, Roy L (2007) 5GHz monolithic CMOS transmitter and antenna for shortrange communications. In: The second European conference on antennas and propagation (EuCAP), Edinburgh, UK

Soens C, Van Der Plas G, Badaroglu M, Wambacq P, Donnay S, Rolain Y, Kuijk M (2006) Modeling of substrate noise generation, isolation, and impact for an LC-VCO and a digital modem on a lightly-doped substrate. IEEE J Solid-State Circuits 41:2040-2051

Takahagi K, Sano E (2011) High-gain silicon on-chip antenna with artificial dielectric layer. IEEE Trans Antennas Propag 59:3624-3629

Uemura S, Hiraoka Y, Kai T, Dosho S (2012) Isolation techniques against substrate noise coupling utilizing through silicon via (TSV) process for RF/mixed-signal SoCs. IEEE J Solid-State Circuits 47:810-816

Uzunkol M, Rebeiz GM (2010) A low-loss 50-70GHz SPDT switch in 90 nm CMOS. IEEE J Solid-State Circuits 45:2003-2007

Uzunkol M, Gurbuz OD, Golcuk F, Rebeiz GM (2013) A 0.32 THz SiGe 4×4 imaging array using high-efficiency on-chip antennas. IEEE J Solid-State Circuits 48:2056-2065

Yoon YJ, Kim B (2000) A new formula for effective dielectric constant in multi-dielectric layer microstrip structure. In: IEEE conference on electrical performance of electronic packaging, Scottsdale, USA, pp. 163-167

Zhang YP (2004) Bit-error-rate performance of intra-chip wireless interconnect systems. IEEE Commun Lett 8:39-41

Zhang YP, Liu D (2009) Antenna-on-chip and antenna-in-package solutions to highly integrated millimeter-wave devices for wireless communications. IEEE Trans Antennas Propag 57:2830-2841

Zhang YP, Sun M, Guo LH (2005) On-chip antennas for 60-GHz radios in silicon technology. IEEE Trans Electron Devices 52:1664-1668

Zhang YP, Chen ZM, Sun M (2007) Propagation mechanisms of radio waves over intra-chip channels with integrated antennas: frequency-domain measurements and time-domain analysis. IEEE Trans Antennas Propag 55:2900-2906

第 35 章

基片集成波导天线

Tarek Djerafi, Ali Doghri, Ke Wu

摘要

近年来，基片集成波导（SIW）毫米波天线的研究取得了很大发展。作为一类可以与平面技术兼容的集成传输线，研究人员提出了基片集成波导技术并对其进行了深入研究。基片集成波导提供了无与伦比的自洽屏蔽和高品质因数性能。基片集成波导可以设计成开口导波结构。当这些波导受扰动或者没有激励起合适的模式时，能量会泄漏出来。这些漏波效应在天线设计中是有好处的。通过在波导中有意地引入扰动，泄漏的电磁波可以以受控的方式进行辐射。除了具有宽带、高效率、高增益的优点外，基片集成波导天线还具有一个特殊的优势是其便于与基片集成波导馈电结构进行一体化集成设计。本章阐述了 H 面喇叭、漏波结构（长线和周期）和渐变槽线天线，重点介绍应用于无源成像系统中的渐变槽线天线及阵列。

T. Djerafi(✉), A. Doghri · K. Wu
蒙特利尔高等理工学院 Poly-Grames 研究中心，加拿大蒙特利尔
e-mail: tarek.djerafi@polymtl.ca; ali.doghri@ieee.org; ke.wu@polymtl.ca

关键词

天线阵列;对跖结构;成像系统;喇叭天线;漏波;毫米波;极化;槽线天线;介质棒天线;基片集成波导;渐变槽线天线;扭转;定向耦合;维瓦尔第(Vivaldi)天线

35.1 引言

30~300GHz 的频段通常定义为毫米波或者极高频波。此频段对应的波长范围为 10~1mm,因此又称为毫米波频段,简称毫米波(MMW 或者 mmW)。相比于低频段,毫米波频段电磁波大气衰减较高,易被大气吸收。在毫米波频段之上,电磁辐射称为太赫兹(THz)辐射。毫米波频段可以为 60GHz 频率短距离通信、汽车雷达、77GHz 和 94GHz 频率窗口的成像系统等不同的带宽需求和频谱敏感应用提供吸引人的频率资源(Meinel,1995;Solbach et al.,1999;Schoebel et al.,2010)。近年来,研究人员报道了毫米波技术在安防成像传感器、生物医学等新兴领域的应用(Salmon,2004)。此外,毫米波成像阵列在遥感、射电天文和等离子测量等应用领域也引起了越来越多的关注(Nanzer,2012)。

商业系统开发中,低成本、可量产、高性能、高功率微波和毫米波技术对于开发成功的、可持续发展的商业宽带系统,特别是天线模块和射频前端具有重要作用。这些应用中天线部件和系统性能不但要满足所需的增益、低旁瓣电平(Side Lobe Level,SLL)和低交叉极化等电性能,而且需要满足尺寸、重量和屏蔽等严格的要求。与其他有源和无源系统单元集成的能力也是一个关键衡量标准,这一般会决定系统最终成本,进而决定商业的成败。在毫米波频段也有利于设计与高增益阵列天线集成的高密度封装系统。

采用标准技术设计的天线或者使用基片集成波导技术设计的天线可以分为谐振类型和非谐振类型。微带贴片和偶极子等谐振类天线谐振在离散频点上。非谐振天线或者行波天线不是工作在谐振状态,而是在电磁波传播路径上不断辐射能量,因此可以实现更有效的宽带结构。谐振结构无法在毫米波频段范围内提供可接受的性能，这主要是由于在带状线边缘（特别是在馈电网络中）极大的电流密度（奇异点）导致导体损耗非常高。基片在高频段的电尺寸变得比较厚，可能存在更多的表面波模（寄生模），对于微带天线来说是有害的，会引起辐射效率降低和辐射方向图变形，这种效应是由表面波在天线结构边缘处的非受控散射引起的（Pozar，1983）。

本章主要关注对非谐振结构类型基片集成波导天线不同的约束和限制。在毫米波频段，能量非常容易从开放传输线中辐射出来。就本身而言，可以综合和开发一些漏波或者表面波天线。它们包括渐变槽线天线（TSA）、印制八木—宇田天线或者对数周期偶极子天线、介质棒天线、长槽漏波天线、部分反射表面天线等。更多的背景知识和发展历史可以参见相关文献（Walter，1965；Oliner et al.，2007；Suntinjo et al.，2008；Caloz et al.，2011）。渐变槽线天线（TSA）或者称为开口凹槽、维瓦尔第天线，是最有希望满足上述需求（辐射、机械、可集成、成本）的天线形式。渐变槽线天线具有一些独有的特性，如两个主平面辐射方向图对称、高增益辐射性能和宽带阻抗特性。此外，渐变槽线天线由于其作为高效阵列辐射单元的潜力和在甚高频应用的可能性引起了关注。

结构集成是一个在射频前端和天线系统开发中至关重要的问题。在传统上广泛应用的波导解决方案中，出现了一系列尺寸、成本、重量、馈电网络和天线系统加工复杂性等具有挑战性的问题。由于馈电网络中的各种不连续和有耗结构会产生噪声或者干扰，当其进入接收机后会影响总的系统性能。因此，应该尽量避免、减少或者小心使用这些不连续和有耗结构。基片集成波导（SIW）具有自洽场屏蔽、低成本、质量轻等优点，是一种在整个系统发展中可以替代传统天线阵列设计的解决方案（Djerafi et al.，2013）。

本章对漏波天线（LWA）的最新进展进行综述和总结。漏波天线使用的导波结构支持电磁波沿结构长度方向传播，且电磁波沿着导波结构连续辐射或“泄漏”。这种天线在拓扑上可以是均匀的、准均匀的或者周期的。在完成基础物理特性和工作原理综述后，总结并讨论这一类型结构的最新进展。基于基片集成波导的喇叭天线具有一些与厚度有关的限制。本章同样给出基片集成波导喇叭天线的最新进展情况。

本章给出Ka频段三种不同外形渐变开槽天线的性能对比，并详细阐述波纹槽的作用。互耦效应是天线阵列设计中的关键点。本章研究两个渐变开槽天线在 H 面和 E 面共面排列和 90°垂直排列的互耦特性,后者在构建双极化或圆极化天线阵列中非常有用。

35.2 基片集成波导

多年前,研究人员提出并讨论了称为“基片集成电路”(SIC)的新一代高频集成电路(Wu,2001)。这一颠覆性的概念统一了在单层基片和/或多层平台上对各种平面和非平面电路进行混合集成和单片集成。基本上来说,任意非平面结构都可以用平面形式来实现,这是基片集成电路设计的基础。例如,在平面基片上进行综合设计中,基片集成镜像波导(SIIG)可以与基片集成波导(SIW)和基片集成非辐射介质波导(SINRD)在同一基片上采用混合方式进行集成。它们中的每一个都可以工作在不同的模式和/或不同的频率范围。这些波导同样可以与标准波导、微带、共面波导(CPW)或者槽线进行结合,产生有吸引力的平面和非平面结构的混合集成方案。实际上,易于实现的低成本混合设计策略对于开发高密度毫米波集成芯片(IC)和系统是非常重要的因素,如图 35.1 所示。研究人员已经对毫米波频段的相关技术进行了深入研究。由于传输线技术在射频硬件开发中起着重要作用,因此为毫米波系统开发和应用选择合适的波导或传输线结构具有决定性意义。传输线方案的选择应该考虑以低成本实现高密度集成和大批量制造。在微波和毫米波器件和系统中广泛使用了矩形波导,其具有低插损、高品质因数(Q 值)和大功率容量等显著特性。但是,矩形波导也存在尺寸大、制造精度要求高和非平面结构等缺点。因此,不可能使用这种技术进行微波和毫米波集成电路的设计和开发。得益于低剖面、易于制造和低成本的特点,微带类电路包括共面波导和带状线,是当前进行微波和毫米波电路集成中的主要选择。不幸的是,这种印制电路会产生明显的损耗和封装问题。实际上,微带类电路的性能主要受限于带状线中电磁场或电流的奇异性等物理特性(Zhu and Wu,2002)。

基片集成波导结构与传统金属波导具有同样的优点,也就是高 Q 值(低损耗)、大功率容量和电磁自屏蔽。SIW 技术最显著的优点是其具有与同一基片上的器件进行完全集成的能力。这些器件包括无源器件、有源单元甚至天线,如 Wu 等(2003,2012)、Deslandes 和 Wu(2006)、Bozzi 等(2011)所述。由于 SIW

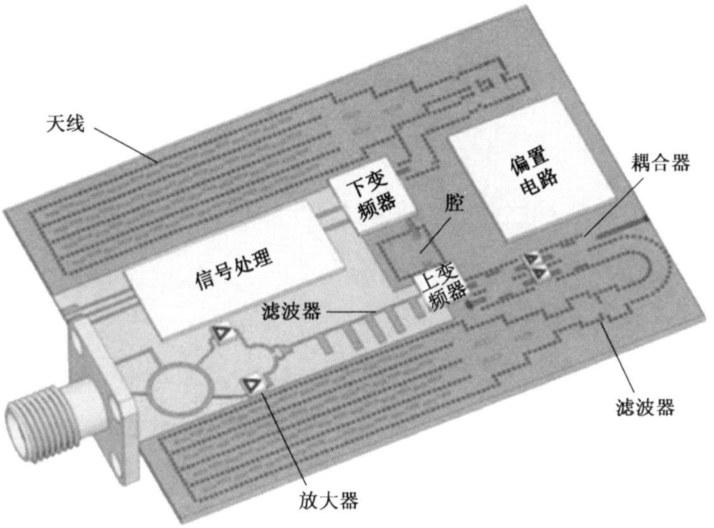

图 35.1 一种有潜力的 SIW 平台(基片集成波导天线、耦合器、腔体、滤波器全部与有源和数字信号处理(DSP)电路在同一个基片或者母版上集成)

技术可以解决一系列令人头疼的问题,使其在业界非常受欢迎(Vye,2011)。在高频段一个显著的问题是出现表面波,这通常会导致天线效率降低。SIW 可以有效地控制这一现象。由于 SIW 部件的各个面都是导体,其表现出超低(可以完全忽略)辐射/泄漏损耗、对外界干扰不敏感等优点。SIW 技术经历了超过 10 年的快速发展。这一发展历经了在微波和毫米波频段对新型无源和有源电路、天线和系统的验证和应用,频率覆盖了从亚吉赫兹到亚太赫兹的范围。此外,SIW 技术还可以与其他基片集成电路(SIC)平台结合,从而创造出多规格和多功能的设备和系统。

35.2.1 SIW 技术和设计基础

基片集成波导也称为过孔壁波导或叠层波导(Uchimura et al.,1998),是一种平面集成形式的类矩形波导结构,可以通过采用嵌入介质基片的两行导体圆柱、过孔或槽进行综合设计和制造。介质基片与两个平行金属板构成如图 35.2 所示的“三明治”结构。

基片集成波导的工作频率范围是由准 TE10 波单模传输限定的。由于基片集成波导的基片厚度或波导高度小于其宽度,因此其截止频率只与综合出的波

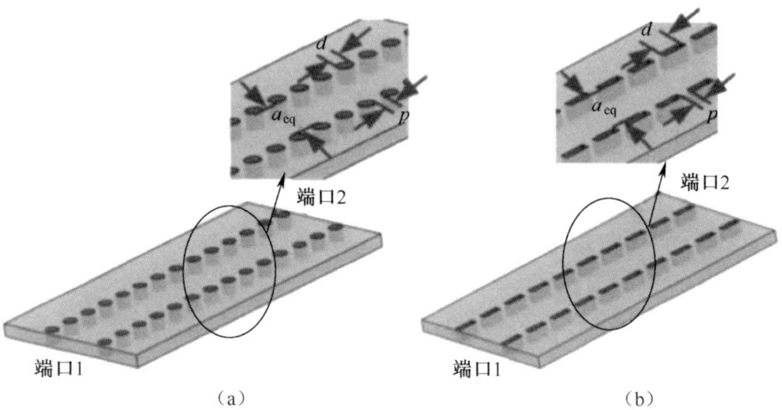

图 35.2　典型单层基片集成波导拓扑(使用一系列金属化过孔和槽来实现等效的金属篱笆或金属壁)(彩图见书末)

(a)圆柱过孔阵列;(b)长沟槽。

导等效宽度 a_{eq} 相关(等效宽度将会在后文中讨论)。

1. 过孔配置

基片集成波导通过两列平行的圆形金属化过孔阵列来实现电壁。沿着综合出的用来实现金属化壁的过孔或槽流动的电流存在不连续性,这阻止了 TM 模的传播。此外,基片集成波导较大的宽高比支持 TE_{m0} 模的传输。由于这些技术可以采用任意形状的过孔,因此不必强制要求过孔是圆的。可以发现矩形沟槽具有低泄漏的优点,可以更好地定义基片集成波导的侧壁。这对一些滤波器中的膜片和耦合窗结构设计来说非常重要。圆角增加了总的机械稳定性,可以更好地实现金属化。当使用激光微机械加工工艺时,由于激光束的尺寸有限,这一问题在加工过程中常常无法避免。图 35.2 给出了工作在第一和第二阻带间的基片集成波导两种不同的沟槽配置:圆柱过孔阵列形式和长槽形式。值得注意的是,SIW 作为一种周期结构,也会遇到所有的周期波导中都存在的带隙(阻带)效应等导波现象。这些由分布式布拉格反射引起的阻带会发生在周期间距 p 等于波导半波长整数倍所对应的频率附近(Patrovsky et al.,2007)。

2. 基片集成波导传输模式

基片集成波导的三维视图如图 35.2 所示。印制电路板的地平面形成了基片集成波导的宽边壁,金属化过孔线阵用来形成窄边壁。由于只有垂直方向的电流可以沿着过孔壁流动,这种结构可以支持只有电场矢量垂直分量的模式场传输。具有电场矢量水平分量的模式场在过孔壁上会产生水平分量电流，这些电流将会产生辐射。因此，基片集成波导对于矩形波导主模式场是一种理想的结构。波导的厚度 h 对于传播常数没有影响，为设计者在选择 SIW 基片时提供了一定的自由度。

TE_{m0}模的截止频率为

$$f_{c_{m0}} = \frac{m}{2\,a_{\mathrm{eq}}\sqrt{\mu\varepsilon}} \tag{35.1}$$

相应的导波波长为

$$\lambda_g = \frac{\lambda_0}{\sqrt{\varepsilon_r\left(1 - \left(\frac{f_c}{f}\right)^2\right)}} \tag{35.2}$$

式(35.2)给出了基片集成波导中电磁场传播的一个良好近似。上述公式含有两个重要参数：ε 为波导中的介电常数，a 为金属波导的宽度，在基片集成波导情况下未在此处定义。

基片集成波导连接器和电路的建模与设计可以使用通用商业软件或专用的数值代码等全波分析工具完成。在基片集成波导结构设计中最通用的分析方法主要有时域有限差分法(FDTD)或者频域有限差分法(FDFD)(Xu et al.,2013)、边界积分—谐振模展开法(BI-RME)(Cassivi et al.,2002)、传输线方法(MoL)(Yan et al.,2005)和横向谐振法(Deslandes et al.,2006)。

使用这些不同的数值方法，可以得到主模的波数 k 或复传播常数 γ 等传输参数。

基片集成波导 TE_{10}模的传播常数可以使用 HFSS 或 CST 等仿真软件或通过测试结果得到。为了描述基片集成波导传输线的传播和衰减常数，使用 HFSS 软件进行了仿真。在计算中使用的基片介电常数和高度分别为 2.94mm 和 0.762mm。根据图 35.2 所示，线的宽度为 3.75mm，$p = 0.4\mathrm{mm}$，$d = 0.4\mathrm{mm}$。

通过仿真长度 l_2 和 l_1 的基片集成波导传输线的 S 参数，相位常数 β 和衰减常数 α 可以通过下式计算得到：

$$\beta = \frac{|\angle(S_{21,l_2}) - \angle(S_{21,l_1})|}{\Delta l} \tag{35.3}$$

$$\alpha = -\frac{\ln|S_{21,l_1}/S_{21,l_2}|}{\Delta l} \tag{35.4}$$

$$\gamma = \alpha + \mathrm{i}\beta \tag{35.5}$$

图35.3给出了第一和第二个模式的相位常数。与标准矩形波导相同,第二个模式的截止频率是第一个模式的2倍。相应的电场和磁场分布如图35.4所示。

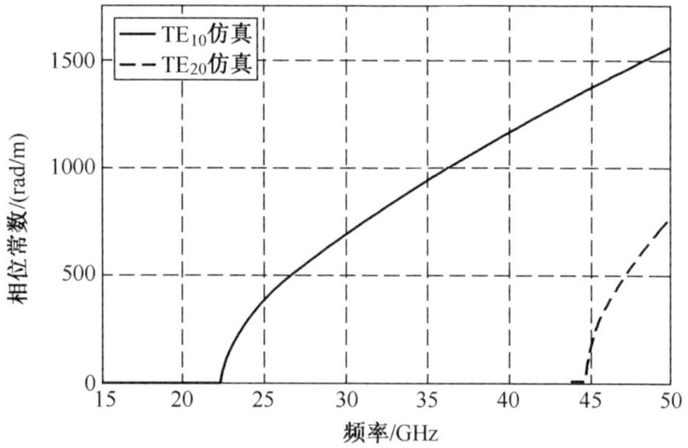

图35.3　使用全波仿真软件得到的TE_{10}模和TE_{20}模的相位常数

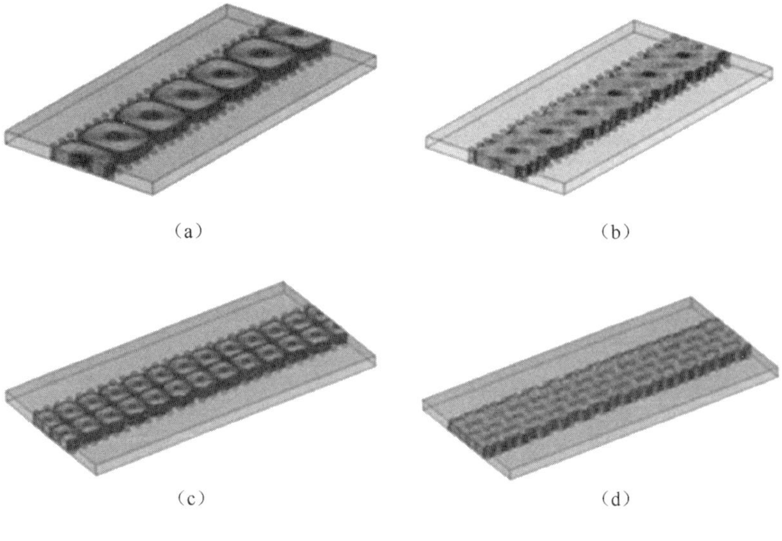

(a)　(b)　(c)　(d)

图35.4　电场分布和磁场分布(彩图见书末)

(a)第一个模式的电场分布;(b)第一个模式的磁场分布;(c)第二个模式的电场分布;(d)第二个模式的磁场分布。

3. 等效宽度

基片集成波导可以通过等效宽度 a_{eq} 用传统的矩形波导(RW)理论来模拟。该参数可以通过使介质填充矩形波导的 TE_{10} 模与相应的基片集成波导结构具有相同的截止频率计算得到,这就决定了 TE_{10} 模的传播特性。通过设置过孔的物理参数 d 和 p,同时使得辐射(或泄漏)损耗和回波损耗最小化(Deslandes et al.,2003)。等效矩形波导宽度可以根据图 35.2 所示的几何参数近似得到:

$$a_{eq} = a_{SIW} - \frac{d^2}{0.95p} \tag{35.6}$$

第一个模式的截止频率为

$$f_c(TE_{10}) = \frac{c}{2\sqrt{\varepsilon_r}}\left(a_{SIW} - \frac{d^2}{0.95p}\right)^{-1} \tag{35.7}$$

第二个模式的截止频率为

$$f_c(TE_{20}) = \frac{c}{\sqrt{\varepsilon_r}}\left(a_{SIW} - \frac{d^2}{1.1p} - \frac{d^3}{6.6p^2}\right)^{-1} \tag{35.8}$$

4. 损耗考虑

传输中的能量可能会通过电介质损耗、导体损耗和辐射损耗等不同的物理机制损失或者耗散。由于基片集成波导内部填充的是电介质材料,通过对电介质材料和导体质量的合理选择可以减少前两种原因引起的损耗(Bozzi et al.,2014)。

电介质损耗引起的衰减与介质基片的损耗正切相关:

$$\alpha_d = \frac{k^2\tan\delta}{2\beta} \tag{35.9}$$

导体损耗引起的衰减为

$$\alpha_c = \frac{R_s}{a^3 b\beta k\eta}(2b\pi^2 + a^3k^2) \tag{35.10}$$

式中:R_s 为表面电阻,且有

$$R_s = \sqrt{\frac{\omega\mu_0}{2\sigma}} \tag{35.11}$$

辐射泄漏是由金属化过孔和槽之间的缝隙引起的。辐射或泄漏会有两个影响,分别为信号损失和非期望的干扰。

$$\alpha_R = \frac{\frac{1}{a_{\mathrm{SIW}}}\left(\frac{d}{a_{\mathrm{SIW}}}\right)^{2.84}\left(\frac{p}{d}-1\right)^{6.28}}{4.85\sqrt{\left(\frac{2a_{\mathrm{SIW}}}{\lambda_g}\right)^2-1}}(\mathrm{dB/m}) \tag{35.12}$$

为了确保综合设计出的波导部分无辐射或无泄漏损耗,Deslandes 等(2003)对参数 p 和 d 的影响进行了研究。为了简化分析,未考虑介质和导体损耗,此时损耗只是由辐射引起。研究结果表明,为了最小化反射损耗和泄漏损耗,过孔的直径应该满足几何限制:

$$d < \frac{\lambda_g}{5} \tag{35.13}$$

$$p \leqslant 2d \tag{35.14}$$

在毫米波和亚毫米波频段,平面电路通常会遇到在弯头和不连续处产生的辐射问题。Djerafi 等(2012a)分析了 77GHz 频段基片集成波导和微带 90°弯头的损耗。微带弯头的主要损耗是由辐射引起的,而基片集成波导弯头的辐射损耗不明显。

使用式(35.5)和用来评估衰减常数的公式(35.4),衰减随频率的变化曲线如图 35.5 所示。三条曲线分别为辐射损耗、介质损耗加导体损耗以及总损耗,从图中可以看到主要损耗为介质损耗。衰减常数特别是辐射损耗,会随频率的

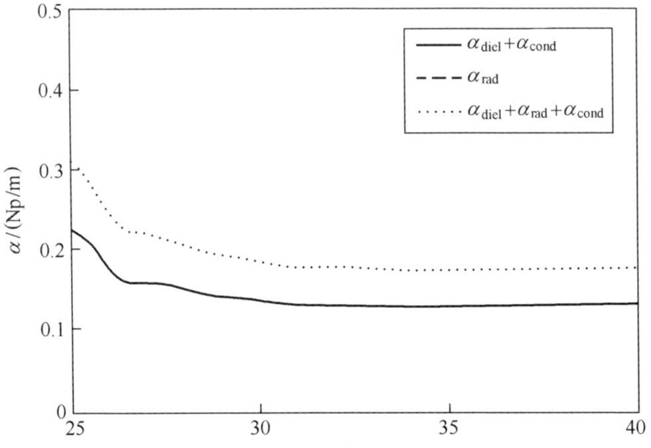

图 35.5　基片集成波导结构衰减常数随频率的变化

升高而减小。

35.2.2　基片集成波导的主要参数

1. 基片材料

低损耗的材料是开发高性能集成电路和系统的基础。当频率上升到毫米波频率及以上时,这个问题在功率分配中变得更为重要,主要是由于在这些频段进行功率放大是很困难的。在更完善、更精确的设计中,可能需要考虑热效应、介质不均匀性和金属表面粗糙度的影响,这在天线开发中尤为重要。基片集成波导理论上可以使用任意可用基片来设计。常用的是 Rogers RT/Duroid ® 5880 玻璃纤维增强聚四氟乙烯(PTFE)复合材料和 RT/Duroid ® 6002,这些材料可以使用传统的 PCB 工艺结合激光和机械加工来实现所需的形状。这些易于加工的材料可通过机械打孔的方式实现过孔。相对来说,陶瓷材料必须使用激光打孔和其他特殊技术来处理,这些材料具有极佳的尺寸稳定性。当然,在设计中选择材料时也必须考虑其具有好的热稳定性。以上这些选择不只影响性能而且决定了功率容量(Cheng,et al.,2008)。

2. 基片集成波导传输线配置

基片集成波导结构可以排列形成不同配置,根据应用对于空间、可集成性、任务和性能等的要求,可以从中选择最合适的一种。表 35.1 列出了不同空间排列的基片集成波导传输线。表 35.1 中所示 H 面到 E 面互联方式对于设计多极化天线馈电网络非常有用。为了实现这个折角,将一个垂直传输线插入到一个

表 35.1　不同空间排列的基片集成波导传输线配置

类型	H 面 SIW 传输线	两个面 SIW 传输线	C 形 SIW 传输线	L 形 SIW 传输线
结构	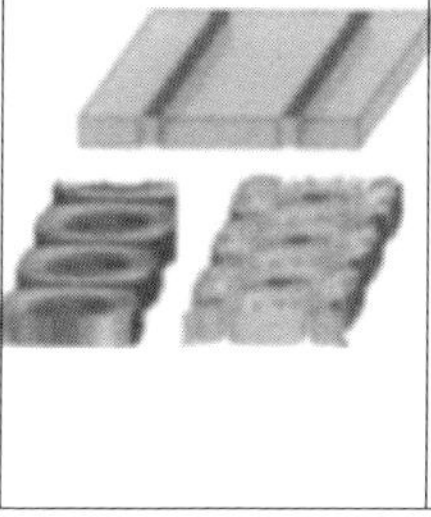	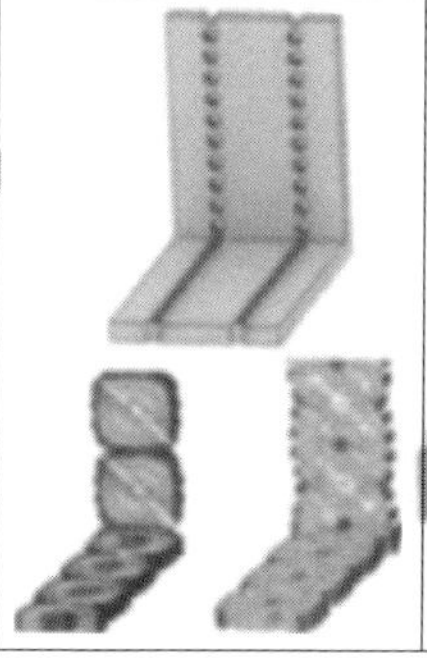	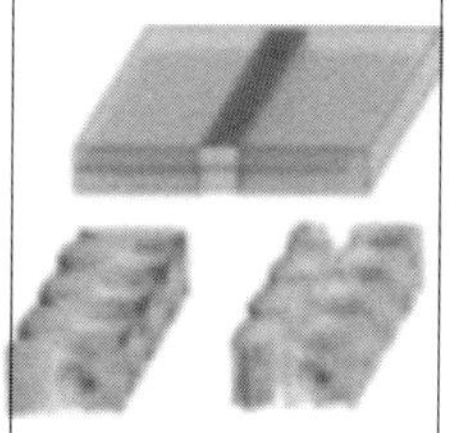	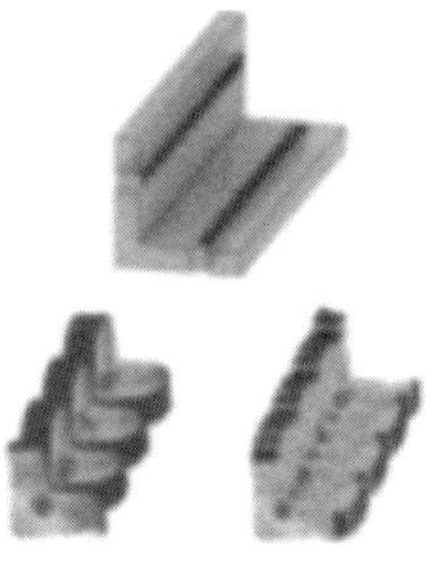

(续)

类型	H 面 SIW 传输线	两个面 SIW 传输线	C 形 SIW 传输线	L 形 SIW 传输线
电路模型		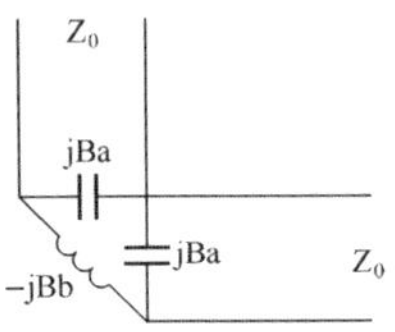	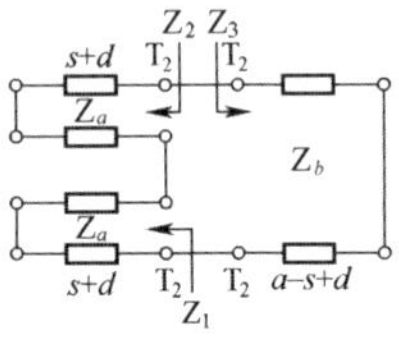	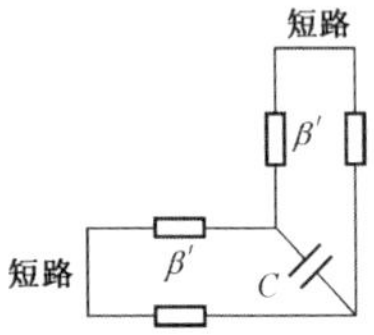

水平传输线中。构成折角的垂直和水平层可以使用传统 PCB 工艺来制造,然后通过手工方式将垂直层连接到水平层(Djerafi et al.,2012a)。

对比其他形式的平面传输线,基片集成波导较大的形状系数使得它在与其他传统集成电路连接时存在瓶颈。因而基片集成波导的小型化技术在一些设计中成为至关重要的因素(Ding et al.,2008;Djerafi et al.,2012b)。研究人员提出了多种具有不同横向形状的折叠波导,包括 C 形、T 形、L 形。2005 年,研究人员通过在多层基片上实现基片集成波导,首次提出了一种两层 T 形结构以实现基片集成波导的小型化(Grigoropoulos et al.,2004)。随后又用类似的技术实现了如表 35.1 所示的 C 形折叠方式(Grigoropoulos et al.,2005)。2013 年,提出了一种 L-F 基片集成波导(L-FSIW),实现了耦合器的串联(Doghri et al.,2013)。L-FSIW的横截面等效于加载并联电容的二维传输线,其中并联电容用来模拟弯头区域的效应。

对于 C 形基片集成波导传输线,传播常数可以通过求解下式得到:

$$\tan(s+d)k_x+\tan(a-s-d)k_x=0 \tag{35.15}$$

对于 L 形基片集成波导传输线,有

$$\beta_{10}^{\mathrm{f}}=\sqrt{\left(2\pi f\sqrt{\mu\varepsilon}\right)^2-\beta'^2} \tag{35.16}$$

式中

$$\beta'_{10}=\frac{2}{a'}\operatorname{arccot}\left[8a't f^2\mu\varepsilon\ln\left(\frac{2\times\left(1-\frac{\sqrt{2}t}{a'}\right)}{\sqrt{2}\,C_f}\right)\right] \tag{35.17}$$

图 35.6 对两种类型折叠波导以及传统无折叠的基片集成波导主模的色散特性进行了对比(Ding et al.),三种传输线的基片填充相同。从图中可以明显的

观察到 L 形和 C 形基片集成波导传输线的截止频率低于传统的基片集成波导传输线，频率的偏移是由于增加了弯头效应。

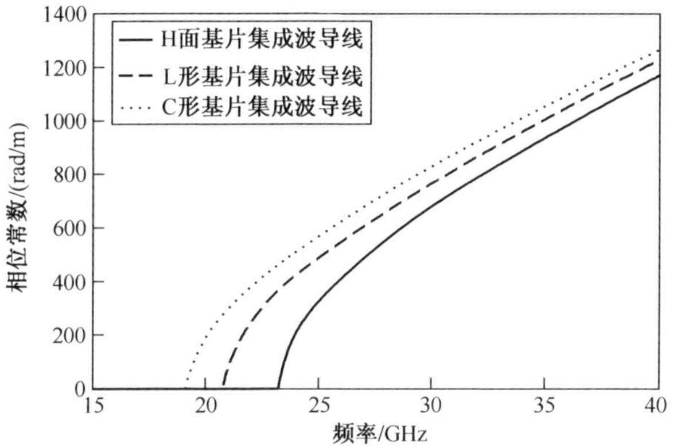

图 35.6　不同基片集成波导传输线的色散特性

3. 特性阻抗

当基片集成波导连接到其他平面和非平面结构时，阻抗是一个重要的特性。在矩形波导中的一种阻抗定义是波阻抗，然而这一阻抗没有考虑到传输线的几何结构。另一种在阻抗匹配网络设计中更常采用的阻抗定义是特性阻抗。支持横电磁波传播（TEM）的传输线，其特性阻抗可以用下述三种方式之一来定义（D'Orazio，2004）：

$$Z_{\mathrm{PV}} = \frac{V V^*}{2 P_t} \tag{35.18}$$

$$Z_{\mathrm{PI}} = \frac{2 P_t}{I I^*} \tag{35.19}$$

$$Z_{\mathrm{VI}} = \frac{V}{I} \tag{35.20}$$

但是在矩形波导中，电压和电流的选择不是唯一的，使得上述三种定义无法得到同样的结果，上述哪种定义更合适取决于具体的问题。基片集成波导中三种特性阻抗的定义为

$$Z_{\mathrm{PV}} = \frac{2h}{a_{\mathrm{eq}}} Z_{\mathrm{TE}} \tag{35.21}$$

$$Z_{\mathrm{PI}}=\frac{\pi^2 h}{8a_{\mathrm{eq}}}Z_{\mathrm{TE}} \tag{35.22}$$

$$Z_{\mathrm{VI}}=\frac{\pi h}{2a_{\mathrm{eq}}}Z_{\mathrm{TE}} \tag{35.23}$$

式中：Z_{TE} 为 TE 模的波阻抗。

4. 基片集成波导过渡

当耦合高 Q 值波导器件到平面有源器件时，有必要研究从基片集成波导到微带或共面波导或从基片集成波导到空气填充矩形波导的过渡。此外，在对基片集成波导器件特性进行的试验测试中，这些过渡也是必要的。基片集成波导过渡需要具有宽带、低损耗、小电压驻波比(VSWR)等特性。

虽然过渡结构的设计是针对特定几何结构而言的，但是也必须重视一些基本的设计准则。一般来说，宽带过渡设计中需要特性阻抗相似(阻抗匹配)，且耦合结构中的场分布近似相同(场匹配)。因为在不连续处会激励起高次模，两个不相似结构间的过渡设计比较复杂。

不同的波导到基片集成波导的过渡在相关文献中进行了详细描述，其中大部分过渡都是基于波导到微带或波导到共面波导的(Cassivi et al.，2002；Deslandes，2010)。

1) 微带/共面波导到基片集成波导过渡

如图 35.7 所示的微带到基片集成波导的过渡基于 $\lambda/4$ 变换器原理。这一过渡的主要参数为基片集成波导的宽度 a_{eq}、微带渐变宽度 w 和渐变长度 l。a_{eq} 可以通过式(35.6)计算得到。对一个厚度 h、介电常数 ε_{r} 的基片，最优的渐变宽度可以通过下式得到(Deslandes，2010)：

$$\frac{1}{w_e}=\begin{cases}\dfrac{60}{\eta h}\ln\left(\dfrac{8h}{w}+\dfrac{0.25w}{h}\right), & \dfrac{w}{h}<1\\[2ex] \dfrac{120\pi}{\eta h\left[w/h+1.393+0.667\ln(w/h+1.444)\right]}, & \dfrac{w}{h}>1\end{cases} \tag{35.24}$$

$$\frac{1}{w_e}=\frac{4.38}{a_{\mathrm{eq}}}\mathrm{e}^{\frac{-0.627\varepsilon_{\mathrm{r}}}{\frac{\varepsilon_r+1}{2}+\frac{\varepsilon_r-1}{2}\frac{1}{\sqrt{1+12h/w}}}} \tag{35.25}$$

对于给定的基片 (h 和 ε_r) 和基片集成波导宽度 (a_{eq})，令式(35.24)和式(35.25)相等，进而可求出最优渐变宽度。

通过对渐变长度 l 的优化可以使得在全带宽内回波损耗最小，这一长度可以通过文献(Lu,1997)中的一些解析公式计算得到。

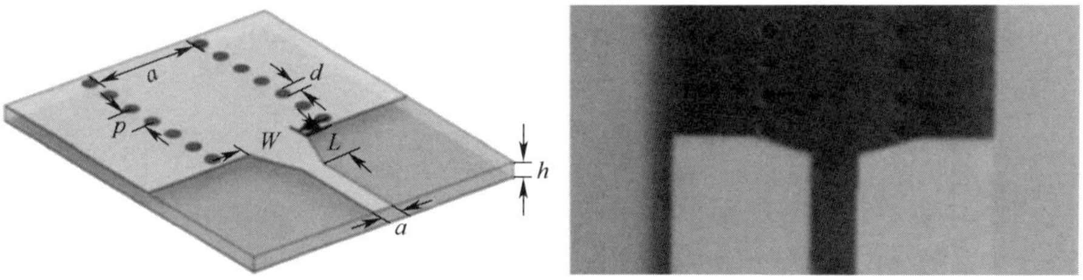

(a)　　　　　　　　(b)

图 35.7　微带到基片集成波导过渡

(a)形式;(b)加工样机。

Patrovsky 等(2007)提出了一种通过电场耦合实现接地共面波导到基片集成波导的过渡结构。耦合槽开在基片集成波导的上表面,放置在基片集成波导的短路终端附近。耦合槽特性类似磁偶极子天线,在耦合槽中心附近电场较强,在耦合槽的边缘处较弱。在图 35.8 中,基片集成波导的侧壁沿着三角形耦合槽的方向渐变(Li et al.,2009)。采用这种方式,耦合槽中电场方向会一直垂直于基片集成波导侧壁,从而实现更平滑的过渡。渐变的耦合槽同时起到了阻抗变换器的作用。它可以像微带过渡一样,将任意基片集成波导线阻抗精确地变换为接地的共面波导端口阻抗。

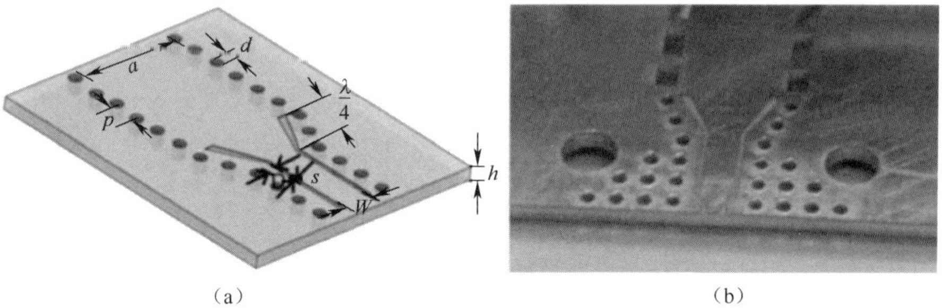

(a)　　　　　　　　(b)

图 35.8　接地共面波导到基片集成波导过渡

(a)形式;(b)加工样机。

为了确保共面波导单模工作,必须满足下述条件:

$$W + 2S + 2D < \frac{c}{2f_{\max}\sqrt{\varepsilon_r}} \tag{35.26}$$

式中:W、S和D在文献Deslandes和Wu(2003)中进行了定义;f_{max}为最高工作频率。最佳的渐变长度为$\lambda/4$,这可以实现更大的带宽。

2) 矩形波导到基片集成波导过渡

Xia等(2006)使用径向探针从基片集成波导伸入到高度渐变的波导中,在33GHz实现了约2.5dB的损耗。为了设计到矩形波导的过渡,Moldovan等(2006)使用了两节阶梯变换器和平面六面体氧化铝探针来改善散射参数,在W频段测试出的损耗大于3dB。Li等(2009)采用在基片集成波导宽边壁上蚀刻纵向槽耦合窗的方式,实现基片集成波导和矩形波导间的能量耦合。这一过渡结构在35GHz频段实现反射损耗小于15dB、带宽超过800MHz,测试损耗为2.5dB,仿真损耗大于1dB。Li等(2010)还提出了一种新型过渡结构,采用鳍线探针插入WR-28波导,插入损耗为1.4dB。为了测试这一过渡结构,两部分波导将基片夹在中间,这通常会增加金属波导的宽度。Djerafi等(2012c)采用基于对跖线性渐变槽线天线(ALTSA)实现WR-28波导到基片集成波导过渡,如图35.9所示。在设计中的一个限制是对波导不做任何修改的情况下实现过渡结构。加工了一个背靠背的过渡结构,测试结果证实了这一过渡结构的性能。Djerafi等(2013)还设计和加工了一个从WR-10波导到基片集成波导的过渡结构,过渡结构由铝块铣出的多节阶梯阻抗变换器组成,如图35.10所示,需要优化的参数有高宽比和阶梯的长度。

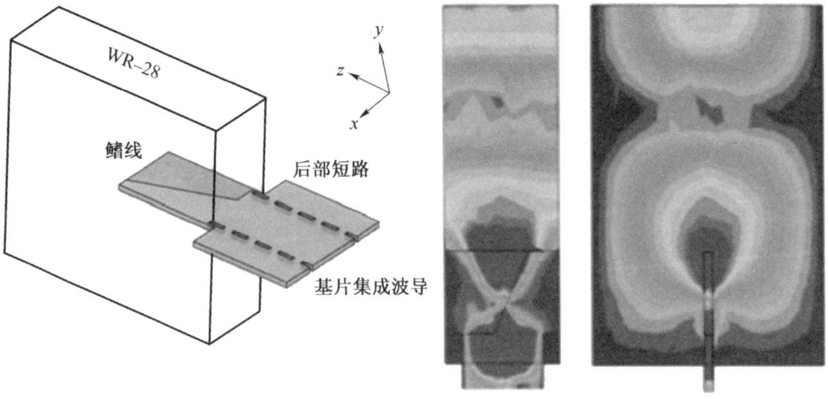

图35.9 采用鳍线的金属波导到基片集成波导过渡(彩图见书末)

(a)形式;(b)使用HFSS仿真得到的过渡结构在34GHz的xz平面和yz平面电场幅度分布。

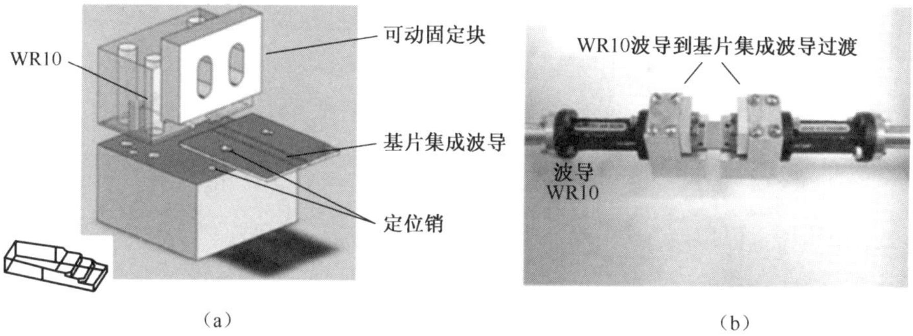

图 35.10 采用阶梯阻抗变换的 WR-10 波导到基片集成波导传输线过渡
(a)形式;(b)背靠背过渡结构。

35.3 非谐振基片集成波导天线

基片集成电路及相应的天线技术都聚焦于基片系统(SoS)技术的发展。片上系统技术可以实现天线与电路完全无缝集成。基片集成波导可以实现各种单元和馈电网络的天线设计,详细内容可参见文献(Wu et al.2012)。其中更普遍采用的天线形式为缝隙(Wei et al.,2013)和背腔贴片。为了减小天线的尺寸,在设计缝隙阵列天线中采用了不同的方法(Ding et al.,2009,2010)。微带贴片等印制大线在微波频段可以完全实现设计要求。在毫米波频段,这一类天线无法提供足够的性能,这主要是由于带状线边缘极大的电流密度(奇异点)会引起非常高的导体损耗,这一问题在谐振结构中更为明显。谐振单元的缺点还包括其一般为窄带结构,通常只有百分之几的带宽。同样,微带天线的辐射效率要低于其他类型的天线,效率通常小于 70%。

工作在行波状态的天线可以实现所需的带宽和效率。行波天线是一类使用导行结构上的行波作为主要辐射机理的天线形式。另外,通过仔细设计非对称几何结构、开口或缝隙,封闭的波导结构也可以产生漏波。因此,可以为毫米波应用开发渐变缝隙天线(TSA)、印制八木—宇田天线或对数周期偶极子天线、介质棒天线、长槽漏波天线等漏波或表面波天线。基片集成波导可以实现包括各种单元和馈电网络的不同天线设计,详细内容可参见文献(Wu et al.,2012)。近

10年来研究人员对各种采用基片集成波导技术实现的非谐振天线进行了研究，下面对其进行描述。

35.3.1 喇叭天线

喇叭天线具有高增益、相对带宽大、加工容易等优点。矩形喇叭有三种基本形式,矩形喇叭可以与矩形波导馈电结构完美配合。喇叭起到将电磁波从波导模过渡到自由空间模的作用。缝隙、开口波导、喇叭、反射面和透镜天线等口径天线的辐射场取决于天线口径上的场分布。经常使用波导口径天线理论来研究喇叭天线。由于从馈电结构中心到喇叭口径中心和喇叭边缘的路程不同,会导致存在相差。

当前喇叭天线通常应用于微波通信、反射面天线馈源和雷达辐射单元等很多领域。Li 和 Wu(2004)提出了一种集成 H 面喇叭天线。Wang 等(2010)提出在基片集成波导 H 面喇叭天线上加载介质从而在 E 面和 H 面产生窄波束。Wong 等(2008)使用基片集成波导技术实现了宽边喇叭天线。

1. E 面基片集成波导喇叭天线(波导过渡)

可以通过设计多节阶梯波导 $\lambda/4$ 阻抗变换器来实现合适的基片集成波导一波导过渡,变换器使用多次反射方案,过渡结构可以用来设计基片集成波导馈电的表面安装喇叭天线。过渡结构的波导端口逐渐向外张开,形成 E 面喇叭。

这一过渡结构由铝块铣出的多节阶梯阻抗变换器组成,如图 35.11 所示。需要优化的参数为高宽比和阶梯的长度,更多的设计细节可参见著作(Pozar, 2011)。

每一节 $\lambda/4$ 变换器的阻抗可以由下式确定:

$$Z_i = \frac{\pi^2 h_i \sqrt{\dfrac{\mu}{\varepsilon}}}{8a\sqrt{1-\left(\dfrac{\lambda_0}{2a}\right)^2}} \tag{35.27}$$

式中: h_i 为每一节阶梯的高度。输入阻抗由基片集成波导传输线确定。

由于大部分微波集成电路模块都需要金属外壳,过渡结构可以作为外壳的一部分进行安装。Li 和 Wu(2004)所研制的原理样机其 H 面半功率波束宽度为

15°,E 面半功率波束宽度为 27°,交叉极化优于 30dB。

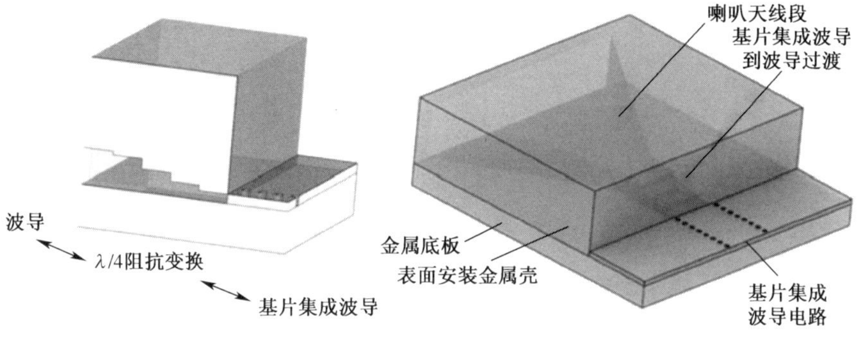

（a）　　　　　　（b）

图 35.11　基片集成波导—波导过渡结构以及表面安装的角锥喇叭天线

2. H 面基片集成波导喇叭天线

集成到基片中的喇叭天线是一个波导口径在 H 面逐渐向外张开成一个大的开口,并保持垂直方向尺寸不变。辐射场在 H 面聚焦,整体结构如图 35.12 所示。

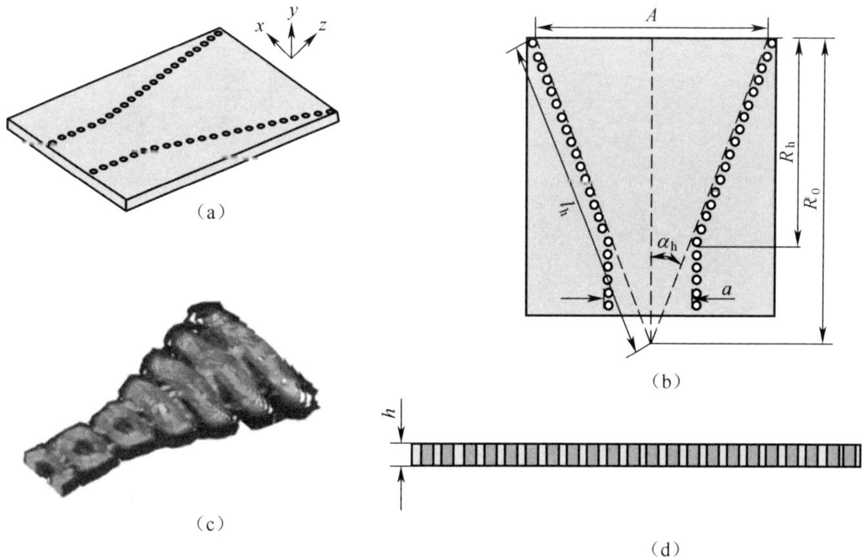

图 35.12　H 面基片集成波导喇叭几何结构,仿真出的 35GHz 电场分布,以及分析中所用的参数

$$l_h^2 = R_0 + \left(\frac{A}{2}\right)^2 \tag{35.28}$$

$$\alpha_h = \arctan\left(\frac{A}{2R_0}\right) \tag{35.29}$$

$$R_h = (A - a_{\mathrm{eq}})\sqrt{\left(\frac{l_{\mathrm{h}}}{A}\right) - \frac{1}{4}} \tag{35.30}$$

为了实现单模激励,基片集成波导传输线的宽度和高度必须满足:

$$\frac{\lambda_0}{2\sqrt{\varepsilon_r}} < a_{\mathrm{eq}} < \frac{\lambda_0}{\sqrt{\varepsilon_r}} \tag{35.31}$$

和

$$h < \frac{\lambda_0}{2\sqrt{\varepsilon_r}} \tag{35.32}$$

式中:λ_0 为自由空间波长。

基片集成波导喇叭设计准则与传统喇叭遵循同样的原理,对应的方向图可以通过下式计算得到:

$$F_{\mathrm{H}}(\theta,\varphi = 0^\circ) = \frac{1+\cos\theta}{2}\frac{I(\theta,\varphi = 0^\circ)}{I(\theta = 0^\circ,\varphi = 0^\circ)} \quad (\text{H 面方向图}) \tag{35.33}$$

$$F_{\mathrm{E}}(\theta,\varphi = 90^\circ) = \frac{1+\cos\theta}{2}\frac{\sin\left[\left(\frac{\beta b}{2}\right)\sin\theta\sin\varphi\right]}{\left(\frac{\beta b}{2}\right)\sin\theta\sin\varphi} \quad (\text{E 面方向图}) \tag{35.34}$$

式中

$$I(\theta,\varphi) = \mathrm{e}^{\mathrm{j}\left(\frac{R_1}{2\beta}\right)\left(\beta\sin\theta\cos\varphi + \frac{\pi}{A}\right)^2}\left[C(S_2') - \mathrm{j}S(S_2') - C(S_1') - \mathrm{j}S(S_1')\right] + \mathrm{e}^{\mathrm{j}\left(\frac{R_1}{2\beta}\right)\left(\beta\sin\theta\cos\varphi - \frac{\pi}{A}\right)^2}\left[C(t_2') - \mathrm{j}S(t_2') - C(t_1') + \mathrm{j}S(t_1')\right] \tag{35.35}$$

$$S_1' = \sqrt{\frac{1}{\pi\beta R_1}}\left(-\frac{\beta A}{2} - R_1\beta\sin\theta\cos\varphi - \frac{\pi R_1}{A}\right) \tag{35.36}$$

$$S_2' = \sqrt{\frac{1}{\pi\beta R_1}\left(\frac{\beta A}{2} - R_1\beta\sin\theta\cos\varphi - \frac{\pi R_1}{A}\right)} \tag{35.37}$$

$$t_1' = \sqrt{\frac{1}{\pi\beta R_1}\left(-\frac{\beta A}{2} - R_1\beta\sin\theta\cos\varphi + \frac{\pi R_1}{A}\right)} \tag{35.38}$$

$$t_2' = \sqrt{\frac{1}{\pi\beta R_1}\left(\frac{\beta A}{2} - R_1\beta\sin\theta\cos\varphi + \frac{\pi R_1}{A}\right)} \tag{35.39}$$

$C(x)$ 和 $S(x)$ 为菲涅尔积分,定义如下:

$$C(x) = \int_0^x \cos\left(\frac{\pi}{2}\tau^2\right)\mathrm{d}\tau$$

$$S(x) = \int_0^x \sin\left(\frac{\pi}{2}\tau^2\right)\mathrm{d}\tau$$

方向性系数可以通过下式计算:

$$D = \frac{4\pi}{\lambda^2}\varepsilon_t\,\varepsilon_{\mathrm{ph}}^{\mathrm{H}}(Ah) \tag{35.40}$$

式中

$$\varepsilon_t = \frac{8}{\pi^2}$$

$$\varepsilon_{\mathrm{ph}}^{\mathrm{H}} = \frac{\pi^2}{64t}\left((C(p_1) - C(p_2))^2 + (S(p_1) - S(p_2))^2\right)$$

$$p_1 = 2\sqrt{t}\left(1 + \frac{1}{8t}\right)$$

$$p_2 = 2\sqrt{t}\left(-1 + \frac{1}{8t}\right)$$

$$t = \frac{1}{8}\left(\frac{A}{\lambda}\right)^2\frac{\lambda}{R_0}$$

图 35.13 给出了使用 HFSS 仿真得到的不同长度 R_0 和孔径 A 对应增益。仿真中所使用的基片介电常数为 2.94、厚度为 2mm ($a_{\mathrm{eq}}/2$)。

从图 35.13 中可以看到,对每一个长度都有一个对应的最优口径使得增益最大。图中结果还表明,通过增加长度,增益的提高越来越不明显。

对于相比传播波长非常薄的基片厚度来说,电磁波会被限制在基片中而不是辐射出去。随着基片集成波导喇叭和空气的失配增加,工作带宽会逐渐减小。

3. 匹配带宽和辐射的改善

一种提高喇叭天线性能的方法是在其辐射口径前插入透镜,通常可以在喇

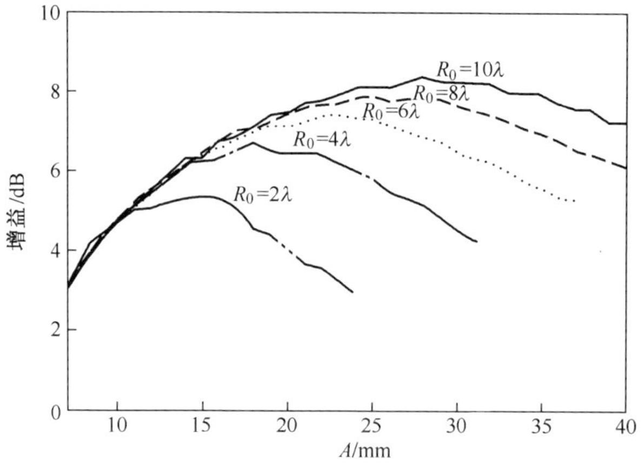

图 35.13　不同长度和口径的对应增益

叭天线的同一个基片上实现介质透镜。在透镜校正喇叭中,透镜起到了聚焦单元的作用,可以增加方向图的前后比并减小波前相位差。当基片变薄到小于 $\lambda_0/6$ 时,透镜的作用相对会比较小。相关文献中提出的各种不同天线拓扑如图 35.14所示,加工的样机如图 35.15 所示。

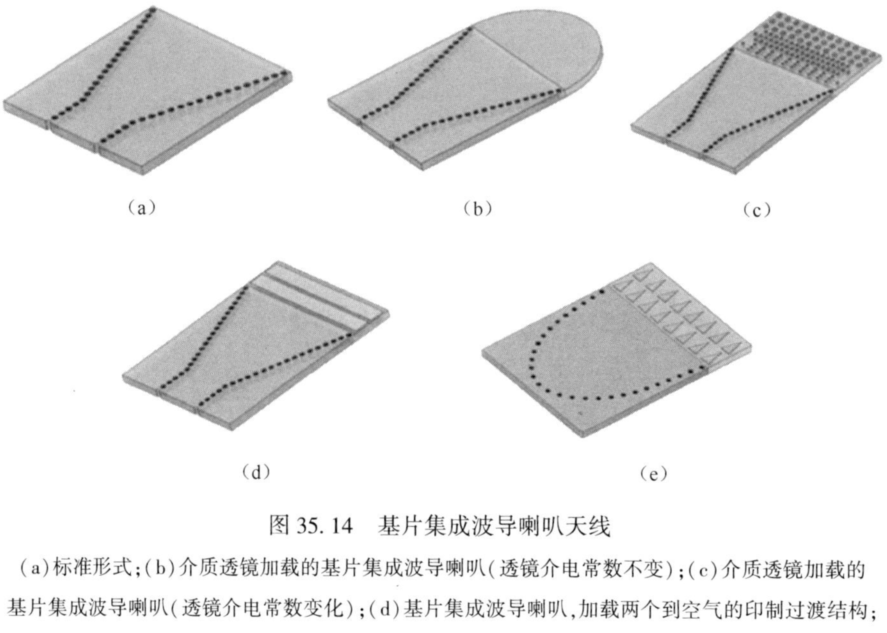

图 35.14　基片集成波导喇叭天线

(a)标准形式;(b)介质透镜加载的基片集成波导喇叭(透镜介电常数不变);(c)介质透镜加载的基片集成波导喇叭(透镜介电常数变化);(d)基片集成波导喇叭,加载两个到空气的印制过渡结构;(e)基片集成波导喇叭天线,加载三角形栅的过渡结构并具有超椭圆渐变结构。

基片集成波导 H 面扇形喇叭天线如图 35. 15(a)所示,使用基片集成波导技术在同一个单层基片上实现了矩形波导和扇形喇叭天线的集成(Wang et al.,2010)。设计中通过确定合适的长度(15mm)从而得到可接受的二次相位误差和口径上的单模场分布。仿真得到的天线增益和旁瓣电平分别为 6.73dBi 和-12.08dB;仿真的 E 面和 H 面波束宽度分别为 180°和 48°。最近一些文献中对改善平面喇叭天线阻抗匹配的成果进行了报道,提出了采用集成介质透镜(图 35. 14(b)、(c))或印制基片集成波导过渡(图 35. 14(d)、(e))的解决方案。

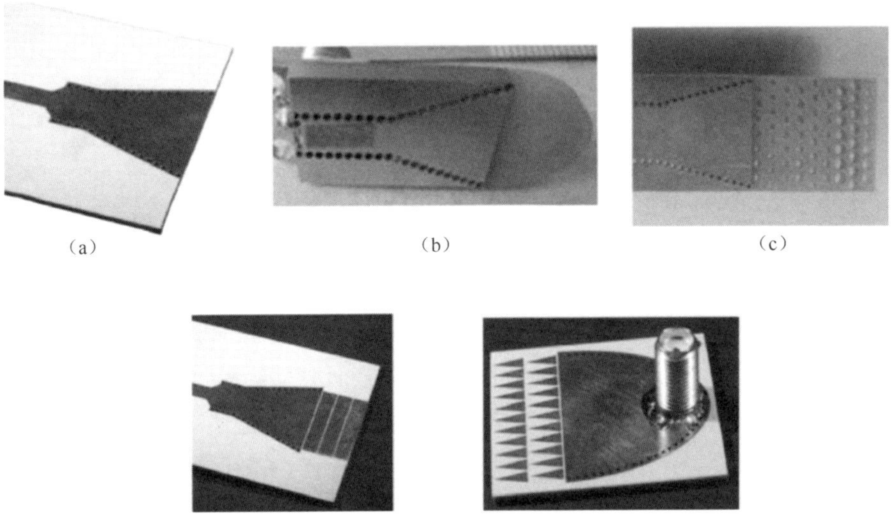

(a)　(b)　(c)　(d)　(e)

图 35. 15　根据图 35. 14 加工的喇叭天线样品

Wang 等(2010)提出在喇叭口径前放置厚介质片,在 H 面上表现为介质导波结构。对于最大增益喇叭,当 H 面无介质加载时,顺着 H 面的口径相位分布接近同相。当天线如图 35. 14 中所示加载了长 1.4mm 的椭圆介质片时,H 面介质加载充当了相位补偿器,可以补偿由长度缩短引起的二次相位误差。天线增益为 5.75dBi,后瓣电平为 11.78dB,E 面和 H 面波束宽度分别为 178°和 63°。介质加载可以采用不同的形状(椭圆、矩形、双曲线和抛物线)。Cao 等(2014)提出了一种采用改进介质透镜的平面基片集成波导喇叭天线,通过在基片上打孔,并调节孔径,可以实现不同的有效介电常数,从而设计出介电常数逐渐减小的介质片加载的基片集成波导喇叭天线。

Esquius-Morote 等(2013a)提出通过增加平行板遮挡来改善 H 面基片集成波导喇叭天线反射系数的方案,喇叭口径实际上的特性为无限地平面上的缝隙,其前后比(FTBR)接近 1,文中所提出的印制过渡结构不会明显改变传统基片集成波导喇叭的辐射特性。采用所提出过渡结构的基片集成波导喇叭其主要辐射单元为最后一个平行板波导的开口终端,因此辐射性能的差异主要是由过渡结构边缘的散射效应引起的。Esquius-Morote 等(2013b)还提出了对前述过渡结构的改进方案,从而改善了基片集成波导喇叭天线的辐射性能(图 35.14(d)和 35.15(d))。

Mallahzadeh 和 Esfandiarpour(2012)提出了一种渐变脊结构,其通过在多层基片上逐渐张开的壁上简单排列过孔实现,仿真实现了在 18~40GHz 整个频段电压驻波比(VSWR)小于 2.5。

35.3.2 漏波天线

漏波天线(LWA)是非谐振结构,由一系列在金属或介质波导上的微扰结构组成。微扰结构使得沿着波导产生能量的泄漏,从而产生辐射。漏波天线由于其行波非谐振性质表现出有趣的特性,人们对其研究已经超过 40 年。漏波天线具有内在的波束频扫特性。对于波束扫描应用来说,这是一个重要的优点。早期的大部分漏波天线是基于封闭矩形或非辐射介质(NRD)波导的。通过在这些结构中引入多种切口或孔洞,从而沿着波导的长度方向产生功率泄漏。近 20 年来,研究工作主要集中在毫米波频段,研究人员提出了新的漏波天线设计以克服高频段存在的技术问题。

漏波天线支持在导波结构中的快波传播,相位常数 β 小于自由空间的波数 k_0,因此漏波作为重要的电磁波辐射方式将会在电磁波沿导波结构传播中连续辐射或“泄漏”功率(以此命名这种天线)。漏波天线的工作原理与慢波或表面波类型天线有较大差别。慢波或表面波类型天线的辐射主要发生在天线的终端。

根据结构类型,漏波天线可以分为均匀的、周期的或准均匀周期的。均匀天线沿着导波结构的长度方向是相同的。周期结构沿着长度方向存在规则的微扰。这两种天线都是从对应的特定波导得出的,因此遵循同样的漏波形成规律。这两种类型天线可以在顶面(宽边壁)或侧面(窄边壁)来实现。一维漏波天线和二维漏波天线之间具有明显的差别。

1. 均匀漏波结构

1）长槽漏波天线

不同的基片集成波导均匀漏波结构如图 35.16 所示。通常快波（$b < k_0$）会在矩形金属波导和基片集成波导等封闭的导波结构中传输。物理上的切口会扰动沿着长度方向传播的导行波,在这种情况下完全满足漏波的形成条件,从而产生了漏波。波导宽边上的长槽需要根据特定的曲折外形进行精确加工,从而综合出所需的辐射特性。Cheng 等(2011)给出了一种基片集成波导长槽漏波天线的设计流程。

使用介电常数为 ε_r 的基片,波束指向随工作频率变化可以用下式定义:

$$\theta = \arcsin \frac{\lambda_0}{\lambda_g} = \arcsin \sqrt{\varepsilon_r - \left(\frac{c}{2\, a_{\mathrm{eq}} f}\right)^2} \tag{35.41}$$

其中基片集成波导等效宽度 a_{eq} 的选择需要确保单模工作。

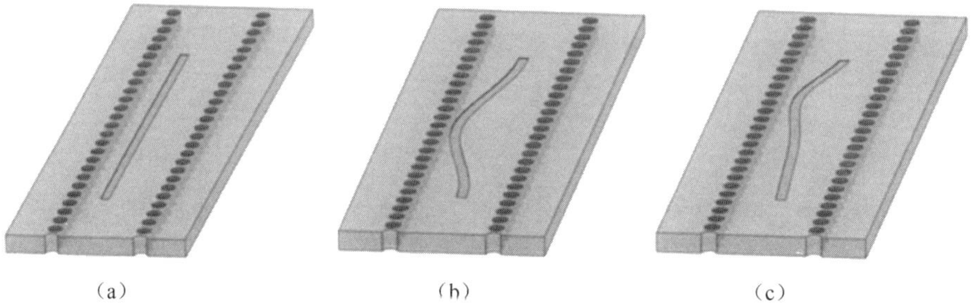

图 35.16　漏波长槽天线

(a)直的纵向槽;(b)正弦平方曲折形式;(c)泰勒功率分布曲折形式。

如图 35.17 所示,当天线工作频率在 35GHz 附近变化 4GHz 时,标准空气填充波导均匀漏波天线的波束扫描范围约为 12°。当使用介电常数为 3 的基片集成波导传输线时,波束指向角范围在同样的频率带宽内会增加。基片集成波导的扫描角是空气波导的 3 倍。Cao 等(2014)提出使用改进的复合左右手传输线结构(CRLH TL)来改善平面波束扫描基片集成波导(SIW)长槽漏波天线(LWA)的波束扫描范围和增益平坦度。

假设漏波天线终端接有负载,吸收了入射功率的一小部分 R 。通常考虑长

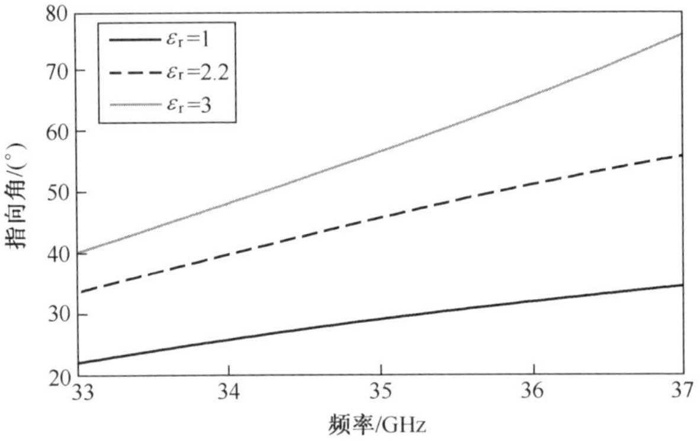

图 35.17 不同介电常数对均匀槽扫描范围影响

度 $L = 20\lambda$,以确保效率达到95%($R = 0.05$),槽的宽度应该在 $0.08\lambda_g$ 左右。

除了长度方向上的直缝之外,还有不同的曲线外形。Whetten 和 Balanis (1991)给出的正弦平方曲线槽外形如图 35.16(b)所示,其表达式为

$$x = \left[0.5 + 0.2\sin^2\left(\frac{\pi}{L}z\right)\right]a \tag{35.42}$$

槽的起点位于波导中心($x = 0.5a, z = 0$),槽的终点再次回到波导中心。不同的外形与辐射功率的分布有关,曲折外形可以提供必要的口径场锥削以实现较好的天线辐射远场幅度分布特性。由于波导中的功率沿着开槽连续发生损失,理想的曲折形式必须同时考虑沿着槽在给定点辐射的总功率和波导中的总剩余功率。因此,当开槽的主要棱边(距离馈电点最近)位于波导的中心线附近,开槽仍然能辐射足够的功率。在波导中,功率电平沿着开槽方向逐渐降低,开槽必须更靠近侧壁以辐射所需的功率电平。精确的曲线外形通常难于确定。从所需的幅度分布(如图 35.16(c)所示的泰勒、切比雪夫、正弦分布等)出发,每单位长度 α 所辐射的功率可以定义为

$$\alpha(z) = \frac{\frac{1}{2}|A(z)|^2}{\frac{1}{1-R}\int_0^L A(\zeta)^2 \mathrm{d}\zeta - \int_0^z A(\zeta)^2 \mathrm{d}\zeta} \tag{35.43}$$

然后可以确定偏置 x 和每单位长度 α 辐射功率间的关系。前述大部分工作通过

对开槽中的场分布进行数值分析,确定了长槽漏波天线的辐射特性。Cheng 等(2011)根据不同的偏置,使用 HFSS 仿真确定了每单位长度的辐射功率和每单位长度的归一化传播相位。Scharp(1982)给出了下述关系式:

$$x(z) = \frac{a}{\pi}\arcsin\sqrt{\frac{h}{2d}\frac{\lambda_c^3}{\lambda\ \lambda_g L}\frac{\alpha\left(\frac{z}{L}\right)}{1-\int_0^{\frac{z}{L}}\alpha(y)\,\mathrm{d}y}} \tag{35.44}$$

式中 d 为槽的宽度, h 为基片的厚度。入射波为距离 z 和长度 L 比值的函数。

图 35.18 分别给出了仿真得到的正弦外形和泰勒分布的漏波天线辐射方向图。这两个设计中所用介质的介电常数为 2.2、厚度为 0.5mm、长度为 115mm ($20\lambda_g$,在 35GHz 时)。泰勒分布天线具有更高的增益,更窄的 3dB 波束宽度和更好的旁瓣电平。但是正弦外形开槽设计非常简单,其性能一般来说仍然可以接受。

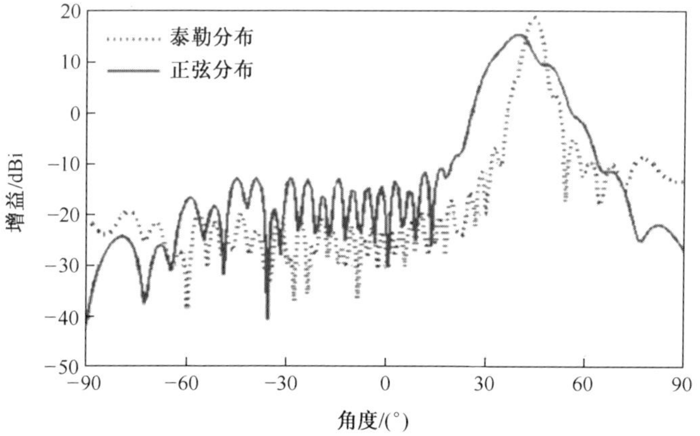

图 35.18　漏波天线的仿真方向图

2)侧面开槽漏波天线

当使用半模形式的基片集成波导设计漏波结构时,具有一些其他优点。当只有 TE_{10} 模在基片集成波导中传输时,电场的最大值位于沿着传播方向的垂直中心面处。这一中心平面可以等效为磁壁。因此通过将基片集成波导分为相等的两部分,很容易实现半模基片集成波导(HMSIW),半模基片集成波导由 Hong 等在 2006 年提出。在基片集成波导结构中,沿中心面分为两个半波导时,宽度

a 和高度 b 之比通常非常大,产生的上、下两个面之间的开口非常接近一个磁壁,主模就像完整的基片集成波导主模 TE_{10} 模的一半。在靠近开口区域,场会向外散射一点以满足其边界条件。另外,半模基片集成波导也可以看作微带线的一半,其在中间终止于一个短路面。可以证明微带线的第一个高次模是一个有效的漏波线源。一般会在微带线的中间平面插入一个电壁以抑制主模(准TEM模)。有趣的是,由其第一个高次模激励的半个微带线的工作机理与半模基片集成波导完全相同。由于漏波模是半模漏波天线的基础模式,激励比较简单,不需要复杂的馈电结构。Xu 等(2008)提出了基于半模基片集成波导技术的漏波天线,该天线有许多吸引人的优点,包括小型化、加工简单、低成本、低损耗、宽带、可与平面电路直接集成。

漏波天线拓扑如图35.19所示。为了改善回波损耗,在半模基片集成波导部分采用了从宽度 W_2 到 W_1 的渐变过渡。L 为天线的长度,b 为基片的厚度,基片的介电常数为2.2,W_2 为金属过孔和漏波开口间的宽度(从天线角度看称为开口深度),W_0 为金属过孔和其他波导棱边之间的宽度(输入半模基片集成波导传输线),其他介质的宽度在设计中取值小于 $\lambda/4$,以避免存在不希望的通道模式。

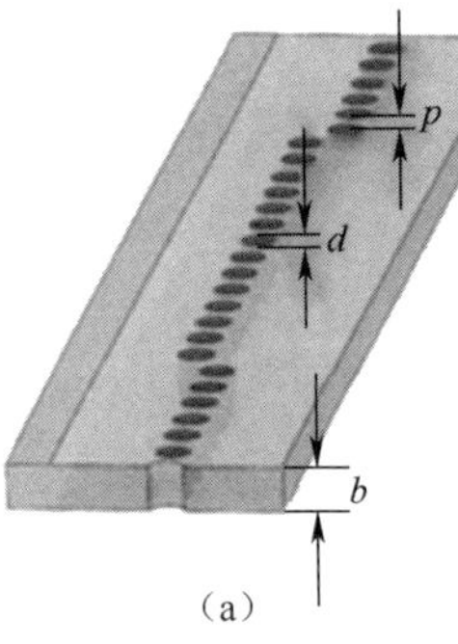

(a)

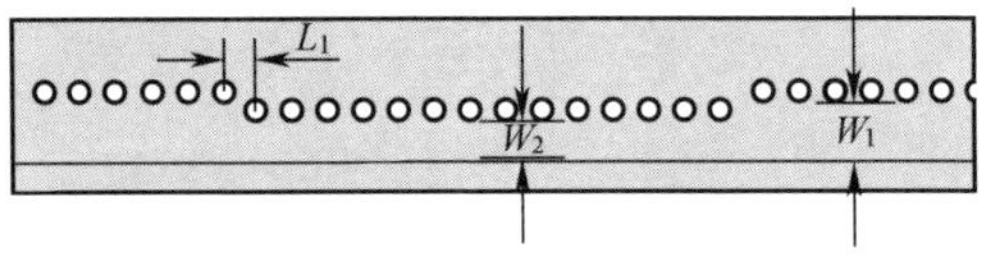

(b)

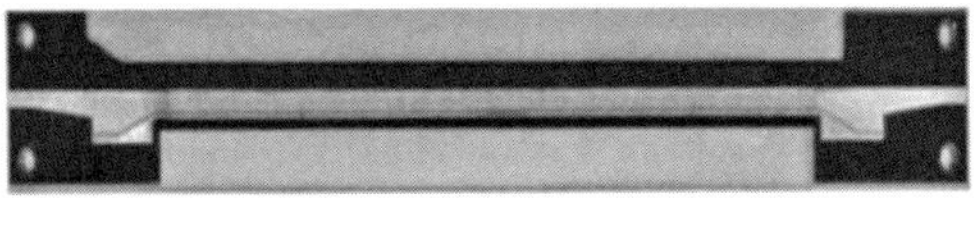

(c)

图35.19 半模基片集成波导漏波天线形式以及加工的样机

天线的远场辐射方向图表现为一种准全向特性,以轴为中心形成一个凹的圆锥。波束的形状为沿着$-x$轴开口的锥形,锥形张角为θ,张角随频率而增加,在侧射方向近似于一个“甜甜圈”形状的方向图。如图35.20所示,锥角可以通过基片厚度来控制。所采用的基片越厚,锥形开口越小。

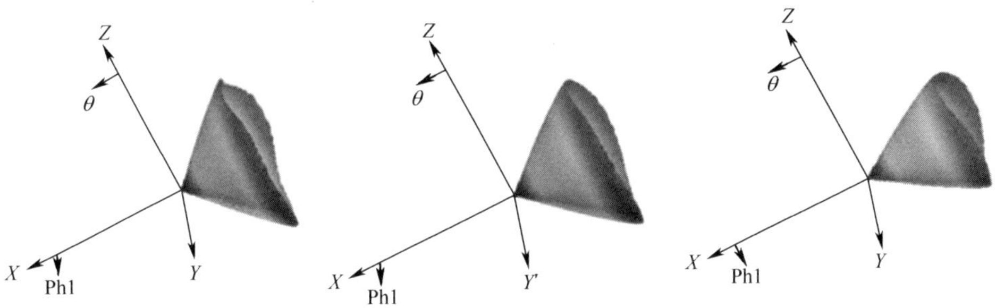

(a) (b) (c)

图35.20 具有不同基片厚度的半模漏波天线在35GHz的辐射方向图(彩图见书末)

(a)5mil;(b)10mil;(c)20mil。

3)周期结构

周期结构漏波天线由慢波结构组成,并以某种形式进行了周期性调整。一种典型的例子是电介质材料加载的矩形波导(因此TE_{10}模成为慢波)通过一系列周期性的孔或槽进行了调整,如图35.21所示。通过采用简单(但是实用)结构,增强了一维周期漏波天线的许多共同特性,天线可以设计为从后向到前向辐射。Hyneman (1959)给出了一种在矩形波导中开小间距槽的行波阵列,所有的开槽长度均相同,波导结构没有渐变且为空气填充。Dion(1958)给出了参数和非谐振缝隙阵列间的关系式。

假设所填充材料的相对介电常数足够高,在关心的频率范围内TE_{10}模为慢波,在这种情况下要求

$$\varepsilon_r > 1 + \left(\frac{\pi}{k_0 a_{eq}}\right)^2 \tag{35.45}$$

根据Floquet理论,在周期性漏波天线中导波模的无穷多个空间谐波与下式相关:

$$\beta_n = \beta_0 + 2n\pi/p \tag{35.46}$$

第一类漏波天线对前向四分之一象限进行辐射,其可以实现从侧射方向到

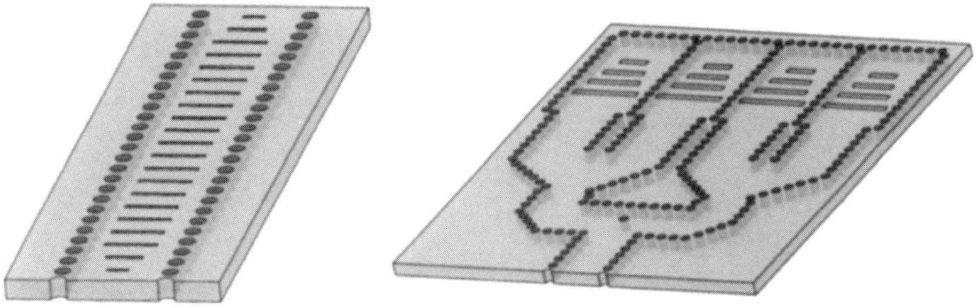

(a) (b)

图 35.21 (a)周期开槽漏波天线的配置以及(b)阵列结构的例子

前向端射方向的波束扫描。周期漏波天线的扫描范围可以覆盖从后向端射到侧射方向,再到一部分前向四分之一象限。前一种类型的主模代表了快波,后一种类型是一个慢波结构。因此,周期漏波天线的主模不辐射,辐射是由其中一个空间谐波产生的。

对介质填充矩形波导中的高次谐波有$\beta_n / k_0 \leqslant 1$,其中第一个高次辐射谐波$\beta_{-1}$满足:

$$\frac{\beta_{-1}}{k_0} = \sqrt{\varepsilon_r}\sqrt{1 - \left(\frac{c}{2af\sqrt{\varepsilon_r}}\right)^2} - \frac{n\lambda_0}{d} \tag{35.47}$$

漏波天线中的色散特性可以通过衰减常数α和传播常数β来解释。辐射角ϕ_0是空间谐波β_n的函数。若$\beta_{-1} < 0$,则天线辐射方向为后向;当频率提高使得$\beta_{-1} > 0$时,天线向前方辐射。

$$\phi_0 = \arcsin\left(\frac{\sqrt{\varepsilon_r}\,\beta_{-1}}{k_0}\right) \tag{35.48}$$

与这一条件相应的距离为

$$d_0 = \frac{\lambda}{1 + |\cos\phi_0|}\pi r^2 \tag{35.49}$$

由于开槽会对基片集成波导的 TE 模产生微扰。为了抑制反射,开槽的长度在传输线的两端都做了线性渐变处理,如图 35.21 所示。开槽的长度从 0 渐变到开槽的长度,渐变过程中其他参数保持不变。为了增加带宽,基片集成波导的宽度在传输线的两端可以按照余弦函数渐变。

周期频扫天线会在较窄的频率范围存在开路阻带，一般在侧射方向附近的辐射效率较差，原因是沿着传输线附加的所有串联或并联导纳强制使输入阻抗变为零。距离激励槽 $\lambda_g/4$ 处所增加的反射对消枝节可以避免出现不希望的开路阻带。Yamamoto 等(2002)提出了一种双开槽结构，但是这种结构只具有侧射的特性，8 个横向辐射槽周期性排列在导波结构的宽边上，激励槽和反射对消槽间的距离 S_1 近似等于 $\lambda_g/4$，如图 35.22 所示。两个槽之间的总相移近似为 180°。因此两个槽的反射波反相叠加使得输入端的反射系数非常低。周期性开槽对间距为 λ_g，累积的相位为 2π 的倍数，使得所有的开槽对之间同相叠加。

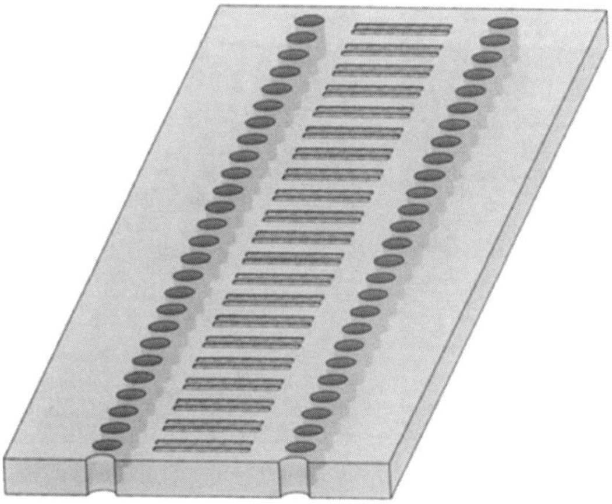

图 35.22　漏波天线前向波的对消

人们研究和实现了基于基片集成波导技术的单端口漏波天线，波束可以从后向扫描到前向(包含侧射方向)，通过对 9 个一维俯仰面频扫漏波天线的相位控制，实现了多波束天线(MBA)的方位面扫描。每个一维俯仰面频扫漏波天线通过罗德曼透镜阵列端口上的垂直拐角进行馈电。整个天线样机加工在单层 Rogers RT/Duriod 6002 基片上，基片的介电常数 $\varepsilon_r = 2.94$，厚度为 0.508mm。整个天线采用 HFSS 软件仿真。

当周期频扫天线的波束扫描到侧射方向附近时，在较窄的频率范围存在开路阻带，辐射效率较差。Guntupalli(2014)使用反射对消概念开发了一种基片集成波导漏波天线，研究表明当频率以 1GHz 为间隔从 58GHz 提高到 78GHz 时，其方向图指向从-37°变到+18°。通过设计、验证和集成匹配终端,实现了单端口的漏波天线。通过采用罗德曼透镜波束形成网络给9个方位面排列的漏波天线馈电以实现E面扫描,使用1×8漏波天线固有的频扫特性以实现H面扫描,从而实现了一种两维扫描的多波束共形阵列天线。首先加工9个漏波天线,接着将其插入罗德曼透镜波束形成网络上的槽中,最终形成了整个三维电路(图35.23),天线阵列具有7个用于波束切换的端口,4个用于侧壁吸收的空端口和9个位于罗德曼透镜边缘上的漏波天线。通过对透镜网络的设计可以向位于罗德曼透镜边缘输出口上的辐射单元馈送所需的激励。

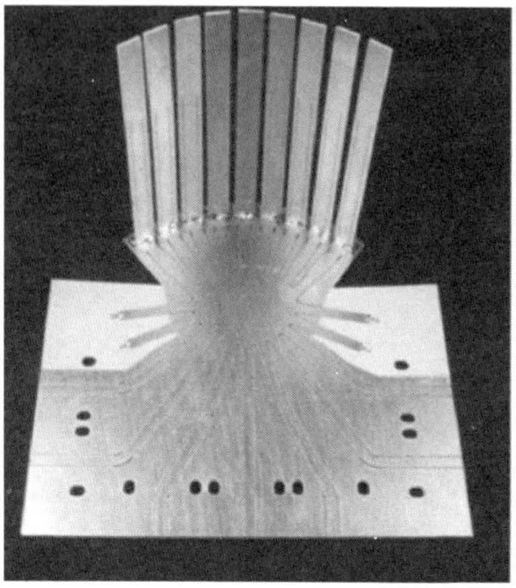

(a)

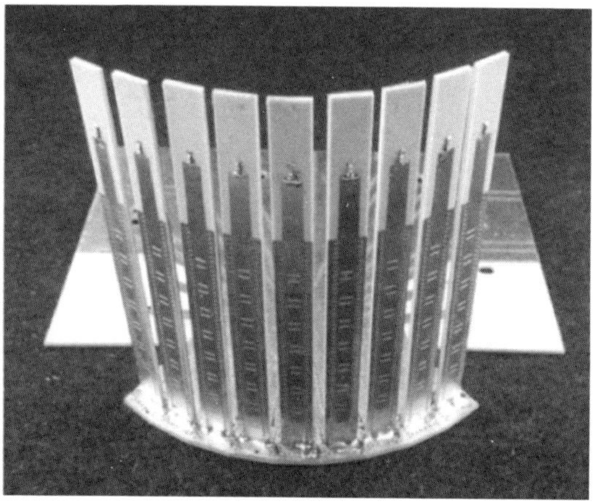

(b)

图35.23 二维扫描共形多波束阵列天线

4)侧面开口周期波导

侧边周期开口的基片集成波导漏波天线方案如图35.24所示,配置与半模漏波天线(HMLWA)类似,只是增加了第二行间距为P的导体过孔,其特性同电感部分反射表面(PRS)一样(Martinez-Ros et al.,2010),允许基片集成波导中的基模传播。Deslandes和Wu(2005)引入的基片集成波导漏波天线通过截断的基片终端开口辐射横向波。辐射机理是确定介质—空气分界面上的斯涅耳定律附加约束的基础。通常情况下,相对于均匀漏波天线,对导体周期性的调整可以使周期漏波天线具有更大的波束扫描范围和更多的设计灵活性。侧射漏波天线以空间漏波的形式辐射,漏波由接地微带侧边和延长的介质填充地平面间的不连续引起,这些不连续结构实际上就是某种周期性漏波天线。

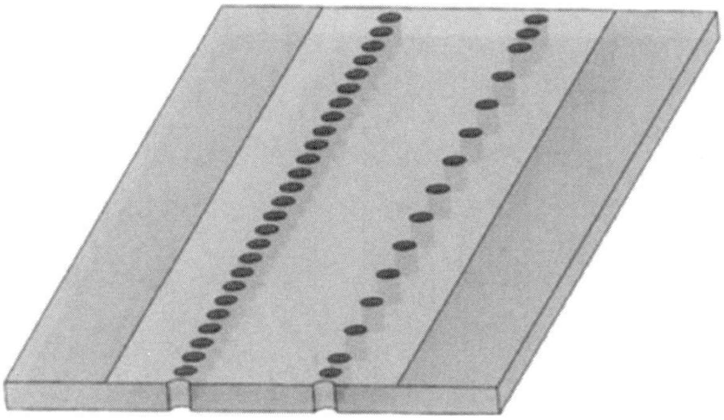

图 35.24　开口周期波导

35.3.3　对跖渐变槽线天线

1. 渐变槽线天线

渐变槽线天线(TSA)由在电尺寸较薄介质基片所附的金属薄层上刻蚀出的渐变槽线组成(也可以没有介质基片),如图 35.25 所示。槽线在一端较窄,以有效与混频二极管等设备耦合。在这一区域之外 (L_{ant}) 槽线发生了渐变,沿着槽线传播的行波向端射方向 (w_0) 辐射。天线基本上是一个从导波到无界波(或反过来)的过渡。对于典型的渐变槽线天线非常容易理解。当槽线宽度增加时,特性阻抗也增加,从而可以实现到自由空间特性阻抗 $120\pi\Omega$ 的平滑过渡。该天线由 Lewis 等在 1974 年首次提出。Prasad 和 Mahapatra(1979)首次报道了线性渐变槽线天线(LSTA),其长度约为 1 个自由空间波长,蚀刻在一片厚 25mil 的氧化铝基片上。Gibson(1979)报道了一个指数渐变外形的渐变槽线天线,也称为维瓦尔第天线,其带宽覆盖 8~40GHz。

Hao 等(2005)提出了一种基于基片集成波导的对跖线性渐变槽线天线,Djerafi 和 Wu(2012b)通过在宽度上增加波纹槽结构对上述天线进行了改进。在对跖形式的渐变槽线天线中,基片两面的金属层朝两个相反的方向张开以形成渐变槽线。当对跖渐变槽线天线使用基片集成波导进行馈电时,可以避免由于巴伦导致的带宽限制,从而切实获得宽带特性。基片集成波导渐变槽线天线具有低剖面、低高度、宽带特性、易于与其他平面器件集成等优点。渐变槽线天线对基片厚度和介电常数非常敏感,其可能在 E 面或 H 面存在较高的交叉极化瓣,在 H 面存在高旁瓣,这不但对于单元设计非常关键,而且会在相当程度上影

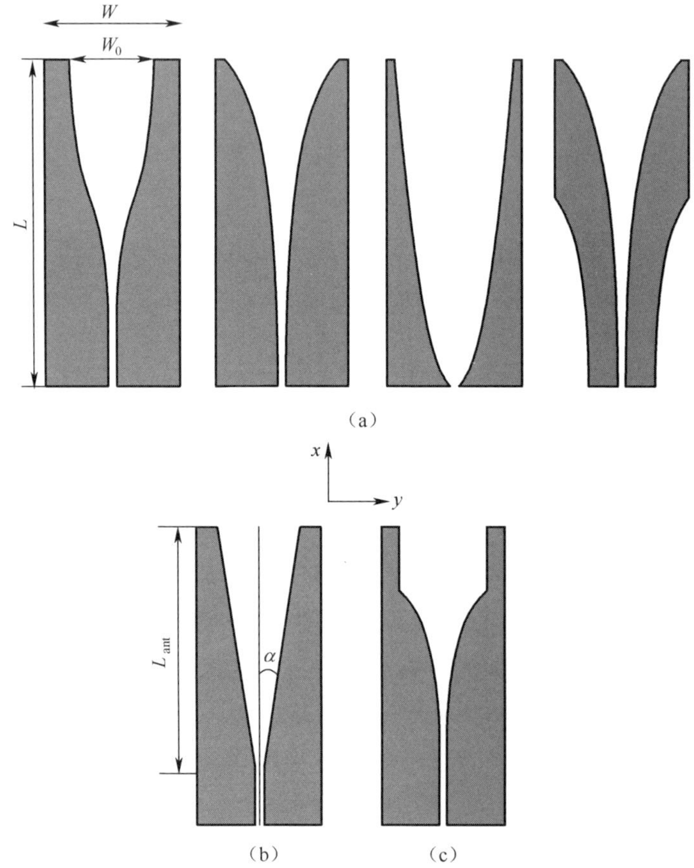

图 35.25　不同形状的渐变槽线天线

(a)非线性:指数(维瓦尔第,ETSA),费米,抛物线(PTSA),双指数(DETSA);(b)线性(LTSA);(c)恒定。

响阵列性能。研究人员对不同的材料、天线形状、互耦等对传统单面渐变槽线天线的影响进行了深入研究,但对 SIW 对跖渐变槽线天线(图 35.26)的研究并未完善。

在对跖形式天线中,常采用双面布置的平衡微带馈线。当对跖渐变槽线天线使用基片集成波导馈电(图 35.27)时,可以克服巴伦引起的带宽限制,天线的性能由其几何形状和介质基片的厚度与介电常数共同决定。

槽线的场分量并不仅仅限制在基片中,而是会扩展到槽线上方和基片下方的空气区域中,能量也就分布于基片和空气区域间。因此槽线的有效介电常数

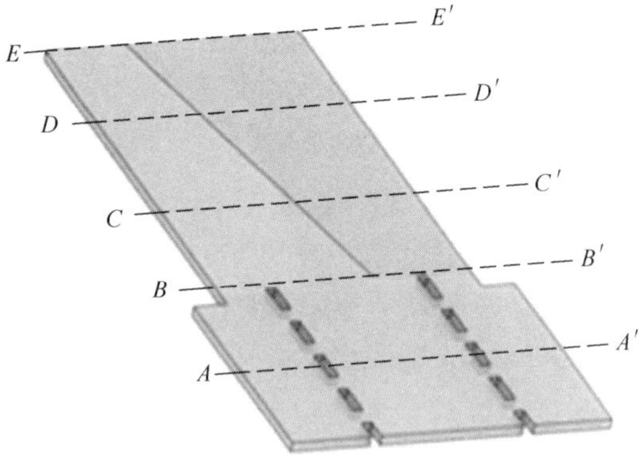

图 35.26　基片集成波导渐变槽线天线

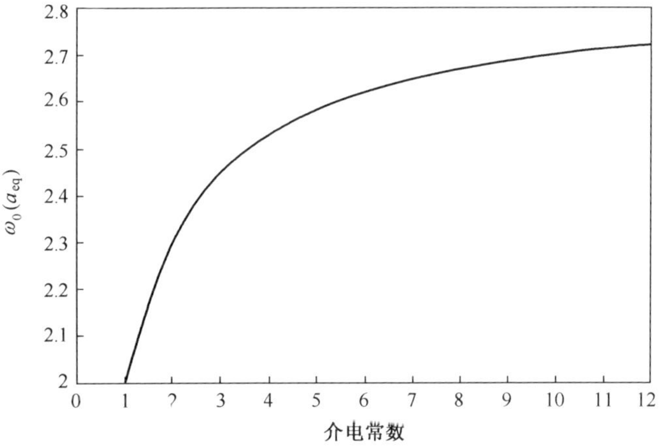

图 35.27　基片集成波导端射渐变槽线天线，槽线宽度 ω_0 与所用材料介电常数的关系

ε_{re} 小于基片的介电常数 ε_r。Galejs(1962)的研究表明，无限厚基片上槽线的零阶 ε_r 值为两种媒质介电常数的平均值，可以使用下式计算渐变槽线天线的口径：

$$\omega_0 = \frac{c}{f_{low}\sqrt{(\varepsilon_r + 1)/2}} \tag{35.50}$$

为了覆盖整个单模频段，低频 f_{low} 应该等于基片集成波导第一阶模的截止频率，此时有

$$w_0 = \frac{2\,a_{eq}\,\sqrt{\varepsilon_r}}{\sqrt{(\varepsilon_r + 1)/2}} \tag{35.51}$$

从图 35.27 可以看出,使用介电常数小于 4 的基片可以有效地减小天线的宽度。

2. 巴伦

渐变对跖鳍线将入射的 TE10(图 35.26 中线 A 处的截面)波导模平滑转换到准微带模,准微带模在过渡部分的重叠对跖鳍线区域传播(图 35.26 中线 B 和 C 处的截面)。过渡区域的电场聚集并旋转几乎 90°直到波导模转换成准槽线模(图 35.26 中线 D 处截面),在不同切面处电场变化过程如图 35.28 所示。对于场模式平滑的变换使得过渡结构具有更大的工作带宽。区域Ⅱ(BB'平面到 CC'平面)起到了巴伦和阻抗变换器的作用。另外,区域Ⅱ将 TE10 波导模的阻抗变换到槽线部分的高阻抗。

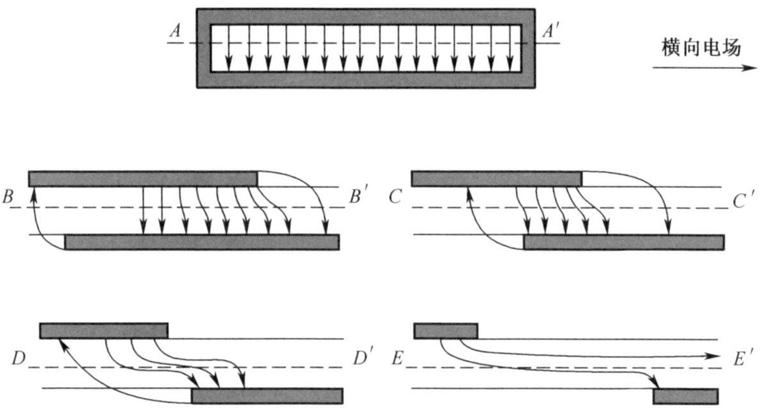

图 35.28　从基片集成波导到天线终端边缘这一过渡结构中不同截面的电场分布

图 35.29 给出了根据式(35.21)计算得到的基片集成波导阻抗。在 BB'处重叠鳍线的阻抗可以看作平行板线。当基片集成波导的厚度变化时,截止频率不变,阻抗发生变化,平行板阻抗高于对应的基片集成波导的阻抗。当重叠区域逐渐缩小时,阻抗增加确保了宽带工作特性。重叠区域宽度的限制为半个基片集成波导宽度。

3. 波纹槽

渐变槽线天线的宽度 $w > 2\lambda$,渐变槽线天线的宽度变窄时,辐射方向图会变差(Schaubert,1993)。在有效设计小型化渐变槽线天线时,辐射性能的降低

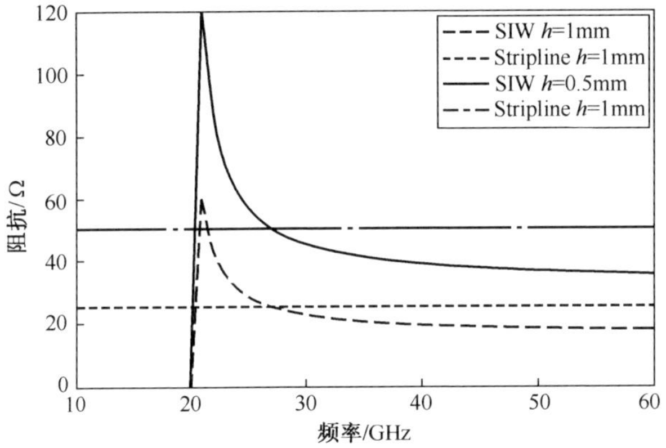

图 35.29　基片集成波导和带线阻抗

是一个明显的问题,可以通过使用波纹结构来改善较窄宽度天线的方向图,该方法非常适合于实现小单元间距阵列天线。Sugawara 等(1998)和 Sato 等(2003)提出了一种带波纹槽的费米渐变槽线天线。Djerafi 和 Wu(2012b)使用基片集成波导验证了该天线技术。如图 35.30 所示,通过边缘增加波纹槽的方式不但可以减小天线宽度并改善宽带范围内的电压驻波比(VSWR),还可以抑制旁瓣电平,波纹槽结构通过改变沿基片外边缘流动的电流相位,从而改变了天线基片边缘处的电场方向。

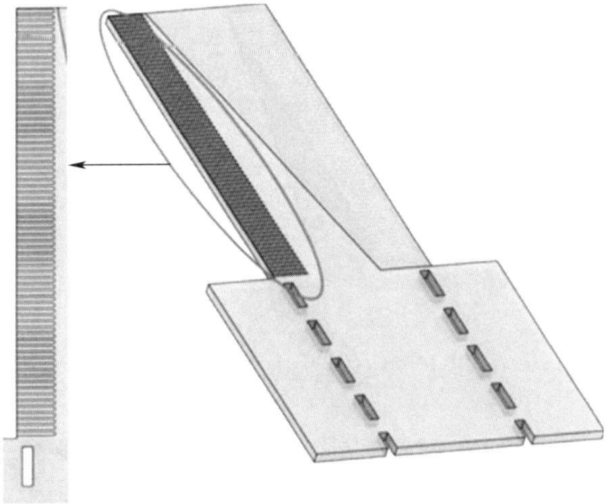

图 35.30　具有波纹槽的渐变槽线天线

为了解释这一改进,仿真得到的具有波纹槽结构和没有波纹槽结构的对跖线性渐变槽线天线结构上的电场分布如图35.31所示。图中给出了对应的电场在辐射区域横平面上的分布。当没有波纹槽结构时,天线基片边缘处的电场方向与天线口径处的相反。一些参考文献提出间隔分布的带线和槽线特性类似于一个慢波结构,可以增加有效口径尺寸,使得辐射波的反射较低,从彩图35.31中没有观察到这一现象。图35.32中电流分布明确显示能量更多地集中在中心区域,侧边的辐射比较有限。

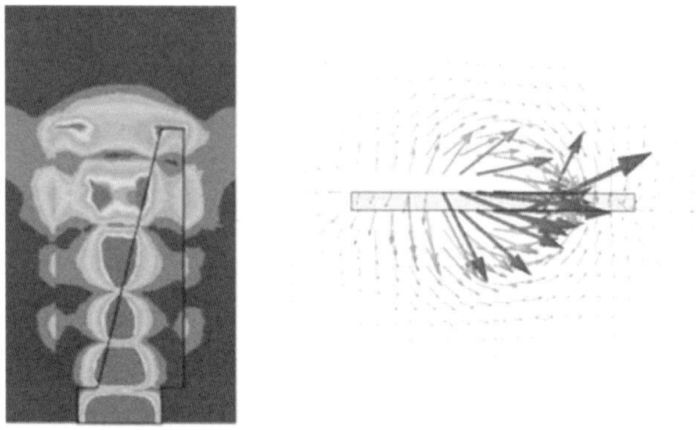

(a)

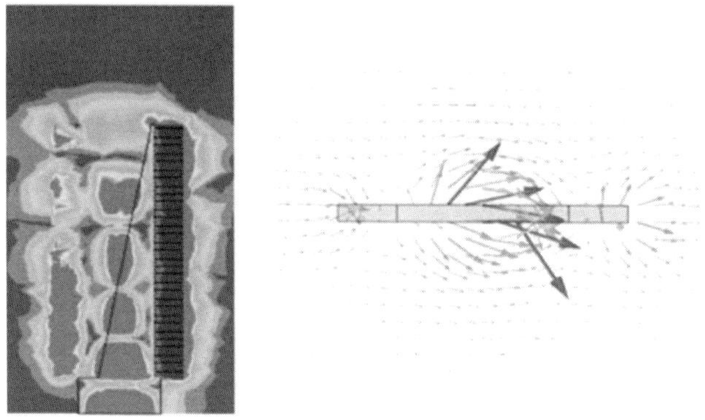

(b)

图35.31 使用HFSS仿真得到的在28GHz频点沿着天线和垂直天线切面上的电场分布(彩图见书末)

(a)无波纹槽的对跖线性渐变槽线天线;(b)有波纹槽的对跖线性渐变槽线天线。

由于存在波纹槽结构,增加了天线的有效口径,从而在整个天线口径上实现了平面波相位波前。在标准天线中,天线的对跖特性引起非常高的交叉极化电

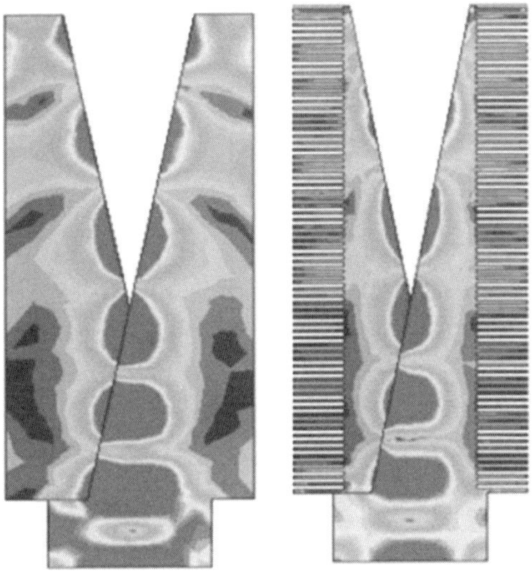

（a）　　　　　　　　（b）

图 35.32　仿真得到的有波纹槽结构和无波纹槽结构的电流分布(彩图见书末)

平。在高频段,靠近渐变开口喉部的槽线场不对称问题更为严重。从图 35.31 中横向视角的场分布可以看到,没有波纹槽结构的天线其中心区域的场更突出。在受扰区域之外,场分布平行于基片的两边,对于没有波纹槽结构的天线,对应的场分布呈弧形。

波纹槽的物理尺寸受加工工艺的限制。实际上,在上述工作中所用的合理加工工艺下,槽的最小可能宽度为 236μm。槽的长度选在 $\lambda_r/4$ 附近,其中 λ_r 为介质基片中的波长。对基片集成波导对跖线性渐变槽线天线在 28GHz 频点附近进行了优化。采用的 Roger RT/Duroid 6002 基片的厚度 $h=508\mu m$,介电常数 $\varepsilon_r = 2.94$。

图 35.33 给出了有波纹槽和无波纹槽天线方向图的仿真结果,无波纹槽时,E 面方向图波束宽度非常大,H 面旁瓣电平为 12dB。一旦采用了波纹槽,可以看到 E 面 3dB 波束宽度有明显的减小,同时 H 面波束宽度增加。天线 H 面和 E 面的旁瓣电平分别为 23dB 和 33dB。有波纹槽结构天线的交叉极化电平在设计的频率优于 27dB,无波纹槽结构时只有 15dB。

槽的宽度从 6mil 变到 12mil,可以验证槽宽的影响。从结果可以看到,槽宽对旁瓣电平影响较小,对增益没有影响。对于槽深,其变化将通过改变有效口径而影响天线的增益,可以通过优化波纹槽使得 E 面和 H 面的波束宽度相等。

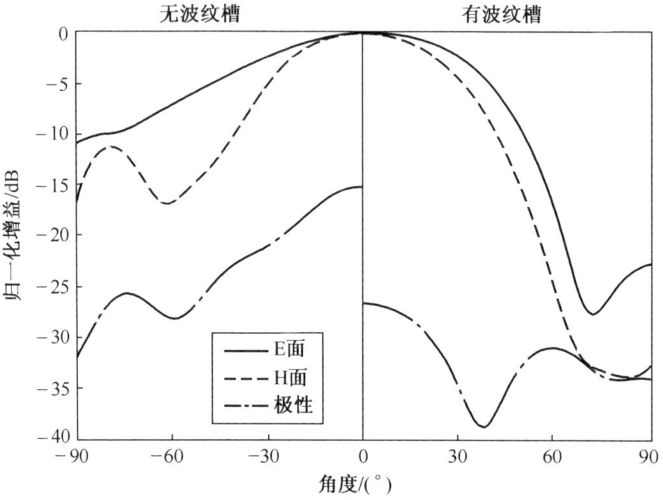

图 35.33　通过 HFSS 仿真的 28GHz 有波纹槽和无波纹槽的辐射方向图

4. 最大增益随长度的变化

通常来说,当渐变槽线天线的长度增加时,方向性系数也会增加。当长度为 $(3\sim8)\lambda$ 时,根据表 35.2 给出的公式(Yngvesson et al.,1985),方向性系数会线性增加。在表 35.2 中,Zucker 将渐变介质棒天线归类为低旁瓣行波天线。

表 35.2　典型端射行波天线特性

类型	最大增益	低旁瓣
方向性系数	$10\log\left(\frac{10L}{\lambda_0}\right)$	$10\log\left(\frac{4L}{\lambda_0}\right)$
波束宽度	$55/\sqrt{\frac{L}{\lambda_0}}$	$77/\sqrt{\frac{L}{\lambda_0}}$

图 35.34 给出了对线性渐变槽线天线和辐射槽宽恒定的渐变槽线天线的研究结果。恒定宽度槽线天线是一类在整个天线长度范围内辐射槽宽恒定的渐变槽线天线。由于天线的馈电槽线一般比较窄,馈电槽线和辐射槽之间通过渐变段以实现更好的阻抗匹配。如果不采用过渡段,就会由于特性阻抗的突变而产生较高的反射损耗。

图 35.35 和图 35.36 给出了增益随天线长度的变化关系,对于线性渐变

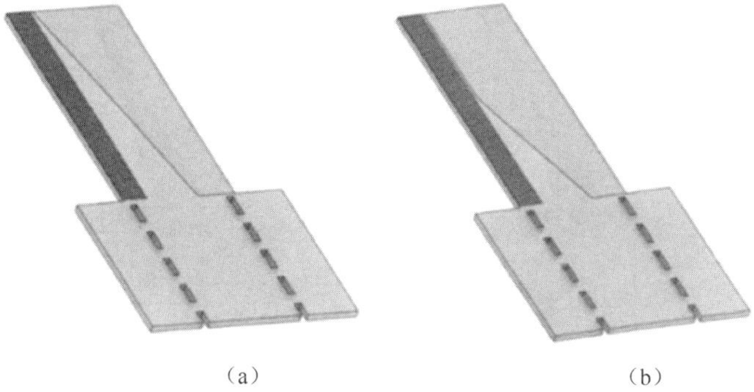

图 35.34　(a)线性渐变槽天线和(b)辐射槽宽恒定结合线性渐变槽线天线

槽线天线，当天线长度在 $(1\sim3)\lambda_0$ 之间变化时，增益线性增加，达到 14dBi 后趋于恒定。这类天线的实际限制是 α 角（见图 35.25）。线性渐变槽线天线的渐变角为 $5°\leqslant2\alpha\leqslant15°$。当长度增加超过一个特定值时，天线会超过可接受的角度范围。增益与 L/λ_0 的线性变化关系是所有端射行波天线的重要特性。对于辐射槽宽恒定的渐变槽线天线，当天线长度 L 在 $(3\sim8)\lambda_0$ 之间变化时，增益的典型值为 12~18dBi。对于更长的天线，L/λ_0 的放大系数会稍微降低。

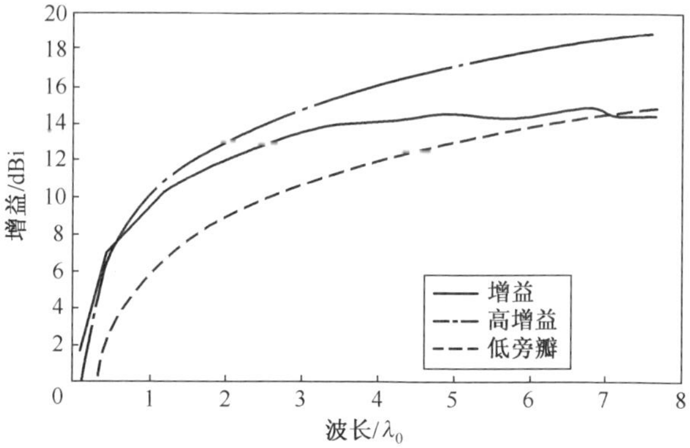

图 35.35　天线长度变化对于线性渐变槽线天线增益的影响

图 35.37 和图 35.38 分别给出了长度变化对于线性渐变槽线天线和辐射槽宽恒定的渐变槽线天线 E 面和 H 面方向图的影响。当辐射槽宽恒定的渐变槽线天线的长度小于 $5\lambda_0$ 时，其波束宽度和增益基本上符合高增益标准曲线。当

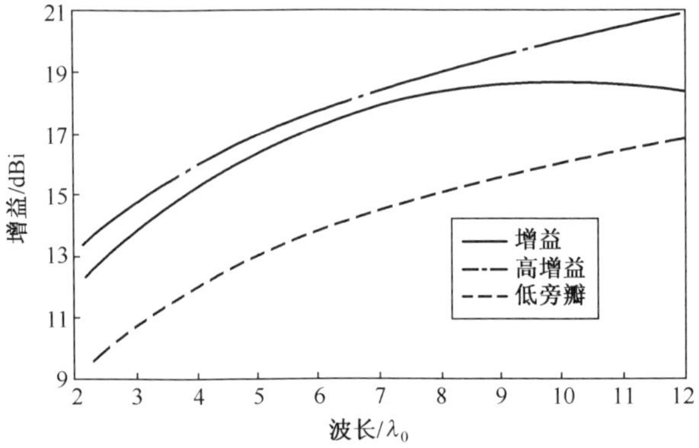

图 35.36 天线长度变化对于辐射槽宽恒定的渐变槽线天线增益的影响

渐变槽线天线的长度为 $(4 \sim 5)\lambda_0$ 时,E 面波束宽度曲线的波动非常平缓,正如标准曲线一样。长度超过 $3\lambda_0$ 时,E 面和 H 面波束宽度与低旁瓣曲线类似。渐变槽线天线单元除了具有与一般类型行波天线类似特性外,还具有很多不同点,例如波束宽度经常与 $1/\sqrt{L}$ 成比例,同时 E 面随 L 变化要慢得多。E 面和 H 面波束宽度与线性渐变槽线天线的低旁瓣曲线和辐射槽宽恒定的渐变槽线天线的高增益曲线具有类似的趋势。

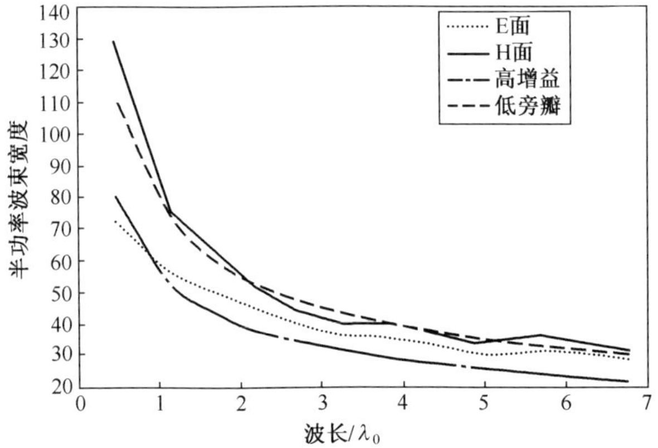

图 35.37 线性渐变槽线天线长度变化对 E 面和 H 面方向图的影响

5. 基片厚度

基片厚度存在一个平衡点,太"厚"的基片存在表面波模,会降低天线的性

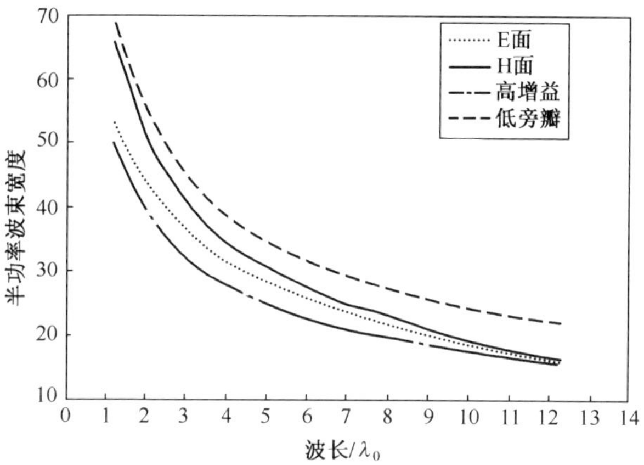

图 35.38 辐射槽宽恒定的渐变槽线天线长度变化对 E 面和 H 面方向图的影响

能;太薄的基片会产生较高的交叉极化,并使波束方向图对称性降低。最优的基片厚度 h 由 Yngvesson 等(1985)通过试验确定,为参数 t_{eff} 的函数,后者可以表示为

$$t_{\text{eff}} = \frac{b(\sqrt{\varepsilon_r} - 1)}{\lambda_0} \tag{35.52}$$

对于工作性能比较好的渐变槽线天线,可以确定一个可接受的 t_{eff} 范围 0.005~0.03。

当 t_{eff} 的变化范围为 0.015~0.053 时,辐射槽宽恒定的渐变槽线天线增益满足 3dB 增益带宽准则,如图 35.39 所示。带宽与 Yngvesson 给出的范围处于同样的量级上(仿真中基片 ε_r 固定,厚度变化)。对于较小的长度,线性渐变槽线天线在较大的 t_{eff} 范围内增益变化较为平缓(图 35.40)。这对于对跖基片集成波导渐变槽线天线不适用,它较少受到基片模的影响。用来设计线性渐变槽线天线的基片相对介电常数为 2.94,厚度为 0.508mm,在 28GHz 频点处等效于 $t_{\text{eff}} = 0.034$,很明显,这已经超出了 Yngvesson 给出的范围。通过仿真和测试可以看到,设计出的天线仍然可以工作。为了验证使用定义范围外材料的可能性,测试了两种不同的厚度:$t = 0.05$mm 和 $t = 1.25$mm,分别等效于 $t_{\text{eff}} = 0.0034$ 和 $t_{\text{eff}} = 0.101$。图 35.41 给出了这两种尺寸天线对应的 E 面辐射方向图。对于两种厚度的基片,旁瓣电平(SLL)仍然比较低,增益也在可接受范围内。结果证实使用 Yngvesson 给出的范围之外的材料设计对跖波纹槽渐变槽线天线同样具有可行性。本章给出了对跖形式基片集成波导新的设计原则。

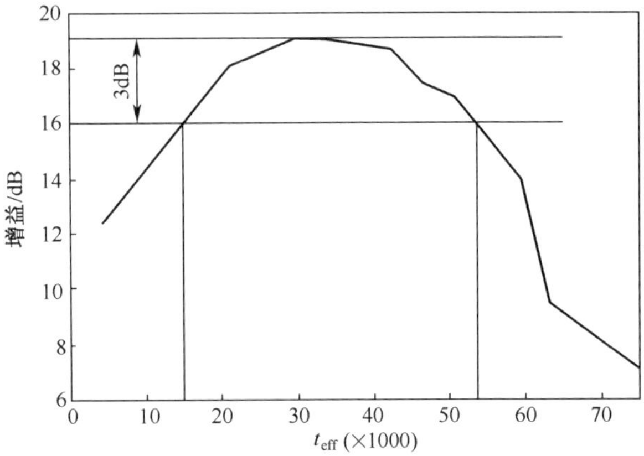

图 35.39　使用 HFSS 仿真得到的辐射槽宽恒定的渐变槽线天线在 28GHz 频点增益随基片厚度的变化

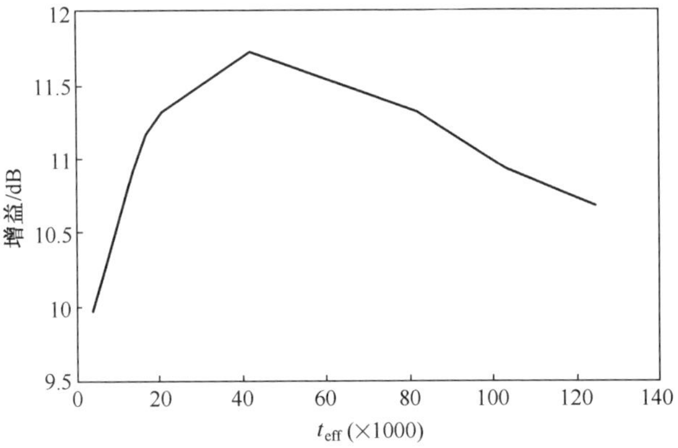

图 35.40　使用 HFSS 仿真得到的线性渐变槽线天线在 28GHz 频点增益与基片厚度的关系

6. 原理样机

文献报道了各种渐变槽线天线设计，如图 35.25 所示。包含辐射区域的渐变槽线部分可以采用三种结构形式：非线性渐变(维瓦尔第、切线或抛物线)、线性渐变(线性渐变槽线天线)、恒定宽度(辐射槽宽恒定的渐变槽线天线)。

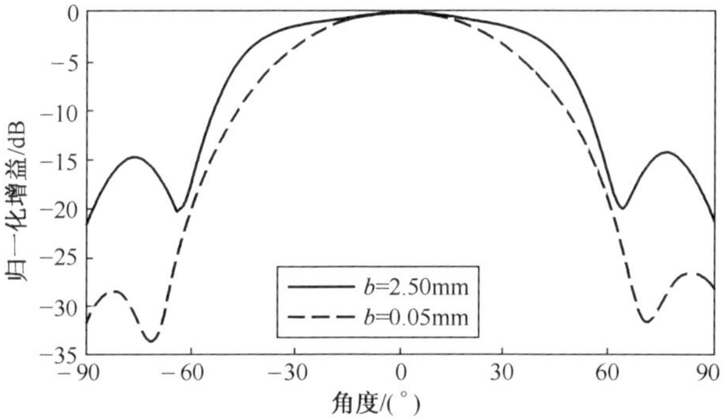

图 35.41 使用 HFSS 仿真得到的 28GHz 频点辐射方向图

1）维瓦尔第天线

维瓦尔第天线自提出以来,人们对其进行了持续的研究。30 年来,研究人员对维瓦尔第天线进行了多项改进,包括引入波纹槽棱边以形成更好的辐射方向图(Sugawara et al.,1998),或者通过改变形状、长度、介质介电常数和介质厚度控制其波束宽度。作为改进方案之一,研究人员提出了对跖维瓦尔第天线(Kim et al.,2004)。

指数渐变外形的定义为

$$y(x)=Ae^{Rx}+y_0 \tag{35.53}$$

式中:R 决定了槽线的张开方式;A 由长度 L 和渐变宽度 w_0 确定;$y_0=L-L_{ant}$。

对跖维瓦尔第天线采用从微带线到辐射部分的宽带变换段从而获得非常优良的带宽性能(Yang,2008)。

双指数渐变槽线天线(DETSA)也称为兔耳朵天线(BEA),是一种用于 UWB 领域的端射行波天线,是渐变槽线天线(TSA)的特殊形式,它通过将维瓦尔第天线槽线导体的外边缘也改为渐变形式得到。双指数渐变槽线天线的槽线渐变外形可以用指数函数描述,这额外增加了天线设计自由度。

2）费米渐变天线

费米馈电天线的设计是基于 Sugawara 等提出的费米渐变槽线天线概念而来,可以在 E 面和 H 面实现对称的辐射方向图和低旁瓣电平。费米渐变槽线天线渐张部分的长度较短,维瓦尔第天线的长度最长,线性渐变槽线天线的长度介于两者之间。费米渐变槽线天线的外形可通过式(35.54)给出:

$$y(x)=\frac{w_0}{1+\mathrm{e}^{-R(x-b)}} \tag{35.54}$$

式中：R 和 b 为变量。

对跖形式的费米渐变槽线天线由 Gazit(1988)首次提出。

3）抛物线渐变天线

天线内侧边缘的形状为抛物线：

$$y(x)=Ax^2+y_0 \tag{35.55}$$

抛物线类型的渐变槽线天线的渐张部分长度最短，维瓦尔第天线的长度最长，费米渐变槽线天线的长度介于两者之间。因此，抛物线渐变槽线天线(PTSA)的波束宽度最窄，费米渐变槽线天线(FTSA)的波束宽度次之，维瓦尔第天线的波束宽度最宽(Wang et al.,2009)。

4）线性渐变槽线天线

对线性渐变槽线天线(LTSA)的相关报道已经持续了多年(Simons et al.,1992;Yngvesson et al.,1985,1989;Nesic,1991;Wu et al.,1998)。线性渐变槽线天线由于具有波束宽度窄、单元增益高、大宽带和阵中单元间横向距离较小等一系列显著的特点，在多种应用场合引起了越来越多的关注。实际上，线性渐变槽线天线的性能主要由馈电系统决定，口径的张角小于15°。

本节对不同类型的基片集成波导渐变槽线天线的加工和测试结果进行了阐述。

(1) 线性渐变槽线天线(LTSA)。基片集成波导对跖线性渐变槽线天线通过优化可以工作在本地多点分配业务(LMDS)，或者未来的5G系统所需的28GHz频率附近。设计中使用的基片为RT/Duroid 6002，其厚度 $b=0.508$mm，介电常数 $\varepsilon_r=2.94$。优化得到的结构参数如图35.42所示，回波损耗的仿真和测试结果如图35.43所示。仿真和测试的回波损耗分别大于15dB和10dB，从图中观察到的性能下降可能是由过渡段的失配效应导致的。

对天线在28GHz频点的E面和H面辐射方向图和交叉极化进行了测量，结果如图35.44所示。测量的天线增益为12.2dBi，仿真的结果为11.9dBi。两者之间的区别与使用微波暗室进行测量中对参考天线的校准误差范围有关。E面的3dB波束宽度为59°，H面的波束宽度为48°，第一旁瓣电平为-22dB。从图中可以看出，测试结果与仿真结果吻合良好，与仿真结果相比，测试的交叉极化

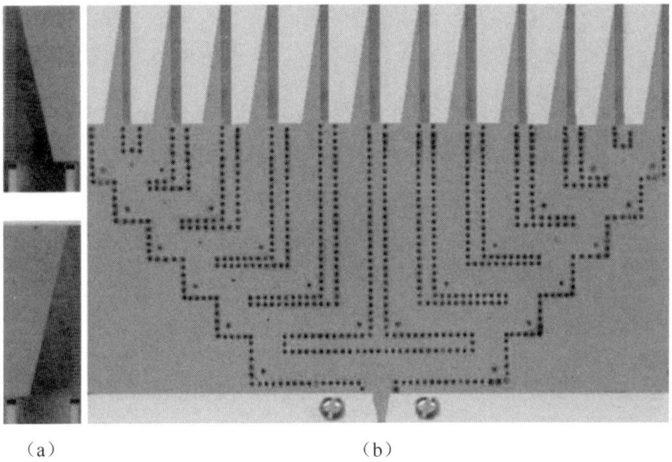

图 35.42　(a)加工出的基片集成波导波纹槽对跖线性渐变槽线天线的顶面和底面(L = 25.6mm, a_{eq} = 5mm, w = 8.44mm),以及(b)使用线性渐变槽线天线组阵

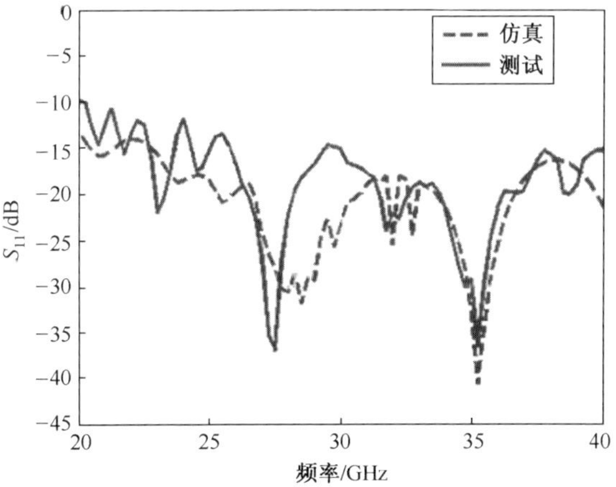

图 35.43　测试和仿真回波损耗

电平恶化 4dB。

(2) 带波纹槽费米渐变槽线天线。研究人员设计了一个带波纹槽的对跖费米渐变槽线天线(TSA),覆盖了成像阵列应用所需的 35GHz 频段。所用的基片

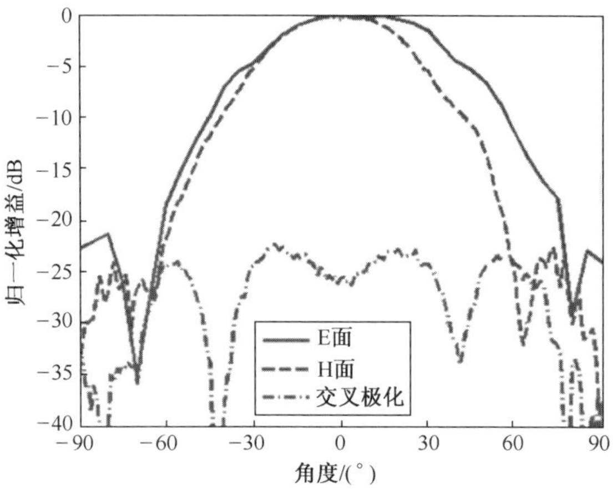

图 35.44　28GHz 频点测量辐射方向图

为 RT/Duroid 6002,其厚度为 0.508mm,介电常数 $\varepsilon_r = 2.94$。为了实现所需的增益,天线的长度 L_1 增加到 $8\lambda_0$。由于天线单元在组阵中限制其宽度为 $0.79\lambda_0$,因此天线的宽度需要稍加修改。加工出的基片集成波导波纹槽费米渐变槽线天线(顶面和底面)如图 35.45 所示。

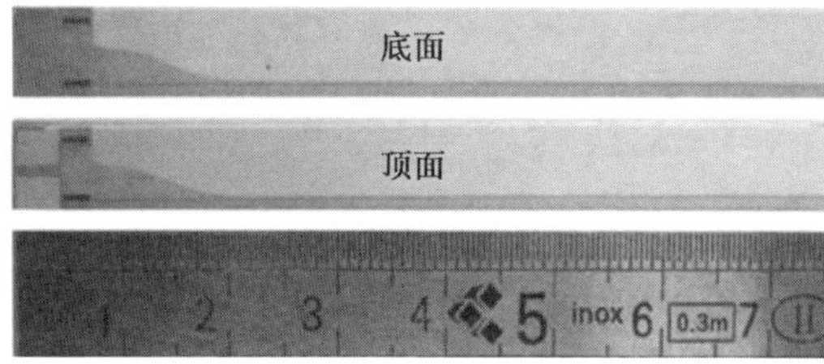

图 35.45　加工出的基片集成波导波纹槽对跖费米渐变槽线天线的顶面和底面
($L = 65.61$mm,$a_{eq} = 3.8$mm,$w = 6.8$mm)

仿真和测试得到的反射系数随频率的变化如图 35.46 所示,从图中可以看到,该天线带宽的测试结果和使用 HFSS 仿真得到的结果都覆盖了 35GHz 附近 28.57%的频带范围。

图 35.47 给出了仿真和测试得到的 E 面和 H 面的主极化辐射方向图,可以看到,测试和仿真的辐射方向图吻合良好。E 面和 H 面的 3dB 波束宽度分别近似为 25.33°和 28°,E 面旁瓣电平低于 H 面,在 35GHz 频点,仿真得到的天线增益约为 19.4dBi,测量的实际增益约为 18.4dBi。由于采用基片集成波导形式的

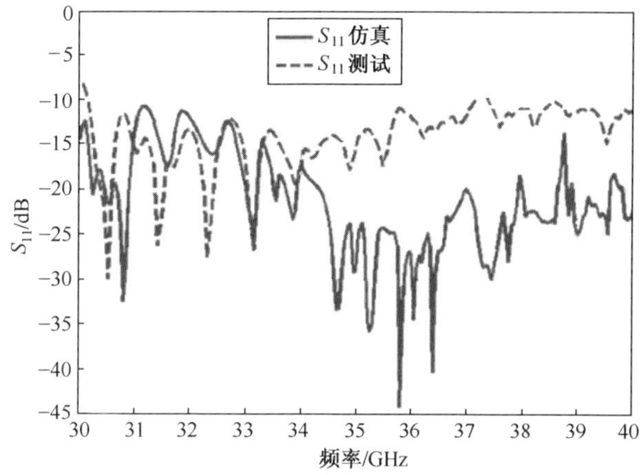

图 35.46　仿真和测试的基片集成波导波纹槽对跖费米渐变槽线天线的 S 参数特性

重叠渐张金属结构，交叉极化电平优于 20dB。天线优良的辐射特性和紧凑的尺寸使其成为宽方向图单元天线或阵列天线辐射单元的理想选择。

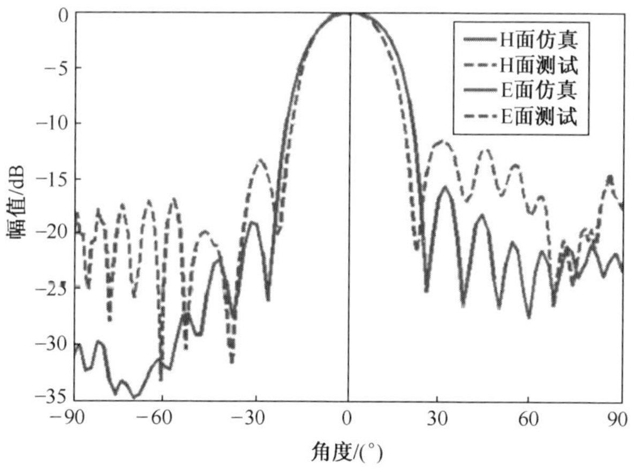

图 35.47　基片集成波导波纹槽对跖费米渐变槽线天线在 35GHz 频点 E 面和 H 面辐射方向图性能

（3）带波纹槽基片集成波导平面和折叠对跖抛物线渐变槽线天线。Doghri 等（2013）提出了一种折叠渐变槽线天线，这相当于三维形式的抛物线渐变槽线天线。抛物线渐变槽线天线（PTSA）沿着其纵向中心线折叠，可以实现 45°和 -45°极化。

(4) 平面抛物线渐变槽线天线。为了设计L形折叠渐变槽线天线,第一步是设计一个覆盖所需工作频带的平面渐变槽线天线,以实现要求的半功率波束宽度、旁瓣电平、增益等。可以通过优化宽度、基片厚度、渐变外形、长度等结构参数来实现上述要求。相关文献中报道了各种渐变槽线天线设计。为了验证L形折叠渐变槽线天线,本设计中采用抛物线渐变槽线天线实现最佳的匹配和带宽,在不恶化天线性能的前提下,通过使用波纹槽以有效减小渐变槽线天线的宽度。加工的平面原理样机如图35.48所示,辐射和匹配性能分别如图35.49和图35.50所示。

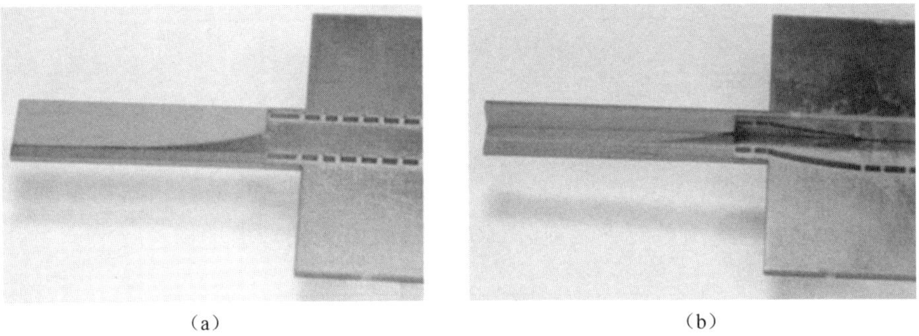

图35.48 加工的原理样机

(a)平面波纹槽抛物线渐变槽线天线;(b)波纹槽L形折叠抛物线渐变槽线天线。

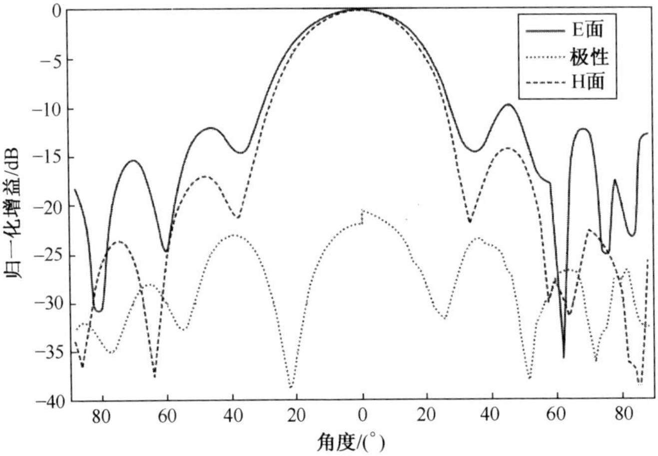

图35.49 仿真和测试的波纹槽抛物线渐变槽线天线在35GHz频点的辐射方向图

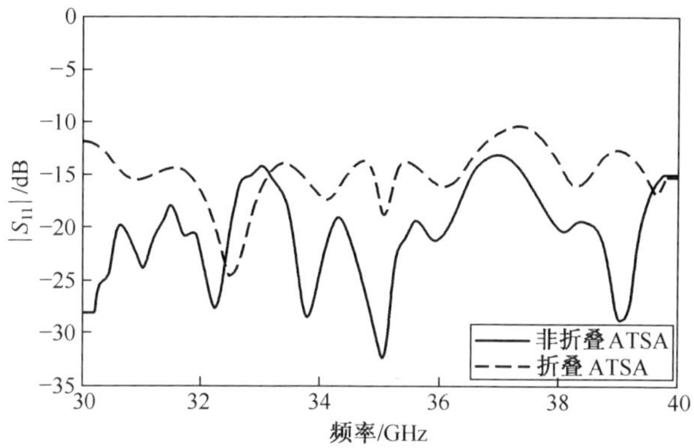

图 35.50 波纹槽对跖抛物线渐变槽线天线(APTSA)和波纹槽 L 形折叠对跖抛物线渐变槽线天线在 35GHz 频点的回波损耗

(5) 折叠基片集成波导传输线。沿着纵向中轴线折叠的基片集成波导传输线可以用来给 L 形折叠渐变槽线天线正确馈电。图 35.51 给出了基片集成波导和 L 形折叠渐变槽线天线的横截面视图,图中同时画出了切面上基模 TE_{10}模的电场和磁场。接头起到了两种波导类型间渐变匹配段的作用。通过优化渐变过程可以实现最小的反射系数,优化后的 L 形接头的长度在中心频点约为 $1.41\lambda_g$,通过背靠背方式测试了这一接头的性能。加工的原理样机如图 35.52(b)所示,样机加工中通过激光微机械加工方式实现了任意形状的过孔,较大的带圆切角的长矩形过孔作为基片集成波导的侧壁。结构加工完成后,再对过孔进行电镀。由于不可能直接测量 L 形基片集成波导传输线,因此通过背靠背的方式测量了接头的性能。

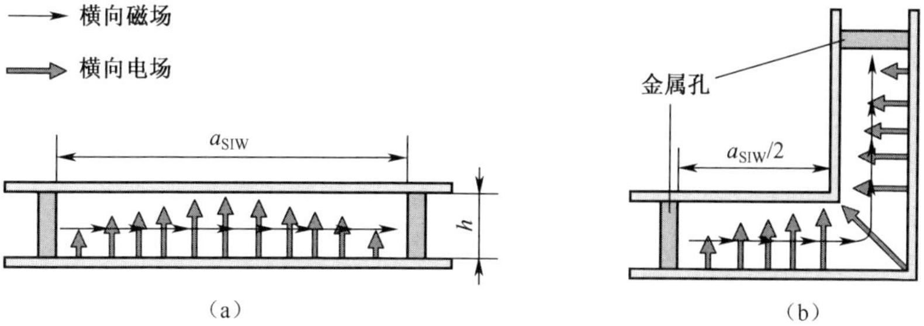

图 35.51 基片集成波导以及 L 形折叠基片集成波导的几何形状

图 35.52(a)给出了反射系数和传输系数的测试结果。背靠背接头在 30~40GHz 频带内的回波损耗优于 28dB,插损优于-0.9dB,设计的优点可以通过图 35.52 中的电场分布来说明。

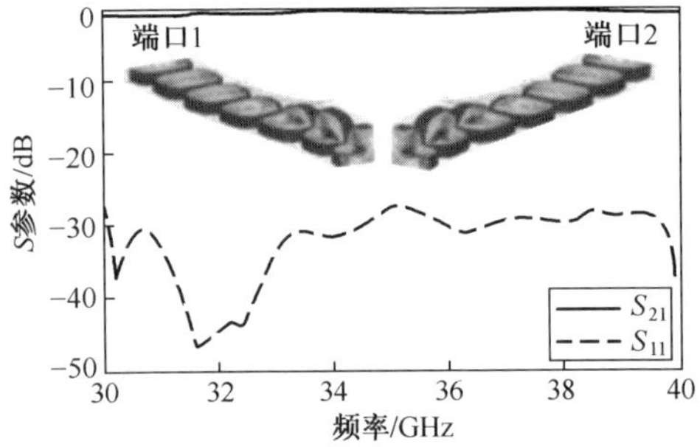

(a)

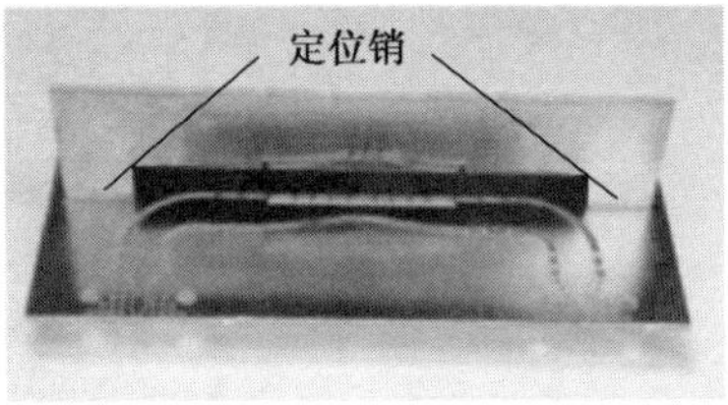

(b)

图 35.52 (a)背靠背 L 形接头测量结果和使用 HFSS 仿真的 35GHz 频点沿接头的电场幅度分布和(b)装配好的背靠背 L 形接头。

(6) 折叠抛物线渐变槽线天线。第三个设计步骤主要为折叠平面渐变槽线天线。前面提出的 L 形接头用来给 L 形折叠抛物线渐变槽线天线馈电。天线主要的几何参数并没有通过折叠步骤改变,天线的加工包括如图 35.53 所示的两块 PCB。加工的原理样机如图 35.48(b)所示,两个销钉用来定位,装配好后,两个角进行金属化,从而在两块 PCB 间实现良好的电连接。

与非折叠形式相比,所提出的 L 形折叠天线具有相似的性能。图 35.54 给出了测试与仿真的 E 面和 H 面辐射方向图,分别对应于 45°和-45°面。测试的天线增益为 11dBi,仿真得到的增益为 13dBi。E 面和 H 面的 3dB 波束宽度为 38°,仿真的交叉极化为 10.7dB,测试结果为 8.1dB。折叠形式使 E 面和 H 面具有更好的对称性,然而增益和交叉极化会变差。

5) 耦合

单元间的互耦是阵列天线设计中一个重要的问题。互耦会改变阻抗、辐射方向图、波束宽度和阵列的方向性系数,甚至会恶化天线的性能,因此互耦是天线设计过程中必须要考虑的参数。本节对前述天线拓扑的互耦特性进行了研究。

使用 HFSS 软件仿真来评估两个相邻天线单元间的隔离度(图 35.55)。沿 E 面排列的间距为 $0.68\lambda_0$ 的天线单元间的隔离度约 13dB。去除中间区域的电

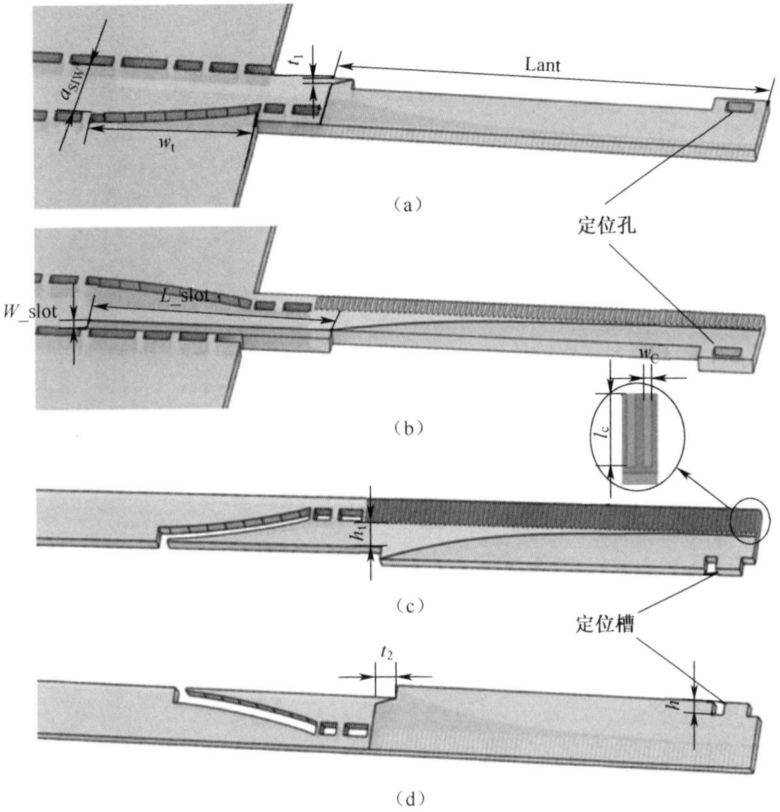

图 35.53　波纹槽折叠渐变槽线天线的几何结构

(a)主 PCB 的俯视图;(b)主 PCB 的仰视图;(c)插入 PCB 的俯视图;(d)插入 PCB 的仰视图。

注:Lant = 24.5mm, t_1 = 0.76mm, a_{siw} = 4mm, L_slot = 13.4mm, W_slot = 0.76mm, w_t = 9.3mm, h_t = 1.6mm, t_2 = 1.2mm, l_c = 1.23mm, w_c = 0.13mm, h = 0.76mm。

介质后,两单元间的隔离度会提高 3dB。为了解释耦合效应及改善的方法,仿真了对跖费米渐变槽线天线结构在去除介质和不去除介质状态下的电场分布,如图 35.56 所示。去除介质后,天线的有效口径增加,可以在整个天线口径上实现平面波相位波前。从图 35.56 中所示场分布的横截面视图中可以看到,不去除介质结构中心区域的场更集中。在改进的天线设计中,电场更多的沿着横向传播。实际上,空气间隙形成了不连续结构,场被限制在空气间隙中。当空气槽结构使用在两单元阵列中时,可以实现 1dB 的性能提升。当旁边存在第二个无源

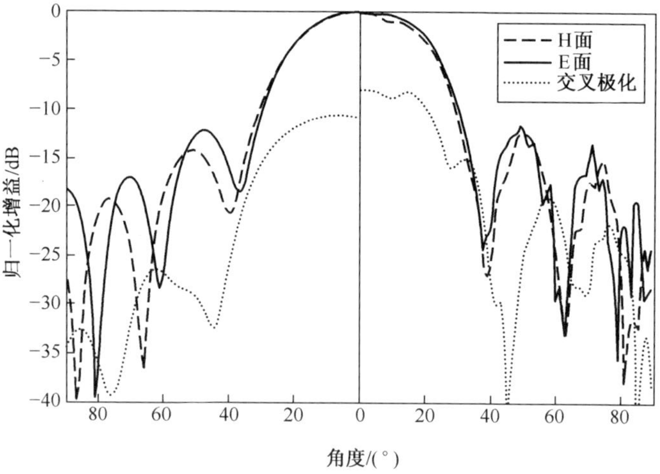

图 35.54 仿真和测试的波纹槽 L 形折叠抛物线渐变槽线天线在 35GHz 频点的辐射方向图

单元时,费米渐变槽线天线的仿真增益比孤立单元低 2dB。在 H 面耦合时,由于场被限制在材料附近,平行排列的两单元间的耦合非常小。

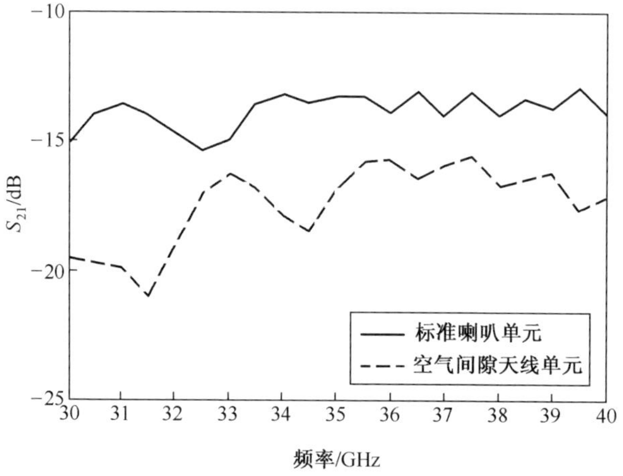

图 35.55 仿真的天线间的隔离度

使用线性渐变槽线天线和顺序旋转技术可以实现宽带、高增益性能的圆极化天线。单元可以集成为子阵,从而确定最优的几何结构。四个天线单元在物

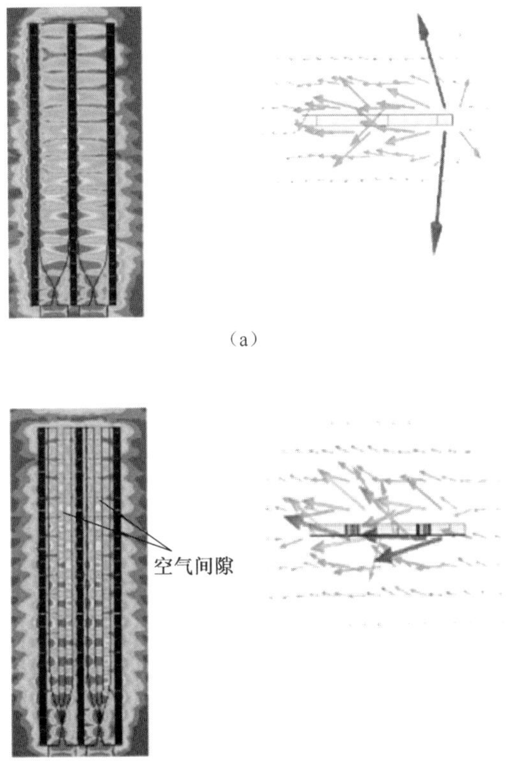

(a)

(b)

图 35.56　仿真的(a)两个标准费米渐变槽线天线单元间和(b)两个有空气间隙的费米渐变槽线天线单元间的互耦(彩图见书末)

理上彼此相对旋转,馈电相位根据排布情况分别进行调整,如图 35.57 所示。图 35.57 给出了只有一个端口馈电的横向截面视图的场分布情况。互耦效应随阵列配置而改变,第一种配置具有较好的增益特性。V 形配置中两个平行排布单元间的耦合非常强,直接影响了平行单元的中心。总增益与单个单元处于同样的水平。当构建一个较大的天线阵列时,第三种情况是第一种情况的互补形式。三种形式的场分布在一定程度上解释了预期的非对称辐射方向图。

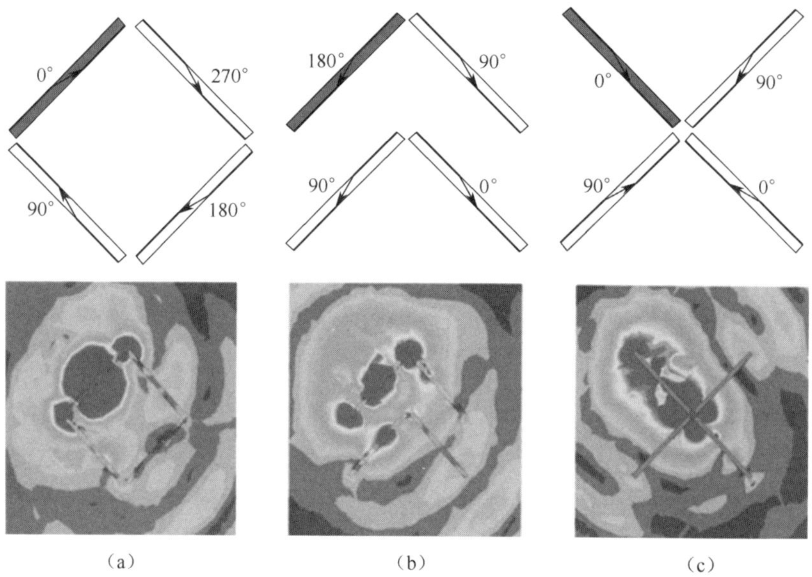

图 35.57　使用 HFSS 仿真得到的横向切面上的电场幅度分布(彩图见书末)
(a)情况 1,方形配置;(b)情况 2,V 形配置;(c)情况 3,X 形配置。

35.4　成像应用

成像用毫米波无源辐射计主要应用在安保和防卫领域,具有可以在特定频率范围穿透烟雾、灰尘、塑料和纺织品类材料等恶劣环境进行成像的能力。在一些特定的频率窗口(35GHz、94GHz、135GHz、220GHz 频点周围)大气损耗较低,研究人员设计了工作在这些频率窗口的无源传感器,充分利用低大气衰减特性,从而增加了图像对比度(与低频段相比)。

成像应用中采用的天线架构应该满足高增益和低旁瓣电平(SLL)的条件。另外,低成本和轻量化特性是高集成、高可靠和便携系统设计中一直追求的目标。实际上,成像系统一般通过增大天线规模以实现更高的分辨率,但是这会增加重量和总的体积。

由于所提出的基片集成波导馈电结构固有的屏蔽效果,因此可以实现馈电结构小型化,而不会在馈电网络中产生任何耦合。馈电网络的耦合会恶化隔离度，增加交叉极化电平。下文会给出不同形式的具有正交极化特性的渐变槽线天线单元。一个具有低旁瓣电平和高增益性能的用于成像的 128 单元阵列天线，其总质量只有 200g。

35.4.1　双极化端射天线

传播的平面波可以分解为两个正交的线极化波叠加，这两个波的极化方向同时与传播方向正交。在辐射计中，正交极化分量分别为垂直极化和水平极化。人体的自然辐射是无极化的，但是与周围的某些目标相互作用后就会产生极化。为了最终产生精确的合成图像，使用全极化时一个挑战性的问题是需要 H 极化和 V 极化间具备很好的分辨力。因此，在 H 和 V 极化端口间实现较好的隔离度以及天线增益、阻抗匹配、主极化/交叉极化鉴别率等天线参数都是至关重要的因素。本节给出了三种不同的用于实现双极化渐变槽线天线的方案。

1. 使用 E 面弯头实现双极化费米渐变槽线天线

与其他渐变槽线天线相比，波纹槽对跖费米渐变槽线天线可以实现几乎相同的 E 面和 H 面方向图，同时实现低旁瓣电平。使用两个 45°和−45°垂直臂旋转 E 面弯头对两个呈 90°角的费米天线进行馈电，如图 35.58(a)所示，原理样机如图 35.58(b)所示。

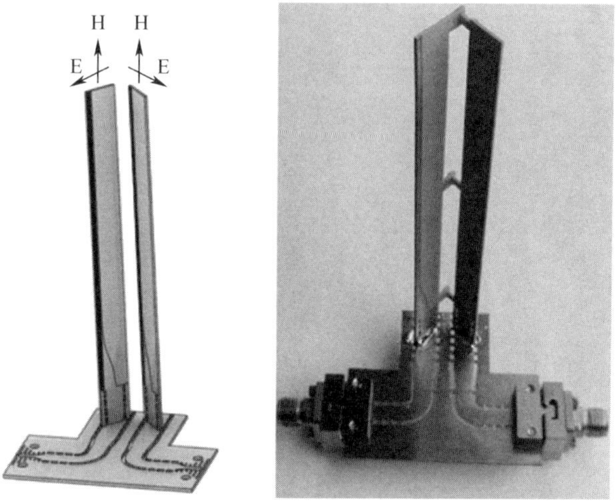

(a)　(b)

图 35.58　(a)基片集成波导双极化系统的布局以及(b)加工的基片集成波导双极化系统

双极化天线的测试和仿真 S 参数如图 35.59 所示(El Khatib et al.,2012a),仿真和测试的两端口间隔离度在 32~40GHz 频段内优于 20dB。测试的性能与仿真结果吻合良好。图 35.60 给出了设计的天线在 0°和 90°面内主极化(E 面)辐射方向图的测试结果,测试中两个端口同相馈电。0°面电场幅度为两个面电场的矢量叠加,同时 90°面为两者相减。由于其他单元的存在,辐射曲线有一点不对称。0°和 90°面的电场差别在侧射方向为 22dB。

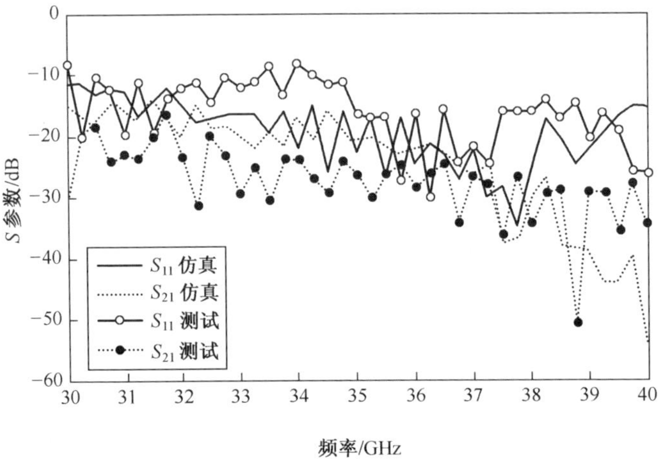

图 35.59 天线原理样机的 S 参数特性

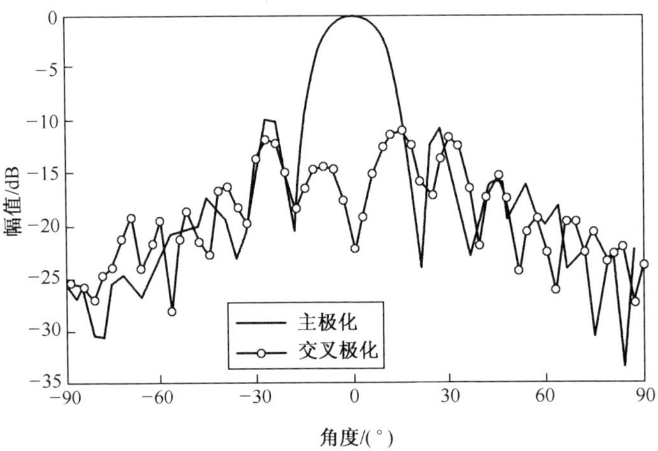

图 35.60 35GHz 的辐射方向图特性

2. 使用扭转接头实现双极化费米渐变槽线天线

第二种方案中,两个抛物线渐变槽线天线(PTSA)相互垂直放置实现垂直和水平极化。为了将垂直天线的信号引入水平天线,可以使用基片集成波导 90°扭转接头(Doghri et al.,2013)。

基片集成波导 90°扭转接头由 L 形基片集成波导传输线渐变构成,如图 35.61 所示。传输线宽度在一个面逐渐减小,在另一个面逐渐增加。信号可以从水平面传播到垂直面,反之亦然。为了验证所提出的结构,设计了工作在 Ka 频段(26.5~40GHz)的原理样机,基片采用 RT/Duroid 6002,其介电常数 ε_r = 2.94,厚度为 0.76mm。加工的样机包括两个乐高积木形式的互连 PCB,如图 35.61(b)、(c)所示。图 35.61(a)给出了扭转接头性能的测试结果,可见在 Ka 频段反射系数小于-18dB,插损优于 1dB。

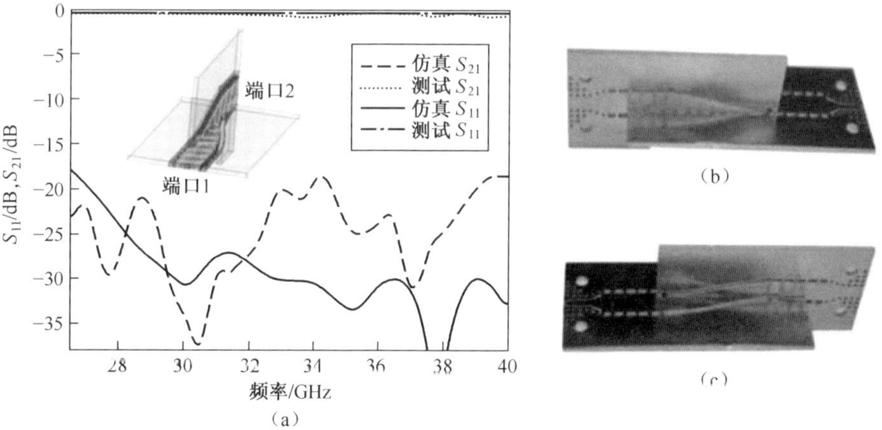

图 35.61　扭转接头 S 参数的测试和仿真结果,在 35GHz 频点的电场幅度分布,以及基片集成波导 90°扭转接头的前视图和后视图

使用两个高增益宽带波纹槽抛物线渐变槽线天线(PTSA)作为辐射单元,一些开槽和过孔用于定位。加工的原理样机如图 35.62 所示,焊接两个 K 形接头进行馈电,测试和仿真的回波损耗和隔离度如图 35.63 所示。从 32~38GHz(35GHz 中心频点,22%带宽)天线回波损耗优于-10dB,隔离度高于 32dB。由于结构的自屏蔽性能,馈电结构天线中的相互干扰可以降低到忽略不计。

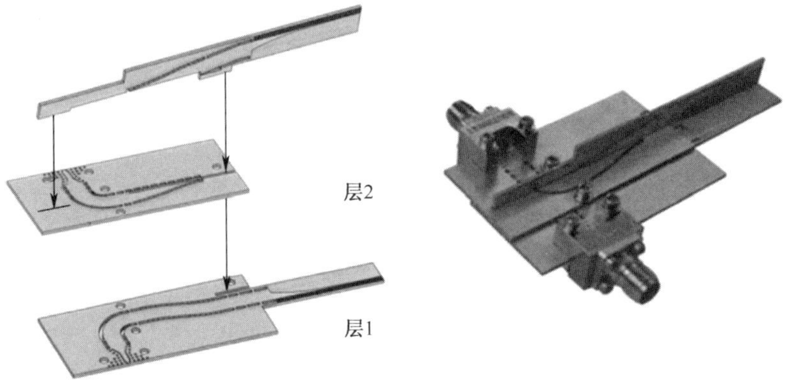

(a) (b)

图 35.62 基片集成波导双极化端射天线

(a)装配方案;(b)加工的原理样机。

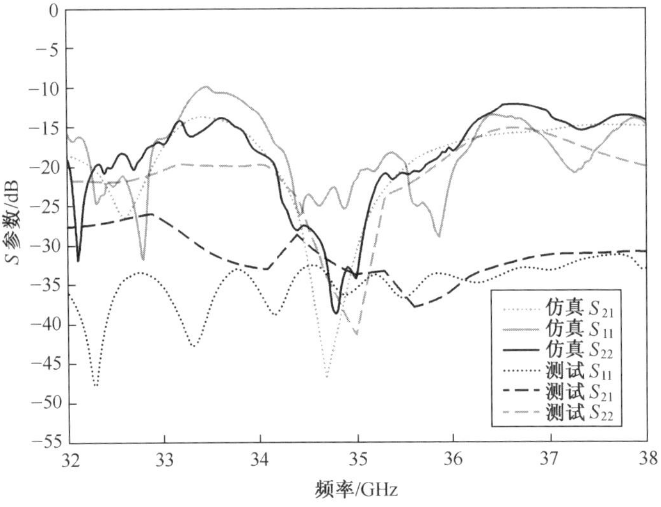

图 35.63 测试和仿真的回波损耗和隔离度

双极化天线在一个端口激励、另一个端口接匹配负载情况下的仿真和测试辐射特性如图 35.64 所示。由扭转接头馈电的垂直极化天线在 35GHz 频点的增益为 14.44dBi,同时水平极化天线的增益为 14.28dBi。两个方向图在 0°方向的交叉极化电平优于 27dB。由于其他单元的存在,可以看到主极化和交叉极化方向图有一点不对称,这一种解决方案的隔离度比第一种弯头馈电的方案好。

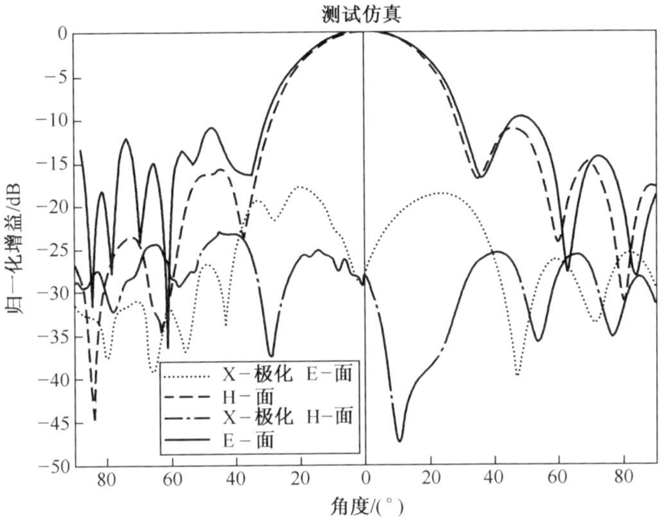

图 35.64　垂直极化天线(由扭转接头馈电)在 35GHz 频点相应的仿真和测试辐射方向图

3. 四单元双极化端射天线

相比于两单元,四单元方案可以在垂直和水平面间实现更好的对称性。使用三端口 E 面接头实现了水平极化。E 面接头如图 35.65 所示,通过渐变结构先将 T 形结变换到矩形波导的 TE_{20} 模,进而分配到两个馈电臂,形成两个等幅反相的信号。两个信号用来激励两个工作在 TE_{10} 模的基片集成波导传输线。

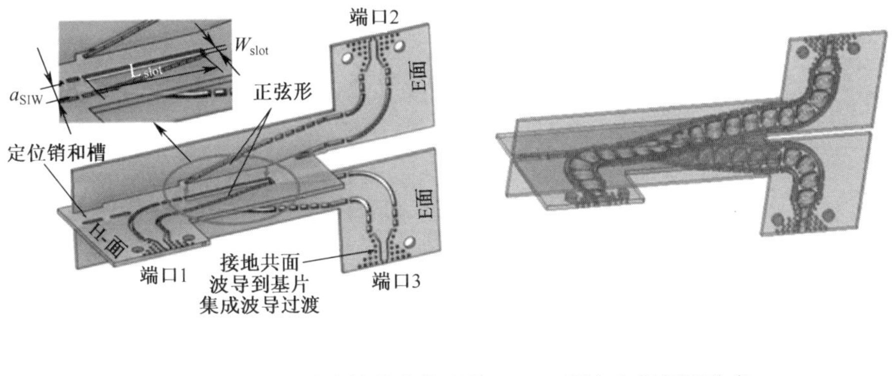

图 35.65　E 面接头结构和仿真的 35GHz 频点电场幅度分布

注:a_{SIW} = 4mm,W_{slot} = 0.762mm,L_{slot} = 15.2mm。

如图 35.65 所示,E 面接头通过 H 面基片集成波导传输线的模式信号功分、旋转,变换到两个 E 面输出基片集成波导传输线模式信号。使用罗杰斯公司厚度 0.76mm 的 RT/Duroid 6002 基片设计了工作在 30~40GHz 频段原理样机。基片集成波导两个等效侧壁通过宽 0.762mm 的矩形金属化槽阵列实现(最小值由金属化工艺确定,当前情况下为 0.254mm)。

加工的原理样机如图 35.66(a)所示。通过矢量网络分析仪和传输线—反射—传输线(LRL)校准方法,将连接器、过渡和 90°弯头影响去除。如图 35.66(b)、(c)所示,反射损耗和插入损耗在 30~40GHz 频段分别小于 16dB 和 0.46dB。如图 35.66(d)所示,E 面接头可以在整个频率范围内实现 180°相差,相位不平衡度小于±3°。

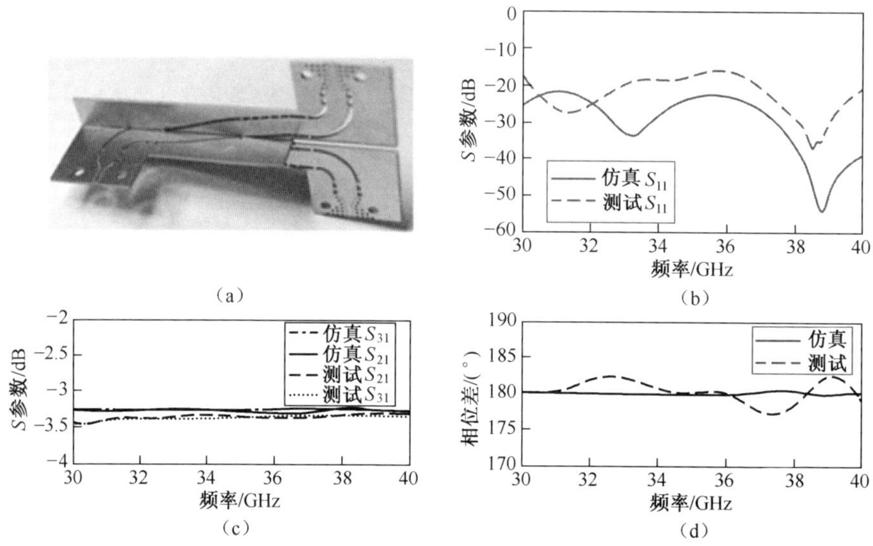

图 35.66 测试和仿真

(a)加工原理样机;(b)输入回波损耗;(c)传输系数;(d)输出相位差。

所设计的接头用于给四个抛物线渐变槽线天线(PTSA)单元馈电。如图 35.67 所示的原理样机包含了三个乐高积木一样的 PCB 模块,通过孔和槽实现精确定位。

图 35.68 给出了测试和仿真的回波损耗和隔离度,端口 1 和端口 2 分别为垂直极化和水平极化端口在 30~40GHz(28%带宽)内回波损耗优于 10.6dB,隔

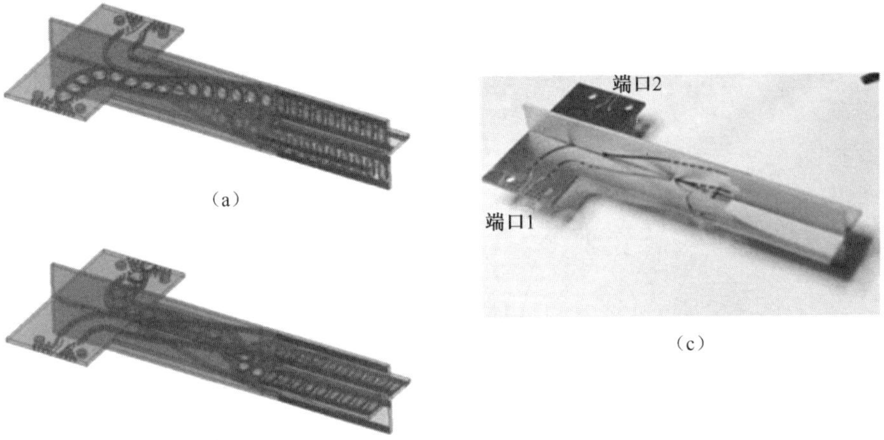

（a）

（b）

（c）

图 35.67　水平和垂直天线馈电时的电场幅度分布以及加工的原理样机

离度优于-26dB。图 35.69 分别比较了水平排列和垂直排列阵列天线的仿真和测试辐射方向图。水平极化阵列在 35GHz 的增益为 14.6dBi，同时由 E 面结构馈电的垂直极化阵列在同样频点的增益为 14dBi。由于阵列排布的对称性，辐射方向图也具有较好的对称性。

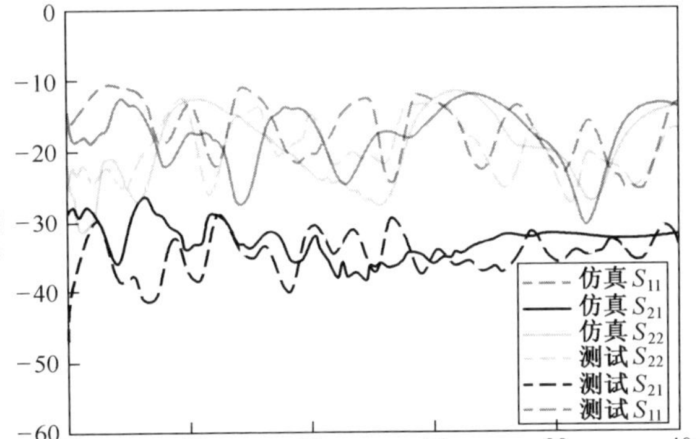

图 35.68　测试和仿真的回波损耗和隔离度

35.4.2　用于成像的费米渐变槽线阵列天线

使用 Villeneuve 分布来控制所提出的 8×16 单元阵列天线的旁瓣电平（El

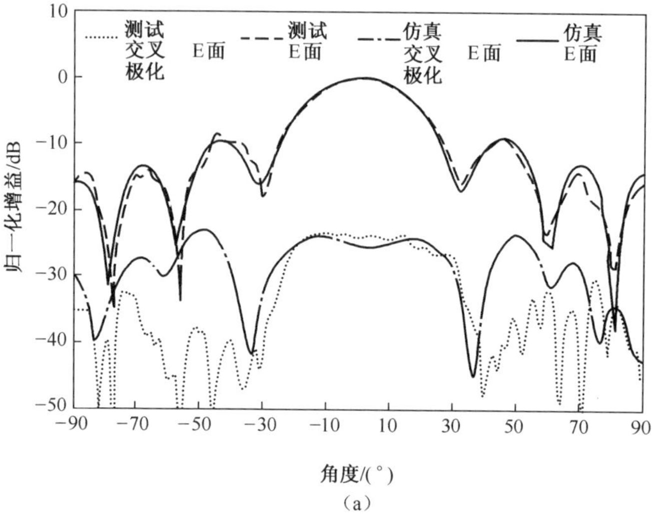

(a)

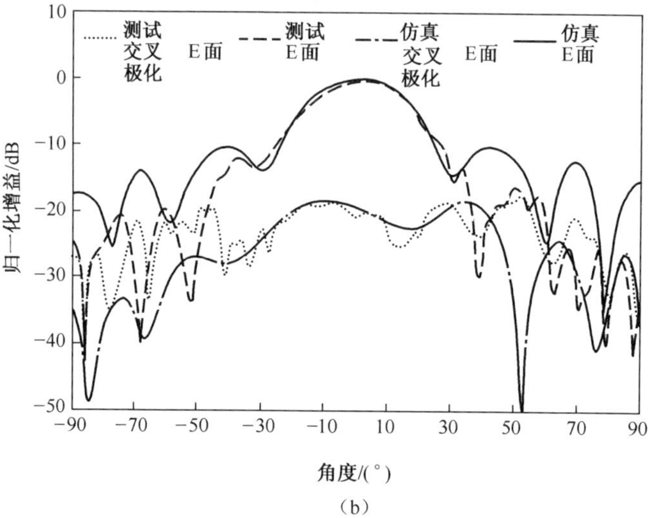

(b)

图 35.69　35GHz 频点的仿真和测试的 E 面辐射方向图

(a)水平极化阵列;(b)垂直极化阵列。

Khatib et al.,2012b)。图 35.70(a)给出了 1/16 功分器,通过使用 4 级等功分和不等功分 T 形结 H 面基片集成波导功分器级联来实现所需的口径分布。使用 H 面弯头来补偿由不平衡功率分配引起的时延差。功分器第四级的等功率分配说明需要对由单元间距决定的较小尺寸进行折中考虑。在 30～40GHz 频带内,所有的传输系数都在理想耦合因子周围波动。与前述 1/16 功分器类似，设计了一个 8 路 T 形结功分器以适应给 8 个上述 1×16 线阵样机馈电，这样就形成了集成 8×16 平面天线阵列。

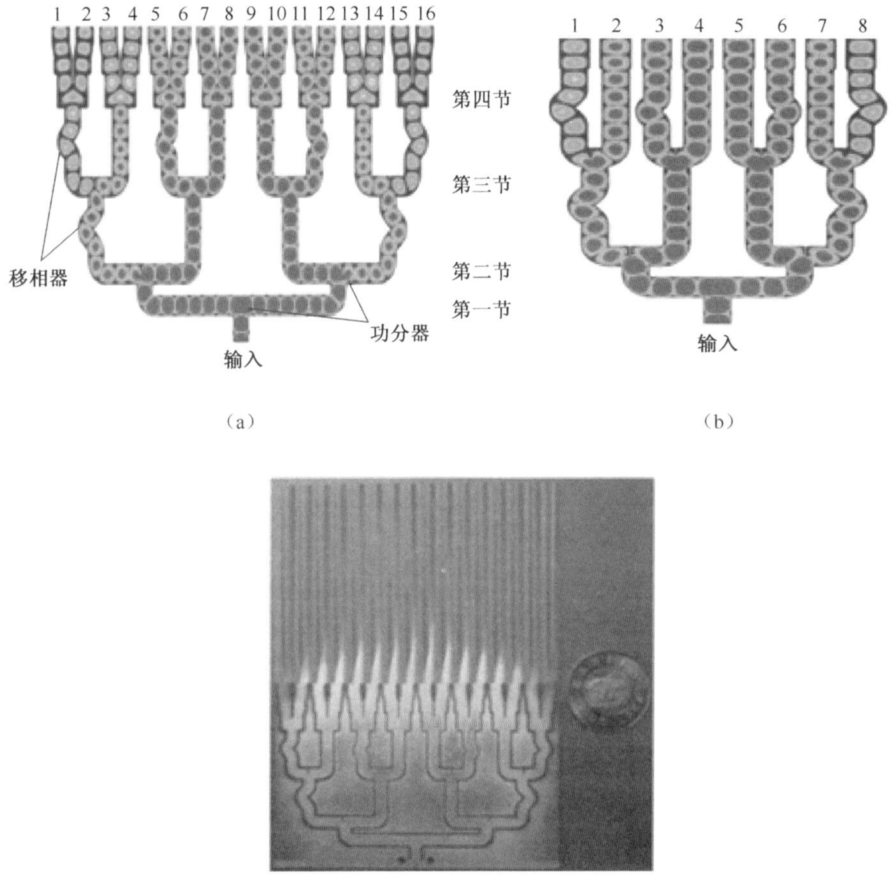

(a)　(b)

(c)

图 35.70　使用 HFSS 仿真得到的 35GHz 频点的电场幅度分布(同时给出非等功率分配 1/16 和 1/8 功分器)以及加工的 1/16 功分器(彩图见书末)

选择基于基片集成波导费米渐变槽线天线单元以确保天线阵列初始的高增益和宽带特性。在 35GHz 频点，仿真增益为 19.4dBi，测试结果为 18.4dBi。在天线阵列设计中必须考虑阵列单元间的互耦，在前述天线拓扑下，研究了 E 面相邻单元间的隔离度。

同一行间距 0.68 λ_0 的两单元间的隔离度约为 13dB。当中心区域的介质掏空后,两单元间的隔离度会提高 3dB。在改进的天线设计中,场沿着横截面传播的更远。实际上,空气间隙制造了不连续结构,场被限制在空气间隙中。当空气槽结构使用在两单元阵列中时,可以实现 1dB 的性能提升。当旁边存在第二个无源单元时,费米渐变槽线天线的仿真增益比孤立单元低 2dB。平行排列的两单元间的耦合非常小。

图 35.71 给出了由 8×16 个波纹槽对跖费米渐变槽线天线单元组成的新型平面阵列,并采用一个基片集成波导功分器进行馈电。一个 45°E 面到 H 面旋转接头配合 8 个 1×16 和 1 个 1×8 功分器实现了 128 个天线单元阵列的馈电网络模块。整个天线用标准 PCB 工艺加工(7 块 PCB)。如图 35.71(b)所示,平面阵列天线的增益为 27dBi,E 面和 H 面的旁瓣电平均优于 26dB,E 面波束宽度约为 5.15°,H 面波束宽度为 6.20°。阵列天线的总质量小于 200g,这是在有效载荷设计中使用基片集成波导技术的一大重要优势。

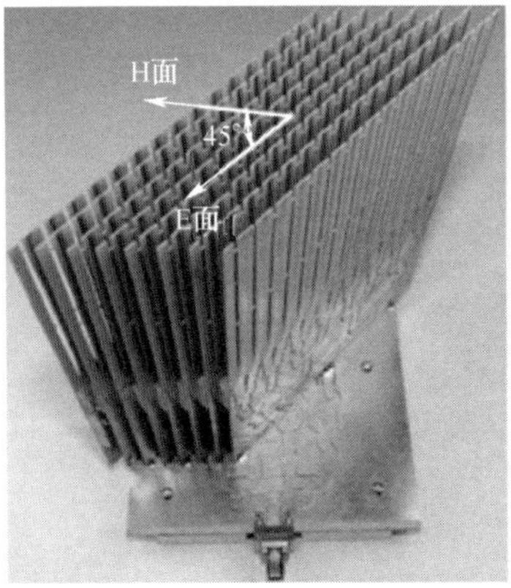

(a)

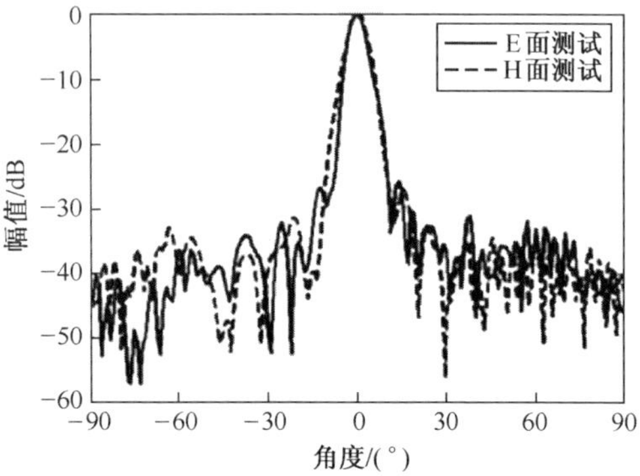

(b)

图 35.71　128 元天线阵列的三维架构以及 8×16 基片集成波导波纹槽费米渐变槽线天线在 35GHz 频点的 E 面和 H 面辐射方向图性能

35.4.3　成像系统

在一个场景中可以有多种不同的方式实现无源辐射计成像(Goldsmith et

al.,1993)。由于在设计有效移相器和相对较大的馈电系统中存在困难,因而限制了毫米波频段相控阵的应用。在毫米波频段,各类成像应用中使用的机械扫描天线系统存在成本高、机械系统可靠性相对低、使用的单接收机数据率低等主要问题。另一种获取图像的途径是使用焦平面阵列(FPA),由位于成像透镜或反射面焦平面的独立探测器单元阵列构成。研究人员搭建了由小焦平面阵列结合机械扫描的中等成本系统,该系统可以实现实时成像(Doghri et al.,2011)。

对于无源成像系统,通过天线配合上灵敏度非常高的接收机可以探测和测量天线波束所限制的立体角内接收到的电磁场辐射密度。在系统的天线设计中,需要同时考虑高增益、低旁瓣电平和低交叉极化,采用阵列天线方案可以实现这些目标。然而当考虑成本、重量和馈电网络的加工复杂度时,阵列天线方案又存在一些问题。由于馈电网络中的各种不连续性会产生噪声或者干扰,降低了接收机的灵敏度,使辐射计在测量中发生错误,因此应该尽量避免或者在使用中加以注意。使用简单接收机实现成像时,接收机前端电路主要有两个作用,分别为输入频段选择和将接收到的信号放大到探测器所需的合适电平。研制接收机的新途径是使用基片集成波导技术,这一方法由实现简单功能的基片集成波导子电路和内部互连组成,基本模块通过像搭乐高积木一样可以实现复杂的功能。当基片集成波导传输线通过足够的压力紧贴在其他传输线前面时,可以实现两根线间电磁波的传输,且损耗可以忽略。

探测器接收到的信号通过微控制器输入端的模数(A/D)变换器,然后通过USB端口传送给计算机,数据通过Matlab平台开发的数据采集软件进行处理。

通过逐单元测试后,使用图35.71中所示的16单元平面阵列和128单元二维阵列分别对三个场景进行了成像。通过增加天线增益,成像分辨率也会增加,如图35.72所示。二维阵列具有高增益特性,且与单元天线和平面阵列相比在两个主平面内具有更好的波束对称性,其成像结果更接近正方形。成像分辨率可以通过增加阵列单元数量或增加每个单元增益进一步提高。

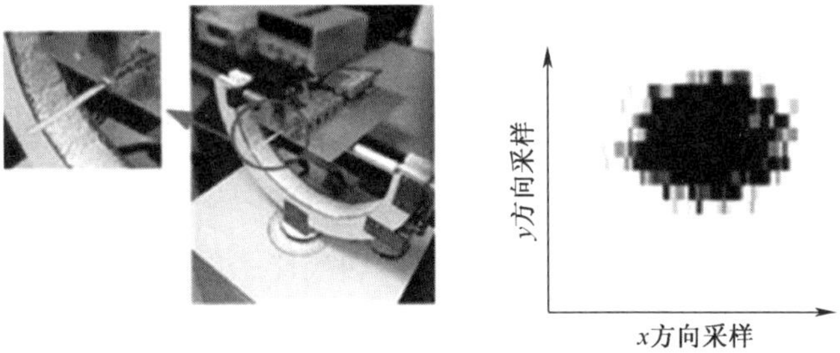

(a)

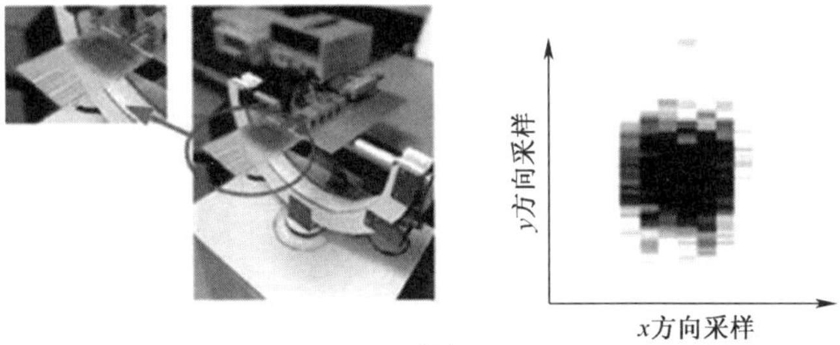

(b)

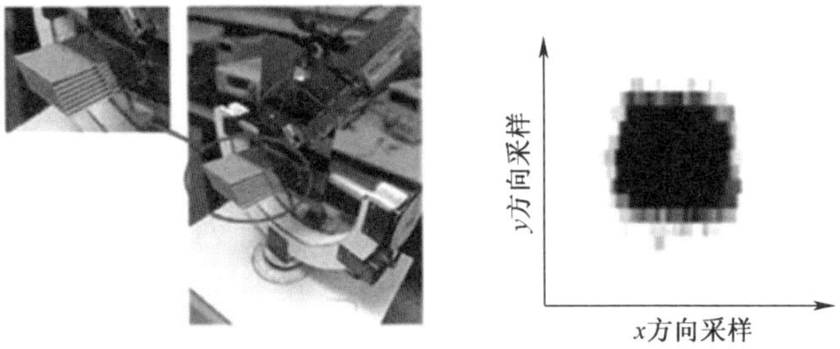

(c)

图 35.72　三种不同天线配置对加热的方形目标的成像结果

(a)单个单元;(b)线阵;(c)平面阵。

35.5　结论

天线作为最重要的系统组成部件之一,其设计会限制或者增强系统性能。一般来说,天线单元由于太大或者集成部件不能实现所需的辐射效率等性能要求,使其不能方便地集成到芯片中。在一些情况下,天线可以简单地看作芯片封装的一部分,这对毫米波系统设计来说可能比较重要。在大多数高增益天线应用中,需要采用集成了天线单元和馈电网络的阵列天线。波束形成网络这一类特殊的馈电网络,成为了多波束、波束扫描和波束捷变系统发展的动力。本章给出并介绍了一种非常适合于毫米波和太赫兹频段范围应用的非谐振基片集成波导天线结构。

本章同时也给出了不同介质加载的 H 面基片集成波导喇叭天线。通过合理选择结构和参数,可以取得给定尺寸的最大增益或给定增益的最小尺寸。

本章讨论了两种不同的漏波结构:一种是均匀导波结构;另一种包含了阵列或周期导波结构。两种结构有相同特性,也有很多有趣的与电和机械相关的不同。它们具有低损耗、非常灵活的辐射特性和优秀的机械性能。文中给出了基于基片集成波导馈电的不同形状渐变槽线天线的仿真和测试结果。本章详细描述了双极化天线的方案以及阵列天线在成像系统中的应用。其他类型的基于基片集成波导的非谐振天线可以通过基片集成波导馈电或与八木、透镜、介质棒等形式的基片集成波导天线进行再集成。

随着感光和光刻导体胶等厚膜技术的发展,使得可以在亚毫米波频段(如 500GHz)实现系统封装(SiP)技术。由于低温共烧陶瓷(LTCC)技术可以实现多层三维无源集成,这可以增强基片集成波导技术的灵活性。本章结合成像系统及多种部件,对所提出的乐高积木型模块的加工及其与易连接和易操作 PCB 的组装进行了研究和验证,该方法在 LTCC 和 PCB 制造工艺中起到了重要的作用。

交叉参考:

▶第 37 章　波束扫描漏波天线

▶ 第 40 章　毫米波天线与阵列

▶ 第 24 章　相控阵天线

▶ 第 73 章　传输线

▶ 第 30 章　波导缝隙阵列天线

▶ 第 44 章　宽带磁电偶极子天线

参考文献

Bozzi M, Georgiadis A, Wu K (2011) Review of substrate-integrated waveguide circuits and antennas. IET Microwaves Antennas Propag. 5:909-920

Bozzi M, Pasian M, Perregrini L (2014) Modeling of losses in substrate integrated waveguide components. In: International conference on numerical electromagnetic modeling and optimization for RF, microwave, and terahertz applications (NEMO), Pavia, 14-16 May 2014, pp:1-4

Cai Y, Qian Z-P, Zhang Y-S, Jin J, Cao W-Q (2002) Bandwidth enhancement of SIW horn antenna loaded with air-via perforated dielectric slab. IEEE Antennas Wirel. Propag. Lett. 13: 571-574

Caloz C, Jackson DR, Itoh T (2011) Leaky-wave antennas. In: Frontiers in antennas: next generation design & engineering. McGraw-Hill, New York

Cao W, Chen ZN, Hong W, Zhang B, Liu A (2014) A beam scanning leaky-wave slot antenna with enhanced scanning angle range and flat gain characteristic using composite phase-shifting transmission line. IEEE Trans Antennas Propag. 62(11):5871-5875

Cassivi Y, Perregrini L, Arcioni P, Bressan M, Wu K, Conciauro G (2002) Dispersion characteristics of substrate integrated rectangular waveguide. IEEE Microwave Wirel. Compon. Lett. 12(9):333-335

Cheng YJ, Wu K, Hong W (2008) Power handling capability of substrate integrated waveguide interconnects and related transmission line systems. IEEE Trans Adv. Packag. 31(4):900-909

Cheng YJ, Hong W, Wu K, Fan Y (2011) Millimeter-wave substrate integrated waveguide long slot leaky-wave antennas and two-dimensional multibeam applications. IEEE Trans Antennas Propag. 59(1):40-47

D'Orazio William (2004) Study of substrate integrated waveguide circulators for millimeter wave applications. In: Mémoire présenté en vue de l'obtention du diplôme de maîtrise ès sciences appliquées (génie électrique)' Thèse - École polytechnique

Deslandes D (2010) Design equations for tapered microstrip-to-substrate integrated waveguide transitions. In: International microwave symposium, Anaheim, 23-28 May 2010, pp:704-707

Deslandes D, Wu K (2003) Single-substrate integration technique of planar circuits and waveguide components. IEEE Trans Microwave Theory Tech 51:593-596

Deslandes D, Wu K (2005) Substrate integrated waveguide leaky-wave antenna: concept and design considerations. In: Microwave conference proceedings, APMC 2005. Asia-pacific conference proceedings, Suzhou, pp:346-349

Deslandes D, Wu K (2006) Accurate modeling, wave mechanisms, and design considerations of a substrate integrated waveguide. IEEE Trans. Microwave Theory Tech 54(6): 2516-2526

Ding Y, Wu K (2008) Miniaturization techniques of substrate integrated waveguide circuits. In: IEEE MTT-S inter microwave workshop series (IMWS) on art of miniaturizing RF and microwave passive components, Chengdu, pp:63-66

Ding Y, Wu K (2009) A 4 x 4 ridge substrate integrated waveguide (RSIW) slot array antenna. IEEE AntennasWirel. Propag. Lett. 8:561-564

Ding Y, Wu K (2010) T-type folded substrate integrated waveguide (TFSIW) slot array antenna. IEEE Trans AntennasPropag. 58(5):1792-1795

Dion A (1958) Nonresonant slotted arrays. IRE Trans. Antennas Propag. 1958:360-365

Djerafi T, Wu K (2012a) 77GHz planar Butler matrix without crossover. IEEE Trans. Antennas Propag. 60(10):4949-4954

Djerafi T, Wu K (2012b) Corrugated substrate integrated waveguide (SIW) antipodal linearly tapered slot antenna array fed by quasi-triangular power divider. Prog. Electromagn. Res C 26: 139-151

Djerafi T, Wu K (2013) Substrate integrated waveguide (SIW) techniques: the state-of-the-art developments and future trends. J Univ. Electron Sci Technol. China 42(2):171-192

Djerafi T, Ghassemi N, Kramer O, Youzkatli-el-Khatib B, Guntupalli AB, Wu K (2012a) Small footprint multilayered millimeter-wave antennas and feeding networks for multi-dimensional scanning and high-density integrated systems. Radioengineering 21(4):935-945

Djerafi T, Aubert H, Wu K (2012b) Ridge substrate integrated waveguide (RSIW) dual-band hybrid ring coupler. IEEE Microwave Wirel. Compon. Lett. 22(2):70-72

Djerafi T, Ghiotto A, Wu K (2012c) Antipodal fin-line waveguide to substrate integrated waveguide transition. In: IEEE MTT-S international microwave symposium digest, Montreal, pp:1-3

Djerafi T, Patrovsky A, Wu K, Tatu SO (2013) Recombinant waveguide power divider. IEEE Trans. Microwave Theory Tech. 61(11):3884-3891

Doghri A, Djerafi T, Ghiotto A, Wu K (2011) Early demonstration of a passive millimeter-wave imaging system using substrate integrated waveguide technology. In: Mediterranean microwave symposium (MMS), 2011 11th, Hammamet, pp:215-218

Doghri A, Djerafi T, Ghiotto A, Wu K (2013) SIW 90-degree twist for substrate integrated circuits and systems. In: IEEE MTT-S international microwave symposium digest, Seattle, pp:1-3

Doghri A, Ghiotto A, Djerafi T, Wu K (2014) Broadband E-plane junction for three-dimensional substrate integrated waveguide circuits and systems. IEEE Microwave Wirel. Compon. Lett. 24 (11):739-741

El Khatib BY, Djerafi T, Wu K (2012a) Substrate integrated waveguide vertical interconnects for three-dimensional integrated circuits. IEEE Trans Compon. Packag. Manuf. Technol. 2(9): 1526-1535

El Khatib BY, Djerafi T, Wu K (2012b) Three-dimensional architecture of substrate integrated waveguide feeder for Fermi tapered slot antenna array applications. IEEE Trans. Antennas Propag. 60(10):4610-4618

Esquius-Morote M, Fuchs B, Zürcher J-F, Mosig JR (2013a) A printed transition for matching improvement of SIW horn antenna. IEEE Trans Antennas Propag. 61(4):1923-1930

Esquius-Morote M, Fuchs B, Zurcher J, Mosig JR (2013b) Novel thin and compact H-plane SIW horn antenna. IEEE Trans. Antennas Propag. 61(6):2911-2920

Galejs J (1962) Excitation of slots in a conducting screen above a lossy dielectric half space. IRE Trans AP-10:436-443

Gazit E (1988) Improved design of the Vivaldi antenna. Proc. Inst. Elect. Eng. pt H 135:89-92

Gibson PJ (1979) The Vivaldi aerial. In: Proceedings of the 9th European microwave conference, Brighton, pp:101-105

Goldsmith PF, Hsieh C-T, Huguenin GR, Kapitzky J, Moore EL (1993) Focal plane imaging systems for millimeter wavelengths. IEEE Trans Microwave Theory Tech 41:1664-1675

Grigoropoulos N, Young PR (2004) Compact folded waveguides. In: 34th European microwave conference, Amsterdam, pp:973-976

Grigoropoulos N, Izquierdo BS, Young PR (2005) Substrate integrated folded waveguides (SIFW) and filters. IEEE Microwave Wirel. Compon. Lett. 15(12):829-831

Guntupalli AB (2014) Low-cost integrated waveguide antenna front-end solutions for fifth generation cellular systems and beyond. Dissertation thesis, Ecole polytechnique de Montreal

Hao Z-C, Hong W, Chen J-X, Chen X-P, Wu K (2005) A novel feeding technique for antipodal linearly tapered slot antenna array. IEEE MTT-S Int. Microw. Symp. Dig 12-17:1641-1643

Hong W, Wang Y, Lai QH, Liu B (2006) Half mode substrate integrated waveguide: a new guided wave structure for microwave and millimeter wave application. In: Proceedings of the joint 31st international conference on infrared millimeter waves and 14th international conference on terahertz electron, Shanghai

Hyneman RF (1959) Closely-spaced transverse slots in rectangular waveguide. IRE Trans 1959: 335-342

Johansson JF (1989) A moment method analysis of linearly tapered slot antennas. In: IEEE antennas and propagation society international symposium, San Jose, pp:383-386

Kim SG, Chang K (2004) Ultra wideband exponentially-tapered antipodal Vivaldi antennas. In: IEEE AP-S, Monterey, pp:2273-2276

Lewis LR, Fasset M, Hunt J (1974) A broadband stripline array element. In: IEEE antennas and propagation society international symposium (digest), Atlanta, pp:335-337

Li ZL, Wu K (2004) A new approach to integrated horn antennas. In: Proceedings of international of symposium on antenna technology and applied electromagnetics, Montreal, pp:535-538

Li L, Chen X, Khazaka R, Wu K (2009) A transition from substrate integrated waveguide (SIW) to rectangular waveguide. In: Asia pacific microwave conference, 2009, Singapore, pp:2605-2608

Li J, Wen G, Xiao F (2010) Broadband transition between rectangular waveguide and substrate integrated waveguide. Electron Lett. 46(3):223-224

Lu K (1997) An efficient method for analysis of arbitrary nonuniform transmission lines. IEE Trans Microwave Theory Tech 45(1):9,14

Mallahzadeh AR, Esfandiarpour S (2012) Wideband H-plane horn antenna based on ridge substrate integrated waveguide (RSIW). IEEE Antennas Wirel. Propag. Lett. 11:85-88

Martinez-Ros AJ, Gomez-Tornero JL, Goussetis G (2010) Planar leaky-wave antenna with flexible control of the complex propagation constant. IEEE Trans. Antennas Propag. 60(3):1625-1630

Meinel H (1995) Commercial applications of millimeterwaves - history, present status and future trends. IEEE Trans. Microwave Theory Tech. 43(7):1639-1653

Moldovan E, Bosisio RG, Wu K (2006) W-band multiport substrate integrated waveguide circuits. IEEE Trans. Microwave Theory Tech. 54:625-632

Nanzer J (2012) Microwave and millimeter-wave remote sensing for security applications. Artech House, Norwood

Nesic A (1991) Endfire slot line antennas excited by a Coplanar waveguide. In: IEEE AP-S international symposium, digest, London, pp:700-702

Oliner AA, Jackson DR, Volakis JL (2007) Leaky-wave antennas, Chapter 11. In: Antenna engineering handbook, 4th edn. McGraw-Hill, New York

Patrovsky A, Daigle M, Wu K (2007) Millimeter-wave wideband transition from CPW to substrate integrated waveguide on electrically thick high-permittivity substrates. In: Proceedings of 37th European Microwave Conference (EuMC37), Munich, pp:138-141

Pozar DM (1983) Surface wave effects for millimeter wave printed antennas. In: Proceedings of the antennas and propagation society international symposium, Houston, vol. 21, pp:692-695

Pozar DM (2011) Microwave engineering, 4th edn. Wiley, New York

Prasad SN, Mahapatra S (1979) A novel MIC slot line aerial. In: Proceedings 9th European microwave conference, Brighton, pp:120-124

Salmon NA (2004) Scene simulation for passive and activemillimetre and sub-millimetre wave imaging for security scanning and medical applications. SPIE 5619:129-135

Sato H, Sawaya K, Arai N, Wagatsuma Y, Mizuno K (2003) Broadband FDTD analysis of Fermi antenna with narrow width substrate. In: IEEE antennas and propagation society international symposium, 2003, Columbus, vol. 1, pp:261-264

Scharp GS (1982) Continuous slot antennas. US Patent 4,328,502, 4 May 1982

Schaubert DH (1993) Scanning characteristics of stripline- fed tapered slot antennas on dielectric substrates. In: Proceedings of the 1993 antenna applications symposium, Monticello

Schoebel J, Herrero P (2010) Planar antenna technology formm-wave automotive radar, sensing, and communications. In: Kouemou G (ed) Radar technology InTech. ISBN:978-953-307-029-2, doi:10.5772/7185. http://www.intechopen.com/books/radar-technology/planar-antenna-technology-for-mm-wave-automotive-radar-sensing-and-communications

Simons RN, Lee RQ, Perl TD (1992) Non-planar linearly tapered slot antenna with balanced microstrip feed. In: IEEE AP-S international symposium, Chicago, vol. 4, pp:2109-2112

Solbach K, Schneider R (1999) Review of antenna technology for millimeter wave automotive sensors. In: Proceedings of the European microwave conference, Munich, pp:139-142

Sugawara S, Maita Y, Adachi K, Mori K, Mizuno K (1998) Characteristics of a MM-wave tapered slot antenna with corrugated edges. IEEE Trans Microwave Theory Tech 2:533-536

Sutinjo A, Okoniewski M, Johnston RH (2008) Radiation from fast and slow traveling waves. IEEE Antennas Propag. Mag. 50(4):175-181

Uchimura H, Takenoshita T, Fujii M (1998) Development of a laminated waveguide. IEEE Trans. Microwave Theory Tech. 46(12):2438-2443

Vye D (2011) Divine innovation: 10 technologies changing the future of passive and control components. Microw. J 54(11):22-42

Walter CH (1965) Traveling wave antennas. McGraw-Hill, New York

Wang N-B, Jiao Y-C, Song Y, Zhang L, Zhang FS (2009) A microstrip-fed logarithmically tapered slot antenna for wideband applications. J Electromagn. Waves Appl. 23(10):1335-1344

Wang H, Fang D-G, Zhang B, Che W-Q (2010) Dielectric loaded substrate integrated waveguide (SIW) H-plane horn antennas. IEEE Trans. Antennas Propag. 58(3):640-647

Wei J, Chen ZN, Qing X, Shi J, Xu J (2013) Compact substrate integrated waveguide slot antenna array with low back lobe. IEEE AntennasWirel. Propag. Lett. 12:999-1002

Whetten F, Balanis CA (1991) Meandering long slot leaky-wave antennas. IEEE Trans. Antennas Propag. 39(11):1553-1559

Wong M, Sebak AR, Denidni TA (2008) A broadside substrate integrated horn antenna. In: IEEE AP-S international symposium 2008, Atlanta, pp:1-4

Wu K (2001) Integration and interconnect techniques of planar and nonplanar structures for microwave and millimeter-wave circuits-current status and future trend, In: Asia-pacific microwave conference 2001, Taipei, Taiwan, pp 411-416

Wu C, Shen L, Deng GY, Shen Y, Litva J (1998) Experimental study of a wide band LTSAwhich is fed by an inverted microstrip line (IML). In: IEEE AP-S international symposium, San Diego, vol. 4, pp:2328-2331

Wu K, Deslandes D, Cassivi Y (2003) The substrate integrated circuits-a new concept for highfrequency electronics and optoelectronics. In: Telecommunications in modern satellite, cable and broadcasting service, TELSIKS 2003, 6th international conference, vol. 1, pp: P-III

Wu K, Cheng YJ, Djerafi T, Hong W (2012) Substrate integrated millimeter-wave and terahertz antenna technology. Proc. IEEE 100(7):2219-2232

Xia L, Xu R, Yan B, Li J, Guo Y, Wang J (2006) Broadband transition between air-filled waveguide and substrate integrated waveguide. Electron Lett. 42(24):1403-1405

Xu F, Zhang Y, Hong W, Wu K, Cui TJ (2003) Finite difference frequency-domain algorithm for modeling guidedwave properties of substrate integrated waveguide. IEEE Trans Microwave Theory Tech MTT-51(11):2221-2227

Xu J, Hong W, Hongjun H, Kuai Z, Wu K (2008) Half-mode substrate integrated waveguide (HMSIW) leaky-wave antenna for millimeter-wave applications. IEEE Antennas Wirel. Propag. Lett. 7:85-88

Yamamoto S, Hirokawa J, Ando M (2002) A beam switching slot array with a 4-way Butler matrix installed in a single layer post-wall waveguide. In: Proceedings of the IEEE AP-S international 1241 symposium, San Antonio, vol. 1, pp:138-140

Yan L, Hong W, Wu K, Cui TJ (2005) Investigations on the propagation characteristics of the substrate integrated waveguide based on the method of lines. Proc. IEE Microwave Antennas Propag. 152:35-42

Yang Y, Wang Y, Fathy AE (2008) Design of compact Vivaldi antenna arrays for UWB see through wall applications, Progress In Electromagnetics Research, PIER vol. 82, pp:401–418

Yngvesson SK, Schaubert DH, Korzienowski TL et al (1985) Endfire tapered slot antennas on dielectric substrates. IEEE Trans. Antennas Propag. AP–33(12):1392–1400

Yngvesson KS, Korzeniowski TL, Kim Y–S, Kollberg EL, Johansson JF (1989) The tapered slot antenna–a new integrated element for millimeter–wave applications. IEEE Trans Microwave Theory Tech 37(2):365–374

Zhu L, Wu K (2002) Field–extracted lumped–element models of coplanar stripline circuits and discontinuities for accurate radio–frequency design and optimization. IEEE Trans Microwave Theory Tech 50(4):1207–1215

第 36 章
超宽带天线

Max J. Ammann, Matthias John, and Giuseppe Ruvio

摘要

近年来,研究人员对超宽带天线研究的关注点集中在生物医学和安全领域。早期的超宽带天线的发展主要受美国联邦通信委员会在 2002 年进行的频谱分配驱动,重点关注的是如何实现在保持合理群延迟特性的同时获得超宽的阻抗带宽,其中大多设计均为标准的简单平面单极子天线。随着近年来涌现的各种新型设备,超宽带天线的设计需要关注的更多的是如何实现尺寸的减缩以及与不同设备的集成化设计。就需要对天线结构进行优化,从而保证集成在系统中的天线还具有很好的性能。设计人员可以采用包括样条技术在内的多种方法设计天线单元以及地板的轮廓形状。简化的遗传算法用于多个天线参数的同步分

M. J. Ammann(✉)
都柏林理工大学电气与电子工程学院,爱尔兰
email:max.ammann@ dit. ie
G. Ruvio
都柏林理工大学天线和高频研究中心
e-mail:johnm@ tcd. ie,爱尔兰
M. John
都柏林大学三一学院电信研究中心(CTVR)
e-mail:ruviogius@ gmail. com,爱尔兰

析,而进化算法则因适用于多目标优化而更善此道。这些方法用于设计对时域特性要求苛刻以及单馈和差分馈电天线时有显著的优势。应用UWB信道,即3.1~10.6GHz频谱的设备主要用于进行定位和跟踪,多采用脉冲射频UWB成像,且主要为线极化方式,但为了满足一些特定系统的应用要求,也需要研究和设计具有圆极化特性的定向或全向超宽带天线。

关键词

平面单极子天线;样条;优化;时域特性;脉冲响应;物体跟踪天线;成像天线;维瓦尔第天线;圆极化;偶极子天线;小型化;缝隙天线;射频标签

36.1 引言

马可尼(Guglielmo Marconi)在1897年利用电火花间隙发射器在开阔海面上实现了第一次无线通信,并在1901年实施了从英格兰的Poldhum到纽芬兰岛的St. John's间横跨大西洋的通信(Balanis,2005)。由于使用的是电火花发射器,马可尼所使用的信号本身便工作在超宽的频带上。从此射频技术便开始了日新月异的发展,在随后的几十年,由于可用电磁频谱的限制,射频技术的发展主要集中在窄带传输上。而到了20世纪60年代末,研究人员才开始研究超宽带(Ultra Wide Band,UWB)技术。美国空军在1977年至1989年对超宽带系统进行立项研究(Barret,2001),而一些大学则主要对短脉冲与物质间的相互作用进行了研究。1994年,T. E. McEwan发明了第一个紧凑、廉价的低功耗的微波单脉冲雷达(Microwave Impulse Radar, MIR),只从电池中获得微瓦级的功率(Azevedo et al.,1996)。

美国联邦通信委员会(Federal Communication Commission, FCC)将3.1~10.6GHz频段分配给之前无授权的超宽带应用,自此开启了UWB技术的标准化。该标准规定超宽带射频通信的最大等效各向同性辐射功率(Equivalent Isotropic Radiated Power, EIRP)为−41.3dBm/MHz(74 nW/MHz),且指定超宽带信号必须有超过20%的相对带宽,或者其绝对带宽大于500 MHz(Allen 等,2007)。

高数据率传输超宽带标准由 IEEE 802.15.3a 任务组起草，但在 2006 年年初中断，高数据率多频带 OFDM 方案由 ECMA-368 标准进行规范。2004 年，IEEE 成立了 802.15.4a 任务组，制定了低速率超宽带系统的标准，选择在物理层上使用两个不同的方法，分别为直扩（Direct Sequence，DS）UWB 和线性调频扩频（Chirp Spread Spectrum，CSS）（IEEE，2011）。IEEE 接着发布了超宽带信道的体域网的 IEEE 802.15.6 标准。UWB 信号因宽工作带宽而具有高时间分辨率（通常小于 1 ns），使之尤其适合应用在无线传感网络（Wireless Sensor Network，WSN）和实时定位系统（Real Time Location System，RTLS）中。

应用在现代宽带无线通信系统中的一些常见的天线均可以归类为偶极子或单极子天线。这些天线单元展现了良好的带宽特性，而且可以通过增加单元圆柱臂的直径获得更宽的阻抗带宽。在一定程度上，这一措施对于馈电探针和圆柱形单元间的直径变化幅度较大时是比较可行的，而利用渐变结构设计连接部分对于双锥形偶极子等宽带单元非常利于实现天线的宽带特性，但昂贵的造价使其仅局限于实验室的研究中。然而研究也发现，利用平面结构代替单极子或偶极子天线的圆柱臂可以实现较宽的带宽，而通过简单的调整改变可以实现超宽带特性。Meinke 和 Gundlach 在 1968 年首次提到了平面单极子天线，并将其描述成圆柱形或圆锥形单极子的一种变形，Dubost 和 Zisler 在 1976 年详细研究了该类天线的宽阻抗带宽特性（Dubost，et al.，1976）。1991 年 Honda 等报道了一种碟型平面单极子天线，该天线设计工作在日本电视的工作频段（90～770MHz），1992 年他们又设计了一种具有超过 10 倍频 10dB 阻抗带宽的超宽带天线。Hammoud 等在 1993 年基于矩量法建立了一种可以计算圆形碟型单极子天线输入阻抗的模型。Agrawall 等在 1998 年设计了圆形和椭圆形的碟形单极子天线，并提出了一个基于低频截止频率来预测天线阻抗带宽的公式，自此便涌现出越来越多不同形状的典型单极子形式来实现天线的超宽带特性，包括方形、矩形、椭圆形、圆形、梯形和三角形等（Ammann，1999；Evans，Ammann，1999）。Chen（2000）也同样研究了具有三角形和领结形结构的剖面单元。此外，具有切边的形状以及不对称馈电结构也用来进一步实现天线阻抗带宽展宽（Ammann，2001；Ammann，et al.，2003a，b）。

当时这些单元均被放置在传统形式的接地板上，且大多情况下仅考虑其阻抗特性。随着时间的推移，许多结构被用来设计印制天线，即接地板和天线结构均被印制在同一个 PCB 上（Kuo et al.，2002；Go et al.，2004；Liang et al.，2004）。

设计规则通常不予考虑的接地板上则布满组件和模块,从而非常便于应用在便携式终端设备中(图 36.1)。

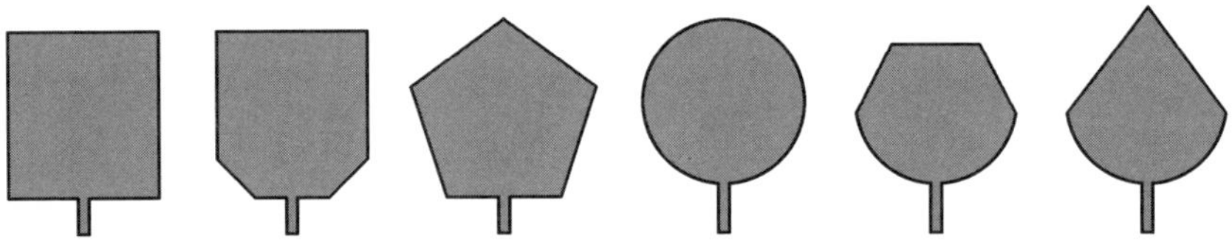

图 36.1 平面单极子形式(正方形、方锥形、五边形、圆形以及这些形式的组合)

36.2 超宽带天线的优化设计

超宽带天线的结构大多基于如矩形(Chen et al.,2006a)、圆形(Liang et al.,2005)或椭圆形(Angelopoulos et al.,2006)等简单的结构,或者是这些结构的组合(Griffiths et al.,2005)。Karacolak 和 Topsakal(2006)使用矩形、三角形和圆形的组合机构设计超宽带天线,Chen 等(2006b)设计的天线的结构采用多边形、圆形和指数曲线的组合。

为了使天线具有特定的性能,可以采用简单的差值法到同时优化多个目标的进化算法等优化方法进行天线结构的设计,对于电磁优化的研究目前已经有大量公开发表的文献。进化方法包括遗传算法(Genetic Algorithm,GA)(Johnson et al.,1997;Haupt,2007;John et al.,2007)和部分粒子群优化算法(Particle Swarm Optimisation,PSO)(Jin et al.,2005;Donelli et al.,2005)。目前许多商用电磁软件如 CST、Feko 或 HFSS 均可以进行天线的优化设计,且在后面的例子中就使用了 CST 微波工作室中的 GA 方法。

本章基于二次贝塞尔样条曲线分析了天线结构(Foley et al.,1993;Bartels et al.,1996),样条曲线是对控制点进行二次差值而得到的曲线,可以由这些样条来构造天线的辐射体和接地板,该方法的优点是其本身具有辐射体的圆形形状且可以直接给控制点分配参数,克服了圆形和椭圆形结构的限制,且不需要用其他简单形状进行组合。

36.2.1 样条理论

样条曲线可以由多项式来定义的方程进行表示。在数学上,样条用来解决差值和平滑问题;在计算机图像处理中,该术语用来表示复杂结构的多段多项式参数曲线(Bartels et al.,1996)。样条可以通过多项式次数进行分类,如一次、二次、三次或更高次数的曲线。在计算机图像和 CAD 程序中,通常使用的是二次和三次样条(Foley et al.,1993)。贝塞尔曲线是以 Pierre Bezier 博士的名字进行命名的,在 20 世纪 60 年代使用该曲线设计了雷诺汽车的车体。

电磁仿真软件 CST 微波工作室使用曲线的二次形式,二次贝塞尔样条的一个曲线段可以由方程(36.1)获得:

$$B(t) = (1 - t)^2 P_0 + 2t(1 - t)P_1 + t^2 P_2, t \in [0,1] \tag{36.1}$$

式中:t 从 0 至 1 进行扫频;点 P_n 在二维平面上用 x 和 y 坐标进行定义。

图 36.2 给出了不同的 t 所对应的曲线,可以看到当 t 分五步从 0 变化到 1 时,"×"(绿色)点沿着一个二次曲线(红色)进行跟踪。为了构造更为复杂的结构,可以使用若干条贝塞尔曲线进行拟合。

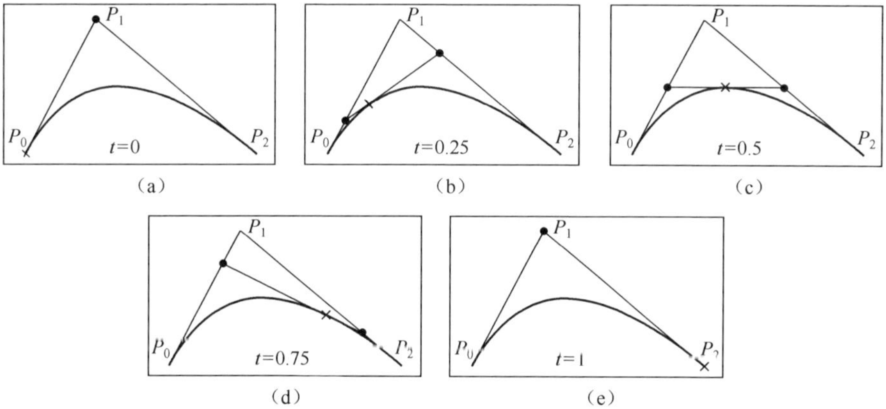

图 36.2　关于 t 的二阶贝塞尔曲线(彩图见书末)

36.2.2　基于样条的天线结构实例

在后面的例子中,将用二次贝塞尔函数来描述一个印制单极子天线的辐射体的轮廓。样条曲线由 8 个控制点 $P_0 \sim P_7$ 定义。图 36.3 给出了轮廓曲线及其控制点。点 P_0 固定在位置(0,0)处,且天线也在该点处由一个 50Ω 的微带线馈电。点 $P_1 \sim P_3$ 由各自的 x 和 y 坐标进行限定,且为可以改变取值的变量。点 P_4 固定在 $y=0$ 处,即该点位于 x 轴上。点 $P_5 \sim P_7$ 由 $P_1 \sim P_3$ 对 x 轴取镜像获得。

为了获得封闭的曲线,曲线的末端同样为 P_0。通过以上操作获得了一个对称的辐射器,从而具有全向辐射方向图。样条曲线可以表示一个印制单极子天线辐射单元的轮廓,将其置于具有部分接地板的介质板的背面,曲线所包围的部分均为覆铜区域且与微带馈线相连接。

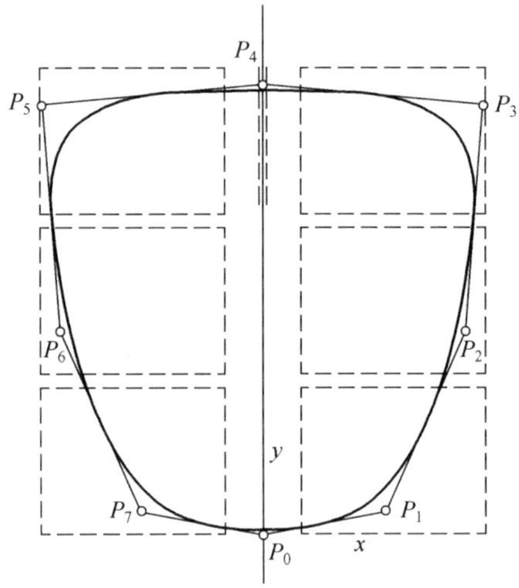

图 36.3　样条几何的控制点和边界

控制点的坐标用来作为 CST 软件中遗传算法的参数对天线性能进行优化。如图 36.3 中矩形框所示,每个点的取值都有相应的范围限制,矩形框有两个作用:一是可以确保所设计天线的尺寸不超过介质板的尺寸;二是可以确保得到的曲线不会形成一个闭合的环。

为了使所设计天线具有宽阻抗带宽,使用 Rogers RO4350B 作为射频介质板。介质板的宽度 $w = 45$mm,长度 $l = 85$mm,且背面的接地板形状是边长为 45mm 的正方形。一个宽 2.4mm 的 50Ω 微带馈线用来对天线馈电,图 36.4 给出了天线最终的整体结构。用来优化得到该结构的遗传优化算法的群规模为 30,且通过了超过 20 代的进化。适应度函数被设置为 0~20GHz 范围内使天线获得最大的-10dB 反射系数带宽。在最终的结构中,可以看到天线单元的曲线在馈电处平滑的变化。P_4 表示了单元最大获得高度的位置,其位于所给取值范围的高处。基于样条所设计的辐射单元的尺寸为 $l_s = 33$mm,$w_s = 32$mm。

1. 带宽

图 36.5 给出了仿真和实测的 S_{11} 随频率变化的曲线,可以观察到在 1.44~

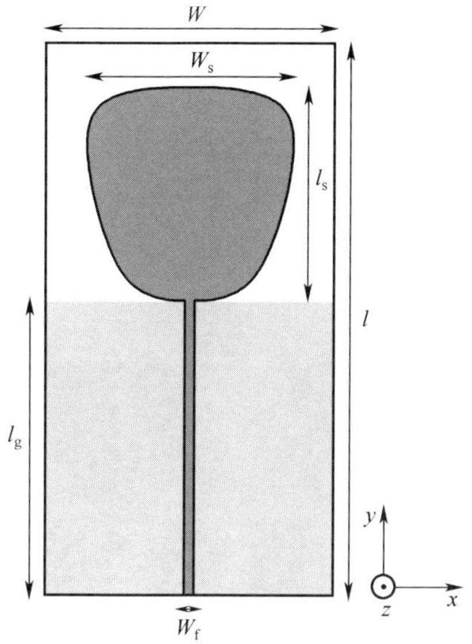

图 36.4　优化的单极子天线结构

14.7GHz 的频率范围内，测试的 S_{11} 均低于-10dB，即所设计天线具有一个对于单极子而言很宽的 10.2∶1 的阻抗带宽。

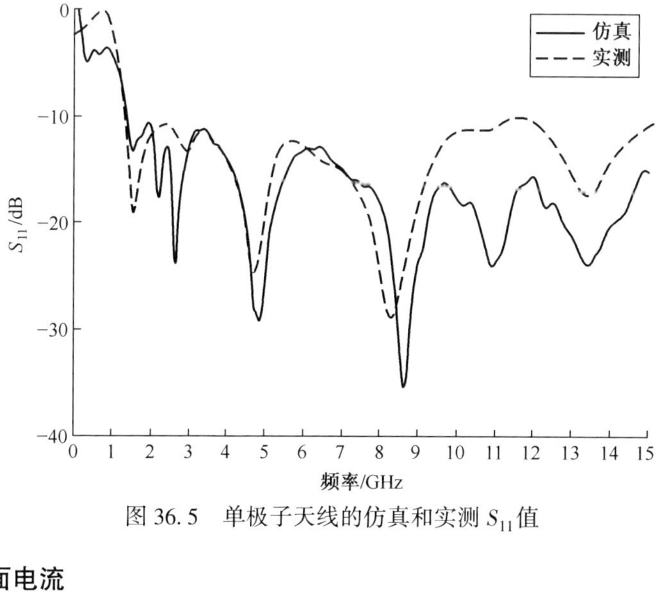

图 36.5　单极子天线的仿真和实测 S_{11} 值

2. 表面电流

图 36.6 给出了在不同频点处天线金属部分的表面电流分布。对于在工作

频率最低的2GHz处(图36.6(a)),电流分布表明天线在该频点处产生一阶谐振。而观察该频点处电流在不同相位时的分布情况可知该模式电流呈驻波分布。而在8GHz或16GHz(图36.6(c)和(d))的高阶模式下天线具有更为复杂的电流分布。不同相位下电流分布情况表明电流沿着辐射单元的边缘流动。因而可以说该天线的工作模式为介于驻波天线和行波天线之间的混合模式(Chen,2007)。

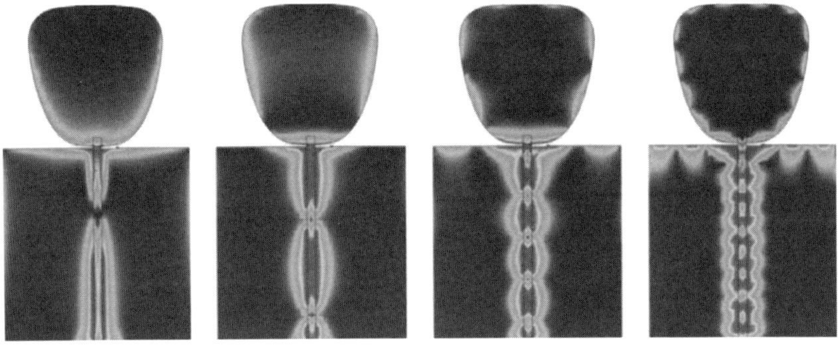

(a)　(b)　(c)　(d)

图36.6　单极子天线在2GHz、4GHz、8GHz和16GHz时的表面电流

3. 辐射方向图

图36.7给出了所设计天线测试的辐射方向图。可以观察到,在8GHz以下时,其H面具有全向的辐射方向图。在2GHz、6GHz、10GHz、14GHz处实测的增益分别为2.8dBi、4.3dBi、4.8dBi和5.3dBi,而这些频点处仿真的辐射效率分别为91%、96%、92%和89%。

4. 群延时

图36.8分别给出了天线在前—前、前—边和边—边三个方向的群延时测试结果。在3.1~10.6GHz的UWB频带内,群延时的波动低于0.5ns。群延时为两天线传输系数S_{21}的脉冲响应的导数,低的群延时波动需要天线具有线性相位响应。在优化过程中,并没有为了获得线性相位响应而进行精确的优化。样条结构设计的辐射单元因其边缘的电流路径平滑,所以本身具有线性相位响应的特点。因此,基于样条的设计方法适合于设计要求具有低脉冲失真的通信系统天线。

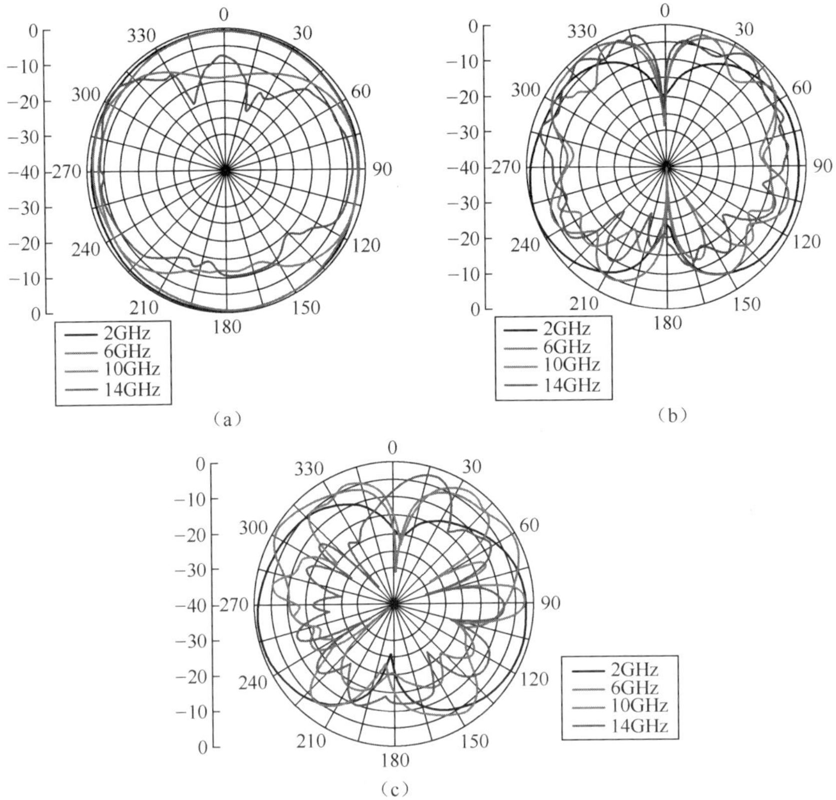

图 36.7　单极子天线在 xz、xy 和 yz 平面上的测量辐射方向图(彩图见书末)

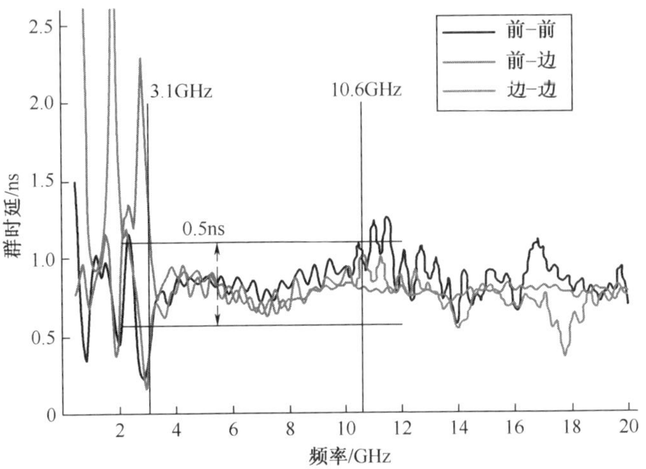

图 36.8　单极子天线在三个方向上的测量群延迟(彩图见书末)

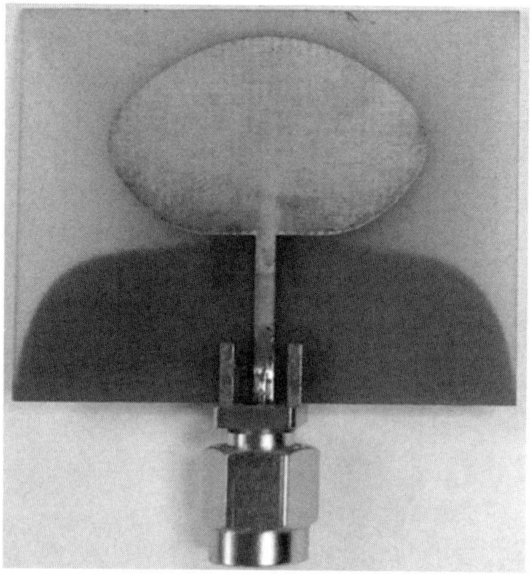

图 36.9 都柏林理工学院研制的小型超宽带天线

基于样条的优化方法可以很容易用来设计尺寸有限制的天线。图 36.9 给出了一个尺寸为 40mm×30mm,具有优化过的接地板,工作于 3.1～10.6GHz 频带上的单极子天线。

36.3 可用于时域设备 UWB 天线的优化

脉冲射频超宽带(Impulse Radio Ultra Wide Band,IR-UWB)系统利用超短的脉冲(通常低于 1ns)为低功率通信实现超宽的工作带宽。短脉冲可以用在超宽带实时定位系统(Real Time Location System,RTLS)实现厘米级精度的近距离测距或定位。早期的文献只考虑和分析超宽带天线的时域特性,而不会对其进行优化(Schantz et al.,2001;Kwon,2006)。Schantz 在 2004 年给出了如何最小化超宽带天线色散的通用规则。近年来的文献全面涵盖了从时域的角度依据天线所辐射脉冲的形状对其形状进行优化,对超宽带天线进行综合设计(Telzhensky et al.,2006;Dumoulin et al.,2012;Lizzi et al.,2012)。

36.3.1 UWB 脉冲形状

大部分超宽带天线文献中天线的激励为高斯(Gaussian)和瑞利(Rayleigh)

脉冲(Chen et al.,2004;Lizzi et al.,2009;Chen et al.,2005;Guo et al.,2007),其特点包括频域中的低副瓣特性和时域中快速的能量衰减。然而,在频带内的能量呈典型的钟形分布,而通过优化具有这些脉冲形状的天线并不具有 802. 15. 4a 频谱规范所规定的工作带宽(Chen et al.,2005;Chamaani et al.,2011;Cerny et al.,2007)。而一系列调制的高斯脉冲却可以用来覆盖整个超宽带的频谱(IEEE,2007),该方法增加了激励脉冲的持续时间,使得天线仿真运行时间增加,也增加了模型时域仿真的复杂度。

作为选择之一,SRRC 脉冲可以用来克服这些限制。SRRC 脉冲的解析形式(Zhang et al.,2003):

$$F_{\mathrm{SRRC}}(t)=\left[\frac{2\beta}{\pi\sqrt{T_s}}\times\frac{\cos\left[(1+\beta)\pi\dfrac{t}{T_s}\right]+\dfrac{\sin\left[(1-\beta)\right]\pi\dfrac{t}{T_s}}{4\beta\dfrac{t}{T_s}}}{\left[1-\left(4\beta\dfrac{t}{T_s}\right)^2\right]}\right] \tag{36.2}$$

式中:t 为时间;$T_s=1/R_s$,R_s为符号率;β 为带宽控制的无量纲滚降系数。

图 36.10 给出了一个幅度调制的高斯脉冲和一个幅度调制的 SRRC 脉冲(滚降系数为 0.1,符号率为 7.1GHz);中心频率均为 6.85GHz,且对各自的峰值均进行了归一化处理。图 36.11 给出了满足 802. 11. 4a 超宽带室内频谱下对应

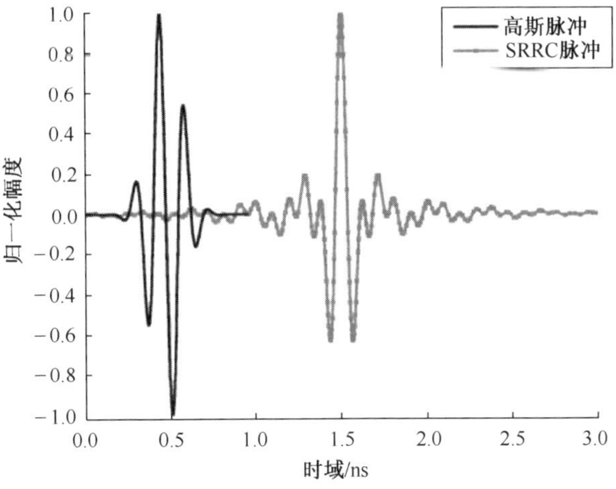

图 36.10　峰值归一化的调制高斯脉冲和平方根升余弦脉冲

的功率谱密度曲线(Power Spectrum Density,PSD)。

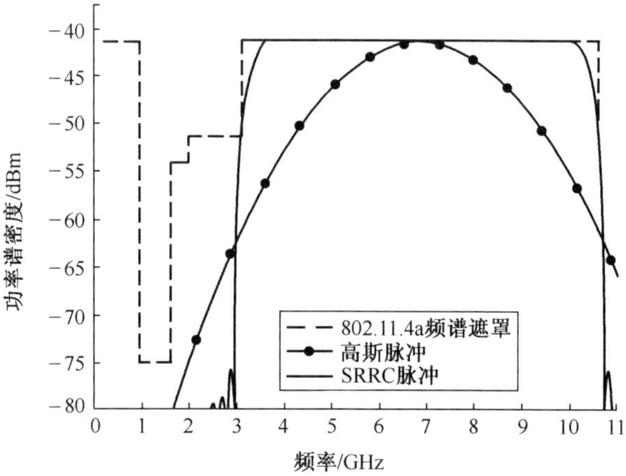

图 36.11 满足 802.11.4a 超宽带室内频谱下对应的功率谱密度曲线(峰值归一化为 41.3dBm)(彩图见书末)

与高斯脉冲相比,SRRC 脉冲具有均匀的功率谱包络,表明其高能量电平的带宽更宽。尽管许多的超宽带系统仅仅使用工作于 500~1300MHz 频段的信道,但为了覆盖不同的区域所使用的不同信道,最好是在整个 UWB 频段上进行优化,设计的目标便是制造能够支持 SRRC 谱特性所需要的宽带脉冲天线。

36.3.2 差分馈电的 UWB 天线

单极子天线可用于大部分的设备上,但当其连接到一个差分的 IC 输出端口时便需要一个平衡到不平衡的转换器(巴伦)。巴伦的引入将使天线在接收和发射模式时均会引起损耗和色散,从而降低整个系统的精度和工作范围,而平衡天线则可以通过差分馈电,直接与系统集成化设计。

本章给出了一个差分馈电的平衡偶极子天线的实例。在使用 SRRC 激励和调制的类高斯激励信号下分别对偶极子的结构进行了优化,并对优化好天线的谱域和时域特性进行了对比。

对天线进行优化使其具有宽带和脉冲保真特性,图 36.10 和图 36.11 分别给出了利用 SRRC 和调制的类高斯信号激励的 SRRC 偶极子(SRRC Dipole,SD)天线和高斯偶极子(Gaussian Dipole,GD)天线。图 36.12 和图 36.13 给出了 GD

和 SD 天线的结构，可以看出天线为使用平衡微带馈电结构的平面类偶极子结构，因而需要较倾小的接地板。天线由两个相同的偶极子臂（由四个样条点集定义）组成，其由倾斜放置 50Ω 微带线和镜像的样条地板（4 点）进行馈电。微带线的样条点集具有两个自由度（X 和 Z 轴），而为了限制问题的复杂度，接地板的样条点集则仅有一个自由度（Z 轴）。

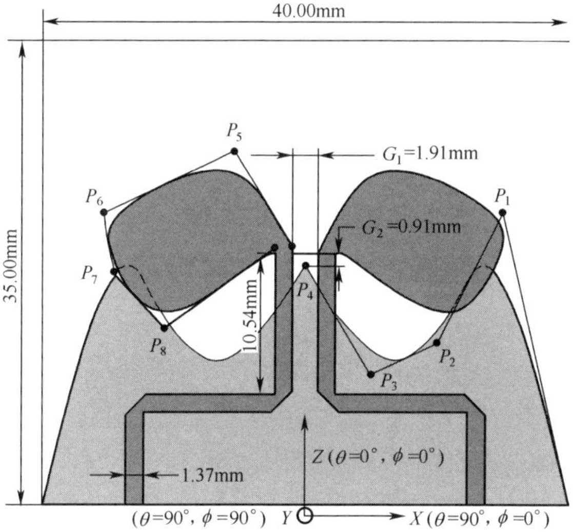

图 36.12　高斯偶极子天线结构

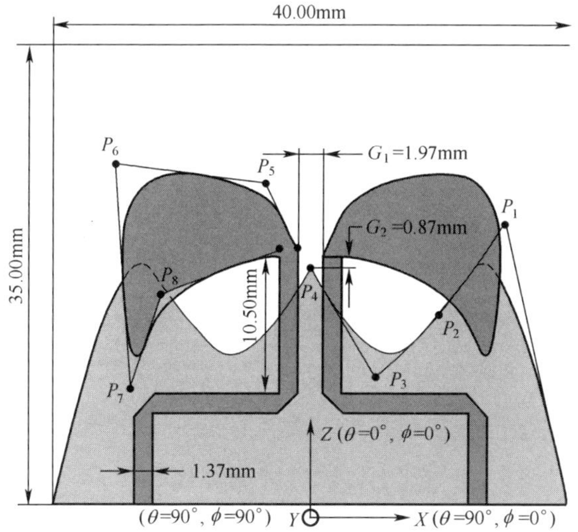

图 36.13　SRRC 偶极子天线结构

两个天线均被加工在介电常数为 4.3,损耗角正切为 0.02 的双层 FR4 介质板上,介质板尺寸为 40mm×40mm×0.7mm。首先对不带有 SMA 接头的天线的性能进行优化,但为了方便地比较仿真和测试结果,仿真的模型中加入了接头。天线尺寸的限制(单位为 mm)分别为

$$P_{1,2,3,4}(z) = 5 < z < 26$$

$$P_5(x) = 0 < x < 4$$

$$P_5(z) = P_4 < z < 40$$

$$P_{6,7,8}(x) = 10 < x < 20$$

$$P_{6,7,8}(z) = P_5 < z < 40$$

$$G_1(x) = 1 < x < 5$$

$$G_2(z) = 0 < z < 5$$

1. 优化

天线优化的目标是获得的天线激励信号的导数与辐射信号之间最高的保真度。对于时域的优化,电场探针被放置在方位面上距离偶极子天线 30cm 的地方。由于天线 H 面的场对称性,将探针限制在[$\varphi = 90°$, $-90° \leqslant \theta \leqslant 90°$,步进为 5°]区域内,可以使仿真时间减半。

用于设计迭代的加权成本函数为

$$\begin{aligned} \text{Cost} &= -0.3 \times \frac{\Gamma}{\alpha} - 0.7 \times \frac{\sum \text{FF}}{\gamma}, \Gamma < \alpha \\ \text{Cost} &= -0.3 - \left(0.7 \times \frac{\sum \text{FF}}{\gamma}\right), \Gamma \geqslant \alpha \end{aligned} \tag{36.3}$$

式中:Γ 为 S_{11} 的最差匹配值;α 为 S_{11} 的匹配目标;FF 为每个角度的保真率(Chen et al.,2005)(场探针与激励脉冲的导数相关);γ 为 FF 值的数量。

根据经验来选择权重系数,然后在优化时间和精确度之间进行平衡。

此外,利用一个子程序来跳过不实际的结构和相同结构的仿真(Guo et al.,2007),其大部分情况出现在当算法收敛在可能结果的最优范围内时,这将会在保证遗传算法优化效果的基础上显著地降低优化时间。算法同样会利用中间交叉、轮盘赌判决,且将会在 30 次种群迭代后停止计算(最大天线仿真次数小于或等于 8085)。

2. 频域结果

图 36.14 给出了 GD 和 SD 两个偶极子天线仿真和实测 S_{11} 的结果。偶极子的 8dB 回波损耗带宽分别为 2.75~10.6GHz 和 2.9~13.8GHz。天线在 3.1~10.7GHz 的频带上均实现很好的阻抗匹配,且仿真和实测的结果一致性很好。

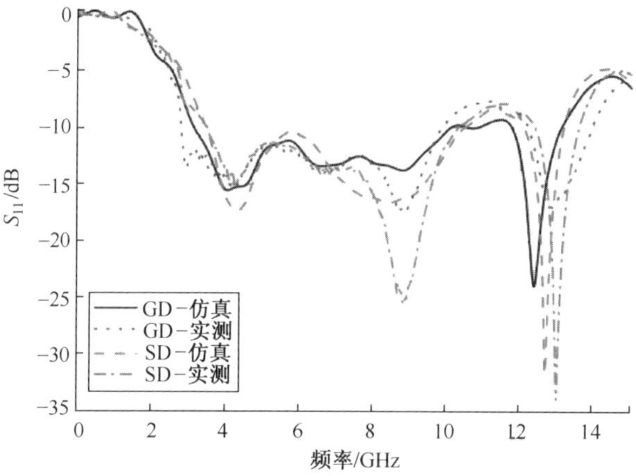

图 36.14　GD 和 SD 偶极子天线的仿真和实测 S_{11} 值

偶极子在 H 面($Z-Y$ 面)具有类似的实测辐射方向图。图 36.15 和图 36.16 表明,两个天线在 3.1~10.6GHz 频带内具有稳定的辐射方向图。偶极子的平均实际增益分别为 −0.27dBi(标准差为 2.45)和 0.8dBi(标准差为 2.47)。GD 偶极子的最大增益在 8.88GHz 处,为 6.4dBi(θ 为 90°,φ 为 55°),而 SD 偶极子的最大增益在 9.4GHz 处,为 6.87dBi(θ 为 90°,φ 为 60°)。

3. 时域测试以及结果

量化一个天线或含两个天线的系统的时域性能最常用的标准便是保真度(Fidelity Factor,FF)。FF 为两个归一化脉冲互相关系数绝对值的最大取值,通过其可以计算天线在传输脉冲信号时附加了多少时域的色散。

天线及其工作模式决定了辐射的脉冲会不会与源脉冲有根本的区别。上面以及提到天线处于发射模式时,其瞬时响应与天线处于接收模式时脉冲响应的导数成正比(Kanda,1986;Ghosh et al.,2006;Rambabu et al.,2009)。研究者已经证明,UWB 脉冲的辐射场为发射天线各个部分上信号电流的时延和时间的导数(Siwiak et al.,2004)。因此辐射脉冲的仿真结果一定与激励脉冲的一阶导数互

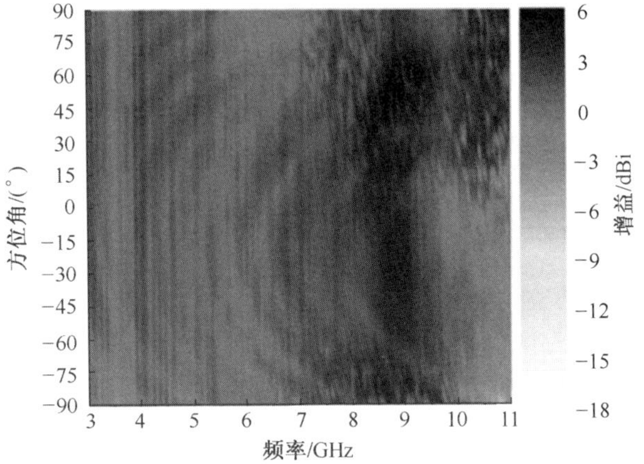

图 36.15　GD 偶极子在 $\varphi = 90°$ 平面内测量的辐射方向图(彩图见附录)

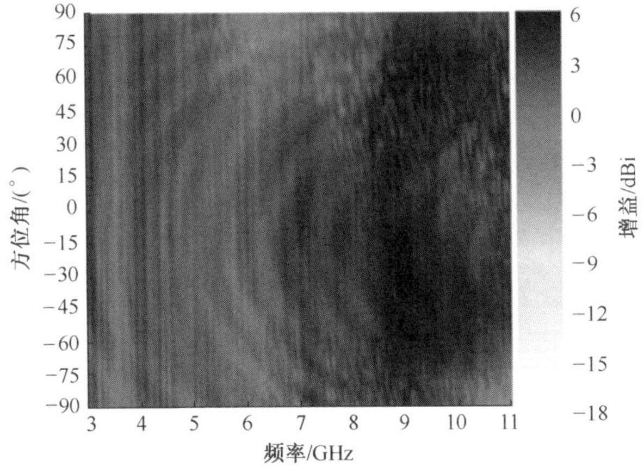

图 36.16　SD 偶极子在 $\varphi = 90°$ 平面内测量的辐射方向图(彩图见书末)

相关。

4. 测量装置

为了产生 SRRC 超宽带脉冲,将一个数字取样的波形导入到一个 Tektronix AWG 7122C 任意波形发生器(Arbitrary Waveform Generator,AWG)中。由于其输出电压的限制,AWG 输出信号通过一个皮秒脉冲实验室宽带放大器(型号为 5865)放大后对所测试天线进行馈电。同时,为了对辐射脉冲进行精确的测试,接收天线不能是色散的,因而设计了一个定向的渐变缝隙作为接收天线,其结构如图36.17所示。在接收模式下,利用SRRC脉冲(图36.10)作为入射信号而不是激励信号,来优化天线边射方向的时域性能。在该工作模式下,天线可以在边射方向获得98.6%的保真度,测试结果表明天线端口所接收到的信号与入射信号基本一致。

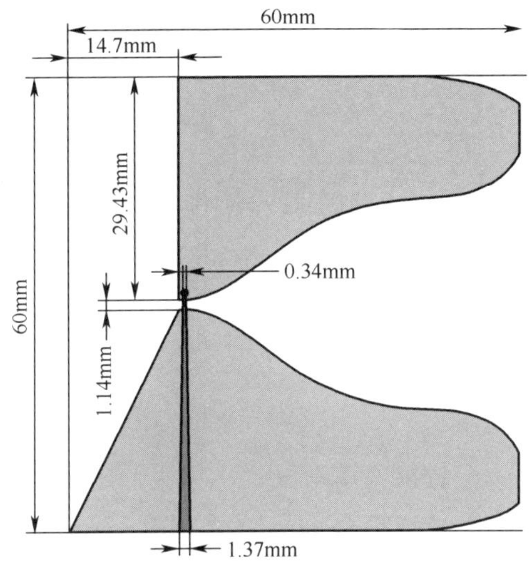

图36.17　接收模式下时域性能优化的锥形缝隙天线

为了进行远场测试,入射天线与发射天线之间的距离为20cm,同时该距离下也可以获得较好的信噪比(Signal to Noise Ratio,SNR),这是由于当距离达到50cm时,信噪比将会降低到不可接受的水平,从而影响天线时域性能的测试,图36.18给出了时域测试装置。

36.3.3　脉冲平衡

由于传输网络部件的脉冲响应并不完美,AWG产生的RRC脉冲的时域和频域特性将会受到影响,该脉冲用于测试天线的馈电。若用该信号对发射天线馈电,测试的脉冲保真度将不能代表测试天线完整的瞬态性能。

图36.19给出了馈入发射天线的AWG输入波形in(t)和脉冲out(t)。使用式(36.4)对由器件产生的损耗进行补偿,其中快速逆傅里叶变换(Inverse Fast Fourier Transform,IFFT)和快速傅里叶变换(Fast Fourier Transform,FFT)用来在

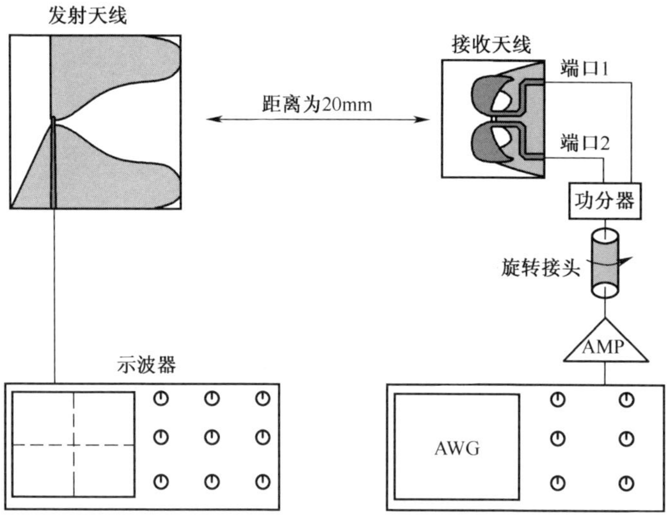

图 36.18　时域测试装置

频域和时域对脉冲进行调制。图 36.20 给出了补偿信号 out′(t),输入信号in(t)以及原始输出信号 out(t)的能量谱密度。

$$in'(t) = IFFT[FFT(in(t))/FFT(out(t))] \tag{36.4}$$

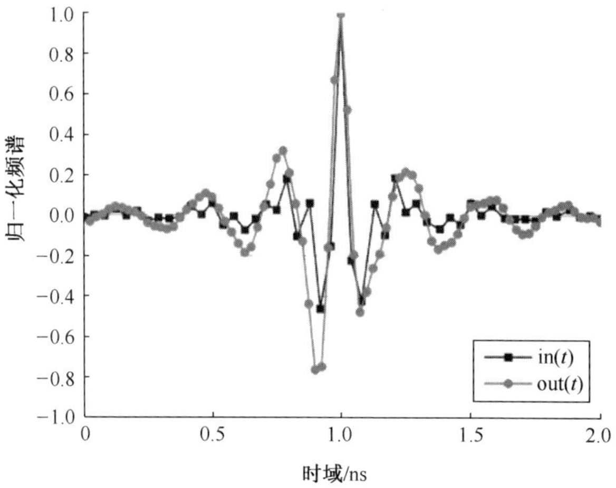

图 36.19　馈入发射天线的 AWG 输入信号 in(t)和脉冲 out(t)

与原始 SRRC 信号 in(t)相比,在 UWB 频带内,补偿信号能量分布的特点与

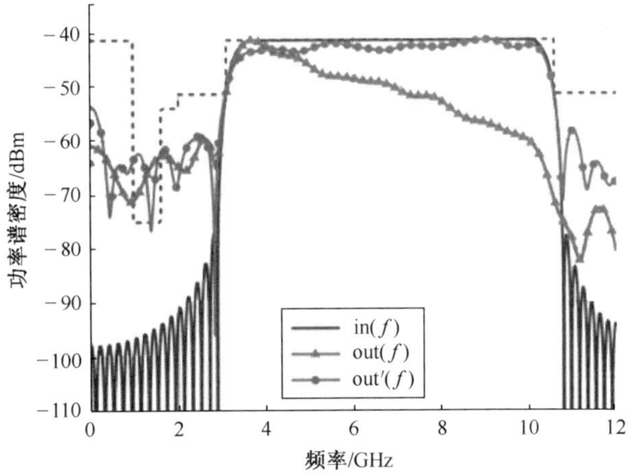

图 36.20　输入、输出和输出均衡脉冲功率谱

其有很多共同之处,因而表明其对发射网络脉冲响应进行了平衡。因此馈入发射天线端口的 out′(t) 信号使得可以对测试天线的时域特性进行精确的描述。

36.3.4　天线脉冲响应的去嵌入方法

上一节介绍了一种可以抑制测试时由发射网络产生的脉冲响应的平衡方法。然而,为了获得辐射信号精确的测试数据,需要去除接收网络本身以及从接收天线接收到的脉冲响应。

在一个天线系统架构中使用两个相同的天线,同时使用 Duroc 等(2007)介绍的方法,可以估算测试天线的瞬态以及频率响应。其实,UWB 信道模型可以被分解为不同的三大块,分别为发射天线、自由空间信道以及接收天线。每块都可以由一个传输方程表示,如图 36.21 所示的 $\boldsymbol{H}_{TX}(\theta,\varphi,\omega)$,$\boldsymbol{H}_{CH}(\Omega)$ 以及 $\boldsymbol{H}_{RX}(\theta,\varphi,\omega)$ 。

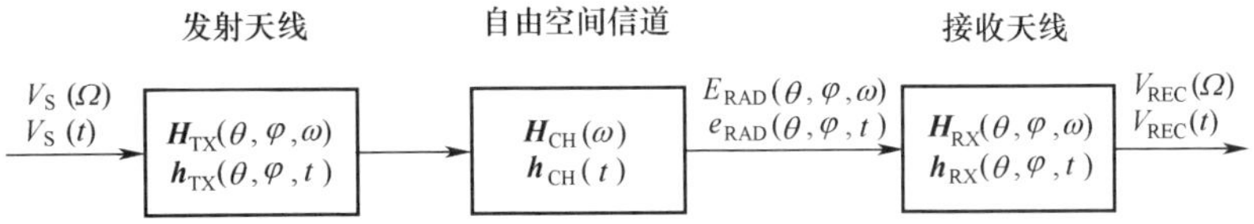

图 36.21　超宽带信道模型

对 UWB 信道的频域和时域进行完整地描述(Kanda,1986):

$$\frac{V_{\mathrm{REC}}(\omega)}{V_{\mathrm{S}}(\omega)}=\boldsymbol{H}_{\mathrm{TX}}(\theta,\varphi,\omega)\times\boldsymbol{H}_{\mathrm{CH}}(\Omega)\times\boldsymbol{H}_{\mathrm{RX}}(\theta,\varphi,\omega) \tag{36.5}$$

$$V_{\mathrm{REC}}(\omega)=\boldsymbol{h}_{\mathrm{TX}}(\theta,\varphi,t)*\boldsymbol{h}_{\mathrm{CH}}(t)*\boldsymbol{h}_{\mathrm{RX}}(\theta,\varphi,t)*V_{\mathrm{S}}(t) \tag{36.6}$$

式中:Ω 为角频率;“ $*$ ”为卷积符号。

自由空间信道的传输方程为

$$H_{\mathrm{CH}}(\omega)=\frac{\lambda}{2d}\exp\left(-\mathrm{j}\omega\frac{d}{c}\right) \tag{36.7}$$

式中:c 为真空中的光速;d 为天线间的距离;λ 为波长。

接着,通过测量旋向一致的两个相同天线间的矢量 $\boldsymbol{S}_{21}$,分别利用下式简化天线在发射和接收模式下的传输方程:

$$\boldsymbol{H}_{\mathrm{TX}}(\theta,\varphi,\omega)=\sqrt{\left(\frac{\boldsymbol{S}_{21}(\theta,\varphi,\omega)}{H_{\mathrm{CH}}(\omega)}\frac{\mathrm{j}}{\lambda}\right)} \tag{36.8}$$

$$\boldsymbol{H}_{\mathrm{RX}}(\theta,\varphi,\omega)=\sqrt{\left(\frac{\boldsymbol{S}_{21}(\theta,\varphi,\omega)}{H_{\mathrm{CH}}(\omega)}\frac{\lambda}{\mathrm{j}}\right)} \tag{36.9}$$

已知接收天线的传输方程、自由空间的信道以及天线系统的 $\boldsymbol{S}_{21}$,可以利用下式计算未知的发射天线的传输方程:

$$\boldsymbol{H}_{\mathrm{TX}}(\theta,\varphi,\omega)=\frac{\boldsymbol{S}_{21}(\theta,\varphi,\omega)}{H_{\mathrm{CH}}\times H_{\mathrm{RX}}(\theta,\varphi,\omega)} \tag{36.10}$$

因此,接收天线处入射脉冲 $\boldsymbol{e}_{\mathrm{RAD}}(\theta,\varphi,t)$ 可以简化为

$$\boldsymbol{e}_{\mathrm{RAD}}(\theta,\varphi,t)=\boldsymbol{h}_{\mathrm{RX}}(t)\,\overline{*}\,[\mathrm{IFFT}(\boldsymbol{S}_{21}(\theta,\varphi,\omega))] \tag{36.11}$$

式中:运算符号“$\overline{*}$”表示去卷积。

使用该方法可以将从所测试的发射天线辐射脉冲与仿真所得从模型中的虚拟探针处获得辐射场进行比较。从图 36.22 中可以观察到:测试的辐射信号 $\boldsymbol{e}_{\mathrm{RAD-measured}}(\theta=90°,\varphi=0°,t)$ 与仿真的辐射信号 $\boldsymbol{e}_{\mathrm{RAD-simulated}}(\theta=90°,\varphi=0°,t)$ 吻合很好。图 36.23 则证明,在 UWB 的频带上,信号 $\boldsymbol{E}_{\mathrm{RAD-measured}}(\theta=90°,\varphi=0°,f)$ 的能量谱与 $\boldsymbol{E}_{\mathrm{RAD-simulated}}(\theta=90°,\varphi=0°,f)$ 以及参考信号 out′(f)之间具有相似的地方,从而表明发射天线辐射的信号大致与参考信号在 $\theta=90°,\varphi=0°$ 处的导数成正比。

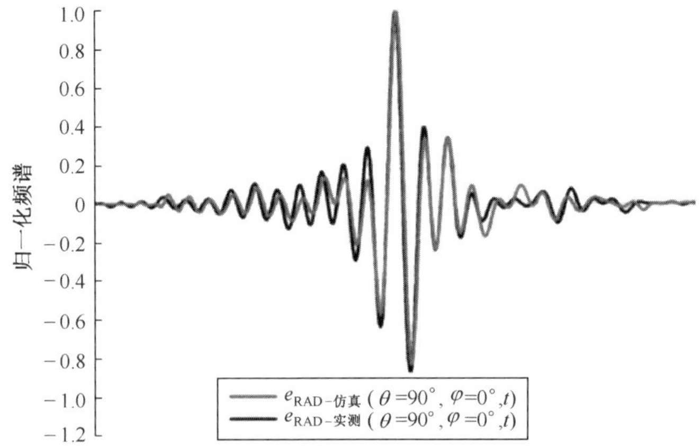

图 36.22 模拟和测量的辐射脉冲(彩图见附录)

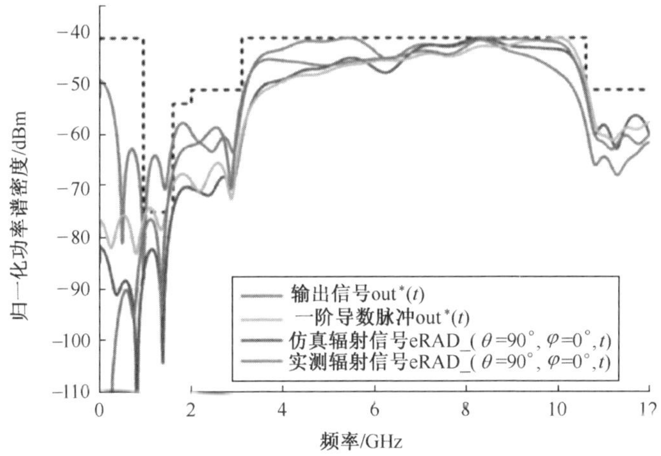

图 36.23 归一化功率谱密度(彩图见书末)

发射天线在辐射平面上以 15°步进进行旋转,同时设置示波器平均扫描数为 64,从而避免在测试波形中出现虚假的采样点。分离均衡消除了由参考天线和示波器之间电缆引起的色散效应。因此,天线的测试数据与仿真中由场探针获得的数据相等。

保真度则是通过处理过接收脉冲波形与 AWG 输出端口的脉冲 out′(f) 间的相关性计算获得。图 36.24 给出了 GD 偶极子和 SD 偶极子天线保真度的极坐标图以及使用 SRRC 脉冲激励时的仿真结果。仿真与实测结果吻合得很好。此外,测量结果表明,在 UWB 全频段上,利用 SRRC UWB 脉冲激励时(SD 偶极子)比使用不符合 FCC UWB 频谱脉冲激励时(GD 偶极子)具有更好的时域性能。

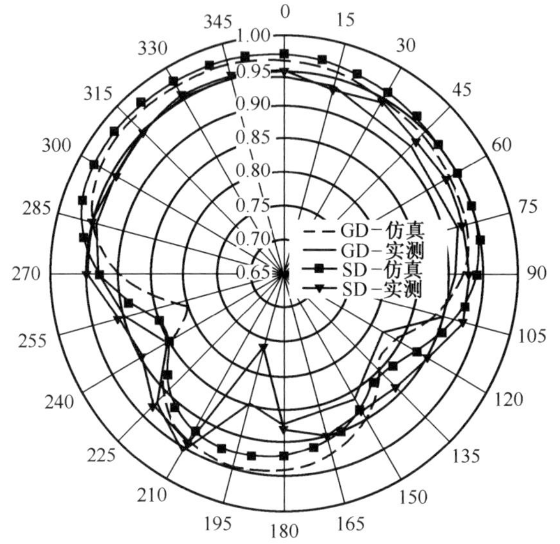

图 36.24　GD 偶极子和 SD 偶极子天线保真度的极坐标图以及使用 SRRC 脉冲激励时的仿真结果

36.4　UWB 在定位和跟踪上的应用

脉冲射频 UWB(Impulse Radio UWB,IR-UWB)技术面向的是不断发展的无线通信技术中最前沿的应用之一:精确的室内定位和跟踪,可以实现对时间和数据通信同时精确的测量,从而使开发者开发众多的应用,如实时位置以及室内定位系统、基于位置的服务、物联网和无线感知网络等。在医疗保健设备上,医生和设备可以实现厘米级精度的定位;而对于小孩和老人,则可以对其进行监视从而保障他们的安全。在汽车应用上,驾驶员仅需要靠近他们的车辆便可实现打开和启动的操作。通过对武器进行编程使其仅对授权的持有者进行响应,且可以对一定区域内的武装人员进行跟踪,诸如此类的应用为国防和安全领域带来诸多方便。IR-UWB 射频设备目前已经实现商用(如 Deca Wave,Time Domain,Zebra Technologies),克服了窄带通信本身具有的大功率损耗以及多径环境中的具有较差性能的缺点。IR-UWB 技术可以提供更长的电池使用时间,使无线网络和传感器位置的布置上更加灵活,且可以使通信更加稳定。

实时定位系统可仅使用贴在或嵌入物体上的徽章或标签等简单低廉的节点,对物体标签进行实时的跟踪和识别。阅读器等设备可通过由从标签处获得的无线信号判断其具体的位置。即使对于运动的物体,当前的商业设备在距离为 300m 的视距模式下的定位精度也可达到 10cm,同时也能支持高密度节点的精确定位,如 20m 的半径内具有 11000 个物体。

为了达到系统的性能要求,需要进行天线设计。在标签方面,需要满足在多种设备环境中(如靠近人体或者贴在不同的材料上)都具有全向性和紧凑型的特点,且天线要具有好的脉冲保真度和性能恢复能力;同时还要求天线易于与标签 PCB 集成化设计,从而实现进一步的小型化设计。在工作带宽、全向方向图以及紧凑型等方面进行综合考虑设计时,单极子天线和偶极子天线成为较好的选择。

图 36.25 给出了 Zebra 技术有限公司为人员跟踪设计的商业产品(网址 http://www.zebra.com/us/en/products-services/location-solutions/dart-tag.html)。

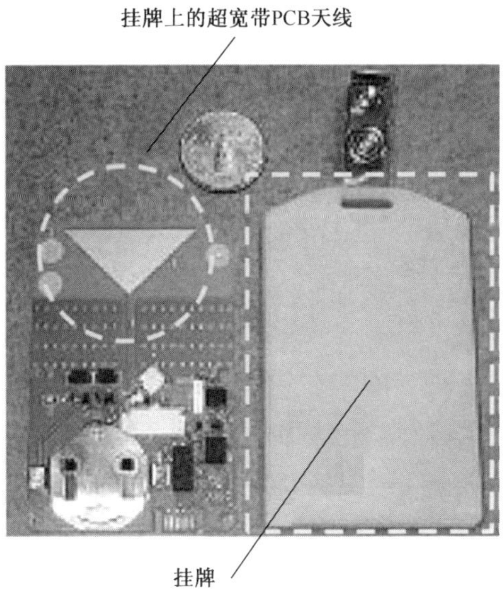

图 36.25　用于 IR-UWB 人员跟踪设计的商业产品

采用印制在 PCB 上的三角形单极子天线,可获得紧凑且低廉的标签设计。标签的尺寸大致相当于一个信用卡片(ID-1 板式,85.60mm×53.98mm)。

图 36.26 给出的标签中的陶瓷 UWB 天线与芯片集成在 PCB 上。芯片本身和金属化的平板作为倾斜的单极子的地(网址:http//www.decawave.com/products/ dwm1000-module)。对于固定的装置则可以使用较大天线的解决方案,而此时所需要解决的具有挑战性的问题是如何在整个频带和角波束宽度上实现高增益和低的群延时波动。在固定站点使用更多的定向天线可以覆盖更宽的工作区域,印制的维瓦尔第天线具有大工作带宽和高方向性,使其可以作为该类应用中天线较好的候选方案。

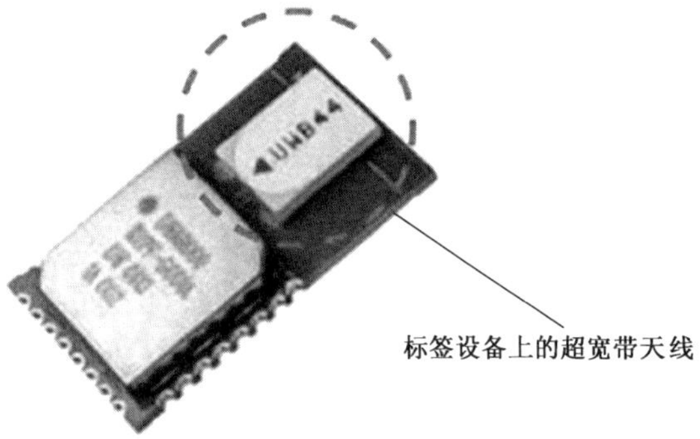

图 36.26 用于 IR-UWB 无线电定位和跟踪的标签

指数渐变槽线的天线在带宽和最小长度上取得了很好的折中。图 36.27 给出了在伦敦大学玛丽皇后学院(Valderas et al.,2011)开发出的印制维瓦尔第天线的一种变形结构。为了实现带宽的改善,并使因臂末端带来的失真最小化,天线两臂结构被设计成圆形。天线由微带线到槽线变换结构进行馈电。维瓦尔第天线最大辐射方向位于天线两臂的中间。为了减少印制渐变缝隙天线的长度,需要对天线臂进行变形设计,如可以使用指数渐变口径结合用于 50Ω 输入阻抗匹配的槽线设计兔耳朵形天线(图 36.28)。天线单元对称地印制在介质板的两面,通过将两个介质板中心交叉放置可容易实现双极化天线的设计(Lee et al.,1993)。

对于具有传统结构的偶极子天线,其 H 面具有全向辐射方向图。接地板的存在限制了天线的工作频带,这是由于需要将反射板放置在距离偶极子 $\lambda/4$ 的

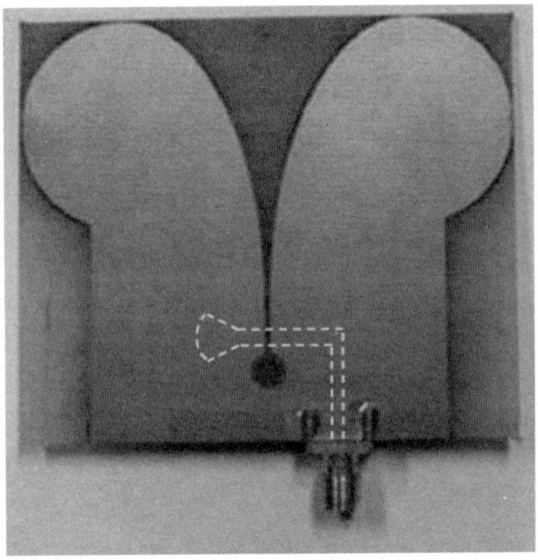

图 36.27　伦敦玛丽皇后大学改进的维瓦尔第天线

地方。然而在最近发表的工作中,基于偶极子设计的天线已可以同时具有超宽带、低剖面以及定向辐射的性能(图 36.29)。增加带宽的方法包括在天线结构中加入 E 形和 H 形波纹反射器等,一方面在很宽的频带范围内支持表面电流的产生(Wu et al.,2010),另一方面使破坏性的镜像电流最小化。Wang 等(2012)使用了一个倒置的 T 形匹配偶极子和一个平面接地板设计,天线的工作带宽高达 77%。Qu 等(2009)报道了一个采用镶边圆形反射器的背腔折叠三角蝶形天线,从而获得低波动的输入阻抗、宽工作带宽和稳定的方向图。

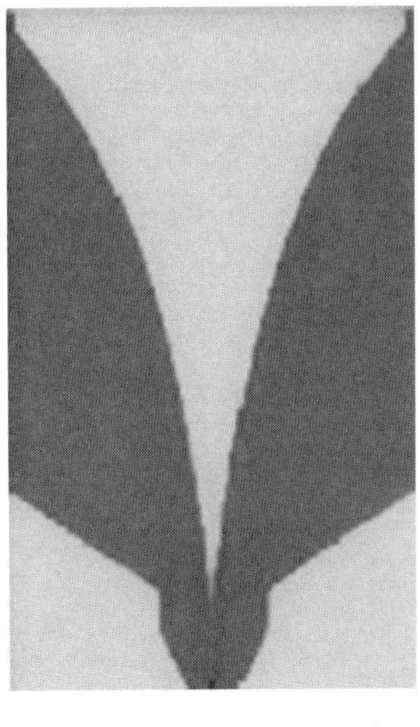

图 36.28　兔耳朵形天线

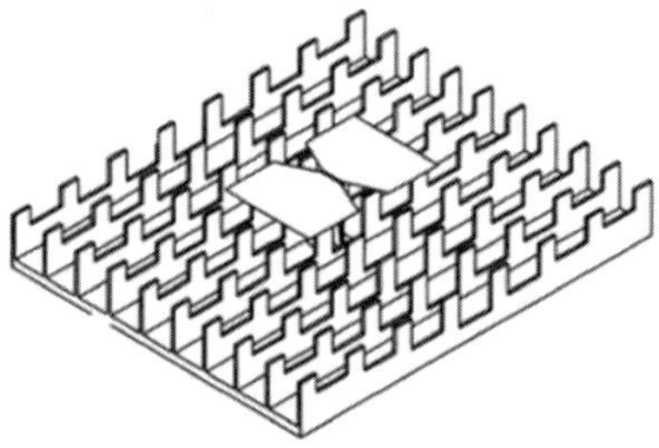

(a)

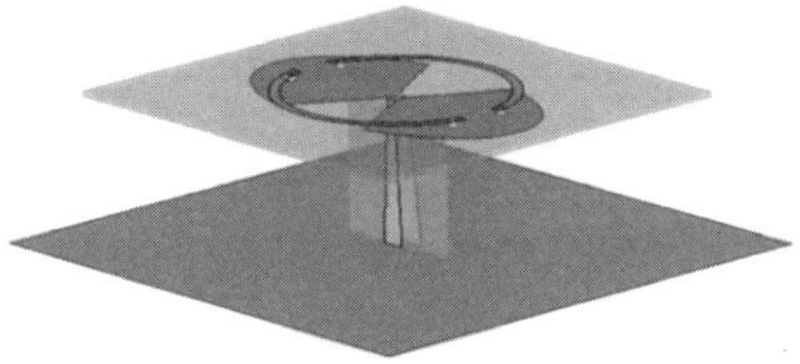

(b)

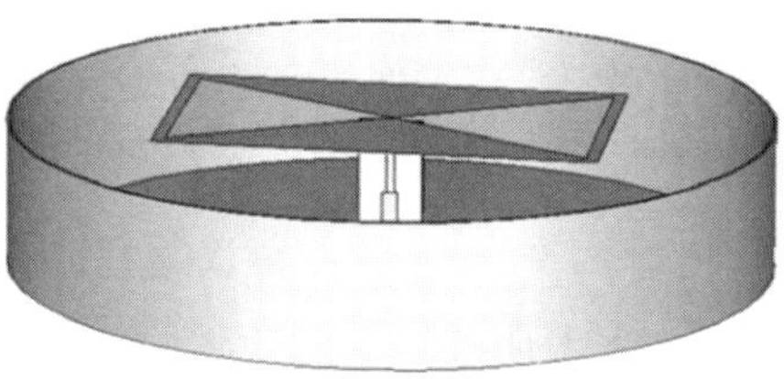

(c)

图 36.29　偶极子天线的带宽增强技术

(a)E形和H形波状反射器;(b)倒置的T形匹配偶极子;(c)背腔折叠三角蝶形天线。

圆极化(CP)天线可以减少极化失配的影响,且可降低对发射和接收天线的旋向对准的限制,因而多年来广泛应用于雷达、通信以及定位系统。近年来,可以发射和接收圆极化 UWB 电磁波的系统已用于实现精确射频定位,目的是结合由圆极化接收/发射系统本身的优势,即它可接收任意极化的电磁波,而不需要进行对准操作,而 UWB 短脉冲信号则能够提供高时间分辨率(Shlivinski, 2009)。但是这将会给天线工程师带来非常大的挑战:在满足时域特性的基础上同时增加天线的圆极化工作带宽。如图 36.30 所示,Qing 等使用一个三支节的混合耦合器实现所需的功率分配,在 2.8~5.2GHz 的频带上对两个互相正交的 UWB 缝隙馈电。

首先利用典型的频域指标对圆极化天线进行分析(如阻抗匹配、增益、轴比、辐射方向图),然后利用脉冲失真、群延时波动和保真度等时域指标对天线

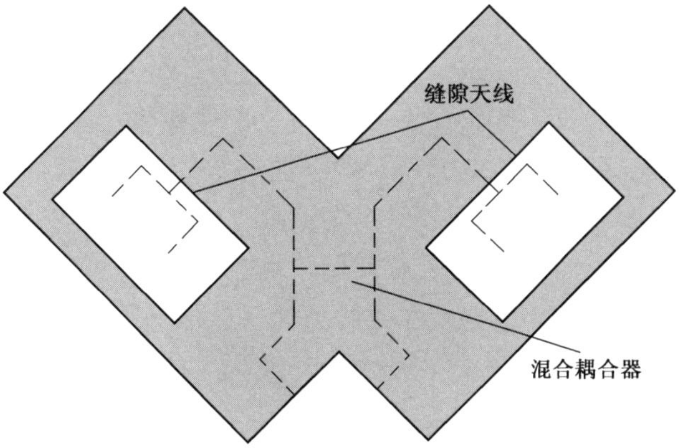

图 36.30　由三支节的混合耦合器馈电的超宽带圆极化宽缝天线

进行进一步的分析。

Narbudowicz 等(2012)使用的方法是将两个相同的信号馈入两个正交的 UWB 天线,不同的是使用的天线单元为定向对跖维瓦尔第天线。使用三阶威尔金森(Wilkinson)功分器实现信号的分配,从而使天线输入端口处信号间差异很小。天线输入端口信号间所需要的 90°相位差则通过两个环节实现,即将信号通过地板上的椭圆形缝隙耦合到介质板背面的微带线上(图 36.31)。虽然两个天线相位中心的失配将会使主波束发生小的偏转,但通过将天线尽可能相近地摆放可以缓解上述现象。

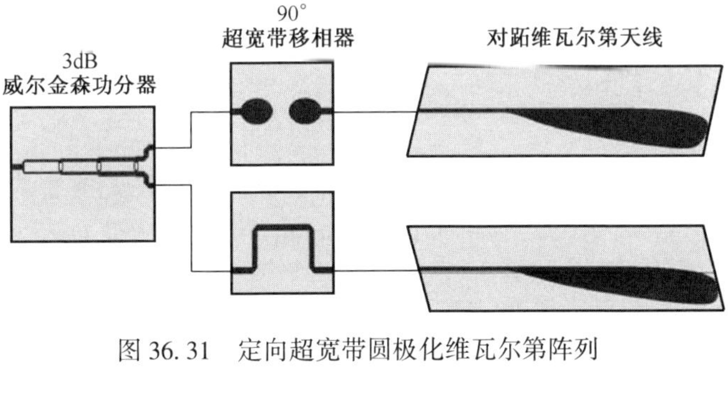

图 36.31　定向超宽带圆极化维瓦尔第阵列

36.5　UWB 生物医学成像

微波和毫米波已广泛并成功地应用于介质结构的低成本成像方法中。在该频段上,电磁波的波长在毫米到米的范围内变化,且可以穿透一些光学不透明的物质。尤其是利用UWB雷达技术时,目标探测可以获得很高的精度。与窄带系统相比,UWB雷达可以提供更高的成像分辨率和更好的目标表征能力。近年来UW雷达技术已经成功地应用在生物医学诊断上。

生物医学中的UWB微波成像技术基于低功率短微波脉冲在人体内的传输(几十皮秒到几纳秒),然后探测目标与健康组织之间因介电常数不同所导致的散射差异。使用短脉冲的优点是在接收到的散射信号中更容易识别出目标信号,其中包含了目标信号以及由于人体组织介质的不连续而导致的大量延迟且衰减的信号。窄带天线会产生较大的脉冲和重叠的信号副本,从而隐藏来自探测目标的信号。短脉冲对人体组织目标的探测是有利的,但UWB天线设计颇具挑战性。

人体组织如皮肤、肌肉、脂肪、大脑和许多其他组织都与空气的电性能有很大不同。从最外层的皮肤层开始,其相对介电常数约为30,在GHz低端具体的特定导电率约为3 S/m,到更深层的脂肪、肌肉、纤维腺体以及结缔组织由于反射和耗散导致了对微波功率的抑制。此外,在射频和微波谱段,人体组织的电特性表现出很强的色散。在这种恶劣的传播条件下,电磁信号受到强衰减和畸变。此外,入射信号和穿透信号之间的衰减对测量装置的动态范围提出了挑战。UWB信号失真使得成像过程非常困难,从而导致杂波掩盖了来自目标的散射信号。成像系统能够容忍的衰减和失真限制可以体现为顺利诊断过程的要求:

(1) 系统经过评估必须提供适当的可穿透身体的区域;

(2) 源、传感器和身体之间的耦合机制必须在整个工作带宽和筛选配置中保持稳定。

UWB天线的设计在系统中起着至关重要的作用。首先要解决问题的是在频率高于10GHz时,电磁信号很难穿透皮肤和更深层次的人体组织。人体组织可以在沿传播方向的几厘米时使10GHz的信号衰减超过80dB;而在低频时(低于1GHz),可以实现良好的信号穿透。然而,出于对天线小型化的要求,使得工作带宽的分配受到了影响。诊断设备设计涉及小天线的集成以使得设备更加灵活,或实现天线阵列集成。通过将天线浸入与人体组织介电常数相似的液体溶液中,通常可以达到减小天线尺寸的目的,并提供了一种天线和身体之间的阻抗变换,改善了人体组织耦合。

对设计人员的另一个重要约束是在所有操作配置下能够使天线性能有一个弹性范围，特别是在靠近不同的身体区域和不同的天线—皮肤分离的情况下，天线必须维持足够的阻抗匹配。合适的天线设计应该能够屏蔽来自不需要的方向的后向散射干扰。

在近场条件下的生物医学成像应用中，天线的频域特性是不适用的。增益、辐射效率、相位中心和辐射模式等涉及远场条件的参数，不适用于与感应场有强耦合的人体。当天线靠近人体时，这些参数会迅速改变，就像典型的医学成像设备一样。天线对扫描位置和身体面积的巨大依赖性使其需要其他的有效数据来进行分析。这可根据数值工具来验证，即通过数值工具在存在非常详细的体素模型情况下模拟复杂的电磁问题，这些模型再现了良性和恶性组织的形态学和电色散，但是人体组织的仿真模型也有助于在实验阶段实现特定的天线特性。

由于在实际情况中每个患者的组织形态均不同，从而使得天线的响应也不同，因此在生物医学成像应用中引入了特定的性能参数来描述天线的特征。为此，提出了标准的测试装置，以使受控环境中模拟实际工作环境(图36.32)。

以下参数可以用来表征天线的性能，并且在近场超宽带雷达成像应用中是有用的。

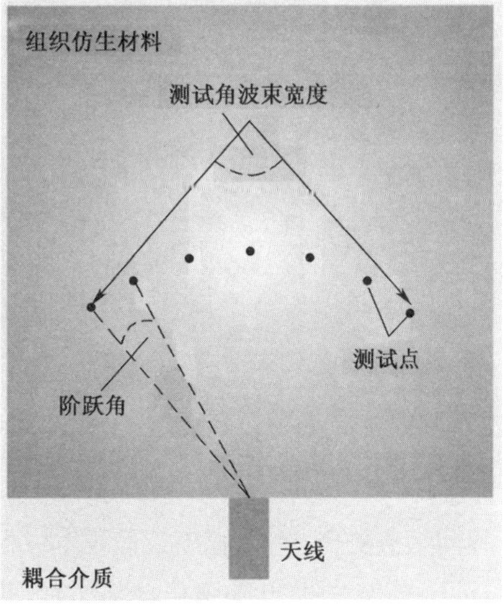

图36.32　成像特定参数的测试配置

(1) 保真度:仿组织多层结构中,计算归一化发射响应与接收响应之间互相关的最大幅度。

(2) 脉冲持续时间:对基于雷达的乳腺癌检测,由天线产生的最小时延脉冲越短越好(Gobbins et al.,2010),因此,脉冲持续时间是一种很好地用来衡量天线有效传输超宽带信号到介质中能力的指标。对于不同的天线极化和穿过定义的角波束宽度,接收脉冲99%能量的所需时间是可以计算的。

(3) 半能量波束(HEB)和半能量波束宽度(HEBW):半能量波束和半能量波束宽度是基于能量通量密度(EFD)的,能量通量密度可以通过在仿真持续时间内对坡印廷矢量时间样本进行求和得到(Bourqui et al.,2010)。在近场,半能量波束定义在一个与主辐射波束正交的平面上,且位于天线口径的给定距离处,如图36.33所示。半能量波束描述的是一个区域,在这个区域上波束能量大于所选平面的最大能量值的1/2,半能量波束宽度就定义为这个区域的角度宽度。

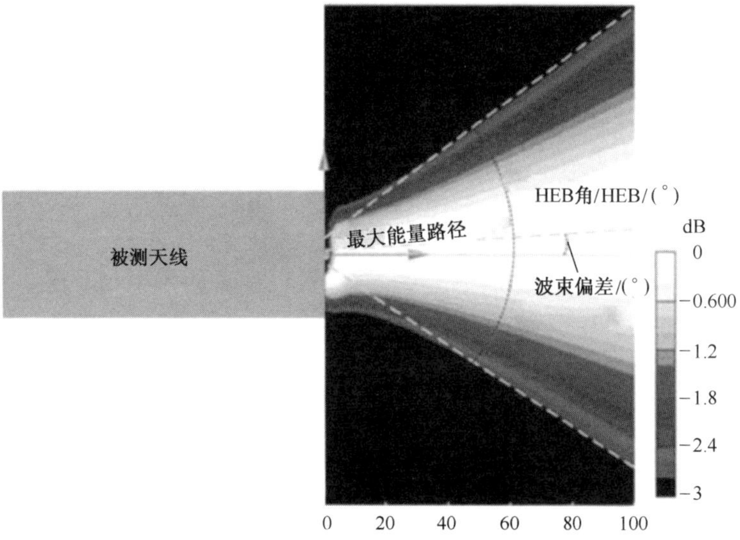

图36.33 半能量波束和半能量波束宽度

正在研究的所有不同筛查类型中,乳腺癌成像技术发展最快,并且目前已处于临床试验阶段。Hagness 等率先提出乳腺癌成像方法,通过使用小型超宽带微波雷达系统来检测乳房中的恶性肿瘤(Hagness et al.,1998)。很好的成果以及必要性促进了对具有高灵敏度及特异性的早期乳腺癌筛查工具的重大研究工作,使其发展成为一种成熟的微波应用(Hagness et al.,2012)。乳腺癌的微波检测也可基于将介电常数和电导率的分布绘制为位置的函数,或者对恶性组织进行简单检测。在两种方法中,测量的数据由特定位置的天线接收,然后经过处理找出散射体,即具有特性的目标区域不同于成像身体区域中的正常或健康区域。因此,肿瘤组织和它周围的良性组织电特性越相似,检测到它的难度越大。恶性组织和良性组织的电介质对比度定义为散射体和主介质介电常数(或电导率)的比,通常表示为百分比的形式。近来的研究(Sha et al.,2002;Lazebnik et al.,2007a,b;Meaney,2007;Poplack et al.,2007;Halter et al.,2009)表明:尽管恶性组织和脂肪乳房组织之间的对比可能高达10,而恶性组织和健康纤维腺体组织之间的介电常数和电导率的对比可低至1.1。

目前已经提出了用于微波乳腺癌成像的单静态和多静态雷达结构,如图36.34所示。无论天线是放置在人体区域周围的固定阵列元件,还是天线移动穿过不同的成像位置,其性能对于所有配置都必须是稳定的。

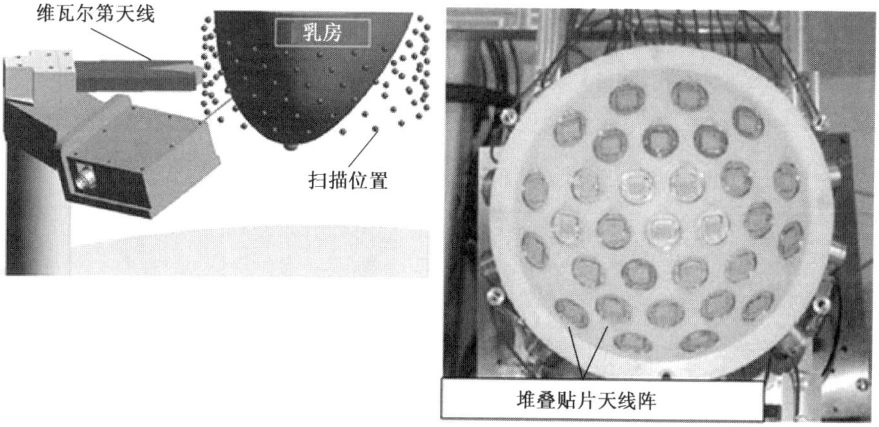

(a) (b)

图36.34 乳腺癌成像系统

(a)加拿大卡尔加里大学的单静态雷达结构;(b)英国布里斯托大学的多静态雷达结构。

15年来,已经提出了许多用于基于雷达的超宽带微波乳腺成像的天线设计。英国布里斯托尔大学提出了一种用于UWB癌症检测的宽缝天线(Gibbins et al.,2010),如图36.35所示,该天线安装在一个半球形碗状结构上,组成一个31单元的阵列,是一个具有465个独立测量的多静态系统(Klemm et al.,2011)。

成像系统在超宽带(3~10GHz)的全部带宽范围均可正常工作。这些天线均由介电常数为10.2的印制介质板组成。优化的结构,将天线面放入匹配介质中,该介质模拟人体乳腺组织,通过消除空气、皮肤界面来减少反射(Sill et al.,2005)。所用的匹配介质主要是由石蜡油和蒸馏水制成的溶液,在2~10GHz时相对介电常数在9~10之间,衰减值在8GHz时为2dB/cm。布里斯托大学提出的宽缝天线由一个在接地面上剪切的近似方形的缝隙构成,接地面印制在介电常数为10.2的介质板的一侧。缝隙通过叉形微带线进行馈电,馈电部分位于缝隙下方,由一个50Ω馈电微带线分裂成两个100Ω的微带线部分构成。叉形馈电线激励出多个谐振,因此增加了阻抗匹配带宽。

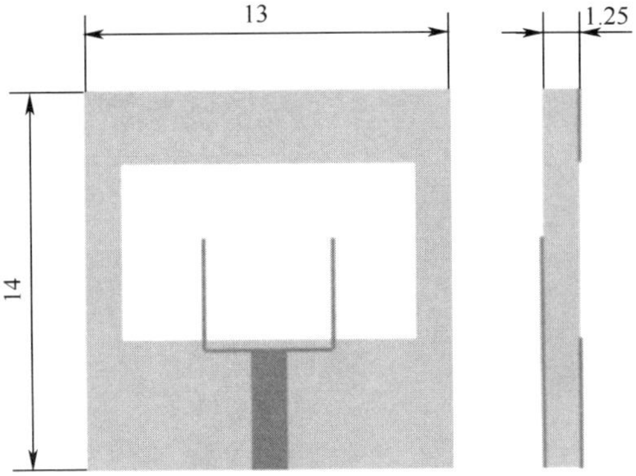

图36.35 布里斯托大学开发的宽缝天线结构(尺寸单位均为mm)

在天线微带馈电所在的一侧放置一个小腔体,避免了从天线后侧(与皮肤接触相反的一侧)发出的辐射与阵列的其他单元发生耦合。背腔有吸波作用并且避免了来自成像过程时产生的杂散辐射干扰。在超宽带检测系统中,该天线提供了稳定的带宽。考虑天线在工作环境中复杂阵列架构,还研究了单元之间的传输特性。宽缝天线在一个大角度瞄准方向提出一个稳定的传递函数,使得保真度从主波束方向到60°方向都优于90%,并且减少了后续振铃和传输信号失真。

对于单站数据收集,更大型的三维天线设计可能是合适的。威斯康辛大学提出了一种加脊锥体喇叭天线(Li et al.,2003),卡尔加里大学提出电阻加载偶极子、锥销缝隙、横向电磁喇叭、对跖维瓦尔第天加拿大线(Bourqui et al.,

2009)。Li 等提出一种改良的具有弧形发射面的加脊锥体喇叭天线(图 36.36)。喇叭天线的带宽可以通过在波导和扩口部分增加金属脊来有效增大(Walton et al.,1964)。在 Li 的天线中,两个脊的其中一个用终端接 100Ω 电阻的弯曲金属平面代替,由此抑制了来自发射平面末端的反射(图 36.36)。裁短了部分波导,用以减小尺寸。提出的锥形喇叭深度 13mm,口径为 25mm×20mm,与同轴线馈电的外导体相连作为接地面,并且提供一个电流返回路径。渐变发射平面的最大宽度为 12mm,脊的厚度为 2mm。天线由黄铜制成,通过 SMA 馈电。厚度、曲率和发射平面的形状控制了天线的输入阻抗,而渐变的剖面可以抑制引起脉冲失真的反射波。

图 36.36　威斯康星大学研制的弧形发射平面改型脊形喇叭天线

Bourqui 在 2010 年设计了一个改进的平衡对跖维瓦尔第天线(BAVA),该天线引入了一个填充于天线口径面上的具有高介电常数的介质结构(Bourqui,2010)。BAVA 天线结构紧凑,且可以将近场能量集中于天线的端射方向,该天线被用于放置在菜籽油中的单站扫描仪上。在 1~14GHz 的频段上,该耦合介质结构的介电常数和导电率的变化范围分别是 2.55~2.35 和 0.01~0.04S/m。天线由三个覆铜层构成,两个位于外表面的覆层作为接地板,而中间覆层作为导电体。覆铜层被分别印制在两个介质板上(支撑介质),而为了对导电体和接地板之间的介质加载进行平衡,在天线的两侧设置了两个额外的介质层(堆叠介质)(见图 36.37)。采用该方法后,天线在工作频带内通常会出现的波束倾斜现象将会被显著改善(Langley et al.,1996)。此外,对于该特定的应用背景,由于可以避免菜籽油与外部覆铜层间的接触,能量耦合效果也得以显著改善。作为引向器的介质为相对介电常数为 6 的 Eccostock HIK 材料。通过设计引向器的形状可以阻止来自末端的反射,从而加强近场聚焦的能力。窄波束的效果可以通过加载引向器后两天线间传输的能量显著加强进行验证。此外,可以证明在 BAVA 口径面上加载引向器后可以增加天线前方物体,如乳房内部肿块的后向散射的能量。

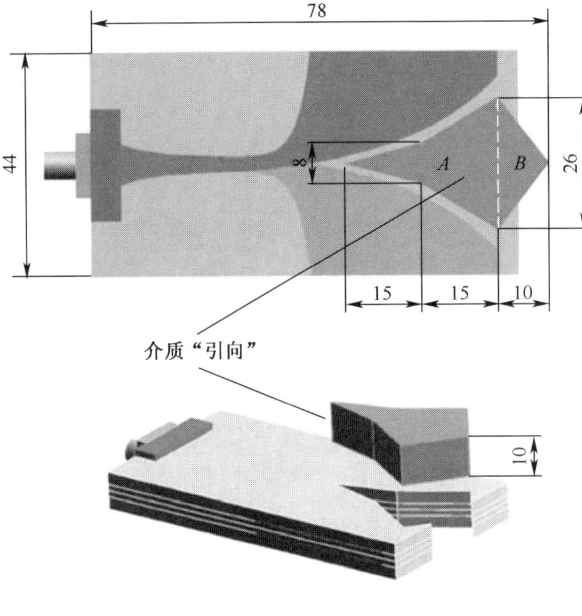

图 36.37　卡尔加里大学开发的更高介电常数的 BAVA(尺寸单位均为 mm)

通过对乳房选择适当的照射可能帮助对肿块定位。在使用微波成像设备时,用聚焦更强的波束照射更小的物体,这可以增大肿块杂物比。Ruvio 等对比了三个具有不同耦合机理的天线在 UWB 单站雷达中照射位于二维多层乳房仿制物中肿块时的聚焦能力(Ruvio et al.,2014)。图 36.38 给出了一个利用 ParEGO 算法进行优化设计的对跖维瓦尔第天线,当天线放置在介电常数为 12 的耦合物体中时,在 1~3GHz 的工作频带上传输功能稳定。数值分析和实验结果均表明对跖维瓦尔第天线相比于共面波导和半折叠单极子天线具有更好的性能,在图像重建时可为其提供更显著的杂波抑制效果。

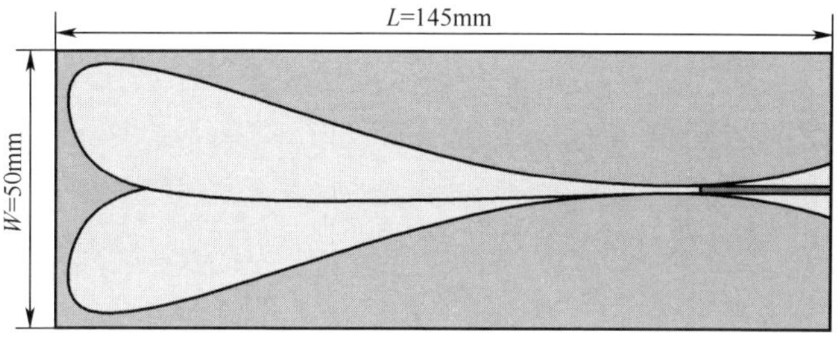

图 36. 38　爱尔兰都柏林理工大学的天线与高频研究中心利用 ParEGO 算法进行优化设计的对跖维瓦尔第天线

36. 6　未来发展方向和待研究的问题

目前对 UWB 天线的研究主要是由其在生物医学和安全领域的应用所驱动。UWB 成像技术可以提供成本低廉而分辨率高的成像、好的目标识别,且对无源干扰有较好的抑制效果,这些优点使其成为传统非侵入性成像应用中所使用的电离辐射的良好替代和补充。新兴的生物医学研究包括 UWB 微波阻抗光谱学(血液中血糖和胆固醇水平的非侵入性测量)和生命信息检测。安防应用则包括低成本隐式金属物体探测以及穿墙成像、体域网和物体跟踪等。汽车方面的应用包括车辆进入系统和连环撞击回避上。在农业领域中,可以在牲畜跟踪和饲养控制上使用 UWB 技术。

UWB 天线设计面临的几个主要挑战均与安装环境有关。例如天线靠近人体将会引入介质加载,从而使天线性能对其与人体间距非常敏感。对于各种应用中的天线,都要使其对这种介质加载具有回弹能力。因此当天线靠近不具有先验数据的介质板时(体域网、探地雷达、穿墙成像、微波乳腺癌影像等),需要引入新的参数来描述 UWB 天线的性能,这些参数将可以描述天线靠近这些媒质时性能恢复的效果。

在通信设备中,UWB 天线同样可以运用在多频或认知无线电应用中。当然,UWB 天线并不局限于 3. 1~10. 6GHz 频带内,工作频带可以低于(探地雷达)或高于该频段。57~66GHz 频段的高速率通信的研究主要集中在芯片封装天线的设计。

交叉参考：

▶第33章 低剖面天线

▶第31章 全向天线

▶第34章 片上天线

▶第8章 天线设计优化方法

▶第44章 宽带磁电偶极子天线

参考文献

Agrawall NP, Kumar G, Ray KP (1998) Wide-band planar monopole antenna. IEEE Trans Antennas Propag 46(2):294-295

Allen B, Dohler B, Okon EE, Malik WQ, Brown AK, Edwards JD (2007) Introductions to UWB signals and systems. In: Ultra-wideband antennas and propagation for communication radar and imaging. Wiley, Chichester

Ammann MJ (1999) Square planar monopole antenna. IEE National Conference on Antennas and Propagation:37-40

Ammann MJ (2001) Control of the impedance bandwidth of wideband planar monopole antennas using a bevelling technique. Microw Opt Technol Lett 30(4):229-232

Ammann MJ, Chen ZN (2003a) A wideband shorted planar monopole with bevel. IEEE Trans Antennas Propag 51(4):901-903

Ammann MJ, Chen ZN (2003b) Wideband monopole antennas for multiband wireless systems. IEEE Antennas Propag Mag 45(2):146-150

Angelopoulos ES, Anastopoulos AZ, Kaklamani DI, Alexandridis AA, Lazarakis F, Dangakis K (2006) Circular and elliptical CPW-fed slot and microstrip-fed antennas for ultrawideband applications. IEEE Antennas Wirel Propag Lett 5:294-297

Azevedo S, McEwan TE (1996) Micropower impulse radar. Science & Technology Review: 17-29

Balanis CA (2005) Historical advancement. In: Antenna theory, analysis and design, Thirdth edn. Wiley, Hoboken, p 20

Barret TW (2001) History of ultra wideband communication and radar: part I, UWB. Microw J 44(1):22-54

Bartels RH, Beatty JC, Barsky BA (1996) An introduction to splines for use in computer graphics and geometric modeling. Morgan Kaufmann, Burlington

Bourqui J, Campbell MA, Sill J, Shenouda M, Fear EC (2009) Antenna performance for ultrawideband microwave imaging. In: IEEE Radio Wireless Symposium, San Diego, US, pp 522–525

Bourqui J, Okoniewski M, Fear EC (2010) Balanced antipodal Vivaldi antenna with dielectric director for near-field microwave imaging. IEEE Trans Antennas Propag 58(7):2318–2326

Cerny P, Mazanek M (2007) Optimization of transient response radiation of printed ultra wideband dipole antennas. Radioengineering 16(2):1–6

Chamaani S, Mirtaheri SA, Abrishamian MS (2011) Improvement of time frequency-domain performance of antipodal Vivaldi antenna using multiobjective particle swarm optimization. IEEE Trans Antennas Propag 59(5):1738–1742

Chen HD, Li JN, Hung YF (2006a) Band-notched ultra-wideband square slot antenna. Microw Opt Technol Lett 48(12):2427–2429

Chen X (2007) Theory of UWB antenna elements. In: Allen B, Dohler B, Okon EE, Malik WQ, Brown AK, Edwards JD (eds) Ultra-wideband antennas and propagation for communications, radar and imaging. Wiley, Chichester, pp 111–145

Chen ZN (2000) Impedance characteristics of planar bow-tie-like monopole antennas. Electron Lett 36(13):1100–1101

Chen ZN, Ammann MJ, Qing XM, Wu XH, See TSP, Cai A (2006b) Planar antennas: promising solutions for microwave UWB applications. Microw Mag 7(6):63–73

Chen ZN, Qing X, Chia MYW (2005) UWB characteristics of disc cone antenna. In: IEEE international workshop on antennas technology, Singapore, pp 97–100

Chen ZN, Wu XH, Li HF, Yang N, Chia MYW (2004) Considerations for source pulses and antennas in UWB radio systems. IEEE Trans Antennas Propag 52(7):1739–1748

Donelli M, Massa A (2005) Computational approach based on a particle swarm optimizer for microwave imaging of two-dimensional dielectric scatterers. IEEE Trans Microwave Theory Tech 53(5):1761–1776

Dubost G, Zisler S (1976) Antennes à large bande. Masson, Paris/New York, pp 128–129

Dumoulin A, John M, Ammann MJ, McEvoy P (2012) Optimized monopole and dipole antennas for UWB asset tag location systems. IEEE Trans Antennas Propag 60(6):2896–2904

Duroc Y, Ghiotto A, Vuong TP, Tedjini S (2007) UWB Antennas: systems with transfer function and impulse response. IEEE Trans Antennas Propag 55(5):1449–1451

Evans JA, Ammann MJ (1999) Planar trapezoidal and pentagonal monopoles with impedance bandwidths in excess of 10 : 1. In: IEEE international symposium on antennas and propagation, vol 3, Orlando, FL, USA, pp 1558-1561

Foley JD, van Dam A, Feiner SK, Hughes JF, Phillips RL (1993) Introduction to computer graphics. Addison-Wesley, Reading

Ghosh D, De A, Taylor MC, Sarkar TK, Wicks MC, Mokole EL (2006) Transmission and reception by Ultra-Wideband (UWB) antennas. IEEE Antennas Propag Mag 48(5):67-99

Gibbins D, Klemm M, Craddock IJ, Leendertz JA, Preece A, Benjamin R (2010) A comparison of a wide-slot and a stacked patch antenna for the purpose of breast cancer detection. IEEE Trans Antennas Propag 58(3):665-674

Go HC, Jung YW (2004) Multi-band modified fork-shaped microstrip monopole antenna with ground plane including dual-triangle portion. Electron Lett 40(10):575-577

Griffiths LA, Fuse C, Chung YC (2005) BroadBand and multiband antenna design using the genetic algorithm to create amorphous shapes using ellipses. IEEE Trans Antennas Propag 54(10): 2776-2782

Guo L, Liang J, Chiau CC, Chen X, Parini CG, Yu J (2007) Performance of UWB disc monopoles in time-domain. Microw Antennas Propag 1(4):955-959

Hagness SC, Fear EC, Massa A (2012) Guest editorial: special cluster on microwave medical imaging. IEEE Antennas Wirel Propag Lett 11:1592-1597

Hagness SC, Taflove A, Bridges JE (1998) Two-dimensional FDTD analysis of a pulsed microwave confocal system for breast cancer detection: fixed-focus and antenna-arrays. IEEE Trans Biomed Eng 45:1470-1479

Halter RJ, Zhou T, Meaney PM, Hartov A, Barth RJ, Rosenkranz KM, Wells WA, Kogel CA, Borsic A, Rizzo EJ, Paulsen KD (2009) The correlation of in vivo and ex vivo tissue dielectric properties to validate electromagnetic breast imaging: initial clinical experience. Physiol Meas 30 (6):121-136

Hammoud M, Poey P, Colombel F (1993) Matching the input impedance of a broadband disc monopole. Electron Lett 29(4):406-407

Haupt RL (2007) Antenna design with a mixed integer genetic algorithm. IEEE Trans Antennas Propag 55(3):577-582

Honda S, Ito M, Seki H, Jinbo Y (1991) On a broadband disk monopole antenna. Technical Report of Television Society Japan. ROFT 91-55

Honda S, Ito M, Seki H, Jinbo Y (1992) A disk monopole antenna with 1 : 8 impedance bandwidth and omnidirectional radiation pattern. In: ISAP'92, Sapporo, pp 1145-1148

http://www.decawave.com/products/dwm1000-module

http://www.zebra.com/us/en/products-services/location-solutions/dart-uwb/dart-tag.html

IEEE Computer Society (2011) Part 15.4: low-rate wireless personal area networks (LR-WPANS). IEEE, New York

IEEE Standard 802.15.4a (2007) Part 15.4: wireless medium access control (MAC) and Physical Layer (PHY) Specifications for Low-Rate Wireless Personal Area Networks (WPANs)

Jin N, Rahmat-Samii Y (2005) Parallel particle swarm optimization andfinite- difference time-domain (PSO/FDTD) algorithm for multiband and wide-band patch antenna designs. IEEE Trans Antennas Propag 53(11):3459-3468

John M, Ammann MJ (2007) Wideband printed monopole design using a genetic algorithm. IEEE Antennas Wirel Propag Lett 6:447-449

John M, Ammann MJ (2009) Antenna optimisation with a computationally efficient multiobjective evolutionary algorithm. IEEE Trans Antennas Propag 57(1):260-263

Johnson JM, Rahmat-Samii Y (1997) Genetic algorithms in engineering electromagnetic. IEEE Antennas Propag Mag 39(4):7-21

Kanda M (1986) Time-domain sensors and radiators. In: Miller EK (ed) Time-domain measurements in electromagnetic. Van Nostrand Reinhold, New York, p 125

Karacolak T, Topsakal E (2006) A double-sided rounded bow-tie antenna (DSRBA) for UWB communications. IEEE Antennas Wirel Propag Lett 5:446-449

Klemm M, Fumeaux C, Baumann D, Craddock IJ (2011) Time-domain simulations of a 31-antenna array for breast cancer imaging. In: IEEE international symposium on antennas and propagation, Spokane, Washington, USA, pp 710-713

Kuo YL, Wong KL (2002) Dual polarised monopole antenna for wireless LAN operation. IEEE Intl. Antennas & Propagat. Symp. Dig. 4:80-83

Kwon HD (2006) Effect of antenna gain and group delay variations on pulse-preserving capabilities of ultrawideband antennas. IEEE Trans Antennas Propag 54(8):2208-2215

Langley J, Hall P, Newham P (1996) Balanced antipodal Vivaldi antenna for wide bandwidth phased arrays. Inst Elect Eng Microwaves Antennas Propag 143(2):97-102

Lazebnik M, McCartney L, Popovic D, Watkins CB, Lindstorm MJ, Harter J, Sewall S, Magliocco A, Brooske JH, Okoniewski M, Hagness SC (2007a) A large-scale study of the ultrawideband microwave dielectric properties of normal breast tissue obtained from reduction surgeries. Phys Med

Biol 52(10):2637-2656

Lazebnik M, McCartney L, Popovic D, Watkins CB, Lindstorm MJ, Harter J, Sewall S, Magliocco A, Brooske JH, Okoniewski M, Hagness SC (2007b) A large-scale study of the ultrawideband microwave dielectric properties of normal, benign and malignant breast tissues obtained from cancer surgeries. Phys Med Biol 52(20):6093-6115

Lee JJ, Livingston S (1993) Wide band bunny-ear radiating element. In: IEEE international symposium on antennas and propagation, vol 3, Ann Arbor, US, pp 1604-1607

Li X, Hagness SC, Choi MK, van der Weide D (2003) Numerical and experimental investigation of an ultrawideband ridged pyramidal-horn antenna with curved launching plane for pulse radiation. IEEE Antennas Wirel Propag Lett 2:259-262

Liang J, Chiau CC, Chen X, Parini CG (2004) Printed circular disc monopole antenna for ultrawideband applications. Electron Lett 40(20):246-1247

Liang J, Chiau CC, Chen X, Parini CG (2005) Study of a printed circular disk monopole antenna for UWB systems. IEEE Trans Antennas Propag 53(11):3500-3504

Lizzi L, Manica L, Massa A (2009) Time-domain analysis for UWB antenna synthesis. In: Proceedingds of the 39th European microwave conference, Rome, pp 93-96

Lizzi L, Oliveri G, Massa A (2012) A time-domain approach to the synthesis of UWB antenna systems. Prog Electromagn Res 122:557-575

Mandke K, Nam H, Yerramneni L, Zuniga C (2003) The evolution of UWB and IEEE 802. 15. 3a for very high data rate WPAN. [Online]. Available: http://kom. aau. dk/group/03gr993/Papers/802. 15/GT3a. pdf. Accessed 21 Aug 2014

Meaney PM, Fanning MW, Raynolds T, Fox CJ, Fang Q, Kogel CA, Poplack SP, Paulsen KD (2007) Initial clinical experience with microwave breast imaging in women with normal mammography. Acad Radiol 14(2):207-218

Meinke H, Gundlach FW (1968) Taschenbuch der Hochfrequenztechnik. Springer, Berlin, New York, pp 531-535

Narbudowicz A, John M, Bao X, Ammann MJ (2012) Vivaldi array for generation of UWB circular polarization. In: IEEE international symposium on antennas and propagation, Chicago, US, pp 1-2

Poplack SP, Tosteson TD, Wells WA, Pogue BW, Meaney PM, Hartov A, Kogel CA, Soho SK, Gibson JJ (2007) Electromagnetic breast imaging: results of a pilot study in women with abnormal mammograms. Radiology 243:350-359

Qing X, Chen ZN, Chung HL (2007) Ultra-wideband circularly polarized wide-slot antenna fed by three-stub hybrid coupler. In: IEEE international conference on ultra-wideband, Singapore, pp 487-490

Qu SW, Li JL, Xue Q, Chan CH, Li S (2009) Wideband and unidirectional cavity-backed folded triangular bowtie antenna. IEEE Trans Antennas Propag 57(4):1259-1263

Rambabu K, Tan AEC, Chan KKM, Chia MYW (2009) Estimation of antenna effect on ultrawideband pulse shape in transmission and reception. IEEE Trans Electromagn Compat 51(3):604-610

Ruvio G, Solimene R, Cuccaro A, Gaetano D, Browne JE, Ammann MJ (2014) Breast cancer detection using interferometric MUSIC: experimental and numerical assessment. Medical Physics 41(10), 103101/1-11

Schantz HG (2004) Dispersion and UWB antennas. In: Proceedings of the conference on . ultrawideband systems and technologies, conference: Kyoto, Japan

Schantz HG, Fullerton L (2001) The diamond dipole: a Gaussian impulse antenna. In: Proceedings of antennas and propagation society international symposium conference: Boston, MA, USA

Sha L, Ward ER, Story B (2002) A review of dielectric properties of normal and malignant breast tissue. IEEE Southeast conference, Columbia, US, pp 457-462

Shlivinski A (2009) Time-domain circularly polarized antennas. IEEE Trans Antennas Propag 57(6):1606-1611

Sill J, Fear EC (2005) Tissue sensing adaptive radar for breast cancer detection: study of immersion liquids. Electron Lett 41(3):113-115

Siwiak K, McKeown D (2004) Radiation of UWB signals. In: Ultra-wideband radio technology. John Wiley & Sons Ltd, New York, p 111

Telzhensky N, Leviatan Y (2006) Novel method of UWB antenna optimization for specified input signal forms by means of genetic algorithm. IEEE Trans Antennas Propag 54(8):2216-2225

Valderas D, Sancho JI, Puente D, Ling C (2011) Ultrawideband antennas: design and applications. Imperial College Press, London, p 179

Walton KL, Sundberg VC (1964) Broadband ridged horn design. Microw J 4:96-101

Wang S, Wu Q, Su D (2012) A novel reversed T-match antenna with compact size and low profile for ultrawideband applications. IEEE Trans Antennas Propag 60(10):4933-4937

Wu Q, Jin R, Geng J, Su D (2010) On the performance of printed dipole antenna with novel composite corrugated-reflectors for low-profile ultrawideband applications. IEEE Trans Antennas Propag 58(12):3839-3846

Zhang X, Larson LE, Asbeck PM (2003) Design of linear RF outphasing power amplifiers. Artech House Inc, Boston, p47

附录:缩略语

A

AAS adaptive active antennas 自适应有源天线
ABF analogue beam forming 模拟波束成形
ABS absorbing strip 吸收条带
ABS acrylonitrile butadiene styrene 丙烯腈-丁二烯-苯乙烯
AC alternating current 交流
ACL auxiliary convergent lens 辅助聚焦透镜
A/D analog to digital 模数变换
ADC analog-digital converter 模数转换器
ADG actual diversity gain 实际分集增益
A-EFIE augmented electric field integral equation 增广电场积分方程
AF array factor 阵列因子
A4WP Alliance for Wireless Power 无线电力联盟
AiP antenna-in-package 封装天线
AIS air-insulated substations 空气绝缘变电站
ALTSA antipodallinearly tapered slot antenna 对拓线性渐变缝隙天线
AM additive manufacturing 增材制造
AM amplitude modulation 调幅
AMC artificial magnetic conductor 人工磁导体
AMPS advanced mobile phone system 先进移动电话系统
AMSR advanced microwave scanning radiometer 先进微波扫描辐射计
AoA angle of arrivals 到达角
APAA active phased array antenna 有源相控阵天线
APEX atacama pathfinder experiment 阿塔卡马探路者实验
APM alternating projection method 交替投影法
APS angular power spectrum 角功率谱
AR autoregressive 自回归
AR axial ratio 轴比
ARBW axial ratio bandwidth 轴比带宽
ARQ automatic repeat request 自动重传请求
ASIC application-specific integrated circuit 专用集成电路
ASKAP australian square kilometer array pathfinder 澳大利亚探路者平方公里阵列
ATCA australia telescope compact array

澳大利亚紧凑阵列望远镜

AUT　antenna under test 待测天线

AWAS　analysis of wire Antennas and scatterers 线天线和散射体分析程序

AWG　arbitrary waveform generator 任意波形发生器

AWGN　additive white gaussian noise 加性高斯白噪声

AZIM　anisotropic zero-index material 各向异性零折射率材料

B

BAN　body area network 人体局域网

BAVA　balanced antipodal Vivaldi antenna 平衡对拓维瓦尔第天线

BCE　beam capture efficiency 波束截获效率

BCNT　bundled carbon nanotube 成束碳纳米管

BCP　buckled cantilever plate 扣式悬臂板

BCWC　body-centric wireless communication 人体中心无线通信

BDF　beam deviation factor 波束偏差因子

BER　bit error rate 误码率

BFN　beam-forming network 波束形成网络

BGA　ball grid array 球栅阵列

BHA　backfire helical antenna 背射螺旋天线

BMI　brain-machine interface 脑机接口

BOR　body-of-revolution 旋转体

BRP　beam refinement protocol 波束优化协议

BSS　broadcasting satellite services 广播卫星业务

BST　base station 基站

BTL　bell technical laboratories 贝尔技术实验室

BW　bandwidth 带宽

C

CA　carrier aggregation 载波聚合

CAD　computer aided design 计算机辅助设计

CA-RLSA　concentric array radial line slot antenna 同心阵列径向线缝隙天线

CARMA　combined array for millimeter astronomy 毫米波天文组合阵列

CATR　compact antenna test range 紧缩天线测试场地

CBCPW　conductor-backed cPW 金属背板共面波导

CBI　cosmic background imager 宇宙背景成像仪

CBM　condition-based maintenance 视情维护

CCE　capacitive coupling element 容性耦合元件

CCVS　charge-controlled voltage source 电荷控制电压源

CDMA　code division multiple access 码分多址

CEM　computational electromagnetics 计算电磁学

CFR crest factor reduction
波峰因数降低

CFRP carbon fiber-reinforced plastic
碳纤维增强塑料

CFZ cone-like Fresnel zone
锥形菲涅尔区

CHIME canadian hydrogen intensity mapping experiment 加拿大氢强度映射实验

CIARS centre for intelligent antenna and radio systems 智能天线与射频系统中心

CLL capacitively loaded loop 电容加载环

CLONALG clonal selection algorithm
克隆选择算法

CM condition monitoring 状态监测

EFIECMP-EFIE calderón multiplicative preconditioned, Calderón
乘法预处理 EFIE

CNT carbon nanotubes 碳纳米管

COP center of projection 投影中心

CP circular polarization, circularly polarized 圆极化

CPU/MPU central/micro processing unit
中央/微处理单元

CS cardinal series 主级数

CSO caltech sub-millimeter observatory
加州理工大学亚毫米波天文台

CTIA cellular telecommunications and internet Association 移动通信与互联网协会

CM common mode 共模

CM constant modulus 恒模

CMA characteristic mode analysis
特征模分析

CM-AES covariance matrix adaptation evolutionary strategy 自适应协方差矩阵进化策略

CMIM conventional mutual impedance method
传统互阻抗法

CMOS complementary metal oxide semiconductor 互补金属氧化物半导体

CMRR common mode rejection ratio
共模抑制比

CNC computer numerical control
计算机数控

CPS coplanar stripline 共面带线

CPW coplanar waveguide 共面波导

CR crossover rate 交叉率

CRLH composite right/left handed
复合左右手

CRLH TL composite right- and left-handed transmission line
复合左右手传输线

CSI channel state information
信道状态信息

CSS chirp spread spectrum Chirp
频谱扩展

CTE coefficient of thermal expansion
热膨胀系数

CSRR complementary split-ring resonator
互补开口环谐振器

CT computed tomography
计算机层析成像

CT/LN constant tangential/linear normal
常切向/线性法向

CVD chemical vapor deposition
化学气相沉积

CVX convex 凸优化

CW continuous-wave 连续波

CWE cylindrical wave expansion
柱面波扩展

CWTSA constant width tapered slot antenna
辐射槽宽恒定的渐变缝隙天线

XPD cross-polarization discrimination
交叉极化鉴别

XPI crosspolar isolation 交叉极化隔离

XLPE crosslinked polyethylene 交联聚乙烯

D

DAC digital to analogue converter
数模转换器

DBF digital beam forming 数字波束成形

DBS direct broadcast satellite 直播卫星

DC direct current 直流(电)

DDC digital down converter 数字下变频

DDM domain decomposition method
区域分解算法

DE differential evolution 差分进化

DEC design rule checking 设计规则检查

DETSA dual exponentially tapered slot antenna
双指数型渐变缝隙天线

DFT discrete Fourier transform
离散傅里叶变换

DG diversity gain 分集增益

DGA dissolved gas analysis 溶解气体分析

DGF dyadic green's function
并矢格林函数

DGS defected ground structure
缺陷地结构

DGTD discontinuous Galerkin time domain
时域间断伽辽金算法

DLA discrete lens array 离散透镜阵列

DLP digital light project 数字光学投影

DM differential mode 差模

DMN decoupling and matching network
解耦匹配网络

DMS defected microstrip structure
缺陷微带结构

DNG double-negative 双负

DOA direction-of-arrival 波达方向

DOD drop-on-demand 按需喷墨

DPS double positive 双正

DR dielectric resonator 介质谐振器

DRA dielectric resonator antenna
介质谐振天线

DS direct sequence 直接序列

DSP digital signal processor
数字信号处理器

D/U desired-to-undesired
期望信号与不期望信号之比

E

EAD egyptian axe dipole 埃及斧偶极子

EBG electromagnetic band gap 电磁带隙

EBM electron beam melting 电子束融化

ECC envelope correction coefficient
包络校正系数

ECR electron cyclotron resonance
电子回旋共振

EDA electronic design automation 电子设计自动化
EDG effective diversity gain 有效分集增益
EDGE enhanced data rate for GSM Evolution 增强型数据速率 GSM 演进技术
EFIE electric field integral equations 电场积分方程
EHF extremely high frequency 极高频
EHT event horizon telescope 事件视界望远镜
EIL edge illumination 边沿照射
EIRP effective isotropic radiated power 等效全向辐射功率
EIS effective isotropic sensitivity 等效全向灵敏度
ELDRs end-loaded dipole resonators 端载偶极子谐振器
EM electromagnetic 电磁
EMC electromagnetic compatibility 电磁兼容性
EMI electromagnetic interference 电磁干扰
EMXT electromagnetic crystal 电磁晶体
EMU electromagnetic unit 电磁单位
ENG epsilon-negative 负介电常数
EOC edge of coverage 覆盖区边缘
EPA equivalence principle algorithm 等效原理算法
EPDM ethylene propylene diene monomer 三元乙丙橡胶
EPR electron paramagnetic resonance 电子顺磁共振
EPR ethylene propylene rubber 乙丙橡胶
ERC European Radio Communications Committee 欧洲无线电通信委员会
ERP effective radiated power 有效辐射功率
ESA electrically small antenna 电小天线
ESA european space agency 欧洲航天局
ESI enhanced serial interface 增强型串行接口
ESPAR electronically steerable passive array radiator 电控无源阵列辐射器
ESPRIT estimation of signal parameters via rotational invariance techniques 基于旋转不变性原理的信号参数估计技术
ESU electrostatic units 静电单位
ET edge taper 边沿锥削
EUT equipment under test 待测设备
WLB embedded wafer-level ball grid arraye 嵌入式晶圆级球栅阵列
EZR epsilon-zero 零介电常数

F

FAC full anechoic chamber 全电波暗室
F/B front-to-backratio 前后比
FCC federal communication commission 联邦通信委员会
F/D focal length-to-aperture diameter ratio 焦径比
FDD frequency division duplexing, Frequency division duplex 频分双工

FDM fused deposition modeling 熔融沉积成型

FDMA frequency division multiple access 频分多址

FDTD finite-difference time-domain 时域有限差分

FE finite element 有限元

FEC forward error correction 前向纠错

FEM finite element method 有限元法

FES functional electrical stimulator 功能性电刺激器

FETD finite element time method method 时域有限元法

FIT finite integration technique 有限积分方法

FF far-field 远场

FF fidelity factor 保真度

FFT fast Fourier transform 快速傅里叶变换

FM frequency modulation 调频

FMCW frequency-modulated constant wave 调频连续波

FoV field of view 视场

FP fabry-Pérot 法布里-珀罗

FPA focal plane array 焦平面阵列

FPGA field programmable gate arrays 现场可编程门阵列

FRA frequency response analysis 频率响应分析

FSA functional small antenna 功能小天线

FSS fixedsatellite services 固定卫星业务

FSS frequency selective surface 频率选择表面

FTBR front-to-back ratio 前后比

FVTD finite volume time domain method 时域有限体积法

FSVs frequency selective volumes 频率选择体结构

FZP fresnel zone plate 菲涅尔区盘

G

GA genetic algorithm 遗传算法

GAA grid antenna array 栅格天线阵列

GaAs gallium arsenide 砷化镓

GAS geostationary atmospheric sounder 地球同步轨道大气探测仪

GBT green bank telescope 绿岸射电望远镜

GCOM global change observation mission 全球环境变化观测任务

GCPW grounded coplanar waveguide 接地共面波导

GD gaussian dipole 高斯偶极子

GeoSTAR geostationary synthetic thinned aperture radiometer 地球同步轨道稀疏合成孔径辐射计

GHz gigahertzes 吉赫兹

GMSK gaussian minimum shift keying 高斯最小频移键控

GNSS global navigation satellite system 全球导航卫星系统

GO geometric optics, geometrical optics 几何光学

GPHA gaussian profile horn antennae

高斯剖面喇叭天线
GPIB general purpose interface bus 通用接口总线
GPOR general paraboloid of revolution 广义旋转抛物面
GPRS general packet radio service 通用分组无线业务
GPS global Positioning System 全球定位系统
GRIN gradient index 渐变折射率
GSG ground-signal-ground 地-信号-地
GSGSG ground-signal-ground-signal-ground 地-信号-地-信号-地
GSM global system for mobile communications 全球移动通信系统
GSNA geosynchronous satellite navigation antennae 静止轨道卫星导航天线
GTD geometrical theory of diffraction 几何绕射理论

H

HBA high-band array 高频段阵列
HBC human-body communications 人体通信
HD high-definition 高清
HDPE high-density polyethylene 高密度聚合物
HDRR hemispherical dielectric ring resonator 半球介质环谐振器
HEB half energy beam 半能量波束
HEBW half energy beamwidth 半能量波束宽度
HetNets heterogeneous networks 异构网
HF high frequency 高频
HFA high frequency asymptotic 高频渐进
HFCT high frequency current transformers 高频电流互感器
HHIS hybrid high-impedance surface 混合高阻抗表面
HIS high impedance surface 高阻抗表面
HLR home location register 归属位置寄存器
HM half-mode 半模
HMFE half Maxwell fish-eye 半麦克斯韦鱼眼
HMSIW half-mode substrate-integrated waveguide 半模基片集成波导
HPA high-power amplifier 高功率放大器
HPBW half-power beamwidth 半功率波束宽度
HSPA high-speed packet access 高速分组接入
HTCC high-temperature co-fired ceramics 高温共烧陶瓷
HWG hansen-woodyard gain 汉森伍德增益

I

IC integrated chip 集成芯片
ICE inductive coupling elements 感性耦合元件
ICP intracranial pressure 颅内压
ICNIRP international commission on non-Ionizing radiation protection 国际非电离

辐射防护委员会

IDFT inverse digital fourier transform 数字傅里叶逆变换

IEC international electrotechnical commission 国际电工委员会

IEM integral equation method 积分方程法

IF intermediate frequency 中频

IFA inverted F-antenna 倒 F 天线

IID independent and identically distributed 独立同分布

ILA integrated lens antennas 集成透镜天线

ILDC incremental length diffraction coefficients 增量长度绕射系数

IMD implantable device 可植入设备

INC intelligent network communicator 智能通信网络

IR infrared 红外

ISI inter symbol interference 码间干扰

ISM industrial scientific and medical 工业,科学与医疗

ITE information technology equipment 信息技术设备

ITU International Telecommunications Unit 国际电信联盟

IFFT inverse fast Fourier transform 快速傅里叶逆变换

J

JCMT james clerk Maxwell telescope 詹姆斯·克拉克·麦克斯韦尔望远镜

JPL jet propulsion laboratory 喷气推进实验室

K

KCL kirchhoff′s current law 基尔霍夫电流定律

KDI kirchhoff′s diffraction integral 基尔霍夫衍射积分式

KIDs kinetic Inductance detectors 动力学电感检测器

KVL kirchhoff′s voltage law 基尔霍夫电压定律

L

LAN local area network 局域网

LAS largest angular scale 最大角度标度

LCP liquid crystal polymer 液晶聚合物

LDOS local density of states 光子局域态密度

LDS laser direct structuring 激光直接成形

LED light-emitting diode 发光二极管

LEO low earth orbit 近地轨道

LEOS low-earth-orbit satellite 低轨卫星

LF low frequency 低频

LGA land grid array 触点栅格阵列

LH left-handed 左手

LHCP left-hand circular polarization 左旋圆极化

LHM left-handed media 左手介质

LIM low-index material 低折射率材料

LLM layer laminate manufacturing 层压板制造

LM laser melting 激光熔化

LMS least mean square 最小二乘

LMT large milli-meter telescope 大型毫米波望远镜

LNA low noise amplifier 低噪声放大器

LN2 liquid nitrogen 液氮

LO local oscillator 本地振荡器

LOFAR low frequency array 低频阵列

LOM laminate object manufacturing 层压板制品制造

LOS line-of-sight 视距

LP linearly polarized 线极化

LPDA log-periodic dipole array 对数周期偶极子阵列

LPF low pass filter 低通滤波器

LPLA log-periodic loop array 对数周期环形阵列

LPVA log-periodic V array 对数周期 V 形偶极子阵列

RL line-reflect-lineL 线-反射-线

LS laser sintering 激光烧结

LT low temperature 低温

TCC low temperature co-fired ceramicL 低温共烧陶瓷

TE long term evolutionL 长期演化

LT/QN linear tangential/quadratic normal 线性切向/二次法向

TSA linearly tapered slot antennaL 线性锥削槽天线

LUF lowest usable frequency 最低可用频率

UT lens under testL 待测透镜

WA leaky-wave antennaL 漏波天线

LWA1 Long Wavelength Array Station 1 1 号长波阵列站

M

MBA multibeam antenna 多波束天线

ME magneto-electric 磁电

ME multiplexing efficiency 复用效率

MEG mean effective gain 平均有效增益

MEMS micro-electro-mechanical system 微机电系统

e-MERLIN multi-Element Radio Linked Interferometer Network 多元无线电链路干涉仪网络

MFIE magnetic field integral equation 磁场积分方程

MG maximum gain 最大增益

MHz megahertz 兆赫兹

MIC microwave integrated circuit 微波集成电路

MICS medical implant communications service 医疗植入通信服务

MID molded interconnect device 模塑互连器件

MIG metal inert gas 金属惰性气体

MIM metal-insulator-metal 金属-绝缘体-金属

MIMO multiple input and multiple output 多输入多输出

MIR microwaveimpulse radar 微波脉冲雷达

MIRAS microwave imaging radiometer with

aperture synthesis 合成孔径微波成像辐射计

ML maximum likelihood 最大似然

MLFMA multilevel fast multipole algorithm 多层快速多极子算法

MLGFIM multilevel Green's function interpolation method 多级格林函数迭代法

MM/MTM metamateiral 超材料

MMIC monolithic microwave integrated circuit 单片微波集成电路

MMSE minimum mean square error 最小均方误差

mmWave millimeter wave 毫米波

MNA modified nodal analysis 改进的节点分析

MNG mu-negative 负磁导率

MNZ mu-near-zero 近零磁导率

MoM method of moment 矩量法

MPA microstrip patch antenna 微带贴片天线

MPT microwave power transmission 微波能量传输

MR magnetic resonance 磁共振

MRC maximal ratio combining 最大比合并

MRI magnetic resonance imaging 磁共振成像

MRS MR-spectroscopy 磁共振谱

MRTD multi-resolution time domain 时域多分辨法

MS mean square 均方值

MSA microstrip antenna 微带天线

MSC mode-stirred chamber 模式混合暗室

MSCDA modified self-complementary dipole array 改进型自互补偶极子阵列

MSE mean square error 均方误差

MT mobile terminal 移动终端

MIMOMU-MIMO multiuser MIMO 多用户 MIMO

MUSIC multiple signal classification 多重信号分类

MW microwave 微波

MZR mu-zero 零磁导率

N

NASA national aeronautic and space administration(美国)航空航天局

NB narrowband 窄带

NC no compensation 无补偿

NEC numerical electromagnetic code 数值电磁代码

NF near-field 近场

NF noise figure 噪声系数

NFC near-field communication 近场通信

NFE number of function evaluations 评估次数

NF-FF near-field-far-field 近场-远场

NFRP near-field resonant parasitic 近场谐振寄生

NGD negative-group-delay 负群时延

NIC negative impedance converter 负阻抗变换器

NII negative impedance inverter 负阻抗逆变器

NME natural mode expansion 固定模式扩展

NMOS n Metal oxide semiconductor N 型金属氧化物半导体

NMR nuclear magnetic resonance 核磁共振

NNs neural networks 神经网络

NRI-TL negative refractive-index transmission-line 负折射率传输线

NSA normalized site attenuation 归一化场地衰减

NSDP numerical steepest descent path method 数值最速下降路径方法

NU nonuniform 非均匀

O

OATS open-area test site 开阔测试场

OCS open-circuit stable 开路稳定

OFDM orthogonal frequency-division multiplexing 正交频分复用

OLTC on-load tap changers 有载分接开关

Omega/sq ohms per square 欧姆每平方

OMT orthomode transducer 正交模耦合器

OTA over-the-air 空中下载

P

PA power amplifier 功率放大器

PAA phased array antenna 相控阵天线

PAE power-added efficiency 功率附加效率

PAF phased array feeds 相控阵馈源

PBG photonic band gap materials 光子带隙材料

PC photonic crystal 光子晶体

PC polycarbonate 聚碳酸酯

PCA photoconductive antenna 光电导天线

PCB printed circuit board 印制电路板

PCIe peripheral component interconnect express 高速外部组件互连

PCS personal communications service 个人通信服务

PCSA physically constrainedsmall antenna 有限尺寸小天线

PD partial discharge 局部放电

PDC personal digital cellular 个人数字蜂窝

PDMS polydimethylsiloxane 聚二甲基硅氧烷

PDN power distributed networks 供电网络

PE polyethylene 聚乙烯

PEC perfectly electric conductor 理想电导体

PEEC partial element equivalent circuit 部分元等效电路

PEEK polyetheretherketone 聚醚酮醚

PER packet error ratio 误包率

PET piezoelectric transducer 压电转换器

PEX parallel excitation 并联激励

PEXMUX parallel excitation multiplexing component 并联激励复用组件

PH plane hyperbolic 双曲面

PHAT phase transform 相位变换

HEMT pseudomorphic high-electronmobility transistorp 赝晶高电子迁移率晶体管

PIAA power inversion adaptive Array 功率倒置自适应阵列

PIB propagation-invariant beam 传播不变波束

PIFA planar inverted-F antenna 平面倒 F 天线

PIFA printed inverted F antenna 印刷倒 F 天线

PIM passive inter-modulation 无源互调

PLA polylactic acid 聚乳酸

PMA power matters alliance 电力事务联盟

PMC perfectly magnetic conductor 理想磁导体

PML perfectly matched layer 完美匹配层

PMMA polymethylmethacrylate 聚甲基丙烯酸甲脂

PMMW passive millimeter-wave 毫米波无源

PO physical optics 物理光学

PoC proof-of-concept 概念验证

POM polyoxymethylene 聚甲醛

PPSF polyphenylsulfone 聚苯砜

PR positive real 正实

PRI positive-refractive-index 正折射率

PRPD phase-resolved partial discharge 局部放电相位分布

PRS partially reflective surface 部分反射面

PSA physicallysmall antenna 小形体天线

PSD power spectrum density 功率谱密度

PSO particle swarm optimization 粒子群优化

PSS phase-shifting surface 相移表面

PTD physical theory of diffraction 物理衍射理论

PTE power transfer efficiency 功率传输效率

PTFE polytetrafluoroethylene 聚四氟乙烯

PTSA parabolic tapered slot antenna 抛物线渐变缝隙天线

Q

QMC quadrature mixer correction 正交混频器校正

Q quality factor 品质因数

QoS quality of service 服务质量

QC-laser quantum cascade laser 量子级联激光

QSC quasi-self-complementary 准自互补

QUIET Q/U imaging experiment Q / U 成像实验

R

RA reconfigurable antenna 可重构天线

RAM radio-absorbing material 射频吸波材料

RC reverberation chamber 混响室

RCM reliability-centered maintenance 以可靠性为中心的维护

RCS radar cross-section 雷达散射截面

RDL redistribution layer 再分配层

RDMS reconfigurabledefected microstrip structure 可重构缺陷微带结构

RE radiation efficiency 辐射效率
RET remote electrical tilt 远程电子倾斜
REV rotating element electric field vector 旋转单元电场矢量
RF radio frequency 射频
RFID radio frequency identification 射频识别
RF-MEMS radio frequency micro electromechanical system 射频微机电系统
RH right-handed 右手
RHCP right-hand circular polarization 右旋圆极化
RIS reactive impedance surface 纯电抗表面
RLBW return loss bandwidth 回波损耗带宽
RLS recursive least squares 递归最小二乘
RLSA radial line slot antenna 径向线缝隙天线
RLW reduced lateral wave 横向波抑制
RMIM receiving mutual impedance method 接收互阻抗方法
rms root mean square 均方根
RP rapid prototyping 快速原型
RPD ray path difference 射线路径差
RRH remote radio head 射频拉远头
RSSI received signal strength indication 接收信号强度指示
RSW reduced surface wave 表面波抑制
RT room-temperature 室温
RTLS real time location system 实时定位系统
RW rectangular waveguide 矩形波导
Rx receiving 接收

S

SA small antenna 小天线
SAC semi-anechoic chamber 半微波暗室
SAEP shorted annular elliptical patch 短路环形椭圆贴片
SAR shorted annular ring 短路环
SAR specific absorption rate 比吸收率
SBR shoot and bounce ray 弹跳射线法
SCOT smoothed coherence transform 平滑相干变换
SCS short-circuit stable 短路稳定
SCS self-complementary structure 自互补结构
SD spatial diversity 空间分集
SD standard deviation 标准差
SDARS satellite digital audio radio services 卫星数字音频广播业务
SDM spatial division multiplexing 空分复用
SDM spectral domain method 谱域法
SDMA space division multiple access 空分多址
SDS spatial difference smoothing 空间差分平滑
SE shielding effectiveness 屏蔽效能
SEFD system equivalent flux density 系统等效磁通密度

SEM　scanning electron micrograph 扫描电子显微镜

SERS　surface-enhanced Raman scattering 表面增强拉曼散射

SETD　spectral element time domain 时域普元法

SG　signal-ground 信号接地

SGU　signal generation unit 信号产生单元

S/I　signal/interference 信干比

SIC　substrate integrated circuit 基片集成电路

SIIG　substrate integratedimage guide 基片集成镜像波导

SIM　subscriber identity module 用户识别模组

SINR　signal-to-interference-plus-noise ratio 信干噪比

SINRD　substrate integratednonradiative dielectric 基片集成非辐射介质

SiP　system-in-package 封装系统

SISO　single-input single-out 单输入单输出

SIW　substrate integrated waveguide 基片集成波导

SKA　square kilometer array 平方公里阵

SL　stereolithography 立体光刻

SLA　square loop antenna 方环天线

SLC　side lobe canceller 副瓣对消器

SLM　selective laser melting 选择性激光熔化

SLS　sector level sweep 扇区电平扫描

SLS　selective laser sintering 选择性激光烧结

SMAP　soil moisture active passive 土壤湿度主被动(探测任务)

SMI　sample matrix inversion 采样矩阵求逆

SMOS　soil moisture and ocean Salinity 土壤湿度和海洋盐度(探测任务)

SMP　shape memory polymer 形状记忆聚合物

SMRS　sinusoidally modulated reactance surface 正弦调制容抗表面

SMS　short message service 短消息服务

SMT　surface-mount technologies 表面贴装技术

SNG　single negative 单负

SNIR　signal-to-noise-and-interference ratio 信干噪比

SNOM　scanning near-field optical microscope 近场扫描光学显微镜

SNR　signal-to-noise ratio 信噪比

SoB　system-on-board 板上系统

SoC　system-on-chip 片上系统

SOL　short-open-load 短路-开路-负载

SOLT　short-open-load-thru 短路-开路-负载-直通

SOP　system on packaging 封装系统

SOTM　satellite-on-the-move 移动卫星

SPDT　single-pole double-throw 单刀双掷

SPICE　Simulation Program with Integrated-Circuit Emphasis 电路模拟程序

SPMT　single-pole multi-throw 单刀多掷开关

SPP surface plasmon polariton 表面等离子体激元

SPS solar power satellite 太阳能发电卫星(空间太阳能电站)

SPST single pole single throw 单刀单掷开关

SPT south Pole Telescope 南极望远镜

SRR split-ring resonator 开口环谐振器

SRT sardinia Radio Telescope 撒丁岛射电望远镜

SSC stator slot couplers 定子槽耦合器

SSP shorted slotted patch 短路开槽贴片

STFFT short-time fast Fourier transformation 短时快速傅里叶变换

STFT short-time Fourier transform 短时傅里叶变换

SU-MIMO/MU-MIMO single-user and multiuser multiple-input multiple-output 单用户及多用户多输入多输出

SVM support vector machine 支持矢量机

SVSWR site voltage standing wave ratio 场地电压驻波比

SWR standing wave ratio 驻波比

T

TCDk thermal coefficient of dielectric constant 介电常数热系数

TCM theory of characteristic modes 特征模理论

3D three-dimensional 三维

TDD time division duplexing 时分双工

TD-EFIE time-domain electric field integral equations 时域电场积分方程

TDMA time division multiple access 时分多址

TDOA time differences of arrival 到达时间差

TDR time-domain reflectivity 时域反射

TE total efficiency 总效率

TE transverse electric 横电

TEM transverse electromagnetic 横电磁

TF time-frequency 时频

THz terahertz 太赫兹

TIS total isotropic sensitivity 总全向灵敏度

TL transmission line 传输线

TM transverse magnetic 横磁

TMA tower-mounted amplifier 塔式放大器

TO transformation optics 变换光学

TPs transmission poles 传输极点

TSA tapered slot antenna 锥削槽天线

TT&C telemetry,tracking and control 遥测,跟踪与控制

T/R transmit/receive 收/发

TRL trough reflect line 直通-反射-传输线

TRP total radiated power 总辐射功率

TTD true-time delays 实时延迟

Tx transmission 发射

TZs transmission zeros 传输零点

U

UAT uniform asymptotic diffraction

均匀渐近衍射

UAV unmanned aerial vehicle 无人飞行器

UHD ultrahigh definition 超高清

UHF ultra high frequency 超高频

ULA uniform linear array 均匀线阵

ULSI ultralarge-scale integration 超大规模集成

USB universal mobile telecommunication systemsx 通用移动通信系统

USB universal serial bus 通用串行总线

UTD uniform Theory of Diffraction 一致性绕射理论

UWB ultra-wideband 超宽带

V

VCO voltage-controlled oscillator 压控振荡器

VHF very high frequency 甚高频

VLBA very long baseline array 甚长基线阵列

VLBI very-long-baseline interferometry 甚长基线干涉计

VLF very low frequency 甚低频

VNA vector network analyzer 矢量网络分析仪

VOI volume of interest 感兴趣区域

VSWR voltage standing wave ratio 电压驻波比

W

WAAS wide area augmentation system 广域增强系统

WDO wind-driven optimization 风驱动优化

WiMAX worldwide interoperability for microwave access 全球微波互联接入

WiPoT Wireless Power Transfer Consortium for Practical Application 无线电力传输应用协会

WISP wireless identification and sensing platform 无线识别和感知平台

WLAN wirelesslocal area network 无线局域网

WPC wireless power consortium 无线电力联盟

WPT wireless power transfer 无线能量传输

WRC world radio conference 世界无线电大会

WSN wirelesssensor network 无线传感器网络

Y

YM - BPM yee - mesh - based beam - propagation method 基于 Yee 网格的光束传播方法

Z

ZIM zero-index material 零折射率材料

ZOR zeroth-order resonator 零阶谐振器

ZTT zirconium Tin Titanate 钛酸锆锡

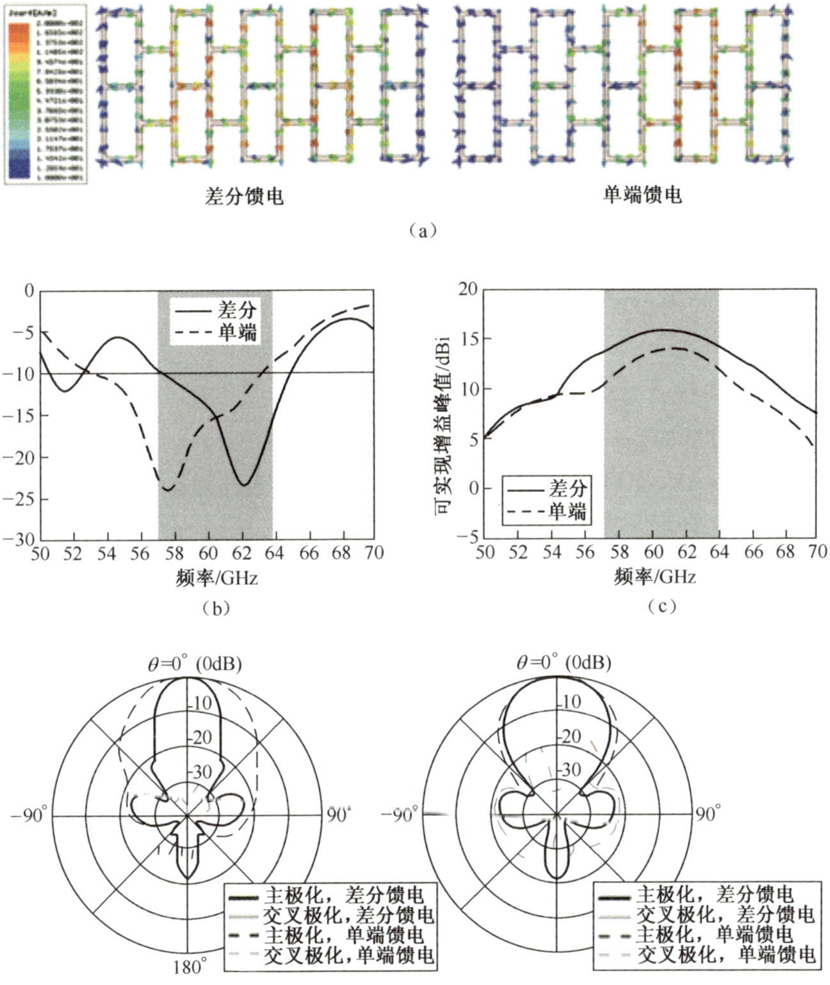

图 27.6　双馈栅格天线阵列与单馈栅格天线阵列仿真结果对比

(a)电流分布(61.5GHz)。(b) $|S_{11}|$,(c)可实现增益峰值;

(d) xz 面方向图(61.5GHz);(e) yz 面方向图(61.5GHz)。

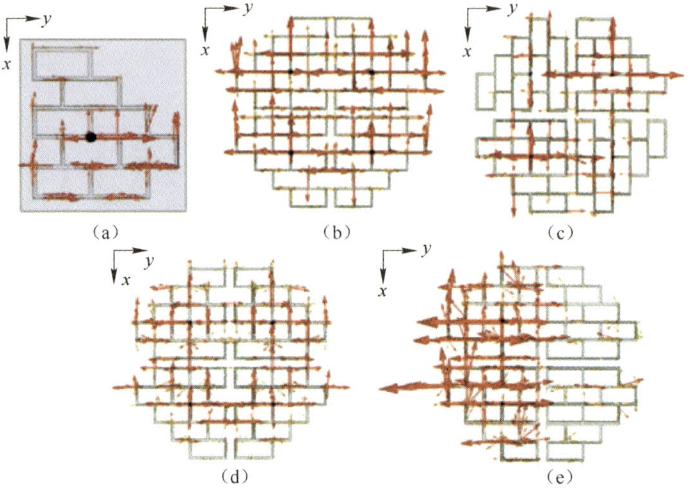

图 27.7　谐振式 GAA 子阵结构及其电流分布

(a)GAA 子阵单元;(b)由 4 个子阵组成的线极化 GAA;(c)由 4 个子阵组成的圆极化 GAA;(d)由 4 个子阵组成的单平衡 GAA;(e)由 4 个子阵组成的单非平衡 GAA。

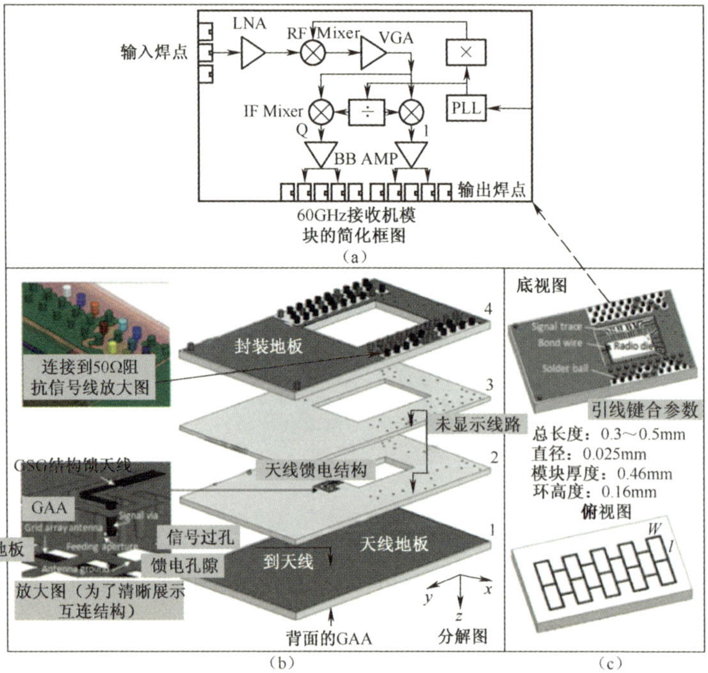

图 27.8　由 GAA 与 60GHz 芯片组成的球栅阵列封装结构

(a)60GHz 接收机模块的简化框图;(b)底视图;(c)俯视图。

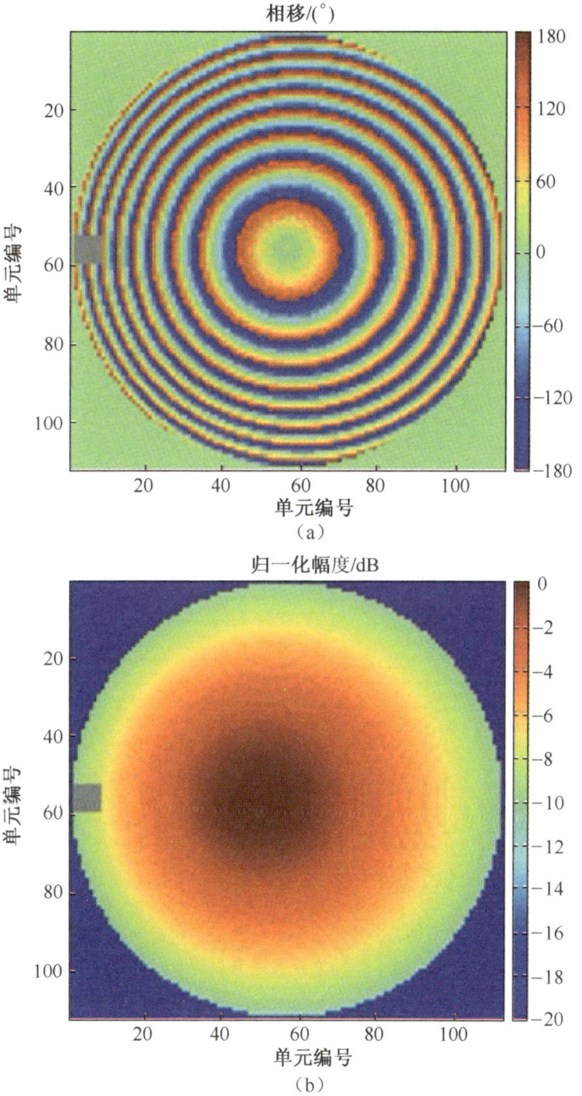

图 28.15 反射阵的期望相移分布以及反射阵的幅度分布(阴影区域为馈源遮挡)

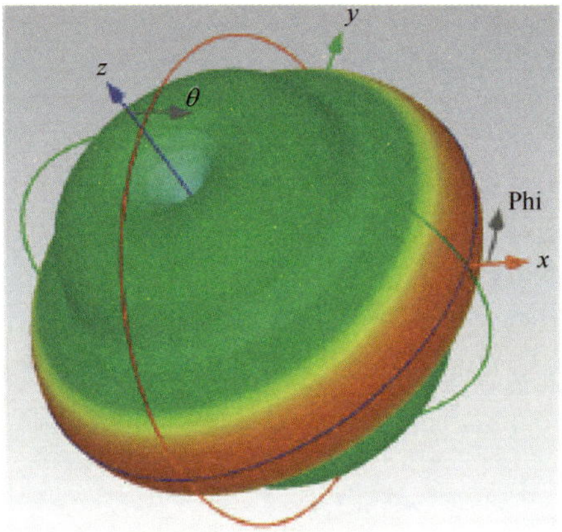

(a)

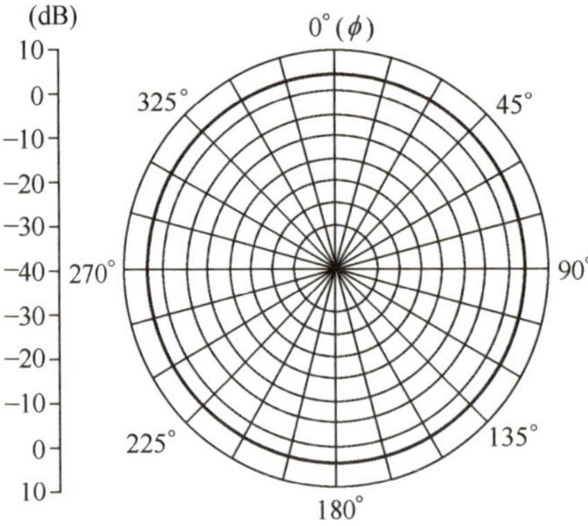

(b)

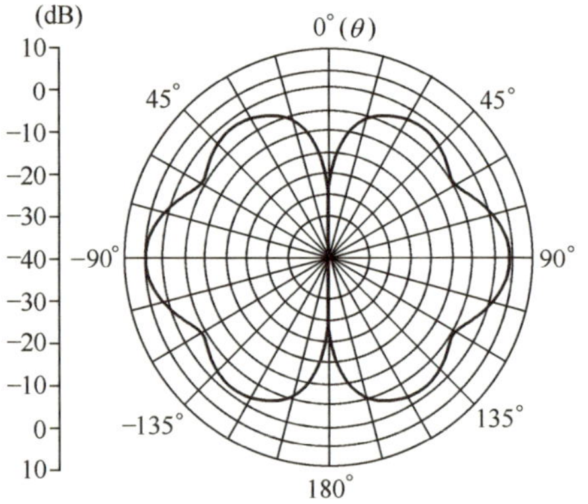

(c)

图 31.2　全向天线的典型辐射方向图

(a)三维方向图;(b)方位面(x-y 面)全向方向图;(c)俯仰面方向图(x-z 面)

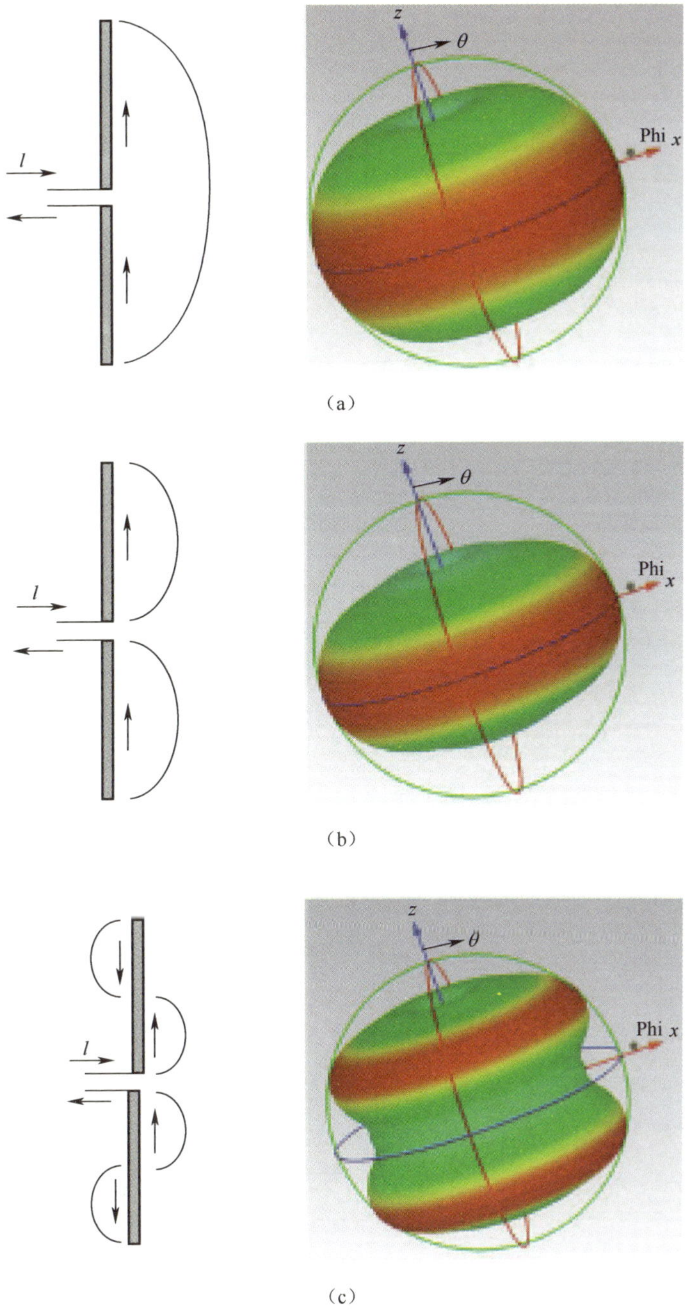

图 31.6　偶极子天线的电流分布及其三维辐射方向图

(a)半波偶极子;(b)全波偶极子;(c)双波长偶极子。

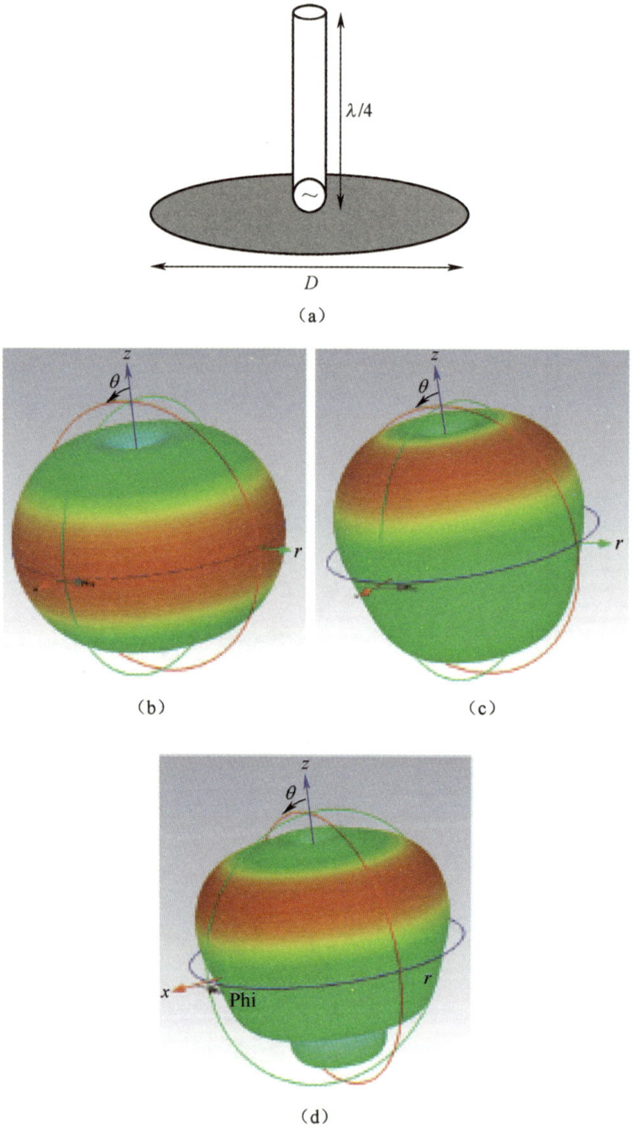

图 31.15　λ/4 单极子在不同接地板尺寸下的辐射方向图

(a)天线形式;(b)$D=0.25\lambda$;(c)$D=1\lambda$;(d)$D=2\lambda$。

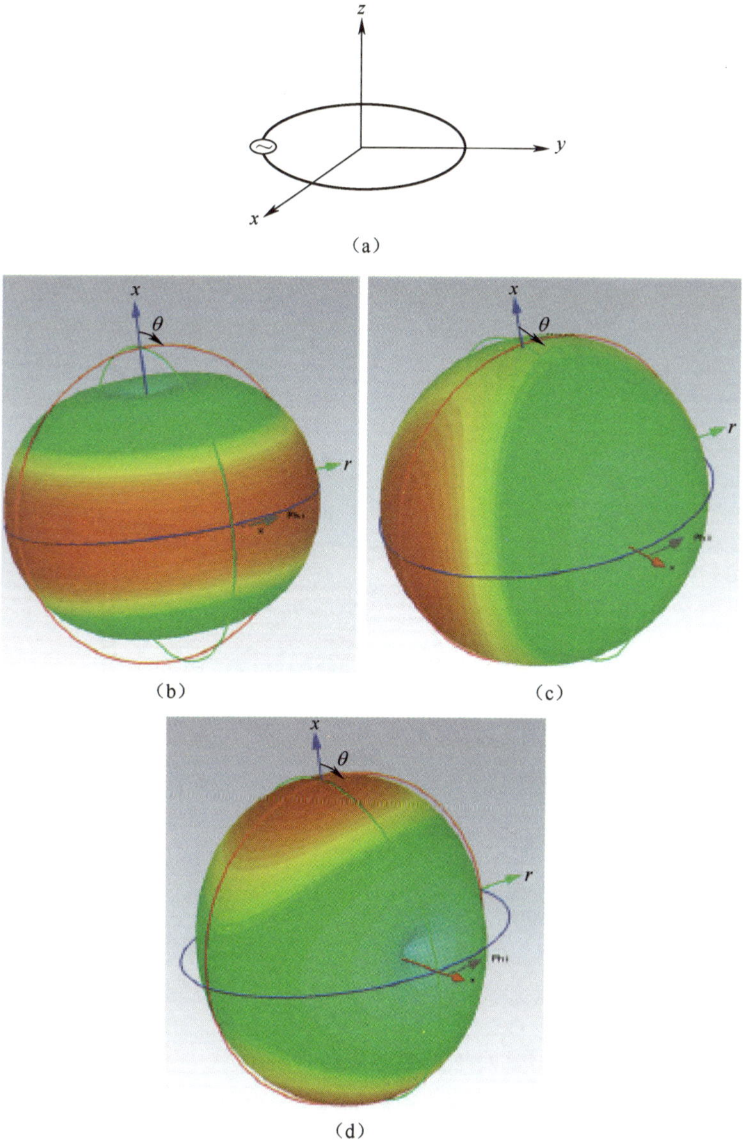

图 31.26　不同周长环形天线的天线三维辐射方向图

(a)坐标系中的环形天线;(b)~(d)周长分别为 0.1λ、0.5λ 和 1λ 时的辐射方向图。

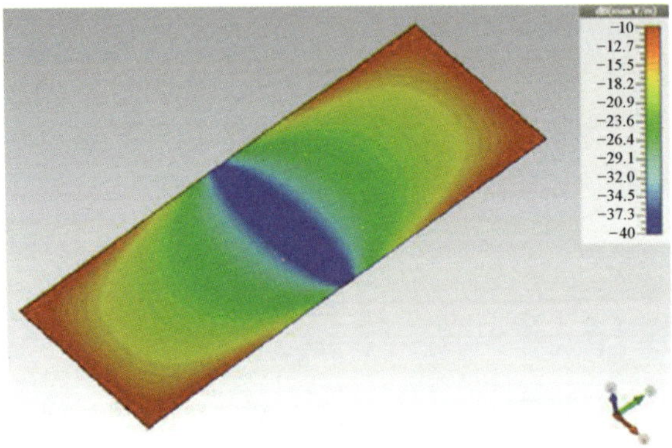

(a)

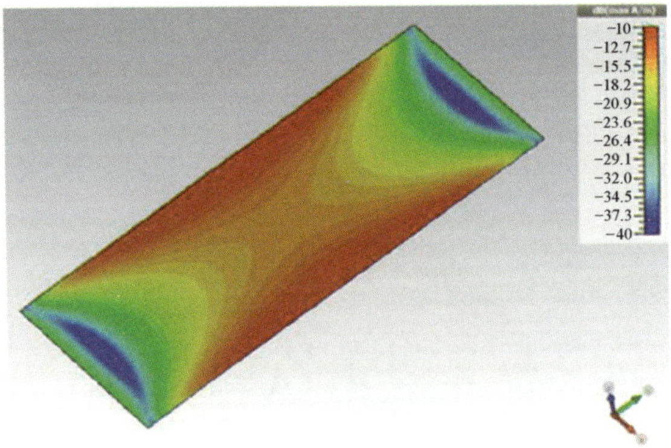

(b)

图 32.22　移动基座的特征模式

(a)电场;(b) 磁场。

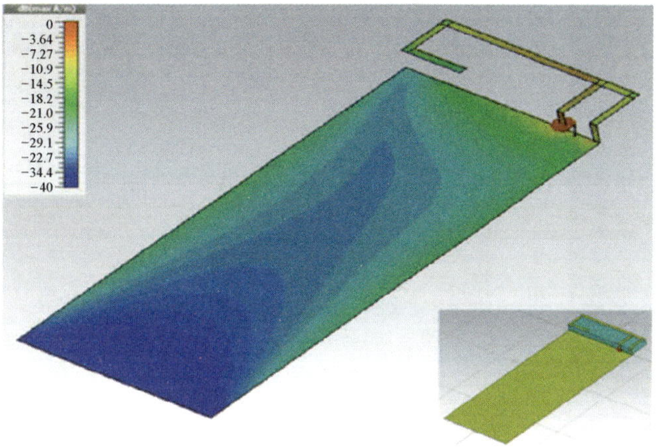

（a）

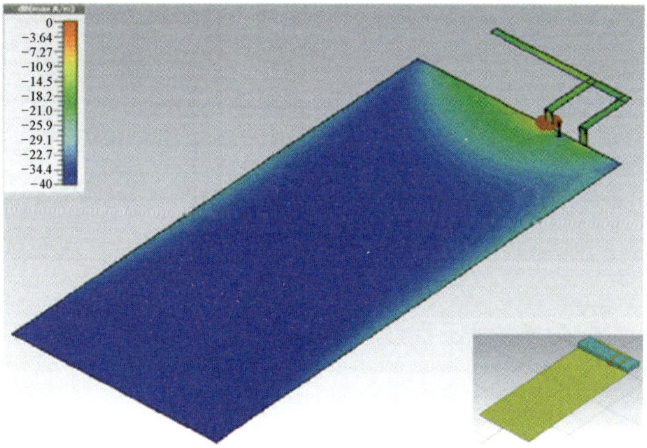

（b）

图 32.24　PIFA 天线的归一化磁流分布

(a)$E_r = 1$;(b)$E_r = 20$。

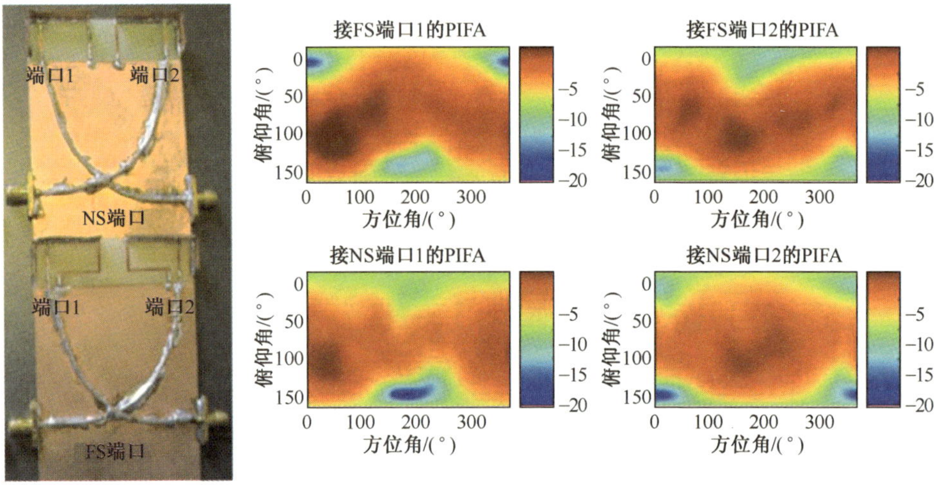

图 32.27　不同接地点的移动终端的正交地盘模式

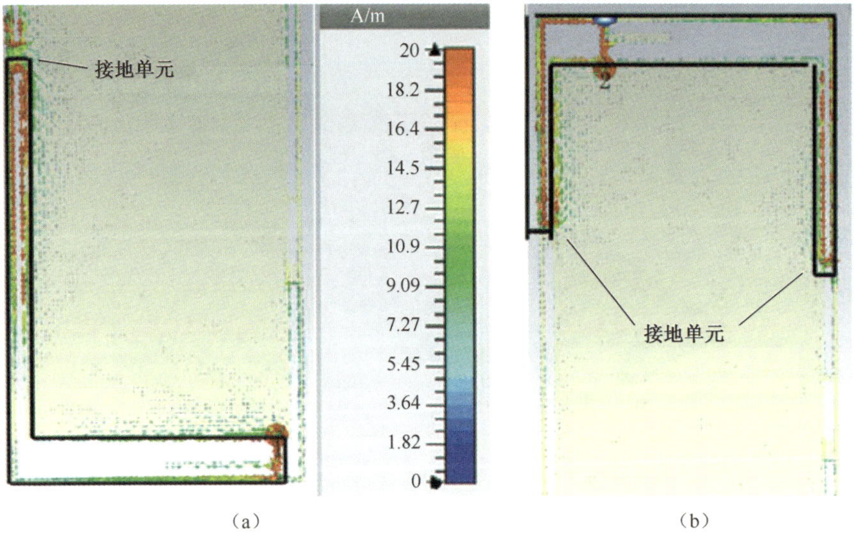

图 32.30　端口 1 和端口 2 在 880MHz 的电流分布

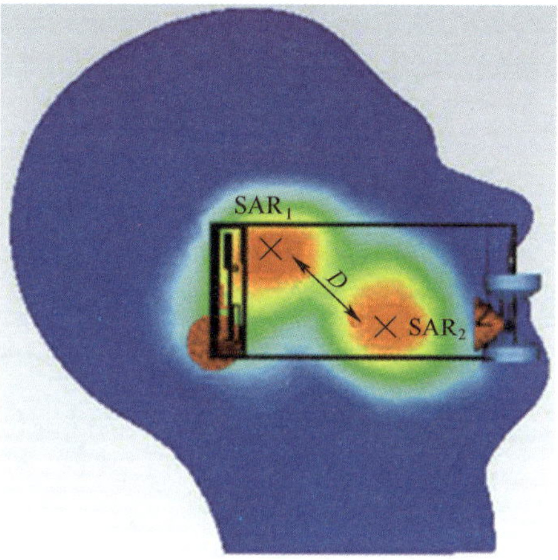

图 32.35 SAR PEAK 位置空间比的说明

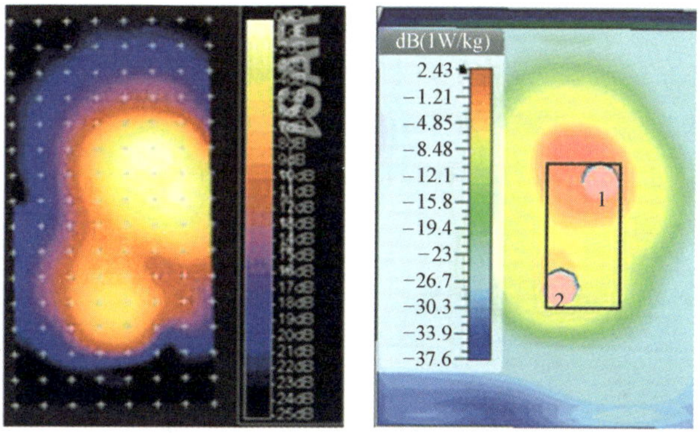

(a)

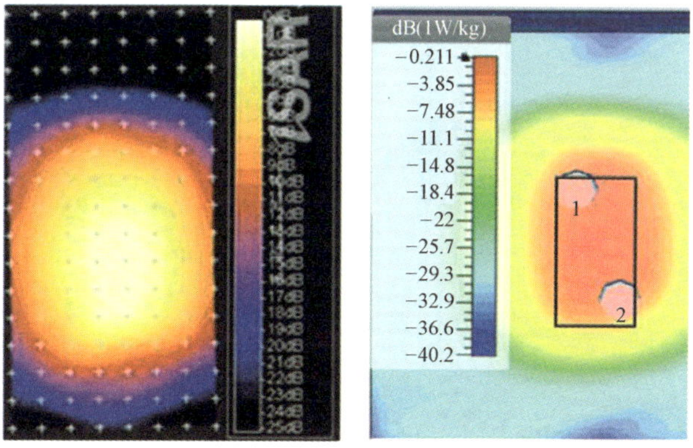

(b)

图 32.38 在平面仿真体上 10mm 的半接地面 PIFA 仿真和实测 SAR(dB)分布的比较

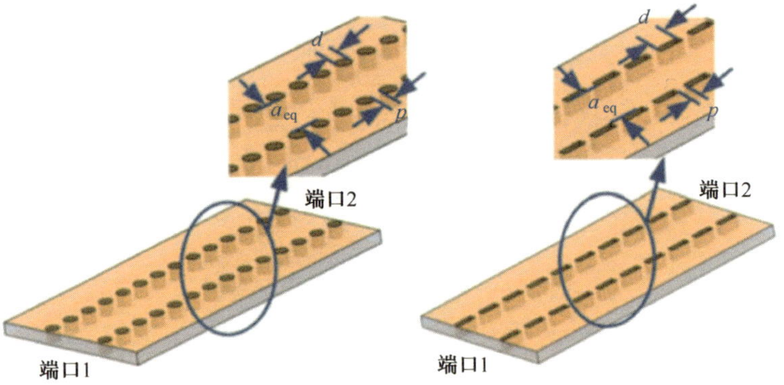

(a)　　　　(b)

图 35.2　典型单层基片集成波导拓扑(使用一系列金属化过孔和槽来实现等效的金属篱笆或金属壁)

(a)圆柱过孔阵列;(b)长沟槽。

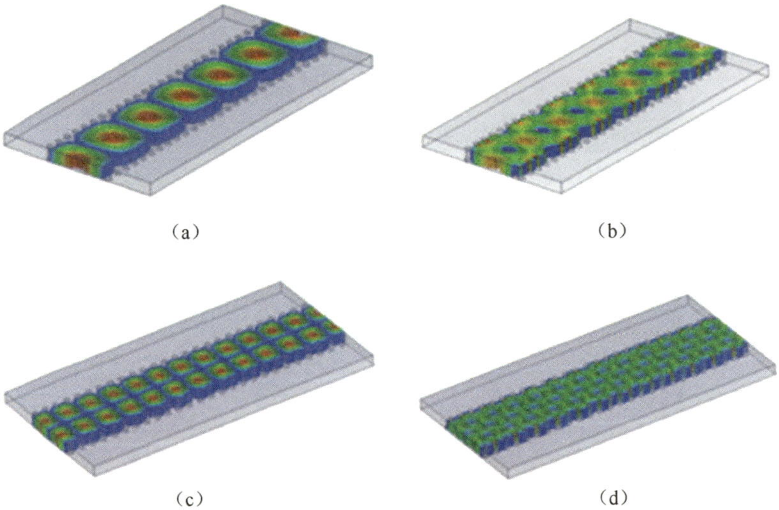

(a)　　　　(b)

(c)　　　　(d)

图 35.4　电场分布和磁场分布

(a)第一个模式的电场分布;(b)第一个模式的磁场分布;(c)第二个模式的电场分布;(d)第二个模式的磁场分布。

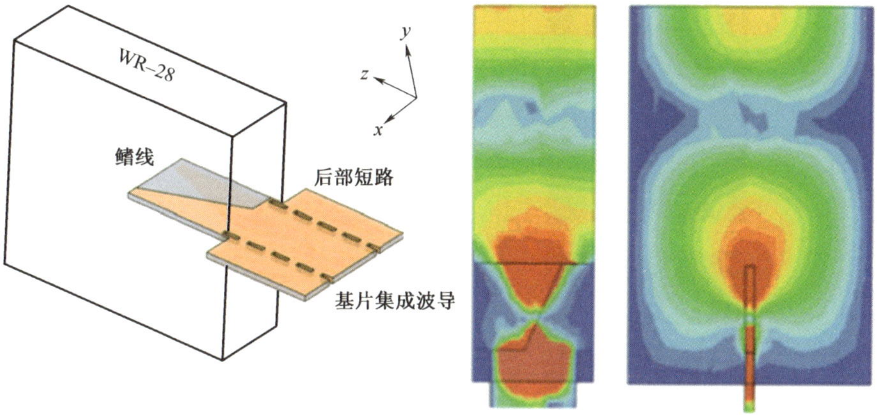

（a）　　　　　　（b）

图 35.9　采用鳍线的金属波导到基片集成波导过渡

(a)形式;(b)使用 HFSS 仿真得到的过渡结构在 34GHz 的 *xz* 平面和 *yz* 平面电场幅度分布。

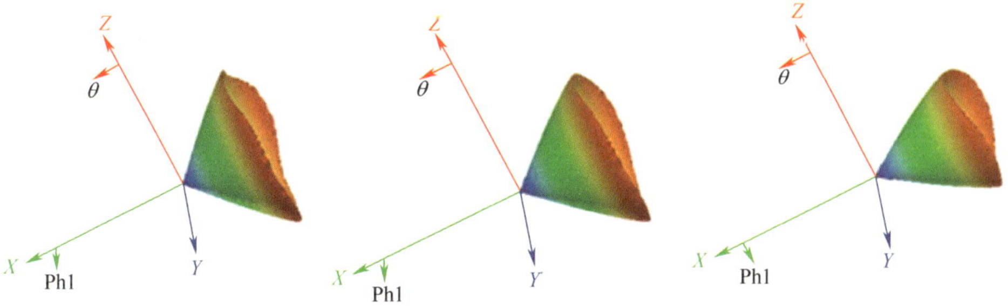

（a）　　　　　　（b）　　　　　　（c）

图 35.20　具有不同基片厚度的半模漏波天线在 35GHz 的辐射方向图

(a)5mil;(b)10mil;(c)20mil。

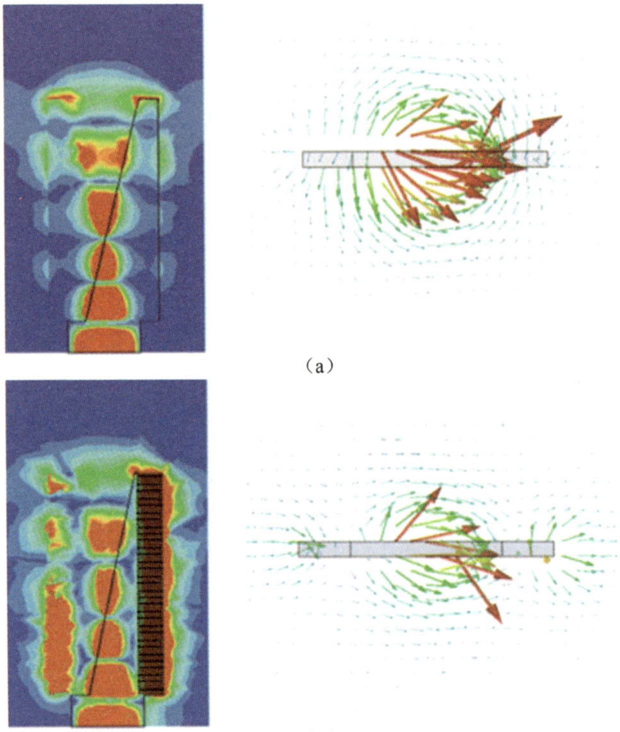

(a)

(b)

图 35.31　使用 HFSS 仿真得到的在 28GHz 频点沿着天线和垂直天线切面上的电场分布

(a)无波纹槽的对跖线性渐变槽线天线;(b)有波纹槽的对跖线性渐变槽线天线。

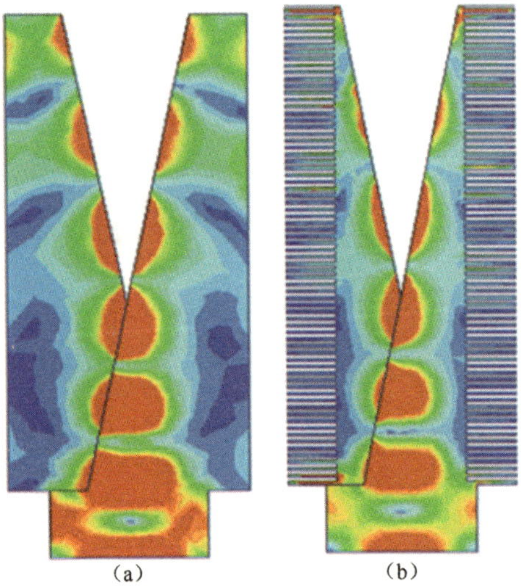

(a)　　(b)

图 35.32　仿真得到的有波纹槽结构和无波纹槽结构的电流分布

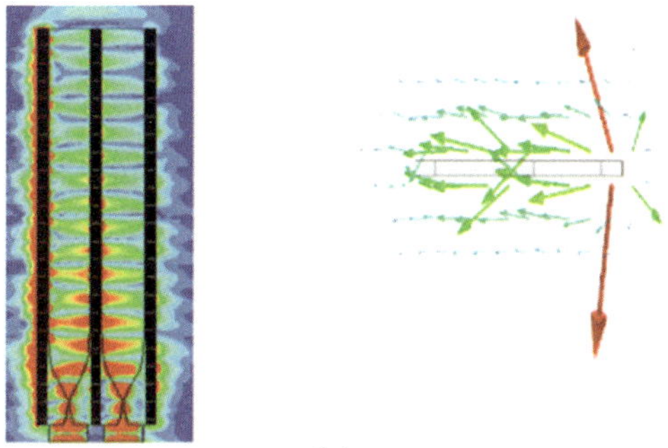

（a）

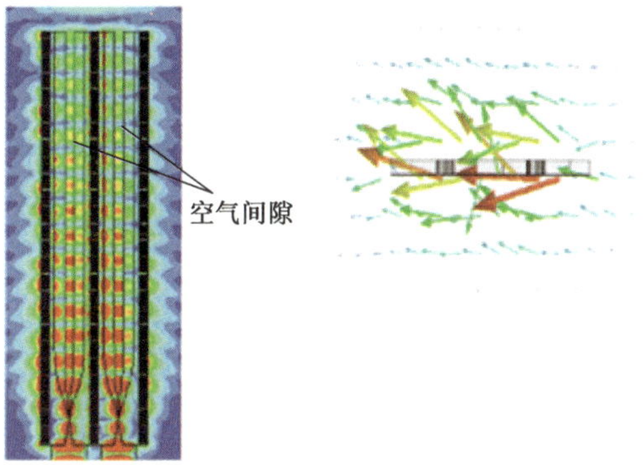

（b）

图 35.56　仿真的(a)两个标准费米渐变槽线天线单元间和(b)两个有空气间隙的费米渐变槽线天线单元间的互耦

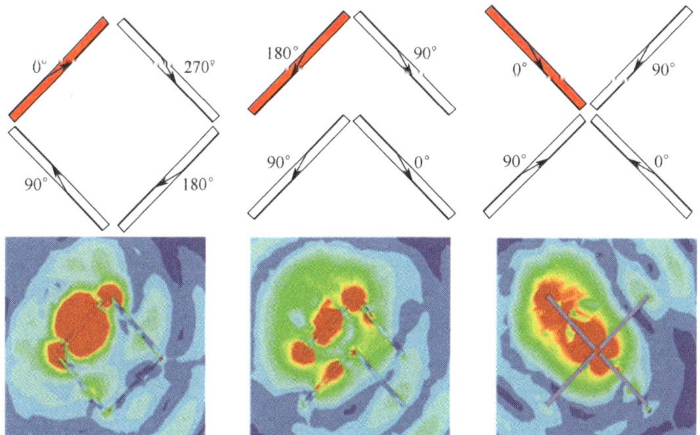

（a）　　（b）　　（c）

图 35.57　使用 HFSS 仿真得到的横向切面上的电场幅度分布
(a)情况 1,方形配置;(b)情况 2,V 形配置;(c)情况 3,X 形配置。

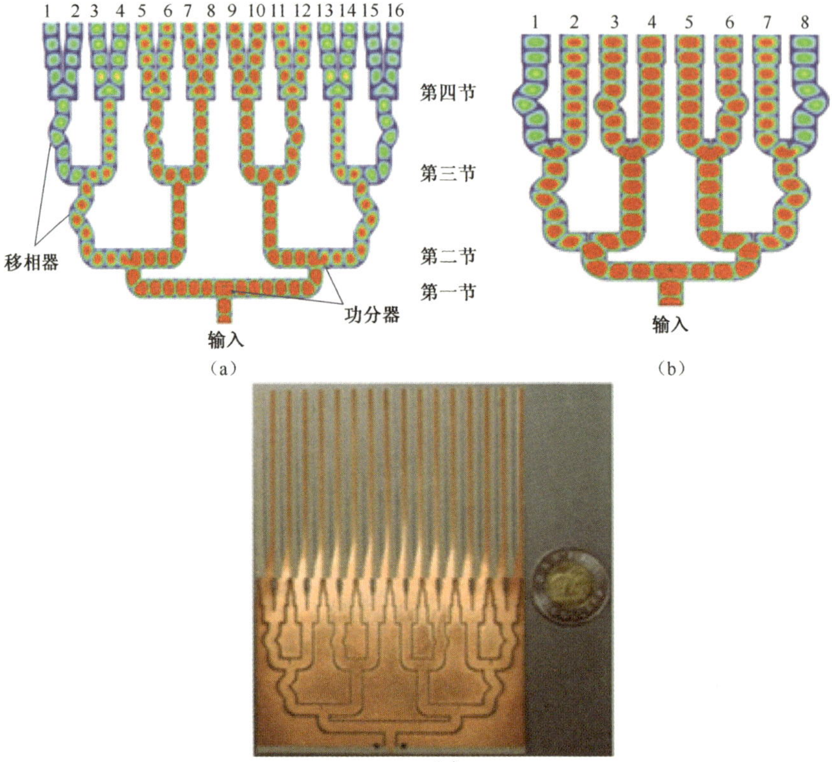

图 35.70　使用 HFSS 仿真得到的 35GHz 频点的电场幅度分布(同时给出非等功率分配 1/16 和 1/8 功分器)以及加工的 1/16 功分器

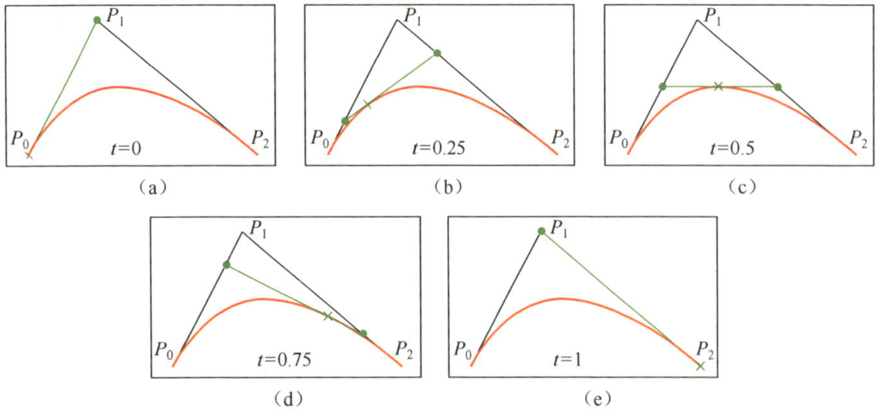

图 36.2　关于 t 的二阶贝塞尔曲线

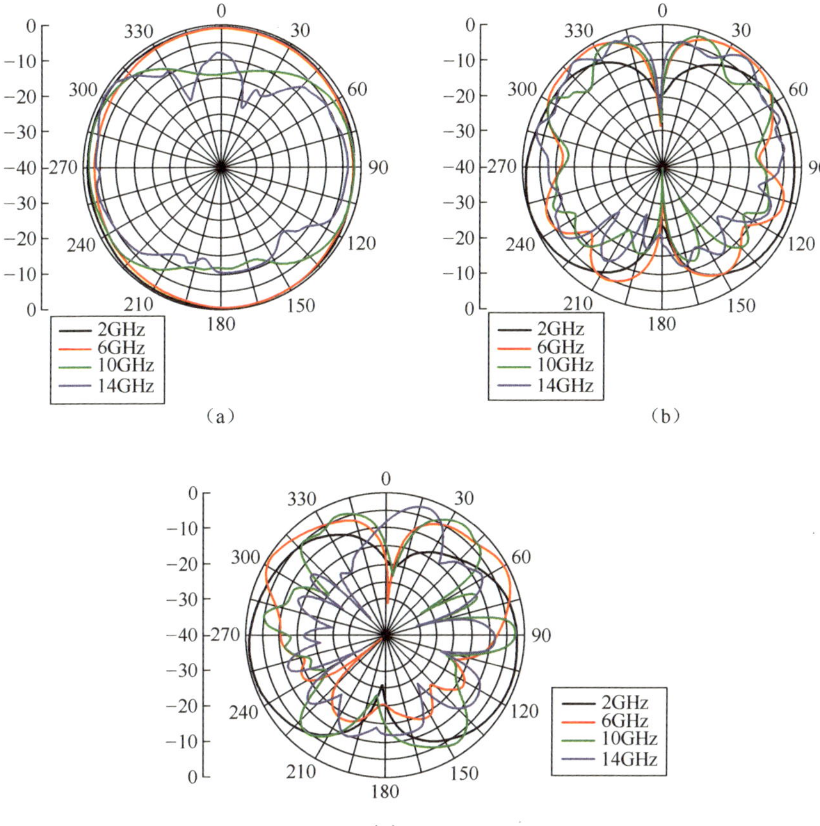

（a）（b）（c）

图 36.7　单极子天线在 xz、xy 和 yz 平面上的测量辐射方向图

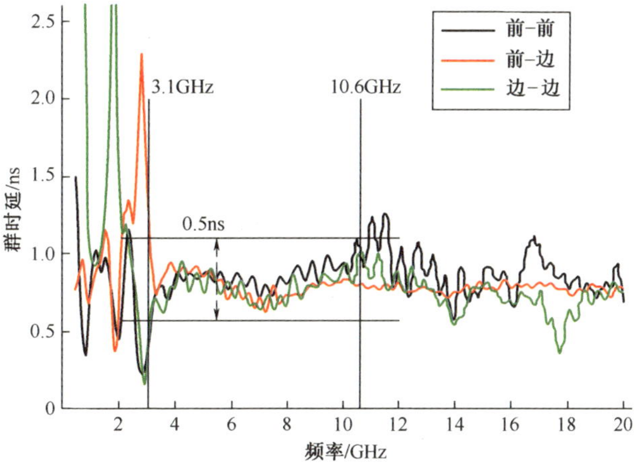

图 36.8　单极子天线在三个方向上的测量群延迟

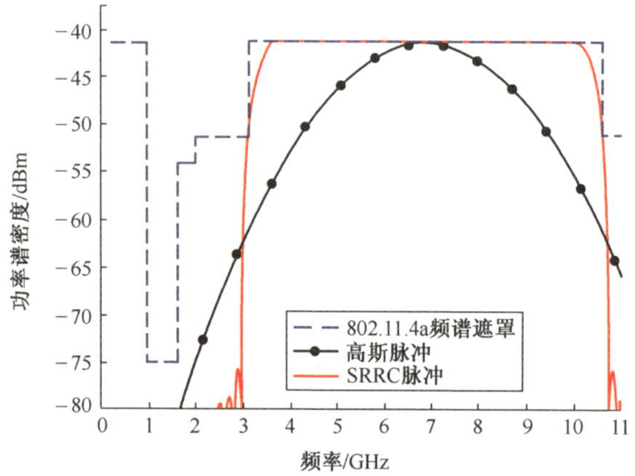

图 36.11　满足 802.11.4a 超宽带室内频谱下对应的功率谱密度曲线(峰值归一化为 41.3dBm)

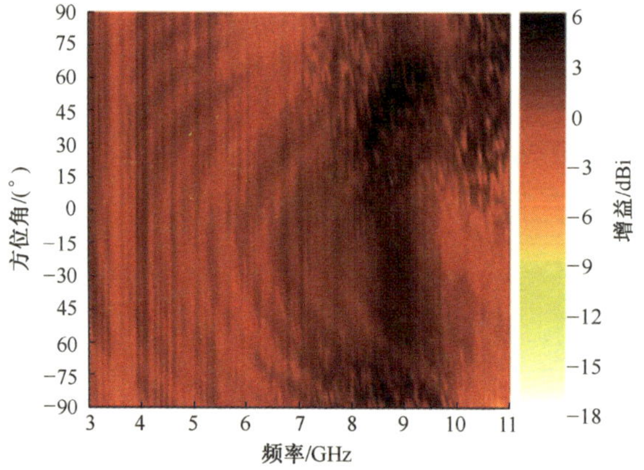

图 36.15　GD 偶极子在 φ = 90°平面内测量的辐射方向图

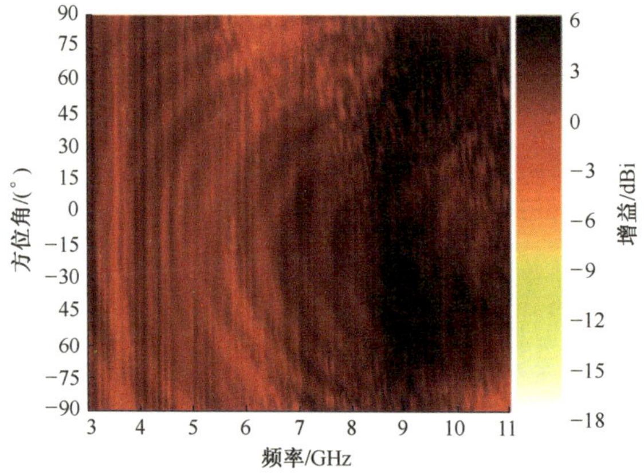

图 36.16　SD 偶极子在 φ = 90°平面内测量的辐射方向图

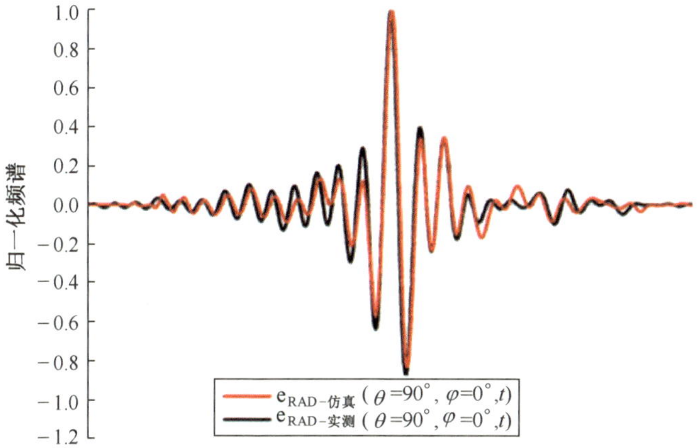

图 36.22　模拟和测量的辐射脉冲

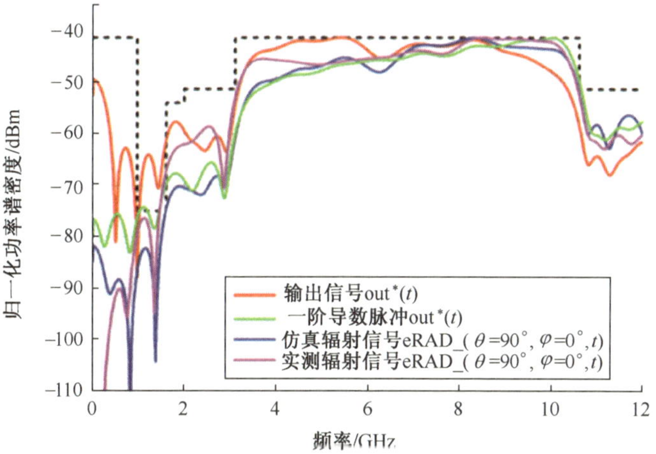

图 36.23　归一化功率谱密度